航天工程系列精品出版项目

FUNDAMENTALS AND APPLICATIONS OF SATELLITE NAVIGATION AND POSITIONING

卫星导航定位基础及应用

刘海颖　陈志明　王惠南　编著

北京理工大学出版社
BEIJING INSTITUTE OF TECHNOLOGY PRESS

内容简介

本书阐述了卫星导航定位的基础理论及其应用，全书共由12章构成。第1章介绍了全球导航卫星系统（GNSS，包括GPS、GLONASS、Galileo系统、北斗卫星导航系统以及卫星导航增强系统）的发展和构成；第2章讲解了GNSS时空参考系以及卫星轨道基础；第3章讲解了GNSS卫星信号基础与现代化导航卫星信号；第4章讲解了GNSS接收机基础与GNSS接收机的主要构成；第5章讲解了常用的GNSS导航解算理论；第6章建立了GNSS观测方程并对误差进行分析；第7章讲解了GNSS静态与动态定位解算方法；第8章讲解了GNSS现代精密定位技术；第9章讲解了GNSS速度、时间及姿态测量方法；第10章讲解了GNSS/INS组合导航系统；第11章讲解了GNSS完好性监测及其增强完好性监测技术；第12章介绍了GNSS在典型领域的应用与发展。

本书基于近年来卫星导航定位技术的新发展，较为全面系统地讲解了GNSS卫星导航定位技术，深入浅出地阐述了卫星导航定位理论基础及其应用。本书可以作为高等院校航空、航天、民航、航海、交通、信息、测绘等相关专业的教学用书，也可供从事导航学、信息学、测量学等领域的专业人员及科技人员参考。

图书在版编目(CIP)数据

卫星导航定位基础及应用 / 刘海颖，陈志明，王惠南编著. -- 北京：北京理工大学出版社，2023.5

ISBN 978-7-5763-2613-0

Ⅰ. ①卫… Ⅱ. ①刘… ②陈… ③王… Ⅲ. ①卫星导航-全球定位系统 Ⅳ. ①P228.4

中国国家版本馆CIP数据核字(2023)第132519号

出版发行 / 北京理工大学出版社有限责任公司
社　　址 / 北京市海淀区中关村南大街5号
邮　　编 / 100081
电　　话 / (010) 68914775（总编室）
　　　　　(010) 82562903（教材售后服务热线）
　　　　　(010) 68944723（其他图书服务热线）
网　　址 / http://www.bitpress.com.cn
经　　销 / 全国各地新华书店
印　　刷 / 三河市华骏印务包装有限公司
开　　本 / 787毫米×1092毫米　1/16
印　　张 / 22
字　　数 / 513千字
版　　次 / 2023年5月第1版　2023年5月第1次印刷
定　　价 / 76.00元

责任编辑 / 钟　博
文案编辑 / 钟　博
责任校对 / 周瑞红
责任印制 / 李志强

图书出现印装质量问题，请拨打售后服务热线，本社负责调换

PREFACE

前 言

全球导航卫星系统（GNSS）是一种全新的天基无线电导航定位系统，它不仅具有全天候、全球性、实时性、连续性的三维导航定位能力，而且能够对运动载体进行测速、定姿、精密授时，以及进行精密大地或工程测量。自从20世纪90年代中期美国的全球定位系统（GPS）正式投入使用以来，卫星导航定位技术得到了广泛应用，近十年来又进一步取得了显著发展。美国的GPS正在开展现代化改造，俄罗斯的GLONASS也正在进行全面复兴和现代化改进，欧洲的Galileo系统正在建设，我国的北斗卫星导航系统已经建设完成，还有各类区域增强系统，包括日本的QZSS、印度的GAGAN系统。目前卫星导航定位已出现多系统共存局面，在本书中统称为GNSS。

GNSS应用已经从最初的军事领域扩展到专业领域，进而深入发展到大众领域。目前GNSS应用已经几乎无处不在，覆盖海、陆、空、天等诸多领域，已经广泛渗透到国防建设、国民经济发展中，可以说，GNSS应用只受到人们想象力的限制。从全球范围来看，目前的GNSS市场还是以GPS及其局域、广域增强系统为主，然而随着中国北斗导航系统的部署、GLONASS的复兴、Galileo系统的建设、日本QZSS和印度GAGAN系统的区域增强系统建设等，未来GNSS应用将出现更广阔的前景。

本书是在教育部学位管理与研究生教育司推荐的研究生教学用书《GPS原理与应用》（王惠南著，科学出版社2003年8月出版）、航空航天工程类专业规划教材《卫星导航原理与应用》（刘海颖等著，国防工业出版社2013年8月出版）基础上的扩展。前期教材经过多年来的教学使用，获得了广泛好评，已经进行了多次重印。鉴于近十年来GNSS又取得了显著的发展，为了进一步适应卫星导航定位技术的发展需求，以及更好地满足读者的使用需求，我们对以上教材进行了重新编写，包括对已有内容的调整、删减和修订，同时增加大量新的内容，以期为读者提供一部较好的教学和参考用书。

本书的出版受到了南京航空航天大学研究生教育教学改革研究项目（2020YJXGG39）、航天学院航空航天工程专业建设项目的资助以及航天学院相关领导的支持，孙颢博士对部分章节提供了素材并进行了修订，课题组研究生对稿件进行了校对，在此一并表示感谢。卫星导航定位是一门新兴的交叉学科，目前仍处于迅速发展中，相关理论正在不断发展和完善，其应用也在不断深化和拓展。由于作者水平有限，加之成书时间紧促，书中难免有错误或疏漏之处，敬请读者批评指正。

编　者

2023 年 5 月

目　录
CONTENTS

第 1 章

绪　论

1.1　卫星导航技术的发展

自从 1957 年 10 月苏联成功地发射了世界上第一颗人造地球卫星，人类便跨入了空间科学技术迅速发展的崭新时代，利用卫星进行导航和定位的研究引起了世界各国的高度重视。卫星导航系统是一种具有全能性（陆地、海洋、航空及航天）、全天候、连续性和实时性的无线电导航定位系统，它能提供高精度的导航、定位和授时信息，其应用几乎涉及国民经济和社会发展的各个领域，已成为全球发展最快的信息产业之一。

卫星导航诞生于 20 世纪 60 年代初。1958 年年底，美国海军武器实验室着手研制为美国军用舰艇导航服务的卫星导航系统“Navy Navigation Satellite System”，即海军卫星导航系统（NNSS）。在该系统中，所有卫星轨道都通过地球的南、北二极，卫星的星下点轨迹与地球的子午圈重合，故又称为“子午仪（transit）卫星导航系统”。1964 年 1 月子午仪卫星导航系统建成，成功应用于北极星核潜艇的导航定位，并逐步应用于其他各种舰艇的导航定位。1967 年 7 月，美国政府宣布“子午仪卫星导航系统”的部分导航电文解密，供民间商业应用，为远洋船舶导航和海上定位服务，随着子午仪卫星导航系统技术的进一步改善，卫星轨道测定的精度得到了提高，用户接收机的性能得到了改善，其应用范围越来越广。同期苏联提出了圣卡达卫星导航系统，该系统由 4 颗位于高度为 1 000 km 的圆轨道上的卫星组成，于 1967 年发射了第一颗圣卡达卫星，并于 1979 年交付使用。

子午仪卫星导航系统和圣卡达卫星导航系统属于第一代卫星导航系统。虽然第一代卫星导航系统在导航和定位技术发展中具有划时代的意义，但是仍然存在着明显的缺陷。如子午仪卫星导航系统由 6 颗卫星组成导航网，卫星的轨道较低，为离地面约 1 080 km 的圆形极轨，每条轨道上只有 1 颗卫星，运行周期为 107 min。由于卫星数少，而且轨道较低，故每隔 1 ~ 2 h 才有一次卫星通过地面观测站而被跟踪观测。另外，由于采用多普勒定位原理，第一代卫星导航系统定位频度很低（30 ~ 110 min），并且每一次定位需要 10 ~ 15 min 用于接收机处理和位置估计。由于观测解算导航参数的时间长，因此不能满足连续实时三维导航的要求，尤其不能满足高动态目标（比如飞机，导弹等）的高精度导航要求。

20 世纪 60 年代中期，鉴于第一代卫星导航系统的成功及其存在的缺陷，人们开始进行更先进的卫星导航系统的研制，以提高导航定位的性能。美国海军提出的计划名为“Timation”（时间导航），美国空军提出的计划名为“621B”。这两个计划差别很大，各有优、缺点。Timation 计划采用12 ~ 18 颗卫星组成全球定位网，卫星高度约为 10 000 km，轨道呈圆形，周期为 8 h，并于 1967 年 5 月和 1969 年 11 月分别发射了两颗试验卫星。

Timation 计划基本上是一个二维系统，它不能满足空军的飞机或导弹在高动态环境中连续给出实时位置参数的要求。621B 计划能在高动态环境下工作，为了提供全球覆盖，621B 计划拟采用 3 ~ 4 个星座，每个星座由 4 ~ 5 颗卫星组成，中间一颗卫星采用同步定点轨道，其余几颗卫星用周期为 24 h 的倾斜轨道，每一个星座需要一个独立的地面控制站为它服务。该系统的主要问题有两个：一是极区覆盖问题，二是国外设站问题。这些问题使系统难以独立自主、安全可靠地运行。

在这两个计划的基础上，1973 年美国国防部确定了第二代全球卫星导航系统（GPS）的体制与研制计划。与此同时，苏联也设计研制了卫星导航定位系统 GLONASS。GPS 与第一代全球卫星导航系统相比有着明显的区别：卫星轨道更高，GPS 卫星的轨道高度约为 20 000 km，GLONASS 卫星的轨道高度约为 19 100 km；卫星数目更多，GPS 星座有 24 颗工作卫星，GLONASS 星座有 21 颗工作卫星；工作频率更高，GPS 和 GLONASS 均工作在 L 频段；定位原理为基于到达时间（TOA）测量的三球交会原理。由于这些特性，GPS 能够提供连续的高精度导航、定位、测速和授时能力。尽管 GLONASS 在设计之初就是为了与 GPS 抗衡，而事实上由于卫星寿命和其他方面的原因，GLONASS 未能维持始终布满整个卫星星座。因此，真正得到广泛应用的是 GPS。

为了打破 GPS 的垄断局面，欧洲于 1999 年开始欧洲全球导航卫星系统（GNSS）计划。欧洲的 GNSS 计划分为两个阶段，第一阶段是建立与美国 GPS 和俄罗斯 GLONASS 兼容的欧洲第一代全球卫星导航系统（GNSS－1）。GNSS－1 利用已经建成的 GPS，在欧洲建立了 30 个地面站和 4 个主控中心，通过增强卫星服务的完整性和提高定位的精度来加强 GPS 或 GLONASS，因此也称为欧洲静止轨道导航重叠服务（EGNOS）。GNSS－1 为欧洲提供了早期的利益，但是由于依赖于 GPS 或 GLANASS，它还不能成为一个独立的全球导航卫星系统。第二阶段是建立独立的欧洲第二代全球卫星导航系统（GNSS－2），即伽利略（Galileo）计划，该计划于 2002 年 3 月正式启动，其总体战略目标是建立一个高效、经济、民用的全球卫星导航系统，在性能上优于美国的 GPS，使其具备欧洲乃至世界交通运输业可以信赖的高度安全性，并确保未来的系统安全由欧洲控制管理。尽管 Galileo 系统在初期声称是“纯民用”的系统，但是其军用目的不言而喻。

为了加强 GPS 对美军现代化战争的支撑作用并巩固它在全球民用导航领域中的领导地位，美国从 1999 年提出了 GPS 现代化计划，从卫星星座、信号体制、星上抗干扰、军民信号分离等角度，对 GPS 进行改进。特别是在信号体制方面，GPS 做了很大程度的改进，包括增加新的军码（M 码）和新的民用信号 L2C 和 L5C。2004 年，美国和欧盟就“推进 GPS 和 Galilleo 系统及相关应用”达成共识，计划在 L1 频段增加新的互操作信号 L1C，并定义 BOC（1，1）为 GPS L1C 和 Galileo L1OS 的共同基线。2007 年 7 月，美国和欧盟发表联合声明，将 MBOC 确定为 L1C 和 Galileo L1OS 的共同公共调制方式，并将在未来的系统 GPS Ⅲ中采用。Galileo－FOC（Full Operational Capability，FOC）卫星是 Galileo 系统正式的组网卫星，从 2014 年开始发射。按照计划，Galileo－FOC 卫星将在 3 个轨道面上布满整个星座，为全球提供导航定位和授时服务。

我国卫星导航建设起步较晚，20 世纪 80 年代开始的第一代卫星导航定位系统选用了地球静止轨道（GEO）卫星为导航星座。我国先后在 2000 年 10 月、2000 年 12 月和 2003 年 5 月发射了 3 颗北斗静止轨道试验导航卫星，组成了北斗区域导航系统，又称为北斗一号卫星导航系统。该系统具备在中国及其周边地区范围内的定位、授时、报文和 GPS 广域差分功能。随后正在建设的北斗二号卫星导航系统（又称为 Compass）于 2007 年 2 月发射了第四颗北斗导航试验卫星。北斗二号卫星导航系统增加了以中圆轨道（MEO）卫星为星座，导航频率在 L 频段的卫星无线电导航业务（RNSS），实现了第一代系统向第二代系统的平稳过渡。它将 RDSS 和 RNSS 两种业务及工作体制融为一体，向导航、通信、识别集成一体化迈进。2009 年，我国启动北斗三号卫星导航系统建设，并在 2020 年全面建成北斗三号卫星导航系统。北斗三号卫星导航系统是由 3GEO + 3IGSO + 24MEO 构成的混合导航星座，该系统继承有源服务和无源服务两种技术体制，为全球用户提供基本导航（定位、测速、授时）、全球短报文通信和国际搜救服务，同时可为中国及周边地区用户提供区域短报文通信、星基增强和精密单点定位等服务。

GPS、GLONASS、Galileo 系统以及北斗卫星导航系统是目前主要的 4 个卫星导航系统，其主要特点对比见表 1－1。其中北斗一号卫星导航系统属于区域导航系统，北斗三号卫星导航系统、GPS、GLONASS、Galileo 系统为全球导航系统。为了方便起见，在本书中将以上卫星导航系统统一称为全球导航卫星系统（GNSS）。同时，随着卫星导航技术的发展，也出现了各种 GNSS 的增强系统，下面将对主要的 GNSS 以及增强系统进行介绍。

表 1－1　典型 GNSS 的主要特点对比

参数		GPS	GLONASS	Galileo 系统	北斗卫星导航系统
参考系统		WGS－84	PZ90	GTRF	BDCS
时间系统		UTC	UTC	GST	BDT
在轨卫星数		24 + 3	24 + 3	30	30
轨道平面数		6（间隔 60°）	3（间隔 120°）	3（间隔 120°）	GEO + MEO + IGSO
轨道倾角/(°)		55	64.8	56	55 + 同步
轨道高度/km		20 230	19 390	23 616	35 786/21 528
复用方式		CDMA	FDMA	CDMA	CDMA
定位精度/m	普通	100	50	10	10
	特殊	10	16	1	0.5
业务类型		导航定位、授时、载波相位	导航定位、授时	导航定位、授时、通信、搜索救援	导航定位、授时、全球短报文通信和国际搜救

1.2　GPS 全球定位系统

1.2.1　GPS 空间部分

1. GPS 发展阶段

GPS 发展计划分为 4 个阶段实施。第一阶段为原理方案可行性验证阶段。从 1978 年 2

月第一颗试验卫星发射成功，到1987年共发射了11颗试验卫星，试验表明GPS定位精度远远优于设计标准，这些试验卫星统称为Block I卫星。

第二阶段为系统的正式工作阶段。从1989年2月发射第一颗工作卫星，到1994年3月共成功发射了24颗卫星，建成了实用的GPS星座，宣告了GPS进入工程实用阶段，今后根据计划更换实效的卫星。24颗卫星分为9颗Block Ⅱ卫星和15颗Block ⅡA卫星，Block Ⅱ卫星存储星历为14天，Block ⅡA卫星增强了军事应用功能，能存储180天的导航电文，以确保特殊情况下的使用。

第三阶段为GPS的改进阶段。美国GPS始终采取“部署一代，改进一代，研发一代”的方针，每代间隔大约为10年。1987年早在GPS Block Ⅱ和ⅡA卫星尚未发射时，改进型Block ⅡR卫星的研制已启动。从1997年首颗卫星发射，到2004年11月成功发射了12颗卫星。第三阶段与第二阶段相比，提高了导航定位精度，解除了对民用的限制。

第四阶段为GPS现代化阶段。美国于1999年开始GPS现代化计划，在Block ⅡR卫星的基础上发射新一代的Block ⅡR－M卫星，增加新的军用信号L1M和L2M以及新的民用信号L2C；在此基础上增加L5C信号，研制并发射Block ⅡF卫星；在Block ⅡF卫星的基础上，于2008年开始了下一代的Block Ⅲ卫星的研制和发射。

截至2017年11月，美国针对GPS已研制了Block Ⅰ、Block Ⅱ、Block ⅡA、Block ⅡR、Block ⅡM、Block ⅡF多代卫星，已发射了70多颗卫星。目前，美国GPS星座有40颗卫星在轨，其中工作星31颗，分别是GPS－ⅡR卫星12颗、GPS－ⅡM卫星7颗、GPS－ⅡF卫星12颗。

目前，美国正在积极推进下一代GPS研制，即Block Ⅲ计划。该批次卫星的研制特点是进一步提高抗干扰性能、提供搜寻救援服务以及提升互操作性。与现在服役的GPS Ⅱ系列卫星相比，GPS Ⅲ卫星预期可大幅提升GPS在军用和民用方面的导航服务性能。同时，GPS Ⅲ卫星可根据需要，在特定服务区域位置迅速关闭停止其导航信号的播发。

GPS ⅢA卫星的设计寿命为15年，将增加搜救载荷、100 Mbit/s的高速率星间链路，以快速响应指令并缩短电文更新周期；星间链路采用Ka频段或V频段；信号播发方式更改为点对点传输；在导航信号方面将增强军用M码信号对地覆盖功率，在L1频段增加与Galileo系统完全兼容并具有互操作性的L1C民用信号。

预计在2030年，GPS将研制32颗GPS Ⅲ卫星，区域功率将增强20 dB，提供搜救服务和空间环境探测等功能。GPS Ⅲ相比GPS Ⅱ性能有望取得大幅提升，定位精度有望提高1～4倍，授时精度提高1倍，平均服务可用性提高一个数量级。GPS Ⅲ首次向用户提供安全性保证，承诺可满足实现非精密进近的完好性要求，努力达到I类精密进近的完好性需求。同时，大幅提高系统抗干扰能力，保证在功率增强区域内强干扰环境下的定位精度。首颗Block ⅢA卫星原计划在2014年发射，后经多次延期，已于最近发射，并开展导航战点波束（约600英里①直径区域）能力的在轨演示与验证工作。GPS卫星发射情况见表1－2。

① 1英里＝1 609.344米。

表1-2 GPS卫星发射情况

发展阶段	卫星类型	卫星数/颗	发射时间	用途
第一阶段	Block Ⅰ	11	1978—1984年	试验
第二阶段	Block Ⅱ, Block ⅡA	24	1989—1994年	正式工作
第三阶段	Block ⅡR	12	20世纪90年代末	改进GPS系统
第四阶段	Block ⅡR-M, Block ⅡF, Block Ⅲ	>70	1999年至今	GPS现代化

2. GPS星座及卫星

正式工作的GPS星座构成：24颗卫星部署在6个轨道平面中，每个轨道平面升交点的赤经相隔60°，轨道平面相对地球赤道面的倾角为55°，每根轨道上均匀分布4颗卫星，相邻轨道之间的卫星彼此叉开30°，以保证全球均匀覆盖的要求（图1-1）。GPS卫星轨道平均高度约为20 200 km，运行周期为11 h 58 min。因此，地球上同一地点的GPS接收机的上空，每天出现的GPS卫星分布图形相同，只是每天提前约4 min。同时，位于地平线以上的卫星数目随时间和地点的不同而异，最少有4颗，最多可达11颗。

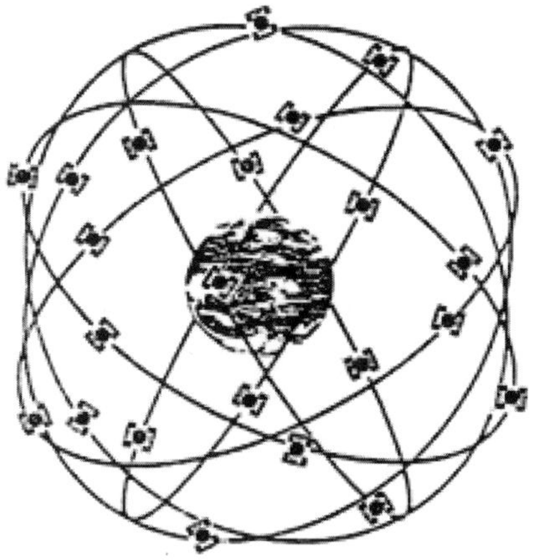

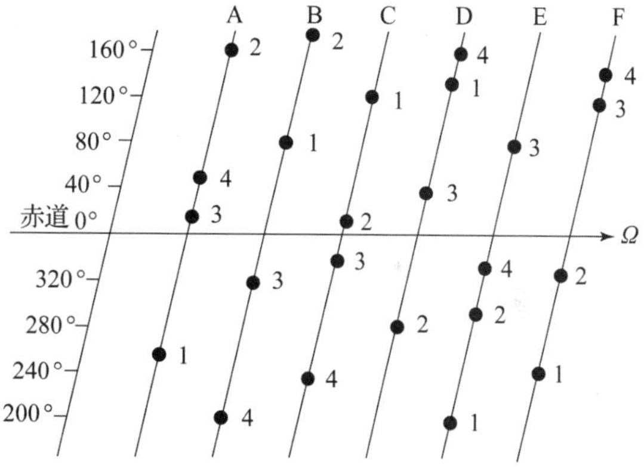

图1-1 GPS星座及其平面投影

GPS卫星的主要作用是接收和存储导航电文，生成并发送用于导航定位的信号，接收地面指令并执行相关操作。卫星本体由结构、电源、热控、通信、姿态控制及轨道控制等各个分系统组成，以保证卫星正常运行，主要载荷是导航信号生成与发射设备、高精度原子钟。

如Block Ⅱ卫星主体呈柱形，采用铝蜂巢结构，柱形直径约为1.5 m。卫星的质量约为774 kg，星体两侧装有两块双叶向日定向太阳能帆板，全长为5.33 m，接受日光面积为7.2 m^2，给3组15AH镉镍蓄电池充电，以保证卫星正常工作用电。星体底部装有多波束定向天线，发射L1和L2波段的信号，其波束方向图能覆盖约半个地球。高精度铯原子钟（稳定度为$10^{-13}\sim10^{-14}$）具有抗辐射性能，它发射标准频率信号，为GPS定位提供高精度的时间标准。典型的GPS卫星外形如图1-2所示。

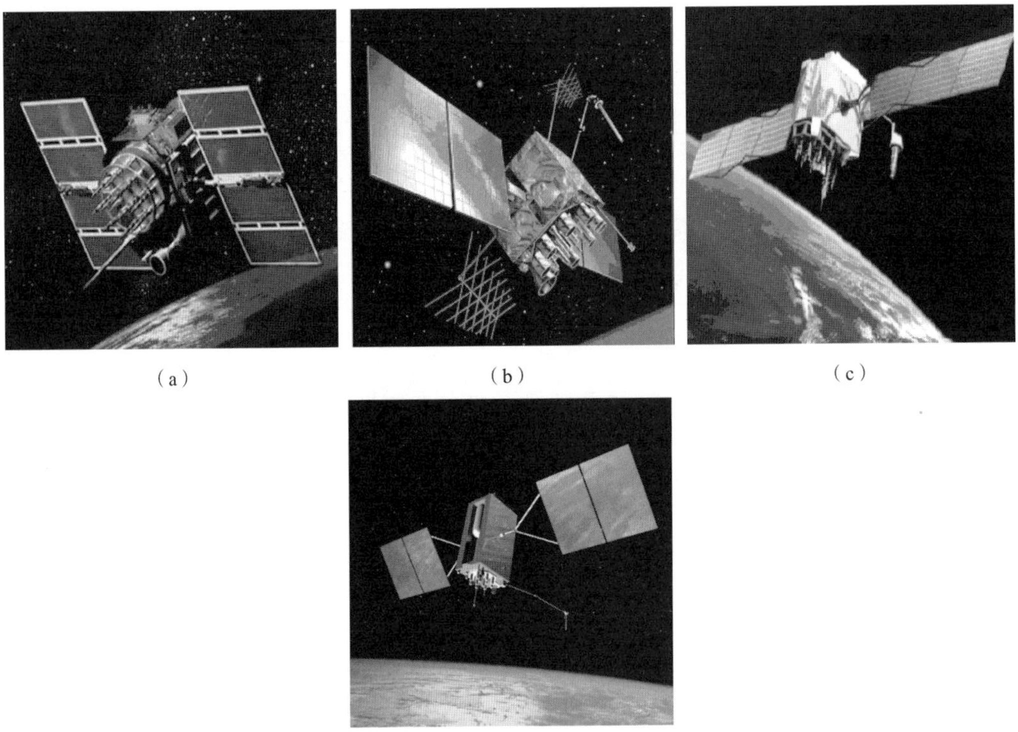

（a）　（b）　（c）

（d）

图 1－2　典型的 GPS 卫星外形

（a）Block Ⅱ卫星；（b）Block ⅡR－M 卫星；（c）Block ⅡF 卫星；（d）Block Ⅲ卫星

2008 年 5 月，美国空军授予洛克希德马丁公司开发第三代 GPS 卫星的合同。该合同要求交付两颗卫星，最多可再交付 10 颗。这些卫星最初被称为 Block Ⅲ，现在被称为 GPS Ⅲ，近几年开始发射。每颗 GPS Ⅲ卫星携带 3 个铷时钟，除了 Block ⅡF 广播的所有导航信号外，还将提供第四个民用 GPS 导航信号。GPS Ⅲ卫星的在轨质量约为 2 200 kg。该电源系统包括 4 个总面积为 28.5 m^2的砷化镓太阳能电池阵列和镍氢电池，旨在 15 年的设计寿命内提供 4 480 W的功率。卫星主体尺寸约为 3.4 m×2.5 m×1.8 m。后来的 GPS Ⅲ卫星预计重新引入卫星激光后向反射器，这是自 Block ⅡA 卫星 SVN 35 和 SVN 36 退役以来 GPS 所没有的能力。人们还计划在后来的 GPS Ⅲ卫星上引入搜索和救援（SAR）有效载荷。

1.2.2　GPS 地面部分

GPS 的地面监控部分由 3 部分组成——1 个主控站、3 个注入站和 5 个监测站，它们分布于地球的 5 个地点。

主控站又称为联合空间执行中心（CSOC），它位于美国科罗拉多州普林斯附近的佛肯空军基地。它的任务如下：①采集数据、推算编制导航电文。主控站的大型电子计算机采集本站和 5 个监测站的所有观测资料，其主要内容为监测站所测到的伪距和积分多普勒观测值、气象参数、卫星时钟、卫星工作状态参数、各监测站工作状态参数。根据搜集的全部数据，推算各卫星的星历、卫星钟差改正数、状态数据以及大气改正数，并按一定的格式编辑成导航电文，传送到 3 个注入站。②给定 GPS 时间基准。GPS 的监测站和各个卫星上都有自己的原子钟，它们与主控站的原子钟并不同步，GPS 中以主控站的原子钟为基准，测出其他星钟和监测站站钟对于基准钟的钟差，并将这些钟差信息编辑到导航电文中，传送到注入站，然后转发至各卫星。③负责协调和管理所有地面监测站和注入站系统，诊断所有地面支撑系统和天空卫星的健康状况，并加以编码向用户指示，使整个系统正常工作。④调整卫星运动状态，启动备用卫星。根据观测到的卫星轨道参数以及卫星姿态参数，当发生偏离时，注入站发出卫星运动修正指令，使之沿预定轨道和正确姿态运行；当出现失常卫星时，主控站启用备份卫星取代失效卫星，以保证整个 GPS 正常工作。

GPS 的地面监测站共有 5 个，它们分别位于太平洋的卡瓦加兰岛、印度洋的迭哥伽西亚、南大西洋的阿松森群岛以及夏威夷和主控站所在地佛肯。监测站装有双频 GPS 接收机和高精度铯钟，在主控站的直接控制下，自动对卫星进行持续不断的跟踪测量，并对自动采集的伪距观测量、气象数据和时间标准等进行处理，然后存储和传送到主控站。

GPS 的注入站共有 3 个，与前述三大洋的卡瓦伽兰、迭哥伽西亚、阿松森群岛上的监控站并置，注入站主要装有 1 台直径为 3.6 m 的天线、1 台 C 波段发射机和 1 台计算机。注入站将主控站传送来的卫星星历、钟差信息、导航电文和其他控制指令等注入卫星的存储器，使卫星的广播信号获得更高的精度，满足用户的需要。

1.2.3　GPS 用户部分

GPS 的空间星座部分和地面监控部分是用户应用该系统进行导航定位的基础，而用户只有使用 GPS 接收机才能实现其定位、导航的目的。根据 GPS 的用户的不同需求，人们已经研制出多种类型的接收机，从最简单的单通道便携式接收机到性能完善的多通道接收机，不同类型和不同结构的接收机适应不同的精度要求、不同的载体运动特性和不同的抗干扰环境。一次定位的时间从几秒钟至几分钟不等，这取决于接收设备的结构完善程度。

导航型 GPS 接收机可为飞机、导弹、舰艇、战车以及野外作战人员提供导航和定位服务。用于工程测量工作的 GPS 接收机可被广泛地应用于交通、大地测量、勘探和地球物理等领域。近年来出现了阵列式天线（如十字形、三角形或四方形）的 GPS 接收机，其不仅能提供精确的位置信息，还能确定运动载体的姿态角。星载 GPS 接收机可以为低空侦察卫星定位，比如法国的 Spot 卫星就是利用星载 GPS 接收机来确定遥感图像的精确位置的。

尽管各种类型的接收机结构复杂程度不同，但都必须实现下列功能：选择卫星、捕获信号、跟踪和测量导航信号、校正传播效应、计算导航解、显示及传输定位信息。其基本组成从功能看，主要由天线单元（有源或者无源，目前大部分 GPS 接收机天线是有源的）、射频前端单元、多通道基带信号处理单元和电源单元等组成，其结构如图 1－3 所示。

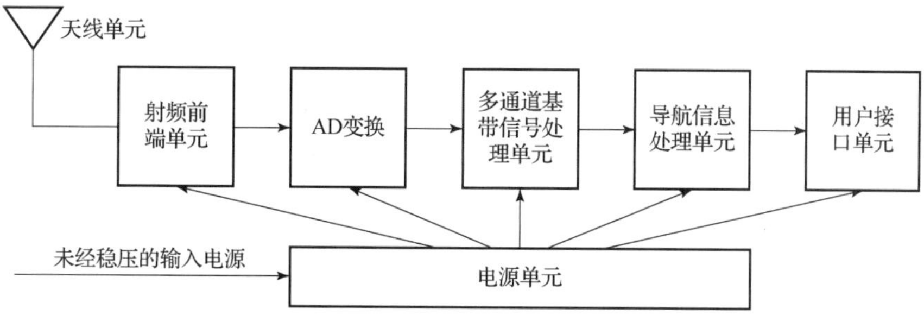

图 1－3　GPS 接收机基本构成

1.2.4 GPS 限制性政策

美国发展 GPS 的初衷是为美国的国防现代化服务，故为了保障美国的安全和自身的利益，它必然会采取措施，限制非经美国特许的用户利用 GPS 定位的高精度。一方面，在系统设计方面采取许多保密性技术；另一方面，在系统运行中采取或可能采取其他方法，来限制 GPS 非特许用户获得高精度的测量。这些限制性政策主要包含三个方面。

（1）两种服务。在 GPS 设计中计划提供两种服务，一种为标准定位服务（SPS）；一种为精密定位服务（PPS）。前者利用粗测距码（C/A 码）定位，其精度约为 100 m，其服务对象为民间普通用户。后者利用精测距码（P 码）定位，其精度可达到 10 m，其服务对象为美国军方或美国盟国及得到特许的民间用户。

（2）实施选择可用性（SA）政策。在 GPS 计划试验阶段，利用 C/A 码定位的精度远远高于设计精度，甚至可达到 14 m，于是美国政府采取了 SA 政策，人为地将误差引入卫星时钟和卫星星历数据，故意降低 SPS 的定位精度，以防止未经特许的用户将 GPS 用于军事目的。美国政府已宣布，自 2000 年 5 月 1 日子夜开始，取消 SA 政策，使民用 C/A 码的定位精度大大提高。

（3）P 码加密措施。P 码加密措施，也称为“反电子欺骗”（A－S）措施。在某些特殊情况下，比如战时或泄密的情况下，如果有人知道了特许用户 GPS 接收机所接受卫星的频率和相位，从而发射适当频率的干扰信号，这一欺骗电子信号可诱使特许用户 GPS 接收机错锁信号，产生错误的定位导航信息。美国政府为了防止这种电子欺骗采取了 A－S 措施，这是一种必要时对 P 码进一步加密的措施。

对于美国的 GPS 限制性政策，世界各国的非特许用户都极其关注。为了摆脱或减弱上述 GPS 限制性政策的影响，广大用户进行了积极的研究、开发和试验，取得了有效的结果。其中，对美国 GPS 限制性政策的反措施主要包含以下四个方面。

（1）独立精密地测定 GPS 卫星轨道。1986 年以来，包括美国民用部门在内的世界各国（欧洲诸国、加拿大、澳大利亚等）积极实施区域性或全球性合作，在欧、亚、非、美、大洋洲等五大洲布设 GPS 卫星跟踪站，并将跟踪站联网，这一独立的跟踪网称为国际合作 GPS 卫星跟踪网。该跟踪网对 GPS 卫星连续跟踪监测，以确定卫星的精密轨道参数（测轨精度可达分米级），为用户摆脱 SA 政策的影响提供服务，从而提高用户定位精度。

（2）加强 GPS 差分定位（DGPS）技术的研究与开发。所谓 GPS 差分定位技术，指的是同一个测站对两颗卫星的同时观测量，或两个测站对一颗卫星的同时观测量，或一个测站对一颗卫星在两个历元里的观测量之间求差。其目的在于消除有关公共误差项，以提高定位精度。GPS 差分定位技术是目前非特许用户广泛采用的最经济有效的措施之一，它能有效地减弱相关误差的影响，显著地提高定位精度。

（3）开发卫星导航多模接收机。目前除了美国的 GPS，还有俄罗斯的 GLONASS、正在发展的 Galileo 系统和我国的北斗卫星导航系统等。各类卫星导航系统在定位原理等方面与 GPS 是相似的，故研制 GPS/GLONASS、GPS/Galileo、GPS/北斗等多模的兼容性接收机是可行的，并已受到各国的广泛重视，这种接收机不仅增加了可观测卫星的数目，改善了可观测卫星的几何分布，而且增强了用户定位导航的精确性、可靠性和安全性。

（4）研制、建立独立自主的卫星定位系统。根本摆脱美国的 GPS 限制性政策的方法是建立独立自主的卫星定位系统。迄今为止，一些国家和地区正在发展自己的卫星定位系统，比如上述 GLONASS、欧洲航天局（ESA）曾规划和发展的一种以民用为主的卫星定位系统 NAVSAT、正在实施的 Galileo 系统以及我国的北斗卫星导航系统等。

1.3 GLONASS 全球定位系统

1.3.1 GLONASS 空间部分

GLONASS 由苏联于 1976 年开始研究规划，于 1996 年建成并正式投入使用，现由俄罗斯国防部控制。GLONASS 的空间星座部分中，23 +1 颗为工作卫星，1 颗为备用部分。卫星分布在 3 个等间隔的椭圆轨道面内，每个轨道面上分布 8 颗卫星，同一轨道面上的卫星间隔 45°。卫星轨道面相对地球赤道面的倾角为 64.8°，轨道偏心率为 0.001，每个轨道平面的升交点赤经相差 120°。卫星平均高度为 19 100 km，运行周期为 11 h 15 min。由于 GLONASS 卫星的轨道倾角大于 GPS 卫星的轨道倾角，所以在高纬度（50°以上）地区的可见性较好。在星座完整的情况下，在全球任何地方、任意时刻最少可以观测到 5 颗卫星。GLONASS 星座及其平面投影如图 1 –4 所示。

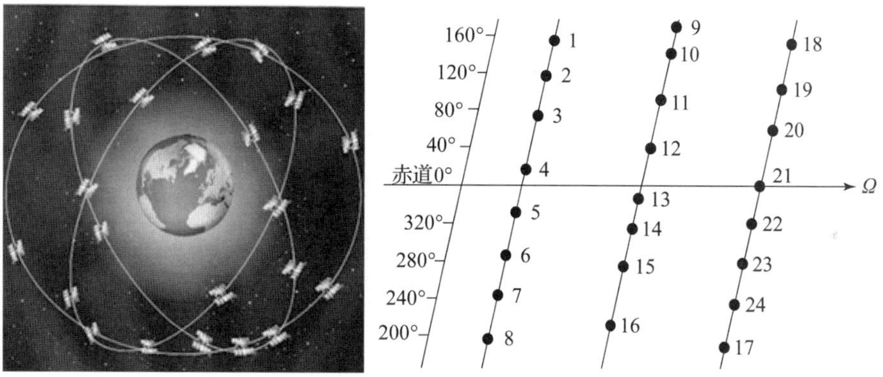

图 1 –4 GLONASS 星座及其平面投影

GLONASS 提供两种类型的导航服务：标准精度通道（CSA）和高精度通道（CHA）。CSA 类似于 GPS 的 SPS，主要用于民用。CHA 类似于 GPS 的 PPS，主要用于特许用户。GLONASS 的导航精度比 GPS 的导航精度低，但它的主要好处是没有 SA 干扰，民用精度优于加 SA 的 GPS。

GLONASS 在 1996 年年初正式投入运行，但 GLONASS 卫星寿命较短，原来在轨卫星陆续退役，前一时期由于经济困难无力补网，使 GLONASS 无法维持系统的正常工作。1998 年 2 月只有 12 颗卫星正常工作，2000 年时仅有 6 颗卫星工作。随着全球定位系统的重要性日益提高，俄罗斯也提出了 GLONASS 的现代化改造计划，着手健全和发展 GLONASS。改进型的 GLONASS – M 卫星增加了第二民用频率，卫星寿命可达 7 年；第三代 GLONASS – K 卫星将增加用于生命安全的第三民用频率。2009 年 8 月在轨卫星已达 19 颗，可以覆盖俄罗斯全境，近期星座卫星将增加至 30 颗，其目标是保持与 GPS/Galileo 系统的兼容性。

GLONASS – K 系列代表了 GLONASS 星座中最新一代的航天器。它包括两个子系列，即较轻的 GLONASS – K1 卫星和较重的全功能 GLONASS – K2 卫星。2011 年和 2014 年发射了两颗 GLONASS – K1 卫星。2016 年 2 月，第二颗 GLONASS – K1 卫星被引入星座以正常运行，而第一颗 GLONASS – K1 卫星仍保留，用于测试目的。GLONASS – K2 卫星的建造和部署计划将在 21 世纪下半叶进行。

GLONASS – K 卫星是第一个使用无压有效载荷和服务模块的卫星。它建立在由 ISS Reshetnev（前身为 NPO PM）为各种地球同步通信和中继卫星开发的 Express – 1000K 航天器总线之上。箱形结构由轻质蜂窝板组成，热管用于热控制。GLONASS – K1 卫星的质量为 935 kg，仅为其前代卫星质量的 2/3，这为发射器的选择提供了更大的灵活性。

尽管太阳能电池板的尺寸（17 m^2）比以前所有的卫星都小，但使用先进的砷化镓太阳能电池可以实现高电功率（1.6 kW）。其 10 年的设计寿命大大长于前几代卫星的设计寿命，并有助于顺利和无中断的 GLONASS 服务。GLONASS – K1 卫星的原子频率标准包括两个铯钟和两个铷钟。除了 L1 和 L2 上开放和授权服务的传统 FDMA 信号外，所有 GLONASS – K1 卫星都传输 CDMAL3 开放服务信号（L3OC）。预计 GLONASS – K1 + 卫星和更大的 K2 卫星的增强版本将支持 L2 以及随后的 L1CDMA 信号。

除了核心导航有效载荷外，GLONASS – K 卫星还配备了用于数据交换和测距的无线电交叉链路、光学交叉链路、遇险警报检测和路由系统以及光学机载系统，用于同时进行双向和单向激光测距和校准（和远程时钟同步）。典型的 GLONASS 卫星如图 1 – 5 所示。

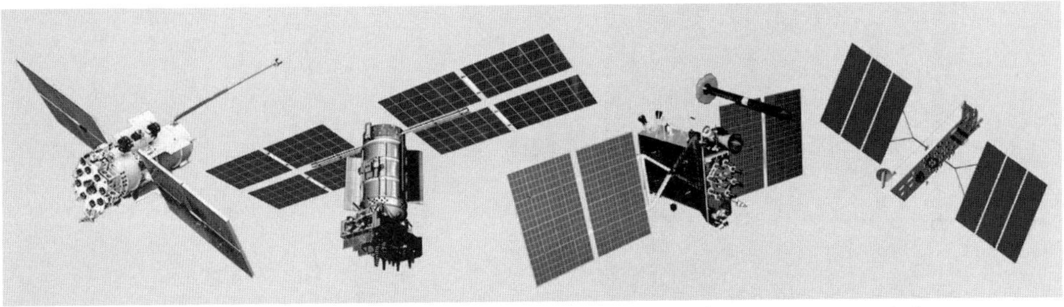

（a）　（b）　（c）　（d）

图 1 – 5　典型的 GLONASS 卫星

（a）GLONASS；（b）GLONASS – M；（c）GLONASS – K1；（d）GLONASS – K2

GLONASS 最初的设计目的是满足苏联的国防需要，目前它的目标已经发展为向全球范围内的用户提供海、陆、空和近地空间范围内的连续导航定位和授时服务。俄罗斯政府已经将 GLONASS 向全球用户开放，并公开了其导航信号和控制多星座组合导航定位算法研究接口，为其在世界范围内的广泛应用提供了便捷。GLONASS 的公开化打破了美国在卫星导航领域一统天下的局面。对于民用用户来说，GLONASS 不但可以单独用来获取定位和导航服务，还可以用来与 GPS 结合，同时利用两个系统的信息来提高定位精度，增强系统的可靠性。

1.3.2　GLONASS 地面部分

由于苏联不像美国一样拥有全球范围内的跟踪和监测网，所以 GLONASS 的卫星监控站只能在其国土范围内进行监控。另外，GLONASS 还需要提供全球范围内精度均匀的导航能力。为了解决这两者之间的矛盾，在 GLONASS 卫星的星座设计中，使卫星在一个恒星日绕地球运行 2.125 周，如果某一轨道面上 A 位置的卫星在某天的某一时刻穿过赤道面，则相邻位置（A -45°）的卫星将在第二个恒星日的同一时刻穿过赤道面。在每一个恒星日，地球自转 360°，所以在一个固定的观测站的同一个方位、同一高度上，每天可以观测一个轨道面的一颗卫星通过。这样的设计使一个区域性的地面控制部分完全可以监测和控制所有卫星，从而实现对整个系统的控制和维护。

地面部分是提供系统操作和最终 GLONASS 性能的 GLONASS 架构的重要组成部分。系统控制和任务控制功能之间没有正式的划分。卫星升空后的所有操作程序均由航空航天防御部队（ASDF）执行。GLONASS 的地面系统由位于莫斯科的卫星控制中心（SCC）、分布在俄罗斯全境内的指令跟踪站（CTS）网和量子光学跟踪站（QOTS）组成。CTS 为 St. PeterBurg、Ternopol、Eniseisk、Komsomolskna - Amure 等 4 个。每个 CTS 站内都有高精度时钟和激光测距装置，它的主要功能是跟踪观测 GLONASS 卫星，进行测距数据采集和监测。系统控制中心的主要功能是收集和处理 CTS 采集的数据。最后由 CTS 将 GLONASS 卫星状态、轨道参数和其他导航信息上传至卫星。

GLONASS 地面部分的主要功能包括：支持发射和早期轨道阶段（LEOP）的运行，进行卫星调试并将其转移到专用轨道位置，遥测监测，指挥和控制，任务规划和星座保持，卫星寿命结束时的维护和退役工作，监测地面资产状态，生成轨道和时钟数据，将导航数据上传到卫星，改进卫星动力学模型，监测 GLONASS 导航、定位和授时性能，为民间机构的外部接口提供服务等。

1.3.3　GLONASS 用户部分

与 GPS 接收机类似，GLONASS 接收机同样用来接收卫星发出的信号并测量其伪距和速度，同时从卫星信号中选出并处理导航电文。GLONASS 接收机的计算机对所有输入的数据进行处理后，推算出位置、速度、时间等信息。

GLONASS 工作基于单向伪码测距原理，与 GPS 信号的分割体制不同。GLONASS 使用 FDMA（频分多址）扩频体制区分不同的卫星，即不同 GLONASS 卫星发射频率不同的信号，但所有卫星信号上调制的伪随机码都相同；而 GPS 采用码分多址（CDMA）方式，所有卫星都使用相同的频率，而在载波上调制的伪随机码随卫星的不同而不同。由于 GLONASS 的信号接收技术比较复杂，增大了 GLONASS 接收机开发的难度，因此与 GPS 相比，生产 GLONASS 接收机的厂家较少，其相应的市场占有率较低，从而影响了 GLONASS 的广泛应用。

GLONASS 的用户端设备即 GLONASS 用户接收机。用户通过 GLONASS 用户接收机同步、追踪 4 颗及以上卫星，通过接收的信号计算出导航者位置坐标值、时间等。实际应用中一般设计为能同时接收 GLONASS、GPS 卫星信号，GLONASS 用户接收机可以单独使用 GLONASS 卫星信号定位，也可与 GPS 组合使用定位。结合 GPS 与 GLONASS，对精度提升和整体性改善都是一个很好的选择。相对于单一的设备，GLONASS/GPS 组合定位用户接收机的优势如下。

（1）改善精度因子。由于结合 GPS 与 GLONASS 卫星，可视卫星数量增加，几何关系改善，可降低精度因子，也可提高定位精度。

（2）避免地形遮蔽影响。对于城市峡谷或山区而言，可视卫星数量可能少于 4 颗而导致无法定位。若结合 GPS 与 GLONASS，可克服地形遮蔽的影响。

（3）增强整体性。由于有了更多可视卫星，导航者在进行自主式侦测时，可以较容易地侦测与分辨异常现象，增强了整体性。

（4）增强妥善性。结合了 GPS 与 GLONASS 后，导航者的正常动作相对不会受到某颗卫星异常的影响，较容易取得持续的服务与较高的妥善率。

1.4 Galileo 卫星导航定位系统

1.4.1 Galileo 系统空间部分

Galileo 是欧盟和欧洲航天局共同负责的民用卫星导航服务行动计划，Galileo 系统是一个全球性的导航服务系统，是继美国现有的 GPS 及俄罗斯的 GLONASS 外，第三个可供民用的卫星导航定位系统，也是世界上第一个基于民用的全球卫星导航定位系统。Galileo 计划于 2002 年 3 月正式启动，已分别于 2005 年 12 月和 2008 年 4 月发射了两颗在轨试验卫星 GLOVE - A 和 GLOVE - B，目前处于空间段和地面段部署阶段，即将进行系统运行。随着 Galileo 计划的研制和发展，国际上不断有国家参与其中，包括中国、以色列、乌克兰、印度、韩国等国都已经与欧盟签署了合作协议。

Galileo 星座由均匀分布在 3 个轨道上的 30 颗中轨道 MEO（卫星）构成，其中每个轨道面上有 10 颗卫星，9 颗为正常使用卫星，1 颗为备用卫星。卫星的轨道高度为 23 222 km，轨道倾角为 56°，卫星运行周期约为 14 h。卫星设计寿命为 20 年，将携带导航用有效载荷，以及搜救用收发异频通信设备。卫星载荷中将包括多项当代最先进、最精密的仪器，例如高性能原子钟、代表目前世界最高性能的天线等。Galileo 系统将提供 5 种服务，包括公开服务（OS）、商业服务（CS）、生命安全服务（SoL）、公共特许服务（PRS）以及搜寻救援服务（SAR），不同类型的数据是在不同的频带上发射的。Galileo 星座及其在轨试验卫星如图 1 - 6 所示。

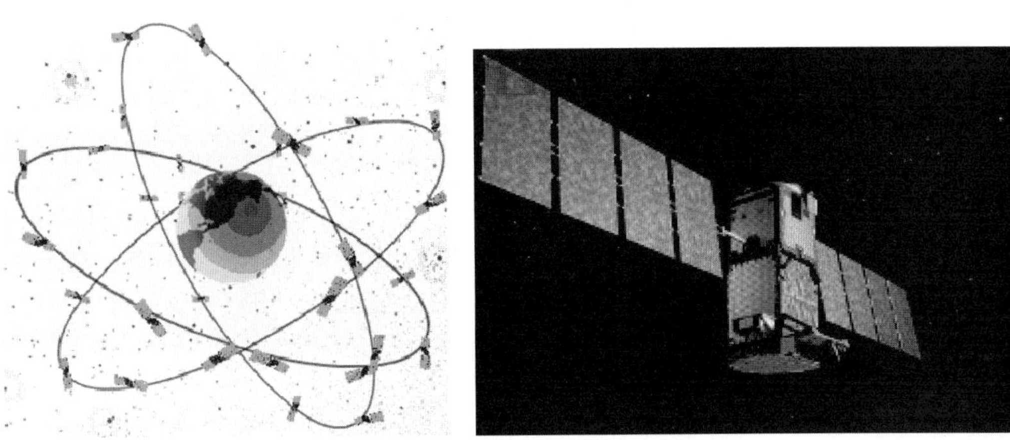

图 1 - 6 Galileo 星座及其在轨试验卫星

1.4.2　Galileo 系统地面部分

Galileo 系统的地面段是连接空间星座部分和用户部分的桥梁，它的主要任务是进行卫星的导航控制和星座管理，为用户提供系统完好性数据的监测结果，保障用户安全、可靠地使用 Galileo 系统提供的全部服务。主要地面部分的基础设施如下。

（1）主控中心（GCC）。共有 2 个，均位于欧洲，主要功能是卫星星座控制、卫星原子钟同步、所有内部和外部数据完好性信号的处理和分发。2 个主控中心既相互独立，又互为备份，以应对突发情况的影响。

（2）传感器监测站（GSS）。全球共分布 29 个传感器监测站，它们通过接收卫星信号和进行被动式测距进行定轨、时间同步和完备性监测，同时对系统所提供的服务进行监管。

（3）上行站（ULS）。全球共有 10 个上行站，每个上行站最多备有 4 个 C 波段的蝶形天线，以实现完备性数据的实时分发。其主要功能是通过 C 波段上行注入更新的导航数据、完备性数据、搜索和救援信号，以及其他与导航有关的信号。

（4）遥测、跟踪和指令站（TTC）。负责控制 Galileo 卫星和星座，共有 5 个，分布于全球。

（5）全球网络。由天基和陆基的专用线路或租用线路组成一个全球互连的高性能通信网络，实现地面基础设施间的通信。

（6）其他地面管理和支持设施。包括管理中心、服务中心、外部区域完好性系统等设施，其主要工作是：管理星座、计划卫星补网发射、进行 Galileo 系统的改进、向地面站提供安全保障、评估系统服务性能、检查系统操作运行中的异常、进行工作人员培训、进行仿真与试验、提供面向通用协调时的界面、提供地球方位的参数、提供太阳系主要行星星历表、验证系统改进等。

1.4.3　Galileo 系统用户部分

Galileo 系统用户部分主要由导航定位模块和通信模块组成，包括用于飞机、船舰、车辆等载体的各种用户接收机。由于 Galileo 系统尚未建成，目前市场上还没有商品化的用户设备。Galileo 计划中专门安排了“用户部分设计和性能”的研究工作，其内容包括一系列标准：Galileo 系统的坐标系统和时间系统标准、多星座组合导航坐标框架及时间系统标准格式、空间信号接口规范、接收机导航定位输出格式、差分信号格式。根据以上标准，Galileo 系统的用户设备正在研制中。

从 Galileo 系统提供的多种应用与服务的模式来考虑，其用户接收机的设计和研制分为高、中、低三个档次。低档 Galileo 用户接收机一般只接受 Galileo 系统的免费单频信号，中档 Galileo 用户接收机可接受双频商业服务信号；高档 Galileo 接收机计划可兼容 Galileo 系统/GPS/GLONASS 的信号，从而获得更高的定位精度，保障导航和定位信息的安全性、完好性和连续性。

1.5　北斗卫星导航系统

1.5.1　发展计划

北斗卫星导航系统，是我国正在实施的自主发展、独立运行的全球卫星导航系统。该系统的建设目标是：建成独立自主、开放兼容、技术先进、稳定可靠的覆盖全球的北斗卫星导航系统，促进卫星导航产业链形成，形成完善的国家卫星导航应用产业支撑、推广和保障体系，推动卫星导航在国民经济社会各行业的广泛应用。

北斗计划于1983年首次提出，其初衷是为中国海上船只提供导航服，该计划原来被称为双星定位通信系统。北斗计划在1986年进入高级研究阶段，1994年国家正式批准研制建设我国的北斗一号卫星导航系统。该系统由3颗（1颗为在轨备份）轨道高度为36 000 km的静止轨道卫星和地面系统组成。2000年10月和12月，我国两次分别成功发射了第一颗和第二颗北斗导航试验卫星，为我国的北斗卫星导航系统建设奠定了基础。2003年5月成功发射了第三颗备用北斗导航试验卫星，该三颗卫星构成的导航系统被称为“北斗一号”。北斗一号卫星导航系统为全天候、全天时提供卫星导航信息的区域导航系统，主要为公路、铁路交通及海上作业等领域提供导航定位服务。

2007年4月发射的第五颗北斗卫星开启了中国第二代北斗卫星导航系统的建设阶段，被称为“北斗二号”。2010年1月—2011年4月期间共成功发射了6颗北斗二号导航卫星，其在2012年具备了覆盖亚太地区的定位、测速、授时以及短报文通信服务能力。

2009年，我国启动北斗三号卫星导航系统的建设，根据北斗卫星导航系统建设总体规划，完成30颗卫星发射组网，全面建成北斗三号卫星导航系统，建成覆盖全球的北斗卫星导航系统。建设成的北斗卫星导航系统空间段将由5颗静止轨道卫星和30颗非静止轨道卫星组成，提供两种服务方式，即开放服务和授权服务（属于第二代系统）。开放服务是在服务区免费提供定位、测速和授时服务，定位精度为10 m，授时精度为50 ns，测速精度为0.2 m/s。授权服务是向授权用户提供更安全的定位、测速、授时和通信服务以及系统完好性信息。

2017年11月，由中国空间技术研究院研制的我国北斗三号首批组网MEO卫星以“一箭双星”方式在西昌卫星发射中心发射升空。2颗卫星成功入轨，标志着我国北斗卫星导航系统建设工程开始由北斗二号卫星导航系统向北斗三号卫星导航系统升级，北斗三号卫星组网建设迈出了坚实的第一步，北斗卫星导航系统工程进入了新时代。北斗三号卫星导航系统按照国家“一带一路”、战略性新兴产业规划、信息化发展战略纲要、“中国制造2025”等国家政策规划，于2018年率先在“一带一路”区域提供导航定位授时服务。2020年完成了以“3GEO+31GSO+24MEO”混合星座、地面系统、应用工程为核心的工程建设，实现北斗卫星导航系统与其他行业领域的融合发展。

1.5.2 北斗一号卫星导航系统

北斗一号卫星导航系统是利用地球同步卫星为用户提供快速定位、简短数字报文通信和授时服务的一种全天候、区域性的卫星定位系统，它由2颗地球静止卫星、1颗在轨备份卫星、中心控制系统、标校系统和各类用户机等部分组成。其覆盖范围是北纬5°~55°，东经70°~140°的地区。其定位精度为水平精度100 m，设立标校站之后为20 m（类似差分状态）。其工作频率为2 491.75 MHz。该系统能容纳的用户数为每小时540 000户。北斗一号卫星导航系统示意如图1-7所示。

北斗一号卫星导航系统的基本原理是采用三球交会测量，利用2颗位置已知的地球同步轨道卫星为两球心，以两球心至用户的距离为半径作两球面，另一球面是以地心为球心，以

图1-7 北斗一号卫星导航系统示意

用户所在点至地心的距离为半径的球面，3个球面的交会点就是用户位置。这种导航定位方式与GPS、GLONASS所采用的被动式导航定位相比，虽然在覆盖范围、定位精度、容纳用户数量等方面存在明显的不足，但其成本低廉，系统组建周期短，同时可将导航定位、双向数据通信和精密授时结合在一起，使系统不仅可全天候、全天时提供区域性有源导航定位，还能进行双向数字报文通信和精密授时。另外，当用户提出申请或按预定间隔时间进行定位时，不仅用户能知道自己的测定位置，而且其调度指挥或其他有关单位也可掌握用户所在位置，因此特别适用于需要导航与移动数据通信相结合的场合，如交通运输、调度指挥、搜索营救、地理信息实时查询等，而其在救灾行动中所起的作用尤为明显。

北斗一号卫星导航系统的地面中心控制系统主要由信号收发分系统、信息处理分系统、时间分系统、监控分系统和信道监控分系统等组成，其主要任务是：产生并向用户发送询问信号（出站信号）和标准时间信号，接收用户响应信号（入站信号）；确定卫星实时位置，并通过出站信号向用户提供卫星位置参数；向用户提供定位和授时服务，并存储用户有关信息；转发用户间通信信息或与用户进行报文通信；监视并控制卫星有效载荷和地面应用系统的状况；对新入网用户接收机进行性能指标测试与入网注册；根据需要临时控制部分用户接收机的工作和关闭个别用户接收机；根据需要对标校机有关工作参数进行控制等。

用户终端部分由信号接收天线、混频和放大部分、发射装置、信息输入键盘和显示器等组成。其主要任务是接收中心站经卫星转发的询问测距信号，经混频和放大后注入有关信息，并由发射装置向2颗（或1颗）卫星发射应答信号。根据执行任务的不同，用户终端分为通信终端、卫星测轨终端、差分定位标校站终端等。

1.5.3 北斗二号卫星导航系统

北斗二号卫星导航系统（BD2、Beidou-2）是中国独立开发的全球卫星导航系统。北斗二号卫星导航系统并不是北斗一号卫星导航系统的简单延伸，它克服了北斗一号卫星导航系统存在的缺点，提供海、陆、空全方位的全球导航定位服务，类似于美国的GPS和欧洲的Galileo系统。2012年4月，我国在西昌卫星发射中心成功发射“一箭双星”，用“长征三号乙”运载火箭将我国第十二颗、第十三颗北斗卫星导航系统组网卫星顺利送入太空预定转移轨道。

北斗二号卫星导航系统于2004年开始建设，于2012年建成。北斗二号卫星导航系统更完善，服务范围更大。北斗二号卫星导航系统的服务范围为整个亚太地区，它包含5颗地球静止轨道（EGO）卫星、5颗倾斜地球同步轨道（IGSO）卫星、4颗MEO卫星，并视情况部署在轨备份卫星。GEO卫星轨道高度为35 786 km，分别定点于东经58.75°、80°、110.5°、140°和160°；IGSO卫星轨道高度为35 786 km，轨道倾角为55°；MEO卫星轨道高度为21 528 km，轨道倾角为55°。北斗二号卫星导航系统星座示意如图1－8所示。

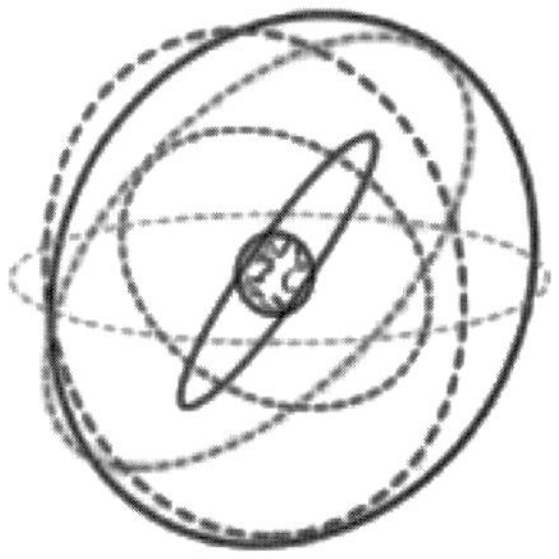

图1－8　北斗二号卫星导航系统星座示意

北斗二号卫星是无源导航卫星，不同于北斗一号有源导航卫星，它可以为需要导航的用户带来极大的安全。“北斗二号”相比于“北斗一号”最显著的提升是增加了被动定位功能。“被动定位”是指持有终端设备的用户无须向卫星发射定位请求，而是可以直接通过卫星发射的信号定位，因此不存在占用卫星信号带宽的问题。这意味着我国北斗卫星导航系统的用户数量将与采用被动定位的美国GPS一样没有数量限制，用户群大大增加。

1.5.4　北斗三号卫星导航系统

北斗三号卫星导航系统于2009年启动，于2015年发射新一代的北斗导航试验卫星，完成了北斗三号卫星导航系统新体制、新技术、关键技术和国产化产品等试验验证。北斗三号（全球）卫星导航系统星座是在北斗二号（区域）卫星导航系统的基础上，利用“3GEO＋3IGSO＋24MEO”卫星组成的混合星座（图1－9），通过导航信号体制改进，提高星载原子钟性能和测量精度，建立星间链路等技术，实现全球服务、性能提高、业务稳定和与国际上其他GNSS系统兼容互操作等目标。同时，它还保证了北斗二号特色服务和区域系统的平稳过渡。

北斗三号卫星导航系统经更新后，系统空间星座由3颗GEO卫星、3颗IGSO卫星和24颗MEO卫星组成，并视情况部署在轨备份卫星。GEO卫星轨道高度为35 786 km，分别定点于东经80°、110.5°和140°；IGSO卫星轨道高度为35 786 km，轨道倾角为55°；MEO卫星轨道高度为21 528 km，轨道倾角为55°。北斗卫星导航系统空间星座将从北斗二号逐步过渡到北斗三号，在全球范围内提供公开服务。

北斗三号卫星导航系统继承有源服务和无源服务两种技术体制，为全球用户提供定位导航授时、全球短报文通信和国际搜救服务，同时可为中国及周边地区用户提供星基增强、地基增强、精密单点定位和区域短报文通信等服务。北斗三号卫星导航系统将在全球范围内提供连续稳定可靠的RNSS，在我国及周边地区提供RDSS以及位置报告/短报文通信、星基增强、功率增强等特色业务服务。在全球范围内定位精度将满足水平优于4 m、高程优于6 m的要求。

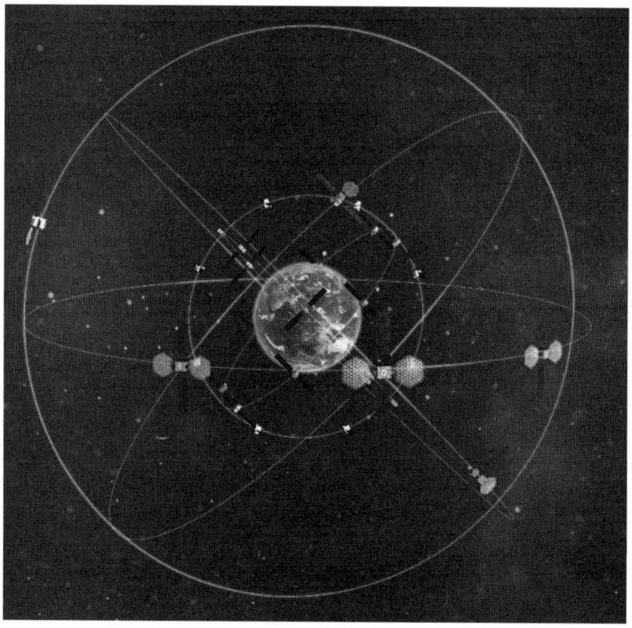

图1-9 北斗三号卫星导航系统星座示意

北斗三号卫星下行导航信号在继承和保留部分北斗二号卫星导航系统导航信号分量的基础上，采用了以信号频谱分离、导频与数据正交为主要特征的新型导航信号体制设计，设计优化调整信号分量功率配比，提高下行信号等效全向辐射功率（EIRP）值，实现了信号抗干扰能力、测距精度等性能的显著提升，改善了导航信号的性能，并且提高了导航信号的利用效率和兼容性、互操作性。同时，北斗三号卫星导航系统具备下行导航信号体制重构能力，可根据未来发展和技术进步需要进一步升级改进。

北斗三号卫星导航系统既保留有北斗二号区域系统 Bl、B3 采用的 QPSK 调制信号，同时在全球服务范围内新增了 B1C 公开信号，并对 B2 信号进行了升级，采用新设计的 B2a 信号替代原 B2I 信号，实现了信号性能的提升。

B1C 信号是北斗三号卫星新增的公开服务信号，具有与 GPS/Galileo 系统互操作的能力，位于 Bl 频点（1 575.42 MHz），适用于民用单频用户，包括导频和数据 2 个信号分量。其中，导频分量采用 QMBOC（6，1，4/33）调制方式，不传递数据信息，仅用于测距导航，具有更强的抗干扰捕获跟踪特性，有利于改善用户在弱信号和干扰条件下的使用体验；数据分量采用 BOC（1，1）调制方式，具有 50 bit/s 的信息速率，基本电文信息和完好性信息调制在数据分量上以 B-CNAV1 电文格式面向用户播发，符号速率为 100 符号/秒，播发周期为 18 s。

B2a 信号（1176.45 MH）是北斗三号卫星在 B2 频点新增的公开服务信号，便于民用双频用户使用，同样包括导频和数据两个信号分量。它采用 QPSK（10）调制方式，通过数据分量以 200 符号/秒的符号速率按照 B-CNAV2 电文格式播发基本电文信息和完好性信息，播发周期为 3 s。B2a 信号同样可以与 GPS/Galileo 系统导航信号兼容互操作。

北斗三号卫星导航系统为了保持位置和时间基准的精度，需要地面站不间断地对在轨卫星进行精密定轨和时间同步。由于我国在海外建站存在一些限制及不确定因素，国内测量观测站对导航星座中的卫星测量观测弧段无法满足连续、均匀和不间断的测量要求，MEO卫星测量观测弧段有时只能达到1/3。

北斗三号卫星导航系统建立了稳定可靠的星间链路，通过星间链路相互测距和校时，实现了多星测量，增加了观测量，改善了卫星在轨自主定轨的几何观测结构。它利用星间测量信息自主计算并修正卫星的轨道位置和时钟系统，实现星地联合精密定轨，支持提高卫星定轨和时间同步的精度，提高整个系统的定位和服务精度。它通过星间和星地链路，实现对境外卫星的监测、注入等功能，实现对境外卫星“一站式测控”的测控管理。

北斗三号卫星导航系统星间链路主要包括相控阵天线、星间收发信机及相应网络协议等控制管理软件。星间收发信机采用时分双工体制，接收和发射采用相同的中心频点。相控阵天线为收发共用天线，发射和接收同频分时工作，根据接收的星间收发信机分时收发控制信号和指向角度输入值，完成星间测量信号和传输数据的分时收发以及信号波束扫描，具备在轨幅相校正和时延校正功能。星间收发信机接收天线信号，利用其测距支路完成星间伪距测量；根据链路星间拓扑关系和既定时隙表，利用其数传支路进行星间信息转发。星间链路网络采用时分多址（TOMA）的通信方式，通过网络协议等控制管理软件，建立测量与通信网络的拓扑结构和数据路由控制。网络协议、路由控制、信息处理、测量通信等控制管理软件具备在轨重构能力。在地面站不支持的情况下，北斗三号卫星导航系统将实现60天自主导航服务功能，定位精度可达到15 m的要求。

同时，北斗三号卫星采用了交互支持的信息融合技术，卫星在轨正常工作运行时采用S频点实现星地测控，采用L频点实现星地双星时间比对及RNSS业务的上行注入运行控制管理，采用Ka频点实现星间测距及通信。经过对整星信息流的梳理分析，采用星上信息数据融合设计，打通了功能相对独立链路之间的信息通道，通过网络协议约定，实现了卫星S、L、Ka频点之间的信息数据交互备份，拓展了卫星的上行能力，提高了系统可靠性。

对于L运控上行链路和S星地测控链路之间的信息通道，北斗三号卫星可自动识别S/L互备信息，并按照上注信息要求实现对L和S上注信息的正确分发使用，增加了上行注入的备份信息通道；对于Ka上注通道，通过将卫星和地面站作为统一的建链目标进行统一规划设计，实现星间和星地信息的互传，可作为S和L频点的应急上注通道使用。同时，在信息帧格式设计时也充分考虑了Ka频点和S/L频段的信息格式统一性，减少了复杂的格式转换。

北斗卫星导航系统采用北斗坐标系（BeiDou Coordinate System，BDCS）。BDCS的定义符合国际地球自转服务组织（IERS）规范，与2000中国大地坐标系（CGCS2000）定义一致，具体如下。

1）原点、轴向及尺度定义

原点位于地球质心。

Z 轴指向IERS定义的参考极（IRP）方向。

X 轴为IERS定义的参考子午面（IRM）与通过原点且同 Z 轴正交的赤道面的交线。

Y 轴与 Z、X 轴构成右手直角坐标系。

长度单位是国际单位制（SI）米（m），这一尺度同地心局部框架的地心坐标时（TCG）时间坐标一致。

在1984.0时初始定向与国际时间局（BIH）1984.0时的定向一致。

定向随时间的演变使整个地球的水平构造运动无整体旋转。

2）参考椭球定义

BDCS 参考椭球的几何中心与地球质心重合，参考椭球的旋转轴与 Z 轴重合。BDCS 参考椭球定义的基本常数如下。

长半轴：$a = 6\ 378\ 137.0$ m。

地心引力常数（包含大气层）：$\mu = 3.986\ 004\ 418 \times 1\ 014\ \mathrm{m^3/s^2}$。

扁率：$f = 1/298.257\ 222\ 101$。

地球自转角速度：$\dot{\Omega}_e = 7.292\ 115\ 0 \times 10^{-5}$ rad/s。

北斗卫星导航系统的时间基准为北斗时（BDT）。BDT 采用国际单位制秒（s）为基本单位连续累计，不闰秒，起始历元为 2006 年 1 月 1 日协调世界时（UTC）00 时 00 分 00 秒。BDT 通过 UTC（NTSC）与国际 UTC 建立联系，BDT 与国际 UTC 的偏差保持在 50 ns 以内（模 1 s）。BDT 与 UTC 之间的闰秒信息在导航电文中播报。

1.6 卫星导航增强系统

1.6.1 卫星导航增强措施

卫星导航系统的性能可以从它的精度、完好性、连续性和可用性等几个方面进行评价。精度是指卫星导航系统为运载体所提供的位置和运载体当时真实位置的重合度；完善性是指当卫星导航系统发生任何故障或误差超过允许限值时，它及时发出报警的能力；连续性是指卫星导航系统在给定的使用条件下在规定的时间内以规定的性能完成其功能的概率；可用性是指卫星导航系统能为运载体提供可用的导航服务的时间的百分比。

GNSS 相比于其他卫星导航系统，虽然具有无法比拟的全球覆盖、全天候、高精度等诸多优点，但在诸如民用航空等一些领域还不能完全单独使用。其技术原因是卫星导航在精度、完善性、连续性及可用性等方面还未完全满足所有航空飞行阶段的需求。因此，改善 GNSS 性能的增强系统也就应运而生。卫星导航增强措施主要如下。

（1）精度的增强。主要采用差分技术，包括局域差分和广域差分。其概念的提出最早是基于 GPS 的，分别称为局域差分 GPS（LADGPS）、广域差分 GPS（WADGPS）。随着各种 GNSS 的出现，LADGPS 和 WADGPS 技术同样适用于 GNSS，在本书中分别称为 LADGNSS 和 WADGNSS。

①LADGNSS 技术是在已知精确位置的参考站测量卫星的伪距值，再通过卫星星历和参考站的已知位置计算出伪距计算值，计算两者之差（称为差分改正数据），然后通过数据链路将其发送给用户，用户利用这些差分数据改正相应的伪距观测值，可以得到较高精度的定位结果。LADGNSS 技术是基于参考站与用户对 GNSS 卫星的同步、同轨跟踪，利用局部地区误差的强相关性来提高定位精度。通过伪距差分，定位精度可以达到 5 ~ 10 m，采用相位平滑伪距，定位精度能达到 1 ~ 5 m，在作用距离不大于 30 km 的范围内，利用载波差分可以得到厘米级精度，即使准载波差分也可得到分米级精度。LADGNSS 技术的缺点是，随着基准站和用户的间距增大，二者误差的相关性会减弱，用户定位精度将迅速降低，因此 LADGNSS 的作用范围较小，一般在 150 km 之内。

②WADGNSS 技术的基本思想是通过一定数量的地面参考站，对 GNSS 观测量的误差源

加以区分，并对每一个误差源加以模型化，然后将计算出来的每一个误差源的修正值通过数据通信链广播给用户，对 GNSS 用户接收机的观测值误差加以改正，以改善用户定位精度。WADGNSS 技术克服了 LADGPS 技术中对参考站和用户之间时空相关性的限制，提高了较远距离下用户的定位精度及可靠性。WADGNSS 技术的特点是，利用分布广泛的多个监测站采集的观测数据，在主控站计算并分离 GNSS 定位中主要的误差源（如卫星轨道、卫星钟差、电离层延迟），然后通过数据链向广域用户实时提供这些差分改正数。WADGNSS 的覆盖范围比较大，往往在 1 000 km 以上。LADGNSS 技术和 WADGNSS 技术的区别不在于地域的广阔和局部，而在于其数据处理的思想不同。

（2）完好性的增强。主要采用监测技术来提高报警能力。实现 GNSS 完好性监测的方法，通常可以分为内部监测和外部监测。内部监测是根据 GNSS 用户接收机的冗余观测量进行完好性监测，或者根据载体内部其他传感器的辅助信息，与 GNSS 信息一起实现完好性监测。

外部监测指的是在 GNSS 之外，利用外部的地基或空基监测系统进行完好性监测，外部的监测站将监测到的 GNSS 卫星状况，以及自身的系统状态发送给用户。外部监测也可以分为局域增强系统和广域增强系统，在利用 LADGNSS 和 WADGNSS 给出误差改正数的同时，也可以给出完好性信息。

（3）可用性、连续性的增强。主要采用增加附加的测距信号来改善 GNSS 观测的几何分布。如 WADGNSS，在通过 GEO 卫星发播差分改正和完好性信息的同时，还增加了 L 波段的测距信号，进而构成 GNSS 广域增强系统（WAAS）。类似的，LADGNSS 通过在地面设置伪卫星（PL）来发射 L 波段测距信号，进而构成局域增强系统（LAAS）。

除了 WAAS、LAAS 外，还可以通过其他形式，如与多传感器融合对 GNSS 进行增强。利用 GNSS 与惯性导航系统（INS）融合来提高导航精度、完好性等性能，将在第 8 章、第 9 章深入阐述。对于 GNSS 的完好性，将在第 9 章阐述。WAAS 和 LAAS 是基于差分 GNSS 技术来提高导航性能的，下面分别介绍。

1.6.2 WAAS

WAAS 是基于 WADGNSS 技术的增强系统，是广域差分的进一步发展，它以 GEO 卫星作为数据广播链路，同时 GEO 卫星也发射 L1 测距信号，在提高精度的同时，提高系统的完好性、连续性以及可用性。

WAAS 是为美国联邦航空管理局开发覆盖北美、夏威夷以东的太平洋海域的 GPS 增强系统。它从 1994 年开始研究部署，其目的是在广大的范围内使 GPS 民用服务的精度、完好性、连续性和可用性达到民用航空 I 类精密进近的要求。

WAAS 基于地面均匀分布的 GPS 参考站网络，接收 GPS 卫星播发的导航信号，计算包括 GPS 卫星星历的修正量、时钟修正量、电离层和对流层时延修正参数在内的广域差分改正信息。主站接收送到的偏差校正参数并及时（在 5 s 或更短的时间内）发送校正信息到 WAAS 同步卫星，再向地面广播校正信息。民航用户接收校正信息后即可获得 GPS 信号在精度、完好性和可用性方面的增强服务，同时提供系统完好性和可用性检测信息，确保用户使用安全可靠、连续完好的导航定位数据。

经过近 10 年的努力，2003 年 10 月 7 日 WAAS 宣布投入试运行，具有了初始运行能力。

此时美国本土一共设25个地面广域参考站（Wide - area Reference Stations，WRS）、3个广域主站（Wide - area Master Stations，WMS）和2个地面上注站（Ground Uplink Stations，GUS）。天上采用了两颗Inmarsat - 3GEO卫星，其中一颗位于东经178°，另一颗位于西经54°。

WAAS广播的校正量一共有3种：卫星长期误差校正、卫星快速误差校正、电离层延迟校正。WAAS试运行时的服务能力为水平精度1.5 m、垂直精度3 m（95%），可实现105 m高度下的飞机进近引导。

WAAS通过3种服务来增强GNSS：一是通过已知位置的地面参考站对GNSS连续观测，经过处理形成差分矢量改正，并由GEO卫星广播给用户，以增强GNSS的定位精度；二是通过参考站对GNSS卫星及其差分改正的数据质量进行监测，以增强GNSS的完好性；三是GEO卫星附加L波段测距信号，以增强GNSS的可用性和连续性。

WAAS的基本组成包括空间部分、地面部分、数据链路以及用户部分，其数据处理工作应在参考站、中心站及用户各组成部分分别进行。WAAS组成示意如图1 - 10所示，各组成部分说明如下。

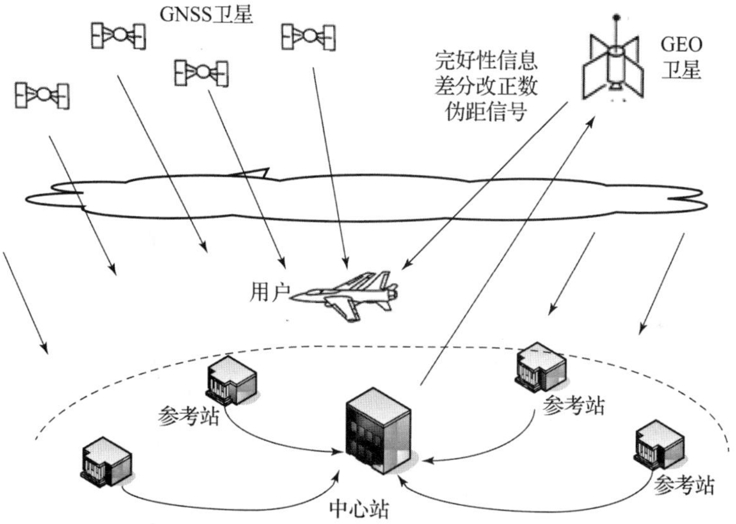

图1 - 10　WAAS组成示意

（1）空间部分：包括GNSS卫星和GEO卫星。其中GNSS卫星发射导航定位信号；GEO卫星用于转发广域差分改正信息和完好性监测信息，同时与GNSS卫星发射L波段测距信号。

（2）地面部分：包括参考站和中心站。其中参考站的主要任务是采集GNSS卫星及气象设备的观测数据，并对所采集的数据进行预处理后发送到中心站。参考站根据系统所要完成的任务和达到的性能而布设，以便能有效地确定各差分改正数，并完成对GNSS卫星完好性的监测，以及对差分改正数的误差确定。中心站由数据收发、数据处理、监控等子系统构成，担负全系统的信息收集、加工、处理、加密、广播等任务。

（3）数据链路：包括参考站与中心站之间的数据传输，以及广域差分和完好性信息的广播。前者的数据传输方式可以选择公共电话网、数据传输网或专用通信网；后者采用卫星通信的方式，按照一定的格式进行编码后发播。

（4）用户部分：指用户接收机，作为系统的终端，其主要任务是接收系统广播的差分信息，实现差分定位和导航功能，同时接收系统播发的完好性信息，实现用户端的完好性监测，提供完好性信息。

1.6.3 LAAS

LAAS是基于LADGNSS技术的增强系统，是局域差分的进一步发展。地基增强系统（Ground－Based Augmentation System，GBAS）是利用GNSS卫星导航定位、计算机、数据通信和互联网等技术，在一个城市、一个地区或一个国家，根据需求按照一定距离建立的常年连续运行的若干固定GNSS基站组成的网络系统。

GBAS作为LAAS的广义概念，其通常包含一个或多个数据处理中心，各个基准站与数据处理中心具有网络连接，数据处理中心从基准站采集观测数据，利用网络实时动态RTK定位与服务软件进行处理，然后向各种用户自动发布不同类型的卫星导航观测数据和各类型误差改正数据，提供厘米级、亚米级等增强服务。

从狭义上说，GBAS是区域完好性增强系统，一般建设在机场附近，以保障飞机精密进近和安全着陆。

LAAS根据局部地区误差的强相关性，利用局域差分技术，可以得到比WAAS更高的精度。LAAS可以应用于精度要求更高的领域，如机场范围的航空Ⅱ类、Ⅲ类精密进近。

当前单独的GNSS卫星并不能满足精密导航的需求，一方面由于卫星数量有限，并且卫星信号存在一定的故障率；另一方面由于GNSS卫星全部分布于地面上空，垂直精度因子（VDOP）较大。因此，有必要增强LADGNSS的信号源，以增强其导航应用的可用性。一种较好的方法是在地面设置少量发射源，构成LAAS，该发射源类似于GNSS卫星的功能，称为伪卫星（PL）。由于伪卫星基于地面设置，使用户的定位几何结构发生较大变化，尤其在垂直方向，使VDOP变得很小，不仅可以增加可观测的卫星数量，而且使几何性能得到较大提高，有效增强局域差分GNSS的可用性。

对于民用航空应用的LAAS，其基本组成包括机场伪卫星（APL）、地面监测站、中心处理站、甚高频（VHF）数据链路和飞机用户。LAAS组成示意如图1－11所示，各组成部分说明如下。

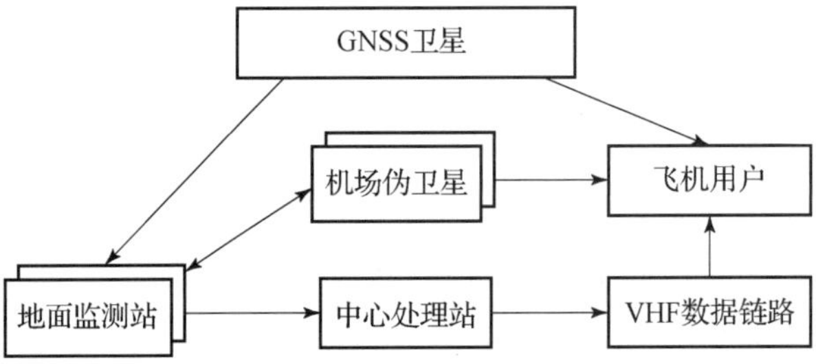

图1－11　LAAS组成示意

（1）机场伪卫星：在机场范围内安装的地面信号发射器，能发射与GNSS卫星一样的信号，其目的是提供附加的伪距信号以增强定位解的几何结构，进而提高导航可用性和导航解算精度，满足机场的需求。机场伪卫星的引入是LAAS不同于LADGNSS的最主要改进，其数量和布置方案取决于机场的跑道设计及机场的GNSS卫星几何情况。

（2）地面监测站：接收GNSS卫星和机场伪卫星信号，其数量取决于进近阶段及可用性需求，但至少应有2台接收机，以便它们产生的改正数能被比较和平均，为支持Ⅱ、Ⅲ类精密进近的连续性需求，至少需要3台接收机。

（3）中心处理站：用于接收各地面监测站传输来的观测数据，经统一处理后送往VHF数据链路。处理工作包括计算、组合来自各个地面监测站的差分改正数，确定广播的差分改正数及卫星空间信号的完好性，执行关键参数的质量控制统计，验证广播给用户的数据正确性等。

（4）VHF数据链路：包括地面监测站与中心处理站的数据传输及中心站向用户的数据广播。数据传输可以采用数传电缆；数据广播可以通过VHF波段，广播内容包括差分改正数及完好性信息。

（5）飞机用户：不仅接收来自GNSS的信号，还接收来自机场伪卫星的信号和地面监测站广播的差分改正数及完好性信息。它对GNSS观测数据进行差分定位计算，同时确定垂直及水平定位误差保护级，以决定当前的导航误差是否超限。

1.7 其他卫星导航系统

1.7.1 日本的QZSS

对于处于峡谷和具有多山地形的国家和地区，用户接收机在观测卫星时具有高仰角是非常重要的。在日本，大部分地区有很多山脉和稠密高层建筑以及狭窄道路，人们特别期待通过一种系统解决由于无线电信号传输障碍而不能观测到有效数量GPS中的在轨卫星、GPS服务性能受到影响的问题，因此日本通过政府与民间部门合作开发研制了准天顶卫星系统（Quazi－Zenith Satellite System，QZSS）。QZSS的组成如图1－12所示。

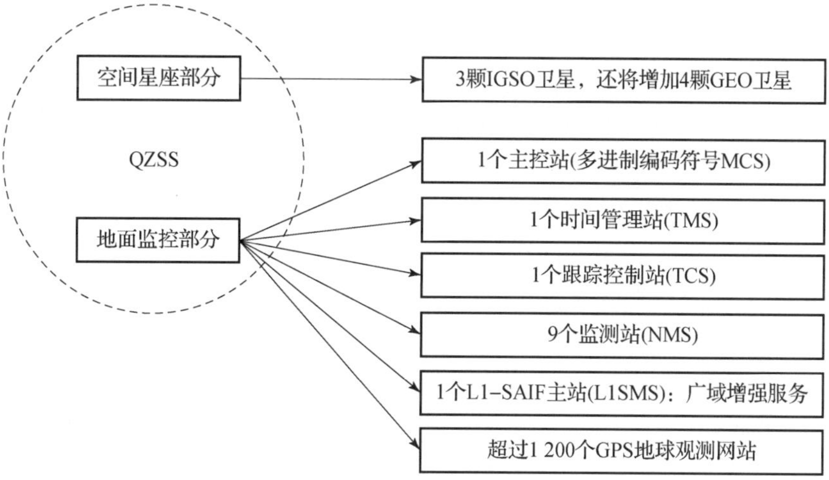

图1－12 QZSS的组成

QZSS 最初定义为一个多任务的卫星系统，通过增强 GPS 在指定区域以高观测仰角向手机用户提供通信、广播以及定位服务。同时，一旦美国的 GPS 导航信号发生中断，日本依然能够依靠 QZSS 具备独立的导航定位能力。

2010 年，日本研制并发射了 QZSS 的第一颗卫星 QZS－1。经过 1 年的在轨测试，QZS－1 成功地完成了技术确认和应用验证的任务。2017 年 7 月，日本发射了第四颗 QZSS 卫星，基本完成了 LAAS 的建立。目前，日本计划将 QZSS 卫星扩展到 7 颗，从而使 QZSS 成为类似于北斗二号卫星导航系统那样的具备独立定位和增强功能的系统。

QZSS 是由多颗高倾角轨道面的 GEO 卫星构成的卫星导航系统，具有相同的星下点轨迹。通过选定合适的偏心率和倾角，可以使 24 小时服务区内用户观测卫星最小仰角大于 70°。这对用户来说，意味着他们在任何时间，在天顶附近区域都可以高仰角接收到至少一颗 QZSS 卫星信号，这也是 QZSS 名称的由来。

QZSS 能够发射与当前的和未来的 GPS L1、L2、L5 频段上民用导航信号一样的导航信号（在中心频率、带宽、PRN 码和信息结构等方面）。这些信号将会从 QZSS 卫星发射到整个可视区域地球表面。其服务区域不仅覆盖日本周边，而且覆盖东亚和大洋洲地区。日本已经开始制定共同接口规范文件，最大限度地发挥 GPS 和 QZSS 的协作性。

QZSS 立足于改善 GPS 高仰角下的可视问题。观测卫星的仰角高，则可视卫星的覆盖区域相对较小。QZSS 的基本导航区域为东经 125°～146°、北纬 25°～45°，覆盖了日本及其邻近海域。

QZSS 由 IGSO 卫星和 GEO 卫星组合组成。其在于 2018 年完成的基本四星星座中采用了 3 颗 IGSO 和 1 颗 GEO 卫星。所有这些卫星的轨道周期为 23 h 56 min，与地球自转周期同步。因此，QZSS 能见度条件会在每一个恒星日重复。

3 颗 IGSO 卫星被放置在 3 个不同的轨道平面上，在它们各自的升交点赤经上偏移 120°。这会导致所有 3 颗卫星的地面轨迹相同，且它们的赤道穿越时间相差 1/3 的轨道周期。因此，卫星以 8 h 的间隔经过同一区域，并在高仰角保证 1 颗卫星的连续可用性。

1.7.2 印度的 IRNSS

IRNSS 是印度空间研究组织（ISRO）建立和运行独立的卫星导航系统的一项举措，该系统为该地区的用户提供服务，覆盖印度和从其地缘政治边界延伸至 1 500 km 的区域。IRNSS 也以操作名称 NavIC（印度星座导航的首字母缩写）而闻名，在梵语中意为水手/导航员。

IRNSS 标志着印度进入独立卫星导航系统领域。ISRO 是系统实现、运行和维护的关键机构，其负责建造、发射和操作导航卫星，以及建立地面支持系统。IRNSS 的建立旨在为其服务区域内的用户提供 PNT 服务。该系统旨在为其用户在其主要服务区域内提供优于 20 m（2σ）的位置精度。IRNSS 将其服务区域大致分为两个区域，其主要服务区域包括印度大陆和距离其地缘政治边界 1 500 km 范围内的区域。二级服务区在南纬 30°～北纬 50°和东经 30°～130°之间延伸。

IRNSS 空间星座部分是印度的独立区域卫星导航系统。从 2013 年 7 月发射第 1 颗 IRNSS－1A 卫星起，到 2017 年 11 月，共有 7 颗 IRNSS 卫星在轨，其中 6 颗卫星正常工作。IRNSS 的组成如图 1－13 所示。

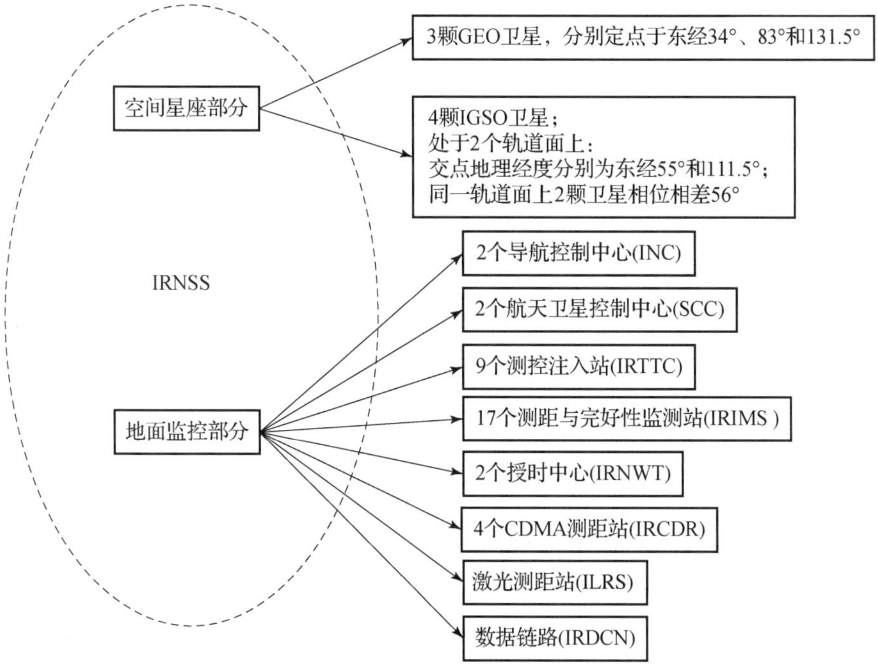

图 1-13　IRNSS 的组成

IRNSS 空间星座由 7 颗卫星组成，包括 3 颗 GEO 卫星、4 颗 IGSO 卫星。国际电信联盟通过了印度政府对星座中各卫星轨位的申请。3 颗 GEO 卫星分别定点于东经 34°、83°和 131.5°，4 颗 IGSO 卫星处于 2 个轨道面上。星下点轨迹形成两个“8”字形，交点地理经度分别为东经 55°和 111.5°，I1 与 I3 在同一轨道面上，I2 与 I4 在同一轨道面上。同一轨道面上 2 颗卫星相位相差 56°，使星下点轨迹也相差 56°。设计星座覆盖范围为东经 40°~140°和南北纬 40°，可以为用户发播单频和双频导航信号，标准服务定位精度优于 20 m。

IRNSS 的地面监控部分包括航天卫星控制中心、监测站、测控注入站、授时中心、CDMA 测距站、激光测距站、导航控制中心和数据链路等。其中 IRNSS 监测站的主要功能是接收 GEO 卫星和 IGSO 卫星数据，同时对此卫星的测距值进行修正，并将原始数据和测距修正值传送到导航控制中心。

IRNSS 导航控制中心的主要功能为计算卫星星历、卫星钟差改正参数、电离层延迟误差数以及相应的完好性信息，并将计算结果传送给上注站，然后通过 GEO 卫星广播给用户。航天卫星控制中心主要负责对在轨卫星正常工作的管理、控制和维护。CDMA 测距站和激光测距站负责采集 IRNSS 卫星测距信息，进行修正后传送到导航控制中心。IRNSS 卫星在 LSC（176.45 MHz）和 S（2 492.028 MHz）频段分别发播民用 SPS 标准服务信号和授权服务信号，提供民用双频和军用双频服务。

第 2 章

GNSS 时空参考系统

2.1 时空参考系简介

时间参考系统（时间基准）和空间参考系统（坐标系）是卫星导航中的重要概念，它们构成的时空参考系统是卫星导航的基本参考系统。卫星的轨道描述、误差源分析、接收机观测数据处理、用户位置确定等均与坐标系以及时间基准有关。

GNSS 卫星主要受地球引力的作用而绕地心旋转，与地球自转无关，为了描述 GNSS 卫星在其轨道上的运动规律，引用不随地球自转的地心坐标系是十分自然的。它是空间固定坐标系。同时，在 GNSS 定位中，观测站往往固定在地球表面，其空间位置随地球自转而运动，于是为了便于表达观测站的位置，引用与地球固联的地心坐标系也是必要的。因此，根据坐标轴指向的不同，可将坐标系划分为两大类：天球坐标系和地球坐标系。

严格说来，无论是天球坐标系还是地球坐标系，在不同的观测瞬间，其各自的坐标轴指向相应地也不相同。由于坐标系相对于时间的依赖性，每一类坐标系又可划分为若干种不同定义的坐标系。为了使用上的统一和方便，国际上通过协议来确定某些全球性坐标系的坐标轴指向。这种共同确认的坐标系称为协议坐标系。

为了测量和确定 GNSS 卫星的轨道，利用地心惯性（ECI）坐标系是方便的，ECI 坐标系的原点位于地球的质心，其坐标轴指向相对于恒星而言是固定的。例如用来描述 GPS 的 J2000 坐标系即 ECI 坐标系，它属于协议天球坐标系。为了计算 GNSS 用户的位置，使用地心地固（ECEF）坐标系更为方便，ECEF 坐标系随地球旋转。例如 WGS－84 即 GPS 所采用的 ECEF 坐标系，它属于协议地球坐标系。

天球坐标系与地球坐标系的给定都和瞬时时间（即力学中的时刻、天文学中的历元）有关。对于时间的描述，需要建立一个时间的测量基准来作为时间参考系统，它包括时间原点（起时历元）和时间单位（尺度）。时间参考系统的物理实现必须具有可观测的周期运动，该周期运动应具有连续性、稳定性和复现性，选择不同的周期运动便产生了不同的时间系统。本章对卫星导航系统中涉及的主要时间参考系统进行阐述。

通过坐标平移、旋转和尺度转换，可以将一个坐标系变换为另一个坐标系，于是在某一个坐标系下表达的点的位置坐标，可以方便地变换到另一个坐标系中表述。在坐标转换中，还涉及时间以及不同时间参考系统的转换。因此，熟悉各坐标系以及不同时间参考系统之间的转换方法，也是本章需要掌握的基本内容。

另外，为了描述卫星的运动，还有一种应用广泛的坐标系，即轨道坐标系。卫星在空间运行的轨迹称为卫星轨道，描述卫星轨道状态和位置的参数称为轨道参数。为了理解和应用

GNSS 卫星的轨道信息，有必要深入地了解有关卫星的运动规律、轨道描述以及卫星位置计算。本章 2.5 节将对 GNSS 涉及的轨道基础进行介绍。

2.2　天球坐标系

2.2.1　天球坐标系定义

为了确定卫星在宇宙空间的位置和飞行状态，首先需要确定一个在宇宙空间可视为不变的参考系统。假设以地球的质心 M 为球心，半径为无穷大的球存在于宇宙空间，天文学中称之为天球。为了确定天球坐标系，选取 M 为其原点，另外寻找固定不变的轴（或平面交线）为其坐标轴。地球绕极轴自转，就像是个大陀螺，由于陀螺的定轴性，地球的极轴在宇宙空间的指向（即赤道平面在空间的方向）是稳定不变的。无限延伸地球极轴和天球相交于 P_nP_s（图 2－1），则直线 P_nP_s 称为天轴，P_n，P_s 分别称为北天极、南天极。将地球赤道平面无限延伸与天球相交，则无限延伸的地球赤道面称为天球赤道面，与天球相交的大圆称为天球赤道，地球赤道面与天球赤道面重合。

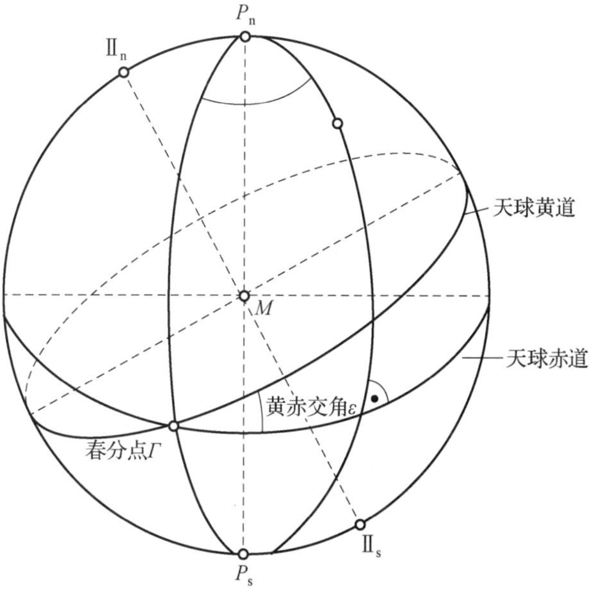

图 2－1　天球的概念

要建立一个固定不变的坐标系，需要两条指向稳定不变的坐标轴，其中天轴是一条稳定的坐标轴。天球赤道面是稳定不变的，地球绕太阳公转的轨道平面也是一个稳定的平面。地球公转轨道平面称为黄道面，黄道面通过地心与赤道面约有 23.44°的夹角，称为黄赤交角（图 2－1）。将黄道面无限延伸和天球相交，相交的大圆称为天球黄道。天球赤道和天球黄道相交于两点，一点称为春分点，另一点称为秋分点。

由于天球赤道面和天球黄道面在宇宙空间的位置稳定不变，故春分点和秋分点的位置也不变。地心和春分点的连线称为春分点轴，是又一条在宇宙空间稳定的参考轴。天球极轴、春分点轴，加上与这两轴垂直并位于天球赤道面内的第三条轴，构成在宇宙空间稳定不变的参考轴系，称为地心天球坐标系，简称天球坐标系。

在天球坐标系中，天体 S 的空间位置可用天球空间直角坐标系 $MXYZ$、天球球面坐标系两种方式来描述（图 2-2）。

（1）天球空间直角坐标系的定义。地球质心 M 为坐标系原点，Z 轴指向北天极 P_{n}，X 轴指向春分点 Γ，Y 轴垂直于 XMZ 平面，构成右手坐标系，则在此坐标系下，天体 S 的位置由坐标（X，Y，Z）来描述。

（2）天球球面坐标系的定义。地球质心 M 为坐标系原点，春分点轴 $M\Gamma$ 与天轴 MP_n 所在的平面为天球经度（赤经）测量基准——基准子午面。过天轴的所有平面称为天球子午面，天球子午面与基准子午面之间的夹角 α 称为赤经。原点 M 到天体 S 的径向距离为 r，r 相对于天球赤道面的夹角 δ 称为赤纬。在该坐标系下，天体 S 的位置可描述为（r，α，δ）。

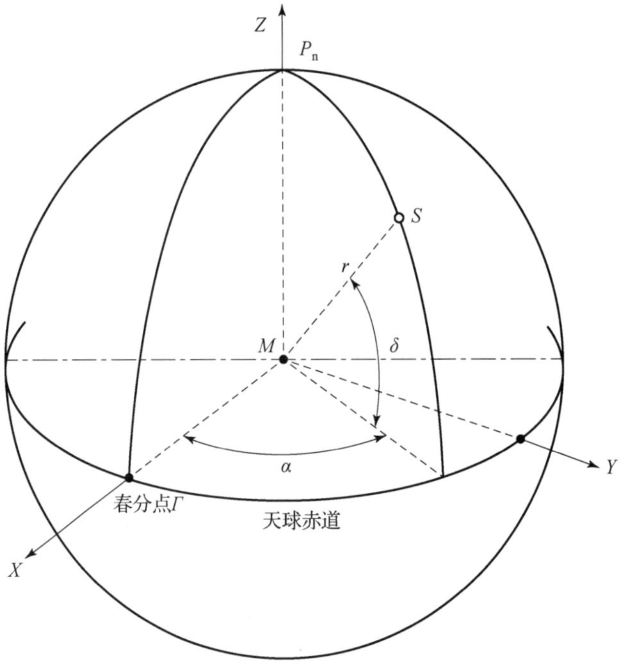

图 2-2　天球空间直角坐标系和天球球面坐标系

同一天体 S 在天球空间直角坐标系下和天球球面坐标系下的表述有下列转换关系：

$$\left.\begin{bmatrix} X \\ Y \\ Z \end{bmatrix} = r\begin{bmatrix} \cos\delta \cdot \cos\alpha \\ \cos\delta \cdot \sin\alpha \\ \sin\delta \end{bmatrix},\quad \begin{array}{l} r = \sqrt{X^2+Y^2+Z^2} \\ \alpha = \arctan Y/X \\ \delta = \arctan Z/\sqrt{X^2+Y^2} \end{array}\right\} \tag{2.1}$$

在天球坐标系中的天体或航天器，比如弹道导弹、卫星、飞船，均可用上述两种表达形式来描述其位置。由于它们的轨道与地球的自转无关，天球坐标系也可称为 ECI 坐标系。用这两种坐标形式来描述 GNSS 卫星的位置和状态都是合理的。

2.2.2　岁差和章动、协议天球坐标系

1. *岁差和章动*

前述天球坐标系在宇宙空间保持稳定不变，是一种理想状态。实际上地球极轴的指向、

地球赤道面和黄道面的夹角、春分点在天球上的位置均非绝对固定不变的。陀螺仪的自转轴在干扰力矩的作用下会存在进动和章动。同样，地球自转轴也存在这种干扰运动，比如由于日、月对地球非球形部分的摄动，使地球自转轴如同陀螺自转轴一样，在空间不断地摆动，它可分解成两部分：岁差（进动）和章动（图 2－3）。

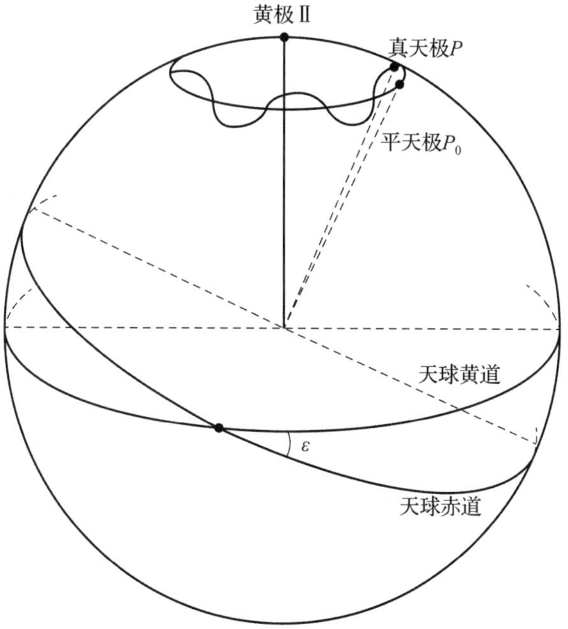

图 2－3　日月岁差和章动

岁差是指在日、月行星引力的共同作用下，地球自转轴在空间的方向发生周期性变化。如图 2－4 所示，由于赤道面与黄道面的夹角 ε 不为零（约为 23.44°），设想一个过地球自转轴的平面将地球分成两部分，这两部分的质量及其与太阳的距离不同，受太阳的引力也不等（$F_1 < F_2$），故产生一力矩（方向指向读者），由于地球自转，根据陀螺原理，在这个力矩的作用下地球自转轴绕黄极（地球公转轴）顺时针进动（由北极向赤道看），地球自转轴与黄极之间夹角保持不变。此时在日、月引力的共同影响下，北天极绕北黄极以顺时针方向缓慢地旋转，构成一个以黄赤交角（23.44°）为半径的小圆，从而使春分点在黄道上西移。春分点漂移周期约为 25 800 年，平均每年漂移约 50.371″。

在天球上，以这种规律运动的北天极称为瞬时平北天极（简称平北天极），与之相应的天球赤道和春分点称为瞬时天球平赤道和瞬时平春分点（简称天球平赤道、平春分点）。

北天极除了这种有规律的长周期运动外，在各种天体力的影响下还存在叠加在岁差运动上的短周期变化。如果将任一观测时刻的北天极的实际位置称为瞬时北天极（也称为真北天极），而与之相应的天球赤道和春分点称为瞬时真天球赤道和瞬时真春分点（亦称为真天球赤道和真春分点），瞬时北天极绕瞬时平北天极产生旋转，大致呈椭圆形轨迹，其长半径约为 9.2″，周期约为 18.6 年，这种运动称为章动。

2. 3 种天球坐标系

由以上讨论可知，北天极在做岁差和章动的叠加运动，瞬时真天球坐标系的坐标轴指向随时间不断地变化。为了实际应用需要，以时间为参考，定义 3 种天球坐标系。

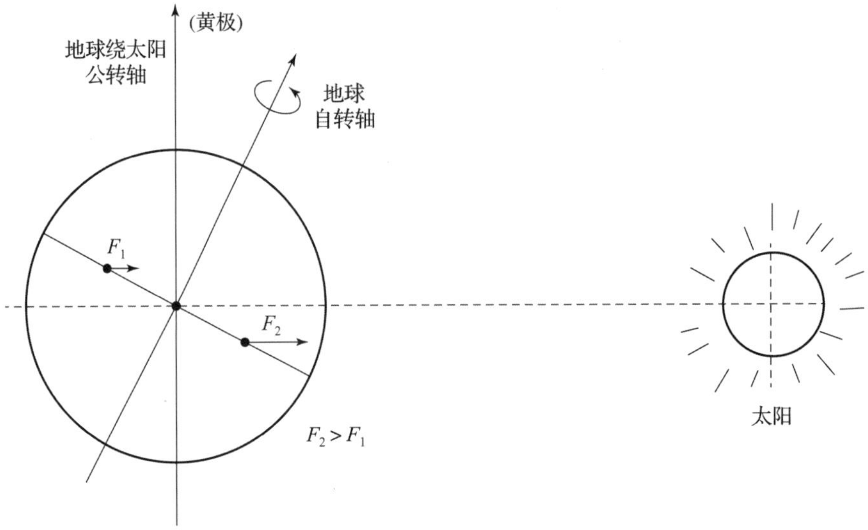

图 2-4 地球的进动力矩

（1）不同观测历元 t 相应于不同的瞬时真天球坐标系。它是一个既考虑岁差又考虑章动的动坐标系。

（2）瞬时平天球坐标系，即以任一观测历元 t 所对应的瞬时平天极、瞬时平赤道、瞬时平春分点来确定的天球坐标系。它是一个仅考虑岁差进动而忽略章动影响的动坐标系。

（3）协议天球坐标系，即人为定义的一个三轴指向保持稳定不变的天球坐标系，用它来代表惯性坐标系。

由于瞬时真天球坐标系与瞬时平天球坐标系之间，在任一观测历元 t 仅相差一个章动角，它们都是动坐标系，并非静止的惯性坐标系，不能直接采用牛顿第二定律来研究卫星的运动规律。协议坐标系是在时间轴 t 上，由国际协议规定一个确定的特殊时刻 t_0 作为标准历元，此标准历元 t_0 所对应的平天球坐标系是一个唯一的平天球坐标系。

国际上约定，以 2000 年 1 月 15 日太阳系质心力学时（BDT）为标准历元 t_0（记为 J2000.0，即儒略日 JD2451545.0）。国际大地测量学会（IAG）和国际天文学联合会（IAU）决定从 1984 年 1 月 1 日后启用的协议天球系，就是以标准历元 t_0（J2000.0）所定义的平天球坐标系，记为 J2000 坐标系。

任一观测历元 t 的瞬时真天球坐标系，经过从该瞬时到标准历元 t_0 的章动、岁差改正，均可归算到协议天球坐标系。3 种天球坐标系的定义与缩写见表 2-1。

表 2-1 3 种天球坐标系的定义与缩写

天球坐标系	原点	Z	X 轴	坐标系缩写
协议天球坐标系（CIS）	地心	标准历元平天极	平春分点	I
瞬时平天球坐标系（MS）	地心	瞬时平天极	瞬时平春分点	M
瞬时真天球坐标系（ts）	地心	瞬时真天极	瞬时真春分点	t

2.2.3 岁差矩阵与章动矩阵

1. 协议天球坐标系（I）到瞬时平天球坐标系（M）的转换——岁差矩阵 $\boldsymbol{C}_I^{M}$

由协议天球坐标系（I）旋转到瞬时平天球坐标系（M），可以通过绕 Z 轴转动 $-\zeta$ 角，再绕 Y 轴转过 θ 角，最后再绕 Z 轴转过 $-z$ 角实现。与岁差有关的 3 个角 ζ，θ，z 的表达式分别为

$$\left.\begin{aligned}\zeta &= 0.640\,616\,1°T + 0.000\,083\,9°T^2 + 0.000\,015\,0°T^3\\ \theta &= 0.556\,753\,0°T - 0.000\,118\,5°T^2 - 0.000\,011\,6°T^3\\ z &= 0.640\,616\,1°T + 0.000\,304\,1°T^2 + 0.000\,005\,1°T^3\end{aligned}\right\} \tag{2.2}$$

式中，$T=(t-t_0)$是从标准历元 t_0 至观测历元 t 的儒略世纪数（见 2.4.5 节），即

$$T = (\mathrm{JD}(t) - 2\,451\,545)/36\,525 \tag{2.3}$$

由协议天球坐标系到瞬时平天球坐标系的 3 次转动，所对应的坐标变换矩阵分别为

$$\boldsymbol{R}_3(-\zeta)=\begin{bmatrix}\cos\zeta & -\sin\zeta & 0\\ \sin\zeta & \cos\zeta & 0\\ 0 & 0 & 1\end{bmatrix},\ \boldsymbol{R}_2(\theta)=\begin{bmatrix}\cos\theta & 0 & -\sin\theta\\ 0 & 1 & 0\\ \sin\theta & 0 & \cos\theta\end{bmatrix},\ \boldsymbol{R}_3(-z)=\begin{bmatrix}\cos z & -\sin z & 0\\ \sin z & \cos z & 0\\ 0 & 0 & 1\end{bmatrix} \tag{2.4}$$

则由协议天球坐标系转换到瞬时平天球坐标系的转换矩阵（岁差矩阵）为

$$\boldsymbol{C}_{\mathrm{I}}^{\mathrm{M}} = \boldsymbol{R}_3(-z)\boldsymbol{R}_2(\theta)\boldsymbol{R}_3(-\zeta) \tag{2.5}$$

2. 瞬时平天球坐标系（M）到瞬时真天球坐标系（t）的转换——章动矩阵 $\boldsymbol{C}_{\mathrm{M}}^{\mathrm{t}}$

由瞬时平天球坐标系（M）旋转到瞬时真天球坐标系（t），类似的可以由 3 次转动——$\boldsymbol{R}_1(\varepsilon)$，$\boldsymbol{R}_3(-\Delta\psi)$以及 $\boldsymbol{R}_1(-\varepsilon-\Delta\varepsilon)$来实现，所对应的转换矩阵分别为

$$\boldsymbol{R}_1(\varepsilon)=\begin{bmatrix}1 & 0 & 0\\ 0 & \cos(\varepsilon) & \sin(\varepsilon)\\ 0 & -\sin(\varepsilon) & \cos(\varepsilon)\end{bmatrix},\ \boldsymbol{R}_3(-\Delta\psi)=\begin{bmatrix}\cos(\Delta\psi) & -\sin(\Delta\psi) & 0\\ \sin(\Delta\psi) & \cos(\Delta\psi) & 0\\ 0 & 0 & 1\end{bmatrix},$$

$$\boldsymbol{R}_1(-\varepsilon-\Delta\varepsilon)=\begin{bmatrix}1 & 0 & 0\\ 0 & \cos(\varepsilon+\Delta\varepsilon) & -\sin(\varepsilon+\Delta\varepsilon)\\ 0 & \sin(\varepsilon+\Delta\varepsilon) & \cos(\varepsilon+\Delta\varepsilon)\end{bmatrix} \tag{2.6}$$

式中，ε，$\Delta\varepsilon$ 以及 $\Delta\psi$ 分别为天文学中的黄赤交角、交角章动和黄经章动，其中

$$\varepsilon = 23°26'21.488'' - 46.815''T - 0.000\,59''T^2 + 0.001\,813''T^3 \tag{2.7}$$

至于 $\Delta\varepsilon$ 和 $\Delta\psi$，根据天文学联合会所采用的最新章动理论，其常用表达式是含有多达 106 项的复杂级数展开式，在天文年历中载有这些展开式的系数值。实际应用中根据 T 值，可精确地算出 $\Delta\varepsilon$ 和 $\Delta\psi$。

由瞬时平天球坐标系（M）到瞬时真天球坐标系（t）的转换（章动矩阵）为

$$\boldsymbol{C}_{\mathrm{M}}^{\mathrm{t}} = \boldsymbol{R}_1(-\varepsilon-\Delta\varepsilon)\boldsymbol{R}_3(-\Delta\psi)\boldsymbol{R}_1(\varepsilon) \tag{2.8}$$

2.3 地球坐标系

2.3.1 地球坐标系定义

为了描述 GNSS 接收机的位置，采用固联于地球上，随地球而转动的 ECEF 坐标系，即

地球坐标系更为方便。地球坐标系有两种表达形式，即地球直角坐标系和地球大地坐标系（图2-5）。

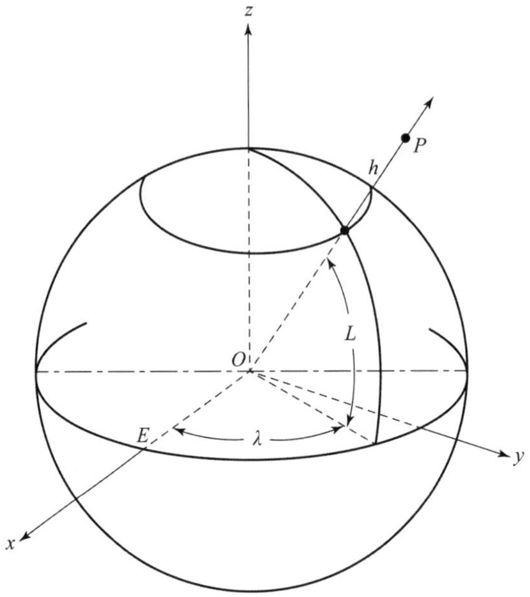

图2-5　地球直角坐标系与地球大地坐标系示意

（1）地球直角坐标系的定义。原点 O 与地球质心重合，z 轴指向地球北极，x 轴指向地球赤道面与格林尼治子午圈的交点 E，y 轴在赤道平面上与 xoz 构成右手坐标系。

（2）地球大地坐标系的定义。地球椭球的中心与地球质心 O 重合，P 点的大地纬度 L 为过该点的椭球法线与椭球赤道面的夹角，经度 λ 为该点所在的椭球子午面与格林尼治平大地子午面之间的夹角，高度 h 为 P 点沿椭球法线至椭球面的距离。

地球表面上任一点 P 可以表达为 $(x\quad y\quad z)^{\mathrm{T}}$ 或者 $(L\quad \lambda\quad h)^{\mathrm{T}}$，其转换关系为

$$\left.\begin{aligned} x &= (n+h)\cos L\cos\lambda \\ y &= (n+h)\cos L\sin\lambda \\ z &= [n(1-e^2)+h]\sin L \end{aligned}\right\},\quad \left.\begin{aligned} L &= \arctan\left[\tan B\left(1+\frac{ae^2}{z}\cdot\frac{\sin L}{w}\right)\right] \\ \lambda &= \arctan(y/x) \\ h &= R\cos B/\cos L - n \end{aligned}\right\} \tag{2.9}$$

式中，n 为椭球的卯酉圈曲率半径；e 为椭球的第一偏心率。记椭球的长半轴为 a，短半轴为 b，则式（2.9）的相关元素为

$$\left.\begin{aligned} e &= \sqrt{a^2-b^2}/a \\ n &= a/w \\ w &= \sqrt{1-e^2\sin^2 L} \end{aligned}\right\},\quad \left.\begin{aligned} R &= \sqrt{x^2+y^2+z^2} \\ B &= \arctan\left(z/\sqrt{x^2+y^2}\right) \end{aligned}\right\} \tag{2.10}$$

2.3.2　协议地球坐标系、极移矩阵

1. 协议地球坐标系

前述地球坐标系同样是基于北地极在地球上固定不变的理想状态。然而，实际上由于地球内部存在复杂的物质运动，地球并非刚体，北地极在地球表面上随着时间不断变化，这种现象称为极移。与观测瞬时相对应的自转轴所处的位置，称为瞬时极轴，相应的极点称为瞬

时地极。与瞬时地极对应的地球坐标系，称为瞬时地球坐标系。

为了在瞬时地球坐标系中找到一个特殊地球坐标系，使其 z 轴指向某一固定的基准点，它随同地球自转，但坐标轴在地球球体中的指向不再随时间而变化，国际天文学联合会和国际大地测量学协会规定了这一地极基准点，即国际协议原点（CIO）。将 CIO 作为协议地极（CTP），与之对应的地球赤道面称为协议赤道面。

协议地球坐标系（CTS）的定义为：Z_{CTS} 轴由原点 O 指向 CTP，X_{CTS} 轴指向协议赤道面与格林尼治子午线的交点，Y_{CTS} 轴在协议赤道平面上，与 $X_{\mathrm{CTS}}OZ_{\mathrm{CTS}}$ 构成右手系统。瞬时地球坐标系与协议地球坐标系（$Ox_{\mathrm{t}}y_{\mathrm{t}}z_{\mathrm{t}}$）的关系如图 2－6 所示。为方便起见，本书中“CTS”也可缩写为“T”。

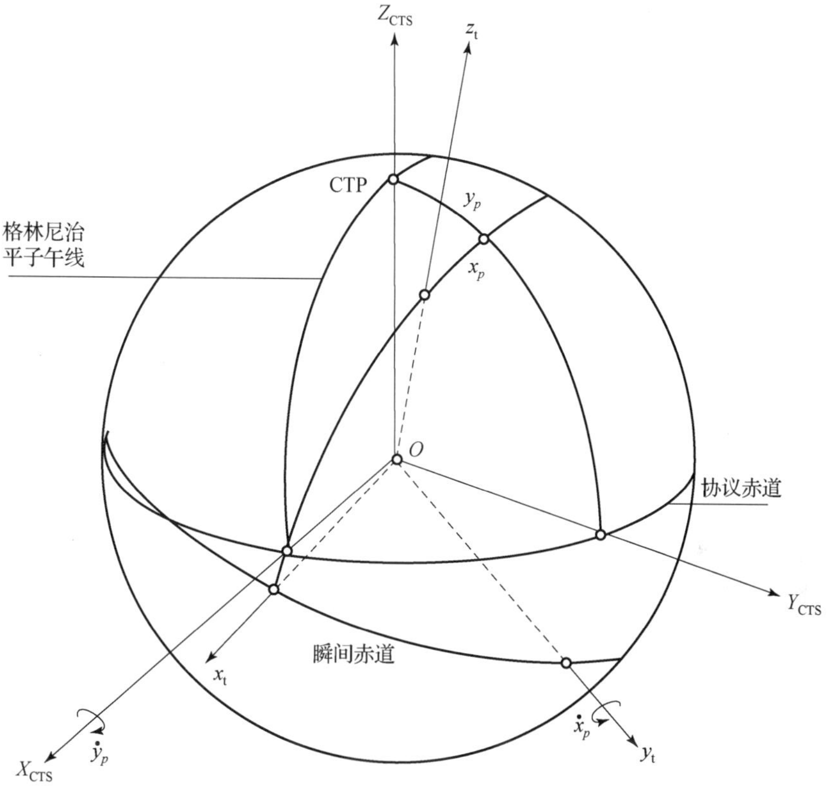

图 2－6　瞬时地球坐标系与协议地球坐标系的关系

2. 瞬时地球坐标系（t）到协议地球坐标系（T）的转换——极移矩阵 $\boldsymbol{M}_{\mathrm{t}}^{\mathrm{T}}$

瞬时地球坐标系到协议地球坐标系的转换，可以先绕 y_{t} 轴转动一个小角度 $-x_p$，再绕 X_{CTS} 轴转动一个小角度 $+y_p$（图 2－6）。其中 x_p，y_p 为瞬时极坐标，其初值由地球自转服务组织（IERS）提供的每 5 天间隔的极坐标值通过数值内插获得，由于它们的值不大于 0.4″，在实际计算中取至一阶项即可，则得到瞬时地球坐标系到协议地球坐标系的转换矩阵 $\boldsymbol{M}_{\mathrm{t}}^{\mathrm{T}}$（极移矩阵）为

$$\boldsymbol{M}_{\mathrm{t}}^{\mathrm{T}} = \boldsymbol{R}_1(+y_p)\boldsymbol{R}_2(-x_p) \approx \begin{bmatrix} 1 & 0 & x_p \\ 0 & 1 & +y_p \\ -x_p & -y_p & 1 \end{bmatrix} \tag{2.11}$$

2.3.3 WGS－84与PZ－90坐标系

1. WGS－84

WGS－84的全称是世界大地坐标系－84，它是协议地球坐标系的一个实现，属于ECEF坐标系。早在20世纪60年代，为了建立全球统一的大地坐标系，美国国防部制图局建立了WGS－60，随后又提出了改进的WGS－66和WGS－72。在GPS试验阶段，卫星瞬时位置的计算采用的是WGS－72，目前GPS发布的星历参数是基于WGS－84。

WGS－84的几何定义是：原点位于地球质心；Z轴指向BIH于1984年定义的CTP；X轴指向WGS－84参考子午面与CTP赤道面的交点，WGS－84参考子午面平行于BIH定义的零子午面；Y轴与Z，X轴构成右手坐标系。WGS－84还定义了一个平均地球椭球、地球重力模型以及与其他大地参考系统之间的变换参数。WGS－84椭球及有关常数采用国际大地测量学会和地球物理联合会（IUGG）第17届大会大地测量常数的推荐值。

2. PZ－90坐标系

PZ－90坐标系是协议地球坐标系的又一个实现，也属于ECEF坐标系，目前GLONASS即采用该坐标系。1993年以前GLONASS采用苏联的1985年地心坐标系，简称SGS－85，1993年后改为PZ－90坐标系。

PZ－90的几何定义是：原点位于地球质心；Z轴指向国际地球自转服务组织（IERS）推荐的CTP原点；X轴指向地球赤道与BIH定义的零子午线交点；Y轴与Z，X轴构成右手坐标系。

3. WGS－84与PZ－90坐标系的比较

由以上定义可以看出，WGS－84与PZ－90坐标系的定义基本一致，它们都属于ECEF坐标系，是协议坐标系的具体实现，但所采用的CTP原点和相关的大地参数有所不同（表2－2）。因此，在多星座组合的卫星导航应用中，需要考虑将不同系统的卫星坐标统一到一个坐标系中进行导航解算。

表2－2 WGS－84与PZ－90坐标系采用的基本大地参数

基本大地参数	WGS－84	PZ－90坐标系
参考椭球长半轴a/m	6 378 137	6 378 136
参考椭球扁率f	1/298.257 223 563	1/298.257 839 303
地球自转角速率ω/(rad·s^{-1})	7.292 115e－5	7.292 115e－5
地球引力常数GM/(m^3·s^{-2})	398 600.5	398 600.44

2.3.4 站心坐标系

在地球上某一观测站观测GNSS卫星时，用卫星的高度角、方位角及距离来描述卫星的瞬时位置更加直观，为此需要建立站心坐标系，其有站心直角坐标系和站心极坐标系两种形式（图2－7）。

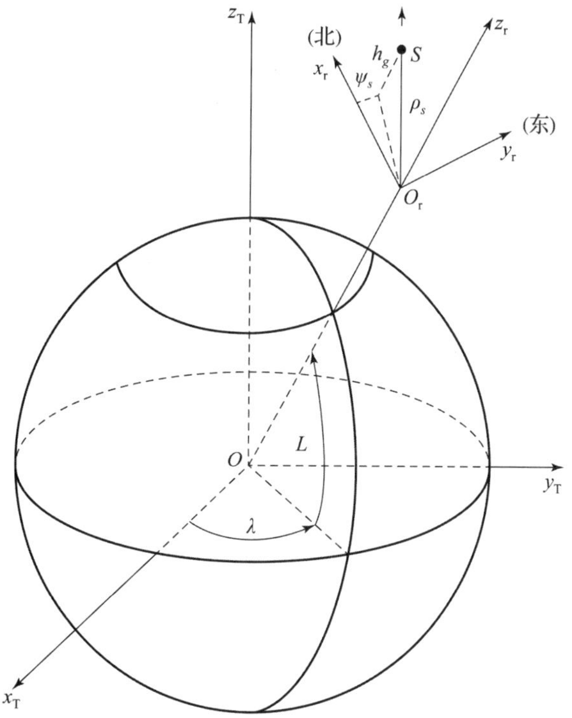

图 2－7　站心坐标系示意

（1）站心直角坐标系的定义。坐标系原点 O_r 位于观测站，z_r 轴与 O_r 点的椭球法线重合，x_r 轴垂直于 z_r 轴指向椭球的短轴（北向），y_r 轴垂直于 $x_rO_rz_r$ 平面构成右手坐标系。卫星 S 在该坐标系中的位置表示为$(x_s,\ y_s,\ z_s)_r$，其中下标“r”表示站心直角坐标系。

（2）站心极坐标系的定义。以 O_r 点所在的水平面（即 $x_rO_ry_r$ 平面）为基准面，以 O_r 为极点，以北向轴（O_rx_r 轴）为极轴。卫星在该坐标系中的位置表示为（ρ_s，ψ_s，h_s），其中各符号含义为：ρ_s 为卫星到测站 O_r 的距离；ψ_s 为卫星 S 在站心极坐标系中的方位角；h_s 为卫星 S 在站心极坐标系中的高度角。

站心直角坐标系与站心极坐标系的转换关系为

$$\left.\begin{array}{l}\begin{bmatrix}x_s\\y_s\\z_s\end{bmatrix}_r=\rho_s\begin{bmatrix}\cos h_s\cdot\cos\psi_s\\\cos h_s\cdot\sin\psi_s\\\sin h_s\end{bmatrix},\begin{array}{l}\rho_s=\sqrt{(x_{sr}^2+y_{sr}^2+z_{sr}^2)}\\\psi_s=\arctan(y_{sr}/x_{sr})\\h_s=\arctan(z_{sr}/\sqrt{x_{sr}^2+y_{sr}^2})\end{array}\end{array}\right\}\tag{2.12}$$

2.3.5　坐标系之间的转换关系

1. 协议天球坐标系（I）与协议地球坐标系（T）的转换

记协议天球坐标系中卫星 S 的位置和速度矢量分别为 $\boldsymbol{r}_{sI}$ 和 $\dot{\boldsymbol{r}}_{sI}$，协议地球坐标系中卫星 S 的位置和速度矢量分别为 $\boldsymbol{r}_{sT}$ 和 $\dot{\boldsymbol{r}}_{sT}$，则有如下转换关系：

$$\boldsymbol{r}_{sT}=\boldsymbol{M}_t^T\boldsymbol{R}_3(\text{GAST})\boldsymbol{C}_M^t\boldsymbol{C}_I^M\boldsymbol{r}_{sI}\tag{2.13}$$

$$\dot{\boldsymbol{r}}_{sT}=\boldsymbol{M}_t^T\boldsymbol{R}_3(\text{GAST})\boldsymbol{C}_M^t\boldsymbol{C}_I^M\dot{\boldsymbol{r}}_I+\dot{\boldsymbol{R}}_3(\text{GAST})\boldsymbol{C}_M^t\boldsymbol{C}_I^M\boldsymbol{r}_{sI}\tag{2.14}$$

式中，$\boldsymbol{M}_t^T$，$\boldsymbol{C}_M^t$ 以及 $\boldsymbol{C}_I^M$ 分别为极移矩阵（式 2.11）、章动矩阵（式 2.8）以及岁差矩阵

(式 2.5)；$\boldsymbol{R}_3(\mathrm{GAST})$ 为周日自转矩阵，为瞬时天球坐标系到瞬时地球坐标系的转换矩阵，即

$$\boldsymbol{R}_3(\mathrm{GAST})=\begin{bmatrix}\cos(\mathrm{GAST}) & \sin(\mathrm{GAST}) & 0\\ -\sin(\mathrm{GAST}) & \cos(\mathrm{GAST}) & 0\\ 0 & 0 & 1\end{bmatrix} \tag{2.15}$$

式中，GAST 为瞬时的格林尼治恒星时，具体含义参见 2.4.1 节。

2. 协议地球坐标系 (T) 与站心坐标系 (r) 的转换

记观测站在协议地球坐标系中位置矢量为 $\boldsymbol{r}_{r\mathrm{T}}$，观测站的经度和纬度分别为 λ 与 L，则站心坐标系中卫星 S 的位置和速度矢量分别为

$$\boldsymbol{r}_{sr}=\boldsymbol{C}_{\mathrm{T}}^{\mathrm{r}}(\boldsymbol{r}_{s\mathrm{T}}-\boldsymbol{r}_{r\mathrm{T}}) \tag{2.16}$$

$$\dot{\boldsymbol{r}}_{sr}=\boldsymbol{C}_{\mathrm{T}}^{\mathrm{r}}\dot{\boldsymbol{r}}_{s\mathrm{T}} \tag{2.17}$$

式中，$\boldsymbol{C}_{\mathrm{T}}^{\mathrm{r}}$ 为由协议地球坐标系到站心坐标系的坐标变换矩阵，即

$$\boldsymbol{C}_{\mathrm{T}}^{\mathrm{r}}=\begin{bmatrix}-\sin L\cos\lambda & -\sin L\sin\lambda & \cos L\\ -\sin\lambda & \cos\lambda & 0\\ \cos L\cos\lambda & \cos L\sin\lambda & \sin L\end{bmatrix} \tag{2.18}$$

2.4 时间参考系统

2.4.1 恒星时（ST）、世界时（UT）

恒星时和世界时是以地球自转运动为基础建立的时间参考系统，不同的是所选取的时间参考点有所差异。

1. 恒星时

恒星时是以春分点（天球黄道与天球赤道的交点）为基本参考的周日视运动所确定的时间，原点定义为春分点通过本地子午圈的瞬时，恒星时在数值上等于春分点相对于本地子午圈的时角。春分点连续 2 次经过本地子午圈的时间间隔称为一个恒星日，含 24 个恒星小时。

对于同一瞬时来讲，地球上不同观测站所处的子午圈不同，故各测站的春分点时角不同，即各测站的恒星时不同。因此，恒星时具有地方值的特点，有时也称为地方恒星时。

理论上，春分点在天球上是一个静止参考点，地球自转时观测点所在的当地子午圈相对于春分点做周期性转动。实际上，由于岁差和章动的影响，地球自转轴在空间的指向是变化的，春分点在赤道上的位置是缓慢变化的。因此，对于某一观测历元，就有真北天极和平北天极，也就有真春分点和平春分点之别，相应地也就有真恒星时和平恒星时之分。

同时，鉴于恒星时具有地方性，所以有 4 种恒星时（图 2－8）：真春分点地方时角（LAST）、真春分点的格林尼治时角（GAST）、平春分点地方时角（LMST）、平春分点格林尼治时角（GMST）。它们具有如下关系：

$$\left.\begin{aligned}&\mathrm{LAST}-\mathrm{LMST}=\mathrm{GAST}-\mathrm{GMST}=\Delta\psi\cos\varepsilon\\&\mathrm{GMST}-\mathrm{LMST}=\mathrm{GAST}-\mathrm{LAST}=\lambda\end{aligned}\right\} \tag{2.19}$$

式中，λ 为天文经度，也是观测站的地球经度；$\Delta\psi$ 为黄经章动；ε 为黄赤交角。GMST 的计

算公式如下：

$$\mathrm{GMST}=2\pi\left[\frac{67\ 310.548\ 41^{\mathrm{s}}}{86\ 400.0}+\left(\frac{876\ 600^{\mathrm{h}}}{24}+\frac{8\ 640\ 184.812\ 866^{\mathrm{s}}}{86\ 400.0}\right)T+\frac{0.093\ 104^{\mathrm{s}}}{86\ 400.0}T^{2}-\frac{6.2^{\mathrm{s}}\times 10^{-6}}{86\ 400.0}T^{3}\right] \tag{2.20}$$

式中，T 为从标准历元到观测历元的儒略世纪数，其含义参见式（2.3）。由式（2.19）可以计算其他恒星时。

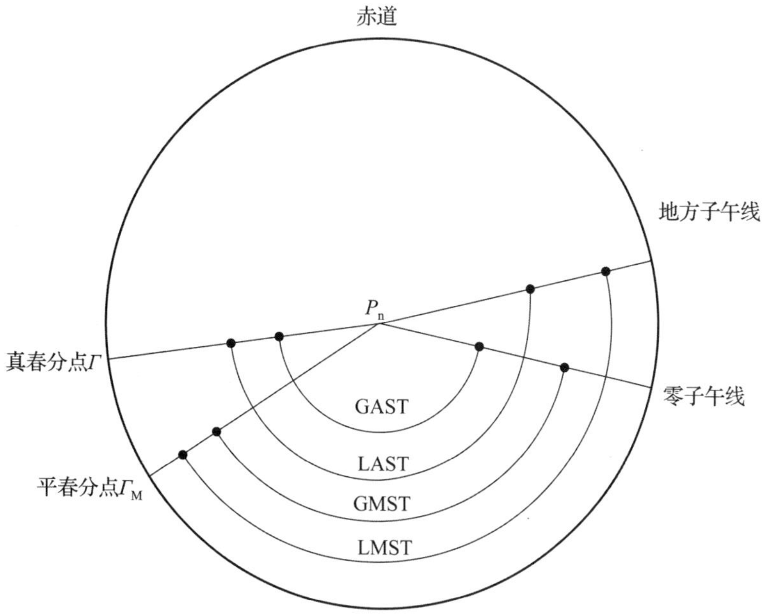

图 2-8　4 种恒星时示意

2. 世界时

世界时是以地球上零经度子午圈（格林尼治子午圈）所对应的平太阳时，且以平子夜为零时起算的时间参考系统。所谓平太阳时，是以平太阳（以太阳在天球上视运动的平均速度做匀速运动的虚太阳）为基本参考点的周日视运动所确定的时间，其原点为平太阳通过观察者所在子午圈的瞬时，平太阳连续 2 次经过本地子午圈的时间间隔为一个平太阳日，一个平太阳日含有 24 个平太阳时（86 400 平太阳秒）。

世界时是以地球自转为基础定义的，但地球自转的速度并不均匀，且自转轴的方向在地球内部也不固定（极移现象）。地球自转的不稳定性，违背了建立时间参考系统的基本条件，为了弥补这一缺陷，自 1956 年以来，人们便在世界时中引入了极移改正项 $\Delta\lambda$ 和季节性改正项 $\Delta\mathrm{TS}$，由此获得的世界时用 UT1 和 UT2 来表示，未经改正的世界时用 UT0 来表示，则有

$$\left.\begin{aligned}\mathrm{UT1}&=\mathrm{UT0}+\Delta\lambda\\ \mathrm{UT2}&=\mathrm{UT1}+\Delta\mathrm{TS}\end{aligned}\right\} \tag{2.21}$$

式中，极移改正项 $\Delta\lambda$ 和季节性改正项 $\Delta\mathrm{TS}$ 分别为

$$\Delta\lambda=((x_p\sin\lambda-y_p\cos\lambda)\tan\phi)/15 \tag{2.22}$$

$$\Delta\mathrm{TS}=0.022\sin 2\pi t-0.012\cos 2\pi t-0.000\ 6\sin 4\pi t+0.000\ 7\cos 4\pi t \tag{2.23}$$

式中，λ 与 φ 分别为天文经、纬度（实际上也为地球上的经、纬度）；t 为白塞尔年岁首回

归年的小数部分。

世界时系统在天文学和大地测量学中有着广泛的应用。在卫星导航中，它主要应用于天球坐标系与地球坐标系之间的转换等计算工作。

2.4.2 原子时（AT）、动力学时（DT）

1. 原子时

原子时系统是以物质内部原子运动的特征为基础建立的。现代物理学发现，物质内部原子的跃迁所辐射或吸收的电磁波频率，具有极高的稳定性和复现性。根据这一物理现象所建立的原子时，成为当代最理想的时间参考系统。1967 年 10 月第 13 届国际计量大会上定义了原子时的尺度标准：国际秒制（SI）。原子时的秒长定义为：位于海平面上的铯^{133}原子基态 2 个超精细能级，在零磁场中跃迁辐射振荡 9 192 631 770 周所持续的时间，为 1 原子时秒。其原点定义为

$$AT = UT2 - 0.0039^{s} \tag{2.24}$$

原子时出现后，在全球各国获得迅速的应用，但不同地方的原子时之间存在差异。为此，BIH 对世界上精选出的 100 座原子钟进行相互比对，经数据处理推算出统一的原子时系统，称为国际原子时（IAT）。

2. 动力学时

在天文学中，天体的星历是根据天体力学理论建立的运动方程编算的，其中所采用的独立变量是时间参数 T，这个数学变量 T 便被定义为动力学时。动力学时是均匀的，根据所述运动方程所对应参考点的不同，动力学时可分为两种：一种是相对于太阳系质心的运动方程所采用的时间变量，称为太阳系质心动力学时（BDT）；另一种是相对于地球质心的运动方程所采用的时间变量，称为地球动力学时（TDT）。TDT 的时间尺度是国际秒制，与原子时的尺度完全一致。

由于地球在太阳系中运动，一个固联在地球上的钟，如果以 BDT 描述，则会显示约 1.6×10^{-3} s 的周期性抖动，在研究导航卫星时，因为太阳对地球和卫星的影响是接近的，因此通常使用 TDT，而不必使用 BDT。

2.4.3 协调世界时、GPS 时、GLONASS 时、Galileo 时

1. 协调世界时（UTC）

原子时比世界时具有更高的精度，且尺度更加均匀稳定，但它并不能完全取代世界时，原因是在诸多领域中都涉及地球的瞬时位置，离不开以地球自转为基础的世界时。另外，原子时秒长比世界时秒长略短，这就使原子时比世界时每年约快 1 s，两者之差逐年积累。

为了避免发播的原子时与世界时之间产生过大的偏差，同时，又要使两种时间参考系统并存，有必要建立一种兼有两种时间参考系统各自优点的新的时间。这就是从 1972 年起所采用的 UTC。

UTC 的秒长严格等于原子时的秒长，采用闰秒（或称跳秒）的办法使协调时与世界时的时刻接近，当协调时与世界时的时刻相差超过 ±0.9 s 时，便在协调时中引入 1 闰秒（或正或负），闰秒一般在 12 月 31 日或 6 月 30 日的最后一秒加入，具体日期由国际时间局安排并通告。

2. GPS 时（GPST）

为了精密定位与导航的需要，GPS 建立了专用的时间参考系统，该时间参考系统简写为 GPST，由 GPS 主控站的高精度原子钟守时与授时。

GPST 属于原子时系统，采用 IAT 秒长作为时间基准，但时间起算的原点定义在 1980 年 1 月 6 日 0 时的 UTC。启动后不跳秒，保持时间的连续，以后随着时间的积累，GPST 与 UTC 的差别增大，2003 年上半年相差 13 s。GPST 与 IAT 在任一瞬时均有 19 s 的常量偏差。

GPST 与美国海军观测站维持的 UTC 差异限制在 100 ns 以内，GPST 与 UTC 的整秒差以及秒以下的差异通过时间服务部门定期公布。GPS 用户可以通过导航电文来获得 GPST 和 UTC 之间的差异。

3. GLONASS 时（GLONASST）

GLONASS 同样建立了专用的时间参考系统 GLONASST，它是整个系统的时间基准。GLONASST 属于 UTC，它的产生是基于 GLONASS 同步中心（CS）时间产生的。为了维持卫星钟的精度，GLONASS 卫星钟定期与 CS 时间进行比对，并将每个卫星钟与 UTC 的钟差改正由系统控制部分上传至卫星，从而保证卫星钟与 CS 时间的钟差在任何时间不超过 10 ns。GLONASST 与俄罗斯维持的 UTC 的差异保持在 1 ms 以内，另外还存在 3 h 的整数差。

4. Galileo 时（GST）

GST 与 ITA 保持同步，同步标准误差为 33 ns，并且在全年的 95% 时间内限制在 50 ns 以内。GST 与 TAI 和 UTC 之间的误差通过卫星信号下传给用户。Galileo 系统地面段实时监控 GST 与 GPST 的差异，并将它下传给地面用户使用。

2.4.4　儒略世纪、儒略年、儒略日

除了前述几种时间外，GNSS 研究中还经常遇到儒略历的概念。儒略历是公元前罗马皇帝儒略·凯撒所实行的一种历法。一个儒略世纪的长度为 100 个儒略年（36 525 个儒略日），一个儒略年的长度为 365.25 个平太阳日。儒略年只是测量时间的单位，并没有针对特定的日期，与其他形式年的定义并没有关联。

儒略日（JD）是以公元前 4713 年 1 月 1 日格林尼治正午 12：00 起开始所经历的连续天数，多为天文学家所采用，用以作为天文学中的单一历法，把不同的历法和年表统一起来。它是一种不用年、月的长期记日法，每天赋予唯一的数字，顺数而下。协议天球规定的标准历元 t_0，即公元 2000 年 1 月 1 日正午 12 时，其相应的儒略日为 2 451 545.0，记为 J2000.0。为了使用方便，还有一种修改的儒略日（MJD）：

$$\mathrm{MJD} = \mathrm{JD} - 2\ 400\ 000.5 \tag{2.25}$$

MJD 是从公历 1858 年 11 月 17 日格林尼治零时开始的，J2000.0 的 MJD 为 51 544.5。

2.4.5　时间参考系统的转换关系

对于不同的时间参考系统，关键是要掌握各时间参考系统的原点和尺度。卫星导航系统中经常涉及的时间参考系统的主要差别如图 2－9 所示，其主要转换关系如下。

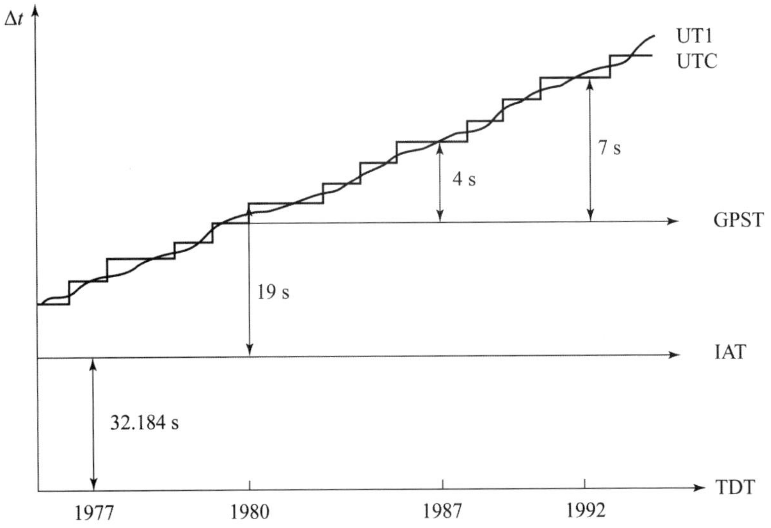

图 2-9 时间参考系统及其转换关系

1. TDT 与 IAT 的转换

国际天文协会规定：TDT 与 1977 年 1 月 1 日 IAT 的零时刻的严格关系定义为

$$TDT = IAT + 32.184^{s} \tag{2.26}$$

2. IAT 与 UTC 的转换

IAT 与 UTC 的转换关系如下：

$$IAT = UTC + 1^{s} \times n \tag{2.27}$$

式中，n 为 UTC 在计算历元时所积累的跳秒（闰秒数），其值由 IERS 组合发布。

3. GPST 与 IAT 的转换

GPST 的秒长即原子时秒，其原点与 IAT 相差 19 s，有如下关系：

$$GPST = IAT - 19^{s} \tag{2.28}$$

4. GLONASST 与 UTC 的转换

GLONASST 与 UTC 不存在整秒差，但存在 3 h 的时差：

$$GLONASST = UTC + 03^{h}\,00^{m}\,00^{s} \tag{2.29}$$

5. GPST 与 GLONASST 的转换

由式（2.27）~式（2.29）可以得到：

$$GPST = GLONASST + 1^{s} \times n - 19^{s} - 03^{h}\,00^{m}\,00^{s} \tag{2.30}$$

2.5 卫星轨道基础

2.5.1 卫星无摄运动规律

仅考虑地球质心引力作用的卫星运动称为无摄运动，此时的卫星轨道称为无摄轨道；同时考虑各种摄动力作用下的卫星运动称为受摄运动，此时的卫星轨道称为摄动轨道。虽然摄动轨道更接近实际轨道，但是忽略摄动力所建立的卫星动力学方程可得到严密的解析解，它可以非常近似地表述卫星轨道。

德国科学家开普勒根据太阳系中行星绕太阳运动的长期观测资料，总结了天体力学中行星绕太阳运行的三个基本定律，即著名的开普勒三大定律。同样，卫星绕地球的无摄运动也完全符合开普勒三大定律。下面根据开普勒三大定律说明卫星的无摄运动规律。

1. 开普勒第一定律

卫星运动的轨道为一个椭圆，而地球质心位于椭圆的一个焦点上。如图 2 - 10 所示，M 为椭圆的中心，焦点 O 为地球质心，a 为轨道长半轴，b 为轨道短半轴，e 为偏心率，$c = ae$ 为焦点 O 在 X 轴上的坐标。N 为升交点，指卫星在轨道上由南向北运动时，卫星轨道与天球赤道面的交点。P 为近地点，ω 为近地点角距。f 为真近点角，它可以用来描述卫星在椭圆轨道上的瞬时位置。地球质心 O 到卫星质心 S 的矢径记为 $\boldsymbol{r}$，则 $\boldsymbol{r}$ 的模为

$$r = \frac{a(1 - e^2)}{1 + e\cos f} \tag{2.31}$$

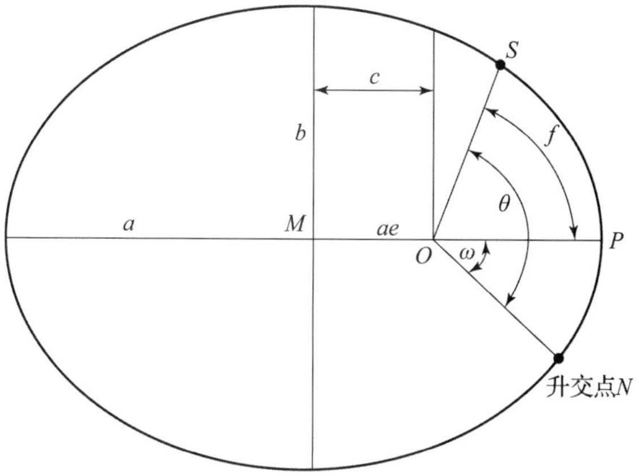

图 2 - 10　卫星运行的椭圆轨道

2. 开普勒第二定律

卫星运行时，其矢径 $\boldsymbol{r}$ 在单位时间内所扫过的单位面积相等。这是因为卫星运行时，在没有干扰力矩作用的条件下，其动量矩为常数。因此，卫星在轨道上运行的速度是变化的，即真近点角 f 的变化是不均匀的。

3. 开普勒第三定律

卫星运动周期的平方与轨道椭圆长半轴的立方成正比。其数学表达式为

$$\frac{T^2}{a^3} = \frac{4\pi^2}{\mu} \tag{2.32}$$

式中，T 为卫星沿椭圆运行的周期；$\mu = GM$ 为地心引力常数。

2.5.2　卫星无摄运动轨道描述

1. 卫星轨道参数

卫星的无摄运动可由一组经过选择的具有鲜明几何意义的轨道参数来描述，即 Ω，i，a，e，ω 和 f，也称为开普勒轨道参数或轨道根数（图 2 - 11），它们的含义见表 2 - 3。

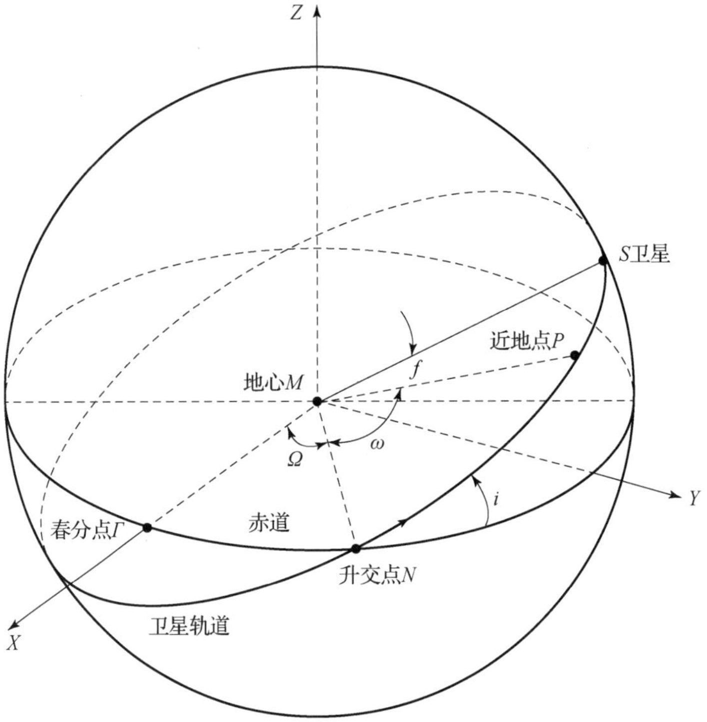

图 2-11　卫星轨道参数示意

表 2-3　卫星轨道参数的含义

参数	含义
Ω	升交点赤经，为天球赤道面上升交点 N 与春分点 Γ 的地心夹角
i	轨道面倾角，为轨道平面与地球赤道面之间的夹角
a	卫星轨道椭圆的长半轴
e	卫星轨道椭圆的偏心率
ω	近地点角距，为卫星轨道椭圆的近地点 P 相对于升交点 N 的地心夹角
f	真近点角，为运行于椭圆轨道上的卫星 S 相对于近地点 P 的地心角距

表 2-3 中的 6 个轨道参数，前 5 个是常量，不随时间变化而改变，它们的大小是由卫星的发射条件决定的（与卫星入轨初始条件有关）。其中，Ω 和 i 唯一地确定了卫星轨道平面与 ECI 坐标系 $OXYZ$ 之间的相对定向；a 和 e 唯一地确定了轨道椭圆的形状与大小；ω 定义了近地点在轨道上的位置；f 是时间的函数，可以唯一地确定卫星在轨道上的瞬时位置。

2. 真近点角 f 的计算

前述 6 个参数构成的坐标系统，通常称为轨道坐标系统，它广泛地用于描述卫星运动。6 个轨道参数中，只有真近点角 f 是时间的函数，其余均为独立的常数。因此，计算卫星瞬时位置的关键，在于计算参数 f，由此给出任一瞬时 t 卫星的空间位置。在计算真近点角 f 时，需要运用两个辅助参数：一个是偏近点角 E，另一个是平近点角 M。

偏近点角 E 的定义：如图 2－12 所示，以椭圆几何中心 O' 为圆心，以椭圆长轴 a 为半径作辅助圆。设卫星位于椭圆轨道上的 S 点，过该点作平行于椭圆短轴的直线，交辅助圆于 S' 点，则 $E=\angle S'O'P$。由图 2－12 所示的几何关系，可以得到

$$\tan\frac{f}{2}=\frac{\sqrt{1+e}}{\sqrt{1-e}}\tan\frac{E}{2} \tag{2.33}$$

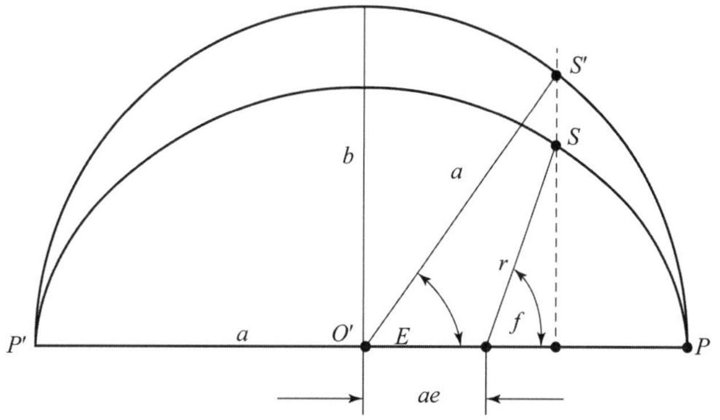

图 2－12　偏近点角与真近点角的关系

平近点角 M 的定义：若以 t_0 作为起算时刻，于观测时刻 t，卫星以平均角速度绕地心在轨道平面上转过的角度即

$$M=n(t-t_0) \tag{2.34}$$

式中，$n=2\pi/T$，为卫星沿轨道椭圆的平均角速度，T 为轨道运行周期。

平近点角 M 与偏近点角 E 之间有着重要关系，即

$$E=M+e\sin E \tag{2.35}$$

对于任意观测历元 t，根据卫星的平均运行速度，可根据式（2.33）~式（2.35）计算相应的真近点角 f。因为式（2.35）是一个超越方程，不易由 M 直接得到 E，必须用数值方法求解，通常采用迭代法或牛顿法求解，通过计算机进行计算，当 e 为小量时时迭代的初值可近似取 $E_0=M$。

2.5.3　卫星瞬时位置与速度

1. 轨道直角坐标系中的卫星位置

轨道直角坐标系下卫星位置的表达，只是一种过渡性表达。轨道直角坐标系（S）的定义为：地球质心 O 为原点，X_s 轴指向轨道椭圆的近地点 P，Y_s 平行于椭圆短半轴，Z_s 为轨道平面法向，构成右手坐标系（图 2－13）。在此 $OX_sY_sZ_s$ 坐标系中，由观测历元 t 的真近点角 f，可得卫星 S 于 t 时的位置为

$$\begin{bmatrix} x_s \\ y_s \\ z_s \end{bmatrix}=r\begin{bmatrix} \cos f \\ \sin f \\ 0 \end{bmatrix}=a\begin{bmatrix} (\cos E-e) \\ \sqrt{1-e^2}\sin E \\ 0 \end{bmatrix} \tag{2.36}$$

在实际应用中，也常用另一种轨道直角坐标系（O），其定义为：地球质心 O 为原点，X_o 轴指向升交点 N，Y_o 轴在轨道平面上，Z_o 轴为轨道平面法向，构成右手坐标系（图 2－13）。在此 $OX_oY_oZ_o$ 坐标系中，任意观测历元 t 瞬时卫星升交角距为

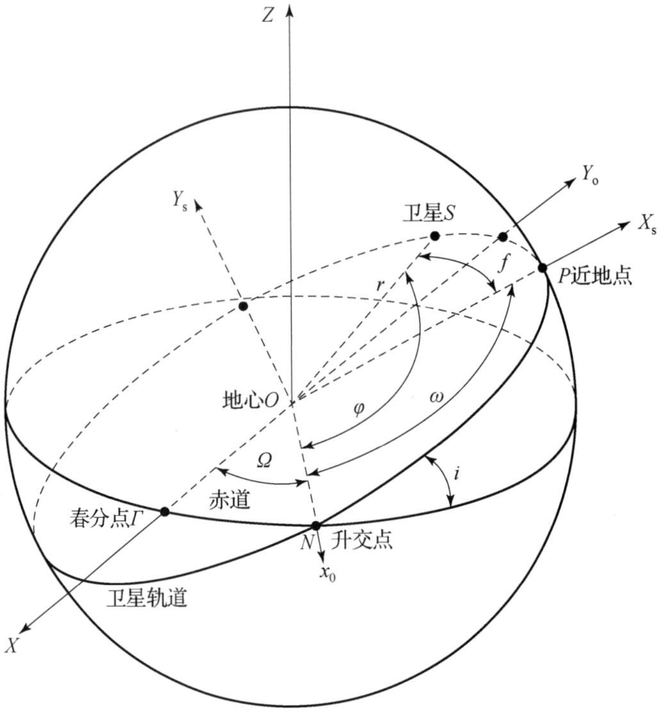

图 2-13　两种轨道平面直角坐标系（$OX_sY_sZ_s$与$OX_oY_oZ_o$）

$$\varphi(t)=\omega+f(t) \tag{2.37}$$

则卫星 S 于 t 时的位置为

$$\begin{bmatrix} x_0 \\ y_0 \\ z_0 \end{bmatrix} = r\begin{bmatrix} \cos\varphi \\ \sin\varphi \\ 0 \end{bmatrix} = a(1-e\cos E)\begin{bmatrix} \cos\varphi \\ \sin\varphi \\ 0 \end{bmatrix} \tag{2.38}$$

2. 天球坐标系中的卫星位置

天球坐标系为前述的协议天球坐标系（I）：原点为地球质心 O，X 轴指向春分点 Γ，Y 轴在天球赤道平面上，与 X 轴成90°角，Z 轴与 XOY 平面构成右手坐标。

轨道直角坐标系（S）与天球坐标系（I）的关系由 3 个轨道参数 ω，i 和 Ω 来确定。显然，由轨道直角坐标系（S）绕 OZ_s 轴转过 $-\omega$ 角，再绕 X_0 轴转过 $-i$ 角，最后绕 Z_0 轴转过 $-\Omega$ 角，则可转换到天球坐标系（I）。3 次旋转分别为

$$\boldsymbol{R}_3(-\omega)=\begin{bmatrix} \cos\omega & -\sin\omega & 0 \\ \sin\omega & \cos\omega & 0 \\ 0 & 0 & 1 \end{bmatrix},\ \boldsymbol{R}_1(-i)=\begin{bmatrix} 1 & 0 & 0 \\ 0 & \cos i & -\sin i \\ 0 & \sin i & \cos i \end{bmatrix},$$
$$\boldsymbol{R}_3(-\Omega)=\begin{bmatrix} \cos\Omega & -\sin\Omega & 0 \\ \sin\Omega & \cos\Omega & 0 \\ 0 & 0 & 1 \end{bmatrix} \tag{2.39}$$

进而得到由轨道直角坐标系（S）到天球坐标系（I）的坐标变换矩阵为

$$\boldsymbol{C}_S^I=\boldsymbol{R}_3(-\Omega)\boldsymbol{R}_1(-i)\boldsymbol{R}_3(-\omega) \tag{2.40}$$

则卫星在天球坐标系（I）中的坐标表达为

$$\begin{bmatrix} X \\ Y \\ Z \end{bmatrix}_I = \boldsymbol{C}_{\mathrm{S}}^{\mathrm{I}} \begin{bmatrix} a(\cos E - e) \\ a\sqrt{1-e^2}\sin E \\ 0 \end{bmatrix} \tag{2.41}$$

3. 地球直角坐标系中的卫星位置

由于瞬时地球直角坐标系（t）与天球坐标系（I）之间的差别只在于 OX 轴的指向不同，其的夹角为春分点 Γ 的格林尼治恒星时 GAST。由天球坐标系（I）到地球直角坐标系（t）的坐标变换矩阵 $\boldsymbol{R}_3(\mathrm{GAST})$ 见式（2.15），则瞬时地球直角坐标系（t）中的卫星位置为

$$\begin{bmatrix} x \\ y \\ z \end{bmatrix}_{\mathrm{t}} = \boldsymbol{R}_3(\mathrm{GAST}) \begin{bmatrix} X \\ Y \\ Z \end{bmatrix}_{\mathrm{I}} \tag{2.42}$$

若进一步考虑地极移动，极移矩阵 $\boldsymbol{M}_{\mathrm{t}}^{\mathrm{T}}$ 见式（2.11），则可进一步转换到协议地球坐标系（T）中，即

$$\begin{bmatrix} x \\ y \\ z \end{bmatrix}_{\mathrm{T}} = \boldsymbol{M}_{\mathrm{t}}^{\mathrm{T}} \begin{bmatrix} x \\ y \\ z \end{bmatrix}_{\mathrm{t}} \tag{2.43}$$

4. 轨道直角坐标系中的卫星速度

卫星在各坐标系中的速度描述，可通过对该坐标系中的瞬时位置进行求导得到。因轨道参数为常量，只需对坐标表示式中与时间有关的变量 $E(t)$，$f(t)$，$\mathrm{GAST}(t)$ 求导即可，其公式如下：

$$\frac{\partial E}{\partial t} = \frac{n}{1 - e\cos E(t)} = n\frac{a}{r(t)} \tag{2.44}$$

$$\frac{\partial f}{\partial t} = \frac{h}{[r(t)]^2} = \frac{\sqrt{\mu a(1-e^2)}}{[r(t)]^2} = n\sqrt{1-e^2}\left[\frac{a}{r(t)}\right]^2 \tag{2.45}$$

$$\frac{\partial \mathrm{GAST}}{\partial t} = \boldsymbol{\omega}_{ie} \tag{2.46}$$

式中，ω_{ie} 为地球自转角速率；r 为地球质心到卫星质心矢径的模；n 为卫星运行平均角速度。对式（2.36）求导，可以得到轨道直角坐标系（S）中的三维速度为

$$\begin{bmatrix} \dot{x}_s \\ \dot{y}_s \\ \dot{z}_s \end{bmatrix} = a \begin{bmatrix} -\sin E\,\partial E/\partial t \\ \sqrt{1-e^2}\cos E\,\partial E/\partial t \\ 0 \end{bmatrix} = \frac{na^2}{r(t)} \begin{bmatrix} -\sin E \\ \sqrt{1-e^2}\cos E \\ 0 \end{bmatrix} \tag{2.47}$$

5. 天球坐标系中的卫星速度

$$\begin{bmatrix} \dot{X} \\ \dot{Y} \\ \dot{Z} \end{bmatrix}_{\mathrm{I}} = \boldsymbol{C}_{\mathrm{S}}^{\mathrm{I}} \cdot \frac{na^2}{r(t)} \cdot \begin{bmatrix} -\sin E \\ \sqrt{1-e^2}\cos E \\ 0 \end{bmatrix} \tag{2.48}$$

6. 地球坐标系中的卫星速度

对式（2.42）、式（2.43）求导，并忽略非常缓慢的极移变化率，得到对应的卫星速度为

$$
\begin{aligned}
\begin{bmatrix}\dot{x}\\ \dot{y}\\ \dot{z}\end{bmatrix}_{\mathrm{t}} &= \frac{\partial \boldsymbol{R}_3(\mathrm{GAST})}{\partial t}\begin{bmatrix}X\\ Y\\ Z\end{bmatrix}_{\mathrm{I}} + \boldsymbol{R}_3(\mathrm{GAST})\begin{bmatrix}\dot{X}\\ \dot{Y}\\ \dot{Z}\end{bmatrix}_{\mathrm{I}} \\
&= -\omega_{ie}\begin{bmatrix}\sin \mathrm{GAST} & -\cos \mathrm{GAST} & 0\\ \cos \mathrm{GAST} & \sin \mathrm{GAST} & 0\\ 0 & 0 & 0\end{bmatrix}\begin{bmatrix}X\\ Y\\ Z\end{bmatrix}_{\mathrm{I}} + \begin{bmatrix}\cos \mathrm{GAST} & \sin \mathrm{GAST} & 0\\ -\sin \mathrm{GAST} & \cos \mathrm{GAST} & 0\\ 0 & 0 & 1\end{bmatrix}\begin{bmatrix}\dot{X}\\ \dot{Y}\\ \dot{Z}\end{bmatrix}_{\mathrm{I}}
\end{aligned}
\tag{2.49}
$$

则此时有

$$
\begin{bmatrix}\dot{x}\\ \dot{y}\\ \dot{z}\end{bmatrix}_{\mathrm{T}} = \boldsymbol{M}_{\mathrm{t}}^{\mathrm{T}}\begin{bmatrix}\dot{x}\\ \dot{y}\\ \dot{z}\end{bmatrix}_{\mathrm{t}} \tag{2.50}
$$

2.5.4 卫星受摄运动与卫星星历

1. *卫星受摄运动*

以上关于卫星运动规律及其轨道的描述，均是在理想条件下进行的，即卫星不受任何摄动力的影响。实际上，卫星还受到各种摄动力的影响，从而在位置和速度上均有扰动，虽然这种扰动引起的误差很小，但对于现代精密定位与导航来讲都是不能忽略的。

地球卫星运行时受到的摄动影响主要有以下几种。

1）地球摄动力的影响

现代大地测量学已证明，地球并非理想的等密度的真球体。地球质量非均匀分布所引起的非中心引力即地球摄动力。地球摄动力将引起卫星轨道变化，主要表现有：轨道平面在空间旋转、近地点 P 在轨道面内旋转以及平近点角 M 发生变化。此时卫星的实际轨道不再是封闭的椭圆。

2）日、月引力的影响

卫星受日、月引力的作用，将产生摄动加速度，该加速度对卫星轨道的摄动是长周期性的。如 GPS 卫星在轨道上运行时，受到的摄动加速度大小约为 5×10^{-6} m/s^2，在 3 h 的轨道弧段上，日、月引力的摄动加速度将导致 50～150 m 的位置误差。

3）太阳光压的影响

运行中的导航卫星，既受到太阳直射光压的辐射压力，也受到地球反射的太阳光辐射压力，反射光压力是直射光压力的 1%～2%。辐射光压力不仅与距离有关，也与卫星的截面积、反射特性有关，其关系比较复杂。如对于 GPS 卫星，辐射光压力约为 10^{-7} m/s 量级，将使卫星在 3h 的轨道弧段上产生 5～10 m 的偏差。

4）大气阻力的影响

大气阻力主要取决于大气密度、卫星的质量与迎风面面积以及卫星的速度。大气阻力主要影响低、中轨道的卫星，而对于高轨道的卫星，大气密度极低，以致可以忽略大气阻力对卫星轨道的影响。

2. *卫星星历*

卫星星历是描述卫星运行轨道的一组数据。利用卫星进行导航或定位，就是根据卫星发布的轨道信息结合用户（接收机）的观测信息，通过数据处理来确定用户的位置、速度以及姿态等参数。卫星星历的提供方式一般有两种：一是预报星历；二是后处理星历。本章以 GPS 星历为例进行介绍。

1）预报星历

预报星历也称作广播星历，它是由卫星广播发射的导航电文传递到用户的，用户接收机捕获到这些信号，经过解码便可获得所需要的卫星星历。广播星历中包含相对于某一参考历元 t_{oe} 的卫星轨道参数和必要的轨道摄动改正项参数。如 GPS 的广播星历共有 16 个星历参数，其中包括 2 个时间参数、6 个卫星轨道参数以及 9 个有关摄动力的改正项参数，见表 2 -4。其中 AODE 是星历参考历元 t_{oe} 与最后一次测量时间 t_L 的时间差，即 AODE $= t_{oe} - t_L$。

表 2 -4　GPS 星历参数

参数	含义	位数	比例因子	单位
AODE	星历数据的龄期	8	—	—
t_{oe}	星历参考历元	16	2^{4}	s
$\sqrt{a}$	轨道长半轴的平方根	32	2^{-19}	$m^{1/2}$
e	轨道偏心率	32	2^{-33}	无
i_0	参考时刻的轨道倾角	32	2^{-31}	π
Ω_0	参考时刻的轨道升交点赤经	32	2^{-31}	π
ω	轨道近地点角距	32	2^{-31}	π
M_o	参考时刻的平近点角	32	2^{-31}	π
$\dot{i}$	轨道倾角变率	14	2^{-43}	π/s
$\dot{\Omega}$	升交点赤经变率	24	2^{-43}	π/s
$\triangle n$	卫星平均角速度的改正值	16	2^{-43}	π/s
C_{uc}、C_{us}	升交距角的余弦、正弦调和项的改正振幅	16	2^{-29}	rad
C_{rc}、C_{rs}	轨道矢径的余弦、正弦调和项的改正振幅	16	2^{-5}	m
C_{ic}、C_{is}	轨道倾角的余弦、正弦调和项的改正振幅	16	2^{-29}	rad

2）后处理星历

后处理星历是一些国家的有关部门，根据各自建立的卫星跟踪站所获得的卫星精密观测资料，采用与确定预报星历相似的方法，计算出以前任一观测时刻的卫星星历。后处理星历在计算该观测时刻的卫星轨道参数时，已注意到当时的摄动力模型的影响，避免了预报星历的外推误差。它是一种根据观测资料，事后计算的时间与星历对应的精密轨道信息库。

对于精密大地测量、地球动力学等研究的地面用户来讲，通过预报星历来推算用户位置，其精度尚难以满足要求，尤其当卫星的预报星历受到人为干预而降低精度时。后处理星历具有极高的精度，可达分米量级，在精密定轨等研究中有重要的意义。其缺点是需要建立和维持一个庞大的卫星跟踪网来精密测定卫星轨道，技术复杂且投资较大。

2.5.5 由预报星历计算卫星位置

2.5.3 节介绍了在无摄运动条件下，由卫星轨道参数计算卫星位置的基本方法。在实际情况下，卫星进行受摄运动，在卫星的预报星历中还含有摄动改正项。本节以 GPS 星历参数为例，给出 GPS 卫星在 CTS 中的位置计算方法。

1. 计算卫星平均角速度 n

$$n = n_0 + \Delta n = \frac{2\pi}{T} + \Delta n = \sqrt{\frac{\mu}{a^3}} + \Delta n \tag{2.51}$$

式中，$\mu = GM = 3.986\ 005 \times 10^{14}\ \mathrm{m^3/s^2}$，为 WGS－84 中的地球引力常数；$a = (\sqrt{a_s})^2$，为半长轴；$\Delta n$ 和 $\sqrt{a_s}$ 为预报星历参数。

2. 计算星历历元起算的时间 Δt

$$\Delta t = t - t_{\mathrm{oe}} \tag{2.52}$$

式中，t 为观测历元；t_{oe} 为星历参考历元。

3. 计算观测历元 t_k 的平近点角 M_k

$$M_k = M_0 + n\Delta t \tag{2.53}$$

式中，M_0 为星历参考历元 t_{oe} 的平近点角。

4. 计算观测历元 t_k 的偏近点角 E_k

$$E_k = M_k + e\sin E_k \tag{2.54}$$

式中，e 为星历参数中的轨道偏心率。

5. 计算观测历元 t_k 的真近点角 f_k

$$f_k = 2 \cdot \arctan\left(\frac{\sqrt{1+e}}{\sqrt{1-e}}\tan\frac{E_k}{2}\right) \tag{2.55}$$

6. 计算摄动改正前的升交点角距 φ_0

$$\varphi_0 = \omega + f_k \tag{2.56}$$

式中，ω 为星历参考历元 t_{oe} 的轨道近地点角距。

7. 计算观测历元 t_k 的摄动改正项：$\Delta\varphi_k$，Δr_k 及 Δi_k

$$\Delta\varphi_k = C_{us}\sin(2\varphi_0) + C_{uc}\cos(2\varphi_0) \tag{2.57}$$

$$\Delta r_k = C_{rs}\sin(2\varphi_0) + C_{rc}\cos(2\varphi_0) \tag{2.58}$$

$$\Delta i_k = C_{is}\sin(2\varphi_0) + C_{ic}\cos(2\varphi_0) \tag{2.59}$$

式中，$\Delta\varphi_k$，Δr_k 及 Δi_k 分别为升交点角距 φ_k、卫星矢径 r_k 及轨道面倾角 i_k 的摄动量；6 个系数 C_{us}，…，C_{ic} 均为星历参数。

8. 计算经过摄动改正的 φ_k，r_k 及 i_k

$$\varphi_k = \varphi_0 + \Delta\varphi_k \tag{2.60}$$

$$r_k = a(1 - e\cos E_k) + \Delta r_k \tag{2.61}$$

$$i_k = i_0 + \delta i_k + \dot{i}\Delta t \tag{2.62}$$

式中，r_k 和 i_k 分别为卫星的地心矢径和轨道倾角；$\dot{i}$ 为星历参数中的轨道倾角变率。

9. 计算观测历元 t_k 的升交点的经度 λ_k

$$\lambda_k = \Omega_0 + (\dot{\Omega} - \omega_{ie})\Delta t - \omega_{ie}t_{\mathrm{oe}} \tag{2.63}$$

式中，$\omega_{ie}=7.292\ 115\times10^{-5}$ rad/s，为地球自转角速率；Ω_0 和 $\dot{\Omega}$ 由星历参数提供。

10. 计算轨道直角坐标系 $OX_\mathrm{o}Y_\mathrm{o}Z_\mathrm{o}$ 中卫星的位置

$$\begin{bmatrix} x_0 \\ y_0 \\ z_0 \end{bmatrix}=r_k\begin{bmatrix} \cos\phi_k \\ \sin\phi_k \\ 0 \end{bmatrix} \tag{2.64}$$

11. 计算 CTS 中卫星的位置

由轨道直角坐标系 $OX_\mathrm{o}Y_\mathrm{o}Z_\mathrm{o}$ 变换到瞬时地球坐标系 $OX_\mathrm{t}Y_\mathrm{t}Z_\mathrm{t}$：先沿地心至升交点轴 OX_o 旋转 $-i_k$ 角，再沿 Z 轴旋转（$-\lambda_k$）角，这两次转动的坐标变换阵为 $\boldsymbol{R}_1(-i_k)$ 和 $\boldsymbol{R}_3(-\lambda_k)$，则卫星在瞬时地球坐标系 $OX_\mathrm{t}Y_\mathrm{t}Z_\mathrm{t}$ 中的位置为

$$\begin{bmatrix} x_\mathrm{t} \\ y_\mathrm{t} \\ z_\mathrm{t} \end{bmatrix}=\boldsymbol{R}_3(-\lambda_k)\boldsymbol{R}_1(-i_k)\begin{bmatrix} x_0 \\ y_0 \\ z_0 \end{bmatrix}=\begin{bmatrix} \cos\lambda_k & -\sin\lambda_k\cos i_k & \sin\lambda_k\sin i_k \\ \sin\lambda_k & \cos\lambda_k\cos i_k & -\cos\lambda_k\sin i_k \\ 0 & \sin i_k & \cos i_k \end{bmatrix}\begin{bmatrix} x_0 \\ y_0 \\ z_0 \end{bmatrix} \tag{2.65}$$

至此，GPS 用户（接收机）可以根据它所接收到的卫星导航电文解码，获得卫星预报的星历参数，再根据前述步骤解算出卫星在 CTS（ECEF 坐标系）中的位置。进而，根据需要，可以很容易地将卫星在 CTS 中的位置，变换到以经纬高描述的地球大地坐标系以及站心坐标系等中去。

第3章

GNSS卫星信号

3.1 GNSS卫星信号基础

3.1.1 GNSS卫星信号简介

导航信号实际上是一种复杂形式的数字通信信号。它通常具有分层形式，其中分层由导航数据、测距码和调制载波构成。这些成分相乘以形成最终的信号结构。

GNSS是一种无线电导航定位系统，GNSS用户接收机接收到导航卫星播放的信号，经过相关处理后测定由卫星到接收机的信号传播时间延迟，或测定卫星载波信号相位在传播路径上变化的周数，解算出接收机到卫星之间的距离（因含误差而被称为伪距ρ），从而基于测距交会原理实现导航定位功能。因此，深入理解GNSS卫星信号的特点、GNSS用户接收到的信号和数据，是卫星导航定位的基础。

GNSS卫星信号通常由以下三部分组成。

（1）载波信号。载波是未受调制的周期性振荡信号，它可以是正弦波，也可以是非正弦波（如周期性脉冲信号）。载波调制就是用调制信号去控制载波参数的过程，载波调制后的信号称为已调信号。如GPS含有两个载波信号L1和L2，频率分别为1 572.42 MHz和1 227.60 MHz。

（2）导航数据。导航数据是由一组二进制的数码序列组成的导航电文，包含多种与导航有关的信息，如卫星星历、卫星钟的钟差改正参数、测距时间标志及大气折射改正参数等。

（3）扩频序列。扩频是一种信息传输技术，是利用与传输信息无关的码对被传输信号扩展频谱，使之占有远远超过被传输信息所必需的最小带宽。如GPS是将基带信号（导航数据）经过伪随机码扩频成组合码，再经二进制相移键控（BPSK）调制后由GPS天线发射出去。

GNSS卫星信号的产生、构成和获取等都涉及现代通信理论中的复杂问题。不同的卫星导航系统，其信号体制也有所不同。另外，随着信息技术的快速发展，许多新的信号体制应用到了现代卫星导航系统中，如现代化的GPS、Galileo系统等。相比于传统的GPS卫星信号，新的信号体制具有明显的优势。尽管一般的GNSS用户不一定深究，但清晰地了解有关的基本概念，对理解GNSS导航定位是很有必要的。

本章首先介绍GNSS卫星信号所涉及的伪随机码、调制解调、信号复用、扩频、相关接收等概念，然后讲解典型的GPS卫星信号及其导航电文。在此基础上介绍GPS现代化信号、

GLONASS 卫星信号、Galileo 以及北斗卫星信号及其最新的发展，使读者对 GNSS 卫星信号有一个清晰的认识。

3.1.2 伪随机码及其特性

1. 码、随机码

码是由二进制数（0 或 1）构成的组合序列。在组合序列（码）中，一位二进制数称为一个码元或一比特（bit），它是码的基本度量单位。将某种信息（比如声音、图像、文字等）通过量化，并按某种规定的标准表示成二进制数的组合序列，这一过程称为编码，编码是信息数字化处理中重要的一步。

在二进制数字化信息的传输过程中，每秒钟传输的码元数称为码率（或比特率），它是数字通信中信息传输速率的度量单位，其单位为 bit/s。二进制码与编码脉冲序列是对应的，因此，二进制码的传输速率单位又可用脉冲频率赫兹（Hz）来表示。

导航电文的数据通过编码变成某种二进制码序列，它与编码脉冲相对应，码取 0 时编码脉冲状态取 +1，码取 1 时编码脉冲状态取 -1。该编码脉冲的码率为 50 Hz，所占据的频谱很低，因此又称为基带信号。

GPS 卫星发射的信号，是将基带信号先经过伪随机码扩频，再对 L 波段的载波进行 BPSK 调制。经过这样处理的信号，不仅能提高系统的导航定位精度，而且具有极高的抗干扰能力和极强的保密性。这里的关键技术是采用了伪随机码扩频技术。为了建立伪随机码的概念，下面先简单介绍随机码。

假设一组码序列 $u(t)$，对于任一时刻 t，码元取值为 1 或 0 完全是随机的，两种状态的概率都为 1/2，这种码元取值完全无规律的码序列称为随机码，如图 3 - 1 所示。二进制随机码具有如下特点。

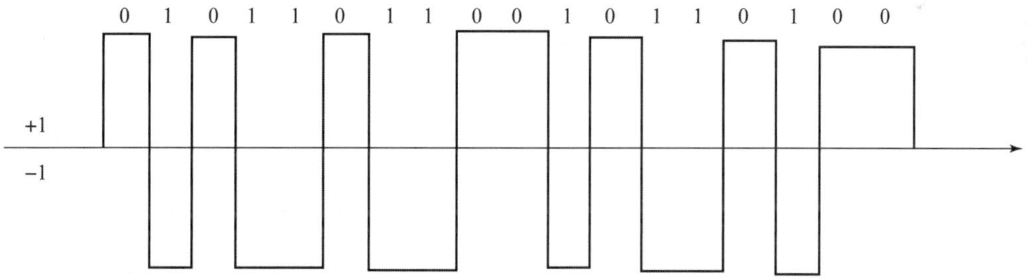

图 3 - 1 二进制随机码及相应的脉冲

（1）随机码为非周期性码，不存在任何编码规则，因此不能被复制。

（2）随机码中“0”和“1”出现的概率均为 1/2。

（3）随机码 $u(t)$ 的自相关函数 $R(\tau)$ 具有如下性质（图 3 - 2）：

$$\begin{cases} R(\tau)=1, & \tau=0 \\ R(\tau)=0, & |\tau|>t_0 \\ R(\tau)=1-\tau/|t_0|, & -t_0<\tau<t_0 \end{cases} \tag{3.1}$$

式中，τ 为将 $u(t)$ 平移码元的个数；t_0 为码元宽度。

二进制随机码 $u(t)$ 的自相关函数为

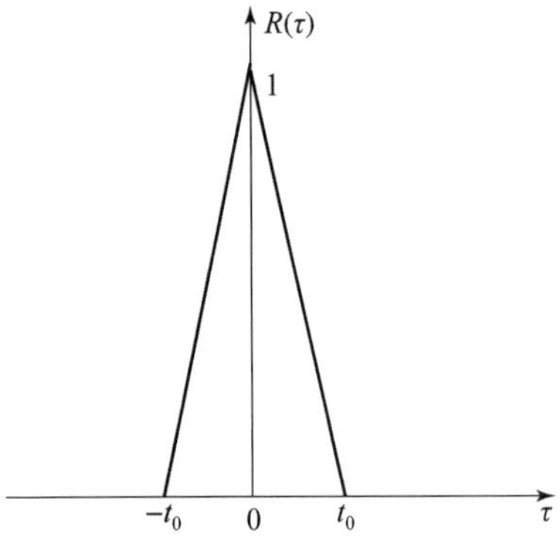

图 3-2　自相关函数 $R(\tau)$

$$R(\tau)=\frac{A-D}{A+D} \tag{3.2}$$

式中，A 为 $u(t)$ 与 $u(t-\tau)$ 对应元素模 2 相加等于 0 的数目；D 为等于 1 的数目。模 2 相加用符号⊕表示，其运算法则是：1⊕1 =0，0⊕0 =0，1⊕0 =1，0⊕1 =1。

如果导航卫星发射的是一个随机码 $u(t)$，地面用户的导航接收机也同时复制出结构与 $u(t)$ 完全相同的随机码 $\tilde{u}(t)$，则由于受卫星到接收机的信号传播时间延迟的影响，被接收的 $u(t)$ 和复制的 $\tilde{u}(t)$ 之间的码元互相错开 τ 位。若通过一个时间延迟器来对 $\tilde{u}(t)$ 进行移动，使它与 $u(t)$ 的码元完全对齐，此时 $R(\tau)=1$，于是可以从时间延迟器中测出卫星信号到达接收机的传播时间，从而确定由卫星到接收机的距离。因此，基于随机码序列的自相关特性，可以进行导航卫星的精密测距。

2. 伪随机码（PRN）

由于随机码没有周期性，所以这种码无法复制，实际上无法采用。能否找到一种既有良好的自相关特性，又具有周期性，从而能复制的码呢？回答是肯定的，伪随机码即具有该特性。

在实际应用中，伪随机码是由所谓“多级反馈移位寄存器”产生的。图 3-3 所示是 4 级移位寄存器示意，其中包括 4 级移位寄存器、模 2 相加反馈电路及脉冲发生器。其工作过程为：移位寄存器在开始工作时全部置“1”，称为全“1”状态；当钟脉冲加到移位寄存器上时，每个码元都顺序地向下一个单元移位，而最后一个码元便输出，并与某几个存储单元的码元经模 2 相加，再反馈给第一级存储单元；重复该过程，经过 15 个脉冲后，4 个寄存器又出现全“1”状态，由第 4 级寄存器输出的是一个周期为 $15t_0$ 的二进制码序列。

r 级移位寄存器的反馈回路有多种接法，在不同的反馈回路下，其第 r 级的输出序列周期不同。通常，将多级移位寄存器产生周期最长的二进制码序列称作 m 序列。对于 r 级移位寄存器，若采取不同的反馈连接方式，将产生不同结构的 m 序列。

若用移位标识符 x 的 i 次方表示移位寄存器的第 i 级的输出，以 $C_i=1$ 表示第 i 级输出已接到模 2 加法器，$C_i=0$ 表示没有接入，则反馈连接方式可用一个多项式 $F(x)$ 表示：

$$F(x)=\sum_{i=0}^{r}C_i x^i \tag{3.3}$$

$F(x)$ 称为电路的特征多项式，如图 3-3 所示电路的特征多项式为 $F_1(x)=1+x^3+x^4$。

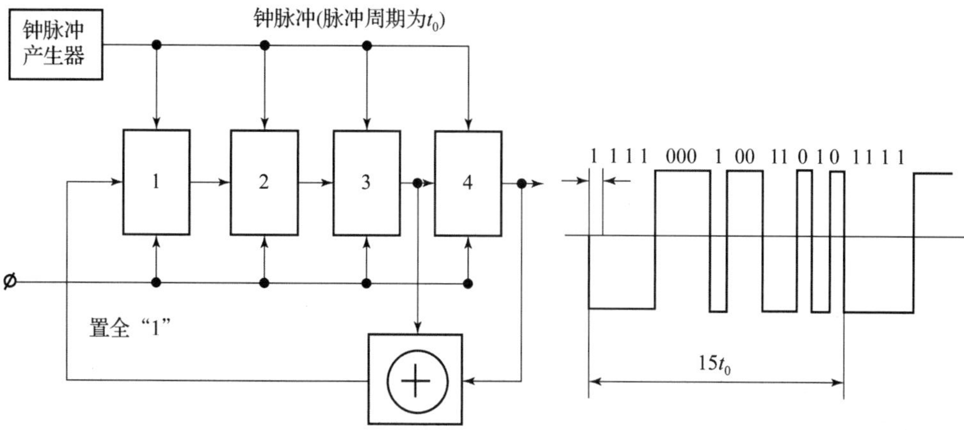

图 3－3　4 级移位寄存器示意

3. m 序列的特性

（1）r 级移位寄存器产生的 m 序列的伪随机码，其码元宽度等于钟脉冲周期 t_0，m 序列的周期为

$$T = Nt_0 = (2^r - 1)t_0 \tag{3.4}$$

（2）m 序列的一个周期中，码元“1”的个数比码元“0”的个数多 1 个。

（3）两个平移 m 序列模 2 相加，得到结构不变的另一个等价平移 m 序列。

（4）m 序列的自相关函数具有周期性，自相关函数具有如下性质（图 3－4）：

$$\begin{cases} R(\tau) = 1, & \tau = nNt_0 (n = 0,1,2,\cdots; N = 2^r - 1) \\ R(\tau) = -1/N, & \tau = nt_0 (n \neq 0 \text{ 且 } n \neq N \text{ 的整数倍}) \\ -1/N < R(\tau) < 1, & -t_0 + nNt_0 < \tau < t_0 + nNt_0 (n = 0,1,2,\cdots) \end{cases} \tag{3.5}$$

（5）在 r 级移位寄存器产生的 m 序列中，截取其中的一部分组成一个新的周期性序列，称为 m 序列的截短序列。与此相反，有时还需要将多个周期较短的 m 序列，按预定的规则构成一个周期较长的序列，称为复合序列或复合码。

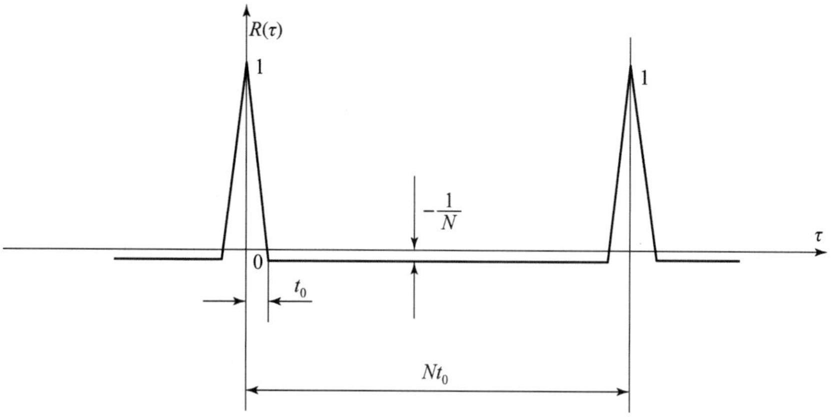

图 3－4　m 序列的自相关函数

3.1.3 调制、解调、信号复用

1. 信号调制

1）信号调制的概念

所谓信号调制，就是把信号转换成适合在信道中传输的形式的一种过程。在无线通信等领域，调制通常指载波调制，就是用调制信号去控制载波的参数的过程，使载波的某一个或某几个参数按照调制信号的规律变化。

调制方式有很多，按照调制信号是模拟信号还是数字信号，载波是连续波还是脉冲波，相应的调制方式有模拟连续波调制（简称模拟调制）、数字连续波调制（简称数字调制）、模拟脉冲调制、数字脉冲调制等。不同的调制方式适合不同的应用领域，对于卫星导航来说，主要用来进行数据传输，因此主要采用数字调制方式。

数字调制与模拟调制的基本原理相同，但数字信号有离散取值的特点。利用数字信号离散取值的特点，通过开关键控载波来实现数字调制的方法，称为键控法。比如对载波的振幅、频率以及相位进行键控，便可以获得振幅键控（ASK）、频移键控（FSK）和相移键控（PSK）。另外数字信号有二进制和多进制之分，因此数字调制也可分为二进制调制和多进制调制。

2）二进制相移键控（BPSK）调制

BPSK 是一种简单的数字信号调制方式，它利用载波的相位变化来传递数字信息，而振幅和频率保持不变。在 BPSK 中，通常用初始相位 0 和 π 分别表示二进制的“0”和“1”，其时域表达式为

$$e_{\mathrm{BPSK}}(t)=A\cos(\omega_c t+\theta_n) \tag{3.6}$$

式中，A 为振幅值；ω_c 为载波角频率；θ_n 为第 n 个符号的绝对相位，当数字信号为 0 时 θ_n 取 0，当数字信号为 1 时 θ_n 取 π。因此，BPSK 一般可以表述为一个矩形脉冲序列与正弦波相乘。

由于伪随机码的振幅值只取 0 或 1，所以当数字信号为 0 时，对应的码状态为 +1，而当数字信号为 1 时，对应的码状态为 −1。载波和相应伪随机码相乘后，便实现了载波的 BPSK 调制，此时伪随机码被加到载波上去了。载波在伪随机码的 BPSK 调制下，波形发生的变化如图 3−5 所示，码位从 0 变为 1 或从 1 变为 0，都将使载波相位改变 180°。

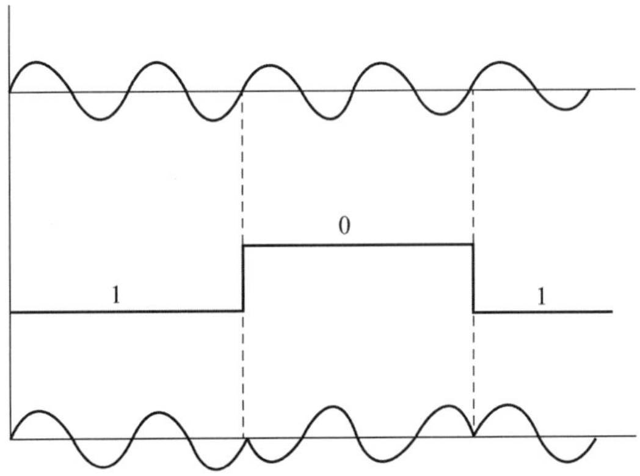

图 3−5　伪随机码 BPSK 调制波形

3）四进制相移键控（QPSK）调制

QPSK 是一种多进制调制方式。在 BPSK 中初始相位 θ 为 0 或 π，而在多进制中 θ 可以取多个值。对于 M 进制，初始值可以取 $\theta_k = 2\pi/M(k-1)$（$k=1, 2, \cdots, M$），则 M 进制信号码元为 $s_k(t) = A\cos(\omega_c t + \theta_k)$。不失一般性，当 $A=1$ 时，$s_k(t)$ 可以展开为

$$s_k(t) = a_k \cos\omega_c t - b_k \sin\omega_c t \tag{3.7}$$

式中，$a_k = \cos\theta_k$，$b_k = \sin\theta_k$，且有 $a_k^2 + b_k^2 = 1$，则 $s_k(t)$ 可以看作由正弦和余弦两个正交分量合成的信号。

当 $M=4$ 时，$s_k(t)$ 即 QPSK 调制的信号，它的每个码元含有 2bit 信息。用 ab 代表这 2 个 bit，则有 4 种组合：00，01，10，11，当采用 Gray 码进行排列时，对应的初始相位分别为：90°，0°，180°，270°。QPSK 信号时域表达式为

$$s_{\text{QPSK}}(t) = I(t)\cos\omega_c t - Q(t)\sin\omega_c t \tag{3.8}$$

式中，$I(t)$ 为同相分量，$Q(t)$ 为正交分量。由上式，QPSK 信号可以表示为两个 BPSK 信号相加而成，因此 QPSK 信号的产生可以采用正交调制的方法。如图 3-6 所示，首先对输入的二进制码序列，通过“串/并转换”电路变成两路速率减半的序列，分别与载波 $\cos\omega_c t$ 和 $\sin\omega_c t$ 相乘完成 BPSK 调制，然后相加就可得到 QPSK 信号。

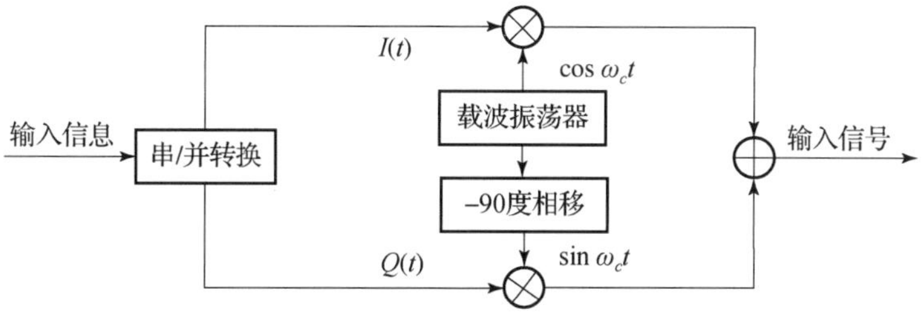

图 3-6　QPSK 调制信号

2. 信号解调

解调是调制的逆过程，其作用是将已调信号中的调制信号恢复出来。解调方法可以分为相干解调和非相干解调。

（1）相干解调（也称为同步检波）。采用相乘器与载波相乘，把在载频位置的已调信号的频谱搬回到基带位置。为了无失真地恢复原基带信号，接收端必须提供一个与接收的已调载波严格同步（同频同相）的本地载波（相干载波），它与接收到的已调信号相乘后，经过低通滤波器取出低频分量，即可得原始的基带信号。

（2）非相干解调（也称为包络检波）。直接从已调波的幅值中提取原调制信号。包络检波器通常由半波或全波整流器和低通滤波器组成，它属于非相干解调，因此不需要相干载波。

3. 信号复用

在 GNSS 导航定位的应用中，常常需要从一个卫星星座、一颗卫星甚至一个载波频率上广播多个信号。信号复用技术可以用来共享同一个发射信道而不会使广播的信号相互干扰。不同的信号在不同的时间上共享同一发射机传输时称为时分多址（TDMA），使用不同载波频率传输多个信号时称为频分多址（FDMA），在一个共同载波频率上具有不同扩频序列的传输称为码分多址（CDMA）。

例如 GPS 中采取的是 CDMA 技术，针对不同的 GPS 卫星，预先指定使用不同结构的伪随机码。当接收某颗卫星信号时，用户只需要在接收机内产生与该卫星的伪码结构相同的本地跟踪码，并让本地跟踪码移位，直到与卫星伪码对齐，即相关函数值为“1”。此时，对于其他卫星的伪码，由于与跟踪码结构不同，故相关函数值很小。

3.1.4 扩频、相关接收、伪码测距

1. 扩频技术

目前使用的卫星导航定位系统的一个共同特点是利用扩频通信的伪码测距功能来解算距离和位置信息，因此扩频通信是导航定位系统的基础。扩频通信是将基带信号的频谱扩展至很宽的频带上，然后进行传输的一种技术。其基本理论根据是信息论的香农公式：

$$C = B\log_2(1 + S/N) \tag{3.9}$$

式中，C 为信道容量；B 为信道带宽；N 为噪声功率；S 为信号功率。该公式表明了一个系统信道无误差传输信息的能力跟存在于信道中的信噪比（S/N）以及系统信道带宽（B）之间的关系：降低发送信号功率，增加信道带宽；减少信道带宽，提高信号功率。这也说明了信道容量可以通过带宽与信噪比的互换而保持不变。

香农公式阐述了采用信号频谱扩展，可以提高通信系统的抗干扰能力的原理，即用扩频方法可以取得很高的信噪比。扩频技术也是解决无线通信中多址、抗干扰、保密性等的最好途径之一。在实际应用中，扩频通信的基本工作方式有 3 种。

（1）直接序列扩频（DSSS）。通常采用一段伪随机序列（伪码）表示一个信息码元，对载波进行调制。伪码的一个单元称为码片，由于码片的速率远远高于信息码元的速率，所以已调信号的频谱得到扩展。

（2）跳频扩频（FHSS）。使发射机的载频在一个信息码元的时间内，按照预定的规律，离散地快速跳变，从而达到扩频的目的。载频跳变的规律一般也由伪随机码控制。

（3）线性调频。载频在一个信息码元时间内在一个宽的频段内线性变化，从而使信号带宽得到扩展。线性调频信号若工作在低频范围内，则听起来像鸟声（chirp），故线性调频又称为“鸟声”调制。

在卫星导航定位系统中通常使用 DSSS 方式，它可以视为 BPSK 的一种扩展，利用与传输信息无关的伪随机码对被传输信号进行频谱扩展。DSSS 信号加上第三个分量，称为扩频波或伪随机波，其码率比数据波高得多。DSSS 扩频后的波形如图 3-7 所示。

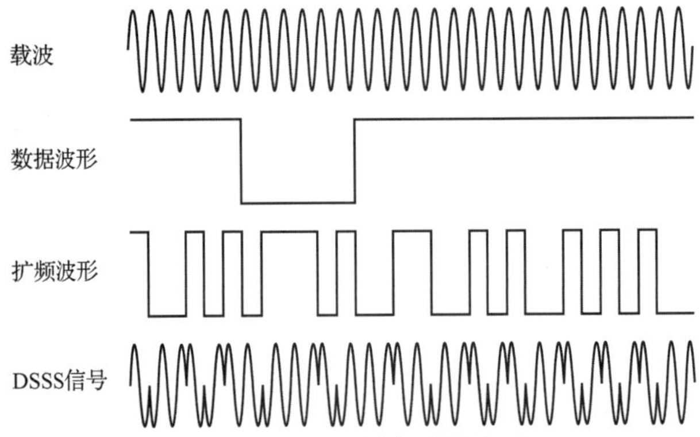

图 3-7　DSSS 扩频后的波形

例如在 GPS 卫星播发的信号中，导航电文是一组不归零二进制编码脉冲 $D(t)$，称为基带信号；二进制码元宽度 $T=20$ ms，因此该基带信号的带宽 $\Delta F=1/T=50$ Hz（码率为 50 bit/s）。设伪随机码为 m 序列 $P(t)$，码率为 10.23 MHz，相应的码元宽度 $t_0=0.1$ μs。将 $D(t)$ 调制到 $P(t)$ 上，即将二者模 2 相加或波形相乘，乘积码为 $D(t)\cdot P(t)$，其带宽为 10.23 MHz，基带信号 $D(t)$ 的频带从 50 Hz 被扩展到 10.23 MHz。

2. 相关接收

利用伪随机码优良的相关特性和可复制性，对卫星发射的扩频信号 $D(t)\cdot P(t)$ 进行相关接收，可大大改善相关接收电路输出端（低通滤波器之后）的信噪比，提高导航卫星信号的抗干扰能力，保证信号接收的可靠性和精度。

相关接收的电路原理如图 3-8 所示。输入端除了有来自卫星发射的扩频信号 $D(t)\cdot P(t)$ 之外，还有干扰噪声 $N(t)$。当接收信号 $D(t)\cdot P(t)$ 与本地伪码发生器复制的伪随机码信号 $P(t-\tau)$ 在乘法器中相乘时，经过移相器使本地伪码与卫星信号中的 $P(t)$ 对齐，此时位移量 $\tau=0$，有 $P(t)\cdot P(t-\tau)=0$，则乘法器输出为 $D(t)\cdot P(t)\cdot P(t-\tau)=D(t)$。然后，经过带宽为 $\Delta F=50$ Hz 的低通滤波器，就可将基带信号 $D(t)$ 滤出。在相关接收过程中，扩频信号 $D(t)\cdot P(t)$ 被恢复为原来的基带信号 $D(t)$，这称为解扩。

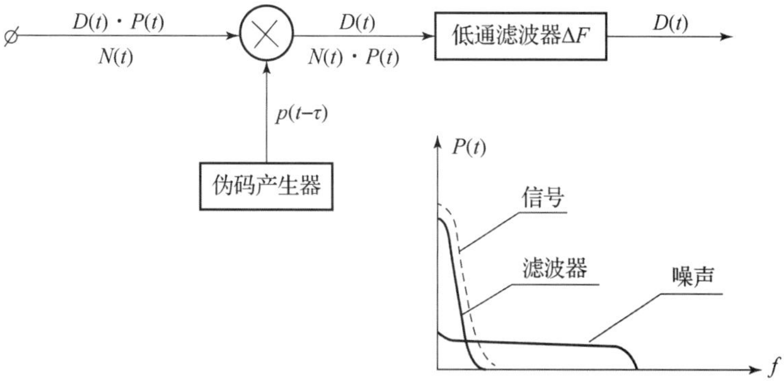

图 3-8　相关接收的电路原理

干扰噪声 $N(t)$ 与本地伪码相乘时，得到 $N(t)\cdot P(t)$，这一乘积码的频带并不像扩频码 $D(t)\cdot P(t)$ 与本地伪码 $P(t)$ 相乘后，经过延时相关位移（$\tau=0$），被解扩到 $\Delta F=50$ Hz，而是被扩展到 $\Delta f=10.23$ MHz。干扰噪声的能量将分布于频带展宽的 Δf 中，经过带宽为 ΔF 的滤波器滤波，在输出端能量仅为低通滤波器输入干扰噪声能量的 $\Delta F/\Delta f$ 倍。因此，采用扩频技术可以明显提高信号的信噪声比，如 $\Delta F=50$ Hz，$\Delta f=10.23$ MHz，提高幅度可达到 53 dB。

3. 伪码测距

导航卫星到地面用户的距离，可以通过信号由卫星到达地面接收机的传播延时乘以传播速度得到。测量传播延时，主要利用了卫星信号中的伪随机码和地面接收机中复制的跟踪伪码的相关接收技术，故称为伪码测距。

伪码测距原理如图 3-9 所示。利用伪码延时锁相环路，使本地复制的跟踪伪码和接收到的伪码在码元上对齐，也即在时间上对准，再将跟踪伪码与本地的基准伪码进行比对，得到时间差。假如驱动本地伪码的 GNSS 用户接收机时钟（简称站钟）和卫星中产生伪码的时钟（简称星钟）完全同步，则测得的时差即电波自卫星到用户的传播延时，相应于获得卫星与用户之间的真实距离。若星钟与站钟不同步，则测得的距离中含有时间误差导致的不精确成分，此时的距离称为伪距。

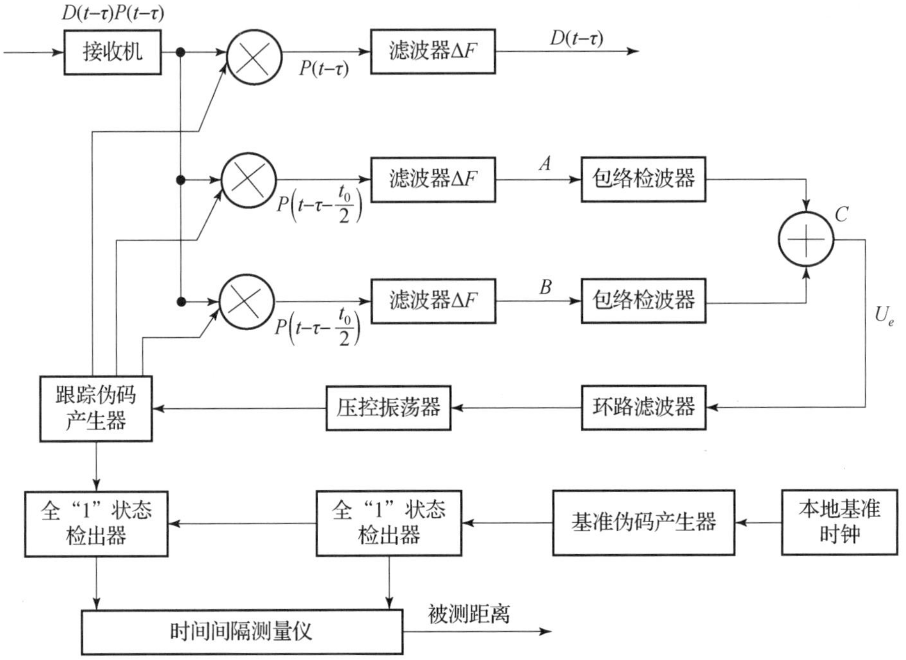

图 3－9　伪码测距原理

3.2　GPS 卫星信号

3.2.1　GPS 卫星信号结构

本节主要介绍传统的 GPS 卫星信号，即 Block ⅡR 卫星信号及其以前的 GPS 卫星信号。GPS 现代化后，Block ⅡR－M 及其后续卫星增加了新的民用和军用信号，其特点将在下节介绍。

GPS 卫星信号主要包含 3 种成分。即数据码（$D(t)$，或称导航电文编码）、测距码（C/A 码和 P(Y) 码）、载波（L1 和 L2）。所有这 3 种信号分量，都是在同一个基本频率 $f_0=10.23$ MHz 的控制下产生的。传统 GPS 卫星信号产生示意如图 3－10 所示。

基本频率 f_0 乘以 154 和 120 后，分别产生 L1（频率为 1 575.42 Mhz）和 L2（频率为 1 227.6 Mhz）载波信号。左方的限幅器用于稳定送到 P(Y)码和 C/A 码发生器的时钟信号。数据发生器用来产生导航电文，P(Y)码发生器提供 X_1 信号以使码发生器和数据发生器同步。

GPS 卫星发射的信号，是将数据码 $D(t)$ 经过两级调制后的信号。第一级调制是将低频 $D(t)$ 码分别调制高频的 C/A 码或 P(Y)码，实现对 $D(t)$ 的伪随机码扩频；第二级调制是将一级调制的组合码再分别调制在两个载波频率（L1 和 L2）上。其中，在载波 L1 上调制 C/A 码⊕数据和 P(Y)码⊕数据，在载波 L2 上调制 P(Y)码⊕数据，调制方式为 BPSK。C/A 码⊕数据和 P(Y)码⊕数据调制到 L1 载波时，其相位是彼此正交的。

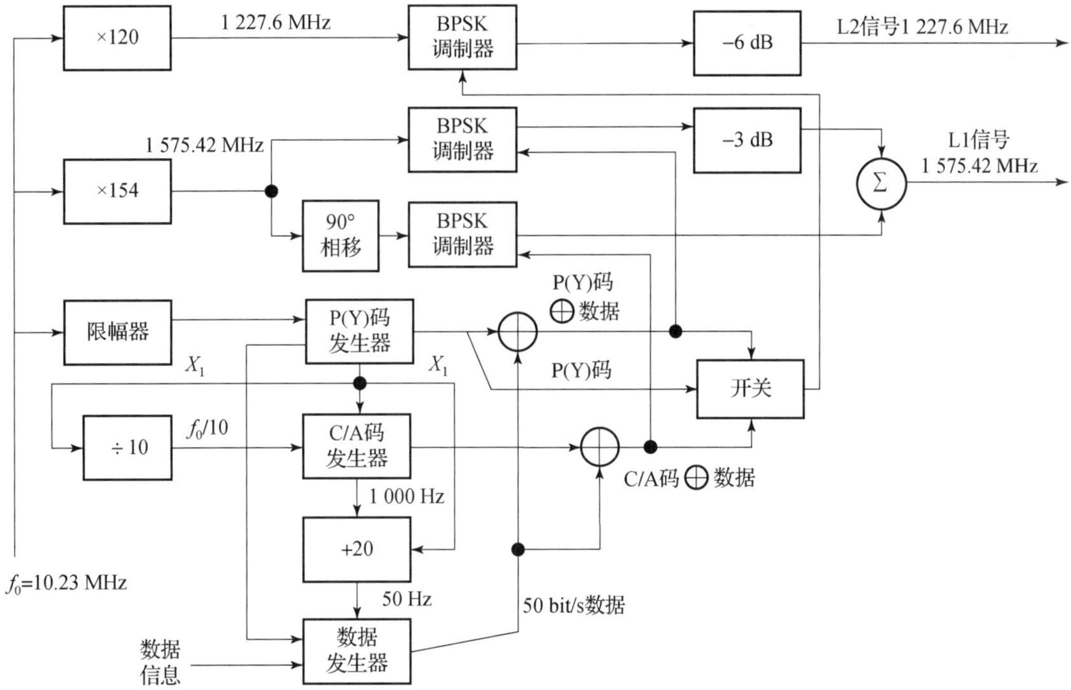

图 3－10　传统 GPS 卫星信号产生示意

以 C/A 码⊕数据调制 L1 载波为例，数据码、C/A 码以及 L1 载波，经过 BPSK 调制后，产生的最终信号如图 3－11 所示。

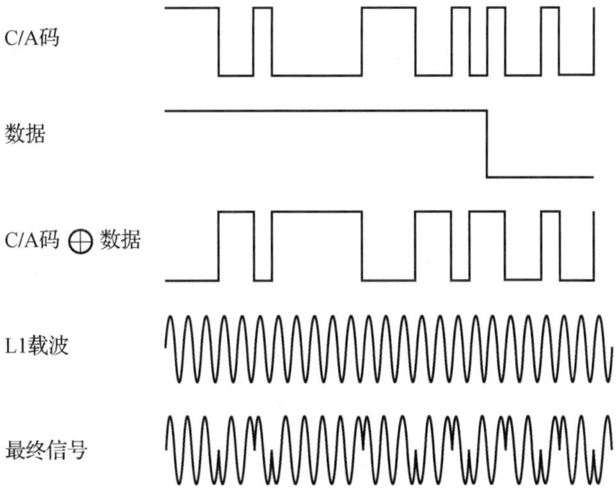

图 3－11　调制对 C/A 码、导航数据以及 L1 载波的影响

3.2.2　C/A 码与 P(Y)码

由上述 GPS 卫星信号结构可知，GPS 卫星采用两种测距码，即 C/A 码和 P(Y)码，它们均属于伪随机码。由于其构成的方式和规律比较复杂，这里仅就其产生、特点和作用等有关概念做简要描述。

1. C/A 码

C/A 码用于分址、搜捕卫星信号和粗测距，它是具有一定抗干扰能力的明码，主要用于民用。C/A 码由两个 10 级反馈移位寄存器相结合而产生，其原理如图 3－12 所示。

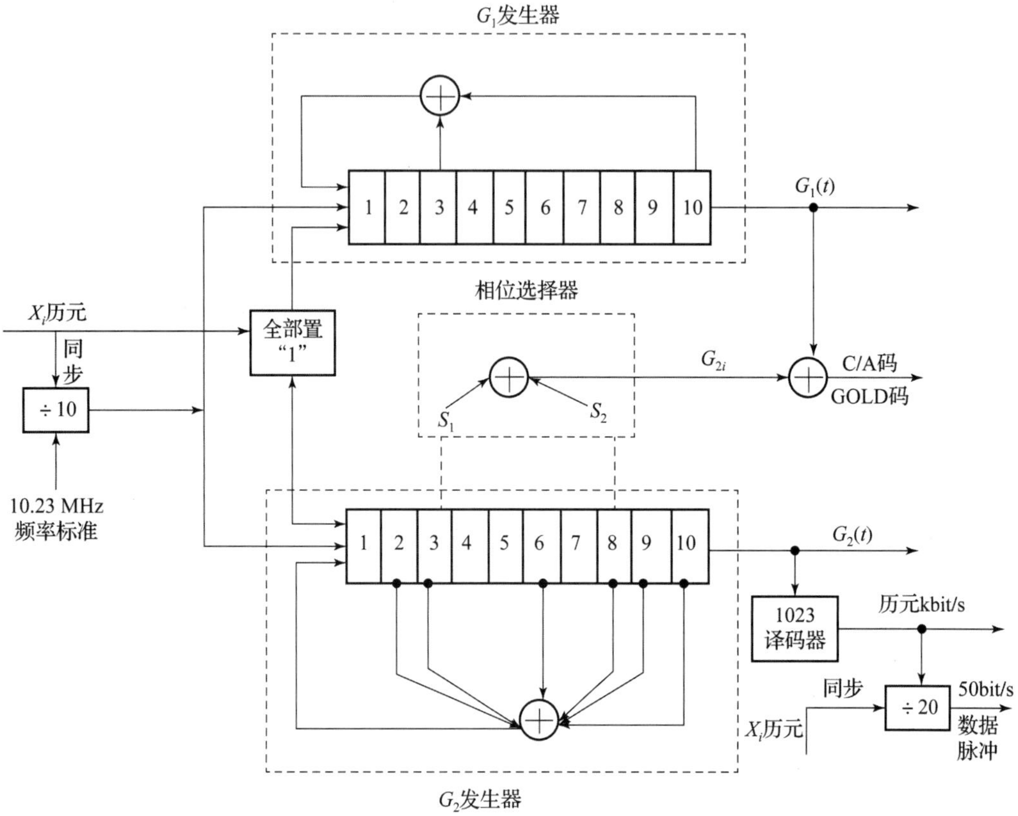

图 3－12　C/A 码产生原理

C/A 码产生器中两个 10 级反馈移位寄存器，于每星期六子夜零时，在置"1"脉冲作用下全处于"1"状态。在 1.023 MHz 钟脉冲的驱动下，两个移位寄存器分别产生码长为 $N=2^{10}-1=1\ 023$，周期为 $Nt_0=1$ ms 的 m 序列 $G_1(t)$ 和 $G_2(t)$，其特征多项式分别为

$$\begin{cases} G_1=1+x^3+x^{10} \\ G_2=1+x^2+x^3+x^6+x^8+x^9+x^{10} \end{cases} \tag{3.10}$$

为了让不同卫星产生不同的 C/A 码，这两个移位寄存器的输出采取了非常特别的组合方式。其中，$G_1(t)$ 直接提供输出序列；$G_2(t)$ 选择某两个存储单元的状态进行模 2 相加后再输出，由此得到一个与 $G_2(t)$ 平移等价的 m 序列 G_{2i}，再将其与 $G_1(t)$ 进行模 2 相加，便可产生结构不同的 C/A 码，也称为 Gold 码。由于 $T=Nt_0=1$ ms 的码元共有 1 023 位，故 $G_2(t)$ 可能有 1 023 种平移等价序列，1 023 种平移等价序列与 $G_1(t)$ 模 2 相加后，可产生 1 023 种 m 序列，即 1 023 个不同结构的 C/A 码，它们被 24 颗卫星分址绰绰有余。

这组 C/A 码的码长、周期和码率均相同，即码长为 $N=2^{10}-1=1\ 023$（bit），码元宽度为 $t_0=1/f=0.977\ 52\ \mu s$（距离约为 293.1 m），周期为 $T=Nt_0=1$ ms，码率为 1.023 MHz。

由于 C/A 码的码长很短，只有 1 023 bit，所以易于捕获。为了捕获 C/A 码，以测定 GPS

卫星信号的传播延时，通常需要对 C/A 码逐个进行搜索。若以每秒 50 个码元的速度搜索，对于只有 1 023 个码元的 C/A 码，搜索时间只要 20.5 s。通过 C/A 码捕获卫星后，即可获得导航电文，通过导航电文的信息，可以很容易地捕获 GPS 的 P 码。因此，C/A 码通常也称为捕获码。

C/A 码的码元宽度较大，假设两个序列的码元对齐误差为码元宽度的 1/100 ~ 1/10，则利用 C/A 码测距，测距误差为 2.93 ~ 29.3 m，由于精度较低，故 C/A 码也称为粗码。

2. P(Y)码

P 码是一种精密码，主要用于军用，当 A－S 启动后 P 码便被加密以构成所谓的 Y 码。P 码与 Y 码具有相同的码片速率，通常将该精密码简记为 P(Y)码。P(Y)码是由两组反馈移位寄存器（每组各有两个 12 级反馈移位寄存器）结合产生的，产生 P(Y)码的原理如图 3－13 所示。

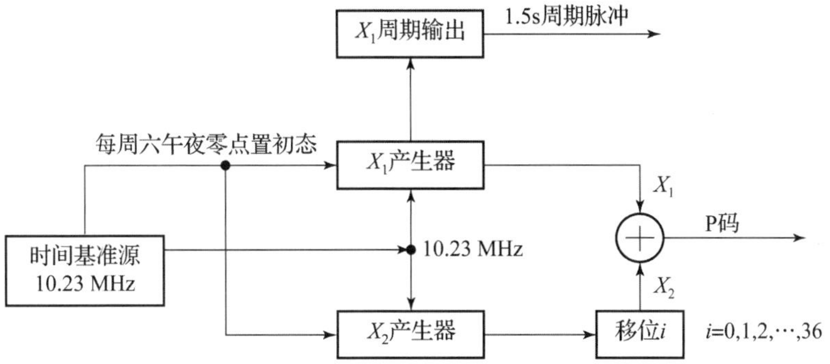

图 3－13　产生 P(Y)码的原理

12 级反馈移位寄存器产生的 m 序列的码元总数为 $2^{12}-1=4\ 095$。采用截短法将两个 12 级 m 序列截短为一周期中码元数互为素数的截短码，比如 X_{1a}码元数为 4 092，X_{1b}码元数为 4 093，将 X_{1a}和 X_{1b}通过模 2 相加，得到周期为 4 092 ×4 093 的长周期码，再对乘积码截短，截出周期为 1.5 s、码元数 $N_1=15.345\times10^6$ 的 X_1，如图 3－14 所示。

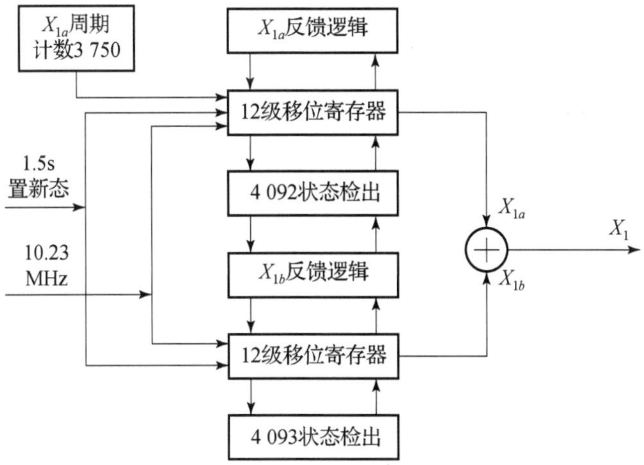

图 3－14　产生 X_1 码的原理图

用同样的方法，在另外一组中，两个 12 级反馈移位寄存器产生 X_2，只是 X_2 码的周期比 X_1 码的周期略长一些，为 $N_2=15.345\times10^6+37(\text{bit})$。

N_1 和 N_2 乘积码的码元数为 $N=N_1\cdot N_2=23\ 546\ 959.765\times10^3$ bit，相应周期为 $T=N/$

$10.23\times10^6\times86\,400=266.4(\mathrm{d})\approx38$(周)。

乘积码 $X_1(t)\cdot X_2(t+i\times t_0)$ 中，t_0 为码元宽度，i 可取 0，1，…，36，共 37 种数值，所以可以得到 37 种乘积码。截取乘积码中周期为一星期的一段，可得到 37 种结构相异、周期相同（均为一周）的 P(Y)码。对于 GPS 的 24 颗卫星来讲，每颗卫星可以采用 37 种 P(Y)码中的一种，则每颗卫星所使用的 P 码均互不相同，实现了 CDMA。在这 37 种 P 码中，32 个供 GPS 卫星使用，5 个供地面站使用。每星期六午夜零点将 X_1 和 X_2 置初态“1”，此后经过一周（$6\,187\,104\times10^6$ 码元）再回到初态。由于 P 码序列长，若仍采用搜索 C/A 码的办法对每个码元逐个依次搜索，当搜索速度为 50 码元/s 时，则约需 14×10^5 d，这是不实际的。因此，一般先捕获 C/A 码，然后根据导航电文中给出的有关信息捕获 P(Y)码。

由于 P(Y)码的码元宽度仅为 C/A 码的 1/10，这时若取码元的对齐精度仍为码元宽度的 1/100～1/10，则由此引起的测距误差为 0.29～2.93 m，其精度比 C/A 码提高 10 倍，所以P(Y)码可用于较精密的定位，通常也称为精密码。

由于 P(Y)码周期长（7 d）、码率高（10.23 MHz）、码类多，因此它被用作精测距、抗干扰及保密的军用码。根据美国国防部的规定，P(Y)码是专为军用的。目前，只有极少数高档次测地型接收机才能接收 P(Y)码，且价格高昂。因此，开发研究无码接收机、平方技术、Z 技术，以便充分挖掘 GPS 信息资源就成了一项极具实用价值的研究方向。

3.2.3 GPS 导航电文

1. 导航电文格式

导航电文是指包含导航信息的数据码［$D(t)$码］。导航信息包括卫星星历、卫星工作状态、卫星历书、时间系统、星钟改正参数、轨道摄动改正参数、大气折射改正参数、遥测码以及由 C/A 码确定 P(Y)码的交换码等，是用户利用 GPS 进行导航定位的数据基础。

导航电文是二进制编码文件，按规定格式组成数据帧向外播发，其格式如图 3－15 所示。每帧电文含有 1 500 bit，包含 5 个子帧。每个子帧含有 300 bit，含有 10 个字，每个字为 30 bit。导航电文的播送速度为 50 bit/s，每个子帧的播送时间为 6 s。

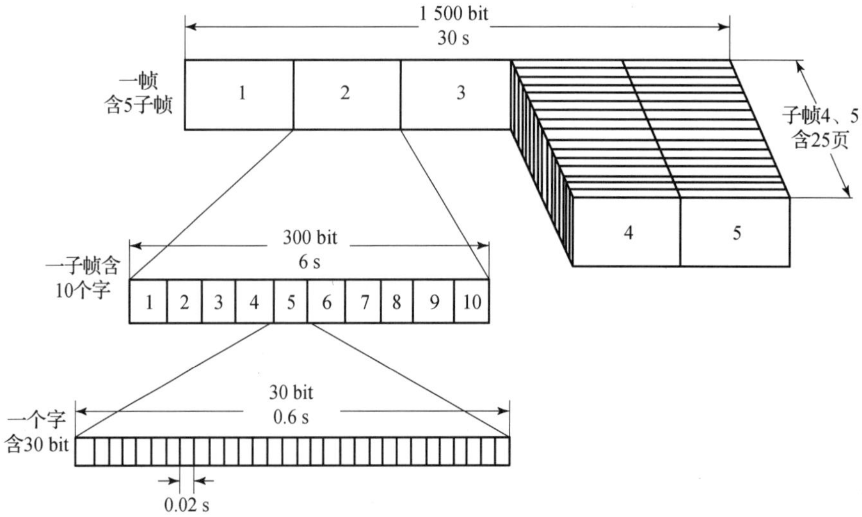

图 3－15　导航电文格式

子帧 1、2 和 3 每 30 s 循环一次；而子帧 4 和 5 有 25 种形式，各含 25 页；子帧 1、2、3 和子帧 4、5 的每一页均构成一帧。整个导航电文共有 25 帧，共有 37 500 bit，需要12.5 min 才能播完。

子帧 1、2 和 3 中含有单颗卫星的广播星历和星钟修正参数，其内容每小时更新一次；子帧 4、5 是全部 GPS 卫星的星历，它的内容仅在地面站注入新的导航数据后才更新。

2. 导航电文内容

每帧导航电文中，各子帧的内容如图 3－16 所示，各子帧由遥测字（TLM）、交接字（HOW）以及数据块三部分构成。第 1 子帧的第 3～10 字组成数据块Ⅰ，第 2、3 子帧的第 3～10 字组成数据块Ⅱ，第 4、5 子帧的第 3～10 字组成数据块Ⅲ。

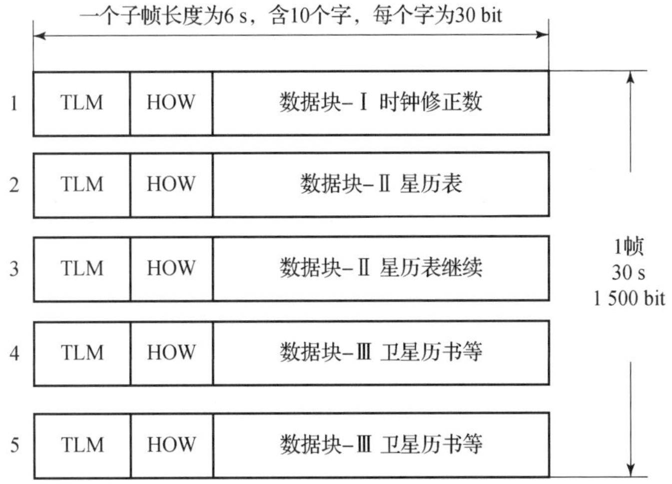

图 3－16　1 帧导航电文的内容

1）TLM

TLM 是每个子帧的第一个字，作为捕获导航电文的前导，为各子帧提供了一个同步的起点。TLM 共 30 bit，第 1～8 bit 为帧头（同步码）；第 9～22 bit 为遥测电文，包括地面监控系统注入数据时的状态信息、诊断信息和其他信息；第 23、24 bit 为预留位；第 25～30 bit为奇偶校验位。

2）HOW

HOW 是每个子帧的第二个字，包括 17 bit 从每周六/周日子夜零时起算的时间记数（Z 记数），使用户可以迅速地捕获 P 码；第 18 bit 表示自信息注入后，卫星是否发生滚动动量矩卸载现象；第 19 bit 用于卫星同步指示，指示数据帧时间是否与子码 X_1 钟时间一致；第 20～22 bit 是子帧识别的标志。

3）数据块Ⅰ

数据块Ⅰ主要包含卫星时钟和健康状态数据，主要内容如下。

（1）卫星时间计数器（WN）：自 1980 年 1 月 5 日 UTC 零时起算的星期数，称为 GPS 周，位于第 3 字的第 1～10 bit。

（2）调制码标识：第 3 字的第 11～12 bit，“01”为 P(Y)码调制，“10”为 C/A 码调制。

（3）卫星测距精度（URA）：第 3 字的第 18～22 bit 为卫星测距精度因子 N，由此得到用户使用该卫星可能达到的测距精度为 URA$\leqslant 2^N$(m)。

（4）第 3 字的第 17bit 表示导航数据是否正常，第 18 ~ 22 bit 指示信号编码的正确性。

（5）电离层延迟改正参数（T_{GD}）：L1、L2 载波的电离层时延差改正，为单频接收机用户提供粗略的电离层折射修正（双频接收机无须此项改正），占用第 7 字的第 17 ~ 24 bit。

（6）时钟数据龄期（AODC）：时钟改正数的外推时间间隔，它是卫星钟改正参数的参考时刻 t_{oc} 和计算该改正参数的最后一次测量时间 t_L 之差，即

$$\mathrm{AODC} = t_{oc} - t_L \tag{3.11}$$

（7）卫星钟改正参数：用于将每颗卫星上的钟相对于 GPST 时的改正。虽然 GPS 星钟采用了精度很高的铯钟和铷钟，但是仍有偏差。另外由于相对论效应，星钟比地面钟走得快，每秒差 448 ps（每天相差 3.87×10^{-5} s）。为了消除这一影响，已将卫星标称频率 10.23 MHz 降低到 10.229 999 995 45 MHz 的实际频率，但相对论效应所产生的时间偏移并不是常数，且各个钟的品质不同，所以星钟指示的时间与理想的 GPST 之间有误差，称为星钟误差，即

$$\Delta t = a_0 + a_1(t - t_{oc}) + a_2(t - t_{oc})^2 \tag{3.12}$$

式中：a_0 为星钟在星钟参考时刻 t_{oc} 对于 GPST 的偏差（零偏）；a_1 为星钟在星钟参考时刻 t_{oc} 相对于实际频率的频偏（钟速）；a_2 为星钟频率的漂移系数（钟漂）。t_{oc} 占第 8 字的 9 ~ 24 bit，a_0 占第 10 字的第 1 ~ 22 bit，a_1 占第 9 字的第 9 ~ 25 bit，a_2 占第 9 字的第 1 ~ 8 bit。

4）数据块Ⅱ

数据块Ⅱ是导航电文中的核心部分，称为卫星星历，主要包括的参数见前述 2.5.4 节及表 2 - 4。数据块Ⅱ包含了计算卫星运行位置的信息，GPS 接收机根据这些参数可以进行实时的导航定位计算。卫星每 30 s 发送一次，每小时更新一次。

5）数据块Ⅲ

数据块Ⅲ提供全部 GPS 卫星的星历数据，它是各卫星星历的概略形式，主要内容如下。

（1）第 5 子帧的第 1 ~ 24 页给出 1 ~ 24 颗卫星的星历。

（2）第 5 子帧的第 25 页给出 1 ~ 24 颗卫星的健康状况和 GPS 星期编号。

（3）第 4 子帧的第 2 ~ 10 页提供第 25 ~ 32 颗卫星的星历。

（4）第 4 子帧的第 25 页给出 32 颗卫星的反电子欺骗的特征符（A - S 关闭或接通）以及第 25 ~ 32 颗卫星的健康状况。

（5）第 4 子帧的第 18 页给出电离层延时改正模型 α_0，α_1，α_2，α_3，β_0，β_1，β_2，β_3，还给出 GPST 和 UTC 的相互关系参数 Δt_G，用下式计算：

$$\Delta t_G = A_0 + A_1(t - t_{01}) + \Delta t_{LS} \tag{3.13}$$

式中：t_{01} 为参考时刻；Δt_{LS} 为跳秒引起的时间变化。

当 GPS 接收机捕获到某颗卫星后，利用数据块Ⅲ所提供的其他卫星的概略星历、时钟改正数、码分地址以及卫星工作状态等数据，可以较快地捕获其他卫星信号及选择最合适的卫星。

3.2.4 GPS 卫星信号功率电平

GPS 卫星发射的信号是十分微弱的，在经过 20 200 km 的传输后，并考虑到传输中可能的损耗因素，用户端接收到的信号更加微弱。用户接收的信号电平对于 L1 和 L2 通道上的 C/A 码和 P（Y）码分量预期分别不会超过 - 153 dBW 和 - 155.5 dBW，并取决于 GPS 卫星的仰角和批号。典型的 GPS 卫星信号功率比规定的最低功率高 1 ~ 5 dBW，直到卫星寿命终

止几乎维持不变。典型的GPS卫星信号功率电平见表3－1，其中接收功率电平用相对于1 W的分贝数（dBW）表示。

表3－1 典型的GPS卫星信号功率电平

参数	L1－C/A码	L1－P(Y)码	L2－P(Y)码
卫星发射功率/W	21.9	11.1	6.6
用户最低接收功率/dBW	－158.1	－161.1	－163.1

3.3 GPS现代化信号

3.3.1 GPS现代化信号简介

1. 信号特点

GPS现代化之前（Block ⅡR卫星及以前的GPS卫星），卫星发射L1（1 575.42 MHz）和L2（1 227.6 MHz）载波信号，在L1上调制C/A码和P（Y）码，在L2上调制P（Y）码。GPS现代化之后，GPS卫星增加了另外3种新的民用信号：在新一代的Block ⅡR－M卫星上增加了民用的L2C信号，以及新的军用信号M码分别叠加在L1和L2载波上，构成L1M和L2M信号；在Block ⅡF卫星上增加了新的L5C民用信号（1 176.45 MHz）。另外在下一代的Block Ⅲ卫星中还计划在L1上增加一个现代化的民用信号，这一被称为L1C的新信号仍在设计中。传统的和现代化的GPS卫星信号频谱如图3－17所示。

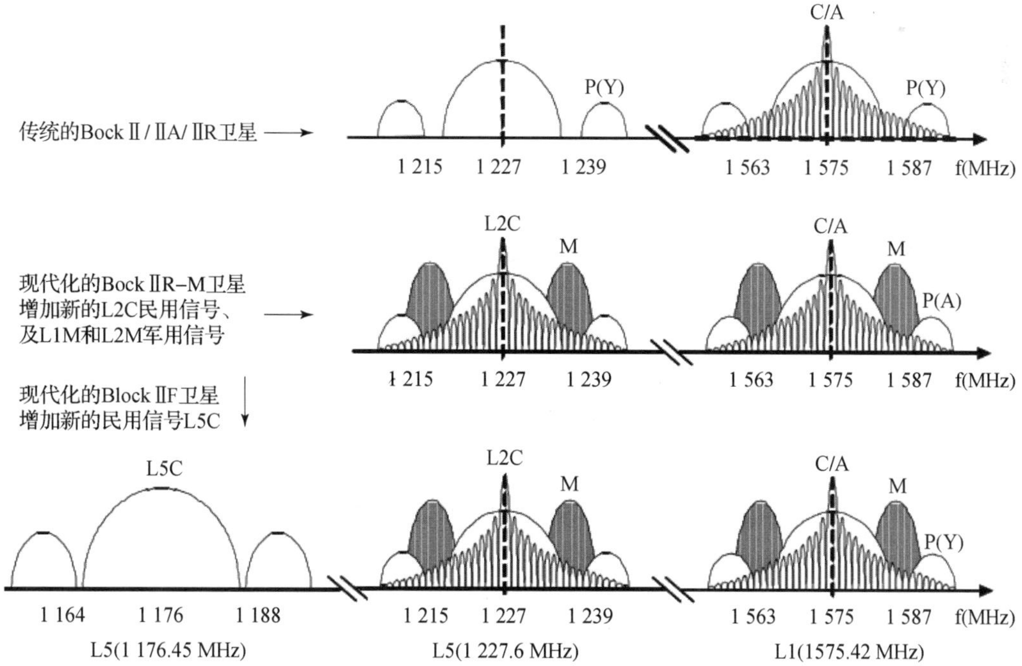

图3－17 传统的和现代化的GPS卫星信号频谱

2. 导航电文

GPS 现代化后，导航电文也有了进一步的发展。将传统的 GPS 导航电文记作 NAV，GPS 现代化信号包括新的导航电文，即 CNAV 和 MNAV，分别应用在民用信号和军用信号中。CNAV 和 MNAV 都采用了现代化的数据格式，利用可变化的数据电文代替原来的 NAV 中帧和子帧的排列格式。新的导航电文包含电文类型标识符的头、数据域和冗余循环检查字等，这种方式降低了 NAV 格式的无效性，增强了配置和内容和灵活性。

CNAV 是最初 NAV 的升级版，比 NAV 具有更精确的导航数据。CNAV 在内容构成方面略有改变，如表示精度有所提高、广播星历参数由 16 个增加到 18 个、提供了 GPST 与其他 GNSS 时间的转换参数、增加了星历改正参数等。在电文格式方面，CNAV 摒弃了 NAV 采用的基于子帧、帧的固定格式，采用了基于信息类型分类的格式，更为紧凑，效率更高。CNAV 允许多种多样的信息包排列组合，对于格式和带宽没有明确要求，并采用前向误差纠错（FEC）编码来降低误码率。

MNAV 的结构和 CNAV 类似，但电文设计更加灵活，可以满足不同卫星和载波频率的要求。其电文内容可以根据卫星和载波频率及时进行调整，同时还提高了数据的安全性和系统的完备性。新的导航电文内容和格式可以参阅美国公布的 GPS 接口文件，下面主要介绍 GPS 现代化后新增加的导航信号。

3.3.2 BOC 调制技术

在介绍 GPS 现代化中新增加的信号之前，先介绍一种卫星导航领域中新的调制技术：二进制偏移载波（BOC）调制，它被应用在 GPS 军用信号 L1M 及 L2M 中，并被广泛应用于如 Galileo 等新的卫星导航系统中。

BOC 调制的基本思想是，在 DSSS 码的 BPSK 调制的基础上，使用类似信源编码的处理方式，为 BPSK 信号乘上一个副载波，从而使其频谱相对中心频率产生适当偏移，这样就可以使产生的新信号与中心频率附近已有的信号之间的干扰降到最低。

用值为 ±1 的方波副载波与 PRN 扩频码模 2 相加，再用其结果调制一个正弦波，即可得到 BOC（m，n）信号（图 3－18），其中参数 m 表示副载波频率与参考频率 $f_0=1.023$ MHz 的比率，参数 n 表示码速率与 f_0 的比率。例如，BOC（1，1）表示副载波频率和码速率均为 1.023 MHz；BOC（10，5）表示副载波频率为 10.23 MHz，码速率为 5.115 MHz。

副载波调制的结果是将经典的 BPSK 频谱分为两个对称的分量，而在载波上没有能量分布，其中偏移载波的量值等于副载波的频率。如 BOC（1，1）信号的偏移量为 1.023 MHz，与 GPS 卫星的 C/A 码信号的频谱比较如图 3－19 所示。

按照副载波的不同，BOC 调制大致又可以分为 5 个类型。

（1）正弦相位型（BOCs）：方波副载波相位与正弦函数（sin）一致的 BOC 调制方式；

（2）余弦相位型（BOCc）：方波副载波相位与余弦函数（cos）一致的 BOC 调制方式；

（3）选择型（AltBOC）：与标准 BOC 调制的基本思想类似，但副载波为复指数形式；

（4）组合型（CBOC）：将两种或多种 BOC 调制方式在时域内相加而构成的调制方式；

（5）时分复用型（TMBOC）：两种或多种 BOC 调制采用时分的方式进行复用。

其中 TMBOC 与 CBOC 同属于复用型（MBOC），MBOC 是美国和欧盟双方对原有 BOC 调制方案进行研究分析后提出的优化方案，目前预计美国 GPS 现代化信号会考虑使用

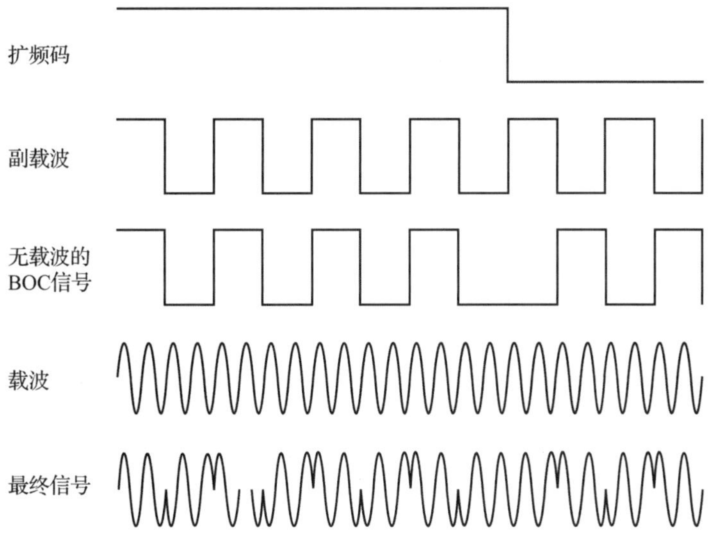

图 3 – 18　BOC 调制下的信号

TMBOC 调制信号，而 Galileo 系统的 E1 开放服务中使用了 CBOC 调制信号。若不特别指出，通常所指的 BOC 信号为正弦相位的标准型。

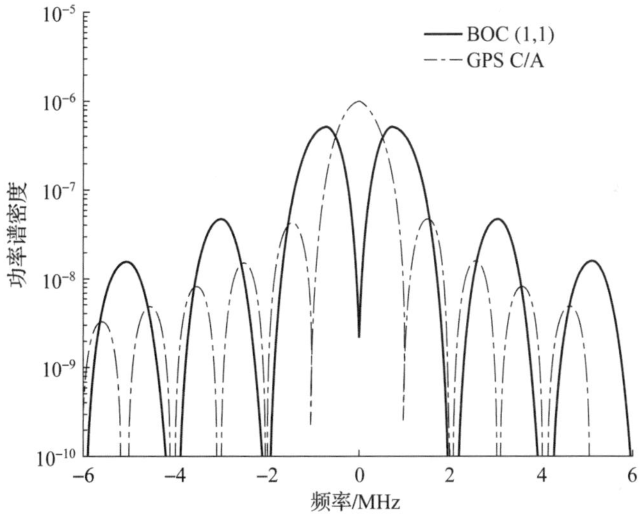

图 3 – 19　GPS 卫星的 C/A 码与 BOC（1，1）的频谱比较

3. 3. 3　L2C 信号

如图 3 – 17 所示，L2C 信号与 C/A 码具有相似的频谱，然而 L2C 信号与 C/A 码在许多方面有很大的差别。L2C 信号的扩频码使用两种独立的 PRN 码组成，第一种 PRN 码称为民用中码（CM 码），其码长为 10 230 个码片，被认为是中等长度的；第二种 PRN 码为民用长码（CL 码），长度极大，有 767 250 码片。CM 码的周期为 20 ms，CL 码的周期为 1. 5 s，一个 CL 码周期中包含 75 个 CM 码周期，它们的码速率均为 511. 5 bit/s。

L2C 信号产生原理如图 3－20 所示，25 bit/s 的导航电文经过编码率 $r=1/2$、约束长度 $k=7$ 的前向纠错（FEC）编码，形成 50 bit/s 的数据流，然后同 CM 码进行模 2 相加后，再与 CL 码进行码片复用，利用复用后速率为 1.023 Mbit/s 的码片，对 L2 频段的 1 227.6 MHz 的载波进行 BPSK 调制，最终产生 L2C 信号。

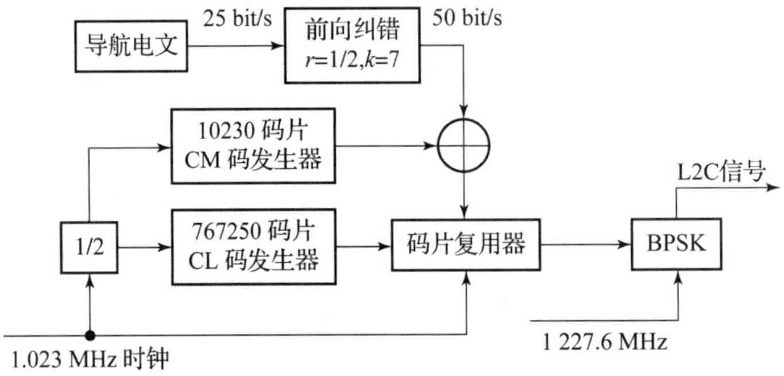

图 3－20　L2C 信号产生原理

L2C 信号的两个扩频码都是通过 27 级反馈移位寄存器产生的。CM 码与经过 FEC 编码的导航电文模 2 相加，构成数据通道；CL 码单独构成无数据通道（称为导频通道）。两种通道采用时分复用的方式，使 L2C 信号相比于传统的 L1 C/A 码具有许多优势，如 L2C 信号，使 L2C 信号能够实现在具有挑战的环境下（室内、严重的簇叶遮挡等）进行捕获和解调。L2C 信号还可以使日益增长的双频用户利用两个频点的民用信号消除电离层误差和进行快速的相位模糊度解算。

对于 Block ⅡR－M/ⅡF 卫星所广播的信号，规定的最低 L2C 接收功率电平为 －160 dBW。

3.3.4　L5C 信号

L5C 信号选用了新的 L5 频段（中心频率为 1 176.45 MHz），它是完全的民用信号，是为了满足生命安全应用和航空导航应用的需求而设计的，同时它作为一种较为稳定的信号，还可以被广泛应用于航空通信、大地测量、交通管理等高精度应用领域。Block ⅡF 卫星系列和未来的 GPS 卫星上都会载有 L5C 信号。

GPS 卫星的 L5C 信号产生原理如图 3－21 所示，采用 QPSK 调制，将同相信号分量 I5 和正交信号分量 Q5 复合在一起。I5 和 Q5 使用不同的长度为 10 230 的 PRN 码，分别与长度不同的纽曼－霍夫曼（NH）编码模 2 相加。I5 还调制了 50 bit/s 的导航数据，导航数据加入循环冗余校验 CRC 码后，经过与 L2C 信号相同的 FEC 编码器，然后进行 NH 编码，而 Q5 没有调制导航数据，直接由 PRN 码与 NH 码模 2 相加。

L5C 信号增加了民用 GNSS 的总频段数，使得卫星导航抵抗外部干扰的能力得到改善，拓展了 GPS 等现有卫星导航系统还未使用的频段，为未来发展预留了空间。L5C 信号的结构类似于 L2C 信号，都由一个数据通道（I5）和无数据通道（Q5）组成，能在低信噪比的环境下提高信号的操作性。

对于 Block IIF 卫星所广播的信号，规定的 L5C 最低接收功率电平为 －154.9 dBW。

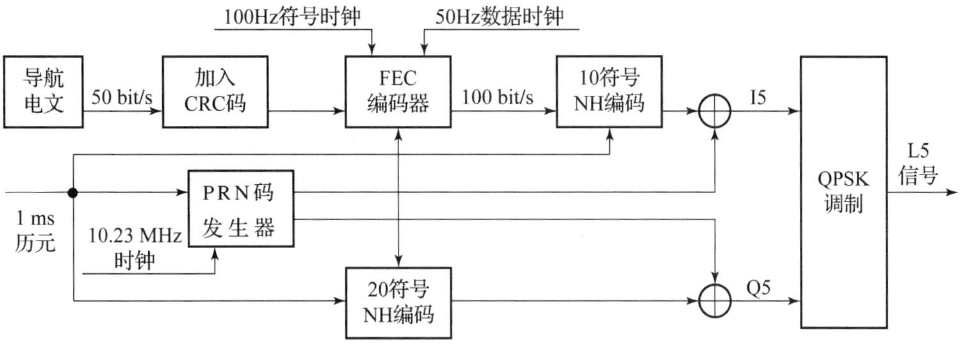

图3-21 L5C信号产生原理

3.3.5 M码、L1C信号

M码和L1C信号都采用了BOC调制技术。其中GPS现代化的M码是专为军用设计的，并将用来最终取代P(Y)码。在现代化的GPS卫星取代传统GPS卫星的过渡期，军用用户设备将组合使用P(Y)码、M码和C/A码来工作。军用M码的主要优点是提高了安全性、提高了与民用信号的频谱分离程度，同时具有增强的跟踪和数据解调性能、稳健的捕获性能，以及与C/A码和P(Y)码的兼容性。

军用M码将在GPS现有的L1和L2频段内实现，分别生成L1M和L2M信号。M码采用了BOC（10，5）调制方式，其副载波频率为10.23 MHz，M码发生器的码速率为5.115 MHz。M码信号在Block ⅡR-M卫星及后续卫星上播发，预期的最低接收功率电平为-158 dBW；对于Block Ⅲ及卫星后续卫星，将在有限的地理区域内广播更高的更新率，实现“点波束”M码信号，预期功率电平为-138 dBW。

L1C是新一代GPS卫星Block Ⅲ上增加的现代化的民用信号。综合精度、兼容性和互操作性等方面的考虑，GPS卫星的L1C信号和后面将要介绍的Calileo卫星的L1OC信号，共同采用了MBOC（6，1）调制方式。由于GPS的L1C信号与Calileo系统的L1OC信号频谱完全吻合，美国对L1C扩频码的选择特别谨慎，最终选定Weil码作为LIC信号的扩频码。在FEC编码方面，LIC采用了编码增益更高的LDPC码，并且在电文结构方面进行了优化，在很大程度上提高了信号的鲁棒性和灵活性。

3.3.6 GPS信号小结

对当前以及计划实施中的各种GPS信号进行总结，其主要特征见表3-2。

表3-2 GPS信号特征

信号	中心频率/MHz	调制方式	PRN码型	PRN码长度	码速率/($Mbit \cdot s^{-1}$)	信息速率/($bit \cdot s^{-1}$)
L1 C/A	1575.42	BPSK	Gold	1 023	1.023	50
L1 P(Y)	1575.42	BPSK	复合码	6 187 104 000 000	10.23	50
L2 P(Y)	1227.6	BPSK	复合码	6 187 104 000 000	10.23	50

续表

信号	中心频率/MHz	调制方式	PRN 码型	PRN 码长度	码速率/(Mbit·s^{-1})	信息速率/(bit·s^{-1})
L2C	1 227.6	BPSK	截断 m：CM	10 230	1.023（CM + CL）	50
			截断 m：CL	767 250		无
L5C	1 176.45	QPSK	复合码：I5	10 230	10.23	100
			复合码：Q5	10 230	10.23	无
L1 M	1 575.42	BOC（10，5）	未公开	加密产生	5.115	未公开
L2 M	1 227.6	BOC（10，5）	未公开	加密产生	5.115	未公开
L1C	1 575.42	MBOC（6，1）	Weil	10 230	1.023	100
			Weil	10 230	1.023	无

3.4 GLONASS 卫星信号

3.4.1 GLONASS 卫星信号结构

GLONASS 卫星与 GPS 卫星一样，都是发送 L1 和 L2 两种载波信号，并且在载波上采用 BPSK 调制用于测距的伪随机码和用于定位的导航电文。与 GPS 的 CDMA 复用技术不同的是，GLONASS 采用了 FDMA 方式，每颗卫星都在不同的频率发射相同的 PRN 码，接收机可根据所要接收的某颗卫星信号，将接收频率“调谐”到所希望接收的卫星频率上。

FDMA 方式通常会使接收机的体积大且造价高，因为处理多频所需要的前端部件更多、更复杂，而 CDMA 方式的信号处理可以共用同一前端部件，但 FDMA 的抗干扰能力明显增强，一般情况下干扰信号源只能干扰一个 FDMA 信号，而且 FDMA 无须考虑多个信号之间的干扰效应（互相关）。因此，GLONASS 的抗干扰可选方案要多于 GPS，而且具有更简单的选码准则。

GLONASS 卫星信号产生原理如图 3－22 所示，每颗卫星以两个分立的 L1 和 L2 载波为中心发射信号。与 GPS 卫星类似，GLONASS 卫星的 PRN 测距码也由民用的 C/A 码和军用的 P 码组成；不同的是，GLONASS 卫星包含两种导航电文，分别对应于 C/A 码和 P 码。L1 载波上调制 C/A 码⊕C/A 码电文、P 码⊕P 码电文，L2 载波上调制 P 码⊕P 码电文。

GLONASS 现代化后的 GLONASS－M 型卫星增加了导航电文，在 L2 载波上也调制了 C/A码，以提高民用导航精度。

3.4.2 GLONASS 卫星信号频率

GLONASS 卫星采用了 FDMA 方式，按照系统的初始设计，每颗卫星发送的 L1 和 L2 载波信号的频率是互不相同的，每颗 GLONASS 卫星根据下式确定相应的载波频率（MHz）：

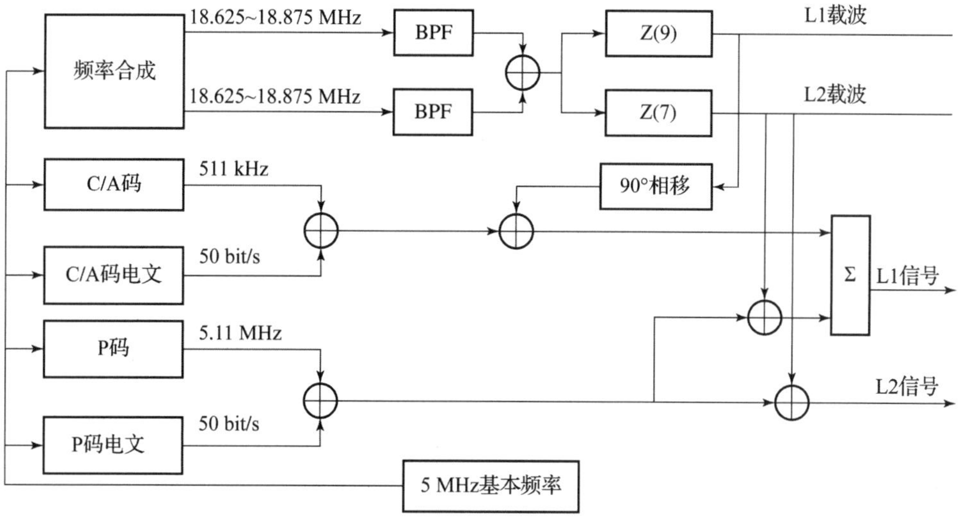

图 3－22　GLONASS 卫星信号产生原理

$$f=(178.0+K/16)\cdot Z \tag{3.14}$$

式中：K 为 GLONASS 卫星发送信号的频道，取正整数；Z 为倍乘系数，L1 载波取 9，L2 载波取 7。因此，进一步得到每颗 GLONASS 卫星的载波频率为（MHz）

$$f_{K1}=1\,602+0.562\,5\cdot K,\ f_{K2}=1\,246+0.437\,5\cdot K \tag{3.15}$$

由上式可看出，L1 频段上相邻频率间隔为 0.562 5 MHz，L2 上相邻频率间隔为 0.437 5 MHz。

在 GLONASS 卫星发展的过程中，其频率计划是有所改变的。设计之初，GLONASS 卫星的频道 K 取值为 0～24，可以识别 24 颗卫星，但由此所得到的频率与射电天文研究的频率（1 610.6～1 613.8 MHz）存在一定的交叉干扰；另外，国际电讯联合会已将频段1 610.0～1 626.5 MHz 分配给近地卫星移动通信，因此俄罗斯计划减小 GLONASS 卫星的载波带宽和降低其频率。频率修改计划分两步走：1998—2005 年，频道号为 $K=-7\sim12$；2005 年以后频道号为 $K=-7\sim4$。

频率改变后，最终配置将只使用 12 个频道（$K=-7\sim4$），但卫星有 24 颗，因此计划让处于地球两侧的卫星共享同样的 K 值。因为在地球上任何一个地方，不可能同时看见在同一轨道平面上位置相差 180°的 2 颗卫星，这 2 颗卫星可以采用同一频率而不至于产生相互干扰。该频率计划是在正常条件下的建议值，俄罗斯也有可能分配其他 K 值，用于某些指挥或控制等特殊情况。

3.4.3　GLONASS 卫星信号码特性

GLONASS 卫星与 GPS 卫星类似，都采用了伪随机码，以便于进行伪码测距。每颗卫星用 2 个 PRN 码调制其 L 波段的载波，一个称为 P 码的序列留作军用；另一个称为 C/A 码的序列供民用，并辅助捕获 P 码。由于 GLONASS 卫星采用了 FDMA 方式，其具体的伪随机码设计及其特性与 GPS 卫星有所不同。

1. GLONASS 卫星的 C/A 码

GLONASS 卫星的 C/A 码采用了最大长度 9 级反馈移位寄存器来产生 RRN 码序列，码长为 511 bit，码率为 0.511 Mbit/s，码的重复周期为 1 ms。

GLONASS 卫星的 C/A 码使用这种高时钟速率下的相对较短的码，主要优点是能够快速捕获，同时高的码率有利于提高距离的分辨率。其缺点是该短码会以 1 kHz 的频率产生一些不希望的频率分量，造成与干扰源之间的互相关，从而削弱扩频的抗干扰性能，但是由于 GLONASS 卫星的频率是分开的，因此可以显著降低卫星信号之间的相关性。

2. GLONASS 卫星的 P 码

GLONASS 卫星的 P 码采用了最大长度 25 级反馈移位寄存器来产生 RRN 码序列，码长为 33 554 432 bit，码率为 5.11 Mbit/s，重复周期为 1 s（实际重复周期为 6.57 s，但码片序列截短为 1 s 重复一次）。

P 码与 C/A 码相比，由于每秒仅重复一次，虽然会以 1 Hz 的间隔产生不希望的频率分量，但其互相关问题不像 C/A 码那样严重。同样，FDMA 技术实际上消除了各卫星信号之间的互相关性问题。虽然 P 码在保密性和相关特性方面具有优势，但在捕获方面做出了牺牲。P 码含有 511×10^6 个码相移的可能性，因此接收机一般首先捕获 C/A 码，然后根据 C/A码协助捕获 P 码。

3.4.4 GLONASS 卫星导航电文

GLONASS 卫星导航电文与 GPS 卫星有所不同，它由 C/A 码导航电文和 P 码导航电文两种导航电文组成。两种导航电文的数据流均为 50 bit/s，并以模 2 相加的形式分别调制到 C/A码和 P 码上。导航电文主要用于提供卫星星历和频道分配信息，另外还提供历元定时同步位、卫星健康状况等信息。此外，俄罗斯还计划提供有利于 GPS 与 GLONASS 组合使用的数据，如两种卫星导航系统的系统时之差、WGS－84 与 PZ－90 坐标系之差等信息。

1. C/A 码导航电文

GLONASS 卫星的导航电文是一种二进制码，按照汉明码方式编码向外播送。一个完整的导航电文包括由 5 个帧组成的超帧，每帧含有 15 行，每行为 100 bit。C/A 码导航电文格式如图 3－23 所示。每帧播放重复时间为 30 s，整个导航电文播放时间为 2.5 min。

每帧的前 3 行包含被跟踪卫星的详细星历，包括卫星轨道参数和卫星时钟改正参数等，为卫星实时数据；其他各行包含 GLONASS 星座中其他卫星的概略星历信息，以及所有卫星的健康状态、近似时间改正数等非实时数据，其中每帧含有 5 颗卫星的星历。

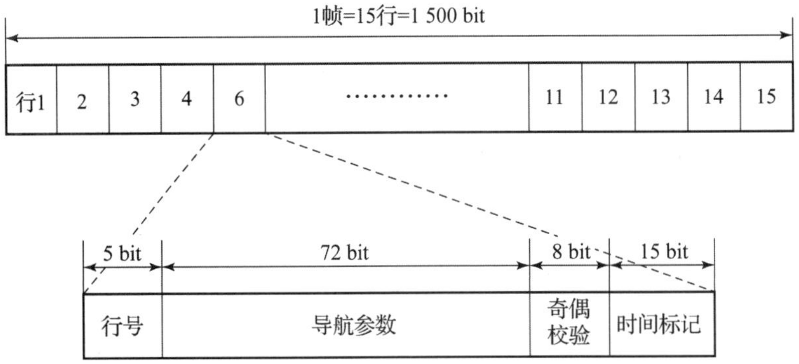

图 3－23　GLONASS 卫星 C/A 码导航电文格式

2. P 码导航电文

由于 P 码为军用码，因此俄罗斯没有公开有关 P 码导航电文的细节。国际上一些独立的机构或组织通过研究接收到的 GLONASS 卫星信号，公布了一些 P 码的特性。这些信息并不能对其连续性等给出保证，俄罗斯可能随时不经过事先通知而对 P 码进行改变。

P 码导航电文是由 5 个帧组成的超帧，每帧含有 5 行，每行为 100 bit。每帧播放重复时间为 10 s，整个导航电文播放时间为 12 min。每帧前 3 行含有被跟踪卫星的详细信息，其他各行包含 GLONASS 星座其他卫星的概略星历。

P 码导航电文与 C/A 码导航电文的最大区别在于，前者获得实时星历与所有卫星近似星历分别需要 10 s 和 12 min，而后者分别需要 30 s 和 2. 5 min。

3. 5　Galileo 卫星信号

3. 5. 1　Galileo 频率规划

Galileo 系统是为满足不同用户需求而设计的，它定义了独立于其他卫星导航系统的 5 种基本服务：开放服务（OS）、商业服务（CS）、生命安全服务（SOL）、公共特许服务（PRS）以及搜寻救援服务（SAR）。不同类型的数据是在不同的频带上发射的，因此 Galileo 系统是个多载波的卫星导航系统。

Galileo 系统将在 E5 频段（1 164 ~ 1 215 MHz）、E6 频段（1 260 ~ 1 300 MHz）、E2 – L1 – E1 频段（1 559 ~ 1 300 MHz）上提供 6 种右旋圆极化（RHCP）的导航信号。其中 E5 频段又可以划分为 E5a、E5b 两个频段，E2 – L1 – E1 频段是对 GPS 卫星 L1 频段的扩展，为了方便也可以表示为 L1。

Galileo 系统所有的频段都位于无线电导航卫星服务（RNSS）频段内，同时 E5 和 L1 频段在国际上已被分配给了航空无线电导航服务（ARNS），因此该频段的信号可以应用于专门的与航空相关且安全性要求高的服务。Galileo 系统的频率规划与现代化后的 GPS、GLONASS 的频率关系如图 3 – 24 所示。

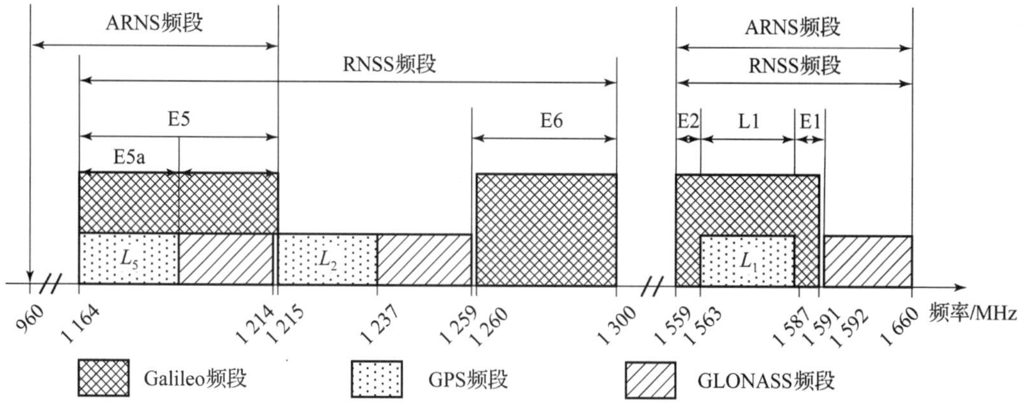

图 3 – 24　Galileo 系统的频率规划与现代化后的 GPS、GLONASS 的频率关系

为了保持与 GPS 卫星的兼容性，在 L1 频段（E2 – L1 – E1）采用了与 GPS 卫星的 L1 频段相同的中心频率 1 175. 42 MHz；E6 频段的中心频率为 1 278. 75 MHz；E5 频段整体的中心频率为1 191.795 MHz，而 E5a 和 E5b 频段的中心频率分别为 1 176.45 MHz 和1 207.14 MHz。

3.5.2 Galileo 卫星信号设计

Galileo 卫星信号的名称根据其所在的频段进行命名，每颗卫星发射 6 种导航信号：L1F、L1P、E6C、E6P、E5a、E5b，另外还包括专门用于搜寻救援服务的 L6 信号。各种 Galileo 卫星信号对应的相应服务见表 3－3，分别说明如下。

表 3－3　各种 Galileo 卫星信号对应的相应服务

信号	开放服务	商业服务	生命安全服务	公共特许服务	搜寻救援服务
L1F	√	√	√		
L1P				√	
E6C		√			
E6P				√	
E5a	√	√			
E5b	√	√	√		
L6					√

（1）L1F 信号：位于 L1 频段，是一个可公开访问的信号，包括一个数据通道和一个无数据通道（称为导频通道）。它调制有未加密的测距码和导航电文，可供所有用户接收，另外还包含完好性信息和加密的商业信息。

（2）L1P 信号：位于 L1 频段，是一个限制访问的信号，其测距码和导航电文采用官方的加密算法进行加密。

（3）E6C 信号：位于 E6 频段，是一个供商业访问的信号，包括一个数据通道和一个导频通道，其测距码和导航电文采用商业的加密算法。

（4）E6P 信号：位于 E6 频段，是一个限制访问的信号，其测距码和导航电文采用官方的加密算法进行加密。

（5）E5a 信号：位于 E5 频段，是一个可公开访问的信号，包括一个数据通道和一个导频通道。它调制有未加密的测距码和导航电文，可供所有用户接收，传输的基本数据用于支持导航和授时功能。

（6）E5b 信号：位于 E5 频段，是一个可公开访问的信号，包括一个数据通道和一个导频通道。它调制有未经加密的测距码和导航电文，可供所有用户接收，另外数据流中还包含完好性信息和加密的商业数据。

（7）L6 信号：在 406～406.1 MHz 的频带检出求救信息，并用 1 544～1 545 MHz 频带（称为 L6，保留为紧急服务使用的专门的地面接收站。

目前 Galileo 系统所发射的两颗在轨测试卫星 GIOVE－A 和 GIOVE－B，其具体的信号设计见表 3－4。表中，信号通道指的是经过载波调制的扩频伪随机码，记为 X－Y，其中 X 为信号载波的频段，Y 表示数据通道（d）或导频通道（p），分别对应于载波的同向分量（I）和正交分量（Q）。在 L1 频段，GIOVE－A 卫星发射的是 BOC 调制信号，GIOVE－B 卫星发射的是 CBOC 调制信号；在 E6 频段，E6P 采用了 BPSK 调制，而 E6C 采用了 BOC 调制；在 E5 频段，信号有两种模式，一种采用的是 AltBOC 调制方式，另一种采用的是 QPSK 调制形式。Galileo 系统正在建设中，未来采用的信号参数可能还会有所变动。

表 3－4　当前 Galileo 卫星信号

信号	信号通道	调制方式	码率 /MHz	子载波频率 /MHz	信息速率 /(bit · s^{-1})	载波 /MHz
L1 信号 CLOVE－A	L1F－I	BOC（1，1）	1. 023	1. 023	250	1 575. 42
	L1F－Q				无	
	L1P	BOCc（15，2. 5）	2. 557 5	15. 345	100	
L1 信号 CLOVE－B	L1F－I	CBOC （1，6，1，10/1）	1. 023	1. 023	250	
	L1F－Q			6. 138	无	
	L1P	BOCc（15，2. 5）	2. 557 5	15. 345	100	
E6 信号	E6C－I	BPSK	5. 115	无	1 000	1 278. 75
	E6C－Q				无	
	E6P	BOCc（10，5）	5. 115	10. 23	100	
E5 信号 模式 1	E5a－I	AltBOC（15，10）	10. 23	15. 345	50	E5： 1 191. 795 E5a： 1 176. 45 E5b： 1 207. 14
	E5a－Q				无	
	E5b－I				250	
	E5d－Q				无	
E5 信号 模式 2	E5a－I	QPSK	10. 23	－15. 345	50	
	E5a－Q				无	
	E5b－I			15. 345	250	
	E5d－Q				无	

3. 5. 3　Galileo 卫星扩频码

Galileo 卫星信号不仅采用了新的调制体制，在其扩频码中也使用了新技术。Galileo 卫星信号中所使用的扩频码（测距码）分为主码和副码两种，前者同时用于数据通道和导频通道，而后者仅用于导频通道。主码即通常卫星信号中用于扩频所使用的伪随机码，副码是 Galileo 卫星信号的一个创新点，它将在主码的基础上对信号再次进行调制，从而构成层状结构的码型，层状码生成示意如图 3－25 所示。主码产生器是基于传统的 Gold 码，其线性反馈移位寄存器最多达 25 级，副码的预定义序列长度最大为 100 bit。目前，Galileo 卫星信号最终所使用的码参数仍处于试验与优化调整过程中。

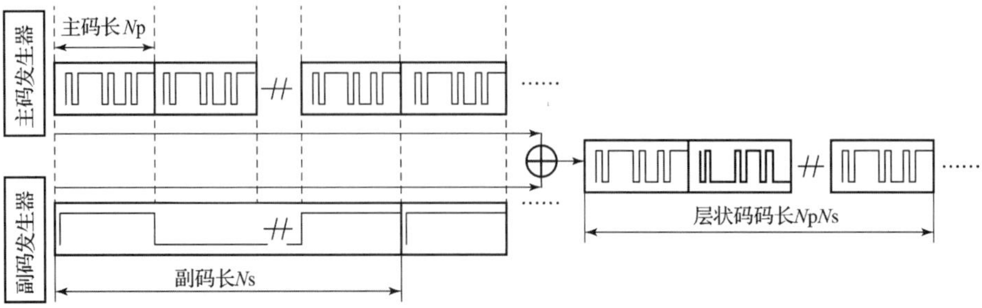

图 3-25　层状码生成示意

Galileo 卫星信号的扩频码设计，在捕获时间和抗干扰保护之间提供了很好的折中考虑。对于接收到的卫星信号，当信号信噪比较高时，只需对主码进行相关解扩即可获得所需的相关增益，当信号信噪比较低时，可以进一步对二级码进行相关解扩，获得进一步的相关增益。

3.5.4　Galileo 卫星导航电文

Galileo 卫星导航电文采用了一种固定的帧格式，使给定的导航电文数据内容（完好性、星历、历书、时钟改正数、电离层改正数等）在子帧上的分配具有灵活性。为了提高传输效率的有效性，分别针对不同的信号，其帧格式的研究正在开展中。

完整的导航电文以超帧的形式在各个数据通道上传输，一个超帧包含若干子帧，子帧由同步字（UW）、数据域、CRC 位、尾比特等构成导航电文的基本结构，如图 3-26 所示。

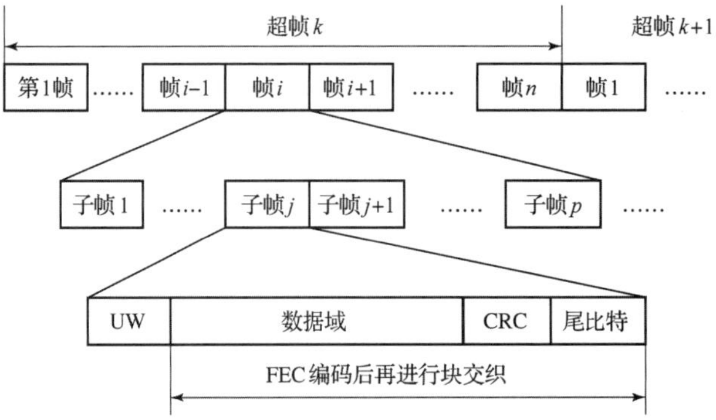

图 3-26　Galileo 卫星导航电文的基本结构

子帧的 UW 可以使接收机完成对数据域边界的同步，在发送端同步码采用未编码的数据符号；CRC 覆盖整个子帧的数据域（除了 UW 和尾比特）；所有子帧通过 FEC 编码后，对所有子帧（不包含同步码）以块交织的方式进行保护。

3.6　北斗卫星信号

3.6.1　北斗卫星信号特点

1. 北斗一号卫星信号特点

北斗一号卫星导航系统已于 2003 年建成，它由 3 颗 GEO 卫星（2 颗工作卫星、1 颗备用卫星)、一个地面控制中心、若干个专用测轨站和标校站构成。北斗一号卫星导航系统具有快速定位、简短通信和精密授时三大主要功能。

(1) 快速定位：确定用户的地理位置，为用户和主管部门提供导航服务。水平定位精度为 100 m，差分定位精度优于 20 m。定位响应时间分别为：1 类用户 5 s，2 类用户 2 s，3 类用户 1 s。最短定位更新时间短于 1 s，一次性定位成功率为 95%。

(2) 简短通信：具有用户与用户、用户与地面控制中心之间的双向数字报文通信能力，一次可传输 36 个汉字，经核准的用户利用连续传送方式还可传送 120 个汉字。

(3) 精密授时：具有单向和双向 2 种授时功能，用户利用定时终端，完成与北斗卫星导航系统之间的时间和频率同步，单向授时精度为 100 ns，双向授时精度为 20 ns。

北斗一号卫星导航系统解决了我国自主导航系统的有无问题，但它还是一个初级的卫星导航系统，与 GPS、GLONASS 等相比具有一定的局限性。

(1) 区域系统：北斗一号卫星导航系统是区域卫星导航系统，覆盖的仅是我国及周边地区，不能实现全球定位。

(2) 有源工作：北斗一号接收机不仅需要接收卫星信号，还要对其询问信号进行回答，才能完成导航解算。这造成接收机笨重且造价高，同时因发射信号而降低隐蔽性。

(3) 实时性差：完成一次定位除了位置解算时间，还需要信号往返传输的时间延迟，因此定位时间长。

(4) 用户容量受限：由于基于问答的双向测距系统，地面中心控制站在同一时间响应应答信号的能力受阻塞率的限制，大约每秒只有 150 个。

(5) 生存能力差：定位解算由地面中心控制站完成并传送给用户，对地面中心控制站的依赖性过大，一旦地面中心控制站受损，系统就无法继续工作。

北斗一号卫星采用空分多址（SDMA）的方式，以不同的波束向地球发送信号。每颗北斗卫星有两个波束，波束覆盖中心位于不同的地点。其中 1 号波束主要覆盖以福建为中心的华东、华南大部分地区；2 号波束覆盖以北京为中心的北方大部分地区；3 号波束覆盖以云南为中心的大部分地区；4 号波束覆盖以甘肃为中心的西部大部分地区。

北斗一号卫星的工作频率为 S 频段，载波中心频率为 2 491.75 MHz；扩频码采用了 Gold 码（Q 支路）和 Kasami 码（I 支路）两种扩频码。信号调制方式为交错正交相移键控（OQPSK）调制。本节将对其信号结构、扩频码、导航电文分别给予介绍。

2. 北斗二号/三号卫星信号特点

北斗二号/三号卫星导航系统（BD－2 或 Compass 系统）在导航体制、测距方法、卫星星座、信号结构及接收机等方面进行全面改造，采用与 GPS、CLONASS 及 Galileo 系统同样的导航模式，实现全球卫星导航定位。

北斗二号/三号卫星信号采用了新的信号体制，如申请了新的频段，与现代化的 GPS 卫星、正在建设的 Galileo 卫星类似，广泛采用新的 BOC 调制方式，除了自身设计的特色外，还考虑到与 GPS、Galileo 系统等的兼容性。北斗二号/三号卫星与 GPS 卫星相同，也是采用 CDMA 技术，在不同频段广播测距码和导航电文，并提供两种服务方式，即开放服务和授权服务。

北斗三号卫星导航系统于 2009 年启动，于 2015 年发射新一代的卫星试验星，完成了北斗三号卫星导航系统新体制、新技术、关键技术和国产化产品等试验验证。北斗三号（全球）卫星导航系统是在北斗二号（区域）卫星导航系统的基础上，利用“3 GEO + 3 IGSO + 24 MEO”卫星组成的混合星座，通过导航信号体制改进，提高星载原子钟性能和测距精度，建立星间链路等技术，实现全球服务、性能提高、业务稳定和与国际上其他 GNSS 兼容互操作等目标。同时，它还保证了北斗二号特色服务和区域系统的平稳过渡。

北斗三号卫星导航系统将在全球范围内提供连续稳定可靠的 RNSS 服务，在我国及周边地区提供 RDSS、位置报告/短报文通信、星基增强、功率增强等特色业务服务。在全球范围内其定位精度将满足水平优于 4 m、高程优于 6 m 的要求。

北斗三号卫星下行导航信号在继承和保留部分北斗二号卫星信号分量的基础上，采用了以信号频谱分离、导频与数据正交为主要特征的新型导航信号体制设计，设计优化调整信号分量功率配比，提高下行信号等效全向辐射功率（EIRP）值，实现了信号抗干扰能力、测距精度等性能的显著提升，改善了导航信号的性能，并且提高了导航信号的利用效率和兼容性、互操作性。同时，北斗三号卫星导航系统具备下行导航信号体制重构能力，可根据未来发展和技术进步需要进一步升级改进。

3.6.2 北斗一号卫星信号结构

1. OQPSK 调制

北斗一号卫星信号采用了 OQPSK 调制方式。OQPSK 是在 QPSK 之后发展起来的一种恒包络数字调制技术，它是 QPSK 调制的一种改进。QPSK 调制方法参见 3.1.3 节，当 I，Q 两个信道上只有一路数据的极性发生变化时，QPSK 信号相位变化为 90°，当两路数据同时发生变化时（如由“00”变为“11”），信号相位将发生 180°的突变。

OQPSK 方式可以解决 QPSK 方式的相位突变问题。将同向支路（I）与正交支路（Q）的数据流在时间上错开半个码元周期，各支路数据流经过差分编码，然后分别进行 BPSK 调制，最后经过合成器进行矢量合成输出，便得到 OQPSK 信号。

2. 北斗一号卫星信号结构介绍

北斗一号卫星信号产生原理如图 3 - 27 所示。首先，I 支路和 Q 支路信息分别通过基带信号产生器进行编码，包括对两路信息加数据帧头和 CRC 位，生成 8 Kbit/s 的数据流，并采用编码长度为 7、编码效率为 1/2 的（2，1，7）的卷积编码方式，生成码速率为 16 Kbit/s 的非归零双极性信号，然后分别与码速率为 4.08 Mbit/s 的 Kasami 序列和 Gold 序列相乘，产生扩频信号。I 支路扩频信号经过半个码片的时间延迟后，进行 BPSK 正弦调制，Q 支路扩频信号直接进行 BPSK 余弦调制，最后相加后进入信道。

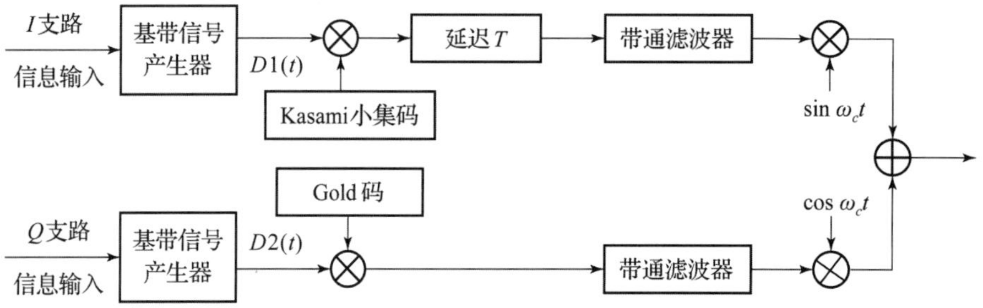

图 3 - 27 北斗一号卫星信号产生原理

3.6.3 北斗一号卫星扩频码结构

由上述内容可知，北斗一号卫星的扩频码包含 I，Q 支路的两种扩频码，分别采用了 Gold 码和 Kasami 小集码。其中 Gold 码是把两个 m 序列进行模二相加，进而产生的新的码序列，GPS 卫星的 C/A 码即 Gold 码，其特点参见 3.2.2 节。本节主要介绍 Kasami 码以及 I，Q 支路的结构。

1. Kasami 小集码

Kasami 序列集是二进制序列集的重要类型之一，是一种在 m 序列的基础上构造出来的扩频序列。该序列集继承了 m 序列良好的伪随机性，同时具有优良的自相关和互相关性，且序列数量较多。

Kasami 小集码生成方法如图 3－28 所示。设由 r 级移位寄存器生成 m 序列 x（周期为 2^r-1），对 x 进行频率为 $2^{r/2}+1$ 的取样，形成周期为 $2^{r/2}-1$ 的 m 序列 y。然后将 y 序列周期延拓 $2^{r/2}+1$ 次，用 x 序列、y 序列及 y 的所有 $2^{r/2}-2$ 个循环移位序列进行模 2 相加，形成一个长度为 2^r-1、数量为 $2^{r/2}$ 的新的二进制序列集，即 Kasami 序列：

$$S_{\text{Kasami}}=(x,x\oplus y,x\oplus T_y,x\oplus T_y^2,\cdots,x\oplus T_y^{2^{r/2}-2}) \tag{3.16}$$

式中，T_y^i 为对 y 序列进行 i 位循环移位后得到的序列。

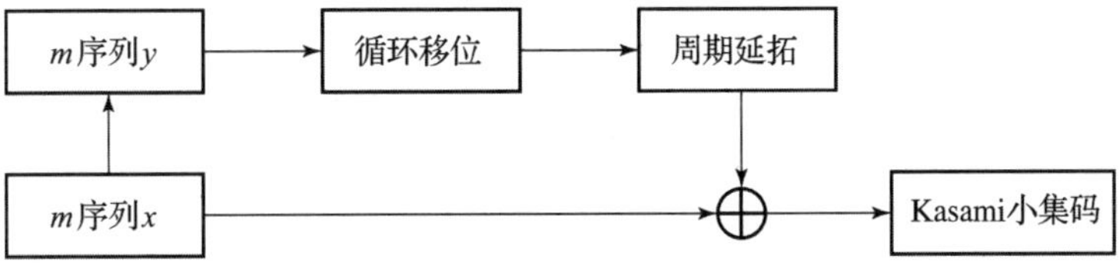

图 3－28 Kasami 小集码生成方法

2. I 支路结构

北斗一号卫星发送的 I 支路信号为 255 bit 的 Kasami 小集码。Kasami 小集码发生器的设计采用了两个分别为 4 级和 8 级的反馈移位寄存器，如图 3－29 所示，其特征多项式分别为

$$f_1(x)=x^4+x+1,\ f_2(x)=x^8+x^4+x^3+x^2+1 \tag{3.17}$$

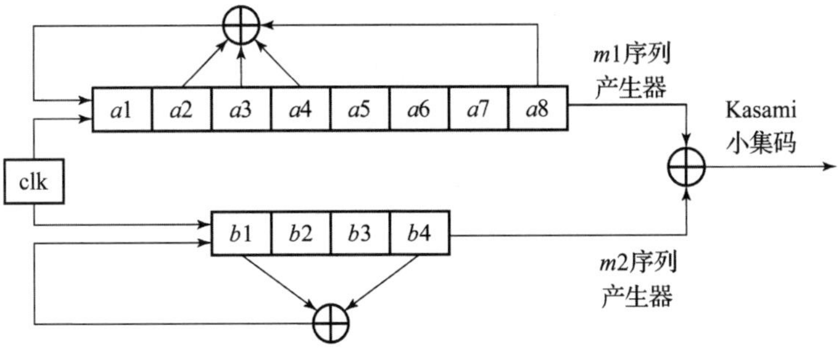

图 3－29 北斗一号卫星 Kasami 小集码生成结构

3. Q 支路结构

北斗一号卫星发送的 Q 支路信号采用 Gold 码，由两个 19 级的反馈移位寄存器生成，其特征多项式分别为

$$f_1(x)=x^{19}+x^{15}+x^{14}+x^{12}+x^{11}+x^5+x^4+x^2+1 \tag{3.18}$$

$$f_2(x)=x^{19}+x^{16}+x^{15}+x^{13}+x^{11}+x^{10}+x^9+x^8+x^6+x^4+1 \tag{3.19}$$

3.6.4 北斗一号卫星导航电文

北斗一号卫星导航电文由超帧构成，每个超帧包含 1 920 个连续帧；每帧由250 bit构成，每帧的码率为 8 Kbit/s，传播时间为 31.25 ms；发送一个超帧需要 1 min。北斗一号卫星导航电文不提供标准时间，而是以某一特征帧和插入导航电文的有关时间信息、特征帧相对于标准时间的改正值进行授时。

北斗一号卫星导航电文格式如图 3-30 所示，其中各部分的含义为：帧标志指示本帧开始；分帧号表明本帧在其所属超帧的位置；公用段用于搭载其他系统信息；广播段用于播发本系统的广播信息；抑制段用于指示信道过载时中心控制系统对用户的入站申请抑制；ID1 为该帧 Q 支路信息收信用户地址，每个用户都有一个卫星控制中心所给的 ID1；ID2 为该帧 I 支路信息收信用户地址；信息类别和数据段包括定位、通信、标较等信息数据；CRC 为信息编码循环冗余校验。

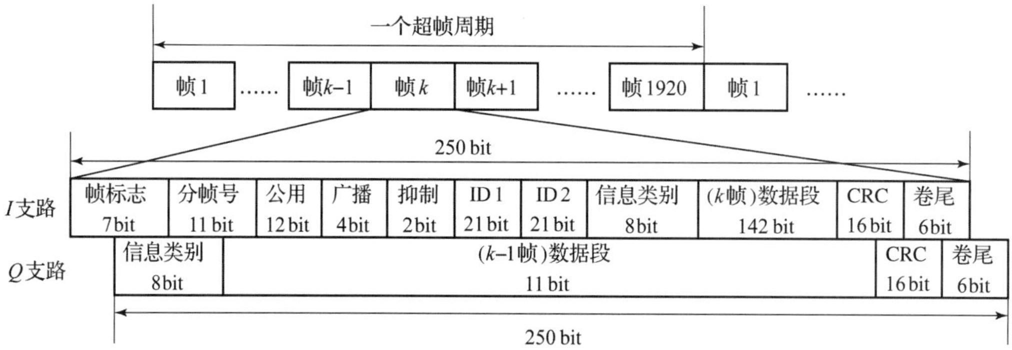

图 3-30 北斗一号卫星导航电文格式

3.6.5 北斗二号/三号卫星信号

1. 北斗二号/三号卫星信号频带

2009 年 7 月在维也纳全球卫星导航系统国际委员会（ICG）关于未来卫星导航系统兼容性的工作组会议期间，我国为卫星导航向国际电信联盟申请了多个频带，分别为 B1，B2 和 B3，共发射 B1-C，B1，B2，B3，B3-A 五种导航信号。其中，B1 频段为 1 559~1 563 MHz和 1 587~1 591 MHz，分别与 Galileo 卫星的 E2-L1-E1 频段中的 E2，E1 频段重叠；B2 频段为 1 164~1 215 MHz，与 Galileo 卫星的 E5 频段重叠；B3 频段宽度为 24 MHz，中心频率为 1 268.52 MHz，与 Galileo 卫星的 E6 频段部分重叠。目前我国和欧盟正对有些频段的使用进行协商。

北斗二号卫星在 B1、B2 和 B3 三个频段提供 B1I，B2I 和 B3I 三个开放服务信号。其中，B1 频段的中心频率为 1 561.098 MHz，B2 频段的中心频率为 1 207.14 MHz，B3 频段的中心频率为 1 268.52 MHz。北斗三号卫星在 B1、B2 和 B3 三个频段提供 B1I、B1C、B2a、B2b 和 B3I 五个开放服务信号。其中 B1 频段的中心频率为 1 575.42 MHz，B2 频段的中心频率为 1 176.45 MHz，B3 频段的中心频率为 1 268.52 MHz。

北斗卫星导航系统是全球第一个提供三频信号服务的卫星导航系统。使用双频信号可以减弱电离层延迟的影响，而使用三频信号可以构建更复杂模型消除电离层延迟的高阶误差。同时，使用三频信号可以提高载波相位模糊度的解算效率，理论上还可以提高载波收敛速度。正因如此，GPS 也正在扩展成三频信号系统。

2. 北斗二号/三号卫星信号特点

我国卫星导航定位应用管理中心（CNAGA）相关负责人，在维也纳工作组会议上公布了未来北斗二号/三号卫星所使用的频段和方式，见表 3－5。可以看出，计划中的北斗二号/三号卫星将广泛使用 BOC 调制及其衍生的调制方式。由于 B2a 信号的中心频率为 1 176.45 MHz，因此北斗接收机可以兼容 GPS L5 或者 Glileo E5a 信号。

表 3－5　北斗二号/三号卫星信号特点

信号通道	载频 /MHz	码速率 /($Mbit\cdot s^{-1}$)	信息速率 /($bit\cdot s^{-1}$)	调制方式	服务类型
B1－C 数据	1 575.42	1.023	50/100	MBOC（6，1，1/11）	开放服务
B1－C 导频			无		
B1 数据		2.046	50/100	BOC（14，2）	授权服务
B1 导频			无		
B2a 数据	1 191.795	10.23	25/50	AltBOC（15，10）	开放服务
B2a 导频			无		
B2b 数据			50/100		
B2b 导频			无		
B3	1 268.52	10.23	500	QPSK（10）	授权服务
B3－A 数据		2.557 5	50/100	BOC（15，2.5）	授权服务
B3－A 导频			无		

北斗卫星导航系统将提供开放服务和授权服务两种服务类型，其中开放服务供全球用户免费使用，其指标为：定位精度为 10 m，测速精度为 0.2 m/s，授时精度为 50 ns；授权服务在更高的安全级别上提供高精度导航定位服务，并包含系统完好性信息，服务对象为付费用户及军事用户。

3.6.6　北斗三号卫星信号特性

信号结构

1. B1I 信号

B1I 信号采用 BPSK 调制，信号复用方式为 CDMA。B1I 信号由“测距码＋导航电文”调制在载波上构成，其信号表达式如下：

$$S_{B1I}^{j}(t)=A_{B1I}C_{B1I}^{j}(t)D_{B1I}^{j}(t)\cos(2\pi f_1 t+\varphi_{B1I}^{j}) \tag{3.20}$$

式中：上角标表示卫星编号；A_{B1I}表示 B1I 信号振幅；C_{B1I}表示 B1I 信号测距码；D_{B1I}表示调制在 B1I 信号测距码上的数据码；f_1 表示 B1I 信号载波频率；φ_{B1I}表示 B1I 信号载波初相。

2. B1C 信号

B1C 信号有两个分量——B1C_data 和 B1C_pilot，分别采用 BOC（1，1）和 QMBOC（6，1，4/33）调制，服务类型均为 RNSS。B2I 信号在所有北斗二号卫星上播发，提供开放服务，在北斗三号卫星上被 B2a 信号取代。

B1C 信号的复包络形式可以表示为

$$\begin{aligned} S_{\mathrm{B1C}}(t) = & \underbrace{\frac{1}{2}D_{\mathrm{B1C\_data}}(t) \cdot C_{\mathrm{B1C\_data}}(t) \cdot \mathrm{sign}(\sin(2\pi f_{\mathrm{sc\_B1C\_a}}t)) +}_{S_{\mathrm{B1C\_data}}(t)} \\ & \underbrace{\sqrt{\frac{1}{11}}C_{\mathrm{B1C\_pilot}}(t) \cdot \mathrm{sign}(\sin(2\pi f_{\mathrm{sc\_B1C\_b}}t)) +}_{S_{\mathrm{B1C_{pilot\_b}}}(t)} \\ & j\underbrace{\sqrt{\frac{29}{44}}C_{\mathrm{BIC\_pilot}}(t) \cdot \mathrm{sign}(\sin(2\pi f_{\mathrm{sc\_B1C\_a}}t))}_{S_{\mathrm{B1C_{pilot\_a}}}(t)} \end{aligned} \tag{3.21}$$

式中，$S_{\mathrm{B1C_data}}(t)$为数据分量，由导航电文数据 $D_{\mathrm{B1C_data}}(t)$和测距码 $C_{\mathrm{B1C_data}}(t)$经子载波 $Sc_{\mathrm{B1C_data}}(t)$调制产生，采用正弦 BOC（1，1）调制方式；其中 $S_{\mathrm{B1C_pilot}}(t)$为导频分量，由测距码 $C_{\mathrm{B1C_pilot}}(t)$经子载波 $Sc_{\mathrm{B1C_pilot}}(t)$调制产生，采用 QMBOC（6，1，4/33）调制方式；数据分量与导频分量的功率比为 1∶3。具体的调制过程可在北斗空间信号接口控制文件中查到，在此不做赘述。

3. B2a 信号

B1C 信号有两个分量——B2a_data 和 B2a_pilot，均采用 QPSK（10）调制，服务类型均为 RNSS。

B2a 信号的复包络形式可以表示为

$$\begin{aligned} S_{\mathrm{B2a}}(t) &= S_{\mathrm{B2a\_data}}(t) + \mathrm{j}S_{\mathrm{B2a\_pilot}}(t) \\ &= \frac{1}{\sqrt{2}}D_{\mathrm{B2a\_data}}(t) \cdot C_{\mathrm{B2a\_data}}(t) + \frac{1}{\sqrt{2}}C_{\mathrm{B2a\ pilot}}(t) \end{aligned} \tag{3.22}$$

式中，数据分量 $S_{\mathrm{B2a_data}}(t)$由导航电文数据 $D_{\mathrm{B2a_data}}(t)$和测距码 $C_{\mathrm{B2a_data}}(t)$调制产生；导频分量 $S_{\mathrm{B2a_pilot}}(t)$仅包括测距码 $C_{\mathrm{B2a\ pilot}}(t)$；导频分量与数据分量的功率比为 1∶1，均采用 BPSK（10）调制方式。

4. B2b 信号

B2b 信号包括 I 支路和 Q 支路分量，由于北斗三号前三颗 GEO 卫星仅播发 I 支路分量，因此本部分仅描述 I 支路相关内容。北斗三号卫星导航系统精密单点定位以 B2b 信号作为数据播发通道，通过北斗三号 GEO 卫星播发北斗三号卫星导航系统和其他 GNSS 精密轨道和钟差等改正参数，为我国及周边地区用户提供服务。

B2b 信号的 I 支路的载波频率为 1 207.14 MHz，采用 BPSK（10）调制方式，其 I 支路分量 $S_{\mathrm{B2b_I}}(t)$由导航电文数据 $D_{\mathrm{B2b_I}}(t)$和测距码 $C_{\mathrm{B2b_I}}(t)$调制产生，$S_{\mathrm{B2b_I}}(t)$的数学表达式如下：

$$S_{\mathrm{B2b\_I}}(t)=\frac{1}{\sqrt{2}}D_{\mathrm{B2b\_I}}(t)\cdot C_{\mathrm{B2b\_I}}(t) \tag{3.23}$$

式中，$D_{\mathrm{B2b_I}}(t)$的数学表达式如下：

$$D_{\mathrm{B2b\_I}}(t)=\sum_{k=-\infty}^{\infty}d_{\mathrm{B2b\_I}}[k]P_{\mathrm{B2b\_I}}(t-kT_{\mathrm{B2b\_I}}) \tag{3.24}$$

式中，$d_{\mathrm{B2b_I}}$为 B2b 信号的导航电文数据码；$T_{\mathrm{B2b_I}}$为相应的数据码片宽度；$P_{\mathrm{B2b_I}}(t)$是宽度为$T_{\mathrm{B2b_I}}$的矩形脉冲。

$C_{\mathrm{B2b_I}}(t)$的数学表达式如下：

$$C_{\mathrm{B2b\_I}}(t)=\sum_{n=-\infty}^{\infty}\sum_{k=0}^{N_{\mathrm{B2b\_I}}-1}c_{\mathrm{B2b\_I}}[k]p_{T_{\mathrm{C\_B2b\_I}}}(t-(N_{\mathrm{B2b\_I}}n+k)T_{\mathrm{C\_B2b\_I}}) \tag{3.25}$$

式中，$C_{\mathrm{B2b_I}}(t)$为 I 支路分量的测距码序列（取值为 ±1）；$N_{\mathrm{B2b_I}}$为对应分量的测距码长度，其值为 10 230；$T_{\mathrm{C\_B2b\_I}}=1/R_{\mathrm{C\_B2b\_I}}$，为 B2b 信号 I 支路的测距码码片宽度，$R_{\mathrm{C\_B2b\_I}}=10.23$ Mbit/s，为 B2b 信号 I 支路的测距码速率；$p_{T_{\mathrm{C_B2b_I}}}$是宽度为 $T_{\mathrm{C_B2b_I}}$的矩形脉冲。

5. B3I 信号

B3I 信号的标称载波频率为 1 268.520 MHz，采用 BPSK 调制方式，信号复用方式为 CDMA，信号带宽为 20.46 MHz。

B3I 信号由“测距码 + 导航电文”调制在载波上构成，其信号表达式为

$$S_{\mathrm{B3I}}^{j}(t)=A_{\mathrm{B3I}}C_{\mathrm{B3I}}^{j}(t)D_{\mathrm{B3I}}^{j}(t)\cos(2\pi f_3 t+\varphi_{\mathrm{B3I}}^{j}) \tag{3.26}$$

式中，上角标 j 表示卫星编号；A_{B3I}表示 B3I 信号振幅；$C_{\mathrm{B3I}}^{j}(t)$表示 B3I 信号测距码；$D_{\mathrm{B3I}}^{j}(t)$表示调制在 B3I 信号测距码上的数据码；f_3 表示 B3I 信号载波频率；$\varphi_{\mathrm{B3I}}^{j}$表示 B3I 信号载波初相。

3.6.7　北斗三号卫星导航电文结构

北斗三号卫星的导航电文与 GPS 卫星不同，不同的北斗三号卫星有不同的导航电文，MEO/IGSO 卫星播发的 B1I，B3I 信号采用 D1 导航电文，GEO 卫星播发的 B1I，B3I 信号采用 D2 导航电文。此外，B1C 信号采用 B - CNAV1 电文格式，B2a 信号采用 B - CNAV2 电文格式。

1. D1 导航电文

根据速率和结构的不同，导航电文分为 D1 导航电文和 D2 导航电文。D1 导航电文速率为 50 bit/s，并调制有速率为 1 kbit/s 的二次编码，内容包含基本导航信息（本卫星基本导航信息、全部卫星历书信息、与其他系统时间同步信息）；D2 导航电文速率为 500 bit/s，内容包含基本导航信息和广域差分信息（北斗三号卫星导航系统的差分及完好性信息和格网点电离层信息）。

MEO/IGSO 卫星播发的 B1I 信号采用 D1 导航电文。D1 导航电文由超帧、主帧和子帧组成。每个超帧为 36 000 bit，历时 12 min，每个超帧由 24 个主帧组成（24 个页面）；每个主帧为 1 500 bit，历时 30 s，每个主帧由 5 个子帧组成；每个子帧为 300 bit，历时 6 s，每个子帧由 10 个字组成；每个字为 30 bit，历时 0.6 s。

D1 导航电文包含基本导航信息，包括：本卫星基本导航信息（包括周内秒计数、整周计数、用户距离精度指数、卫星自主健康标识、电离层延迟模型改正参数、卫星星历参数及数据龄期、卫星钟差参数及数据龄期、星上设备时延差）、全部卫星历书信息及与其他系统

时间同步信息（UTC、其他卫星导航系统）。

D1 导航电文主帧结构与信息内容如图 3－31 所示。子帧 1～3 播发本卫星基本导航信息；子帧 4 和子帧 5 分为 24 个页面，播发全部卫星历书信息及与其他系统时间同步信息。

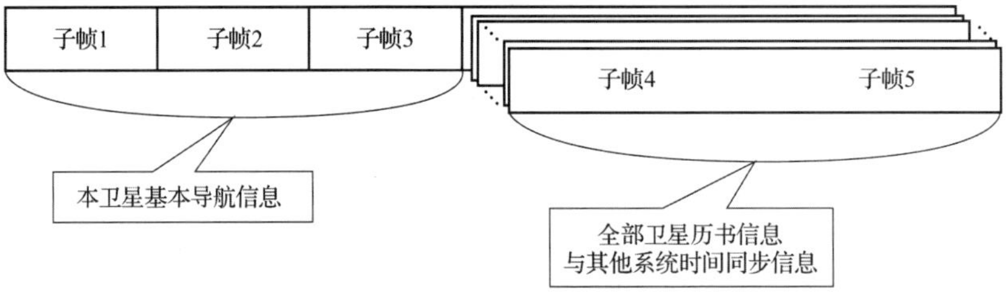

图 3－31　D1 导航电文主帧结构与信息内容

2. D2 导航电文

GEO 卫星播发的 B1I 和 B3I 信号采用 D2 导航电文。

D2 导航电文由超帧、主帧和子帧组成。每个超帧为 180 000 bit，历时 6 min，每个超帧由 120 个主帧组成，每个主帧为 1 500 bit，历时 3 s，每个主帧由 5 个子帧组成，每个子帧为 300 bit，历时 0. 6 s，每个子帧由 10 个字组成，每个字为 30 bit，历时 0. 06 s。

每个字由导航电文数据及校验码两部分组成。每个子帧第 1 个字的前 15 bit 信息不进行纠错编码，后 11 bit 信息采用 BCH(15，11，1）方式进行纠错，信息位共有 26 bit；其他 9 个字均采用 BCH(15，11，1）加交织方式进行纠错编码，信息位共有 22 bit。

D2 导航电文包括：本卫星基本导航信息、全部卫星历书信息、与其他系统时间同步信息、北斗三号卫星导航系统完好性及差分信息、格网点电离层信息。

D2 导航电文主帧结构与信息内容如图 3－32 所示。子帧 1 播发本卫星基本导航信息，由 10 个页面分时发送，子帧 2～4 中信息由 6 个页面分时发送，子帧 5 中信息由 120 个页面分时发送。

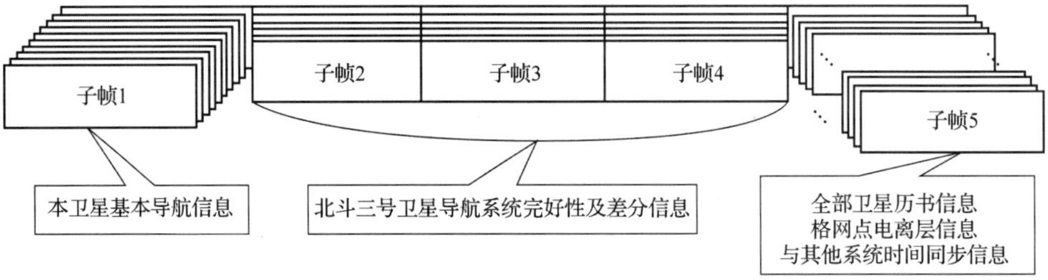

图 3－32　D2 导航电文主帧结构与信息内容

3. B－CNAV1 导航电文

B－CNAV1 导航电文在 B1C 信号中播发，导航电文数据调制在 B1C 数据分量上。每帧导航电文长度为 1 800 符号位，符号速率为 100 符号位/s，播发周期为 18 秒。B－CNAV1 导航电文帧结构如图 3－33 所示。

每帧电文由 3 个子帧组成，子帧 1 在纠错编码前的长度为 14 bit，包括 PRN 号和小时内秒计数（SOH）。采用 BCH(21，6）+BCH(51，8）编码后，长度为 72 符号位。

子帧 2 在纠错编码前的长度为 600 bit，包括系统时间参数、导航电文数据版本号、星历参数、钟差参数、群延迟修正参数等信息。采用 64 进制 LDPC(200，100）编码后，长度为 1 200符号位。

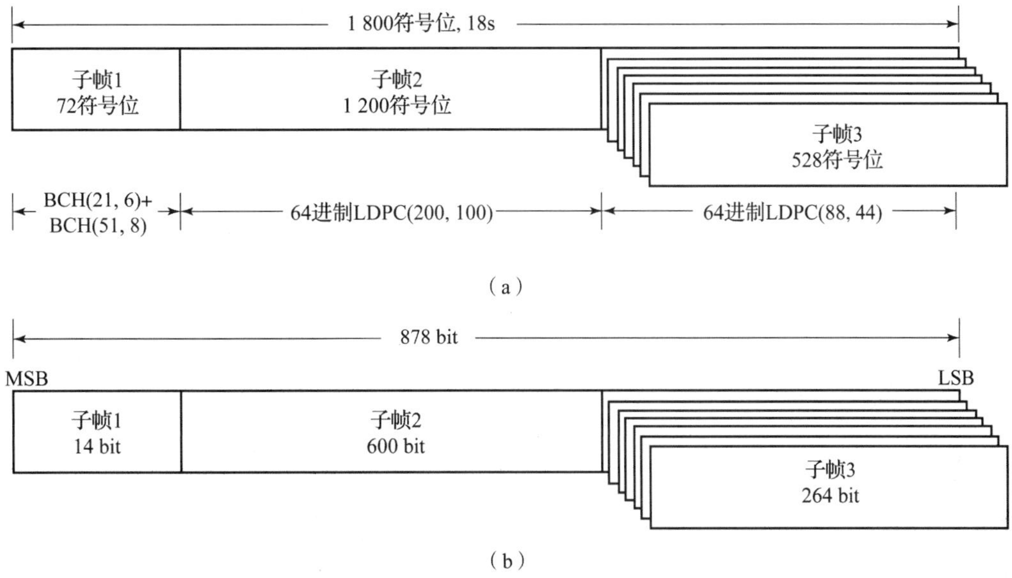

图3-33 B-CNAV1导航电文帧结构

(a) 纠错编码后；(b) 纠错编码前

子帧3在纠错编码前的长度为264 bit，分为多个页面，包括电离层延迟改正模型参数、地球定向参数、BDT-UTC时间同步参数、BDS-GNSS时间同步参数、中等精度历书、简约历书、卫星健康状态、卫星完好性状态标识、空间信号精度指数、空间信号监测精度指数等信息。采用64进制LDPC(88，44) 编码后，长度为528符号位。

4. B-CNAV2导航电文

B-CNAV2导航电文在B2a信号中播发，导航电文数据调制在B2a数据分量上。每帧导航电文长度为600符号位，符号速率为200符号位/s，播发周期为3 s。B-CNAV2导航电文帧结构如图3-34所示。

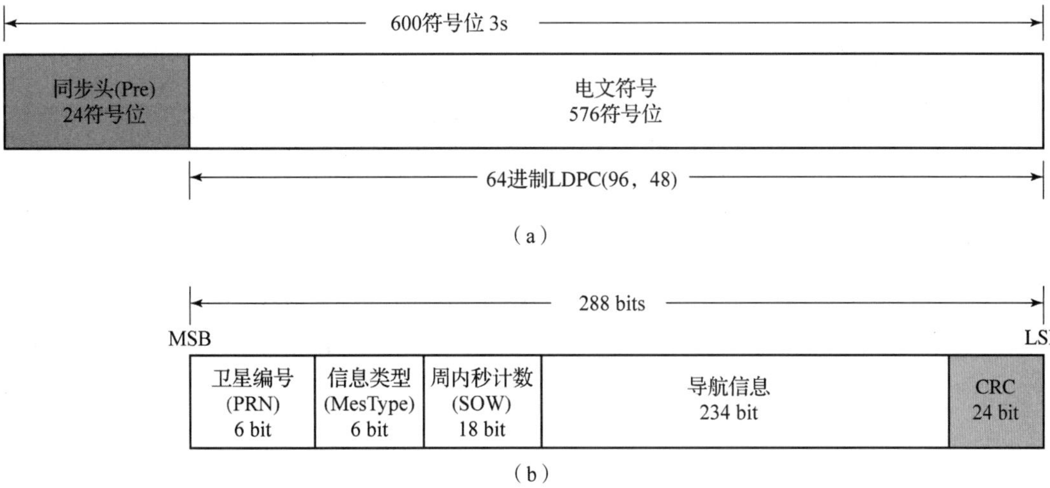

图3-34 B-CNAV2导航电文帧结构

(a) 纠错编码后；(b) 纠错编码前

每帧导航电文的前 24 符号位为帧同步头（Pre），其值为 0xE24DE8，即 111000100100110111101000，采用高位先发。

每帧导航电文在纠错编码前的长度为 288 bit，包括 PRN 号（6 bit）、信息类型（6 bit）、周内秒计数（18 bit）、导航信息（234 bit）、CRC 位（24 bit）。PRN 号、信息类型、周内秒计数、导航电文数据均参与 CRC 计算。采用 64 进制 LDPC(96，48）编码后，长度为 576 符号位。

B－CNAV2 导航电文采用 64 进制 LDPC(96，48）编码，其每个码字符号同样由 6 bit 构成，定义于本原多项式为 $p(x)=1+x+x^6$ 的有限域 $GF(2^6)$。多进制符号与二进制比特的映射采用向量表示法，且高位在前。信息长度 $k=48$ 码字符号，即 288 bit。其校验矩阵是一个 48×96 稀疏矩阵 $\boldsymbol{H}_{48,96}$，定义于本原多项式为 $p(x)=1+x+x^6$ 的有限域 $GF(2^6)$，前 48×48 部分对应信息符号，后 48×48 部分对应校验符号。

5. B－CNAV3 导航电文

以 B2b 信号 *I* 支路采用的 B－CNAV3 导航电文格式为例，B－CNAV3 导航电文包括基本导航信息和基本完好性信息。每帧导航电文长度为 1 000 符号位，符号速率为 1 000 符号位/s，播发周期为 1 s。B－CNAV3 帧结构如图 3－35 所示。

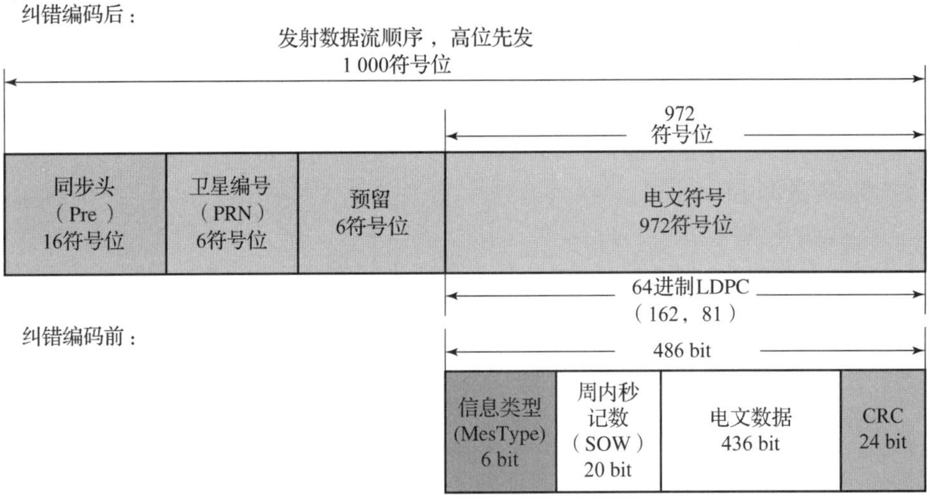

图 3－35　B－CNAV3 帧结构

每帧导航电文的前 16 符号位为帧同步头（Pre），其值为 0xEB90，即 1110101110010000，采用高位先发。PRN 号为 6 bit，无符号整型。每帧导航电文在纠错编码前的长度为 486 bit，包括信息类型（6 bit）、周内秒计数（20 bit）、导航电文数据（436 bit）、CRC 位（24 bit）。信息类型、周内秒计数、导航电文数据均参与 CRC 计算。采用 64 进制 LDPC(162，81）编码后，长度为 972 符号位。

B－CNAV3 导航电文采用 64 进制 LDPC(162，81）编码，其每个码字符号由 6 bit 构成，定义于本原多项式为 $p(x)=1+x+x^6$ 的有限域 $GF(2^6)$。多进制符号与二进制比特的映射采用向量表示法，且高位在前。信息长度 $k=81$ 码字符号，即 486 bit。其校验矩阵是一个 81×162 稀疏矩阵 $\boldsymbol{H}_{81,162}$，定义于本原多项式为 $p(x)=1+x+x^6$ 的有限域 $GF(2^6)$，前 81×81 部分对应信息符号，后 81×81 部分对应校验符号。

第 4 章

GNSS 接收机

4.1 GNSS 接收机基础

4.1.1 GNSS 接收机简介

GNSS 接收机是接收导航卫星信号的设备，其主要任务是：捕获到一定仰角的待测卫星信号，并跟踪这些卫星的运行，对所接收到的 GNSS 信号进行放大、变频等处理，测出 GNSS 信号从卫星到接收机天线的传播时间、解译出 GNSS 卫星所发送的导航电文，进而计算出用户的三维位置、三维速度，甚至时间等导航信息。

伴随着 GNSS 的发展和升级换代，GNSS 接收机已经过了多年的发展。第一代 GNSS 接收机主要使用模拟器件，体积庞大且价格高昂；随着第二代 GPS 卫星的发射，GNSS 接收机的模拟器件逐渐被数字微处理器和集成电路所取代，目前广泛使用的 GNSS 接收机通常是基于专用集成电路（ASIC）结构的 GNSS 硬件接收机。

元器件微型化和大规模生产的技术发展，带来了低成本 GNSS 接收机元器件的激增。同时随着软件无线电（SDR）技术的发展，GNSS 软件接收机大有取代使用 ASIC 的 GNSS 硬件接收机的趋势，成为 GNSS 接收机发展的重要方向之一。另外，当今多个 GNSS 并存兼容的发展形势，对 GNSS 接收机的性能提出了更多的要求，基于多星座信号的多模卫星导航接收机是目前研究的热点之一。

本章介绍通常的 GNSS 接收机的类型、系统构成，以及正在发展的软件定义 GNSS 接收机，在此基础上以广泛使用的 GPS 接收机为主，阐述 GNSS 接收机的重要构成部分——射频前端（包括天线与前端）、信号处理部分（包括捕获、跟踪及解调等），最后介绍正在发展的多星座信号集成的多模接收机。其中，GNSS 接收机的信号处理主要由基带信号处理和导航解算两部分组成，本章重点讲解基带信号处理部分，获得导航电文后具体的导航定位解算将在后续章节中阐述。

尽管不同卫星导航系统、不同功能、不同性能的 GNSS 接收机的构成有所不同，但其原理、概念的共性问题是相通的。本章的介绍将使读者对 GNSS 接收机的基本原理、构成、概念有一个清晰的认识。

4.1.2 GNSS 接收机的类型

GNSS 卫星发送的导航定位信号是供用户共享的信息资源。对于陆地、海洋和空间的广大用户，只要拥有能够接收、跟踪、变换和测量 GNSS 信号的接收设备，即 GNSS 接收机，就可以开展导航定位应用。

根据应用目的的不同，用户使用的 GNSS 接收机各有差异。目前世界上已有很多厂家生产 GNSS 接收机，其产品有数百种。这些产品可以按照原理、用途、功能等分类。

1. 按照 GNSS 接收机的用途分类：

（1）导航型接收机：主要用于运动载体的导航，实时给出载体的位置、速度等信息。该类 GNSS 接收机一般采用伪距测量，单点实时定位精度较低，价格较低，应用广泛。根据应用领域的不同，该类 GNSS 接收机还可以进一步分为车载型（用于车辆等的导航定位）、航海型（用于船舶等的导航定位）、航空型（用于飞机、导弹等的导航定位），以及星载型（用于卫星等的导航定位），其中航空型通常要求 GNSS 接收机具有高精度、高动态性能，而星载型对空间环境提出了更高要求。

（2）测地型接收机：主要用于精密大地测量和精密工程测量。该类 GNSS 接收机通常采用载波相位的观测值进行相对定位，定位精度高、设备结构复杂、价格较高。

（3）授时型接收机：主要利用 GNSS 卫星提供的高精度时间标准进行授时，常用于天文台、无线电通信等时间同步。

2. 按照接收机的载波频率分类

（1）单频接收机：只能接收单一的载波信号进行导航定位，如 GPS 接收机仅接收 L1 载波信号进行定位。由于不能有效地消除电离层延迟等的影响，单频接收机通常只适用于短基线（<15 km）的定位。

（2）多频接收机：可以同时接收多个载波频率的信号进行导航定位，如 GPS 双频接收机同时接收 L1、L2 载波信号。利用多频信号可以消除电离层对电磁波信号延迟的影响，因此可用于长达几千千米的精密定位。

3. 按照 GNSS 接收机的工作原理分类

（1）码相关型接收机：利用伪噪声码和载波作为测距信号，基于码相关技术得到伪距观测值。

（2）平方型接收机：利用载波信号的平方技术去掉调制信号来恢复载波信号，通过相位计测定接收机内产生的载波信号与接收到的载波信号之间的相位差来测定伪距观测值。

（3）混合型接收机：综合上述两种接收机的优点，既可以得到码相位伪距，也可以得到载波相位观测值。

（4）干涉型接收机：将 GNSS 卫星作为射电源，采用干涉测量方法测定两个测站间的距离。

4.1.3 GNSS 接收机的构成

目前，广泛使用的 GNSS 接收机一般基于 ASIC 结构，将其称为 GNSS 硬件接收机。GNSS 接收机的构成如图 4-1 所示，它包括天线与射频前端单元、基带信号处理单元、导航信息处理单元以及电源单元等。

天线与射频前端单元是 GNSS 接收机的工作基础，通常包括天线到基带信号处理单元之间的部分，其作用是接收信号，并将信号放大到某一电平之上，同时将高频信号变换到中频，使该信号可以为数字处理器所用。基带信号处理单元与导航信息处理单元是 GNSS 接收机的核心部分，基带信号处理单元对 N 路接收通道的信号进行捕获、跟踪、解调等处理，

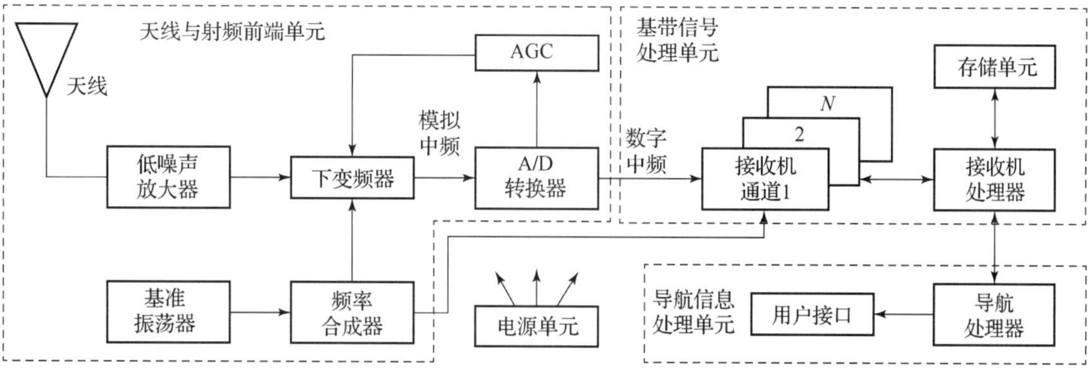

图 4－1　GNSS 接收机的构成

从而提取相关的导航电文；导航信息处理单元通过导航处理器来实现，计算量较大，根据导航电文来实现用户的导航定位解算。

目前广泛使用的 GNSS 接收机，其基带信号处理单元通常采用一个或几个 ASIC 芯片来实现信号捕获、跟踪、解调等功能。这种 ASIC 芯片难以修改算法，并缺乏灵活性，因此设计较为固定，用户不能改变 GNSS 接收机的相关参数以适应不同导航信号处理的需求。随着数字信号处理技术的发展，GNSS 接收机越来越趋向采用软件无线电（SDR）的方法来实现，除了射频前端与数字采样模块外，在通用的基础硬件平台上，将 GNSS 接收机功能最大限度地软件化，基带信号处理与导航信息处理部分都使用软件实现，如图 4－2 所示，这使 GNSS 接收机具有低价格、小型化、方便灵活、便于扩展等优点。

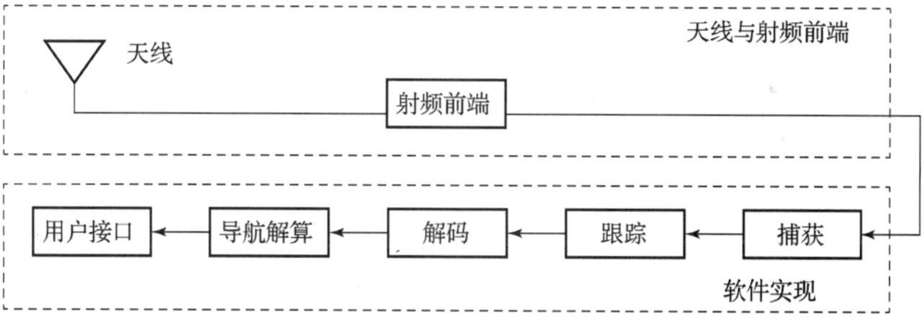

图 4－2　GNSS 软件接收机的构成

4.2　GNSS 软件接收机

4.2.1　SDR 的概念

1. SDR 简介

SDR 的概念最早于 1992 年提出，其基本思想是构建一个具有开放性、标准化、模块化的通用硬件平台，将各种功能（如工作频段、调制解调、数据格式、通信协议、加密格式等）用软件实现，并使宽带的模/数（A/D）、数/模（D/A）转换器尽可能地靠近射频天线，尽早将接收到的模拟信号数字化，在最大程度上通过数字信号处理软件实现通信系统的各种功能。SDR 强调体系结构的开放性和全面可编程性，通过软件的更新实现硬件配置结构的改变和功能的更新；采用标准的、高性能的开放式总线结构，以利于硬件模块的不断升级和扩展。

理想的 SDR 基本系统结构如图 4－3 所示，它包含一个模拟子系统和一个数字子系统，其中模拟子系统包括宽带天线、射频切换、射频滤波、低噪声放大器及发射功率放大器等，射频输入 A/D 转换器、射频输出 D/A 转换器将尽可能靠近天线，采用软件算法实现尽可能多的功能。数字子系统完成载波分离、数字上/下变频、抗干扰、抗衰落、自适应均衡等信道处理算法，另外还要完成 FEC、帧调整、比特填充和加密等信源编码处理功能。

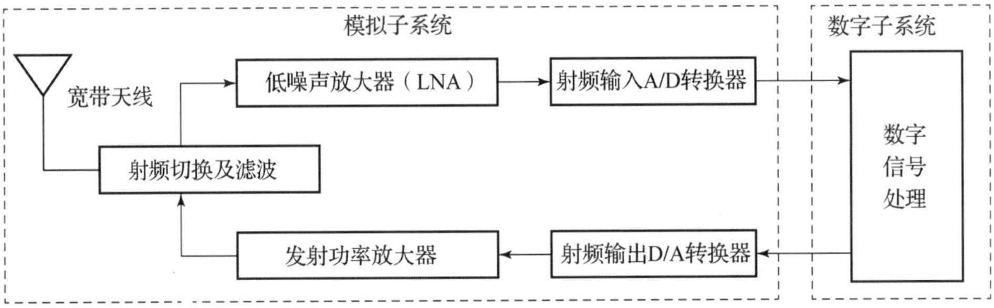

图 4－3　理想的 SDR 基本系统结构

2. SDR 分类

SDR 系统按照基于硬件体系结构的不同可以分为以下 3 种。

（1）基于通用处理器（GPP）的 SDR：采用通用的计算机完成所有的信号处理工作，完全从软件的角度解决无线通信问题。由于计算机体系结构的开放性、灵活性、可编程性和人机界面友好等特点，该类 SDR 的开发调试相对容易，最接近理想的 SDR。其缺点是受计算机技术水平的限制，性能较差、成本相对较高、实用性不强。

（2）基于数字信号处理（DSP）的 SDR：这类 SDR 通用性、灵活性较好，调试比较容易，如美军的 SPEAKeasy 多模电台，采用 TI 公司的 TMS320C40 DSP 芯片组，可以实现 200 MFLOPS 和 1 100 MIPS 的数据处理能力，它们是这种 SDR 的代表。

（3）基于现场可编程门阵列（FPGA）的 SDR：FPGA 可重配置处理器非常适合大计算量的任务，基于 FPAG 的 SDR 通用性、灵活性好。

ASIC 与 FPGA、DSP、GPP 的可编程能力和处理速度如图 4－4 所示。

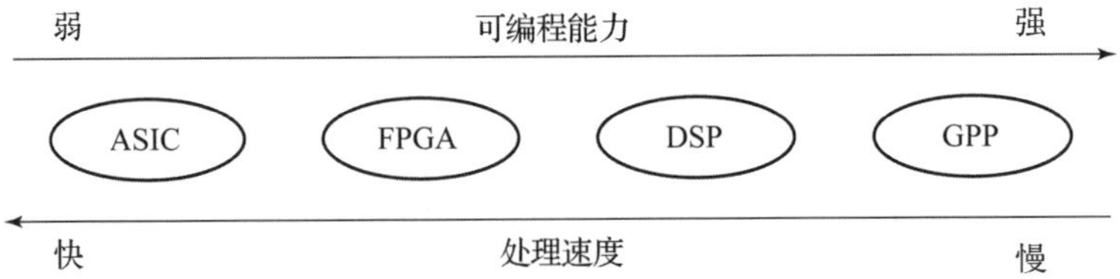

图 4－4　ASIC 与 FPGA、DSP、GPP 的可编程能力和处理速度

4.2.2　GNSS 软件接收机的特点

GNSS 软件接收机融入了 SDR 的设计概念，其目标在于建立灵活可变的具有开放式体系结构的 GNSS 接收机，允许对不同的模块动态选择参数，实现可重构的软件接收机系统。

GNSS 软件接收机对所有信号通道采用同一个宽带 A/D 转换器，利用软件对通道信号进行捕获、跟踪、解调、解算等。其基本思想是将宽带 A/D 转换器尽可能地靠近天线，然后将信号的抽样结果送入可编程模块，应用 DSP 技术获得需要的结果。

自 1997 年 Dennis Akos 博士首次对基于 SDR 的 GPS 接收机进行了完整的论述以来，国内外的许多研究小组对该领域开展了广泛研究，GNSS 软件接收机已成为当前的研究热点。GNSS 软件接收机相对于采用 ASIC 的硬件接收机，突破了接收机功能单一、可扩展性差、以硬件为中心的设计局限，具有诸多优点。

（1）GNSS 软件接收机便于系统升级。随着现有卫星导航系统的现代化改造，如 GPS 增加新的 L5 信号，并在 L2 和 L5 频段上增加 C/A 码以提高定位精度，现有的 GNSS 接收机与新一代的 GNSS 接收机不兼容。另外，鉴于多卫星导航系统并存的现状及其将来发展趋势，现有的 GNSS 接收机还面临多种卫星系统信号的兼容性问题。这些问题使基于 ASIC 的硬件接收机面临巨大困难，而软件接收机可以很好地解决这些问题。

（2）GNSS 软件接收机便于应用新的导航定位方法。在 GNSS 接收机领域，近年来出现了很多新的降低 GNSS 误差、抑制信号干扰、提高导航定位精度的方法，如高灵敏度信号捕获技术、高动态跟踪环路设计、抗干扰环路设计等。这些新方法的测试、实现以及应用等，为 ASIC 结构的接收机带来的不便之处是显而易见的，而基于 SDR 的 GNSS 接收机可以快速分析、仿真、实现各类新方法。

（3）GNSS 软件接收机便于增强设计的灵活性。GNSS 接收机前端因为设计方案的不同，会产生不同采样频率的信号和不同数域的信号，GNSS 软件接收机可以通过数学转换方便地处理这些信号。例如，一个系统可能收集的是具有正交相位（I）和同相相位（Q）的复数数据，而另一个系统收集的是实数数据，在 GNSS 软件接收机中，可以方便地进行两种数据之间的转换，然后进行处理。

4.2.3 GNSS 软件接收机的架构

同传统的 GNSS 接收机类似，GNSS 软件接收机也具有军用与民用、单频与多频、单系统与多模、定位与授时等多种分类，面向不同应用的 GNSS 软件接收机在设计构造和实现形式上有一些差异，但它们的基本工作原理和基本功能结构是大体相同的，如 4.1.3 节中的图 4－2 所示。

早期的 GNSS 软件接收机，由于受到器件的限制，主要致力于 GNSS 信号跟踪环路及后续导航解算的软件化，而对于计算量要求较高的相关器仍使用现成的芯片。例如图 4－5 所示的开源 GPS 软件接收机方案，射频前端使用了 Motel 公司的 GP2010 芯片，将 GPS 信号转换为中频信号，相关器使用 GP2021 芯片完成基带信号的相关处理，环路设计和导航解算在 PC 中实现，相关器与 PC 的通信采用工业标准结构 ISA 总线。

随着集成电路（IC）技术的发展及 PC 的更新换代，目前严格意义上的 GNSS 软件接收机，应该从射频前端获得中频数据后，信号的捕获、跟踪、解调、导航解算均由软件实现。图 4－6 所示为一种典型的 GNSS 软件接收机架构，其中，天线与射频前端单元将 GNSS 信号转换为中频信号，通过通用串行总线（USB）接口单元将中频信号传输到软件处理单元；基带信号处理和导航信息处理都在软件处理单元中实现，处理器可以为通用的 PC，或者其他数字信号处理器，如高性能的 FPGA、DSP 等。

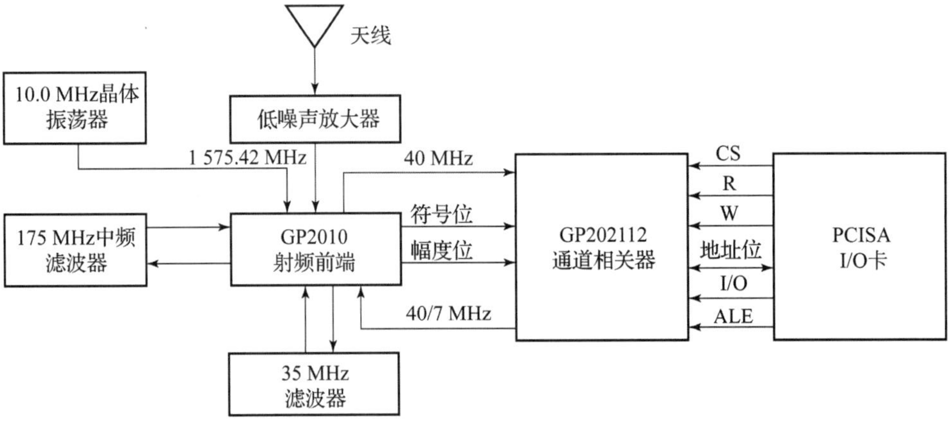

图 4-5　一种开源 GPS 软件接收机方案

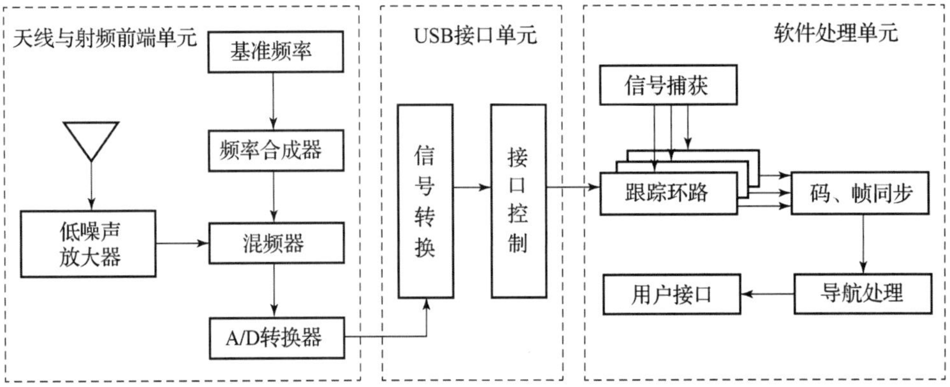

图 4-6　一种典型的 GNSS 软件接收机构架

4.3　GNSS 天线与射频前端

4.3.1　GNSS 信号接收

天线与射频前端是 GNSS 接收机工作的基础，其作用是将空间传播的卫星信号变换成数据流，用于后续的基带信号处理。由于天线与射频前端技术涉及复杂的理论基础知识，有专门的相关专著对其进行深入探讨，本节主要从 GNSS 接收机的角度出发，对天线与射频前端涉及的主要概念进行介绍。

由第 3 章对 GNSS 信号的分析可以看出，通常 GNSS 卫星传播到 GNSS 接收机的信号电平非常低，大约在 -160 dBW（等于 -130 dBm，dBW 表示功率电平相对于 1 W 的分贝数，dBm 表示功率电平相对于 1 mW 的分贝数）左右。对于这样低的信号电平，GNSS 接收机接收到的信号功率实际上要低于系统的基底热噪声。例如以 GPS 卫星的 L1 信号为例，噪声功率计算如下：

$$P_{热噪声} = kTB_n \tag{4.1}$$

式中，$k = 1.38 \times 10^{-23}$ J/K，为玻尔兹曼常数；T 为绝对温度，室温下通常取 290 ~ 300 K；

B_n 为系统带宽。考虑到 GPS 卫星 L1 信号的 C/A 码近似过零点带宽为 2 MHz，因此噪声带宽取 2 MHz，并取 T 为 290 K，则热噪声功率为 -140.97 dBW 或 -110.97 dBm。

GPS 卫星 L1 信号电平与热噪声功率的关系如图 4-7 所示，可以看出 GPS 信号被湮没在热噪声中。此时使用频谱仪无法直接观测到由 GPS 天线接收的信号，因此需要通过适当的信号处理方法来获取 GPS 卫星信号。

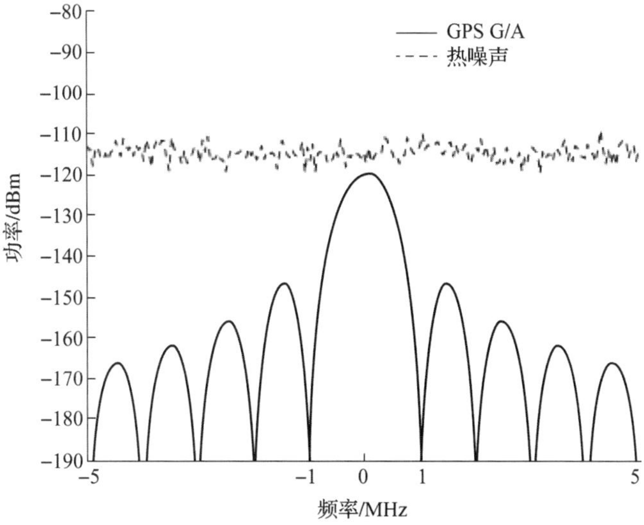

图 4-7　GPS 卫星 L1 信号电平与热噪声功率的关系

GNSS 卫星信号不仅电平功率非常微弱，而且其载频非常高（如 L1 信号的载频为 1 572.42 MHz），远高于大部分 A/D 转换器的能力。因此，需要采用射频前端，将天线接收的信号放大，并转换为适合基带信号处理的中频信号。GNSS 接收机射频前端定义为从天线到基带信号处理单元之间的所有部件，包括带通滤波器、前置放大器、下变频器、中频放大器、A/D 转换器、自动增益控制（AGC）元件等。

图 4-8 给出了一个接收 GNSS 卫星 L1 信号的射频前端结构，在后面的 4.3.2 节和 4.3.3 节中，将以此为基础对天线与射频前端进行阐述。

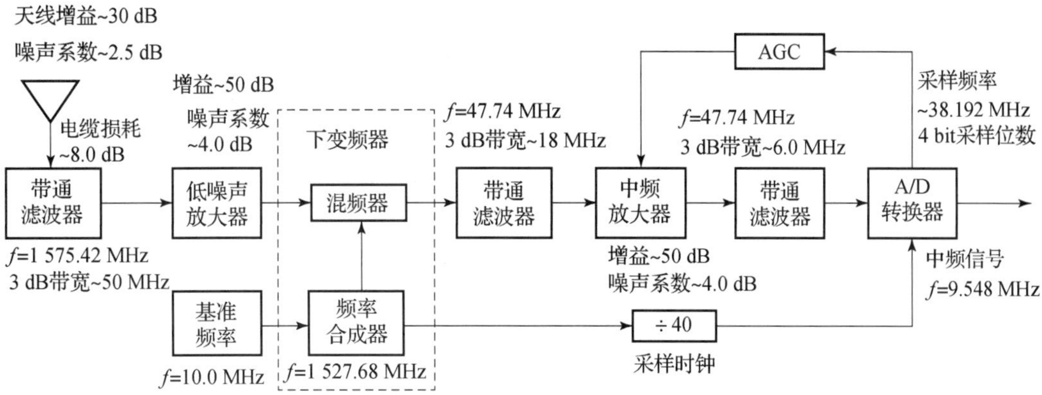

图 4-8　一个接收 GNSS 卫星 L1 信号的射频前端结构

4.3.2 GNSS 接收机天线

1. GNSS 接收机天线的类型

GNSS 接收机天线是将卫星信号的空间电磁波按照要求转换成微波电信号的转换装置。由于 GNSS 接收机的多样性，其天线也有多种形式。常见的 GNSS 接收机天线有振子天线、微带天线、螺旋天线等，如图 4-9 所表示。其中振子天线结构简单、频带宽、易于按需获得方向图；微带天线形状平薄、易于制造、频带较宽，但效率较低；螺旋天线便于电波圆极化。

(a)　(b)　(c)　(d)

图 4-9　常见的 GNSS 接收机天线基本类型

(a) 振子天线；(b) 微带天线；(c) 螺旋天线；(d) 双端接螺旋天线

GNSS 接收机天线按照安装方式，又可以分为分体式天线和连体式天线，其中分体式天线的天线单元和接收单元分为两部分，用一定长度的射频电缆连接；连体式天线的天线单元和接收单元装配在一起，多用于手持式 GNSS 接收机。常见的 GNSS 接收机天线实物如图 4-10 所示。

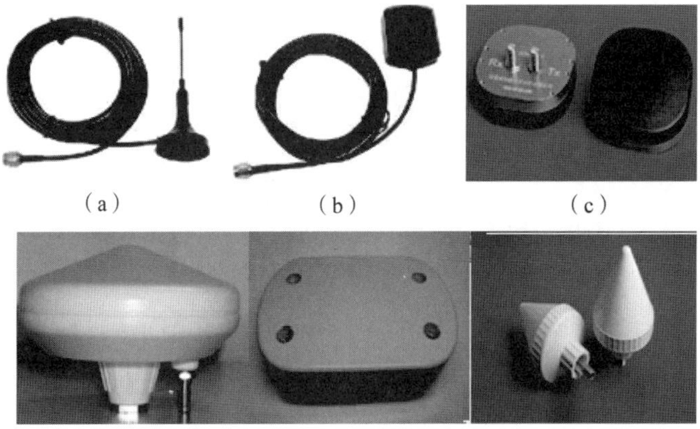
(a)　(b)　(c)
(d)　(e)　(f)

图 4-10　常见的 GNSS 接收机天线实物

(a) 车载振子天线；(b) 车载微带天线；(c) 北斗一代双频天线；
(d) 单频测量天线；(e) 双频航空天线；(f) 卫星时天线

2. GNSS 接收机天线的性能参数

描述 GNSS 接收机天线性能的参数有许多，下面给出几个主要的性能参数。

(1) 天线方向性。天线接收（或辐射）电磁能量的空间选择性称为天线方向性，表示天线某一场分量的幅值与相位关系的图形称为天线的空间立体方向图。在实际中应用较多的是平面方向图，即切割空间立体方向图的平面，横坐标为空间角，纵坐标为电场幅值。

如果从空间的各个方向都能均匀地接收信号，则天线为全向天线。由于 GNSS 卫星通常位于接收机的上空，因此通常的 GNSS 接收机天线具有半球形的方向图，只从正仰角范围全方位地接收信号。同时考虑到多径信号及其他干扰信号通常以低仰角到达，大多数天线设计成接收仰角大于 10°的信号。

（2）天线方向性系数及增益。天线方向性系数是指在相同辐射功率条件下，天线在最大辐射方向的辐射强度与平均辐射强度之比，它是用数字表示天线辐射（或接收）能量在空间的集中程度。在空间某一方向（θ，ϕ）上的天线方向性系数定义为

$$D(\theta,\phi)=4\pi/P_R\varphi_r(\theta,\phi) \tag{4.2}$$

式中，P_R 为空间总辐射能量；$\varphi_r(\theta,\phi)$为球坐标系中某一方向（θ，ϕ）上的平均能量密度。

天线增益不仅表征天线在某个特定方向上辐射能量的集中程度，还表征天线的换能效率。天线在对空间信号进行能量转换时，其中一部分转换为需要的微波信号，另一部分在转换过程中消耗掉，因此引入一个辐射效率 η，则天线增益定义为

$$G(\theta,\phi)=\eta D(\theta,\phi) \tag{4.3}$$

或用 dB 表示天线增益为

$$G(\theta,\phi)(\mathrm{dB})=10\lg D(\theta,\phi)+10\lg\eta \tag{4.4}$$

式中，η 为≤1 的正实数，对于理想的无损耗天线来说 $\eta=1$。

（3）天线极化。极化是指射频信号传输过程中电场的指向，它可以分为线极化和椭圆极化，其中线极化指在极化平面内电场矢量方向随时间始终在同一直线方向上变化，而椭圆极化的电场矢量可以分为两个正交的线极化分量，其合成场在极化平面上的投影为椭圆。

椭圆极化的特性包括轴比和极化旋向。轴比定义为椭圆长轴与椭圆短轴之比，当轴比等于 1 时为圆极化。极化旋向是用眼睛顺着电波传输方向，电场矢量沿顺时针旋转为为右旋，反之为左旋。GNSS 卫星发射的信号为右旋圆极化（RHCP），因此 GNSS 接收机天线也应设计为 RHCP，以使极化匹配。

（4）阻抗匹配。天线与接收机通过射频馈线连接，阻抗匹配是衡量天线与接收机相连，沿馈线系统的能量传输效率。阻抗匹配的性能直接影响天线的转换效率，完全匹配时为无反射传输，反射系数 $\Gamma=0$，此时效率最高。实际上在工作频段内达到完全匹配是困难的，一般用天线端口的电压驻波比（VSWR）来衡量，其定义为 $\mathrm{VSWR}=(1+|\Gamma|)/(1-|\Gamma|)$。GNSS 接收机天线馈线的阻抗通常为 50 Ω，VSRW 典型值≤1.5，对应的反射系数 $\Gamma\leqslant0.25$。

（5）工作频段与带宽。工作频率是指天线的性能指标满足预定工作要求的频率，对应的带宽为满足天线方向图和阻抗特性等的频率范围。一方面，天线的带宽应足够大，以防止因周围环境变化天线中心频率漂移造成覆盖频带不够；另一方面，从抑制干扰等设计角度出发，带宽并不是越大越好，在满足工作频带的前提下不希望带宽有太大的裕量。如对于 GNSS 卫星的 L1 信号，天线应使以频率 1 575.42 MHz 传输的信号产生感应电压，并能适应所需信号的带宽。

4.3.3　GNSS 接收机射频前端

GNSS 接收机射频前端定义为从天线到基带信号处理单元之间的所有部件，下面分别对其概念及主要性能参数进行说明。

1. 滤波器

滤波器是频率选择性器件，它只允许某些频率的信号通过，而使其他频率成分衰减。在图 4-8 中包含两种带通滤波器，天线之后的带通滤波器主要用于卫星信号频率的选择，即

接收中心频率为 1 575.42 MHz、3 dB 带宽为 50 MHz 的信号，同时消除其他带外信号；信号经过下变频后的中频段内，还有两个带通滤波器具有各自的作用，其主要目的仍然是通过所选择的频率并衰减其他频率的信号。滤波器的两个主要参数是插入损耗和带宽，如图 4 - 11 所示，其含义分别如下。

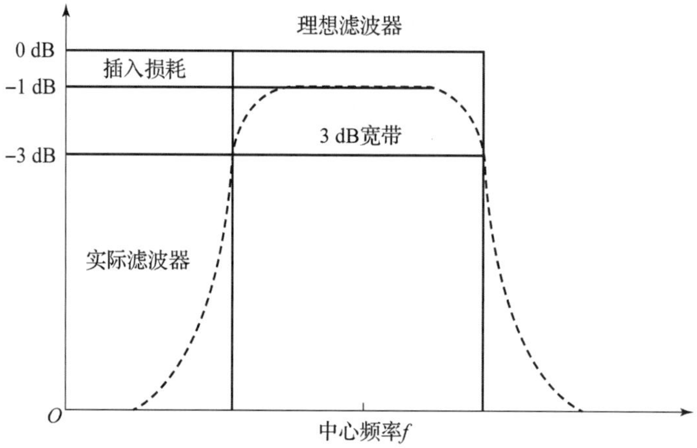

图 4 - 11　带通滤波器参数

（1）插入损耗。滤波器不仅对于频带外的信号进行衰减，还对所选择的频率成分有一定的插入损耗或衰减。理想情况下这种损耗是不应该出现的，但在实际情况下是做不到的，因此希望该损耗越小越好。

（2）带宽。理想的滤波器使一定频带范围内的信号完全通过，而使频带范围之外的信号完全被阻隔，但这种滤波器是不存在的，带通滤波器的通带和阻带之间是逐渐过渡的。一般滤波器的带宽指 3 dB 带宽，即相对于理想滤波器衰减为 3 dB 时的频带宽度，此时有 50% 的信号功率。

2. 放大器

放大器是对信号幅值进行放大的器件。与大多数滤波器件不同，放大器是有源器件，需要提供电源来实现放大功能。放大器不仅放大了信号的幅值，还会在产生的信号中引入噪声，因此人们总是希望放大器在放大信号的同时尽可能减少噪声。放大器的基本参数如下。

（1）增益，即对信号放大的倍数，通常以 dB 为单位。

（2）工作频率范围。

（3）噪声系数。表示放大信号时引入的噪声，通常也以 dB 为单位。

在图 4 - 8 中包含低噪声放大器（LNA）和中频放大器，其增益都为 50 dB，通常一级放大器不具备如此高的增益，需要用多级放大器实现。其中，中频放大器是将极弱的信号放大到可以进行 A/D 转换的程度。

低噪声放大器又称为前置放大器，作为第一级放大器，其噪声系数对系统噪声系数产生主要影响。假设第 n 级放大器的增益为 G_n、噪声系数为 F_n，则系统噪声系数为

$$F_s = F_1 + \frac{F_2 - 1}{G_1} + \frac{F_3 - 1}{G_1 G_2} + \cdots + \frac{F_n - 1}{G_1 G_2 \cdots G_{n-1}} \tag{4.5}$$

由上式可知，射频前端的第一级放大器对系统噪声系数的影响是主要的，因此第一级放大器及其之前的所有器件（电缆、滤波器等）都会对系统噪声产生负面影响。为了减小对系统噪声的影响，GNSS 接收机通常将前置放大器整合在电缆之前，此时的天线称为有源天线。当天线离前置放大器很近时，如手持接收机，也可采用无源天线。

3. 下变频器

下变频器的作用是将射频信号（如 1 575.42 MHz）转换到更低的频率范围内，同时不改变调制信号的结构，以便于进一步的信号处理。下变频器有多种实现方式，也可以使用多级转换将射频率信号转换为中频信号，其选择主要根据可用器件的性能指标。在图 4－8 中，给出了采用频率合成器和混频器实现下变频的方式。

频率合成器的作用是产生所需的 GNSS L1 信号的本振频率，由于大部分产生基准频率的晶体振荡器都不能产生如此高的本振频率，所以采用基准频率和锁相环（PLL）进行频率合成，生成更高的本振频率。同时，频率合成器经过分频后，还可以为 A/D 转换器提供采样时钟（图 4－8），甚至为后续的基带信号处理单元提供参考频率（图 4－1）。

图 4－8 中下变频的设计可以看作混频过程的实例。记 GNSS L1 信号中心频率（1 575.42 MHz）为 ω_1，所需的中频信号频率为 47.74 MHz，则可以选取频率合成器产生的本振频率为 $\omega_2=(1\ 575.42-47.74)\,\text{MHz}=1\ 527.68\ \text{MHz}$。混频器的基本功能为

$$\cos(\omega_1 t)\cos(\omega_2 t)=\frac{1}{2}\cos[(\omega_1-\omega_2)t]+\frac{1}{2}[(\omega_1+\omega_2)t] \tag{4.6}$$

经过式（4.6）后，混频器的输出是和频与差频信号，所需要的中频信号（47.74 MHz）即差频信号，而和频信号为不需要的副产物，可以在混频器后的第二个带通滤波器中滤除。式（4.6）描述了混频器的简单模型，但实际应用中很复杂，混频器的参数包括变频损耗、隔离度、动态范围、互调分量等，需要在具体设计中综合考虑。

4. A/D 转换器

A/D 转换器的主要功能是将模拟信号转换为数字信号。市场上 A/D 转换器的种类很多，相关的性能参数也非常多。其中比较关键的参数是采样位数、采样频率与信号带宽、输入信号幅值等。

1）采样位数

GNSS 信号要求采样的动态范围非常小，研究表明，当采样位数为 1 bit 时，处理过程中的信号损失小于 2 dB，当采取 2 bit 或更高位数并使用合适的量化方法时，信号损失小于 1 dB。尽管 1 bit 采样的信号损失小于 2 dB，但这是理想情况下，实际中 GNSS L1 频段内存在窄带干扰极大地影响 1 bit 采样。因此，通常采用多 bit 采样，此时需要采用自动增益控制（AGC）来提供合适的量化方法。

图 4－8 中的 AGC 的作用是从 A/D 转换器的处理中获得反馈信号，通过监控采样数据流判断其增益，如果增益不够大，则在中频放大器中增大信号增益，反之则减小增益。因此，通过多 bit 采样、量化处理以及 AGC，可以将窄带干扰的影响降到最低。

（2）采样频率与信号带宽

采样频率依赖于所需信号的带宽，A/D 转换器能够采样的信号最大带宽为其最大采样频率的 1/2。在图 4－8 中，对 47.74 MHz 中频信号采用的是 38.192 MHz 的采样频率，采样位数为 4 bit，则最终产生一个频率为 9.548 MHz 的数字中频信号，其带宽为 38.192/2 =

19.046（MHz）。

（3）输入信号幅值

A/D 转换器要求所输入的模拟信号具有一定的电压范围，例如对于型号为 ADS830 的 A/D 转换器，最小的模拟信号输入范围为 1 V，假设射频设计中常用 50 Ω 电阻作为负载，则 1 V 信号对应的信号功率为 -13 dBm。因此，在天线与射频前端的链路中，-130 dBm 的 GNSS 信号经过多级放大后，才能达到 A/D 转换器输入信号幅值的要求。

4.3.4 射频前端 ASIC

GNSS 接收机的射频前端虽然可以通过离散器件实现，如图 4-8 所示的结构，但其成本非常高。目前随着大规模集成电路的发展，出现了许多 GNSS 接收机用的射频前端 ASIC，将图 4-8 中的大部分功能封装在一个 ASIC 中，极大地减小了体积，降低了功耗。下面对两款 GNSS 接收机射频前端 ASIC 芯片进行简单介绍，具体使用方法可参考相关手册。

SE4110L 是 SiGe 半导体公司生产的一款 GNSS 接收机射频前端 ASIC 芯片，用来接收 1 575.42 MHz的 L1 信号，内部集成了放大器、振荡器、混频器、A/D 转换器、AGC 控制器等电路，集成度非常高，如图 4-12 所示。该芯片可以采用传统的有源天线输入，也可以采用无源天线与其内部的 LNA 一起使用，提供了 2 bit 的数字采样，可支持多种应用的不同的时钟频率。SE4110L 的尺寸只有 4 mm×4 mm，电源功耗小于 33 mW。

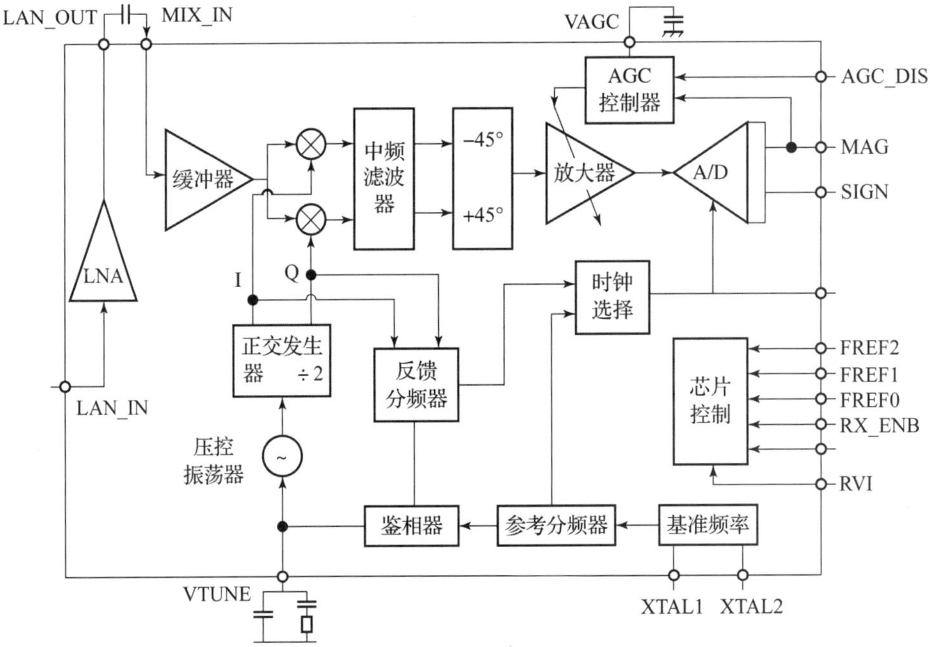

图 4-12 SE4110L 射频前端 ASIC 芯片内部结构

GP2015 是 Zarlink 公司生产的一款 GNSS 接收机射频前端 ASIC 芯片，其内部功能结构如图 4-13 所示，其工作流程为：天线接收到的 GNSS L1 信号经过带通滤波器、LNA 进行适度增益后，进入 GP2015，进行 3 次下变频后（变频时需要通过片外的约 2 MHz 的带通滤波器）其模拟中频降至 4.309 MHz，外部输入 5.714 MHz 的采样信号对该中频模拟信号进行采样，输出 2 bit 的量化信号。GP2015 的尺寸只有 7 mm×7 mm，电源功耗小于 200 mW。

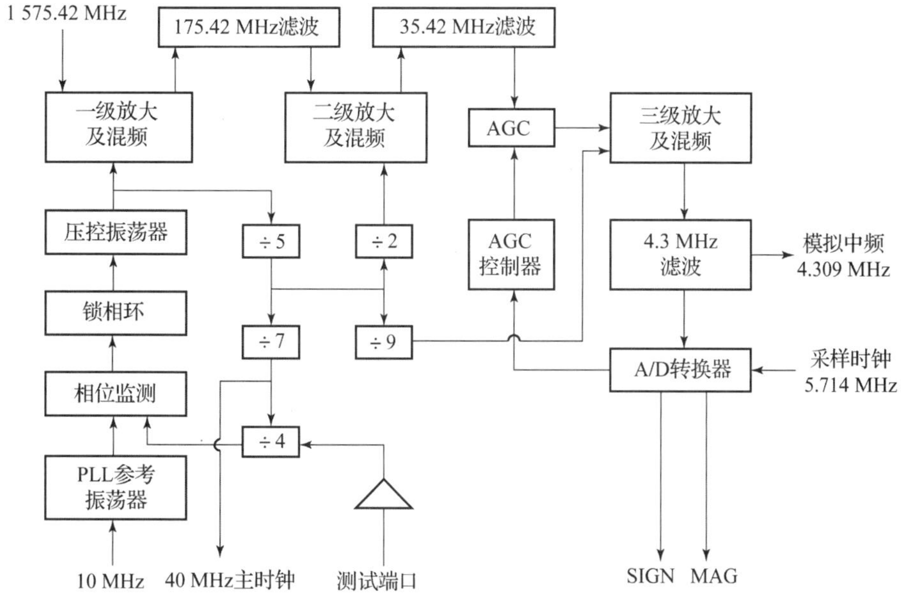

图 4-13　GP2015 射频前端 ASIC 芯片内部功能结构

4.4　GNSS 接收机信号处理

4.4.1　GNSS 信号捕获

1. GNSS 信号捕获的概念

信号捕获是 GNSS 信号处理的一个重要环节，它不仅是解调导航信号的开始，也是对 GNSS 信号的两个重要特性——载波频率和码特性进行粗略估计的过程，其目的是确定当前接收到的信号包含哪些可见星信号（确定可见星），并获取各信号的载波频率和码相位的粗略值。

GNSS 信号通过天线和射频前端接收，经过放大、下变频、A/D 转换后变为中频数字信号，理论上 GNSS 信号的标称频率对应中频信号的标称频率，但由于 GNSS 卫星相对于地球运动，会产生多普勒频移，从而使实际的中频值偏离理论中频值。对于 L1 载波和地球上静止的 GNSS 接收机，最大多普勒频移约为 ±5 kHz，而对于高速运动的 GNSS 接收机，多普勒频移可达到 ±10 kHz。

由于多普勒频率和码相位的不确定性，在 GNSS 信号捕获的初始阶段，接收信号的伪码相位和载波频率对 GNSS 接收机而言都是未知的，GNSS 信号捕获的目的就是确定这两个未知参量的粗略值。因此，GNSS 信号捕获实际包括码捕获和载波捕获两个方面。例如，对于 GPS 卫星 L1 C/A 码信号，在 t 时刻接收信号 s 是所有 n 颗可见星信号的叠加，即

$$s(t) = s^1(t) + s^2(t) + \cdots + s^n(t) \tag{4.7}$$

可以根据 C/A 码的相关性进行信号捕获，当捕获卫星 k 时，将接收信号 s 与本地产生的卫星 k 的 C/A 码相乘，则由 C/A 码的相关性可以除去其他卫星信号。与本地码相乘后的信号，还要进一步与本地载波进行混频，以滤除接收信号的载波。

信号捕获的过程是以搜索方式进行的。对于 GPS 的 C/A 码，由 3.2.2 节可知共有 1 023 种不同的码相位，因此在进行信号捕获时需要尝试 1 023 种码相位；同时接收信号的频率可能在标称频率的一定范围内变化，还需要检测该范围内的不同频率。假设搜索频率的步长为 500 Hz，对于高速运动的接收机，在标称频率的 ±10 kHz 范围内需要进行 41 次频率搜索；对于静止的接收机，在标称频率的 ±5 kHz 范围内需要进行 21 次频率搜索。

通过搜索码相位和频率的所有可能性，找到其中的最大值，当该值超过所设定的门限后，即捕获到该卫星信号，该最大值对应的码相位和频率即信号捕获结果。图 4－14 所示为 PRN 为 21 号的卫星信号捕获结果，可以看出捕获到的卫星信号具有明显的峰值，而其他卫星信号的相关性很低。

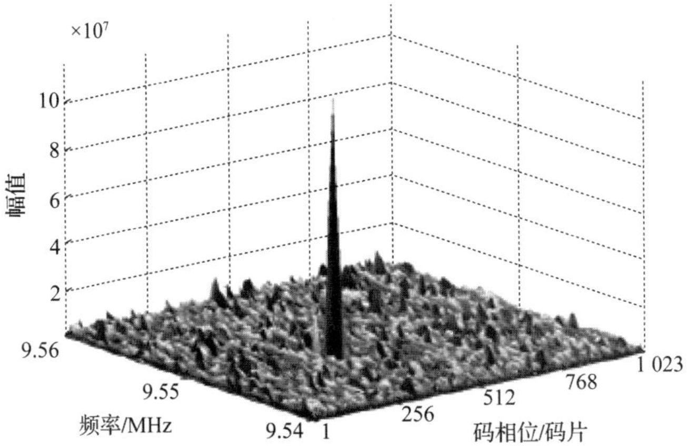

图 4－14　PRN 为 21 号的卫星信号捕获结果

对于硬件接收机，信号捕获通常在 ASIC 中完成；对于软件接收机，则通过软件方法实现信号捕获。基于 GNSS 信号的某一特征，其捕获方法也有很多种，下面介绍两类基本的 GNSS 信号捕获方法。

2. 连续捕获方法

连续捕获方法是在码相位和载波多普勒频率所构成的二维空间上进行的，先进行码相位搜索，再对多普勒频带进行搜索。采用串行顺序搜索的方式，以小于一个码片为步进量，从零多普勒开始逐步搜索全部码相位，如不能捕获则跳到下一个多普勒频带继续码相位搜索，二维连续搜索示意如图 4－15 所示。

通常码相位是小于或等于 1 个码片为步进量搜索的，这是因为跟踪算法在进行超前/滞后门限判断时，通常要求码相位差别在 1 个码片以内；频率搜索范围由应用环境的动态范围和接收机钟差来确定。由码相位搜索步进和多普勒搜索频带可构成一个二维搜索单元。

连续捕获方法的实现结构如图 4－16 所示，接收信号首先与本地产生的伪码序列相乘，然后与本地产生的载波相乘（包括经过 90°相移的载波）。与本地载波相乘后，产生同相的 I 支路信号和正交的 Q 支路信号。I 分量和 Q 分量经过积分后平方相加，其中积分是为了将对应于处理长度的所有点值相加，平方是为了获得信号功率。I^2+Q^2 表示输入信号和本地信号之间的相关性，若 I^2+Q^2 大于判决门限，则表示本地载波频率和码相位与输入信号的载波频率和码相位大致相同。

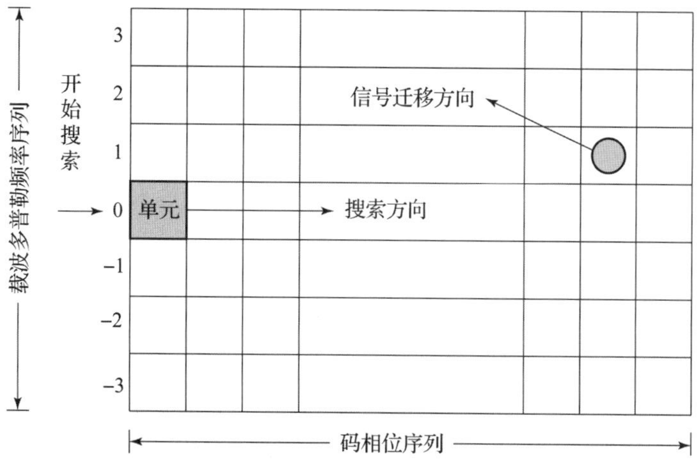

图 4－15　二维连续搜索示意

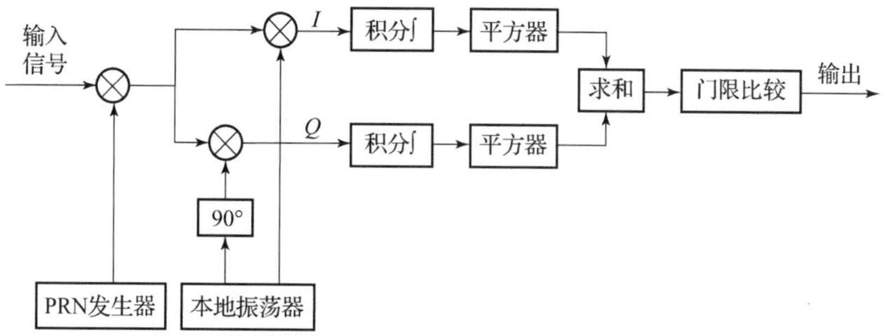

图 4－16　连续捕获方法的实现结构

连续捕获方法的优点是实现结构简单，其缺点是捕获速度慢、运算量大，一般适用于硬件接收机，而不适用于软件接收机。如以 GPS 卫星的 L1 C/A 码信号捕获为例，假设码相位步进量为 1 个码片，则需要搜索 1 023 个码相位；频率范围为 ±10 kHz，步长为 500 Hz，需要 41 次搜索；积分时间为 1 ms（即 C/A 码周期），则搜索总数为 1 023 ×41 =41 943（次），耗时 41.9 s。这样慢的速度只适用于对实时性要求不高的用户。

3. 并行捕获方法

连续捕获方法是采用串行的方式，对所有可能的码相位和频率进行二维搜索，因此比较耗时。如果在搜索过程中消除一个参数，采用并行的方式则可以节省捕获时间。基于该思路，可以得到并行频率捕获方法和并行码相位捕获方法。

1）并行频率捕获方法

并行频率捕获方法，是通过对频率参数进行搜索，利用傅里叶变换将信号从时域转换到频域，其实现结构如图 4－17 所示。接收信号首先与本地产生的伪码序列相乘，将得到的结果通过离散傅里叶变换（DFT）或者快速傅里叶变换（FFT）转换为频域信号后，对其绝对值进行平方计算，如图 4－17 所示。

只有当本地 PRN 码和输入信号的码相位一致时，相乘后的波形才是解扩的连续波，傅里叶变换后输出的频域信号波形将显示一个特别的峰值，这个峰值对应频率轴上的一个频率点，该频率就是捕获到的载波频率。如果输入信号中含有其他卫星的信号，由于各个卫星的

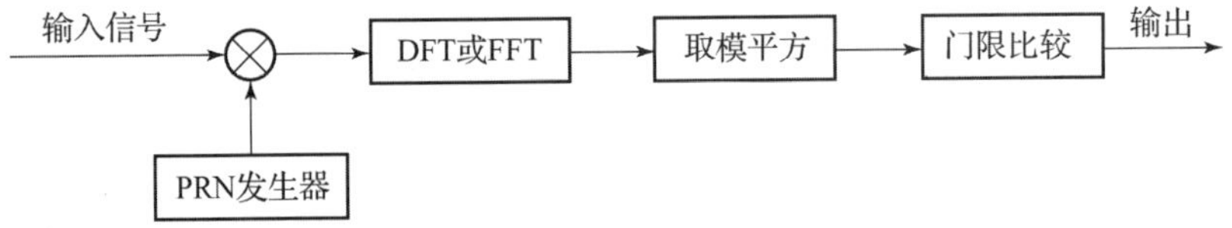

图 4－17　并行频率捕获方法实现结构

PRN 码都不相关，那么其他卫星信号与本地 PRN 码相乘后将被衰减。

对于 GPS 卫星的 L1 C/A 码信号，并行频率捕获只需要搜索 1 023 个码相位，减小了运算量，但要对每个码相位做一次傅立叶变换，增加了运算复杂程度。

2）并行码相位捕获方法

如前所述，搜索空间的码相位数量（1 023）大于频率数量（41），并行频率捕获省去了 41 个频率搜索，但增加了码相位的傅里叶变换次数，如果对 1 023 个码相位搜索进行并行处理，而对 41 个频率搜索进行串行处理，则总耗时将比串行的连续捕获方法和并行频率捕获方法都少，根据这种思路可以设计并行码相位捕获方法，其实现结构如图 4－18 所示。

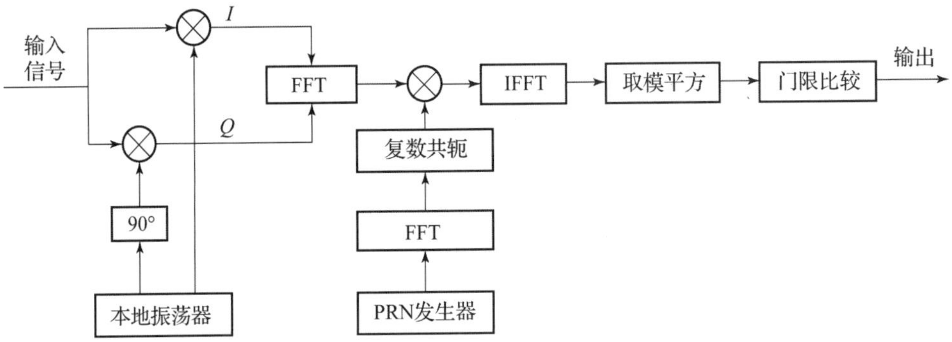

图 4－18　并行码相位捕获方法实现结构

接收信号首先与本地产生的数字同相载波以及 90°相移后的正交载波相乘，分别得到同相 I 支路和正交 Q 支路信号，再将 I 支路的值作为实部，将 Q 支路的值作为虚部构成一个新的序列，对这个新的序列求 FFT。与此同时，对由本地 C/A 码也做 FFT，将上述两个 FFT 所得到的结果进行复数相乘，将其结果再进行傅里叶逆变换（IFFT）到时域，对变换结果取模平方得到相关输出。

当本地振荡器产生的数字载波频率与输入中频信号的载波频率基本一致时，上述相关过程的输出会出现一个相关峰，当该峰值超过捕获门限时，即认为信号捕获完成，这时接收机转换到跟踪环路。如果小于门限则判断没有捕获到卫星信号，这时可以更换多普勒频率重复上述过程，一直到捕获到卫星信号为止。

与前面两种捕获方法相比，并行码相位捕获方法把搜索空间减小到了 41 个频率空间，只需做 41 次傅里叶变换和傅里叶逆变换，而无须再做 1 023 次码相位移动，因此可以明显减少捕获时间。并行码相位捕获方法的不足之处是，与前述两种方法相比复杂度最高，然而随着 FPGA 等高速数字信号实时处理技术的快速发展，其实现的难度也有所降低，因此该方法可以适应高动态环境对系统快速反应能力的要求。

4.4.2　GNSS 信号跟踪

1. GNSS 信号跟踪的概念

GNSS 信号捕获实现的只是粗同步，当捕获到某颗导航卫星的信号后，由于卫星一直处于运动状态，多普勒效应会引起载波频率发生动态偏移，同时 C/A 码的相位也会随着卫星与接收机之间距离的变化而改变，所以 GNSS 信号一直在动态变化中。因此，必须动态地跟踪载波多普勒频移和码相位的变化，才能保证捕获到卫星信号之后持续、准确地获得导航电文，进而完成导航定位解算。

GNSS 信号跟踪的目的就是对粗略的码相位和载波频率进行细化，并在信号特性随时间变化时对信号进行跟踪，实现信号码相位和载波频率的精确同步。GNSS 接收机中，信号捕获和信号跟踪是密切相关的，主要特点如下。

（1）信号捕获和信号跟踪都是为了消除接收到的卫星信号和本地复现码及载波之间的不确定度，在实现信号捕获和信号跟踪时，都需要对本地复现码和载波进行调整，这种调整的原理是一致的。

（2）信号捕获和信号跟踪的启动是有先后顺序的，信号捕获是进行时间和频率的二维搜索，将接收到的卫星信号和本地复现码及载波的差值限定在一个特定的范围内，而信号跟踪是在这个特定的范围内，利用环路对时间和频率进行精确的定位，只有在完成了信号捕获后信号跟踪环路才开始工作。

（3）信号跟踪是对信号捕获的验证，信号跟踪环路在进行信号跟踪而信号能量不够时，可以判定信号没有被跟踪上，信号跟踪环路失锁，此时需要重新进行信号捕获。

（4）信号捕获仅提供初始同步，它的精度比较低，但速度比较快，主要目的是将码偏和频偏降到信号跟踪的范围内，再用信号跟踪进行精确的同步。信号跟踪范围较窄，但精度高，信号跟踪的精度决定着整个系统的精度，信号跟踪算法也就决定着整个系统的性能。

针对 GNSS 信号的载波频率和码相位，信号跟踪通常包括载波跟踪和码跟踪两个部分，共同实现这两个参数的动态跟踪。载波跟踪环路和码跟踪环路都属于数字环路，它们的基本结构是相同的，只是环路设计和环路鉴别器的算法不同。下面对信号跟踪环路的基本构成、载波跟踪环路、码跟踪环路进行介绍。

2. GNSS 信号跟踪环路的基本构成

GNSS 信号跟踪环路通常包含鉴别器、环路滤波器以及压控振荡器三个主要部分，基本模型如图 4－19 所示，它给出了环路误差控制量的反馈关系。鉴别器将比较 k 时刻的输入信号$s_i(k)$与压控振荡器（VCO）的输出信号 $s_o(k)$，然后输出一个随误差 $e(k)$变化的误差电压u_d，再经过环路滤波器平滑后送到压控振荡器中使误差减小，最后使 $s_o(k)$与 $s_i(k)$之间的误差控制量越来越小。

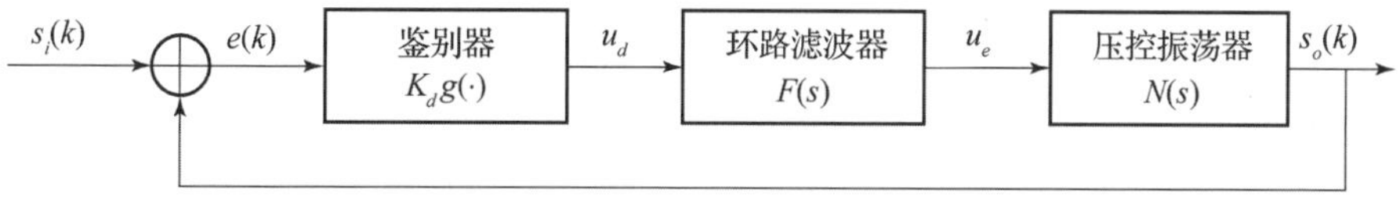

图 4－19　GNSS 信号跟踪环路基本模型

图 4－19 中，$F(s)$与 $N(s)$分别为环路滤波器与压控振荡器的传递函数，K_d 为鉴别器的

增益。鉴别器通过对输入信号与输出信号进行比较，提取误差控制量。对于不同的误差控制量，提取的方法是不一样的，载波跟踪环路和码跟踪环路正是由于这个差别而不同。

3. 载波跟踪环路

载波跟踪是对载波相位和多普勒频移更精确的估计，它使本地载波和接收到的信号载波能够更加精确地同步。接收机的载波同步包括：接收机本地振荡波频率必须和 GNSS 信号的载波频率相同，同时本地振荡波初始相位也要和接收信号的载波初始相位一样。因此，载波跟踪可分为载波频率跟踪和载波相位跟踪，这也决定了载波跟踪环路的类型以及鉴别器的类型。

根据鉴别器提取信号误差控制量的不同方法，载波跟踪环路通常采用如下类型：锁相环、科斯塔斯锁相环（Costas PLL）、锁频环（FLL）。锁频环鉴别器输出的是频率误差，而锁相环鉴别器和科斯塔斯锁相环鉴别器输出的是相位误差，比锁频环鉴别器更加精确。普通的锁相环对 180°相位跳变敏感，GNSS 信号中存在导航电文比特的跳变，因此 GNSS 接收机中常采用对 180°相位不敏感的科斯塔斯锁相环。

科斯塔斯锁相环是扩频通信中一种经典的锁相环，又称为同相正交环。科斯塔斯锁相环载波跟踪环路的基本构成如图 4－20 所示。其中第一个乘法器剥离了输入信号的 PRN 码，另外两个乘法器分别实现输入信号与本地载波及其经过 90°相移载波的相乘，并将信号能量保留在 I 支路上。记经过捕获后的中频输入信号为 $D(t)\cos(\omega t)$，本地振荡器的载波信号为 $\cos(\omega t+\varphi)$，其中 φ 为相位差，则 I 支路和 Q 支路相乘结果分别为

$$D(t)\cos(\omega t)\cos(\omega t+\varphi)=\frac{1}{2}D(t)\cos\varphi+\frac{1}{2}D(t)\cos(2\omega t+\varphi) \tag{4.8}$$

$$D(t)\cos(\omega t)\sin(\omega t+\varphi)=\frac{1}{2}D(t)\sin\varphi+\frac{1}{2}D(t)\sin(2\omega t+\varphi) \tag{4.9}$$

相乘后的信号分别经过低通滤波器，滤除 2 倍频的分量，则 I 支路和 Q 支路的信号分别为 $I=1/2D(t)\cos\varphi$ 和 $Q=1/2D(t)\sin\varphi$，进而通过鉴相器得到相位差为

$$\varphi=\tan^{-1}\left(\frac{Q}{I}\right) \tag{4.10}$$

当 Q 支路信号趋近零而 I 支路信号最大时相位误差 φ 最小，科斯塔斯锁相环使有用信号能量全部集中在 I 支路信号上。

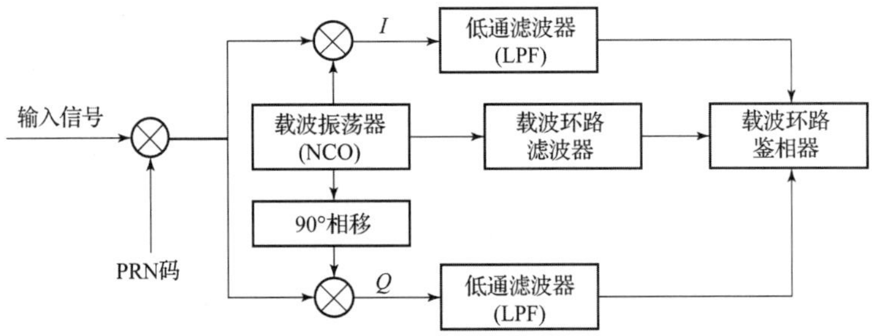

图 4－20　科斯塔斯锁相环载波跟踪环路的基本构成

4. 码跟踪环路

码跟踪环路的作用是提高本地码和接收到的卫星信号扩频码之间的相关程度，完成对扩频码的解扩，得到准确的导航数据。码跟踪环路可以采用超前－滞后跟踪的延迟琐定环（DLL），将输入信号与 3 个本地 PRN 码进行相关，其基本构成如图 4－21 所示。

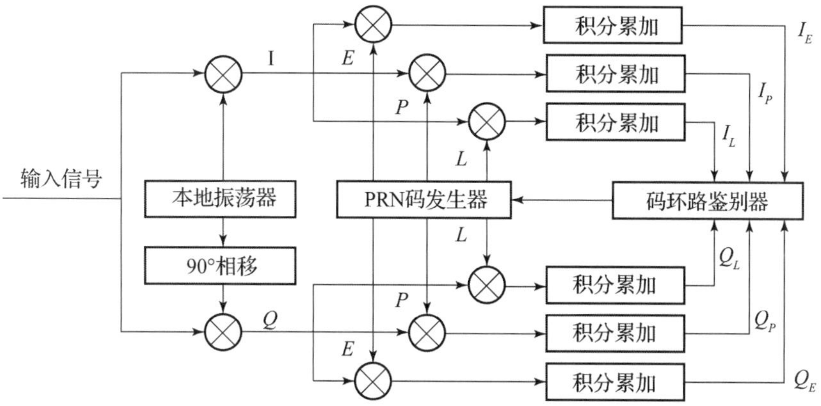

图 4-21 码跟踪环路的基本构成

输入信号首先与严格对齐的本地振荡器产生的载波相乘，剥离载波信号得到基带信号，然后分别与3路本地PRN码相乘。通常3路本PRN地码的间距为±1/2码片，分别为超前（E）、即时（P）、滞后（L）支路，将3路相乘结果分别进行积分累加，则输出的积分值表明了本地PRN码与输入信号中码的相关程度。将鉴别器输出作为反馈，用于调节本地的PRN码相位。

当本地载波的相位和频率正确锁定时，图4-21中的单独I支路跟踪环路即可满足要求，此时通过鉴别器对3个相关输出I_E，I_P，I_L进行比较，来判定码相位是否已经跟踪上。实际跟踪的输入信号载波和本地载波有一定的相差，使信号具有很大的噪声，使DLL难以锁定码相位，GNSS接收机中常采用I支路和Q支路的6个相关器结构，从而使码跟踪不受本地载波跟踪的影响。

5. GNSS信号跟踪环路总体结构

前面分析了载波跟踪环路和码相位跟踪环路，实际上它们是一个整体，相互作用，不可分割。载波跟踪环产生的本地载波不仅用于与输入信号载波鉴相，也用于码相位跟踪环中去除输入信号的载波；码相位跟踪环产生的本地码不仅用于与输入信号的相关，也用于载波跟踪环中去除输入信号的扩频码。综合载波跟踪环路和码相应跟踪环路，可得到一种完整的GNSS信号跟踪环路，如图4-22所示。

4.4.3 GNSS信号解码

当GNSS信号跟踪环路能够稳定地跟踪GNSS信号以后，就可以开展GNSS信号解码工作。不同的GNSS定义了相应的接口控制文件，其导航数据的编码、解码都应遵循相关的接口定义。下面以GPS卫星信号解码为例，对其信号解码进行介绍，其他GNSS信号解码过程与之类似，只是相应的接口定义不同。GNSS信号解码过程主要包括位同步（用于导航数据恢复）、帧同步与奇偶校验、导航电文提取3个主要过程。

1. 位同步

位同步（也称为比特同步）是数据通信中最基本的同步方式，其目的是将发送端发送的每一个比特都正确地接收下来，这就需要在正确的时刻对接收到的电平根据事先约定好的规则进行判决。

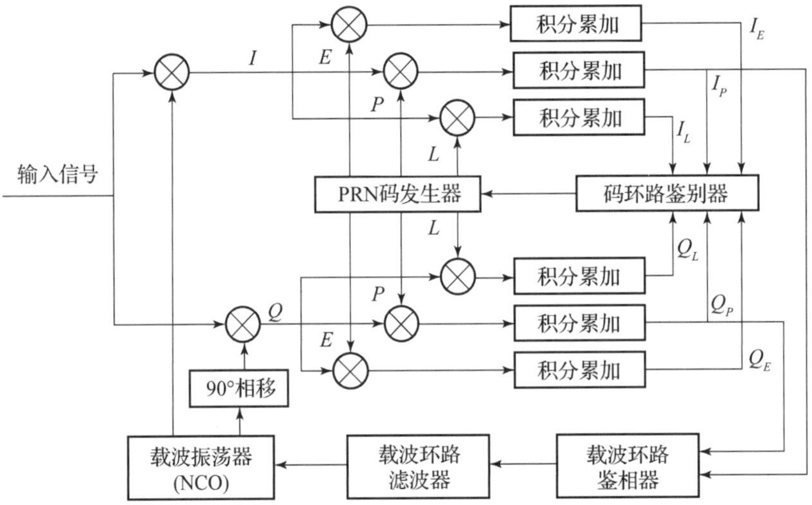

图 4－22　完整的 GNSS 信号跟踪环路

由 3.2 节中 GPS 卫星信号可知，GPS 的比特数据流速率是 50 bit/s，即一个导航数据位的长度为 20 ms，因此一个 20 ms 的数据信号必然包含 GPS 导航电文的位起始点。这个相位跳变点就是 GPS 导航电文的位起始点，其余位起始点可以根据数据间隔为 20 ms 的关系推出。

当完成信号跟踪后，可以从 I_p 的输出端得到数据信号，其输出频率为 1 kHz，振幅为 ±1。由于导航数据位长度为 20 ms，且跟踪信号的输出带有噪声，因此可以从比特跳变时刻开始，在每个数据位周期内将跟踪信号的 20 个采样计算平均，得到导航数据位。

经过位同步，将跟踪的数据信号转化为周期为 20 ms 的 ±1 数据序列，接收机每 20 ms 记录一个数据比特，并负责将连续比特存入本地缓存，提供给后续的帧同步环节。

2. 帧同步与奇偶校验

实现比特同步得到 50 bit/s 的导航电文后，为了提取导航电文中的各种参数，要对所获得的导航电文进行帧同步，即获取导航电文各子帧在导航电文数据中的帧头。

由 GPS 帧结构可知，周期为 6 s 的导航电文子帧开始处有一个 8 位前导码 10001011，由于载波环路 180°的相位模糊度，所获取的导航电文子帧前导码可能变为 01110100。因此，在进行子帧同步的时候，首先要搜索所获取的导航电文中前导码（或其反码）的位置。成功实现了导航电文的子帧同步后，还要对导航电文进行奇偶校验。帧同步的过程如下。

（1）对经过位同步的导航数据进行搜索，找出 TLM 字中的前导码或其反码。

（2）在找到起始位后有两种可能：一种是确定为起始位，另一种可能是刚好与起始位相同的数据，因此还需要对后续的 22bit 数据位进行奇偶校验。如果校验没通过则放弃。

（3）如果奇偶校验通过则表明可能是一个字的前导码开始，但也可能是与起始位相同的数据，还需要进一步检查。如果它确实是 TLM 字，随后一定是 HOW 字。在 HOW 字中包括截断的 Z 计数，Z 计数的前 8 bit 也可以作为标志位进行检查。

（4）同样需要对 HOW 字进行奇偶校验，如果奇偶校验没有通过则帧同步应该重新开始。

（5）如果准确地检测到 HOW 字，可以先将其保存起来，开始检测下一个子帧。

3. 导航电文提取

导航电文是二进制文件，按照一定格式组成数据帧，按帧向外播送。GPS 导航电文的相关内容参见 3.3.3 节，具体的定义可查阅 GPS 接口控制文件。经过子帧同步和奇偶校验后，即可对所得到的导航电文中的轨道摄动参数、时间参数、开普勒参数等导航信息进行提取。

例如导航电文第一数据块中的电离层时延改正参数信息，在子帧 1 的第 197 bit 开始的 8 个导航数据位中，将这 8 个导航数据为转化为十进制数，同时乘以系数 2^{-31}，即可得到导航电文中真实的电离层时延改正参数信息。

4.4.4　GNSS 导航解算

导航解算是 GNSS 导航与定位应用的核心。GNSS 接收机在得到导航电文、载波相位等有用信息后，可以采用导航算法进行导航解算。各种 GNSS 的定位原理不尽相同，同时 GNSS 的应用领域也各种各样，因此，不同类型的 GNSS 接收机所采用的导航解算方法也有所不同，如根据伪距信息或载波信息，采用静态定位、动态定位方法等。对于 GNSS 导航解算方法，将在本书的后续章节中详细阐述。

4.5　多模式兼容 GNSS 接收机

4.5.1　多模卫星导航技术

GNSS 的宗旨是利用所有的导航卫星信息。目前，GPS 已经稳定工作，其现代化建设也正在进行中；GLONASS 正在积极地完成部署，也在进行现代化改进；欧洲的 EGNOS 系统已经完成建设，其第二代 GNSS，即 Galileo 系统正在建设中；我国的北斗一号卫星导航系统正在运行，北斗二号卫星导航系统也在建设中。卫星导航已经从 GPS 时代向 GNSS 时代转变，形成多个 GNSS 并存的局面。

目前在 GNSS 的现代化建设中，尽管各个 GNSS 的定位、功能不尽相同，但都已开始充分考虑与其他系统的兼容性问题。充分利用所有可能的卫星信号，实现高精度、高可靠性、高灵敏定位导航是 GNSS 的根本出发点。不同 GNSS 的配合，在可用性、连续性和完好性方面的保障远比单一系统好。如何实现多系统的信息融合将是卫星导航领域的基础理论研究，也是实现卫星导航信息资源、空间信息资源挖掘的重要手段。

多个 GNSS 的融合，形成了多系统组合的 GNSS 多模式兼容卫星导航定位技术。多模 GNSS 接收机应运而生，它是实现多模式卫星导航定位的基本技术之一。多模 GNSS 接收机不仅可以提升导航定位的精度，还可以提高系统的可用性、连续性和完好性（将在第 9 章阐述），并且当其中一个系统失效时，其他系统仍可发挥作用。例如在 30°截止高度角的城市环境下，GPS 接收机的可用性是 80%（最坏情况下只有 3 颗卫星可视），而 GPS/Galileo 多模接收机的可用性可以达到 95%（至少 7 颗卫星可视）。

当前市面上的 GNSS 接收机主要为 GPS 接收机，也有少量的 GLONASS、北斗卫星导航接收机，而多模 GNSS 接收机产品也已出现，并在逐步增加。多模卫星导航技术已成为当今卫星导航领域研究的热点之一，多模 GNSS 接收机是 GNSS 接收机的主要发展趋势之一，它可以在多种模式下工作，既可选择单模式（如单 GPS、单 Galileo 系统等），也可选择组合模式（如 GPS + Galileo 系统等）。

多模 GNSS 接收机相对于单一的 GNSS 接收机存在较大的技术挑战，如为了包括多个 GNSS 的信号频率，应如何选择更合理的结构；在确定结构后，如何实现尽可能多的模块复用；各模块的性能指标如何实现等。本节将在介绍多模接收机射频前端的基础上，对 GPS/GLONASS、GPS/Galileo、GPS/北斗等多模（组合）接收机进行介绍。

4.5.2 多模接收机射频前端

由于 GPS、GLONASS、Galileo 系统、北斗卫星导航系统等的频谱分布有明显差异，在设计多模 GNSS 接收机时首先要解决频带选择问题。例如 GPS 的 L1 和 Galileo 系统的 E2 - L1 - E1 中心频率相同，GPS 的 L5 和 Galileo 系统的 E5a 中心频率相同，L1(C/A) 和 L5 是公开的且提供导航电文，E2 - L1 - E1 和 E5a 提供支持开放服务和安全服务的未加密的测距码和导航电文。选择这两个频带，可以最大限度地使射频资源复用，即用尽可能小的面积功耗实现多模多频功能。而对于 GLONASS，当前只可选择 L2 和 L1 频带的信号。

对于多模 GNSS 接收机的频带选择，可以采用多频接收的系统结构。图 4 - 23 给出了一种双频 GNSS 接收机结构，它可以同时接收 L1 和 L2 频带的信号。该结构采用两组天线分别接收 L1 和 L2 频带的信号，经过前置带通滤波器（BPF）、低噪声放大器（LNA）、中频带通滤波器、VGA 以及 A/D 转换器等。由于选用了两次变频，并且第一次变频的本振频率等于 L1 和 L2 的中心频率，所以两组频带接收可以共用一个跟踪环。

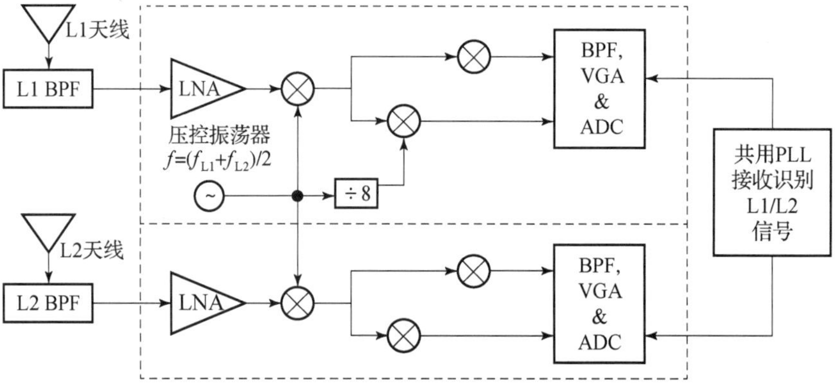

图 4 - 23　一种双频 GNSS 接收机结构

随着多模 GNSS 接收机的发展，目前已出现了多模天线、多模射频接收模块等，可以基于 SDR 的方式实现多模 GNSS 接收机。图 4 - 24 给出了一种多模 GNSS 接收机天线与射频前端结构，它可以实现天线、LNA 和射频前端模块复用。其中多模天线能够接收 L 波段的导航卫星信号，根据对功能要求的不同，天线带宽有所差异；前置放大器对所选定的频率具有很好的响应灵敏度；多模射频前端基于软件的架构，集成片上高增益 LNA、AGC 控制器、A/D 转换器等，灵活地支持多种模式信号的接收。

4.5.3 GPS/GLONASS 组合接收机

由于 GPS 和 GLONASS 发展较早，已经形成完整且成熟的导航星座，并且早已进入军用和民用市场，所以关于 GPS/GLONASS 多模接收机的研究起步较早，目前已经有成熟的产品

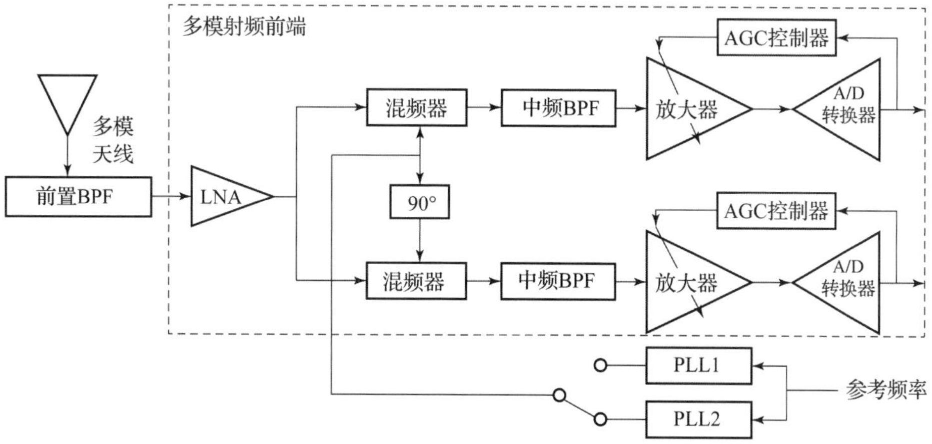

图 4－24　一种多模 GNSS 接收机天线与射频前端结构

应用，如 Ashtech 公司出品的 GG24 就是一款 GPS/GLONASS 多模接收机。但是由于早期的 GPS、GLONASS 卫星信号没有考虑系统兼容性问题，该产品中两个星座系统只能在各自定位之后互相辅助，所以只能称之为组合接收机，不能称之为严格的多模接收机。

GPS 与 GLONASS 卫星在信号频率、信号结构、工作方式等方面存在差异，如 GPS 卫星信号采用的是 CDMA 复用方式，而 GLONASS 卫星信号采用的是 FDMA 复用方式。因此，尽管 GPS/GLONASS 组合接收机可以共用天线（或者采用单独接收天线），但在射频前端及基带处理电路等方面仍有所差异。通常在 GPS/GLONASS 组合接收机中采用两类不同的通道，分别处理 GPS 和 GLONASS 的接收信号。

GPS/GLONASS 组合接收机的原理如图 4－25 所示，在组合的导航解算方面，经过各自的导航电文解码后，还需要考虑 GPS 时与 GLONASS 时之间的时间统一、GPS 的 WGS－84 坐标与 GLONASS 的 PZ－90 坐标之间的坐标转换等问题，进行两个星座卫星信号的信息融合。

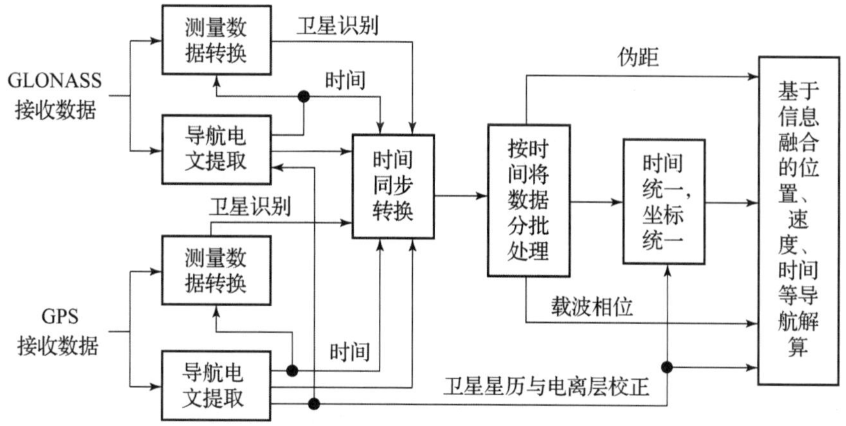

图 4－25　GPS/GLONASS 组合接收机的原理

4.5.4　GPS/Galileo 多模接收机

GPS/Galileo 多模接收机，其卫星信号设计相互兼容，可以通过一个射频前端，在基带信号处理上也同样基于相关器原理，通过两个系统之间的时间差修正，将两个系统的卫星当作一个系统使用，不仅降低了设计复杂度，还能改善观测量的精度，并且有效地利用两个系统的卫星，提高了接收机的可用性。

尽管 Galileo 系统正在建设，但是在 GPS/GLONASS 组合系统蓬勃发展的影响下，兼容 Galieo 系统与 GPS 的多模接收机已得到了快速发展。比利时的 Septentrio 公司于 2004 年交付的第一台 Galileo 接收机即具有双模单频的 24 个兼容通道，可以同时跟踪 GPS 和 Galileo 系统信号；NovAtel 公司也对其 GPS 接收机 WAAS－G2 进行了改进，推出了 GPS/Galileo 双模双频（L1/E5A）接收机；目前 GPS/Galileo 兼容芯片已推出市场。

GPS/Galileo 多模接收机主要是对工作在 L1 频段上的 GPS L1 C/A 码和 Galileo L1 OS 信号进行组合，它是大众市场的主流之一。GPS/Galileo 多模接收机通常不采用传统的研制方法，而使用软件 GNSS 接收机的设计概念，避免了研制传统接收机时的缺点。因为按照传统的研制方法，不同的 GNSS 必须采用不同的专用基带 ASIC，而多模接收机会使研发成本和系统复杂度大大提高。

图 4－26 所示为一种 GPS/Galileo 多模软件接收机原理，GPS 和 Galileo 系统卫星发射的信号被天线接收，通过 GPS－Galileo 射频前端处理输入信号，将其放大到合适的幅度并将频率转换到需要的输出频率上，再经过 A/D 转换器将输出信号转换成数字信号。多模天线、多模射频前端是该接收机中的硬件装置，在信号数字化之后，采用软件实现基带信号处理和 GPS/Galileo 信息融合。

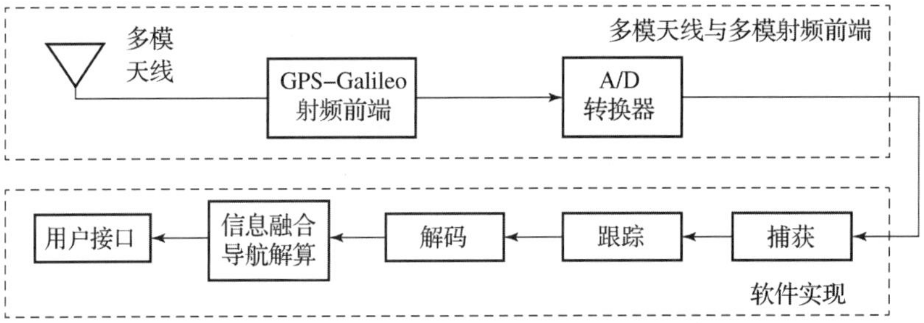

图 4－26 一种 GPS/Galileo 多模软件接收机原理

4.5.5 GPS/北斗多模接收机

我国的北斗卫星导航系统起步相对较晚，目前北斗二号卫星导航系统还处于试验阶段。由于北斗卫星导航系统是我国独立自主研发的卫星导航系统，在技术上不像其他几种卫星导航系统要依赖其他国家，所以研制北斗卫星导航系统接收机，以及北斗卫星导航系统与其他卫星导航系统兼容的多模接收机具有更大的现实意义。

目前我国已经开展了 GPS/北斗多模接收机的初步研究，研究思路与前述多模接收机类似，主要分为两类：一种是与早期的 GPS/GLONASS 组合接收机类似，采用两种不同的数据通道，分别处理 GPS 和 GLONASS 的接收信号，然后在应用软件中进行信息融合，如图 4－27 所示；另一种是基于软件接收机方式，采用多功能天线、多模射频接收芯片、差分信息及多媒体信息接收芯片以及基带处理与导航解算的软件部分，以便于系统的开发和功能的扩展，如图 4－28 所示。

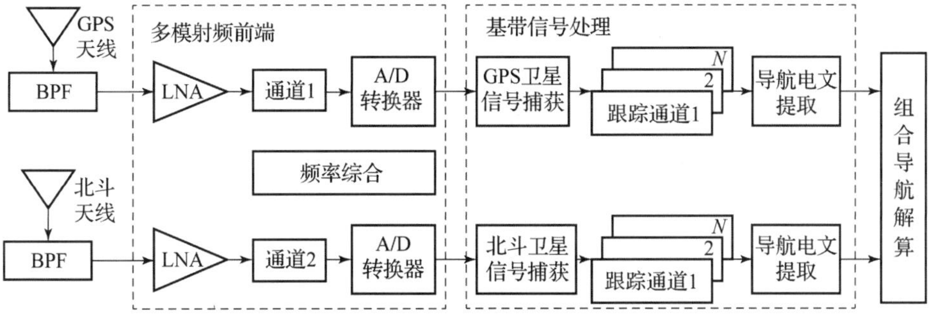

图 4－27　GPS/北斗多模接收机原理（1）

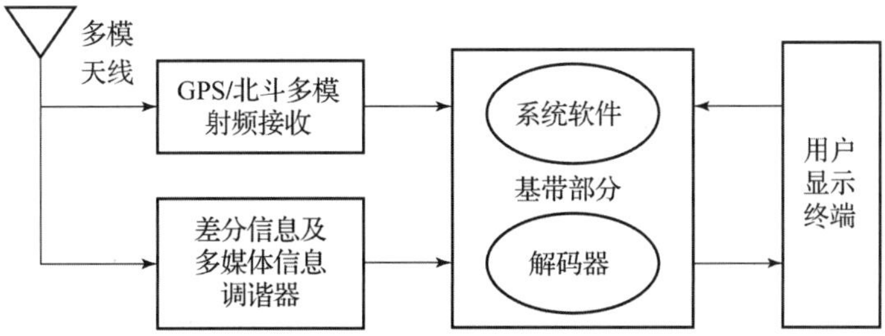

图 4－28　GPS/北斗多模接收机原理（2）

第 5 章

GNSS 导航解算理论

5.1 最小二乘估计

本节介绍用于 GNSS 数据处理的常用估计和滤波算法原理。最小二乘（LS）原理是由不确定数据估计未知参数的标准方法，本节讨论了几种形式的最小二乘估计，例如加权最小二乘（WLS）、递归最小二乘（RLS）、分区最小二乘（PLS）、约束最小二乘（CLS）、秩亏最小二乘（RDLS）以及非线性最小二乘等。

估计和滤波过程均与从误差测量中检索或恢复所需要的参数有关。像所有经验数据一样，GNSS 观测值也存在不确定性，此外，通常有更多的观测值可用来估算，而这些观测值并不是严格需要的。本节介绍用于解决超定系统的最小二乘估计原理，即具有冗余测量的估计问题。

一般来说，每个冗余测量值均包含独立的误差，因此会对解算方程组产生影响，使用最小二乘估计技术对其进行处理可以获得对于未知量改善后的估计值，最小二乘法通常被用来通过多于 4 颗卫星的测量值来计算用户的位置、速度和时间（PVT）。本节对最小二乘法的原理及其属性进行介绍。

5.1.1 最小二乘理论

最小二乘法的目的是从一组具有 m 个观测量的参数 $y_i(i=1,\cdots,m)$ 中获得对于 n 个未知参数 $x_j(j=1,\cdots,n)$ 的估计。若测量值和未知参数之间存在线性关系，则可以得到以下线性方程组：

$$\boldsymbol{y}=\boldsymbol{A}\boldsymbol{x} \tag{5.1}$$

其中有 m 维向量 $\boldsymbol{y}=[y_1,\cdots,y_m]^{\mathrm{T}}$，未知参数 $\boldsymbol{x}=[x_1,\cdots,x_n]^{\mathrm{T}}$ 以及 $m\times n$ 维系数矩阵 $\boldsymbol{A}$。

通常来讲，由于观测到的卫星数大于导航定位所需要的 4 颗，因此方程组会超定，即

$$m>n=\mathrm{rank}(\boldsymbol{A}) \tag{5.2}$$

因此，通常假设矩阵 $\boldsymbol{A}$ 列满秩。

由于测量误差的存在，通常式（5.1）的描述并不准确，无法找到一个解 $\boldsymbol{x}$ 可以准确地计算 $\boldsymbol{y}$，因此只有 $\boldsymbol{y}\approx\boldsymbol{A}\boldsymbol{x}$。此时最小二乘法便用来解决此问题，定义测量误差向量 $\boldsymbol{e}$

$$\boldsymbol{y}=\boldsymbol{A}\boldsymbol{x}+\boldsymbol{e} \tag{5.3}$$

由于测量误差未知，这会导致 m 个方程中共有 $m+n$ 个未知参数，因此 $\boldsymbol{x}$ 的解数是无限的，此时，使用误差项 $\boldsymbol{e}$ 的平方和作为 $\boldsymbol{y}$ 与 $\boldsymbol{A}\boldsymbol{x}$ 之间差异的度量来解算 $\boldsymbol{x}$。更具体地说，$\boldsymbol{x}$ 的

最小二乘解 $\hat{\boldsymbol{x}}$ 使 $\boldsymbol{e}$ 的平方和 $\boldsymbol{e}^{\mathrm{T}}\boldsymbol{e}=(\boldsymbol{y}-\boldsymbol{A}\boldsymbol{x})^{\mathrm{T}}(\boldsymbol{y}-\boldsymbol{A}\boldsymbol{x})$ 达到最小，即

$$\begin{aligned}\hat{\boldsymbol{x}} &= \arg\min_{\boldsymbol{x}\in R^n}(\boldsymbol{y}-\boldsymbol{A}\boldsymbol{x})^{\mathrm{T}}(\boldsymbol{y}-\boldsymbol{A}\boldsymbol{x}) \\ &= (\boldsymbol{A}^{\mathrm{T}}\boldsymbol{A})^{-1}\boldsymbol{A}^{\mathrm{T}}\boldsymbol{y}\end{aligned} \tag{5.4}$$

$\boldsymbol{y}$ 与调整之后的 $\hat{\boldsymbol{y}}=\boldsymbol{A}\hat{\boldsymbol{x}}$ 的差被称为最小二乘的残差向量，即

$$\hat{\boldsymbol{e}}=\boldsymbol{y}-\boldsymbol{A}\hat{\boldsymbol{x}} \tag{5.5}$$

式（5.4）中的 $\hat{\boldsymbol{x}}$ 即最小二乘意义上的最优估计结果。

同样可以对最小二乘原理做几何意义上的解释，被估计的 $\hat{\boldsymbol{y}}$ 与参数向量 $\hat{\boldsymbol{x}}$ 的关系如下：

$$\hat{\boldsymbol{y}}=\boldsymbol{A}\hat{\boldsymbol{x}}=\boldsymbol{A}(\boldsymbol{A}^{\mathrm{T}}\boldsymbol{A})^{-1}\boldsymbol{A}^{\mathrm{T}}\boldsymbol{y}=\boldsymbol{P}_A\boldsymbol{y} \tag{5.6}$$

式中，$\boldsymbol{P}_A$ 为正交投影向量。这说明 $\hat{\boldsymbol{y}}=\boldsymbol{A}\hat{\boldsymbol{x}}$ 是 $\boldsymbol{y}$ 在 $\boldsymbol{A}$ 的值域空间上的正交投影。

根据上述模型，$\boldsymbol{A}\boldsymbol{x}$ 必须由 $\boldsymbol{A}$ 的列向量线性组合而成，$\boldsymbol{A}\boldsymbol{x}$ 即在 $\boldsymbol{A}$ 的值域空间 $R(\boldsymbol{A})$ 中。因此最优解 $\hat{\boldsymbol{x}}$ 也满足 $\boldsymbol{A}\hat{\boldsymbol{x}}\in R(\boldsymbol{A})$，最小二乘法选择了到 $\boldsymbol{y}$ 最小距离的解，即 $\boldsymbol{y}$ 在 $R(\boldsymbol{A})$ 上的正交投影，如图 5 - 1 所示。

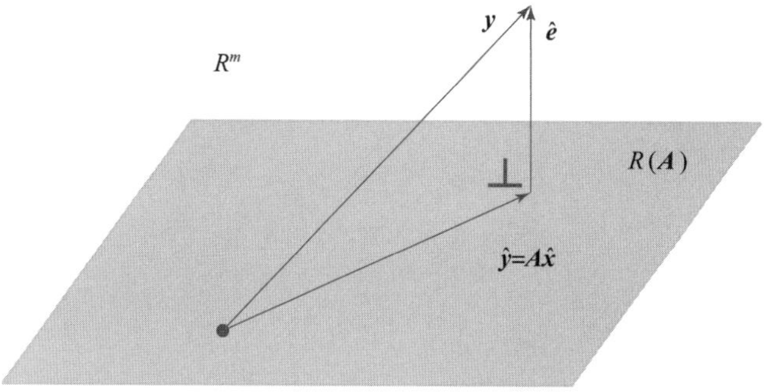

图 5 - 1　最小二乘理论示意

由最小二乘法的估计形式可以看出，其实际上是将多次测量按同等精度处理，并进行平均加权，因此在最小二乘估计中并不能考虑这种测量精度的差异，否则导致估计精度反而比单次测量低，针对上述问题，有必要考虑不同测量结果之间的精度差异，以进一步提高最小二乘估计的精度，即加权最小二乘。

5.1.2　加权最小二乘

实际上，可能并非所有的观测值 y_i 都具有相同的精度，因此需要给具有更高精度的观测值更大的权重。加权最小二乘法允许在考虑不同权重的情况下最小化残差平方和 $\boldsymbol{e}^{\mathrm{T}}\boldsymbol{W}\boldsymbol{e}$，其中 $\boldsymbol{W}$ 是对角线元素 $w_{ii}>0(i=1,\cdots,m)$ 的加权矩阵，加权矩阵必须是正定的，但不一定为对角矩阵。

加权最小二乘解为

$$\begin{aligned}\hat{\boldsymbol{x}} &= \arg\min_{\boldsymbol{x}\in R^n}(\boldsymbol{y}-\boldsymbol{A}\boldsymbol{x})^{\mathrm{T}}\boldsymbol{W}(\boldsymbol{y}-\boldsymbol{A}\boldsymbol{x}) \\ &= (\boldsymbol{A}^{\mathrm{T}}\boldsymbol{W}\boldsymbol{A})^{-1}\boldsymbol{A}^{\mathrm{T}}\boldsymbol{W}\boldsymbol{y}\end{aligned} \tag{5.7}$$

加权矩阵的选择逻辑是 $\boldsymbol{W}=\boldsymbol{Q}_{yy}^{-1}$，其中 R^n 代表 n 维向量空间，$\boldsymbol{Q}_{yy}$ 是可观测变量的方差 - 协方差矩阵，通过将较大的权重分配给更精确的测量，将较小的权重分配给不太精确的测量可以实现更高的估计精度。

在上文中，为解决线性方程 $\boldsymbol{y}=\boldsymbol{A}\boldsymbol{x}$ 的等式两边不一致的问题，引入了测量误差向量 $\boldsymbol{e}$，通过最小化加权平方范数 $\boldsymbol{e}^{\mathrm{T}}\boldsymbol{W}\boldsymbol{e}$ 得到了加权最小二乘法。在通常情况下，假设测量误差是随机的并且均值为零，换句话说，若在相似的情况下将测量重复多次，则平均误差将变为0。因此假设 $\boldsymbol{e}$ 的均值或数学期望 $E(\boldsymbol{e})$ 为0。此时 $\boldsymbol{y}$ 的均值为

$$E(\boldsymbol{y})=E(\boldsymbol{A}\boldsymbol{x}+\boldsymbol{e})=\boldsymbol{A}\boldsymbol{x} \tag{5.8}$$

此时 $\boldsymbol{x}$ 是带有未知参数的确定向量。此时加权最小二乘估计量的均值为

$$E(\hat{\boldsymbol{x}})=(\boldsymbol{A}^{\mathrm{T}}\boldsymbol{W}\boldsymbol{A})^{-1}\boldsymbol{A}^{\mathrm{T}}\boldsymbol{W}E(\boldsymbol{y})=\boldsymbol{x} \tag{5.9}$$

$$E(\hat{\boldsymbol{y}})=\boldsymbol{A}E(\hat{\boldsymbol{x}})=\boldsymbol{A}\boldsymbol{x} \tag{5.10}$$

$$E(\hat{\boldsymbol{e}})=E(\boldsymbol{y})-E(\hat{\boldsymbol{y}})=\boldsymbol{0} \tag{5.11}$$

因此加权最小二乘估计量是无偏的。

在方程 $\boldsymbol{y}=\boldsymbol{A}\boldsymbol{x}+\boldsymbol{e}$ 中，$\boldsymbol{y}$ 和 $\boldsymbol{e}$ 是随机向量，而 $\boldsymbol{x}$ 是确定性的，因此$\boldsymbol{Q}_{yy}=\boldsymbol{Q}_{ee}$，根据误差传播定律，加权最小二乘估计的误差－协方差矩阵可以推导如下：

$$\boldsymbol{Q}_{\hat{x}\hat{x}}=(\boldsymbol{A}^{\mathrm{T}}\boldsymbol{W}\boldsymbol{A})^{-1}\boldsymbol{A}^{\mathrm{T}}\boldsymbol{W}\,\boldsymbol{Q}_{yy}\boldsymbol{W}\boldsymbol{A}\,(\boldsymbol{A}^{\mathrm{T}}\boldsymbol{W}\boldsymbol{A})^{-1} \tag{5.12}$$

$$\mathbf{Q}_{\hat{y}\hat{y}}=\boldsymbol{A}\,\boldsymbol{Q}_{\hat{x}\hat{x}}\boldsymbol{A}^{\mathrm{T}}=\boldsymbol{P}_{A}\,\boldsymbol{Q}_{yy}\boldsymbol{P}_{A}^{\mathrm{T}} \tag{5.13}$$

$$\boldsymbol{Q}_{\hat{e}\hat{e}}=\boldsymbol{P}_{A}^{\perp}\boldsymbol{Q}_{yy}\boldsymbol{P}_{A}^{\perp\mathrm{T}} \tag{5.14}$$

其中正交投影向量

$$\boldsymbol{P}_{A}^{\perp}=\boldsymbol{I}_{m}-\boldsymbol{P}_{A} \tag{5.15}$$

$$\boldsymbol{P}_{A}=\boldsymbol{A}\,(\boldsymbol{A}^{\mathrm{T}}\boldsymbol{W}\boldsymbol{A})^{-1}\boldsymbol{A}^{\mathrm{T}}\boldsymbol{W} \tag{5.16}$$

式中，$\perp$代表正交补符号。

由上述推导，当 $\boldsymbol{W}=\boldsymbol{Q}_{yy}^{-1}$时，加权最小二乘法的估计偏差协方差最小，此时的加权最小二乘估计实际上是线性无偏最小方差估计，又称为 Markov 估计。

由于传统的最小二乘法与加权最小二乘法均为批处理算法，也就是累积了一批测量数据估计一次，在进行下一次估计时还需要之前的测量数据，因此随着估计过程的进行会有越来越多的测量数据，将会占用过大的计算机存储空间且不能释放，这会导致计算量过大，在计算能力一定时，会导致计算的实时性持续下降。

5.1.3　最佳线性无偏估计

最佳线性无偏估计的原则基于以下对估计量的要求：估计量应该是无偏的，这意味着 $E(\hat{\boldsymbol{x}})=\boldsymbol{x}$；此外估计量必须是线性的，这意味着 $\hat{\boldsymbol{x}}$ 是 $\boldsymbol{y}$ 的线性函数。考虑到实际情况下参数是 $\boldsymbol{x}$ 的线性函数，可以将其推广为

$$\boldsymbol{z}=\boldsymbol{F}^{\top}\boldsymbol{x}+\boldsymbol{f} \tag{5.17}$$

若估计量是无偏的且是观测量的线性函数，则 $\hat{\boldsymbol{z}}$ 称为线性无偏估计量且满足

$$E(\hat{\boldsymbol{z}})=\boldsymbol{z} \tag{5.18}$$

$$\hat{\boldsymbol{z}}=\boldsymbol{L}^{\top}\boldsymbol{y}+\boldsymbol{l} \tag{5.19}$$

若线性无偏估计量 $\hat{\boldsymbol{z}}$ 在所有线性无偏估计量中具有最小的方差，则称其为“最佳”，且实际上，当加权最小二乘法中选择加权矩阵为观测量误差－协方差矩阵的逆，则会变为最佳线性无偏估计。

因此，$\boldsymbol{z}=\boldsymbol{F}^{\top}\boldsymbol{x}+\boldsymbol{f}$ 的最佳线性无偏估计为

$$\hat{\boldsymbol{z}}=\boldsymbol{F}^{\top}\hat{\boldsymbol{x}}+\boldsymbol{f} \tag{5.20}$$

$\boldsymbol{x}$ 的线性无偏估计如下：

$$\hat{\boldsymbol{x}}=(\boldsymbol{A}^{\top}\boldsymbol{Q}_{yy}^{-1}\boldsymbol{A})^{-1}\boldsymbol{A}^{\top}\boldsymbol{Q}_{yy}^{-1}\boldsymbol{y} \tag{5.21}$$

因此，当 $\boldsymbol{W}=\boldsymbol{Q}_{yy}^{-1}$时，加权最小二乘估计和最佳线性无偏估计相同。因此式（5.12）和式（5.14）中的 $\hat{\boldsymbol{x}}$ 和 $\hat{\boldsymbol{e}}$ 变为

$$\boldsymbol{Q}_{\hat{x}\hat{x}}=(\boldsymbol{A}^{\mathrm{T}}\boldsymbol{Q}_{yy}^{-1}\boldsymbol{A})^{-1} \tag{5.22}$$

$$\boldsymbol{Q}_{\hat{e}\hat{e}}=\boldsymbol{Q}_{yy}-\boldsymbol{Q}_{\hat{y}\hat{y}} \tag{5.23}$$

由于通常的做法是假设测量值呈正态分布，即 $\boldsymbol{y}\sim N(\boldsymbol{Ax},\boldsymbol{Q}_{yy})$，因此 $\boldsymbol{y}$ 的线性函数也将呈正态分布，即

$$\hat{\boldsymbol{x}}\sim N(\boldsymbol{x},\boldsymbol{Q}_{\hat{x}\hat{x}}) \tag{5.24}$$

$$\hat{\boldsymbol{y}}\sim N(\boldsymbol{Ax},\boldsymbol{Q}_{\hat{y}\hat{y}}) \tag{5.25}$$

$$\hat{\boldsymbol{e}}\sim N(\boldsymbol{0},\boldsymbol{Q}_{\hat{e}\hat{e}}) \tag{5.26}$$

综上所述，最佳线性无偏估计具有各种最优性。首先，它使残差平方的加权总和最小化。其次，它具有所有线性无偏估计量中最高的精度，即方差最小。此外，如果该模型是高斯线性模型，即 $\boldsymbol{y}\sim N(\boldsymbol{Ax},\boldsymbol{Q}_{yy})$，最佳线性无偏估计也会使似然性最大化。

5.1.4　递归最小二乘

分块模型的标准形式如下：

$$E\begin{pmatrix}\boldsymbol{y}_1\\ \boldsymbol{y}_2\\ \vdots\\ \boldsymbol{y}_k\end{pmatrix}=\begin{bmatrix}\boldsymbol{A}_1\\ \boldsymbol{A}_2\\ \vdots\\ \boldsymbol{A}_k\end{bmatrix}\boldsymbol{x} \tag{5.27}$$

其中有

$$\boldsymbol{Q}_{yy}=\begin{bmatrix}\boldsymbol{Q}_1 & & & \boldsymbol{0}\\ & \boldsymbol{Q}_2 & & \\ & & \ddots & \\ \boldsymbol{0} & & & \boldsymbol{Q}_k\end{bmatrix} \tag{5.28}$$

式中，观测向量 $\boldsymbol{y}_i$ 对应历元 $i=1$，…，k。

使用所有 k 个历元的数据 $\boldsymbol{x}$ 的最佳线性无偏估计为

$$\hat{\boldsymbol{x}}_{(k)}=\left(\sum_{i=1}^{k}\boldsymbol{A}_i^{\mathrm{T}}\boldsymbol{Q}_i^{-1}\boldsymbol{A}_i\right)^{-1}\left(\sum_{i=1}^{k}\boldsymbol{A}_i^{\mathrm{T}}\boldsymbol{Q}_i^{-1}\boldsymbol{y}_i\right) \tag{5.29}$$

使用递归的方式解算模型，即单独计算每个历元的数据。在历元 1，使用$\boldsymbol{Q}_{yy}=\boldsymbol{Q}_1$ 求解 $E(\boldsymbol{y}_1)=\boldsymbol{A}_1\boldsymbol{x}$ 如下：

$$\hat{\boldsymbol{x}}_{(1)}=(\boldsymbol{A}_1^{\mathrm{T}}\boldsymbol{Q}_1^{-1}\boldsymbol{A}_1)^{-1}\boldsymbol{A}_1^{\mathrm{T}}\boldsymbol{Q}_1^{-1}\boldsymbol{y}_1 \tag{5.30}$$

$$\boldsymbol{Q}_{\hat{x}\hat{x}_{(1)}}=(\boldsymbol{A}_1^{\mathrm{T}}\boldsymbol{Q}_1^{-1}\boldsymbol{A}_1)^{-1} \tag{5.31}$$

在接下来的历元中，不需要使用批处理最小二乘来解算所有直到当前时刻为止的测量数据，而是在历元 $k=2$，3…时应用以下模型：

$$E\begin{pmatrix}\hat{\boldsymbol{x}}_{(k-1)}\\ \boldsymbol{y}_k\end{pmatrix}=\begin{bmatrix}\boldsymbol{I}\\ \boldsymbol{A}_k\end{bmatrix}\boldsymbol{x};\ \begin{bmatrix}\boldsymbol{Q}_{\hat{x}\hat{x}_{(k-1)}} & \\ & \boldsymbol{Q}_k\end{bmatrix} \tag{5.32}$$

解算如下：

$$\hat{\boldsymbol{x}}_{(k)} = \boldsymbol{Q}_{\hat{x}\hat{x}_{(k)}}(\boldsymbol{Q}_{\hat{x}\hat{x}_{(k-1)}}^{-1}\hat{\boldsymbol{x}}_{(k-1)} + \boldsymbol{A}_k^{\mathrm{T}}\boldsymbol{Q}_k^{-1}\boldsymbol{y}_k) \tag{5.33}$$

$$\boldsymbol{Q}_{\hat{x}\hat{x}_{(k)}} = (\boldsymbol{Q}_{\hat{x}\hat{x}_{(k-1)}}^{-1} + \boldsymbol{A}_k^{\mathrm{T}}\boldsymbol{Q}_k^{-1}\boldsymbol{A}_k)^{-1} \tag{5.34}$$

且有

$$\boldsymbol{Q}_{\hat{x}\hat{x}_{(k-1)}}^{-1} = \sum_{i=1}^{k-1}\boldsymbol{A}_i^{\mathrm{T}}\boldsymbol{Q}_i^{-1}\boldsymbol{A}_i \tag{5.35}$$

式（5.33）的递归最小二乘法也可写作如下形式：

$$\hat{\boldsymbol{x}}_{(k)} = \hat{\boldsymbol{x}}_{(k-1)} + \boldsymbol{K}_k(\boldsymbol{y}_k - \boldsymbol{A}_k\hat{\boldsymbol{x}}_{(k-1)}),\ k>1 \tag{5.36}$$

其中增益矩阵为

$$\boldsymbol{K}_k = (\boldsymbol{Q}_{\hat{x}\hat{x}_{(k-1)}}^{-1} + \boldsymbol{A}_k^{\mathrm{T}}\boldsymbol{Q}_k^{-1}\boldsymbol{A}_k)^{-1}\boldsymbol{A}_k^{\mathrm{T}}\boldsymbol{Q}_k^{-1} \tag{5.37}$$

最近的测量仿真过程是通过式（5.36）来完成的。式（5.36）被称为测量更新（Measurement Update，MU），因为该公式的右边包括基于之前所有历元的估计量 $\hat{\boldsymbol{x}}_{(k-1)}$；以及 $\boldsymbol{K}_k(\boldsymbol{y}_k - \boldsymbol{A}_k\hat{\boldsymbol{x}}_{(k-1)})$，其中 $\boldsymbol{A}_k\hat{\boldsymbol{x}}_{(k-1)}$ 可以理解为 $\boldsymbol{y}_k$ 的预测，因此差值 $\boldsymbol{v}_k = \boldsymbol{y}_k - \boldsymbol{A}_k\hat{\boldsymbol{x}}_{(k-1)}$ 被称为预测残差，矩阵 $\boldsymbol{K}_k$ 被称为增益矩阵。

增益矩阵的另一种形式为

$$\boldsymbol{K}_k = \boldsymbol{Q}_{\hat{x}\hat{x}_{(k-1)}}\boldsymbol{A}_k^{\mathrm{T}}(\boldsymbol{Q}_k + \boldsymbol{A}_k\boldsymbol{Q}_{\hat{x}\hat{x}_{(k-1)}}\boldsymbol{A}_k^{\mathrm{T}})^{-1} \tag{5.38}$$

基于以上形式，可以使用如下公式计算方差－协方差矩阵：

$$\boldsymbol{Q}_{\hat{x}\hat{x}_{(k)}} = (\boldsymbol{I} - \boldsymbol{K}_k\boldsymbol{A}_k)\boldsymbol{Q}_{\hat{x}\hat{x}_{(k-1)}} \tag{5.39}$$

使用式（5.37）与式（5.38）计算得到的结果是相同的。两个表达式选择的关键在于逆矩阵的维度，即如果观测量维度 m_k 小于状态向量维数 n，则选择式（5.38）。

递归最小二乘法可以使用后续历元的信息在每个测量历元提供新的估计值，因此可以应用于实时估计问题。对于后处理应用场景，可以选择对较长时间段内收集的数据使用批处理最小二乘法，以找到最适合整个测量集的估计值。

例 5.1：单点定位（Single Point Positioning）

如图 5－2 所示，基于单历元处理的单点定位模型算法（即不使用先前历元的数据）以点的形式呈现，而实线显示了递归最小二乘法的解。可以看出，该算法收敛速度非常快，特别是对于水平位置，而单个历时解决方案的精度却较低（结果分布更广）。需要注意的是，使用所有时期数据的批处理算法与使用最后一个历元数据的递归算法的结果相同。

例 5.2：递归相位平滑伪距算法（Recursive Phase－Smoothed Pseudorange）

递归相位平滑伪距算法是一种单通道递归算法，它使用高精度载波相位数据 $\boldsymbol{\phi}_k$ 来平滑伪距数据 $\boldsymbol{p}_k$ 中的较大噪声，平滑后的伪距 $\hat{\boldsymbol{p}}_{k|k}$ 为

$$\hat{\boldsymbol{p}}_{k|k-1} = \hat{\boldsymbol{p}}_{k-1|k-1} + [\boldsymbol{\phi}_k - \boldsymbol{\phi}_{k-1}] \tag{5.40}$$

$$\hat{\boldsymbol{p}}_{k|k} = \hat{\boldsymbol{p}}_{k|k-1} + \frac{1}{k}[\boldsymbol{p}_k - \hat{\boldsymbol{p}}_{k|k-1}] \tag{5.41}$$

使用 $\hat{\boldsymbol{p}}_{1|1} = \boldsymbol{p}_1$ 初始化后，将两个方程组合得为

$$\hat{\boldsymbol{p}}_{k|k} = \frac{1}{k}\boldsymbol{p}_k + \frac{k-1}{k}[\hat{\boldsymbol{p}}_{k-1|k-1} + (\boldsymbol{\phi}_k - \boldsymbol{\phi}_{k-1})] \tag{5.42}$$

通过该方程可知，平滑伪距是权重为 $1/k$ 的伪距与权重为 $k-1/k$ 的预测伪距的线性组合。

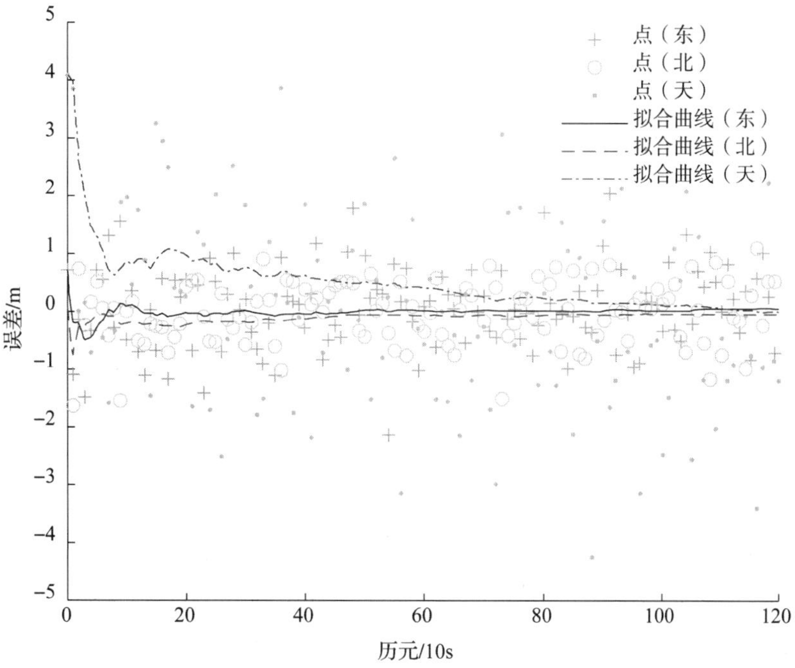

图 5-2　基于单历元处理的单点定位模型算法

例 5.3：递归相位调整伪距（Recursive Phase - Adjusted Pseudorange）

设观测方程的多历元动态 GNSS 模型为

$$E\begin{pmatrix}\boldsymbol{p}_1\\ \boldsymbol{\phi}_1\\ \boldsymbol{p}_2\\ \boldsymbol{\phi}_2\\ \vdots\\ \boldsymbol{p}_k\\ \boldsymbol{\phi}_k\end{pmatrix}=\begin{bmatrix}\boldsymbol{A}_1 & & & 0\\ \boldsymbol{A}_1 & & & \boldsymbol{I}\\ & \boldsymbol{A}_2 & & \boldsymbol{0}\\ & \boldsymbol{A}_2 & & \boldsymbol{I}\\ & & \ddots & \vdots\\ & & \boldsymbol{A}_k & \boldsymbol{0}\\ & & \boldsymbol{A}_k & \boldsymbol{I}\end{bmatrix}\begin{pmatrix}\boldsymbol{x}_1\\ \boldsymbol{x}_2\\ \vdots\\ \boldsymbol{x}_k\\ \boldsymbol{a}\end{pmatrix} \tag{5.43}$$

其中，$\boldsymbol{p}_i$ 和 $\boldsymbol{\phi}_i$ 分别代表第 i 个历元的伪距向量和相位向量（观测量减计算量）；$\boldsymbol{x}_i$ 是位置坐标（增量），它与钟差和未知模糊度（m）的向量 $\boldsymbol{a}$ 在没有周跳的情况下不随时间变化，在本例中假定使用了无大气观测校正值消除了大气的影响。

因此，该模型的递归最小二乘解为

$$\hat{\boldsymbol{x}}_k=\boldsymbol{Q}_{\hat{x}_k\hat{x}_k}\boldsymbol{A}_k^{\mathrm{T}}(\boldsymbol{Q}_{p_kp_k}^{-1}\boldsymbol{p}_k+\boldsymbol{Q}_{\bar{p}_k\bar{p}_k}^{-1}\bar{\boldsymbol{p}}_k) \tag{5.44}$$

$$\boldsymbol{a}_{(k)}=\hat{\boldsymbol{a}}_{(k-1)}+\boldsymbol{Q}_{\hat{a}\hat{a}_{(k-1)}}\boldsymbol{Q}_{\bar{p}_k\bar{p}_k}^{-1}(\bar{\boldsymbol{p}}_k-\boldsymbol{A}_k\hat{\boldsymbol{x}}_k) \tag{5.45}$$

其中

$$\boldsymbol{Q}_{\hat{x}_k\hat{x}_k}=(\boldsymbol{A}_k^{\mathrm{T}}(\boldsymbol{Q}_{p_kp_k}^{-1}+\boldsymbol{Q}_{\bar{p}_k\bar{p}_k}^{-1})\boldsymbol{A}_k)^{-1} \tag{5.46}$$

$$\bar{\boldsymbol{p}}_k=\boldsymbol{\phi}_k-\hat{\boldsymbol{a}}_{(k-1)} \tag{5.47}$$

$$\boldsymbol{Q}_{\bar{p}_k\bar{p}_k}=\boldsymbol{Q}_{\phi_k\phi_k}+\boldsymbol{Q}_{\hat{a}\hat{a}_{(k-1)}} \tag{5.48}$$

相位调整后的伪距估计量为 $\boldsymbol{A}_k\hat{\boldsymbol{x}}_k$。

如果简化假设为 $\boldsymbol{Q}_{\boldsymbol{\phi}_k\boldsymbol{\phi}_k}=\boldsymbol{0}$，则有 $\boldsymbol{Q}_{\bar{\boldsymbol{p}}_k\bar{\boldsymbol{p}}_k}=\boldsymbol{Q}_{\hat{\boldsymbol{a}}\hat{\boldsymbol{a}}(k-1)}$，$\hat{\boldsymbol{a}}_{(k)}=\boldsymbol{\phi}_k-\boldsymbol{A}_k\hat{\boldsymbol{x}}_k$，因此式（5.44）简化为

$$\hat{\boldsymbol{x}}_k=\boldsymbol{K}_k\boldsymbol{p}_k+\boldsymbol{L}_k[\boldsymbol{A}_{k-1}\hat{\boldsymbol{x}}_{k-1}+(\boldsymbol{\phi}_k-\boldsymbol{\phi}_{k-1})] \tag{5.49}$$

式中，$\boldsymbol{K}_k=\boldsymbol{Q}_{\hat{\boldsymbol{x}}_k\hat{\boldsymbol{x}}_k}\boldsymbol{A}_k^{\top}\boldsymbol{Q}_{\boldsymbol{p}_k\boldsymbol{p}_k}^{-1}$，$\boldsymbol{L}_k=\boldsymbol{Q}_{\hat{\boldsymbol{x}}_k\hat{\boldsymbol{x}}_k}\boldsymbol{A}_k^{\top}\boldsymbol{Q}_{\hat{\boldsymbol{a}}_k\hat{\boldsymbol{a}}_k}^{-1}$。对比式（5.49）与式（5.42）可以发现，在单通道处理的情况下，两式的结果相同。此外，模型中也没有相关接收机的卫星几何分布情况，因此 $\boldsymbol{A}_k=\boldsymbol{I}$，有 $\boldsymbol{K}_k=\frac{1}{k}\boldsymbol{I}$ 以及 $\boldsymbol{L}_k=\frac{k-1}{k}\boldsymbol{I}$，当相位噪声忽略且处于单通道处理状态时，相位平滑伪距算法与最小二乘法相同。

5.1.5 分区最小二乘

参数矢量 $\boldsymbol{x}$ 未知的模型可以写为

$$E(\boldsymbol{y})=[\boldsymbol{A}_1\quad \boldsymbol{A}_2]\begin{pmatrix}\boldsymbol{x}_1\\ \boldsymbol{x}_2\end{pmatrix} \tag{5.50}$$

这种分区方式可以提供对未知参数的子集进行研究的方法，例如对子集 $\boldsymbol{x}_1$ 的最佳线性无偏估计为

$$\hat{\boldsymbol{x}}_1=\underbrace{(\bar{\boldsymbol{A}}_1^{\mathrm{T}}\boldsymbol{Q}_{yy}^{-1}\bar{\boldsymbol{A}}_1)}_{\boldsymbol{N}_{\mathrm{red}}}{}^{-1}\bar{\boldsymbol{A}}_1^{\mathrm{T}}\boldsymbol{Q}_{yy}^{-1}\boldsymbol{y} \tag{5.51}$$

通过约化正规矩阵 $\boldsymbol{N}_{\mathrm{red}}$将 $\boldsymbol{x}_2$ 上三角化，且有

$$\boldsymbol{Q}_{\hat{\boldsymbol{x}}_1\hat{\boldsymbol{x}}_1}=\boldsymbol{N}_{\mathrm{red}}^{-1} \tag{5.52}$$

其中有 $\bar{\boldsymbol{A}}_1=\boldsymbol{P}_{\boldsymbol{A}_2}^{\perp}\boldsymbol{A}_1$。

一旦 $\hat{\boldsymbol{x}}_1$ 已知，则有

$$\hat{\boldsymbol{x}}_2=(\boldsymbol{A}_2^{\mathrm{T}}\boldsymbol{Q}_{yy}^{-1}\boldsymbol{A}_2)^{-1}\boldsymbol{A}_2^{\mathrm{T}}\boldsymbol{Q}_{yy}^{-1}(\boldsymbol{y}-\boldsymbol{A}_1\hat{\boldsymbol{x}}_1) \tag{5.53}$$

且有

$$\boldsymbol{Q}_{\hat{\boldsymbol{x}}_2\hat{\boldsymbol{x}}_2}=(\boldsymbol{A}_2^{\mathrm{T}}\boldsymbol{Q}_{yy}^{-1}\boldsymbol{A}_2)^{-1}\times[\boldsymbol{I}+\boldsymbol{A}_2^{\mathrm{T}}\boldsymbol{Q}_{yy}^{-1}\boldsymbol{A}_1\boldsymbol{Q}_{\hat{\boldsymbol{x}}_1\hat{\boldsymbol{x}}_1}\boldsymbol{A}_2^{\mathrm{T}}\boldsymbol{Q}_y^{-1}\boldsymbol{A}_2(\boldsymbol{A}_2^{\mathrm{T}}\boldsymbol{Q}_{yy}^{-1}\boldsymbol{A}_2)^{-1}] \tag{5.54}$$

在上述过程中 $\boldsymbol{x}_1$ 与 $\boldsymbol{x}_2$ 可互换。

在分区最小二乘法中，通过多个递归最小二乘法并行并且将结果合并到最后的估计过程中可以实现复杂系统的参数估计，这可以将递归最小二乘法的适用范围扩展到一类计算密集型问题。

例 5.4：时变参数与时间常数

分区最小二乘模型适用于包含时变参数与时间常数的 GNSS 模型。例如对于静态定位的应用场景，在收集了 k 个历元的观测量后，位置参数以及可能含有模糊度的参数不随时间变化，在子集 $\boldsymbol{x}_1$ 中做参数化处理，而时钟参数与大气参数随时间变化，因此在子集 $\boldsymbol{x}_2$ 中参数化，此时矩阵 $\boldsymbol{A}_1$ 与 $\boldsymbol{A}_2$ 分别为

$$\boldsymbol{A}_1=\begin{bmatrix}\boldsymbol{A}_{11}\\ \vdots\\ \boldsymbol{A}_{1k}\end{bmatrix},\ \boldsymbol{A}_2=\begin{bmatrix}\boldsymbol{A}_{21} & & \\ & \ddots & \\ & & \boldsymbol{A}_{2k}\end{bmatrix} \tag{5.55}$$

5.1.6 约束最小二乘

在前面讨论了无约束线性模型 $E(\boldsymbol{y})=\boldsymbol{Ax}$，当需要考虑对参数的某些约束时，则有

$$E(\boldsymbol{y})=\boldsymbol{Ax}$$

且有

$$\boldsymbol{C}^{\top}\boldsymbol{x}=\boldsymbol{c} \tag{5.56}$$

以上就是约束最小二乘模型。相比于无约束线性模型，约束系统 $\boldsymbol{C}^{\top}\boldsymbol{x}=\boldsymbol{c}$ 加上了 $n\times d$ 维且秩为 d 的矩阵 $\boldsymbol{C}$。此模型的冗余度随着 d 的增大而增加。

为了求解上述模型，首先计算无约束解 $\hat{\boldsymbol{x}}$ 与 $\boldsymbol{Q}_{\hat{x}\hat{x}}$；接下来求解条件线性方程 $\boldsymbol{C}^{\top}E(\hat{\boldsymbol{x}})=\boldsymbol{c}$。

$$\hat{\boldsymbol{x}}_c=\hat{\boldsymbol{x}}-\boldsymbol{Q}_{\hat{x}\hat{x}}\boldsymbol{C}\left(\boldsymbol{C}^{\mathrm{T}}\boldsymbol{Q}_{\hat{x}\hat{x}}\boldsymbol{C}\right)^{-1}\left(\boldsymbol{C}^{\mathrm{T}}\hat{\boldsymbol{x}}-\boldsymbol{c}\right) \tag{5.57}$$

通过应用协方差传播定律获得相应的方差－协方差矩阵：

$$\boldsymbol{Q}_{\hat{x}_c\hat{x}_c}=\boldsymbol{Q}_{\hat{x}\hat{x}}-\boldsymbol{Q}_{\hat{x}\hat{x}}\boldsymbol{C}\left(\boldsymbol{C}^{\mathrm{T}}\boldsymbol{Q}_{\hat{x}\hat{x}}\boldsymbol{C}\right)^{-1}\boldsymbol{C}^{\top}\boldsymbol{Q}_{\hat{x}\hat{x}} \tag{5.58}$$

5.1.7 秩亏最小二乘

如果矩阵 $\boldsymbol{A}$ 不满秩，则最小二乘不存在唯一解，设 $\mathrm{rank}(\boldsymbol{A})=r<n$，则存在一个 $n\times(n-r)$ 维的基矩阵 $\boldsymbol{V}$ 使 $\boldsymbol{AV}=\boldsymbol{0}$。因此，在以下情况下不存在最小二乘的唯一解：

$$\min_{x}(\boldsymbol{y}-\boldsymbol{Ax})^2_{Q_{yy}} \tag{5.59}$$

此时，若 $\hat{\boldsymbol{x}}_{\mathrm{s}}$ 是最小二乘解，则对于任意 $\boldsymbol{\beta}\in R^{n-r}$ 都有 $\hat{\boldsymbol{x}}_{\mathrm{s}}+\boldsymbol{V\beta}$ 为最小二乘解。

为了确定秩亏最小二乘问题的通解，首先需要确定特解。令 $\boldsymbol{S}$ 为与 $\boldsymbol{V}$ 的值域空间互补的子空间的基矩阵，即 $R(\boldsymbol{S})\oplus R(\boldsymbol{V})=R^n$，$\boldsymbol{S}$ 是 $n\times r$ 阶矩阵且矩阵 $[\boldsymbol{S},\boldsymbol{V}]$ 是可逆的，重新参数化后有

$$\boldsymbol{x}=\boldsymbol{S\alpha}+\boldsymbol{V\beta} \tag{5.60}$$

此时原本的秩亏系统变为满秩系统：

$$E(\boldsymbol{y})=\boldsymbol{Ax}\Rightarrow E(\boldsymbol{y})=(\boldsymbol{AS})\boldsymbol{\alpha} \tag{5.61}$$

则有最小二乘解

$$\hat{\boldsymbol{\alpha}}=\left[(\boldsymbol{AS})^{\mathrm{T}}\boldsymbol{Q}_{yy}^{-1}(\boldsymbol{AS})\right]^{-1}(\boldsymbol{AS})^{\mathrm{T}}\boldsymbol{Q}_{yy}^{-1}\boldsymbol{y} \tag{5.62}$$

因此，$\hat{\boldsymbol{x}}_{\mathrm{s}}=\boldsymbol{S}\hat{\boldsymbol{\alpha}}$ 是一个秩亏最小二乘问题的特解，而其通解由下式给出：

$$\hat{\boldsymbol{x}}=\hat{\boldsymbol{x}}_{\mathrm{s}}+\boldsymbol{V\beta},\ \boldsymbol{\beta}\in R^{n-r} \tag{5.63}$$

除了利用矩阵 $\boldsymbol{S}$ 计算 $\hat{\boldsymbol{x}}_{\mathrm{s}}$ 外，还可以利用 $R(\boldsymbol{S})$ 的正交补的基矩阵来计算。若 $n\times(n-r)$ 阶矩阵 $\boldsymbol{S}$ 为基矩阵，即 $R(\boldsymbol{S}^{\perp})=R(\boldsymbol{S})^{\perp}$，则 $\hat{\boldsymbol{x}}_{\mathrm{s}}$ 为约束 $\boldsymbol{S}^{\perp\mathrm{T}}\boldsymbol{x}=\boldsymbol{0}$ 下 $E(\boldsymbol{y})=\boldsymbol{Ax}$ 的最小二乘解。

对式（5.60）解构，$\tilde{\boldsymbol{x}}_{\mathrm{s}}=\boldsymbol{S\alpha}$ 为可估计参数的部分，而 $\boldsymbol{x}_{\mathrm{v}}=\mathbf{V}\boldsymbol{\beta}$ 包含不确定或者不可估计的部分，如图 5－3 所示。

$$\boldsymbol{x}=\tilde{\boldsymbol{x}}_{\mathrm{s}}+\boldsymbol{x}_{\mathrm{v}},\ \tilde{\boldsymbol{x}}_{\mathrm{s}}\in R(\boldsymbol{S}),\ \boldsymbol{x}_{\mathrm{v}}\in R(\boldsymbol{V}) \tag{5.64}$$

因此，$\hat{\boldsymbol{x}}_{\mathrm{s}}$ 不是 $\boldsymbol{x}$ 的无偏估计量，即 $E(\hat{\boldsymbol{x}}_{\mathrm{s}})\neq\boldsymbol{x}$，而是 $\tilde{\boldsymbol{x}}_{\mathrm{s}}$ 的无偏估计量，即 $E(\hat{\boldsymbol{x}}_{\mathrm{s}})=\tilde{\boldsymbol{x}}_{\mathrm{s}}$。为了理解 $\hat{\boldsymbol{x}}_{\mathrm{s}}$ 的估计，需要了解 $\tilde{\boldsymbol{x}}_{\mathrm{s}}$ 与 $\boldsymbol{x}$ 的关系，它们的关系由下式给出：

$$\tilde{\boldsymbol{x}}_{\mathrm{s}}=\boldsymbol{S}\boldsymbol{x},\ \boldsymbol{S}=\boldsymbol{I}_n-\boldsymbol{V}[\boldsymbol{S}^{\perp\mathrm{T}}\boldsymbol{V}]^{-1}\boldsymbol{S}^{\perp\mathrm{T}} \tag{5.65}$$

上式表明了 $\boldsymbol{x}$ 的线性函数是由 $\hat{\boldsymbol{x}}_{\mathrm{s}}$ 估计得到的。矩阵 $\boldsymbol{S}$ 也称为奇异值（Singularity）变换矩阵，是一个投影矩阵（幂等矩阵），通过其投影到 $R(\boldsymbol{S})$ 上并沿着 $R(\boldsymbol{V})$，如图 5－3 所示。通过 $\boldsymbol{S}$ 变换，可以从通解 $\hat{\boldsymbol{x}}$ 及其协方差矩阵中解得任何特解，例如 $\hat{\boldsymbol{x}}_{\mathrm{s}}$ 及其方差－协方差矩阵 $\boldsymbol{Q}_{\hat{x}_s\hat{x}_s}$，即

$$\hat{\boldsymbol{x}}_{\mathrm{s}}=\boldsymbol{S}\hat{\boldsymbol{x}},\ \boldsymbol{Q}_{\hat{x}_s\hat{x}_s}=\boldsymbol{S}\boldsymbol{Q}_{\hat{x}\hat{x}}\boldsymbol{S}^{\mathrm{T}} \tag{5.66}$$

因此，借助 $\boldsymbol{S}$ 变换还可以计算不同的特解。

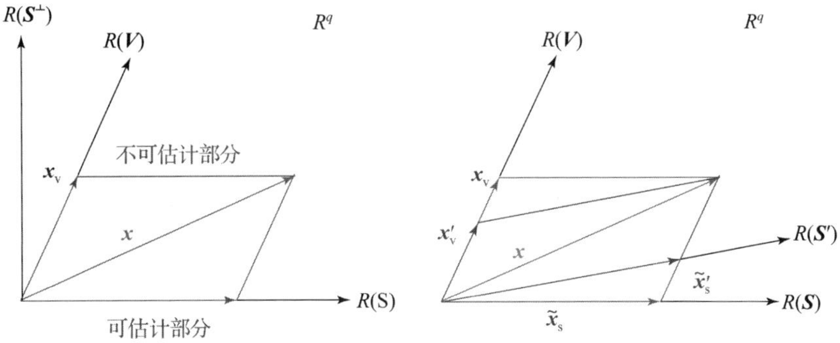

图 5－3　秩亏最小二乘原理示意

5.1.8　非线性最小二乘

在上述章节中仅讨论了线性最小二乘的情况，但是最小二乘法也可以应用于非线性方程组，如下式：

$$y_i\approx a_i(\boldsymbol{x}),\ i=1,\cdots,m \tag{5.67}$$

式中，a_i 是未知参数向量 $\boldsymbol{x}$ 的非线性函数，可以简写为

$$\boldsymbol{y}\approx\boldsymbol{A}(\boldsymbol{x})=\begin{bmatrix}a_1(\boldsymbol{x})\\ \vdots\\ a_m(\boldsymbol{x})\end{bmatrix} \tag{5.68}$$

则对应的非线性加权最小二乘解为

$$\hat{\boldsymbol{x}}=\arg\min_{\boldsymbol{x}\in R^n}\|\boldsymbol{y}-\boldsymbol{A}(\boldsymbol{x})\|^2_{W^{-1}} \tag{5.69}$$

从未知参数的初始近似值 $\boldsymbol{x}_0$ 开始，对于线性化后的 $\boldsymbol{A}(\boldsymbol{x})$ 逐次近似，并使用迭代的方法解决此问题，下面具体介绍。

对 $a_i(\boldsymbol{x})$ 泰勒级数展开如下：

$$a_i(\boldsymbol{x})=a_i(\boldsymbol{x}_0)+[\partial_x a_i(\boldsymbol{x}_0)]^{\mathrm{T}}(\boldsymbol{x}-\boldsymbol{x}_0)+\frac{1}{2}(\boldsymbol{x}-\boldsymbol{x}_0)^{\mathrm{T}}\boldsymbol{H}(\boldsymbol{\theta})(\boldsymbol{x}-\boldsymbol{x}_0) \tag{5.70}$$

式中，a_i 必须具有二阶连续偏导数，此时梯度向量和海森矩阵分别为

$$\partial_x a_i(\boldsymbol{x}_0)=\begin{bmatrix}\dfrac{\partial}{\partial x_1}a_i(\boldsymbol{x}_0)\\ \vdots\\ \dfrac{\partial}{\partial x_n}a_i(\boldsymbol{x}_0)\end{bmatrix} \tag{5.71}$$

$$\boldsymbol{H}(\boldsymbol{\theta})=\begin{bmatrix}\frac{\partial^2}{\partial x_1\partial x_1}a_i(\boldsymbol{\theta}) & \cdots & \frac{\partial^2}{\partial x_1\partial x_n}a_i(\boldsymbol{\theta})\\ \vdots & & \vdots\\ \frac{\partial^2}{\partial x_n\partial x_1}a_i(\boldsymbol{\theta}) & \cdots & \frac{\partial^2}{\partial x_n\partial x_n}a_i(\boldsymbol{\theta})\end{bmatrix} \tag{5.72}$$

式中，$\boldsymbol{\theta}$ 在 $\boldsymbol{x}$ 与 $\boldsymbol{x}_0$ 之间。式（5.70）中的最后一项为二阶余项，可以忽略不计，此时的线性近似为

$$a_i(\boldsymbol{x})\approx a_i(\boldsymbol{x}_0)+[\partial_x a_i(\boldsymbol{x}_0)]^{\mathrm{T}}(\boldsymbol{x}-\boldsymbol{x}_0) \tag{5.73}$$

向量函数 $\boldsymbol{A}(\boldsymbol{x})$ 可以近似为

$$\boldsymbol{A}(\boldsymbol{x})\approx\boldsymbol{A}(\boldsymbol{x}_0)+\boldsymbol{J}_0(\boldsymbol{x}-\boldsymbol{x}_0) \tag{5.74}$$

其中的雅可比矩阵为

$$\boldsymbol{J}_0=\begin{bmatrix}[\partial_x a_1(\boldsymbol{x}_0)]^{\mathrm{T}}\\ \vdots\\ [\partial_x a_m(\boldsymbol{x}_0)]^{\mathrm{T}}\end{bmatrix} \tag{5.75}$$

此时式（5.68）中的非线性系统通过上式可以近似为

$$\Delta\boldsymbol{y}_0\approx\boldsymbol{J}_0\Delta\boldsymbol{x}_0 \tag{5.76}$$

式中，$\Delta\boldsymbol{y}_0=\boldsymbol{y}-\boldsymbol{A}(\boldsymbol{x}_0)$，$\Delta\boldsymbol{x}_0=\boldsymbol{x}-\boldsymbol{x}_0$。

现在可以使用线性最小二乘法求解式（5.76）所示的线性方程组：

$$\Delta\hat{\boldsymbol{x}}_0=(\boldsymbol{J}_0^{\mathrm{T}}\boldsymbol{W}\boldsymbol{J}_0)^{-1}\boldsymbol{J}_0^{\mathrm{T}}\boldsymbol{W}\Delta\boldsymbol{y}_0 \tag{5.77}$$

在理想情况下，加权最小二乘解 $\hat{\boldsymbol{x}}_0=\boldsymbol{x}_0+\Delta\hat{\boldsymbol{x}}_0$ 应该比 $\boldsymbol{x}_0$ 更接近 $\boldsymbol{x}$，但通常不会采用此为最终解；使用高斯－牛顿（Gauss－Newton）迭代法可以获得更好的近似效果，高斯－牛顿迭代法会一直持续到连续近似之间解的差异变得足够小时为止。此时，定义

$$\boldsymbol{x}_i=\boldsymbol{x}_{i-1}+\Delta\hat{\boldsymbol{x}}_{i-1} \tag{5.78}$$

其中

$$\Delta\hat{\boldsymbol{x}}_i=(\boldsymbol{J}_i^{\mathrm{T}}\boldsymbol{W}\boldsymbol{J}_i)^{-1}\boldsymbol{J}_i^{\mathrm{T}}\boldsymbol{W}\Delta\boldsymbol{y}_i \tag{5.79}$$

式中，$\boldsymbol{J}_i$ 为关于 $\boldsymbol{x}_i$ 和 $\Delta\boldsymbol{y}_i=\boldsymbol{y}-\boldsymbol{A}(\boldsymbol{x}_i)$ 的偏导数矩阵。

当 $\Delta\hat{\boldsymbol{x}}^2_{iN_i^{-1}}\leqslant\boldsymbol{\delta}$，$\boldsymbol{N}_i=\boldsymbol{J}_i^{\top}\boldsymbol{W}\boldsymbol{J}_i$ 时迭代结束，$\boldsymbol{\delta}$ 为一个很小的用户定义的阈值，一旦满足迭代终止的条件，最小二乘解为

$$\hat{\boldsymbol{x}}=\boldsymbol{x}_i+\Delta\hat{\boldsymbol{x}}_i \tag{5.80}$$

完整的高斯－牛顿迭代过程如没有过分的非线性情况或巨大的测量误差情况，则最终会收敛到最小二乘解。但是应该注意的是，即使测量和随机误差均无偏且服从高斯分布，非线性最小二乘估计量也并没有上述性质；若将泰勒级数展开中的二阶和高阶项忽略不计，则非线性最小二乘估计量的分布将非常接近正态分布，且偏差可忽略不计。此时方差－协方差矩阵 $\boldsymbol{Q}_{\hat{x}\hat{x}}$ 可以近似为

$$\boldsymbol{Q}_{\hat{x}\hat{x}}\approx(\boldsymbol{J}_i^{\mathrm{T}}\boldsymbol{Q}_{yy}^{-1}\boldsymbol{J}_i)^{-1} \tag{5.81}$$

其中式（5.22）中的 $\boldsymbol{A}$ 被雅可比矩阵 $\boldsymbol{J}_i$ 取代（来自最后一次迭代）。

5.2 最小方差估计

最小方差估计（Minimum Variance，MV）有时也称为最小均方差估计（Minimum Mean Square Error，MMSE），后面将看到该估计是无偏估计，因此估计误差的方差与估计值的均方差完全相等，两种称谓是等价的。

最小方差估计就是使如下均方差指标函数达到最小的一种估计：

$$J(\hat{\boldsymbol{X}}) = \mathrm{E}[\tilde{\boldsymbol{X}}^{\mathrm{T}}\tilde{\boldsymbol{X}}]|_{\hat{\boldsymbol{X}}=\hat{\boldsymbol{X}}_{\mathrm{MV}}} = \min \tag{5.82}$$

将上述指标函数展开如下：

$$\begin{aligned}
J(\hat{\boldsymbol{X}}) &= \mathrm{E}[[\boldsymbol{X}-\hat{\boldsymbol{X}}(\boldsymbol{Z})]^{\mathrm{T}}[\boldsymbol{X}-\hat{\boldsymbol{X}}(\boldsymbol{Z})]] \\
&= \int_{-\infty}^{+\infty}\int_{-\infty}^{+\infty}[\boldsymbol{x}-\hat{\boldsymbol{X}}(z)]^{\mathrm{T}}[\boldsymbol{x}-\hat{\boldsymbol{X}}(z)]p(\boldsymbol{x},z)\,\mathrm{d}\boldsymbol{x}\mathrm{d}z \\
&= \int_{-\infty}^{+\infty}\int_{-\infty}^{+\infty}[\boldsymbol{x}-\hat{\boldsymbol{X}}(z)]^{\mathrm{T}}[\boldsymbol{x}-\hat{\boldsymbol{X}}(z)]p(\boldsymbol{x}\mid z)p_Z(z)\,\mathrm{d}\boldsymbol{x}\mathrm{d}z \\
&= \int_{-\infty}^{+\infty}p_Z(z)\left\{\int_{-\infty}^{+\infty}[\boldsymbol{x}-\hat{\boldsymbol{X}}(z)]^{\mathrm{T}}[\boldsymbol{x}-\hat{\boldsymbol{X}}(z)]p(\boldsymbol{x}\mid z)\,\mathrm{d}\boldsymbol{x}\right\}\mathrm{d}z \\
&= \int_{-\infty}^{+\infty}p_Z(z)\left\{\int_{-\infty}^{+\infty}\boldsymbol{x}^{\mathrm{T}}\boldsymbol{x}p(\boldsymbol{x}\mid z)\,\mathrm{d}\boldsymbol{x}-2\hat{\boldsymbol{X}}^{\mathrm{T}}(z)\int_{-\infty}^{+\infty}\boldsymbol{x}p(\boldsymbol{x}\mid z)\,\mathrm{d}x+\hat{\boldsymbol{X}}^{\mathrm{T}}(z)\hat{\boldsymbol{X}}(z)\int_{-\infty}^{+\infty}p(\boldsymbol{x}\mid z)\,\mathrm{d}\boldsymbol{x}\right\}\mathrm{d}z \\
&= \int_{-\infty}^{+\infty}p_Z(z)\{E_X[\boldsymbol{X}^{\mathrm{T}}\boldsymbol{X}\mid z]-E_X^{\mathrm{T}}[\boldsymbol{X}\mid z]E_X[\boldsymbol{X}\mid z]\}\,\mathrm{d}z+ \\
&\quad \int_{-\infty}^{+\infty}p_Z(z)[E_X[\boldsymbol{X}\mid z]-\hat{\boldsymbol{X}}(z)]^{\mathrm{T}}[E_X[\boldsymbol{X}\mid z]-\hat{\boldsymbol{X}}(z)]\,\mathrm{d}z
\end{aligned} \tag{5.83}$$

式中，求数学期望符号 E_X 的右下角标表示仅对 $\boldsymbol{X}$ 求期望。上式最后等号右端第一项积分与 $\hat{\boldsymbol{X}}$ 无关；第二项积分中边缘密度函数 $p_Z(z)$ 非负且不恒为 0，向量内积 $[E_X[\boldsymbol{X}|z]-\hat{\boldsymbol{X}}(z)]^{\mathrm{T}}\cdot[E_X[\boldsymbol{X}|z]-\hat{X}(z)]$ 必定非负。因此，欲使指标函数 $J(\hat{\boldsymbol{X}})$ 最小，只需要求

$$E_X[\boldsymbol{X}|z]-\hat{\boldsymbol{X}}(z)=\boldsymbol{0} \quad 即 \quad \hat{\boldsymbol{X}}(z)=E_X[\boldsymbol{X}|z] \tag{5.84}$$

所以有

$$\hat{\boldsymbol{X}}_{\mathrm{MV}}(\boldsymbol{Z})=E[\boldsymbol{X}|\boldsymbol{Z}] \tag{5.85}$$

式中，也常用 $\boldsymbol{Z}$ 来表示总体的一个样本。最小方差估计等于某一观测实现 $\boldsymbol{Z}$ 条件下的条件均值，所以有时也称最小方差估计为条件期望估计。

最小方差估计 $\hat{\boldsymbol{X}}_{\mathrm{MV}}(\boldsymbol{Z})$ 是观测样本 $\boldsymbol{Z}$ 的函数，观测样本不同，估计结果也会不同，对多次估计结果求数学期望，可得

$$
\begin{aligned}
E_Z[\hat{\boldsymbol{X}}_{\mathrm{MV}}(\boldsymbol{Z})] &= E_Z[E_X[\boldsymbol{X}\mid\boldsymbol{Z}]] = \int_{-\infty}^{+\infty}\left[\int_{-\infty}^{+\infty}\boldsymbol{x}p(\boldsymbol{x}\mid z)\mathrm{d}\boldsymbol{x}\right]p(z)\mathrm{d}z \\
&= \int_{-\infty}^{+\infty}\int_{-\infty}^{+\infty}\boldsymbol{x}p(\boldsymbol{x}\mid z)p(z)\mathrm{d}\boldsymbol{x}\mathrm{d}z = \int_{-\infty}^{+\infty}\int_{-\infty}^{+\infty}\boldsymbol{x}p(\boldsymbol{x},z)\mathrm{d}z\mathrm{d}\boldsymbol{x} \\
&= \int_{-\infty}^{+\infty}\boldsymbol{x}\int_{-\infty}^{+\infty}p(\boldsymbol{x},z)\mathrm{d}z\mathrm{d}\boldsymbol{x} = \int_{-\infty}^{+\infty}\boldsymbol{x}p_X(\boldsymbol{x})\mathrm{d}\boldsymbol{x} = E[\boldsymbol{X}]
\end{aligned}
\tag{5.86}
$$

这说明，最小方差估计是无偏的。由多次观测样本分别求状态的最小方差估计，多次状态估计的均值就等于真实状态的均值。

最小方差估计 $\hat{\boldsymbol{X}}_{\mathrm{MV}}(\boldsymbol{Z})$ 的均方误差矩阵为

$$
\begin{aligned}
E[\tilde{\boldsymbol{X}}_{\mathrm{MV}}\tilde{\boldsymbol{X}}_{\mathrm{MV}}^{\mathrm{T}}] &= E\left[[\boldsymbol{X}-\hat{\boldsymbol{X}}_{\mathrm{MV}}(z)][\boldsymbol{X}-\hat{\boldsymbol{X}}_{\mathrm{MV}}(z)]^{\mathrm{T}}\right] \\
&= \int_{-\infty}^{+\infty}\int_{-\infty}^{+\infty}[\boldsymbol{x}-\hat{\boldsymbol{X}}_{\mathrm{MV}}(z)][\boldsymbol{x}-\hat{\boldsymbol{X}}_{\mathrm{MV}}(z)]^{\mathrm{T}}p(\boldsymbol{x},z)\mathrm{d}\boldsymbol{x}\mathrm{d}z \\
&= \int_{-\infty}^{+\infty}\int_{-\infty}^{+\infty}(\boldsymbol{x}-E[\boldsymbol{X}\mid z])(\boldsymbol{x}-E[\boldsymbol{X}\mid z])^{\mathrm{T}}p(\boldsymbol{x}\mid z)\mathrm{d}\boldsymbol{x}p_z(z)\mathrm{d}z \\
&= \int_{-\infty}^{+\infty}\boldsymbol{C}_{X\mid Z}p_Z(z)\mathrm{d}z
\end{aligned}
\tag{5.87}
$$

这说明，最小方差估计的均方误差矩阵可通过条件方差矩阵 $\boldsymbol{C}_{X\mid Z}$ 与边缘密度函数 $p_z(z)$ 求得。

5.3　线性最小方差估计

线性最小方差估计（Linear Minimum Variance，LMV）属于一种特殊的最小方差估计，不论理论观测模型是线性的还是非线性的，它都采用观测量的线性组合建模来对状态进行估计，表示为

$$
\hat{\boldsymbol{X}} = \boldsymbol{A}\boldsymbol{Z} + \boldsymbol{b} \tag{5.88}
$$

式中，$\boldsymbol{A}$ 为 $n\times m$ 阶的待定常值矩阵；$\boldsymbol{b}$ 为 n 维待定常值向量。由于限定了观测量的线性构造方式，线性最小方差估计的精度一般不如最小方差估计，但是线性建模非常简单，所以线性最小方差估计的应用十分广泛。

线性最小方差估计的性能指标函数为

$$
J(\hat{\boldsymbol{X}}) = E[\tilde{\boldsymbol{X}}^{\mathrm{T}}\tilde{\boldsymbol{X}}]\big|_{\hat{\boldsymbol{X}}=\hat{\boldsymbol{X}}_{\mathrm{LMV}}} = \min \tag{5.89}
$$

对指标函数做如下变换：

$$
\begin{aligned}
J(\hat{\boldsymbol{X}}) &= E[\tilde{\boldsymbol{X}}^{\mathrm{T}}\tilde{\boldsymbol{X}}] = \mathrm{tr}(E[\tilde{\boldsymbol{X}}\tilde{\boldsymbol{X}}^{\mathrm{T}}]) \\
&= \mathrm{tr}(E[(\boldsymbol{X}-\boldsymbol{A}\boldsymbol{Z}-\boldsymbol{b})(\boldsymbol{X}-\boldsymbol{A}\boldsymbol{Z}-\boldsymbol{b})^{\mathrm{T}}]) \\
&= \mathrm{tr}(E[\boldsymbol{X}\boldsymbol{X}^{\mathrm{T}}+\boldsymbol{A}\boldsymbol{Z}\boldsymbol{Z}^{\mathrm{T}}\boldsymbol{A}^{\mathrm{T}}+\boldsymbol{b}\boldsymbol{b}^{\mathrm{T}}-\boldsymbol{X}\boldsymbol{Z}^{\mathrm{T}}\boldsymbol{A}^{\mathrm{T}}-\boldsymbol{A}\boldsymbol{Z}\boldsymbol{X}^{\mathrm{T}}-\boldsymbol{X}\boldsymbol{b}^{\mathrm{T}}-\boldsymbol{b}\boldsymbol{X}^{\mathrm{T}}+\boldsymbol{b}\boldsymbol{Z}^{\mathrm{T}}\boldsymbol{A}^{\mathrm{T}}+\boldsymbol{A}\boldsymbol{Z}\boldsymbol{b}^{\mathrm{T}}]) \\
&= \mathrm{tr}[(\boldsymbol{A}-\boldsymbol{C}_{XZ}\boldsymbol{C}_Z^{-1})\boldsymbol{C}_Z(\boldsymbol{A}-\boldsymbol{C}_{XZ}\boldsymbol{C}_Z^{-1})^{\mathrm{T}}+(\boldsymbol{C}_X-\boldsymbol{C}_{XZ}\boldsymbol{C}_Z^{-1}\boldsymbol{C}_{ZX})+ \\
&\quad(\boldsymbol{m}_X-\boldsymbol{A}\boldsymbol{m}_Z-\boldsymbol{b})(\boldsymbol{m}_X-\boldsymbol{A}\boldsymbol{m}_Z-\boldsymbol{b})^{\mathrm{T}}] \\
&= \mathrm{tr}[(\boldsymbol{A}-\boldsymbol{C}_{XZ}\boldsymbol{C}_Z^{-1})\boldsymbol{C}_Z(\boldsymbol{A}-\boldsymbol{C}_{XZ}\boldsymbol{C}_Z^{-1})^{\mathrm{T}}]+\mathrm{tr}(\boldsymbol{C}_X-\boldsymbol{C}_{XZ}\boldsymbol{C}_Z^{-1}\boldsymbol{C}_{ZX})+ \\
&\quad\mathrm{tr}[(\boldsymbol{m}_X-\boldsymbol{A}\boldsymbol{m}_Z-\boldsymbol{b})(\boldsymbol{m}_X-\boldsymbol{A}\boldsymbol{m}_Z-\boldsymbol{b})^{\mathrm{T}}]
\end{aligned}
\tag{5.90}
$$

不难发现，式（5.90）最后等号的右端第二项与待定参数 $\boldsymbol{A}$，$\boldsymbol{b}$ 无关；第一和第三项必定非负。欲使指标函数 $J(\hat{\boldsymbol{X}})$ 达到最小，只需使第一和第三项同时为零，即满足

$$\left.\begin{aligned}\boldsymbol{A}-\boldsymbol{C}_{XZ}\boldsymbol{C}_Z^{-1}&=\boldsymbol{0}\\ \boldsymbol{m}_X-\boldsymbol{A}\boldsymbol{m}_Z-\boldsymbol{b}&=\boldsymbol{0}\end{aligned}\right\}\tag{5.91}$$

因此可以得到

$$\left.\begin{aligned}\boldsymbol{A}&=\boldsymbol{C}_{XZ}\boldsymbol{C}_Z^{-1}\\ \boldsymbol{b}&=\boldsymbol{m}_X-\boldsymbol{C}_{XZ}\boldsymbol{C}_Z^{-1}\boldsymbol{m}_Z\end{aligned}\right\}\tag{5.92}$$

将上式代入模型方程可得线性最小方差估计为

$$\hat{\boldsymbol{X}}_{\mathrm{LMV}}=\boldsymbol{A}\boldsymbol{Z}+\boldsymbol{b}=\boldsymbol{m}_X+\boldsymbol{C}_{XZ}\boldsymbol{C}_Z^{-1}(\boldsymbol{Z}-\boldsymbol{m}_Z)\tag{5.93}$$

可见，只需已知状态 $\boldsymbol{X}$ 和观测 $\boldsymbol{Z}$ 的一、二阶矩阵即可求得线性最小方差估计，与最小方差估计需要已知联合密度函数相比，线性最小方差估计的求解条件更加宽松，容易实现。

对上式求数学期望，有

$$\begin{aligned}E_Z[\hat{\boldsymbol{X}}_{\mathrm{LMV}}]&=E_Z[\boldsymbol{m}_X+\boldsymbol{C}_{XZ}\boldsymbol{C}_Z^{-1}(\boldsymbol{Z}-\boldsymbol{m}_Z)]\\&=\boldsymbol{m}_X+\boldsymbol{C}_{XZ}\boldsymbol{C}_Z^{-1}(E_Z[\boldsymbol{Z}]-\boldsymbol{m}_Z)\\&=\boldsymbol{m}_X+\boldsymbol{C}_{XZ}\boldsymbol{C}_Z^{-1}(\boldsymbol{m}_Z-\boldsymbol{m}_Z)=\boldsymbol{m}_X=E[\boldsymbol{X}]\end{aligned}\tag{5.94}$$

这说明线性最小方差估计也是无偏估计。

最后，计算线性最小方差估计的误差 $\hat{\boldsymbol{X}}_{\mathrm{LMV}}$ 与观测量 $\boldsymbol{Z}$ 之间的协相关矩阵，有

$$\begin{aligned}\mathrm{cov}(\tilde{\boldsymbol{X}}_{\mathrm{LMV}},\boldsymbol{Z})&=E[\{\boldsymbol{X}-[\boldsymbol{m}_X+\boldsymbol{C}_{XZ}\boldsymbol{C}_Z^{-1}(\boldsymbol{Z}-\boldsymbol{m}_Z)]\}(\boldsymbol{Z}-\boldsymbol{m}_Z)^{\mathrm{T}}]\\&=E[(\boldsymbol{X}-\boldsymbol{m}_X)(\boldsymbol{Z}-\boldsymbol{m}_Z)^{\mathrm{T}}]-\boldsymbol{C}_{XZ}\boldsymbol{C}_Z^{-1}E[(\boldsymbol{Z}-\boldsymbol{m}_Z)(\boldsymbol{Z}-\boldsymbol{m}_Z)^{\mathrm{T}}]\\&=\boldsymbol{C}_{XZ}-\boldsymbol{C}_{XZ}\boldsymbol{C}_Z^{-1}\boldsymbol{C}_Z=\boldsymbol{0}\end{aligned}\tag{5.95}$$

上式表明，估计误差 $\hat{\boldsymbol{X}}_{\mathrm{LMV}}$ 与观测量 $\boldsymbol{Z}$ 互不相关。从几何角度看，$\hat{\boldsymbol{X}}_{\mathrm{LMV}}$ 与 $\boldsymbol{Z}$ 正交，估计值 $\hat{\boldsymbol{X}}_{\mathrm{LMV}}$ 是被估计量 $\boldsymbol{X}$ 在观测空间 $\boldsymbol{Z}$ 上的正交投影，其示意如图 5-4 所示。

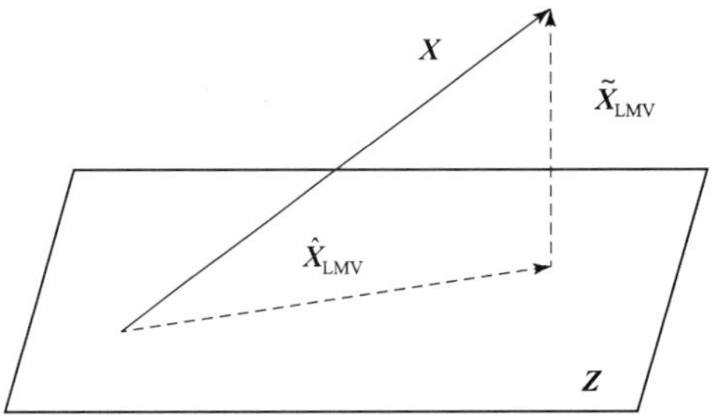

图 5-4　正交投影示意

5.4　极大值估计法

5.4.1　极大似然估计

已知在 $\boldsymbol{X}=\boldsymbol{x}$ 条件下观测量 $\boldsymbol{Z}$ 的条件密度函数为 $p(\boldsymbol{z}|\boldsymbol{x})$。为了估计 $\boldsymbol{X}$，对 $\boldsymbol{Z}$ 进行观测，

如果观测值为 z，则出现该值的概率密度为 $L(\boldsymbol{x})=p(z|\boldsymbol{x})$。对于某一具体观测值 z 而言，$L(\boldsymbol{x})$ 只是 $\boldsymbol{x}$ 的函数，对于 $\boldsymbol{x}$ 的两个不同取值 $\boldsymbol{x}_1$ 和 $\boldsymbol{x}_2$，如果有概率密度 $L(\boldsymbol{x}_1)>L(\boldsymbol{x}_2)$，则认为选取估计值 $\hat{\boldsymbol{X}}=\boldsymbol{x}_1$ 时出现观测值 z 的可能性比选取估计值 $\hat{\boldsymbol{X}}=\boldsymbol{x}_2$ 更大。因此，可将使 $L(\boldsymbol{x})=p(z|\boldsymbol{x})$ 取得最大值时的 $\boldsymbol{x}$ 作为 $\boldsymbol{X}$ 的最优估计 $\hat{\boldsymbol{X}}$，这时 $\hat{\boldsymbol{X}}$ 为准确值的可能性最大，应用这一思路的估计方法称为极大似然估计（Maximum Likelihood，ML），记为

$$L(\boldsymbol{x})\big|_{\boldsymbol{x}=\hat{\boldsymbol{X}}_{\mathrm{ML}}}=\max \tag{5.96}$$

常称 $L(\boldsymbol{x})=p(z|\boldsymbol{x})$ 为似然函数。

为求上式的极值，令

$$\left.\frac{\partial L(\boldsymbol{x})}{\partial \boldsymbol{x}}\right|_{\boldsymbol{x}=\hat{\boldsymbol{X}}_{\mathrm{ML}}}=\mathbf{0} \tag{5.97}$$

上式称为似然方程，如果极值存在且唯一，由它可求得极大似然估计值 $\hat{\boldsymbol{X}}_{\mathrm{ML}}$。

如果对观测量 $\boldsymbol{Z}$ 进行了 $\boldsymbol{k}$ 次观测（独立抽样），观测序列分别为 $\{z_1,z_2,\cdots,z_k\}$，则出现该观测序列的概率密度为

$$L(\boldsymbol{x})=p(z_1|\boldsymbol{x})p(z_2|\boldsymbol{x})\cdots p(z_k|\boldsymbol{x})=\prod_{i=1}^{k}p(z_i|\boldsymbol{x}) \tag{5.98}$$

考虑到似然函数为若干个概率密度乘积的形式，似然函数一般为正且对数函数是单调函数，为求式（5.96）或式（5.98）的极值，也可令

$$\left.\frac{\partial \ln L(\boldsymbol{x})}{\partial \boldsymbol{x}}\right|_{\boldsymbol{x}=\hat{\boldsymbol{X}}_{\mathrm{ML}}}=\mathbf{0} \tag{5.99}$$

上式称为对数似然方程，由它亦可求得极大似然估计值 $\hat{\boldsymbol{X}}_{\mathrm{ML}}$。显然，按极大似然估计法求 $\hat{\boldsymbol{X}}_{\mathrm{ML}}$，无须了解状态 $\boldsymbol{X}$ 的任何先验知识。

5.4.2　极大后验估计

类似极大似然估计准则 $L(\boldsymbol{x})\big|_{\boldsymbol{x}=\hat{\boldsymbol{X}}_{\mathrm{ML}}}=p(z|\boldsymbol{x})=\max$，若已知条件概率密度函数 $p(\boldsymbol{x}|z)$ 且以 $p(\boldsymbol{x}|z)=\max$ 作为准则，也可得到状态 $\boldsymbol{X}$ 的一种最优估计方法，称为极大后验估计（Maximum A Posteriori，MAP）。其含义是：给定某一观测值 $\boldsymbol{Z}=z$，使条件密度函数 $p(\boldsymbol{x}|z)$ 达到极大的那个 $\boldsymbol{x}$ 值，就是最可能的估计值，记作

$$p(\boldsymbol{x}|z)\big|_{\boldsymbol{x}=\hat{\boldsymbol{X}}_{\mathrm{MAP}}}=\max \tag{5.100}$$

上式取极值的必要条件为

$$\left.\frac{\partial p(\boldsymbol{x}|z)}{\partial \boldsymbol{x}}\right|_{\boldsymbol{x}=\hat{\boldsymbol{X}}_{\mathrm{MAP}}}=\mathbf{0}\quad 或者\quad \left.\frac{\partial \ln p(\boldsymbol{x}|z)}{\partial \boldsymbol{x}}\right|_{\boldsymbol{x}=\hat{\boldsymbol{X}}_{\mathrm{MAP}}}=\mathbf{0} \tag{5.101}$$

如果 $p(\boldsymbol{x}|z)$ 未知，而已知 $p(z|\boldsymbol{x})$ 和 $p_X(\boldsymbol{x})$，则根据贝叶斯公式可得

$$p(\boldsymbol{x}|z)=\frac{p(z|\boldsymbol{x})p_X(\boldsymbol{x})}{p_Z(z)} \tag{5.102}$$

式中，由于右端分子中边缘密度函数 $p_X(\boldsymbol{x})$ 已知，它表示在未进行观测之前就已经知道了状态 $\boldsymbol{X}$ 的概率密度函数，所以又称 $p_X(\boldsymbol{x})$ 为验前概率密度函数；相对而言，左端条件概率密度函数 $p(\boldsymbol{x}|z)$ 意为做出观测 $\boldsymbol{Z}=z$ 之后的状态 $\boldsymbol{X}$ 的概率密度函数，因此 $p(\boldsymbol{x}|z)$ 通常被称为后

验概率密度函数。

若将上式先取对数再对 $\boldsymbol{x}$ 求偏导数，注意到 $p_Z(z)$ 与 $\boldsymbol{x}$ 无关，则可得

$$\frac{\partial \ln p(\boldsymbol{x}|z)}{\partial \boldsymbol{x}}=\frac{\partial \ln p(z|\boldsymbol{x})}{\partial \boldsymbol{x}}+\frac{\partial \ln p_X(\boldsymbol{x})}{\partial \boldsymbol{x}} \tag{5.103}$$

如果验前概率密度函数 $p_X(\boldsymbol{x})$ 未知，可认为状态 $\boldsymbol{X}$ 是服从均值为 $\boldsymbol{m}_X$（有限）且方差非常大（$\boldsymbol{C}_X\to\infty$）的正态分布，即有如下密度函数：

$$p_X(\boldsymbol{x})=\frac{1}{(2\pi)^{n/2}|\boldsymbol{C}_X|^{1/2}}\exp\left\{-\frac{1}{2}(\boldsymbol{x}-\boldsymbol{m}_X)^{\mathrm{T}}\boldsymbol{C}_X^{-1}(\boldsymbol{x}-\boldsymbol{m}_X)\right\} \tag{5.104}$$

从而有

$$\begin{aligned}\frac{\partial \ln p_X(\boldsymbol{x})}{\partial \boldsymbol{x}}&=\frac{\partial}{\partial \boldsymbol{x}}\left\{-\ln[(2\pi)^{n/2}|\boldsymbol{C}_X|^{1/2}]-\frac{1}{2}(\boldsymbol{x}-\boldsymbol{m}_X)^{\mathrm{T}}\boldsymbol{C}_X^{-1}(\boldsymbol{x}-\boldsymbol{m}_X)\right\}\\&=-\boldsymbol{C}_X^{-1}(\boldsymbol{x}-\boldsymbol{m}_X)\to\boldsymbol{0}\end{aligned} \tag{5.105}$$

将其带入式（5.103），便得到$\frac{\partial \ln p(\boldsymbol{x}|z)}{\partial \boldsymbol{x}}=\frac{\partial \ln p(z|\boldsymbol{x})}{\partial \boldsymbol{x}}$，这说明，在缺乏状态 $\boldsymbol{X}$ 的任何先验知识的情况下，极大后验估计等价于极大似然估计。

5.4.3 维纳滤波

前几节讨论的几种估计问题可视为系统状态在某一观测时刻的“静态估计”，而维纳(wiener)滤波研究的是从动态系统的长时间观测中求解状态变量最优估计的“动态估计”问题。

设一维连续时间系统的观测方程为

$$Z(t)=X(t)+V(t) \tag{5.106}$$

式中，$Z(t)$ 为观测信号；$X(t)$ 为有用信号；$V(t)$ 为噪声。假设三者都是零均值且各态遍历的平稳随机过程。

如图 5-5 所示，维纳滤波的任务就是设计出一个估计器 G（线性定常系统），根据观测 $Z(t)$ 估计 $X(t)$，结果记为 $\hat{X}(t)$，使 $\hat{X}(t)$ 尽量接近 $X(t)$，用统计的术语表示就是使 $\hat{X}(t)$ 的均方差最小，即

$$J(\hat{X}(t))=E[\tilde{X}^2(t)]=E[[X(t)-\hat{X}(t)]^2]=\min \tag{5.107}$$

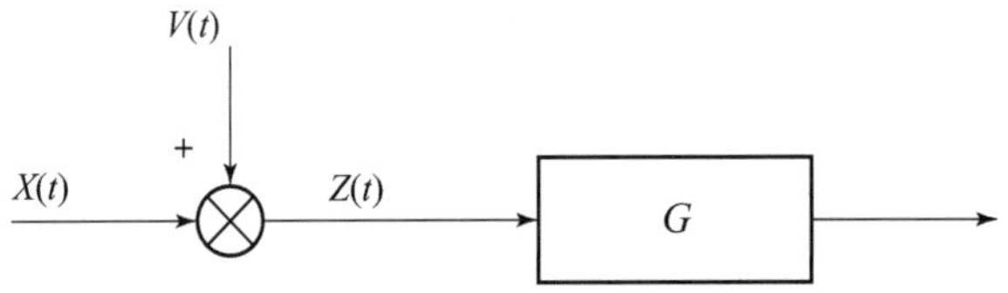

图 5-5 维纳滤波示意

设线性系统 G 的单位脉冲响应函数为 $g(t)$，则有

$$\hat{X}(t)=\int_0^{\infty}g(\lambda)Z(t-\lambda)\mathrm{d}\lambda \tag{5.108}$$

计算滤波估计误差的均值：

$$
\begin{aligned}
E[\tilde{X}(t)] &= E[X(t)-\hat{X}(t)] \\
&= E[X(t)] - E\left[\int_0^{\infty} g(\lambda)Z(t-\lambda)\mathrm{d}\lambda\right] \\
&= E[X(t)] - \int_0^{\infty} g(\lambda)E[Z(t-\lambda)]\mathrm{d}\lambda \\
&= 0
\end{aligned} \tag{5.109}
$$

上式表明，维纳滤波也是一种线性最小方差估计（线性估计、均方误差最小且无偏）。

5.3 节所介绍的正交投影规律不仅适用于“静态估计”，也适用于“动态估计”，也就是说，当估计 $\tilde{X}(t)$ 的均方误差最小时，估计误差 $\tilde{X}(t)$ 应与观测量 $Z(t)$ 正交，即有

$$
\begin{aligned}
E[\tilde{X}(t)Z(t-\tau)] &= E\left[\left[X(t) - \int_0^{\infty} g(\lambda)Z(t-\lambda)\mathrm{d}\lambda\right]Z(t-\tau)\right] \\
&= E[X(t)Z(t-\tau)] - E\left[\int_0^{\infty} g(\lambda)Z(t-\lambda)\mathrm{d}\lambda Z(t-\tau)\right] \\
&= E[X(t)Z(t-\tau)] - \int_0^{\infty} g(\lambda)E[Z(t-\lambda)Z(t-\tau)]\mathrm{d}\lambda \\
&= R_{XZ}(\tau) - \int_0^{\infty} g(\lambda)R_Z(\tau-\lambda)\mathrm{d}\lambda = 0
\end{aligned} \tag{5.110}
$$

式中，$R_{XZ}(\tau)=E[X(t)Z(t-\tau)]$ 为 $X(t)$ 和 $Z(t)$ 的互相关函数；$R_Z(\tau)=E[Z(t)Z(t-\tau)]$ 为 $Z(t)$ 的自相关函数。

由上式可得

$$
R_{XZ}(\tau) = \int_0^{\infty} g(\lambda)R_Z(\tau-\lambda)\mathrm{d}\lambda \tag{5.111}
$$

这便是维纳－霍夫（Wiener－Hopf）积分方程。若已知 $R_{XZ}(\tau)$ 和 $R_Z(\tau)$，理论上通过求解该积分方程即可获得滤波器的脉冲响应函数 $g(t)$（或传递函数 $G(t)$），以完成维纳滤波器设计。在实际应用中，一般是已知与 $R_{XZ}(\tau)$ 和 $R_Z(\tau)$ 相对应的功率谱密度（Power Spectral Density，PSD）和互谱密度（cross PSD），从频域上通过谱分解方法求解传递函数 $G(t)$，这一过程相当烦琐和复杂。

维纳滤波是 20 世纪 40 年代在随机滤波理论上的一个重大突破，在方法论上具有比较深远的影响，但是在实际使用中却受到很大限制，其主要原因在于维纳－霍夫积分方程一般很难求解，即便能够求解，相应的传递函数在工程上往往也很难实现。此外，维纳滤波仅适用于处理单输出平稳随机过程，难以应用于复杂的高维随机系统。1960 年，卡尔曼（R. E. Kalman）采用状态空间描述，提出了一种全新的适用于计算机递推的滤波方法——卡尔曼滤波。卡尔曼滤波有效克服了维纳滤波的主要缺点且适用范围更广，自此维纳滤波的研究渐渐淡出了人们的视线。

5.5 卡尔曼滤波

5.5.1 卡尔曼滤波与最优估计

1. 离散系统模型与噪声统计特性

卡尔曼滤波技术是20世纪60年代在现代控制理论的发展过程中产生的一种最优估计技术。一般说来，在解决工程技术问题时，人们有必要精确了解工程对象（滤波技术中称之为系统）的各种物理量（滤波技术中称之为状态），以便对工程对象实现有效控制。为此需要对系统状态进行测量。但是，测量值并不能准确地反映系统的真实状态，其中常常含有多种随机误差（或称为测量噪声）；同时，限于测量方法，通常测量值并非与状态一一对应，测量值可能是某系统的部分状态，也可能是部分状态的线性组合。

为了解决系统状态的真值与测量值之间的矛盾，出现了多种最优估计方法。最优估计是一种数据处理技术，它能对仅与部分状态有关的测量值进行处理，得出从某种统计意义上讲估计误差最小的更多状态的估计值（简称估计或估值）。估计误差最小的标准称为估计准则。根据不同的估计准则和估计计算方法，有不同的最优估计。卡尔曼滤波是一种递推线性最小方差估计。假设给定动态系统的一阶线性状态方程和测量方程为

$$\left.\begin{aligned}\dot{\boldsymbol{X}}(t) &= \boldsymbol{F}(t)\boldsymbol{X}(t)+\boldsymbol{G}(t)\boldsymbol{W}(t)\\ \boldsymbol{Z}(t) &= \boldsymbol{H}(t)\boldsymbol{X}(t)+\boldsymbol{V}(t)\end{aligned}\right\}\tag{5.112}$$

式中，$\boldsymbol{X}(t)$为系统状态向量（n维）；$\boldsymbol{F}(t)$为系统状态矩阵（$n\times n$阶）；$\boldsymbol{G}(t)$为系统动态噪声矩阵（$n\times r$阶）；$\boldsymbol{W}(t)$为系统过程白噪声向量（r维）；$\boldsymbol{Z}(t)$为系统测量向量（m维）；$\boldsymbol{H}(t)$为系统测量矩阵（$m\times n$阶）；$\boldsymbol{V}(t)$为系统测量噪声向量（m维）。其中，卡尔曼滤波要求系统噪声向量$\boldsymbol{W}(t)$和测量噪声向量$\boldsymbol{V}(t)$都是零均值的白噪声过程。

前面已经提到，工程对象一般都是连续系统，对系统状态的估计，可以按连续动态系统的滤波方程进行计算。然而，在实际应用中，常常将系统离散化，用离散化后的差分方程来描述连续系统。因此，下面主要讨论离散系统的卡尔曼滤波。将状态方程和测量方程［式(5.112)］离散化，可得

$$\left.\begin{aligned}\boldsymbol{X}_k &= \boldsymbol{\Phi}_{k,k-1}\boldsymbol{X}_{k-1}+\boldsymbol{\Gamma}_{k-1}\boldsymbol{W}_{k-1}\\ \boldsymbol{Z}_k &= \boldsymbol{H}_k\boldsymbol{X}_k+\boldsymbol{V}_k\end{aligned}\right\}\tag{5.113}$$

式中，

$$\left.\begin{aligned}\boldsymbol{\Phi}_{k,k-1} &= \sum_{n=0}^{\infty}[\boldsymbol{F}(t_k)T]^n/n!\\ \boldsymbol{\Gamma}_{k-1} &= \left\{\sum_{n=1}^{\infty}[\boldsymbol{F}(t_k)T]^{n-1}\frac{1}{n!}\right\}\boldsymbol{G}(t_k)T\end{aligned}\right\}\tag{5.114}$$

式中，T为迭代周期；$\boldsymbol{X}_k$为系统在k时刻的n维状态向量，即被估计向量；$\boldsymbol{Z}_k$为k时刻的m维测量向量；$\boldsymbol{\Phi}_{k,k-1}$为$k-1$时刻到$k$时刻的系统状态转移矩阵（$n\times n$阶）；$\boldsymbol{H}_k$为$k$时刻的测量矩阵（$m\times n$阶）；$\boldsymbol{W}_{k-1}$为$k-1$时刻的系统噪声向量（$r$维）；$\boldsymbol{\Gamma}_{k-1}$为系统噪声矩阵（$n\times r$阶），表示由$k-1$时刻到$k$时刻的各个系统噪声分别影响$k$时刻各个状态的程度；$\boldsymbol{V}_k$为$k$时刻的$m$维测量噪声向量。

根据卡尔曼滤波的要求，假设$\{\boldsymbol{W}_k, k=0,1,2,\cdots\}$和$\{\boldsymbol{V}_k, k=0,1,2,\cdots\}$是独立的均值为零的白噪声序列，则有

$$\left.\begin{aligned} E\{\boldsymbol{W}_k\} &= 0 \\ E\{\boldsymbol{W}_k\boldsymbol{W}_j^{\mathrm{T}}\} &= \boldsymbol{Q}_k\delta_{kj}\end{aligned}\right\},\quad \left.\begin{aligned} E\{\boldsymbol{V}_k\} &= 0 \\ E\{\boldsymbol{V}_k\boldsymbol{V}_j^{\mathrm{T}}\} &= \boldsymbol{R}_k\delta_{kj}\end{aligned}\right\},\quad \delta_{kj} = \begin{cases} 0(k\neq j) \\ 1(k=j)\end{cases} \tag{5.115}$$

式中，$E\{\cdot\}$为取均值的符号；$\delta_{k,j}$是 Kronecker δ 函数；$\boldsymbol{Q}_k$ 为系统的噪声方差矩阵，由于并非系统的所有状态变量 $\boldsymbol{x}_i$ 均有动态噪声，故 $\boldsymbol{Q}_k$ 是一个（$n\times n$ 阶）非负定矩阵；$\boldsymbol{R}_k$ 为测量噪声方差阵，由于每个测量值 z_i 均含有噪声，故 $\boldsymbol{R}_k$ 是一个（$m\times m$ 阶）正定矩阵。

同时，又假设系统的初始状态 $\boldsymbol{X}_0$ 也是正态随机向量，其均值和协方差矩阵分别为

$$\left.\begin{aligned} E\{\boldsymbol{X}_0\} &= 0 \\ E\{\boldsymbol{X}_0\boldsymbol{X}_0^{\mathrm{T}}\} &= \boldsymbol{P}_0\end{aligned}\right\} \tag{5.116}$$

对于一个实际的物理系统而言，当前和未来时刻的干扰不会影响系统的初始状态 $\boldsymbol{X}_0$；为了简化问题的讨论，可以认为系统初始状态 $\boldsymbol{X}_0$、系统噪声 $\boldsymbol{W}_k$、测量噪声 $\boldsymbol{V}_k$ 都是互相独立的，即对所有的 $k=0,1,2,\cdots$，均有 $E\{\boldsymbol{X}_0\boldsymbol{W}_k^{\mathrm{T}}\}=0$，$E\{\boldsymbol{X}_0\boldsymbol{V}_k^{\mathrm{T}}\}=0$，$E\{\boldsymbol{W}_k\boldsymbol{V}_k^{\mathrm{T}}\}=0$。

2. 最小方差估计与卡尔曼滤波

上述给出了离散系统的数学描述以及有关噪声的概率统计特性的假设，现在讨论最小方差估计。如果给定测量数据$\{\boldsymbol{Z}_j, j=1,2,\cdots,k\}$之后，求状态向量 $\boldsymbol{X}_i$ 在某种意义下的最优估计，记作 $\hat{\boldsymbol{X}}_{i|k}$。根据观测时刻 k 与待估计向量 $\boldsymbol{X}_i$ 所在时刻 i 的关系，将统计估计分为三类：①若$i>k$，$\hat{\boldsymbol{X}}_{i|k}$称为 $\boldsymbol{X}_i$ 的预测估计，即由以前的观测数据预测未来的状态向量；②若 $i=k$，$\hat{\boldsymbol{X}}_{i|k}$称为 $\boldsymbol{X}_i$ 的滤波估计，它是“实时动态估计”；③若 $i<k$，$\hat{\boldsymbol{X}}_{i|k}$称为 $\boldsymbol{X}_i$ 的平滑估计，又称“内插估计”。

最小方差估计的定义是：如果估计 $\hat{\boldsymbol{X}}_{i|k}$使

$$E\{[\boldsymbol{X}_i - \hat{\boldsymbol{X}}_{i|k}]^{\mathrm{T}}[\boldsymbol{X}_i - \hat{\boldsymbol{X}}_{i|k}]\} = \min \tag{5.117}$$

成立，则 $\hat{\boldsymbol{X}}_{i|k}$称为 $\boldsymbol{X}_i$ 的最小方差估计。

记 $\tilde{\boldsymbol{X}}_{i|k}=\boldsymbol{X}_i-\hat{\boldsymbol{X}}_{i|k}$为估计误差，$\boldsymbol{P}_{i|k}=E\{[\boldsymbol{X}_i-\hat{\boldsymbol{X}}_{i|k}][\boldsymbol{X}_i-\hat{\boldsymbol{X}}_{i|k}]^{\mathrm{T}}\}$为估计误差的协方差矩阵。如果 $E\{\hat{\boldsymbol{X}}_{i|k}\}=E\{\boldsymbol{X}_i\}$，则称 $\hat{\boldsymbol{X}}_{i|k}$为 $\boldsymbol{X}_i$ 的无偏估计。如果估计 $\hat{\boldsymbol{X}}_{i|k}$是量测数据$\{\boldsymbol{Z}_j, j=1,2,\cdots,k\}$的线性函数，则估计 $\hat{\boldsymbol{X}}_{i|k}$就称为向量 $\boldsymbol{X}_i$ 的线性估计。

在实际的工程应用中，常常希望由 t_k 时刻的测量值 $\boldsymbol{Z}_k$，计算得到该时刻的状态 $\boldsymbol{X}_k$ 的估计 $\hat{\boldsymbol{X}}_k$。对于动态系统，由于 $\boldsymbol{X}_k$ 是从 t_k 以前时刻的状态，按照系统转移规律变化而来的（含噪声影响），当前时刻的状态与以前时刻的状态存在关联，所以利用 t_k 时刻的测量值 $\boldsymbol{Z}_k$ 进行估计必定有助于提高估计精度。但是，对于线性最小方差估计来说，由于计算方法的限制，若同时处理不同时刻的全部测量值来估计 t_k 时刻的状态 $\boldsymbol{X}_k$，计算工作量将相当大，因此，这种估计方法不适合实时估计动态系统的状态。

如果无须“同时全部”处理 t_k 时刻前的测量数据，而是采取一种将前后时刻“关联”的递推算法，问题就可解决。这就是卡尔曼在线性最小方差估计的基础上所提出的递推线性最小方差滤波估计——卡尔曼滤波。卡尔曼滤波是一种递推数据处理方法，它利用上一时刻 t_{k-1}的估计 $\hat{\boldsymbol{X}}_{k-1}$和实时 t_k 时刻的观测值 Z_k，进行实时估计得到 $\hat{\boldsymbol{X}}_k$。上一时刻 t_{k-1}的估计

$\hat{\boldsymbol{X}}_{k-1}$，采用了再上一时刻 t_{k-2} 的估计 $\hat{\boldsymbol{X}}_{k-2}$ 和 t_{k-1} 时刻的观测值 $\boldsymbol{Z}_{k-1}$，依此类推，可以一直上溯到初始状态向量和全部时刻的测量向量 $\{\boldsymbol{Z}_0,\boldsymbol{Z}_1,\boldsymbol{Z}_2,\cdots,\boldsymbol{Z}_{k-1}\}$。因此，这种递推的实时估计实际上是利用了全部测量数据得到的，而且一次仅处理一个时刻的测量值，使计算量大大减小。递推线性最小方差估计的估计准则仍然符合式（5.117）。它的估计同样是测量值的线性函数，并且也是无偏估计。

5.5.2　离散系统的卡尔曼滤波方程

1. 离散卡尔曼滤波方程组

由以上分析可以看出，卡尔曼滤波是在给定测量数据 $\{\boldsymbol{Z}_j,\ j=1,2,\cdots,k\}$ 后，实现状态向量 $\boldsymbol{X}_k$ 的递推线性最小方差滤波估计 $\hat{\boldsymbol{X}}_k$。卡尔曼滤波的严格数学证明涉及比较复杂的数学知识，推导比较烦琐，有兴趣的读者可以参阅相关专著。本节不加证明地给出离散卡尔曼滤波方程组，然后分别说明各方程的物理意义，以便于读者掌握卡尔曼滤波器的使用方法。

离散系统的卡尔曼滤波方程主要包含以下 5 个递推方程。

（1）状态一步预测方程：

$$\hat{\boldsymbol{X}}_{k|k-1}=\boldsymbol{\Phi}_{k,k-1}\hat{\boldsymbol{X}}_{k-1} \tag{5.118}$$

（2）状态估计计算方程：

$$\hat{\boldsymbol{X}}_k=\hat{\boldsymbol{X}}_{k|k-1}+\boldsymbol{K}_k(\boldsymbol{Z}_k-\boldsymbol{H}_k\hat{\boldsymbol{X}}_{k|k-1}) \tag{5.119}$$

（3）最优滤波增益方程：

$$\boldsymbol{K}_k=\boldsymbol{P}_{k|k-1}\boldsymbol{H}_k^{\mathrm{T}}[\boldsymbol{H}_k\boldsymbol{P}_{k|k-1}\boldsymbol{H}_k^{\mathrm{T}}+\boldsymbol{R}_k]^{-1} \tag{5.120}$$

（4）一步预测均方差方程：

$$\boldsymbol{P}_{k|k-1}=\boldsymbol{\Phi}_{k,k-1}\boldsymbol{P}_{k-1}\boldsymbol{\Phi}_{k,k-1}^{\mathrm{T}}+\boldsymbol{\Gamma}_{k-1}\boldsymbol{Q}_{k-1}\boldsymbol{\Gamma}_{k-1}^{\mathrm{T}} \tag{5.121}$$

（5）估计均方差方程：

$$\boldsymbol{P}_k=(\boldsymbol{I}-\boldsymbol{K}_k\boldsymbol{H}_k)\boldsymbol{P}_{k|k-1} \tag{5.122}$$

$$\boldsymbol{P}_k=(\boldsymbol{I}-\boldsymbol{K}_k\boldsymbol{H}_k)\boldsymbol{P}_{k|k-1}(\boldsymbol{I}-\boldsymbol{K}_k\boldsymbol{H}_k)^{\mathrm{T}}+\boldsymbol{K}_k\boldsymbol{R}_k\boldsymbol{K}_k^{\mathrm{T}} \tag{5.123}$$

由上述式（5.118）~式（5.123）确定的系统叫作卡尔曼滤波器，它表现为计算机的数据处理——最小方差线性递推估计运算。其中，式（5.118）、式（5.121）又称为时间修正方程，其余的称为测量修正方程。

卡尔曼滤波器的输入信息是系统的测量输出 $\boldsymbol{Z}_k$，滤波器的输出则是系统状态向量 $\boldsymbol{X}_k$ 的最小方差线性无偏估计 $\hat{\boldsymbol{X}}_k$。卡尔曼滤波方程中的前 4 个方程［式（5.118）~式（5.121）］包括了由输入测量值 $\boldsymbol{Z}_k$ 到计算输出值 $\hat{\boldsymbol{X}}_k$ 的计算过程。另外还需要估计均方差方程［式（5.122）或式（5.123）］，$\boldsymbol{P}_k$ 在计算下一步预测均方差时是必不可少的。

2. 卡尔曼滤波方程的物理含义

1）状态一步预测方程

$\hat{\boldsymbol{X}}_{k-1}$ 是状态 $\boldsymbol{X}_{k-1}$ 的卡尔曼滤波估计值，它是由 $k-1$ 时刻和此时刻以前的测量数据 $\{\boldsymbol{Z}_j,\ j=1,2,\cdots,k-1\}$ 计算得到的线性最小方差无偏估计。$\hat{\boldsymbol{X}}_{k|k-1}$ 是利用 $\hat{\boldsymbol{X}}_{k-1}$ 计算得到的对 $\boldsymbol{X}_k$ 的一步预测，又可以认为是 $k-1$ 时刻和此时刻以前的测量数据得到的对 $\boldsymbol{X}_k$ 的一步预测。从状态方程［式（5.113）］可以看出，在未知系统噪声的条件下，按式（5.118）计算对 $\boldsymbol{X}_k$ 的

一步预测是"合适"的。

2）状态估计计算方程

式（5.119）是在一步预测 $\hat{\boldsymbol{X}}_{k|k-1}$ 的基础上，根据测量量 $\boldsymbol{Z}_k$ 计算估值 $\hat{\boldsymbol{X}}_k$ 的过程。式中括号中的内容可以改写为

$$\boldsymbol{Z}_k - \boldsymbol{H}_k\hat{\boldsymbol{X}}_{k|k-1} = (\boldsymbol{H}_k\boldsymbol{X}_k + \boldsymbol{V}_k) - \boldsymbol{H}_k\hat{\boldsymbol{X}}_{k|k-1} = \boldsymbol{H}_k\tilde{\boldsymbol{X}}_{k|k-1} + \boldsymbol{V}_k \tag{5.124}$$

式中，$\tilde{\boldsymbol{X}}_{k|k-1} = \boldsymbol{X}_k - \hat{\boldsymbol{X}}_{k|k-1}$，称为一步预测误差。若把 $\boldsymbol{H}_k\hat{\boldsymbol{X}}_{k|k-1}$ 看作测量值 $\boldsymbol{Z}_k$ 的一步预测，则 $\boldsymbol{Z}_k - \boldsymbol{H}_k\hat{\boldsymbol{X}}_{k|k-1}$ 为测量值 $\boldsymbol{Z}_k$ 的一步预测误差，由式（5.124）可以看出，它由两部分组成，一是 $\hat{\boldsymbol{X}}_{k|k-1}$ 的误差 $\tilde{\boldsymbol{X}}_{k|k-1}$（以 $\boldsymbol{H}_k\tilde{\boldsymbol{X}}_{k|k-1}$ 形式出现），另一部分是测量误差 $\boldsymbol{V}_k$，其中 $\tilde{\boldsymbol{X}}_{k|k-1}$ 正是在 $\hat{\boldsymbol{X}}_{k|k-1}$ 的基础上估计 $\boldsymbol{X}_k$ 所需要的信息。因此，$\boldsymbol{Z}_k - \boldsymbol{H}_k\hat{\boldsymbol{X}}_{k|k-1}$ 又称为新息。

式（5.119）即通过对新息进行计算，估计出 $\tilde{\boldsymbol{X}}_{k|k-1}$，然后加到 $\hat{\boldsymbol{X}}_{k|k-1}$ 中，从而得到估计值 $\hat{\boldsymbol{X}}_k$。其中计算 $\hat{\boldsymbol{X}}_k$，是通过将新息乘以一个系数矩阵 $\boldsymbol{K}_k$，$\boldsymbol{K}_k$ 为滤波增益矩阵。由于 $\hat{\boldsymbol{X}}_{k|k-1}$ 可以认为是由 $k-1$ 时刻及以前时刻的测量值计算得到的，$\hat{\boldsymbol{X}}_k$ 是由新息（其中包括 $\boldsymbol{Z}_k$）计算得到的，所以 $\hat{\boldsymbol{X}}_k$ 是由 k 时刻及以前的测量值计算得到的。

3）最优滤波增益方程

$\boldsymbol{K}_k$ 具有最优加权的含义，其选取的标准就是卡尔曼滤波的估计准则，即使估计值 $\hat{\boldsymbol{X}}_k$ 的均方差矩阵最小。式（5.120）中的 $\boldsymbol{P}_{k|k-1}$ 为一步预测均方差矩阵，即

$$\boldsymbol{P}_{k|k-1} = E\{\tilde{\boldsymbol{X}}_{k|k-1}\tilde{\boldsymbol{X}}_{k|k-1}^{\mathrm{T}}\} \tag{5.125}$$

式（5.120）中的 $\boldsymbol{H}_k\boldsymbol{P}_{k|k-1}\boldsymbol{H}_k^{\mathrm{T}}$ 和 $\boldsymbol{R}_k$ 分别是新息中的两部分内容 $\boldsymbol{H}_k\tilde{\boldsymbol{X}}_{k|k-1}$ 和 $\boldsymbol{V}_k$ 的均方差矩阵。从式（5.120）可以看出，如果 $\boldsymbol{R}_k$ 大，则 $\boldsymbol{K}_k$ 就小，说明新息中 $\tilde{\boldsymbol{X}}_{k|k-1}$ 的比例小，所以系数取小，使得对测量值的信赖和利用程度低；如果 $\boldsymbol{P}_{k|k-1}$ 大，说明新息中 $\tilde{\boldsymbol{X}}_{k|k-1}$ 的比例大，系数就应该取大，即对测量值的信赖和利用程度高。

4）一步预测均方差方程

为了求 $\boldsymbol{K}_k$，需要先求出 $\boldsymbol{P}_{k|k-1}$。式（5.121）中的 $\boldsymbol{P}_{k-1}$ 为估值 $\hat{\boldsymbol{X}}_{k-1}$ 的均方差矩阵，即

$$\boldsymbol{P}_{k-1} = E\{(\boldsymbol{X}_{k-1} - \hat{\boldsymbol{X}}_{k-1})(\boldsymbol{X}_{k-1} - \hat{\boldsymbol{X}}_{k-1})^{\mathrm{T}}\} \tag{5.126}$$

从式（5.121）可以看出，一步预测均方差矩阵是由 $\boldsymbol{P}_{k-1}$ 转移过来的，并加上系统噪声的影响。

5）估计均方差方程

$\boldsymbol{P}_k$ 是在 $\boldsymbol{P}_{k|k-1}$ 的基础上经过滤波估计演变而来的，其含义是估计值 $\hat{\boldsymbol{X}}_k$ 的均方差。对 $\boldsymbol{P}_k$ 的对角线各元素取平方根，就是各个状态估计值的误差均方差，其数值就是在统计意义上衡量估计精度的直接依据。若矩阵 $\boldsymbol{P}_k$ 达到最小，即 $\boldsymbol{P}_k$ 的迹 $\mathrm{trace}\boldsymbol{P}_k = E\{[\boldsymbol{X}_k - \hat{\boldsymbol{X}}_k]\ [\boldsymbol{X}_{k-1} - \hat{\boldsymbol{X}}_{k-1}]^{\mathrm{T}}\}$ 达到最小。当 $\boldsymbol{K}_k$ 确定下来后，使 $\boldsymbol{P}_k$ 最小，则 $\boldsymbol{K}_k$ 为最优增益矩阵，此时 $\hat{\boldsymbol{X}}_k$ 即 $\boldsymbol{X}_k$ 的最小方差滤波估计。

由式（5.122）和式（5.123）均可以求得 $\boldsymbol{P}_k$。显然，前者的计算量小，但在计算机有

舍入计算误差的情况下，不能保证计算出的均方差矩阵 $\boldsymbol{P}_k$ 一直保持对称。而后者的计算量虽较大，但可以保证 $\boldsymbol{P}_k$ 为对称矩阵。在设计卡尔曼滤波器时，可以根据系统的具体要求选择其中一个方程。

3. 卡尔曼滤波方程计算流程

根据卡尔曼滤波方程［式（5.118）~式（5.123）］，可以给出离散系统的卡尔曼滤波方程计算流程，如图5-6所示。可以看出，由测量数据 $\boldsymbol{Z}_k$ 计算状态估计 $\hat{\boldsymbol{X}}_k$ 时，除了需要知道描述系统测量值的矩阵 $\boldsymbol{H}_k$ 和状态转移矩阵 $\boldsymbol{\Phi}_{k,k-1}$，以及噪声方差矩阵 $\boldsymbol{Q}_k$ 和 $\boldsymbol{R}_k$，还必须有前一步计算的状态估计 $\hat{\boldsymbol{X}}_{k-1}$ 和估值均方差 $\boldsymbol{P}_{k-1}$。若计算出了 k 时刻的 $\hat{\boldsymbol{X}}_k$ 和 $\boldsymbol{P}_k$，则又可以将它们作为计算下一步 $k+1$ 时刻的 $\hat{\boldsymbol{X}}_{k+1}$ 和 $\hat{\boldsymbol{P}}_{k+1}$。因此，由初值 $\hat{\boldsymbol{X}}_0$ 和 $\boldsymbol{P}_0$ 开始计算 $\hat{\boldsymbol{X}}_k$ 和 $\boldsymbol{P}_k$ 是一个循环递推过程。

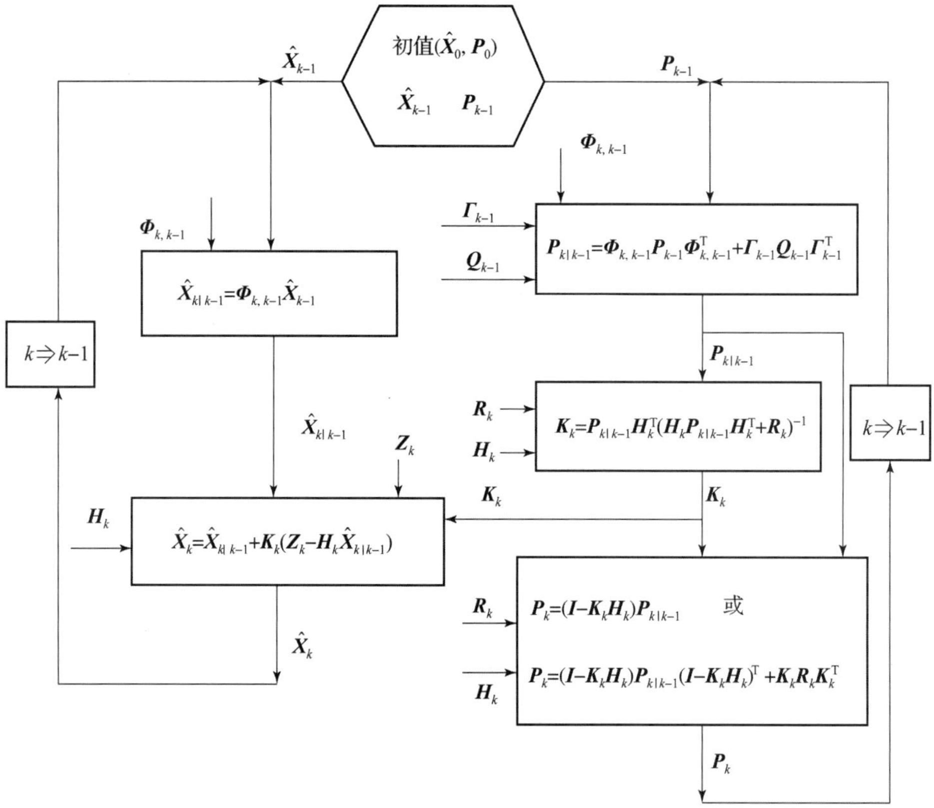

图5-6　离散系统的卡尔曼滤波方程计算流程

4. 系统具有输入量的卡尔曼滤波器

倘若在系统和测量值中含有已知的确定值输入量，则系统状态方程和测量方程表达为如下形式：

$$\left.\begin{aligned}\boldsymbol{X}_k&=\boldsymbol{\Phi}_{k,k-1}\boldsymbol{X}_{k-1}+\boldsymbol{\Gamma}_{k-1}\boldsymbol{W}_{k-1}+\boldsymbol{B}_{k-1}\boldsymbol{U}_{k-1}\\\boldsymbol{Z}_k&=\boldsymbol{H}_k\boldsymbol{X}_k+\boldsymbol{V}_k+\boldsymbol{Y}_k\end{aligned}\right\}\tag{5.127}$$

式中，$\boldsymbol{U}_{k-1}$ 为系统确定性输入向量，或称 s 维控制向量；$\boldsymbol{B}_{k-1}$ 为系统输入矩阵，是（$n\times s$ 维）控制系数矩阵；$\boldsymbol{Y}_k$ 为测量值中的确定性输入向量（m 维）。对于由式（5.127）

所构成的系统，在其卡尔曼滤波方程中，将状态一步预测方程［式（5.118)］改为

$$\hat{\boldsymbol{X}}_{k|k-1}=\boldsymbol{\Phi}_{k|k-1}\hat{\boldsymbol{X}}_{k-1}+\boldsymbol{B}_{k-1}\boldsymbol{U}_{k-1} \tag{5.128}$$

将状态估计方程［式（5.119)］改为

$$\hat{\boldsymbol{X}}_{k}=\hat{\boldsymbol{X}}_{k|k-1}+\boldsymbol{K}_{k}(\boldsymbol{Z}_{k}-\boldsymbol{Y}_{k}-\boldsymbol{H}_{k}\hat{\boldsymbol{X}}_{k|k-1}) \tag{5.129}$$

其他最优滤波增益方程和预测均方差方程、估计均方差方程不变。

5.5.3 计算转移矩阵与噪声方差矩阵

离散系统的卡尔曼滤波方程的显著优点就是方程的递推性，利用计算机这一有力的工具进行运算就能实现滤波。工程中的系统很多是连续系统，为了实现在计算机中进行滤波计算，常常将连续系统离散化。连续系统离散化的实质，就是根据连续系统的状态矩阵$\boldsymbol{F}(t)$，计算出离散系统的转移矩阵 $\boldsymbol{\Phi}_{k|k-1}$，以及根据连续系统的噪声方差强度矩阵 $\boldsymbol{Q}(t)$，计算出离散系统的噪声方差矩阵 $\boldsymbol{Q}_k$。

1. 计算离散系统的转移矩阵 $\boldsymbol{\Phi}_{k,k-1}$

动态系统状态方程［式（5.111)］的齐次方程及其解分别为

$$\left.\begin{aligned}\dot{\boldsymbol{X}}&=\boldsymbol{F}\boldsymbol{X}\\ \boldsymbol{X}_k&=\boldsymbol{\Phi}_{k,k-1}\boldsymbol{X}_{k-1}\end{aligned}\right\} \tag{5.130}$$

式中，$\boldsymbol{\Phi}_{k|k-1}$为从历元 t_{k-1}到历元 t_k 的状态转移矩阵。假设计算周期 T 远远小于系统状态矩阵 $\boldsymbol{F}(t)$发生明显变化的时间，则可将 $\boldsymbol{F}(t)$近似看成常数矩阵，由定常系统的齐次解得

$$\boldsymbol{\Phi}_{k,k-1}\approx \mathrm{e}^{\boldsymbol{F}(t_{k-1})T}=\sum_{n=0}^{\infty}\frac{\boldsymbol{F}^n(t_{k-1})}{n!}T^n \tag{5.131}$$

由上式可以看出，状态转移矩阵 $\boldsymbol{\Phi}_{k|k-1}$由无穷多项构成，为了减少截断误差，理应取尽可能多的项数。然而在实际计算中，项数取得过多不仅会增加计算工作量，而且由于计算步骤增多，反而导致计算舍入误差增大，因此求和的项数要取得合适。为此，一种方法是在转移矩阵计算程序中预先设置一个整数 m，取10^{-m}作为一个阈值，当完成前 L 项累加时，将 L 项之和与第 $L+1$ 项比较，若比值小于阈值10^{-m}，则停止累加。

另外，还可以利用状态转移矩阵的以下性质：

$$\boldsymbol{\Phi}_{k,k-1}=\prod_{i=0}^{N}\boldsymbol{\Phi}_{k(i),k(i-1)} \tag{5.132}$$

上式说明由历元 t_{k-1}到历元 t_k 的转移矩阵，可以由 N 个更小时间间隔 ΔT 的状态转移矩阵的连乘积来表达。若将滤波器的计算周期 T 平均分隔成 N 个时间间隔 ΔT（即 $\Delta T=T/N$)，则每个时间间隔 ΔT 之间的转移矩阵可按以下泰勒展开的一次近似来计算：

$$\boldsymbol{\Phi}_{k(i),k(i-1)}\approx \boldsymbol{I}+\Delta T\boldsymbol{F}[t_{k-1}+(i-1)\Delta T]=\boldsymbol{I}+\Delta T\boldsymbol{F}_{i-1} \tag{5.133}$$

在实际计算中，可以将式（5.131）进一步简化为

$$\boldsymbol{\Phi}_{k,k-1}\approx \boldsymbol{I}+\Delta T\sum_{i=1}^{N}\boldsymbol{F}_{i-1}+\boldsymbol{O}(\Delta T^2)\approx \boldsymbol{I}+\Delta T\sum_{i=1}^{N}\boldsymbol{F}_{i-1} \tag{5.134}$$

式中，$\boldsymbol{O}(\Delta T^2)$表示为矩阵中元素为时间间隔 ΔT 小量的二阶或更高阶的小量构成的矩阵，在近似计算中，二阶以上的高阶小量略去不计。

在卡尔曼滤波转移矩阵 $\boldsymbol{\Phi}_{k|k-1}$的计算中，常采用式（5.134)，其在精度相当的情况下比采用式（5.132）的计算工作量要小得多。

2. 计算离散系统的噪声方差矩阵 $\boldsymbol{Q}_k$

由卡尔曼滤波方程中的式（5.121）可以看出，在计算一步预测均方差 $\boldsymbol{P}_{k|k-1}$时，需要计算 $\boldsymbol{\Gamma}_{k-1}\boldsymbol{Q}_{k-1}\boldsymbol{\Gamma}_{k-1}^{\mathrm{T}}$，通常不单独计算 $\boldsymbol{Q}_{k-1}$。为使公式符号表达简便，以 k 代替$k-1$。下面讨论如何计算 $\boldsymbol{\Gamma}_k\boldsymbol{Q}_k\boldsymbol{\Gamma}_k^{\mathrm{T}}$。

设连续系统为定常系统，定义 $\boldsymbol{\Gamma}_k\boldsymbol{Q}_k\boldsymbol{\Gamma}_k^{\mathrm{T}} \equiv \bar{\boldsymbol{Q}}_k$ 以及 $\boldsymbol{GQG}^{\mathrm{T}} \equiv \bar{\boldsymbol{Q}}$，则可以证明 $\bar{\boldsymbol{Q}}_k$ 的计算公式为

$$\bar{\boldsymbol{Q}}_k = \bar{\boldsymbol{Q}}T + [\boldsymbol{F}\bar{\boldsymbol{Q}} + (\boldsymbol{F}\bar{\boldsymbol{Q}})^{\mathrm{T}}]\frac{T^2}{2!} + \{\boldsymbol{F}[\boldsymbol{F}\bar{\boldsymbol{Q}} + (\boldsymbol{F}\bar{\boldsymbol{Q}})^{\mathrm{T}}] + \boldsymbol{F}[\boldsymbol{F}\bar{\boldsymbol{Q}} + \bar{\boldsymbol{Q}}\boldsymbol{F}^{\mathrm{T}}]^{\mathrm{T}}\}\frac{T^3}{3!} + \cdots \tag{5.135}$$

计算 $\bar{\boldsymbol{Q}}_k$ 时，项数的确定方法与前述计算 $\boldsymbol{\Phi}_{k|k-1}$时项数的确定方法相同。

对于时变系统，将计算周期 T 分隔成 N 个 ΔT 的更小的时间间隔来处理，只要 ΔT 足够小，则可将系统状态矩阵 $\boldsymbol{F}(t)$假设为定常矩阵来计算，计算公式为

$$\bar{\boldsymbol{Q}}_k = N\bar{\boldsymbol{Q}}\Delta T + \left(\sum_{i=1}^{N-1} i\boldsymbol{F}_i\bar{\boldsymbol{Q}} + \bar{\boldsymbol{Q}}\sum_{i=1}^{N-1} i\boldsymbol{F}_i^T\right)\Delta T^2 \tag{5.136}$$

若计算周期 T 相当短，则 $\bar{\boldsymbol{Q}}_k$ 也可以按下面更简化的公式来计算：

$$\bar{\boldsymbol{Q}}_k = (\bar{\boldsymbol{Q}} + \boldsymbol{\Phi}_{k+1,k}\bar{\boldsymbol{Q}}\boldsymbol{\Phi}_{k+1,k}^T)\frac{T}{2} \tag{5.137}$$

5.5.4 有色噪声条件下的卡尔曼滤波

在分析卡尔曼滤波时，假设系统的状态方程和测量方程中，系统噪声向量 $\boldsymbol{W}(t)$和测量噪声向量 $\boldsymbol{V}(t)$都是零均值的白噪声，即满足式（5.115）。然而在实际应用中，$\boldsymbol{W}(t)$和$\boldsymbol{V}(t)$往往都不是白噪声，即使两种噪声的均值为零，但其在不同历元的协方差函数也不为零。

定义：假设噪声 $N(t)$，当 $\tau \neq t$ 时，有

$$E\{N(t)N(\tau)\} \neq 0 \tag{5.138}$$

则噪声 $N(t)$称为有色噪声。

为了便于应用卡尔曼滤波，在滤波之前必须将有色噪声描述成以下形式。

连续系统方程为

$$\dot{N}(t) = AN(t) + \xi(t) \tag{5.139}$$

离散系统方程为

$$N_k = \varphi_{k,k-1}N_{k-1} + \xi_k \tag{5.140}$$

式中，$\xi(t)$和 ξ_k 为均值为零的白噪声过程和白噪声序列，通常称为激励白噪声。

由上述方程可以看出，有色噪声是由白噪声通过一个动态系统形成的。对于连续系统，该系统由积分环节和反馈环节组成；对于离散系统，该系统则由反馈的一步滞后环节和 $\varphi_{k,k-1}$环节组成。根据时间序列分析，利用有色噪声的时间序列数据，将有色噪声描述成式（5.139）、式（5.140）的过程称为建模，动态系统在建模工作中称为成型滤波器。

在设计卡尔曼滤波器时，若可以将有色噪声描述成式（5.139）、式（5.140）的形式，则可以将噪声也看作系统的状态来处理，于是式（5.139）、式（5.140）分别成为描述连续系统、离散系统的状态方程的一部分。这种在滤波中处理有色噪声的方法称为状态扩充法。

现以惯导系统中平台绕北向轴的初始对准为例来说明状态扩充法。平台绕北向轴的水平

误差角为 φ_y，误差角的微分方程为

$$\dot{\varphi}_y = \varepsilon_y \tag{5.141}$$

式中，ε_y 为北向陀螺漂移。通常 ε_y 为有色噪声，包含一阶马尔柯夫过程 ε_r、伪随机常数 ε_b，以及白噪声 ε_w 共三部分，即

$$\varepsilon_y = \varepsilon_r + \varepsilon_b + \varepsilon_w \tag{5.142}$$

其中一阶马尔柯夫过程 ε_r 与随机常数 ε_b 又可以由下述方程来描述：

$$\left.\begin{aligned} \dot{\varepsilon}_r &= -\alpha_\varepsilon \varepsilon_r + \xi_\varepsilon \\ \dot{\varepsilon}_b &= 0 \end{aligned}\right\} \tag{5.143}$$

式中，α_ε 为一阶马尔柯夫过程的反相关时间，即相关时间的倒数；ε_ξ 为激励白噪声。若将 ε_r 和 ε_b 也看成系统的状态，则北向对准系统的状态方程被扩充为

$$\begin{bmatrix} \dot{\varphi}_y \\ \dot{\varepsilon}_r \\ \dot{\varepsilon}_b \end{bmatrix} = \begin{bmatrix} 0 & 1 & 1 \\ 0 & -\alpha & 0 \\ 0 & 0 & 0 \end{bmatrix} \begin{bmatrix} \varphi_y \\ \varepsilon_r \\ \varepsilon_b \end{bmatrix} + \begin{bmatrix} \varepsilon_w \\ \xi_\varepsilon \\ 0 \end{bmatrix} \tag{5.144}$$

将状态方程扩充后，系统的噪声便成了白噪声向量，即式（5.144）中最后一列向量，因此它符合卡尔曼滤波的要求。

当测量噪声为有色噪声时，也可以采用状态扩充法来处理，但必须注意，倘若经过状态扩充之后，测量系统方程中不出现测量白噪声项，此时不能采用状态扩充法，必须对测量值另做处理。

5.5.5　非线性系统的 EKF 滤波

标准卡尔曼滤波仅适用于线性系统。对于非线性系统，一种常见的解决思路是进行泰勒级数展开，略去高阶项，近似为线性系统，再作线性卡尔曼滤波估计。这种处理非线性系统的卡尔曼滤波方法称为扩展卡尔曼滤波（Extended Kalman Filter，EKF），或称广义卡尔曼滤波。几种改进卡尔曼滤波器的特点见表 5－1。

表 5－1　几种改进卡尔曼滤波器的特点

滤波器形式	描述
卡尔曼滤波（KF）	递归的线性高斯系统最优估计
扩展卡尔曼滤波（EKF）	对于非线性非高斯系统，在工作点附近近似为线性高斯进行处理
迭代卡尔曼滤波（IEKF）	对工作点进行迭代
无迹卡尔曼滤波（UKF）	没有线性化近似，而是对 sigma 点进行非线性变换后再用高斯分布近似
粒子滤波（PF）	去掉高斯假设，直接采用蒙特卡罗的方式，以粒子作为采样点来描述分布

下面以 EKF 为例，介绍卡尔曼滤波的扩展与应用。假设离散时间状态空间模型为

$$\begin{cases} \boldsymbol{X}_k = \boldsymbol{f}(\boldsymbol{X}_{k-1}) + \boldsymbol{\Gamma}_{k-1}\boldsymbol{W}_{k-1} \\ \boldsymbol{Z}_k = \boldsymbol{h}(\boldsymbol{X}_k) + \boldsymbol{V}_k \end{cases} \tag{5.145}$$

其中，

$$\begin{cases} E[\boldsymbol{W}_k]=\boldsymbol{0}, & E[\boldsymbol{W}_k\boldsymbol{W}_j^{\mathrm{T}}]=\boldsymbol{Q}_k\delta_{kj} \\ E[\boldsymbol{V}_k]=\boldsymbol{0}, & E[\boldsymbol{V}_k\boldsymbol{V}_j^{\mathrm{T}}]=\boldsymbol{R}_k\delta_{kj} \\ E[\boldsymbol{W}_k\boldsymbol{V}_j^{\mathrm{T}}]=\boldsymbol{0} \end{cases} \tag{5.146}$$

$\boldsymbol{f}(\boldsymbol{X}_k)=[f_1(\boldsymbol{X}_k)\ f_2(\boldsymbol{X}_k)\ \cdots\ f_n(\boldsymbol{X}_k)]^{\mathrm{T}}$ 是 n 维非线性向量函数，$\boldsymbol{h}(\boldsymbol{X}_k)=[h_1(\boldsymbol{X}_k)\ h_2(\boldsymbol{X}_k)\ \cdots\ h_m(\boldsymbol{X}_k)]^{\mathrm{T}}$ 是 m 维非线性向量函数。

若已知 $k-1$ 时刻状态 $\boldsymbol{X}_{k-1}$ 的一个参考值（或称名义值、标称值），记为 $\boldsymbol{X}_{k-1}^n$，该参考值与真实值的偏差记为

$$\Delta\boldsymbol{X}_{k-1}=\boldsymbol{X}_{k-1}-\boldsymbol{X}_{k-1}^n \tag{5.147}$$

当忽略零均值的系统噪声影响时，直接通过式（5.145）的状态方程对 k 时刻的状态进行预测，可得

$$\boldsymbol{X}_{k/k-1}^n=\boldsymbol{f}(\boldsymbol{X}_{k-1}^n) \tag{5.148}$$

状态预测的偏差记为

$$\Delta\boldsymbol{X}_k=\boldsymbol{X}_k-\boldsymbol{X}_{k/k-1}^n \tag{5.149}$$

同样，若忽略零均值测量噪声的影响，利用式（5.145）的测量方程和参考值 $\boldsymbol{X}_{k/k-1}^n$ 可对测量进行预测，有

$$\boldsymbol{Z}_{k/k-1}^n=\boldsymbol{h}(\boldsymbol{X}_{k/k-1}^n) \tag{5.150}$$

测量预测的偏差记为

$$\Delta\boldsymbol{Z}_k=\boldsymbol{Z}_k-\boldsymbol{Z}_{k/k-1}^n \tag{5.151}$$

现将式（5.145）中的状态非线性函数 $\boldsymbol{f}(\cdot)$ 在 $k-1$ 时刻的参考值 $\boldsymbol{X}_{k-1}^n$ 邻域附近展开成泰勒级数并取一阶近似，可得

$$\begin{aligned} \boldsymbol{X}_k &\approx \boldsymbol{f}(\boldsymbol{X}_{k-1}^n)+\boldsymbol{J}(\boldsymbol{f}(\boldsymbol{X}_{k-1}^n))(\boldsymbol{X}_{k-1}-\boldsymbol{X}_{k-1}^n)+\boldsymbol{\Gamma}_{k-1}\boldsymbol{W}_{k-1} \\ &= \boldsymbol{X}_{k/k-1}^n+\boldsymbol{\Phi}_{k/k-1}^n(\boldsymbol{X}_{k-1}-\boldsymbol{X}_{k-1}^n)+\boldsymbol{\Gamma}_{k-1}\boldsymbol{W}_{k-1} \end{aligned} \tag{5.152}$$

即

$$\boldsymbol{X}_k-\boldsymbol{X}_{k/k-1}^n=\boldsymbol{\Phi}_{k/k-1}^n(\boldsymbol{X}_{k-1}-\boldsymbol{X}_{k-1}^n)+\boldsymbol{\Gamma}_{k-1}\boldsymbol{W}_{k-1} \tag{5.153}$$

其中，简记非线性状态方程的雅可比矩阵 $\boldsymbol{\Phi}_{k/k-1}^n=\boldsymbol{J}(\boldsymbol{f}(\boldsymbol{X}_{k-1}^n))$。

同理，若将式（5.145）中的测量非线性函数 $\boldsymbol{h}(\cdot)$ 在参考状态预测 $\boldsymbol{X}_{k/k-1}^n$ 附近展开成泰勒级数并取一阶近似，可得

$$\begin{aligned} \boldsymbol{Z}_k &\approx \boldsymbol{h}(\boldsymbol{X}_{k/k-1}^n)+\boldsymbol{J}(\boldsymbol{h}(\boldsymbol{X}_{k/k-1}^n))(\boldsymbol{X}_k-\boldsymbol{X}_{k/k-1}^n)+\boldsymbol{V}_k \\ &= \boldsymbol{Z}_{k/k-1}^n+\boldsymbol{H}_k^n(\boldsymbol{X}_k-\boldsymbol{X}_{k/k-1}^n)+\boldsymbol{V}_k \end{aligned} \tag{5.154}$$

即

$$\boldsymbol{Z}_k-\boldsymbol{Z}_{k/k-1}^n=\boldsymbol{H}_k^n(\boldsymbol{X}_k-\boldsymbol{X}_{k/k-1}^n)+\boldsymbol{V}_k \tag{5.155}$$

其中，简记非线性测量方程雅可比矩阵 $\boldsymbol{H}_k^n=\boldsymbol{J}(\boldsymbol{h}(\boldsymbol{X}_{k/k-1}^n))$。

在式（5.153）和式（5.155）中，若将偏差量 $\Delta\boldsymbol{X}_k=\boldsymbol{X}_k-\boldsymbol{X}_{k/k-1}^n$ 和 $\Delta\boldsymbol{X}_{k-1}=\boldsymbol{X}_{k-1}-\boldsymbol{X}_{k-1}^n$ 当作新的状态，且将 $\Delta\boldsymbol{Z}_k=\boldsymbol{Z}_k-\boldsymbol{Z}_{k/k-1}^n$ 当作新的测量，则可构成一个新的系统，并且恰好是线性的，重写为

$$\begin{cases} \Delta\boldsymbol{X}_k=\boldsymbol{\Phi}_{k/k-1}^n\Delta\boldsymbol{X}_{k-1}+\boldsymbol{\Gamma}_{k-1}\boldsymbol{W}_{k-1} \\ \Delta\boldsymbol{Z}_k=\boldsymbol{H}_k^n\Delta\boldsymbol{X}_k+\boldsymbol{V}_k \end{cases} \tag{5.156}$$

针对偏差状态线性系统［式（5.156）］，可直接应用标准线性卡尔曼滤波方法进行偏差状态估计，公式如下：

$$\begin{cases}\Delta\hat{\boldsymbol{X}}_{k/k-1}=\boldsymbol{\Phi}_{k/k-1}^{n}\Delta\hat{\boldsymbol{X}}_{k-1}\\ \boldsymbol{P}_{k/k-1}=\boldsymbol{\Phi}_{k/k-1}^{n}\boldsymbol{P}_{k-1}(\boldsymbol{\Phi}_{k/k-1}^{n})^{\mathrm{T}}+\boldsymbol{\Gamma}_{k-1}\boldsymbol{Q}_{k-1}\boldsymbol{\Gamma}_{k-1}^{\mathrm{T}}\\ \boldsymbol{K}_{k}^{n}=\boldsymbol{P}_{k/k-1}(\boldsymbol{H}_{k}^{n})^{\mathrm{T}}[\boldsymbol{H}_{k}\boldsymbol{P}_{k/k-1}(\boldsymbol{H}_{k}^{n})^{\mathrm{T}}+\boldsymbol{R}_{k}]^{-1}\\ \Delta\hat{\boldsymbol{X}}_{k}=\Delta\hat{\boldsymbol{X}}_{k/k-1}+\boldsymbol{K}_{k}^{n}(\Delta\boldsymbol{Z}_{k}-\boldsymbol{H}_{k}^{n}\Delta\hat{\boldsymbol{X}}_{k/k-1})\\ \boldsymbol{P}_{k}=(\boldsymbol{I}-\boldsymbol{K}_{k}\boldsymbol{H}_{k}^{n})\boldsymbol{P}_{k/k-1}\end{cases}\tag{5.157}$$

其中，

$$\Delta\hat{\boldsymbol{X}}_{k-1}=\hat{\boldsymbol{X}}_{k-1}-\boldsymbol{X}_{k-1}^{n}\tag{5.158}$$

$$\Delta\hat{\boldsymbol{X}}_{k}=\hat{\boldsymbol{X}}_{k}-\boldsymbol{X}_{k/k-1}^{n}\tag{5.159}$$

根据式（5.159）可计算得到非线性系统的状态估计：

$$\hat{\boldsymbol{X}}_{k}=\boldsymbol{X}_{k/k-1}^{n}+\Delta\hat{\boldsymbol{X}}_{k}=\boldsymbol{f}(\boldsymbol{X}_{k-1}^{n})+\Delta\hat{\boldsymbol{X}}_{k}\tag{5.160}$$

以上便是基于参考值 $\boldsymbol{X}_{k-1}^{n}$ 展开线性化的非线性系统卡尔曼滤波方法。观察式（5.158），如果取参考值 $\boldsymbol{X}_{k-1}^{n}=\hat{\boldsymbol{X}}_{k-1}$，则有 $\Delta\hat{\boldsymbol{X}}_{k-1}=\boldsymbol{0}$，可对非线性滤波过程作进一步简化。

将式（5.157）中的第一式代入第四式，得

$$\Delta\hat{\boldsymbol{X}}_{k}=\boldsymbol{\Phi}_{k/k-1}^{n}\Delta\hat{\boldsymbol{X}}_{k-1}+\boldsymbol{K}_{k}^{n}(\Delta\boldsymbol{Z}_{k}-\boldsymbol{H}_{k}^{n}\boldsymbol{\Phi}_{k/k-1}^{n}\Delta\hat{\boldsymbol{X}}_{k-1})\tag{5.161}$$

再将式（5.158）、式（5.159）和式（5.160）代入上式并整理，可得

$$\hat{\boldsymbol{X}}_{k}=\boldsymbol{X}_{k/k-1}^{n}+\boldsymbol{K}_{k}^{n}(\boldsymbol{Z}_{k}-\boldsymbol{Z}_{k/k-1}^{n})+(\boldsymbol{I}-\boldsymbol{K}_{k}^{n}\boldsymbol{H}_{k}^{n})\boldsymbol{\Phi}_{k/k-1}^{n}(\hat{\boldsymbol{X}}_{k-1}-\boldsymbol{X}_{k-1}^{n})\tag{5.162}$$

显然，当 $k-1$ 时刻的参考值 $\boldsymbol{X}_{k-1}^{n}$ 特意取为估计值 $\hat{\boldsymbol{X}}_{k-1}$ 时（$\boldsymbol{X}_{k-1}^{n}=\hat{\boldsymbol{X}}_{k-1}$），上式正好可以消除等式右边第三项的影响，从而在形式上可以得到直接针对状态 $\boldsymbol{X}_{k}$（而非偏差量 $\Delta\boldsymbol{X}_{k}$）的滤波公式：

$$\begin{aligned}\hat{\boldsymbol{X}}_{k}&=\boldsymbol{X}_{k/k-1}^{n}+\boldsymbol{K}_{k}^{n}(\boldsymbol{Z}_{k}-\boldsymbol{Z}_{k/k-1}^{n})\\&=\boldsymbol{f}(\boldsymbol{X}_{k-1}^{n})+\boldsymbol{K}_{k}^{n}[\boldsymbol{Z}_{k}-\boldsymbol{h}(\boldsymbol{f}(\boldsymbol{X}_{k-1}^{n}))]\\&=\boldsymbol{f}(\hat{\boldsymbol{X}}_{k-1})+\boldsymbol{K}_{k}^{n}[\boldsymbol{Z}_{k}-\boldsymbol{h}(\boldsymbol{f}(\hat{\boldsymbol{X}}_{k-1}))]\\&=\hat{\boldsymbol{X}}_{k/k-1}+\boldsymbol{K}_{k}^{n}[\boldsymbol{Z}_{k}-\boldsymbol{h}(\hat{\boldsymbol{X}}_{k/k-1})]\end{aligned}\tag{5.163}$$

其中，记 $\hat{\boldsymbol{X}}_{k/k-1}=\boldsymbol{f}(\hat{\boldsymbol{X}}_{k-1})$。

至此，偏差状态滤波公式［式（5.157）］经过转换，获得直接针对状态 $\boldsymbol{X}_{k}$ 的非线性系统 EKF 滤波公式，如下（为简洁，省略所有符号的右上角标识“n”）：

$$\begin{cases}\hat{\boldsymbol{X}}_{k/k-1}=\boldsymbol{f}(\hat{\boldsymbol{X}}_{k-1})\\ \boldsymbol{P}_{k/k-1}=\boldsymbol{\Phi}_{k/k-1}\boldsymbol{P}_{k-1}\boldsymbol{\Phi}_{k/k-1}^{\mathrm{T}}+\boldsymbol{\Gamma}_{k-1}\boldsymbol{Q}_{k-1}\boldsymbol{\Gamma}_{k-1}^{\mathrm{T}}\\ \boldsymbol{K}_{k}=\boldsymbol{P}_{k/k-1}\boldsymbol{H}_{k}^{\mathrm{T}}(\boldsymbol{H}_{k}\boldsymbol{P}_{k/k-1}+\boldsymbol{R}_{k})^{-1}\\ \hat{\boldsymbol{X}}_{k}=\hat{\boldsymbol{X}}_{k/k-1}+\boldsymbol{K}_{k}[\boldsymbol{Z}_{k}-\boldsymbol{h}(\hat{\boldsymbol{X}}_{k/k-1})]\\ \boldsymbol{P}_{k}=(\boldsymbol{I}-\boldsymbol{K}_{k}\boldsymbol{H}_{k})\boldsymbol{P}_{k/k-1}\end{cases}\tag{5.164}$$

其中，$\boldsymbol{\Phi}_{k/k-1}=\boldsymbol{J}(\boldsymbol{f}(\hat{\boldsymbol{X}}_{k-1}))$，$\boldsymbol{H}_{k}=\boldsymbol{J}(\boldsymbol{h}(\hat{\boldsymbol{X}}_{k/k-1}))$。

第 6 章

GNSS 观测方程与误差分析

6.1　GNSS 的基本观测量

6.1.1　导航定位观测量

从本章开始至第 9 章，将详细讲解基于 GNSS 的导航定位解算方法。导航通常指的是将运动载体从起始点正确引导到目的地的方法或技术，其所需要的运动载体的基本参数称为导航参数，包括载体的即时位置、速度和姿态等信息；定位指的是确定观测点位置的方法，通常指的是静态观测点的位置坐标确定方法。导航和定位都是以观测点坐标位置的确定为基础的，其含义是相通的，如静态定位可以作为导航初始化、动态定位或导航解算的基础。

掌握 GNSS 的基本观测量，进而建立相应的观测方程，是进行 GNSS 导航定位解算的基础。GNSS 的观测量，是用户利用 GNSS 接收机（观测站）观测 GNSS 卫星发射的信号而获得的导航定位信息，是用户进行导航定位的重要依据。GNSS 接收机通过测量其视界内卫星发射的信号，经过信号处理从而取得卫星星历、时钟、时钟改正量、大气校正量等数据，并获得 GNSS 卫星到用户的观测距离，通过导航定位解算确定用户的导航信息。

GNSS 卫星到用户的观测距离，由于受到各种误差源的影响，与卫星到用户的真实几何距离并非完全一致，而是含有误差，这种带有误差的 GNSS 观测距离称为伪距。由于 GNSS 卫星信号含有多种定位信息，根据导航定位的不同要求和方法，可以获得不同的观测量：

（1）测码伪距观测量；

（2）测相伪距观测量；

（3）多普勒频移观测量；

（4）干涉法测量时间延迟。

目前，在 GNSS 导航定位中广泛采用的观测量为前两种，即测码伪距观测量和测相伪距观测量，它们分别是对 GNSS 信号的码相位和载波相位进行观测所得的观测量。多普勒频移观测量可以采用多普勒积分计数法得到，它所需要的观测时间为数小时，多应用于诸如大地测量之中的静态定位。干涉法测量时间延迟所需的设备相当昂贵，数据处理也比较复杂，其广泛应用尚待进一步的研究开发，因此下面主要对前 3 种观测量进行介绍。

6.1.2　测码伪距观测量

测码伪距观测量指的是，测量 GNSS 卫星发射的测距码信号（如 C/A 码或 P 码）到达 GNSS 接收机的电波传播时间，与电波传播速度相乘得到卫星与用户的几何距离。因此，测码伪距观测量也称为时间延迟观测量。

从前述章节中对伪码测距、码跟踪环路的介绍中可知，为了测量码信号的时间延迟，在 GNSS 接收机中复制了与卫星发射的测距码（如 C/A 码或 P 码）结构完全相同的码信号，通过对 GNSS 接收机中复制的测距码进行相移，使其在码元上与接收到的卫星发射的测距码对齐，即进行相关处理。当相关系数为 1 时，接收到的卫星测距码与本地复制的测距码码元对齐。此时的相移量就是卫星发射的码信号到达 GNSS 接收机的传播时间 τ，即时间延迟。

图 6－1 所示为码相位测量过程示意，其中 t^j 为卫星 S^j 发射信号时的卫星星钟的时刻；t_i 为 GNSS 接收机 T_i 接收到 t^j 时刻卫星发射的码相位的站钟时刻；$\varphi_c(t^j)$ 为卫星星钟在 t^j 时刻发射的码相位；$\varphi_c(t_i)$ 为 GNSS 接收机在站钟 t_i 时刻接收到的码相位。

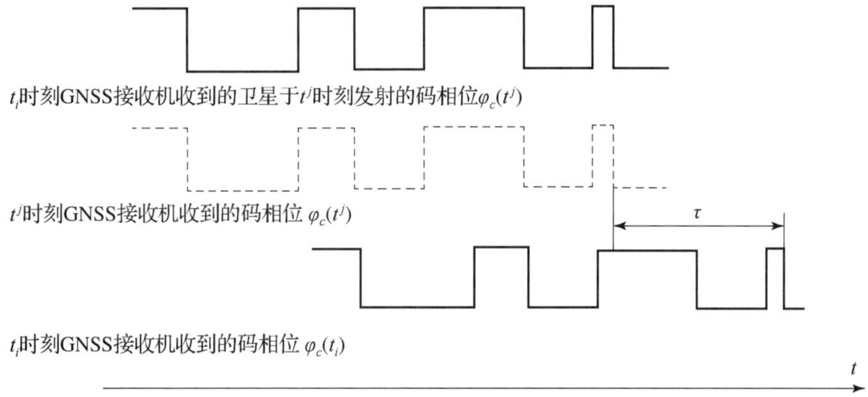

图 6－1　码相位测量过程示意

在卫星星钟和 GNSS 接收机站钟完全同步的情况下，如果忽略大气对无线电信号的影响，所得到的时间延迟量 τ 与传播速度（即光速 c）相乘，即卫星与 GNSS 接收机之间的几何距离（或称真距离）：

$$R_i^j = c\tau \tag{6.1}$$

实际上，卫星星钟和 GNSS 接收机站钟不可能完全同步，同时无线电信号经过电离层和对流层时由于折射的影响存在附加延迟，所以实际测量得到的距离不是真实的距离，而是含有误差的伪距，以符号 ρ_i^j 表示。从卫星到 GNSS 接收机之间的几何距离 R_i^j 是一个客观存在的理想物理量，而卫星到 GNSS 接收机之间几何距离的测量值是伪距 ρ_i^j，两者之间存在测量误差。

GNSS 接收机复制的测距码和接收到的卫星发射的测距码在相关时（对齐时），根据经验，相关精度约为码元宽度的 1%。对于 C/A 码来讲，由于其码元宽度约为 293 m，所以其观测精度为 2.9 m。对于 P 码来讲，其码元宽度是 C/A 码码元宽度的 1/10（29.3 m），其测量精度也就比 C/A 码高 10 倍（0.29 m）。因此，有时也将 C/A 码称为粗码，将 P 码称为精码。

6.1.3　测相伪距观测量

测相伪距观测量指的是，卫星星钟在 t^j 时刻发射的载波信号，与 GNSS 接收机站钟在 t_i 时刻复制的载波信号的相位差，与载波信号的波长相乘得到的伪距。因此，测相伪距观测量也称为载波相位观测量。

由于卫星载波信号上调制有二进制测距码和数据码，为了进行载波相位测量，必须首先去掉调制信号，恢复载波信号。这可以由信号捕获和跟踪环路进行载波测量，或采用平方解调等技术来恢复载波信号。

图 6-2 所示为载波相位测量过程示意，其中 $\varphi^j(t^j)$ 为卫星 S^j 在 t^j 时刻的载波信号相位；$\varphi_i(t_i)$ 为 GNSS 接收机 T_i 在 t_i 时刻的复制信号相位，则载波信号的相位差为

$$\varphi_i^j = \varphi_i(t_i) - \varphi^j(t^j) \tag{6.2}$$

假设 GNSS 接收机内振荡器频率初相与卫星发射载波初相完全相同，两者振荡频率也完全一致并稳定不变，并假设星钟和站钟也完全同步。记载波信号的波长为 λ，则由卫星到 GNSS 接收机的几何距离为

$$R_i^j = \lambda\varphi_i^j = [\varphi_i(t_i) - \varphi^j(t^j)]\lambda \tag{6.3}$$

实际上，卫星的星钟与本地 GNSS 接收机的站钟并不严格同步，同时卫星发射的载波信号受到电离层和对流层的折射影响，均会产生延迟。因此，通过载波相位观测量所确定的卫星至 GNSS 接收机的距离，与通过码相位观测量确定的卫星至 GNSS 接收机的距离一样，同样会不可避免地含有误差，也用伪距 ρ_i^j 来表示。由码相位观测量所确定的伪距，简称测码伪距；由载波相位观测量所确定的伪距，简称测相伪距。

由于载波频率高并且波长短，所以载波相位测量精度高。若测相精度为波长 f 的 1%，则对于 L1 载波来讲，波长 $\lambda_1 = 19.03$ cm，其测距精度为 0.19 cm；对于 L2 载波来讲，波长 $\lambda_2 = 24.4$ cm，其测距精度为 0.24 cm。因此，利用载波相位观测量进行定位，精度要比测码伪距定位精度高几个数量级，故载波相位观测量方法常被用于精密定位和载体姿态测量。

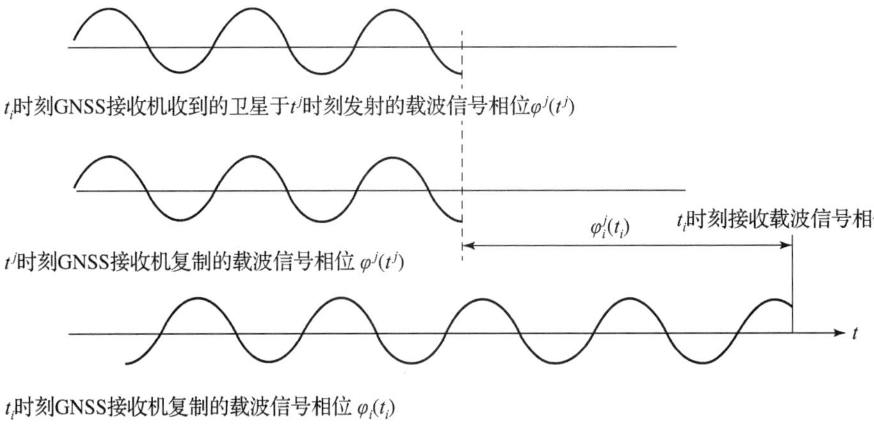

图 6-2　载波相位测量过程示意

6.1.4　多普勒频移观测量

当卫星 S 在其轨道上绕地球运行时，卫星 S 相对于 GNSS 接收机 T（观测站）存在相对运动。因此，在 GNSS 接收机 T 接收到的卫星 S 所发射的信号中，存在多普勒频移。多普勒频移观测量，是指利用 GNSS 信号的多普勒频移（或称为多普勒积分计数）作为观测量，来得到卫星 S 与 GNSS 接收机之间的距离或距离变化率。

图 6-3 所示为多普勒效应示意，其中 $\boldsymbol{V}$ 为卫星 S 运动速度向量，$\boldsymbol{r}_0$ 为卫星 S 与 GNSS 接收机 T 连线的单位向量，则卫星 S 与 GNSS 接收机 T 连线方向的径向相对速度大小为

$$v_{\mathrm{R}} = |\boldsymbol{V}| \cos \alpha \tag{6.4}$$

设卫星 S 发射的信号频率为 f_s，则 GNSS 接收机 T 接收到的带有多普勒频移的信号频率 f_{r} 为

$$f_{\mathrm{r}} = f_s\left(1 + \frac{v_{\mathrm{R}}}{c}\right)^{-1} \approx f_s\left(1 - \frac{v_{\mathrm{R}}}{c}\right) \tag{6.5}$$

由卫星 S 相对运动产生的多普勒频移 f_{d} 为

$$f_{\mathrm{d}} = f_s - f_{\mathrm{r}} \approx f_s \frac{v_{\mathrm{R}}}{c} \tag{6.6}$$

当 $\alpha < 90°$时，卫星 S 朝着与 GNSS 接收机 T 越来越远的方向离去，v_{R} 为正，多普勒频移为正，GNSS 接收机 T 收到的信号频率比卫星 S 发射的信号频率低；当 $\alpha > 90°$时，卫星 S 与 GNSS 接收机 T 越来越接近，v_{R} 为负，多普勒频移为负，GNSS 接收机 T 收到的信号频率比卫星 S 发射的信号频率高；当 $\alpha = 90°$时，$\boldsymbol{V}$ 与 $\boldsymbol{r}_0$ 垂直，多普勒频移为零。

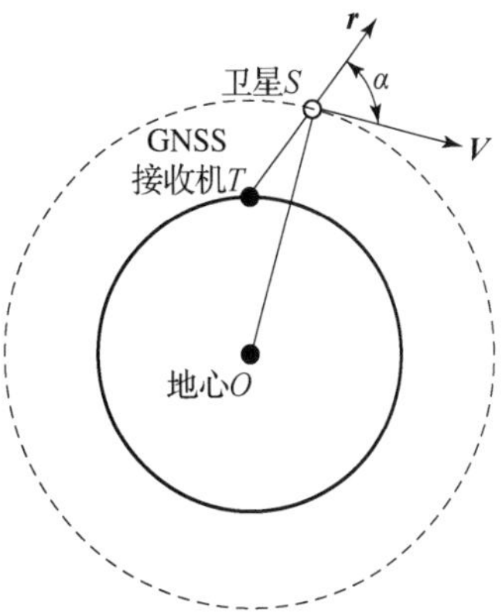

图 6-3　多普勒效应示意

6.2　GNSS 的观测方程

6.2.1　观测方程中的时间定义

测码伪距是由卫星发射的测距码到 GNSS 接收机的传播时间（时间延迟）乘以光速所获得的距离观测量。另外，测相伪距观测中的载波相位测量也需要涉及时间概念。因此，在建立测码伪距观测方程和测相伪距观测方程之前，首先给出有关的时间定义。

观测方程中的时间测量涉及理想的 GNSS 系统时、星钟与站钟时间，另外还包含测量误差：卫星星钟相对于 GNSS 标准时的误差、地面 GNSS 接收机的站钟相对于 GNSS 标准时的误差、大气层折射延迟误差及其他误差等。观测方程的时间定义见表 6-1。

表 6-1　观测方程的时间定义

参数	定义
t^j(GNSS)	卫星 S^j 发射信号历元的 GNSS 标准时
t_i(GNSS)	GNSS 接收机 T_i 接收到卫星发射信号历元的 GNSS 标准时
t^j	卫星 S^j 发射信号历元的星钟钟面时刻
t_i	GNSS 接收机 T_i 收到卫星发射信号历元的站钟钟面时刻。
Δt_i^j	忽略大气折射的影响，t^j 时刻卫星 S^j 的发射信号于站钟 t_i 时刻到达 GNSS 接收机 T_i 的传播时间
δt^j	卫星 S^j 的星钟相对于 GNSS 标准时的时间误差，简称星钟钟差
δt_i	GNSS 接收机 T_i 的站钟相对于 GNSS 标准时的时间误差，简称站钟钟差
δt_i^j	GNSS 接收机 T_i 的站钟相对于卫星 S^j 的星钟之间的钟差

根据表6-1所示的定义，有

$$\begin{aligned}\delta t^j &= t^j - t^j(\text{GNSS}) \\ \delta t_i &= t_i - t_i(\text{GNSS})\end{aligned} \tag{6.7}$$

$$\Delta t_i^j = t_i - t^j = [t_i(\text{GNSS}) - t^j(\text{GNSS})] + [\delta t_i - \delta t^j] = \Delta\tau_i^j + \delta t_i^j \tag{6.8}$$

式中，$\Delta\tau_i^j = t_i(\text{GNSS}) - t^j(\text{GNSS})$；$\delta t_i^j = \delta t_i - \delta t^j$，为站钟相对于星钟的钟差。

6.2.2 测码伪距观测方程

设由卫星 S^j 到 GNSS 接收机 T_i 的几何距离为 R_i^j，相应的伪距为 ρ_i^j，在忽略大气层折射影响的条件下，可得

$$\rho_i^j = c\Delta t_i^j = R_i^j + c\delta t_i^j \tag{6.9}$$

式中，$R_i^j = c\Delta\tau_i^j$，c 为光速。当卫星的星钟与接收机的站钟严格同步时有 $\Delta t^j = \Delta t_i$，则按式（6.9）所确定的伪距即卫星到 GNSS 接收机之间的几何距离。

由于卫星绕着轨道在不停地运转，卫星与 GNSS 接收机之间的距离 R_i^j 是不断变化的时间的函数，而卫星信号的发射历元与该信号的被接收历元又不是同一时刻，为了统一计算的时间标准，可将式（6.9）近似地写成已知站钟观测时刻 t_i 的函数：

$$\rho_i^j(t_i) = R_i^j(t_i) + c\delta t_i^j(t_i) \tag{6.10}$$

式中，$\rho_i^j(t_i)$为于观测历元 t_i 时刻（站钟时刻），由卫星 S^j 到 GNSS 接收机 T_i 的测码伪距；$R_i^j(t_i)$为于观测历元 t_i 时刻，由卫星 S^j 到 GNSS 接收机 T_i 的几何距离；$\delta t_i^j(t_i)$为于观测历元 t_i 时刻，接收机站钟相对于卫星星钟的钟差。

GNSS 卫星上的星钟为高精度的原子钟，星钟的钟面时刻与理想 GNSS 系统时之间的钟差修正参数通常可从卫星播发的导航电文中获得。经钟差改正后，各卫星之间的星钟同步差可以减小到20 ns以内。如果忽略星钟影响（即设$\delta t^j \approx 0$），考虑大气折射的影响，同时忽略观测历元 t_i 时刻的下标，则由式（6.10）可得到测码伪距观测方程的常用形式：

$$\rho_i^j(t) = R_i^j(t) + c\delta t_i(t) + \Delta_{i,\text{I}}^j(t) + \Delta_{i,\text{T}}^j(t) \tag{6.11}$$

式中，$\delta t_i(t)$为于观测历元 t 时刻，GNSS 接收机站钟的钟差；$\Delta_{i,\text{I}}^j(t)$和$\Delta_{i,\text{T}}^j(t)$分别为于观测历元 t 时，电离层折射和大气对流层折射对测码伪距的影响。

6.2.3 载波相位整周模糊度

由6.1.3节的叙述可知，载波信号相位差的表达式为式（6.2），其中载波信号相位差$\varphi_i^j(t_i)$的单位为周数（每一周为2π弧度）。根据简谐波的物理特性，可将式（6.2）两端看成整周数$N_i^j(t_i)$与不足一周的小数部分$\delta\varphi_i^j(t_i)$之和，即

$$\varphi_i^j = \varphi_i(t_i) - \varphi^j(t^j) = N_i^j(t_i) + \delta\varphi_i^j(t_i) \tag{6.12}$$

在进行载波相位测量时，GNSS 接收机实际上能测定的是不足一整周的部分，即$\delta\varphi_i^j(t_i)$。因为载波只是一种单纯的正弦或余弦波，不带有任何识别标志，所以无法确定正在测量的是第几个整周的小数部分，于是在载波相位测量中便出现了一个整周的未知数$N_i^j(t_i)$，称为整周模糊度。

当卫星信号于历元 t_0 时刻被跟踪（锁定）后，载波相位变化的整周数便被 GNSS 接收机自动计数。因此，其后的任一历元 t 时刻的总相位差，可由下式表达：

$$\varphi_i^j(t) = N_i^j(t_0) + N_i^j(t - t_0) + \delta\varphi_i^j(t) \tag{6.13}$$

式中，$N_i^j(t_0)$为初始历元 t_0 时刻的整周未知数（或简称整周模糊度），它在信号被锁定后就确定不变，为未知常数；$N_i^j(t-t_0)$为从初始历元 t_0 时刻至后续观测历元 t 时刻之间载波相位的整周数，可由 GNSS 接收机自动连续计数来确定，为已知量；$\delta\varphi_i^j(t)$为后续观测历元 t 时刻不足一周的小数部分相位。载波相位观测量式（6.13）的几何意义如图 6－4 所示。

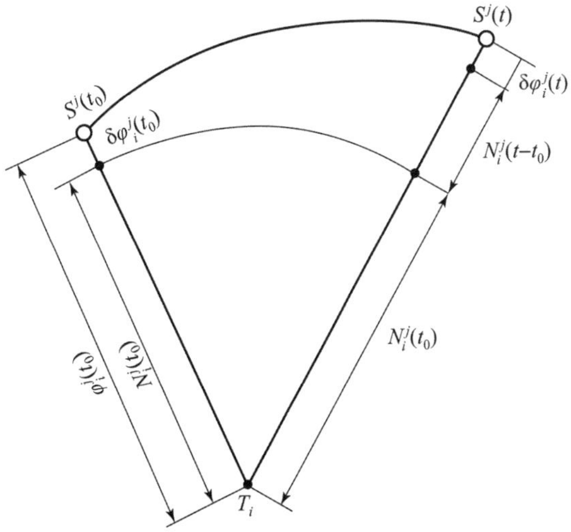

图 6－4　载波相位观测量的几何意义

因此，在任一观测历元 t 时由卫星到 GNSS 接收机的载波相位观测量 $\varphi_i^j(t)$，其含义包含 3 个部分：一是初始整周模糊度，二是（$t-t_0$）时间间隔中 GNSS 接收机的整周计数值，三是历元 t 时刻非整周量测相位值。其中后两部分为已知的观测量，用符号 $\Phi_i^j(t)$表示，则式（6.13）即

$$\Phi_i^j(t) = N_i^j(t_0) + \varphi_i^j(t) \tag{6.14}$$

式中，$\Phi_i^j(t)$是载波相位的实际观测量，即 GNSS 接收机相位观测输出值；$N_i^j(t_0)$为整周模糊度。对于 GPS 的载波来说，一个整周数的误差将会引起 19～24 cm 的距离误差，因此，如何准确且快速地解算整周模糊度，是利用载波相位观测量进行精密定位的关键，该问题的确定将在后面的 7.5 节中专门阐述。

6.2.4　测相伪距观测方程

在理想的 GNSS 标准时统一下，载波信号相位差方程［式（6.2）］可以写为

$$\Phi_i^j[t(\text{GNSS})] = \varphi_i[t_i(\text{GNSS})] - \varphi^j[t^j(\text{GNSS})] \tag{6.15}$$

另外，当频率 f 非常稳定时，在 Δt 时间内信号的相位 φ 和频率 f 具有如下关系：

$$\varphi(t+\Delta t) = \varphi(t) + f\Delta t \tag{6.16}$$

如果卫星的载波信号频率 f^j 和 GNSS 接收机振荡器的固定参考频率 f_i 相等，均为 f，则由式（6.15）和式（6.16），可以得到

$$\Phi_i^j[t(\text{GNSS})] = f[t_i(\text{GNSS}) - t^j(\text{GNSS})] = f\Delta\tau_i^j \tag{6.17}$$

式中，$\Delta\tau_i^j = t_i(\text{GNSS}) - t^j(\text{GNSS})$，为卫星星钟与 GNSS 接收机站钟同步的情况下卫星信号的传播时间。卫星与用户的相对运动，$\Delta\tau_i^j$ 是不断变化的；另外，载波信号上没有时间标

记，卫星信号的发射历元通常是未知的。因此，在实际应用中需要根据已知的 GNSS 接收机观测历元 t_i 时刻来描述传播时间和观测方程。

记卫星 S^j 与 GNSS 接收机 T_i 的几何距离为 $R_i^j[t_i(\mathrm{GNSS}), t^j(\mathrm{GNSS})]$，将几何距离除以光速 c，在忽略大气折射影响的情况下，得到传播时间为

$$\Delta\tau_i^j = R_i^j[t_i(\mathrm{GNSS}), t^j(\mathrm{GNSS})]/c \tag{6.18}$$

由于 $t^j(\mathrm{GNSS}) = t_i(\mathrm{GNSS}) - \Delta\tau_i^j$，并且由式（6.7）可得 $t_i(\mathrm{GNSS}) = t_i - \delta t_i$，所以可以将式（6.18）在 t_i 处按泰勒级数展开，并略去高次项（如对于 GPS，二次项 $\ddot{R}_i^j/c$ 的数值小于 8.7×10^{-10} 1/s，后续高次项更是极微小），可以得到

$$\Delta\tau_i^j = \frac{1}{c}R_i^j(t_i)\left[1-\frac{1}{c}\dot{R}_i^j(t_i)\right] - \frac{1}{c}\dot{R}_i^j(t_i)\delta t_i(t_i) \tag{6.19}$$

进一步考虑大气电离层和对流层的折射影响，其在观测历元 t_i 时刻引起的距离误差分别为 $\Delta_{i,\mathrm{I}}^j(t_i)$ 和 $\Delta_{i,\mathrm{T}}^j(t_i)$，则式（6.19）可重写为

$$\Delta\tau_i^j = \frac{1}{c}R_i^j(t_i)\left[1-\frac{1}{c}\dot{R}_i^j(t_i)\right] - \frac{1}{c}\dot{R}_i^j(t_i)\delta t_i(t_i) + \frac{1}{c}[\Delta_{i,\mathrm{I}}^j(t_i) + \Delta_{i,\mathrm{T}}^j(t_i)] \tag{6.20}$$

由式（6.16）可得 $\varphi_i(t_i) = \varphi^j(t^j) + f\Delta t = \varphi^j(t^j) + f(t_i - t^j)$，并考虑到式（6.7）可以得到观测历元 t_i 时刻统一标准下的相位差：

$$\Phi_i^j(t_i) = \Phi_i^j[t(\mathrm{GNSS})] + f[\delta t_i(t_i) - \delta t^j(t_i)] \tag{6.21}$$

将式（6.17）和式（6.20）代入式（6.21），同时考虑到整周模糊度的相位方程［式（6.14）］，并为了方便起见略去 t_i 的下标，可以得到载波相位观测方程为

$$\begin{aligned}\Phi_i^j(t) = {}&\frac{f}{c}R_i^j(t)\left[1-\frac{1}{c}\dot{R}_i^j(t)\right] + f\left[1-\frac{1}{c}\dot{R}_i^j(t)\right]\delta t_i(t) - \\ &f\delta t^j(t) - N_i^j(t_0) + \frac{f}{c}[\Delta_{i,\mathrm{I}}^j(t) + \Delta_{i,\mathrm{T}}^j(t)]\end{aligned} \tag{6.22}$$

进一步根据关系 $\lambda = c/f$，由式（6.22）可得到测相伪距观测方程为

$$\begin{aligned}\lambda\Phi_i^j(t) = {}&R_i^j(t)\left[1-\frac{1}{c}\dot{R}_i^j(t)\right] + c\left[1-\frac{1}{c}\dot{R}_i^j(t)\right]\delta t_i(t) - \\ &c\delta t^j(t) - \lambda N_i^j(t_0) + \Delta_{i,\mathrm{I}}^j(t) + \Delta_{i,\mathrm{T}}^j(t)\end{aligned} \tag{6.23}$$

上式中含有 $\dot{R}_i^j(t)/c$ 的项对伪距的影响为米级。在相对定位中如果基线较短（如两个 GNSS 接收机的基线距离 <20 km），则卫星到 GNSS 接收机的几何距离变化率项可以忽略，则式（6.22）和式（6.23）可简化为

$$\Phi_i^j(t) = \frac{f}{c}R_i^j(t) + f[\delta t_i(t) - \delta t^j(t)] - N_i^j(t_0) + \frac{f}{c}[\Delta_{i,\mathrm{I}}^j(t) + \Delta_{i,\mathrm{T}}^j(t)] \tag{6.24}$$

$$\lambda\Phi_i^j(t) = R_i^j(t) + c[\delta t_i(t) - \delta t^j(t)] - \lambda N_i^j(t_0) + \Delta_{i,\mathrm{I}}^j(t) + \Delta_{i,\mathrm{T}}^j(t) \tag{6.25}$$

在不影响理解 GNSS 导航定位原理的情况下，常采用上述载波相位观测方程［式（6.24）］或测相伪距观测方程［式（6.25）］。在相对定位中，当基线较长时，由后述章节介绍的有关模型将不难根据式（6.22）或式（6.23）扩展为较严密的形式。

6.3 观测方程的线性组合

6.3.1 测码伪距观测方程线性化

GNSS 导航定位的基本原理，就是利用 GNSS 接收机测量获得的星站伪距，以及导航电文中的星历数据，来解算 GNSS 接收机 T_i 在地球坐标系中的坐标。前述得到的观测方程为非线性的，在实际导航定位的解算中，通常需要对观测方程进行线性化处理。

GNSS 接收机 T_i 的位置坐标隐含在测码伪距观测方程［式（6.11）］和测相伪距观测方程［式（6.25）］右端的第一项 $R_i^j(t)$ 中：

$$R_i^j(t)=|\boldsymbol{R}^j(t)-\boldsymbol{R}_i(t)|=\{[x^j(t)-x_i(t)]^2+[y^j(t)-y_i(t)]^2+[z^j(t)-z_i(t)]^2\}^{1/2} \tag{6.26}$$

式中，$\boldsymbol{R}^j(t)=[x^j(t)\quad y^j(t)\quad z^j(t)]^{\mathrm{T}}$，为卫星 S^j 在协议地球坐标系中的直角坐标向量，是由导航电文中提供的星历参数计算出的已知量；$\boldsymbol{R}_i(t)=[x_i(t)\quad y_i(t)\quad z_i(t)]^{\mathrm{T}}$，为 GNSS 接收机 T_i 在协议地球坐标系中的直角坐标向量，是待求量。$\boldsymbol{R}_i^j(t)$，$\boldsymbol{R}^j(t)$，$\boldsymbol{R}_i(t)$的几何关系如图 6－5 所示。

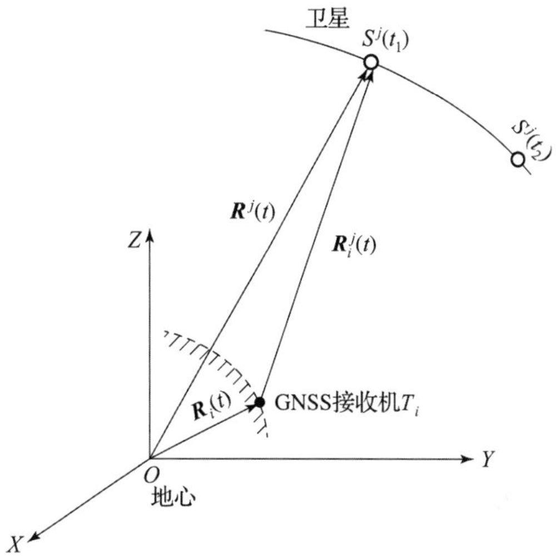

图 6－5 GNSS 导航定位的几何关系

若取 GNSS 接收机 T_i 的坐标初始值向量为 $\boldsymbol{R}_{i0}(t)=[x_{i0}(t)\quad y_{i0}(t)\quad z_{i0}(t)]^{\mathrm{T}}$，其改正数向量为 $\delta\boldsymbol{X}_i=[\delta x_i\quad \delta y_i\quad \delta z_i]^{\mathrm{T}}$，则将非线性方程［式（6.26）］在$[x_i,y_i,z_i]$处用泰勒级数展开，并取一次近似表达式，得到

$$R_i^j(t)=R_{i0}^j(t)+\frac{\partial R_i^j(t)}{\partial x_i}\delta x_i+\frac{\partial R_i^j(t)}{\partial y_i}\delta y_i+\frac{\partial R_i^j(t)}{\partial z_i}\delta z_i \tag{6.27}$$

式中，$R_{i0}^j(t)=\{[x^j(t)-x_{i0}]^2+[y^j(t)-y_{i0}]^2+[z^j(t)-z_{i0}]^2\}^{\frac{1}{2}}$；$\frac{\partial R_i^j(t)}{\partial x_i}$，$\frac{\partial R_i^j(t)}{\partial y_i}$，$\frac{\partial R_i^j(t)}{\partial z_i}$为 GNSS 接收机 T_i 的坐标初始值向量 $\boldsymbol{R}_{i0}(t)$对于协议坐标系 3 个坐标轴的方向余弦，即

$$\left.\begin{aligned}
\frac{\partial R_i^j(t)}{\partial x_i}&=\frac{-1}{R_{i0}^j(t)}[x^j(t)-x_{i0}]=-l_i^j(t)\\
\frac{\partial R_i^j(t)}{\partial y_i}&=\frac{-1}{R_{i0}^j(t)}[y^j(t)-y_{i0}]=-m_i^j(t)\\
\frac{\partial R_i^j(t)}{\partial z_i}&=\frac{-1}{R_{i0}^j(t)}[z^j(t)-z_{i0}]=-n_i^j(t)
\end{aligned}\right\} \tag{6.28}$$

将式（6.27）和式（6.28）代入测码伪距观测方程［式（6.11）］，可得到其线性化形

式为

$$\rho_i^j(t)=R_{i0}^j(t)-\begin{bmatrix}l_i^j(t) & m_i^j(t) & n_i^j(t)\end{bmatrix}\begin{bmatrix}\delta x_i\\ \delta y_i\\ \delta z_i\end{bmatrix}+c\delta t_i(t)+\Delta_{i,\mathrm{I}}^j(t)+\Delta_{i,\mathrm{T}}^j(t) \tag{6.29}$$

基于线性化的测码伪距观测方程，进行 GNSS 接收机 T_i 的定位解算思路为：首先设定 GNSS 接收机的位置坐标初值（尽管 $\boldsymbol{R}_{i0}$并不精确）；知道 GNSS 接收机 T_i 的初始位置后，根据导航电文又可知道此时卫星 S^j 的位置，则由此两点（星、站）所决定的 $R_{i0}^j(t)$也就为已知量，进而可以求出方向余弦 l_i^j，m_i^j，n_i^j；同时由 GNSS 接收机可以获得此时的星站伪距观测值$\rho_i^j(t)$。为了使问题简单，暂不考虑大气层折射引起的误差$\Delta_{i,\mathrm{I}}^j$和$\Delta_{i,\mathrm{T}}^j$，则式（6.29）中含有 4 个未知数：δx_i，δy_i，δz_i 和 δt_i。只要 GNSS 接收机同时观测 4 颗卫星（$j=4$），则可建立四元线性方程组来解算 4 个未知数，并用它们去修正 T_i 的初始设定值 x_{i0}，y_{i0}，z_{i0}，以获得较高精度的 T_i 位置坐标值，将此位置坐标值代替 x_{i0}，y_{i0}，z_{i0}，再反复进行这一解算过程，直到获得满足某一精度标准的 GNSS 接收机位置坐标值。

6.3.2 测相伪距观测方程线性化

与测相伪距观测方程的线性化分析类似，将式（6.27）和式（6.28）代入载波相位观测方程［式（6.24）］，可以得到其线性化形式为

$$\begin{aligned}\varphi_i^j(t)=\frac{f}{c}R_{i0}^j(t)-\frac{f}{c}\begin{bmatrix}l_i^j(t) & m_i^j(t) & n_i^j(t)\end{bmatrix}\begin{bmatrix}\delta x_i\\ \delta y_i\\ \delta z_i\end{bmatrix}-N_i^j(t_0)+\\ f[\delta t_i(t)-\delta t^j(t)]+\frac{f}{c}[\Delta_{i,\mathrm{I}}^j(t)+\Delta_{i,\mathrm{T}}^j(t)]\end{aligned} \tag{6.30}$$

将式（6.27）和式（6.28）代入测相伪距观测方程［式（6.25）］，可以得到其线性化形式为

$$\begin{aligned}\lambda\varphi_i^j(t)=R_{i0}^j(t)-\begin{bmatrix}l_i^j(t) & m_i^j(t) & n_i^j(t)\end{bmatrix}\begin{bmatrix}\delta x_i\\ \delta y_i\\ \delta z_i\end{bmatrix}-\lambda N_i^j(t_0)+\\ c[\delta t_i(t)-\delta t^j(t)]+\Delta_{i,\mathrm{I}}^j(t)+\Delta_{i,\mathrm{T}}^j(t)\end{aligned} \tag{6.31}$$

上述线性化方程，在 GNSS 精密定位中有着广泛的应用，它既可用于单点定位，也可用于相对定位。由于卫星星历误差及大气传播延迟误差等的影响，单点定位的精度较低，但由于其可以获得绝对坐标，作业又相对灵活方便，所以在导航定位中仍有不可替代的重要作用。利用载波相位进行相对定位时，由于许多误差源是共同的或相关的，可以互相抵消或减弱，所以能充分发挥高精度的载波相位观测的作用，获得极高的定位精度，这使该方法在大地测量、地球动力学、地震监测、工程测量，以及姿态确定中获得广泛的应用。

6.3.3 观测值的组合

GNSS 观测值及其线性组合是导航定位函数模型的重要已知量，选取不同的观测值进行

组合，从某种意义上来说决定了 GNSS 定位方式的类型以及定位的精度，这很容易理解。若使用组合观测值，则观测值的相互组合虽然会放大观测噪声，但同时减少了函数模型中的未知参数，使求解变得简易。因此，如果能够把观测噪声限定在某个可以接受的限度之内，组合观测值这把双刃剑就能发挥其优势，摒除或者减弱固有的劣势。

对不同频率上的载波相位测量值进行组合，实际上是通过拍频组合出新的虚拟测量值。本小节将先对多频测量值进行一般意义上的线性组合，然后在接下来的一小节里介绍线性组合的 3 种特殊形式。

为了掌握线性组合而成的测量值中各个误差成分的情况，在以下讨论中保留各项测量误差，即将双差载波相位测量值 $\varphi_{ur}^{(ij)}$ 的观测方程改写成

$$\varphi_{ur}^{(ij)} = \lambda^{-1}(r_{ur}^{(ij)} + g_{ur}^{(ij)} + T_{ur}^{(ij)} - I_{ur}^{(ij)}) + N_{ur}^{(ij)} + \varepsilon_{\varphi,ur}^{(ij)} \tag{6.32}$$

式中，$g_{ur}^{(ij)}$ 为双差卫星星历误差（或者说是双差卫星轨道误差）；$T_{ur}^{(ij)}$ 为双差对流层延时；$I_{ur}^{(ij)}$ 为双差电离层延时。同样，双差伪距测量值 $\rho_{ur}^{(ij)}$ 的观测方程为

$$\rho_{ur}^{(ij)} = r_{ur}^{(ij)} + g_{ur}^{(ij)} + T_{ur}^{(ij)} + I_{ur}^{(ij)} + \varepsilon_{\rho,ur}^{(ij)} \tag{6.33}$$

式（6.32）中的双差载波相位测量值 $\varphi_{ur}^{(ij)}$ 是以周为单位的，而为了方便讨论和表达，定义一个以米为单位的双差载波相位测量值 Φ，它与 φ 的关系如下：

$$\Phi = \lambda\varphi \tag{6.34}$$

因此有

$$\Phi_{ur}^{(ij)} = r_{ur}^{(ij)} + g_{ur}^{(ij)} + T_{ur}^{(ij)} - I_{ur}^{(ij)} + \lambda N_{ur}^{(ij)} + \varepsilon_{\Phi,ur}^{(ij)} \tag{6.35}$$

因为本节所要处理的数据全部是双差测量值，所以为了简化表达，省略原本在双差测量值符号中的一对接收机下标“*ur*”和一对卫星上标“*ij*”。然而，为了区分不同的载波频率，添加一个代表不同载波频率的下标。为了使这里的讨论更加具有普遍性，用“1”“2”和“3”来标注 3 种不同的频率，它们的一个具体实例是分别对应于 L1，L2 和 L5 的 3 个 GNSS 载波频率。

考虑某个三频接收机，它在某一时刻的三频双差载波相位测量值分别为

$$\begin{cases} \Phi_1 = \lambda_1^{-1}(r + g + T - I_1) + N_1 + \varepsilon_{\Phi,1} \\ \Phi_2 = \lambda_2^{-1}(r + g + T - I_2) + N_2 + \varepsilon_{\Phi,2} \\ \Phi_3 = \lambda_3^{-1}(r + g + T - I_3) + N_3 + \varepsilon_{\Phi,3} \end{cases} \tag{6.36}$$

相应的双差伪距测量值分别为

$$\begin{cases} \rho_1 = r + g + T + I_1 + \varepsilon_{\rho,1} \\ \rho_2 = r + g + T + I_2 + \varepsilon_{\rho,2} \\ \rho_3 = r + g + T + I_3 + \varepsilon_{\rho,3} \end{cases} \tag{6.37}$$

根据电离层延时与载波频率的关系方程，可得不同载波频率信号上双差电离层延时之间的关系如下：

$$\begin{cases} I_2 = \dfrac{\lambda_2^2}{\lambda_1^2} I_1 \\ I_3 = \dfrac{\lambda_3^2}{\lambda_1^2} I_1 \end{cases} \tag{6.38}$$

此时对三频双差载波相位测量值 Φ_1，Φ_2 和 Φ_3 进行线性组合的通用公式可表达成

$$\Phi_{k_1,k_2,k_3}=k_1\Phi_1+k_2\Phi_2+k_3\Phi_3 \tag{6.39}$$

式中，系数 k_1，k_2 和 k_3 既可以是整数，也可以是非整数，而将上式所示的组合标记成(k_1，k_2，k_3)。将式（6.36）中的各个三频双差载波相位测量值代入上式，得到组合测量值的观测方程为

$$\Phi_{k_1,k_2,k_3}=\left(\frac{k_1}{\lambda_1}+\frac{k_2}{\lambda_2}+\frac{k_3}{\lambda_3}\right)(r+g+T)-\left(\frac{k_1}{\lambda_1}+\frac{k_2\lambda_2}{\lambda_1^2}+\frac{k_3\lambda_3}{\lambda_1^2}\right)I_1+N_{k_1,k_2,k_3}+\varepsilon_{\Phi,k_1,k_2,k_3} \tag{6.40}$$

式中，组合测量值 Φ_{k_1,k_2,k_3} 中的整周模糊度 N_{k_1,k_2,k_3} 为

$$N_{k_1,k_2,k_3}=k_1N_1+k_2N_2+k_3N_3 \tag{6.41}$$

当系数 k_1，k_2 和 k_3 均为整数时，未知的整周模糊度 N_{k_1,k_2,k_3} 必定也是整数。

根据观测方程，可以定义组合测量值 Φ_{k_1,k_2,k_3} 的波长 λ_{k_1,k_2,k_3} 为

$$\lambda_{k_1,k_2,k_3}=\frac{1}{\dfrac{k_1}{\lambda_1}+\dfrac{k_2}{\lambda_2}+\dfrac{k_3}{\lambda_3}} \tag{6.42}$$

可见，系数 k_1，k_2 和 k_3 的不同设置可以构筑成不同长短的组合测量值波长。因为波长通常定义为一个正数，所以对系数 k_1，k_2 和 k_3 进行取值的一个限制条件为

$$\frac{k_1}{\lambda_1}+\frac{k_2}{\lambda_2}+\frac{k_3}{\lambda_3}>0 \tag{6.43}$$

此时会发现，波长 λ_{k_1,k_2,k_3} 越大，则相应的组合测量值 Φ_{k_1,k_2,k_3} 中的整周模糊度 N_{k_1,k_2,k_3} 一般越容易被求解出来。

假定在不同频率上的载波相位测量误差相互独立，并且以米为单位的测量误差均方差都等于它们相应波长的 α 倍，那么经双差后的测量误差均方差增大到波长的 2α 倍，也就是说，双差载波相位测量值 Φ_1，Φ_2 和 Φ_3 的误差均方差可统一写成

$$\sigma_{\Phi_i}=2\alpha\lambda_i \tag{6.44}$$

式中，i 等于 1，2 和 3。经式（6.39）所示的线性组合后，组合测量值的误差均方差 Φ_{k_1,k_2,k_3} 为

$$\sigma_{\Phi_{k_1,k_2,k_3}}=\sqrt{k_1^2+k_2^2+k_3^2}\,2\alpha\lambda_{k_1,k_2,k_3} \tag{6.45}$$

可见，组合测量值的误差均方差 $\sigma_{\Phi_{k1,k_2,k_3}}$ 除了与原本的载波相位测量噪声有关外，还与系数 k_1，k_2 和 k_3 的取值大小有关。对于整数系数线性组合而言，组合测量值的误差均方差必定不会小于 $2\alpha\lambda_{k_1,k_2,k_3}$。可以想象，较大的误差均方差将不利于求解组合测量值中的整周模糊度，然而因为组合后的电离层延时等误差残余大小很难被估算，所以决定一个合适的组合测量值误差均方差门限一般来说并不简单。对于利用伪距进行四舍五入取整的这类整周模糊度求解算法而言，一个常用的标准是要求载波相位测量误差均方差小于半个相应的载波周长。根据这个标准，一个噪声量被控制得较低的多频测量值线性组合应满足

$$\sigma_{\Phi_{k_1,k_2,k_3}}<\frac{1}{2}\lambda_{k_1,k_2,k_3} \tag{6.46}$$

而上式相当于

$$k_1^2+k_2^2+k_3^2<\left(\frac{1}{4\alpha}\right)^2 \tag{6.47}$$

若假定双差载波相位的测量噪声均方差为 0.05 周，也就是说，α 的值可假定等于 0.025。当 α 为 0.025 时，$k_1^2+k_2^2+k_3^2$ 的值应小于 100。这样，为了控制组合测量值的噪声量，除了满足式（6.43）以外，组合系数 k_1，k_2 和 k_3 的取值还应当受到类似式（6.47）的约束。

组合测量值的观测方程［式（6.40）］表明，Φ_{k_1,k_2,k_3} 中以周为单位的电离层延时 I_{k_1,k_2,k_3} 为

$$I_{k_1,k_2,k_3}=\left(\frac{k_1}{\lambda_1}+\frac{k_2\lambda_2}{\lambda_1^2}+\frac{k_3\lambda_3}{\lambda_1^2}\right)I_1 \tag{6.48}$$

它显然也是一个关于系数 k_1，k_2 和 k_3 的函数。为了提高定位精度和有利于整周模糊度的求解，这些系数值应该被适当地选择，从而使组合电离层延时 I_{k_1,k_2,k_3} 尽可能地小。特别地，当系数 k_1，k_2 和 k_3 的值满足条件 $\frac{k_1}{\lambda_1}+\frac{k_2\lambda_2}{\lambda_1^2}+\frac{k_3\lambda_3}{\lambda_1^2}=0$ 时，组合电离层延时理论上等于零，组合测量值就不再受电离层的影响，而将满足式 $\frac{k_1}{\lambda_1}+\frac{k_2\lambda_2}{\lambda_1^2}+\frac{k_3\lambda_3}{\lambda_1^2}=0$ 的组合称为电离层无关（IF）组合。例如，整系数（77，－60，0）是对载波 L1 和 L2 双频测量值的一种电离层无关组合，但是它未能满足式（6.47）的条件，因此有很高的测量噪声。

双差几何距离 r、双差卫星星历误差 g 和双差对流层延时 T 的总和，常被称为双差几何误差 G，而式（6.40）表明了组合测量值 Φ_{k_1,k_2,k_3} 中以周为单位的组合几何误差 G_{k_1,k_2,k_3} 为

$$G_{k_1,k_2,k_3}=\left(\frac{k_1}{\lambda_1}+\frac{k_2}{\lambda_2}+\frac{k_3}{\lambda_3}\right)(r+g+T) \tag{6.49}$$

当系数 k_1，k_2 和 k_3 满足条件 $\frac{k_1}{\lambda_1}+\frac{k_2}{\lambda_2}+\frac{k_3}{\lambda_3}=0$ 时，组合几何误差 G_{k_1,k_2,k_3} 等于零，此时组合测量值波长 λ_{k_1,k_2,k_3} 为无穷大，而将满足式 $\frac{k_1}{\lambda_1}+\frac{k_2}{\lambda_2}+\frac{k_3}{\lambda_3}=0$ 的组合称为几何无关（GF）组合。

不同系数值的组合（k_1，k_2，k_3）能产生具有不同特性的组合测量值，而对多频测量值进行线性组合的一个重要任务是在所有有效组合中进行筛选，使相应的组合测量值具有或者接近具有低噪、电离层无关、几何无关和长波长等众多有利于求解整周模糊度和提高相对定位精度的良好特性。例如，整系数组合（1，－6，5）很接近电离层无关组合，它也能有效压制几何误差，但是它的缺点在于其具有约为半周大的高测量噪声。接下来的一小节将介绍 3 种特殊的线性组合，而有关多频测量值线性组合及其特性的更多讨论，读者可参阅相关文献。

6.3.4　宽巷、窄巷和超宽巷组合

根据研究，组合测量值的载波波长越大，则对其载波相位整周模糊度的求解就越有利。例如 GNSS 载波 L1，L2 和 L5 的波长分别为 19 cm，24.4 cm 和 25.5 cm，而通过对这些多频信号测量值的线性组合，可以人为地创造出具有长波长的组合测量值，从而促进整周模糊度准确而又快速地得到求解，这就是宽巷技术。

由传统的 L1 和 L2 双频双差载波相位测量值 Φ_1 和 Φ_2 所组成的双差宽巷载波相位测量

值 Φ_w 定义为

$$\Phi_w = \Phi_1 - \Phi_2 \tag{6.50}$$

也就是说，宽巷组合是（1，-1，0）组合。直接利用上一小节的相关结果，可得双差宽巷测量值 Φ_w 的观测方程为

$$\Phi_w = \lambda_w^{-1}(r + g + T) - I_w + N_w + \varepsilon_{\Phi,w} \tag{6.51}$$

式中，载波波长 λ_w 与频率 f_w 分别为

$$\lambda_w = (\lambda_1^{-1} - \lambda_2^{-1})^{-1} = \frac{c}{f_1 - f_2} \tag{6.52}$$

$$f_w = \frac{c}{\lambda_w} = f_1 - f_2 \tag{6.53}$$

而整周模糊度 N_w 为

$$N_w = N_1 - N_2 \tag{6.54}$$

若双差载波相位测量值以米为单位，则宽巷组合的定义式（6.50）变为

$$\Phi_w = \frac{f_1}{f_w}\Phi_1 - \frac{f_2}{f_w}\Phi_2 = \frac{154}{34}\Phi_1 - \frac{120}{34}\Phi_2 \tag{6.55}$$

可见，如果双频 f_1 与 f_2 的值很接近，那么 f_1 与 f_2 之差 f_w 会远小于 f_1 和 f_2，从而使波长 λ_w 很大。根据载波 L1 与 L2 的频率和波长，可计算出由 L1 和 L2 组合而成的宽巷信号的频率 f_w 为 347.82 MHz，相应的波长 λ_w 长达 86.2 cm。由式（6.48）和式（6.49）可知，宽巷组合的电离层无关和几何无关程度还可以接受。

虽然宽巷化能使对双差宽巷载波相位测量值 Φ_w 中整周模糊度 N_w 的求解变得相对容易，但会得到更大的测量噪声。继续假定 Φ_1 与 Φ_2 之间的测量误差互不相关，并且它们以周为单位的误差均方差又相等，那么根据式（6.56），可得宽巷测量值 Φ_w 的误差均方差 σ_{Φ_w} 为

$$\sigma_{\Phi_w} = \sqrt{2}\frac{f_1}{f_w}\sigma_{\Phi_1} = 6.41\sigma_{\Phi_1} \tag{6.56}$$

由上式，双差宽巷载波相位测量值 Φ_w 以米为单位的误差均方差会增大到原先 L1 双差载波相位测量误差均方差 σ_{Φ_1} 的 6.41 倍，故直接利用双差宽巷载波相位测量值 Φ_w 所解得的相对定位的精度一般不会很高。

由 L1 和 L2 双频双差载波相位测量值 Φ_1 与 Φ_2 所组成的双差窄巷载波相位测量值 Φ_n 定义为

$$\Phi_n = \Phi_1 + \Phi_2 \tag{6.57}$$

因此，窄巷组合是（1，1，0）组合，它的观测方程为

$$\Phi_n = \lambda_n^{-1}(r + g + T) - I_n + N_n + \varepsilon_{\Phi,n} \tag{6.58}$$

式中，载波波长 λ_n 与频率 f_n 分别为

$$\lambda_n = (\lambda_1^{-1} + \lambda_2^{-1})^{-1} = \frac{c}{f_1 + f_2} = \frac{c}{f_n} \tag{6.59}$$

$$f_n = \frac{c}{\lambda_n} = f_1 + f_2 \tag{6.60}$$

若双差载波相位测量值以米为单位，则窄巷组合的定义式（6.57）变为

$$\Phi_n = \frac{f_1}{f_n}\Phi_1 + \frac{f_2}{f_n}\Phi_2 = \frac{154}{274}\Phi_1 + \frac{120}{274}\Phi_2 \tag{6.61}$$

需要注意的是，这里的下标“n”代表窄巷。

双差窄巷载波相位测量值 Φ_n 的频率 f_n 为双频 f_1 与 f_2 之和，即 2 803.02 MHz，相应的波长 λ_n 变短至 10.7 cm。不难理解，变短了的波长 λ_n 不利于求解双差窄巷载波相位测量值 Φ_n 中的整周模糊度 N_n，而事实上窄巷化的动机也并不在于帮助求解整周模糊度。若关于测量噪声大小的假设与前面相同，则双差窄巷载波相位测量值 Φ_n 的误差均方差 σ_{Φ_n} 为

$$\sigma_{\Phi_n} = \sqrt{2}\frac{f_1}{f_n}\sigma_{\Phi_1} = 0.795\sigma_{\Phi_1} \tag{6.62}$$

这就是说，双差窄巷载波相位测量值 Φ_n 以米为单位的误差均方差，比原先 L1（和 L2）双差载波相位测量误差均方差要小，因此它可应用于精密定位。

在前面的宽巷组合中，当两个来自不同频率信号的双差载波相位测量值相减后，一个波长较大的组合载波相位测量值就被创造出来。基于宽巷技术的这种思路，若给定更多个不同频率的测量值，并且这些测量值的分布恰当，则有着更大波长的超宽巷测量值就有可能被组合出来。考虑到 GNSS 的 L1，L2 和 L5 这 3 个载波的频率值 f_1，f_2 和 f_3（在这里将 f_5 写成 f_3）分别等于 1 575.42 MHz，1 227.6 MHz 和 1 176.45 MHz，它们总共可以形成以下 3 种频率差异

$$\begin{cases} f_{w13} = f_1 - f_3 = 398.97\ \text{MHz} \\ f_{w12} = f_1 - f_2 = 347.82\ \text{MHz} \\ f_{w23} = f_2 - f_3 = 51.15\ \text{MHz} \end{cases} \tag{6.63}$$

而相应的波长分别为 75.1 cm，86.2 cm 和 586.1 cm，均大于组合前任一个单频测量值的波长。若将 L1 与 L2 的（1，－1，0）组合继续称为宽巷，则根据波长 λ_{w13}，λ_{w13} 的大小，称 L1 与 L5 的（1，0，－1）组合为中巷组合，而称 L2 与 L5 的（0，1，－1）组合为超宽巷组合。双差超宽巷载波相位测量值具有很小的以周为单位的测量噪声，这对整周模糊度的求解极为有利，但是超宽巷测量值以米为单位的噪声均方差较大，一般不宜直接用于精密定位计算。

6.4　GNSS 误差分析

6.4.1　GNSS 误差简介

在 GNSS 导航定位中，观测量所含有的误差将影响导航定位的精度。GNSS 导航定位中出现的各种误差，从误差来源来讲主要可以分为 3 类：一是与 GNSS 卫星有关的误差；二是与 GNSS 信号传播有关的误差；三是与 GNSS 接收机有关的误差。

以 GPS 为例，主要的误差及其影响见表 6－2。在研究误差对 GNSS 定位的影响时，往往将误差换算为卫星至接收机的距离，以相应的距离误差表示，称为用户等效距离误差（UERE）。表 6－2 所示 GPS 误差对伪距测量的影响，即相应的 UERE。

表 6-2　GPS 误差及其对伪距测量的影响　m

误差来源		UERE	
		P 码	C/A 码
卫星部分	星历误差与模型误差	4.2	4.2
	钟差与稳定性	3.0	3.0
	卫星摄动	1.0	1.0
	相位不确定	0.5	0.9
	其他	0.9	0.9
	合计	9.6	9.6
信号传播	电离层折射	2.3	5.0~10.0
	对流层折射	2.0	2.0
	多路径效应	1.2	1.2
	其他	0.5	0.5
	合计	6.0	8.7~13.7
接收设备	接收机噪声	1.0	0.5
	其他	0.5	7.5
	合计	1.5	8.5
总计		17.1	26.3~31.3

若根据误差的性质，上述误差又可分为系统误差与偶然误差。系统误差指星历误差、星钟钟差、站钟钟差以及大气电离层与对流层折射误差。观测误差和多路径效应误差称为偶然误差。

通常可以采用适当的方法减弱或消除这些误差的影响，如引入相应的未知参数，在数据处理中与其他待求参数一同解算，然后再对其进行补偿；或者建立系统误差模型，对观测量进行修正；也可以借助不同接收机对同一颗卫星的同步观测求差，以削弱或消除有关系统误差的影响，对于影响较小的误差，可以简单地加以忽略。

6.4.2　GNSS 卫星的误差

1. 卫星星历误差

卫星星历误差指的是，由广播星历参数或其他轨道信息所给出的卫星位置与卫星的实际位置之差。

GNSS 的地面监测站所在的位置已知，且站内有原子钟，因此可用分布在不同地区的若干监测站跟踪监测同一颗 GNSS 卫星，进行距离测定，再根据观测方程，确定卫星所在空间的位置。由已知监测站的位置求解卫星位置的定位方式，称为反向测距定位（或称定轨）。

由主控站将监测站长期测量的数据经过最佳滤波处理，形成星历，注入卫星，再以导航电文的形式发射给用户。

卫星在空中运行受到多种摄动力的影响，地面监测站难以充分可靠地测定这些摄动力的影响，从而使测定的卫星轨道含有误差。同时，监测系统的质量，如跟踪站的数量及空间分布、轨道参数等的数量和精度、轨道计算时所用的轨道模型及定轨软件的完善程度，也会导致星历误差。此外，用户得到的卫星星历并非实时的，是由 GNSS 用户接收的导航电文中对应于某一时刻的星历参数推算出来的，这也会导致计算卫星位置产生误差。

星历误差产生的距离测量误差对于 P 码和 C/A 码，通常在 1.5～7.0 m 范围内，计算中通常取 2.17 m。星历误差是当前 GNSS 导航定位的重要误差来源之一，在相对定位中，随着基线长度（两监测站之间的距离）的增加，卫星星历误差将成为影响定位精度的主要因素。

为了尽可能削弱星历误差对定位的影响，一般常采用同步观测求差法或轨道改进法。显然，卫星星历误差对相距不太远的两个监测站的定位影响大致相同，因此，采用两个或多个近距离的监测站对同一颗卫星进行同步观测，然后求差，就可以减弱卫星星历误差的影响。这种方法就是同步观测求差法。采用轨道改进法处理观测数据的基本思路是：在数据处理中，引入表述卫星轨道偏差的改正数，并假设在短时间里这些改正数为常量，将其作为待求量与其他未知参数一并求解，从而校正星历误差。

2. 星钟误差

星钟误差指的是，卫星的星钟与 GNSS 标准时之间的不同步偏差。卫星上虽然使用了高精度的原子钟（如铯钟、铷钟），但是这些原子钟与 GNSS 标准时之间会有频偏、频漂，并且随着时间的推移，这些频偏和频漂还会发生变化。由于卫星的位置是时间的函数，所以 GNSS 的观测量均以精密测时为依据，星钟误差会使伪码测距和载波相位测量产生误差，这种偏差的总量可达 1 ms，产生的等效距离误差可达 300 km。

GNSS 通过地面监测站对卫星的监测，得到星钟相对于 GNSS 标准时的偏差，一般可用二项式来表示：

$$\delta t^j(t)=a_0+a_1(t-t_{oe})+a_2(t-t_{oe})^2 \tag{6.64}$$

式中，t_{oe}为星钟修正参考历元；a_0 为星钟在星钟修正参考历元对于 GNSS 标准时的偏差，称为零偏；a_1 为卫星钟的钟速误差（或频率偏差）；a_2 为卫星钟的钟速度率（或老化率）。这些参数由卫星的主控站测定，并通过卫星的导航电文提供给用户。

经以上钟差模型改正后，各卫星钟与 GNSS 标准时之间的同步差可保持在 20 ns 之内，由此引起的等效距离偏差将不会超过 6 m。若要进一步削弱剩余的卫星钟残差，可以通过对观测量的差分技术来进行消除。

6.4.3　信号传播的误差

1. 电离层折射的影响与修正

电离层位于高度为 50～1 000 km 的大气层，由于太阳的强烈辐射，电离层中的部分气体分子被电离形成大量的自由电子和正离子。在离子化的大气中，大气物理学给出了电离层的折射率公式：

$$n=\left[1-\frac{N_e e_t{}^2}{4\pi^2 f^2\varepsilon_0 m_e}\right]^{\frac{1}{2}} \tag{6.65}$$

式中，N_e 为电子密度（电子数/m^3）；$e_t = 1.6021 \times 10^{-19}$，为电荷量；$\varepsilon_0 = 8.854187817\ \mathrm{F \cdot m^{-1}}$，为真空介电常数；$m_e = 9.11 \times 10^{-31}$ kg，为电子质量；f 为电磁波频率。将有关常数值代入式（6.65），略去二阶小量，则得到电离层的折射率为

$$n = 1 - 40.28 \frac{N_e}{f^2} \tag{6.66}$$

由此可见，电离层的折射率与大气电子密度成正比，而与穿过的电磁波频率平方成反比。对于频率确定的电磁波而言，电离层的折射率仅取决于电子密度。式（6.66）是表示单一频率的正弦波穿过电离层时的相折射率 n_p，故有 $n_p = n$。多种频率叠加的无线电波称为群波，在大气层中的群折射率 n_g 由下式表达：

$$n_g = n_p + f\frac{\partial n_p}{\partial f} = 1 + 40.28 \frac{N_e}{f^2} \tag{6.67}$$

由式（6.66）和式（6.67）可知，在电离层中相折射率与群折射率是不同的。因此，在 GNSS 定位中，对于码相位测量和载波相位测量的修正量，应分别采用群折射率 n_g 和相折射率 n_p 来计算。折射率的变化所引起的传播路径延迟一般可写为

$$\delta\rho = \int^s (n-1)\mathrm{d}s \tag{6.68}$$

在载波相位测量中，考虑到相折射率［式（6.66）］，设 c 为光速，则由上式可得到相应的传播路径延迟为

$$\delta\rho_p = -\frac{40.28}{f^2}\int^s N_e \mathrm{d}s(\mathrm{m}) \tag{6.69}$$

式中，$\int^s N_e \mathrm{d}s$ 为沿电磁波传播路径的电子总量。设在测码伪距观测量中，由群折射率 N_g 引起的传播路径延迟为 $\delta\rho_g$，则由式（6.67）和式（6.68），可类似地得到

$$\delta\rho_g = 40.28 \frac{N_\Sigma}{f^2} \tag{6.70}$$

由式（6.69）和式（6.70）可见，在电离层中产生的路径延迟取决于电磁波频率 f 和传播路径上的电子总量数 $\int^s N_e \mathrm{d}s$。对于确定的频率 f 来说，$\int^s N_e \mathrm{d}s$ 为唯一的独立变量。电离层的电子密度，随太阳及其他天体的辐射强度、季节、时间以及地理位置等因素的变化而变化，其中与太阳黑子活动的强度密切相关。对于 GNSS 卫星信号来说，白天正午前后，当卫星接近地平线时，电离层折射的影响可能超过 150 m；在夜间，当卫星处于天顶方向时，电离层折射的影响将小于 5 m。

为了减弱电离层折射的影响，在 GNSS 导航定位中通常采取以下措施。

1）利用双频观测修正

电磁波通过电离层所产生的传播路径延迟与电磁波频率 f 的平方成反比，若采用双频接收机(f_1, f_2)进行观测，电离层折射对电磁波传播路径的延迟影响可分别写成

$$\begin{cases} \delta\rho_{f_1} = -\dfrac{40.28}{f_1^2}\displaystyle\int^s N_e \mathrm{d}s \\ \delta\rho_{f_2} = -\dfrac{40.28}{f_2^2}\displaystyle\int^s N_e \mathrm{d}s \end{cases} \tag{6.71}$$

则双频路径延迟之间的关系为 $\delta\rho_{f_2}=\delta\rho_{f_1}(f_1/f_2)^2$，若记 ρ_{f_1} 和 ρ_{f_2} 分别表示以频率 f_1 和频率 f_2 同步观测卫星到 GNSS 接收机的测码伪距，设未受电离层折射延迟影响的传播路径为 ρ_0，则由式（6.71），可得消除了电离层折射影响的电磁波传播距离为

$$\rho_0=\rho_{f_1}-\delta\rho\left(\frac{f_2^2}{f_2^2-f_1^2}\right) \tag{6.72}$$

式中，$\delta\rho=\rho_{f_1}-\rho_{f_2}$ 为双频（f_1，f_2）路径延迟的差值。实际测量资料表明，GNSS 经双频观测改正后的距离残差为厘米级。因此，具有双频接收功能的 GNSS 接收机，在精密定位工作中得到了广泛的应用。但是，在太阳黑子活动的异常期或太阳辐射强烈的正午，这种残差仍会明显增大。

2）利用电离层模型修正

单频 GNSS 接收机无法测量电离层的延迟，为了减弱电离层的影响，一般采用由导航电文所提供的电离层模型，或其他适宜的电离层模型对观测量加以修正。但是，由于影响电离层折射的因素很多，所以无法建立严格的数学模型。实测资料表明，目前模型修正的有效性约为75%。也就是说，当电离层折射的对星站距离观测值的影响为 20 m 时，修正后的残差仍可达 5 m。

3）利用同步观测值求差

利用两台或多 GNSS 台接收机，对同一颗或同一组卫星进行同步观测，再将同步观测值求差，以减弱电离层折射的影响。尤其当两个或多个 GNSS 观测站的距离较近时（例如 20 km）。由于卫星信号到达不同观测站的路径相似，所经过的电离层介质状况相似。所以，通过不同观测站对相同卫星的同步观测值求差值，便可显著地减弱电离层折射的影响，其残差将不会超过10^{-6}。对单频接收机的用户，这一方法效果尤为明显。

2. 对流层折射的影响与修正

对流层位于地面向上约 40 km 范围内的大气底层，整个大气层质量的99%，几乎都集中在对流层。对流层与地面接触，从地面得到辐射热能，在垂直方向平均每升高 1 km 温度降低约 6.5 ℃，而在水平方向（南北方向）每 100 km 温度差一般不会超过 1 ℃。对流层具有很强的对流作用，风、雨、云、雾、雪等主要天气现象均出现于其中，该层大气除含有各种气体元素外，还含有水滴、冰晶、尘埃等杂质，对电磁波传播影响很大。

对流层中的大气是中性的，在其中频率低于 30 GHz 的电磁波的传播速度与频率无关。即在对流层中，折射率与电磁波的频率或波长无关，故相折射率 n_p 与群折射率 n_g 相等。在对流层中，折射率略大于 1，且随高度的增加逐渐减小，当接近对流层的顶部时趋近 1。由于对流层折射的影响，在天顶方向（高度角为90°），电磁波的传播路径延迟达 2.3 m，当高度角为 10°时，电磁波的传播路径延迟可达 20 m。因此，对流层折射的影响在 GNSS 精密定位中必须加以考虑。

除了与高度变化有关外，对流层的折射率与大气压力、湿度和温度关系密切，由于大气对流作用强，大气的压力、温度、湿度等因素变化非常复杂，故目前对流层的折射率尚难以准确地模型化。为了分析方便，通常均将对流层的折射率分为干分量和湿分量两部分。对流层的电磁波折射数 N_0 可表示为 $N_0=N_d+N_w$，其中 N_d 为折射率干分量，N_w 为折射率湿分量，它们与大气的压力、温度和湿度有如下近似关系：

$$\begin{cases} N_d = 77.6 \dfrac{P}{T_K} \\ N_w = 3.37 \times 10^5 \dfrac{e_0}{T_K^2} \end{cases} \tag{6.73}$$

式中，P 为大气压力（MPa）；T_K 为绝对温度；e_0 为水气分压（MPa）。对流层折射对电磁波传播路径的影响可表示为

$$\delta S = \delta S_d + \delta S_w = 10^{-6}\int_0^{H_d} N_d \mathrm{d}H + 10^{-6}\int_0^{H_w} N_w \mathrm{d}H \tag{6.74}$$

根据上式积分，可得沿天顶方向电磁波传播路径延迟的近似关系如下：

$$\begin{cases} \delta S_d = 1.552 \times 10^{-5} \dfrac{P}{T_K} H_d \\ \delta S_w = 1.552 \times 10^{-5} \dfrac{4\,810 e_0}{T_K^2} H_w \end{cases} \tag{6.75}$$

数字分析表明，在大气正常状态下，沿天顶方向折射率干分量对电磁传播路径延迟的影响约为 $\delta S_d = 2.3(\mathrm{m})$，它占大气层折射误差总量的 90%。折射率湿分量的影响远小于折射率干分量的影响。由实测资料分析已知，δS_w 的变化在高纬度地区的冬季可达数厘米，在热带地区可达数十厘米。

以上讨论的是电磁波沿天顶方向传播产生的距离误差，若卫星信号不是沿天顶方向，而是沿高度角为 β 的方向传播到 GNSS 接收机，可采用改进的计算模型：

$$\begin{cases} \delta\rho_d = \delta S_d / \sin(\beta^2 + 6.25)^{1/2} \\ \delta\rho_w = \delta S_w / \sin(\beta^2 + 6.25)^{1/2} \end{cases} \tag{6.76}$$

目前采用的各种对流层模型，即使应用实时测量的气象资料，电磁波的传播路径延迟经对流层折射修正后的残差仍保持在对流层折射影响的 5% 左右。减小对流层折射对电磁波传播路径延迟影响的措施主要如下。

（1）当基线较短时，气象条件稳定，两个监测站的气象条件相似，利用基线两端同步观测量求差，可以有效地减弱甚至消除对流层折射的影响。

（2）利用在监测站附近实测的地区气象资料，完善对流层大气修正模型，可以减小对流层折射对电磁波传播路径延迟影响的 92% ~93%。

3. *多路径效应影响及修正*

多路径效应也叫作多路径误差，指的是卫星向地面发射信号，GNSS 接收机除了接收到卫星直射的信号，还可能收到周边建筑物、水面等一次或多次反射的卫星信号，这些信号叠加起来，会引起测量参考点（GNSS 接收机天线相位中心）位置的变化，从而使观测量产生误差。

现以地面反射为例来说明多路径效应。如图 6－6 所示，天线收到卫星的直射信号为 S，同时收到经地面反射的信号为 S'。显然，这两种信号所经过的路径不同，其路径差值称为程差，用 Δ 来表示，则可以看出：

$$\Delta = GA - OA = GA(1 - \cos 2\xi) = \frac{H}{\sin\xi}(1 - \cos 2\xi) = 2H\sin\xi \tag{6.77}$$

式中，H 为天线离地面的高度。由于存在程差 Δ，所以反射波和直射波之间存在一个相位延

迟 θ，即

$$\theta = \Delta\frac{2\pi}{\lambda} = \frac{4\pi H}{\lambda}\sin\xi \tag{6.78}$$

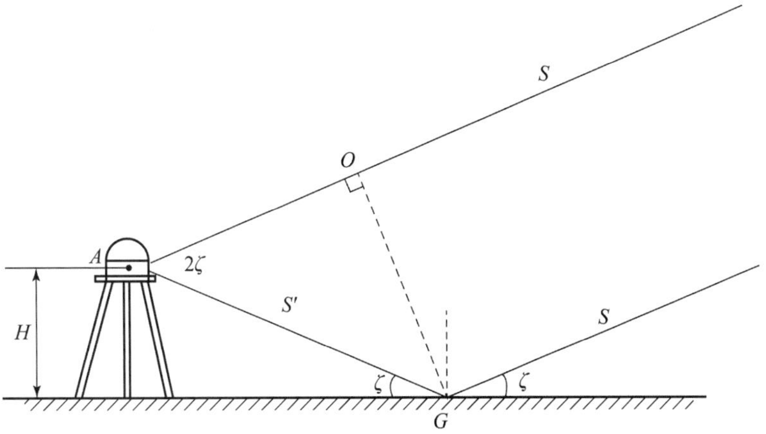

图 6-6　地面反射路径效应示意

反射波除了存在相位延迟外，信号强度一般也会降低，其原因是：一部分能量被反射面所吸收，同时反射会改变波的极化特性，而接收天线对于改变了极化特性的反射波有抑制作用。下面对载波相位测量中的多路径效应进行分析。

直射波信号 S_d 和反射波信号 S_r 的表达式可分别写为

$$\begin{cases} S_d = U\cos\omega t \\ S_r = aU\cos(\omega t + \theta) \end{cases} \tag{6.79}$$

式中，U 为信号电压；ω 为载波的角频率；a 为反射系数。当 $a=0$ 时表示信号完全被吸收，当 $a=1$ 时表示信号完全被反射，a 随反射物面的不同而变化，比如水面的反射系数 $a=1$，野地的反射系数 $a=0.6$。反射信号与直射信号叠加后，被天线所接收的信号为

$$S = \beta U\cos(\omega t + \phi) \tag{6.80}$$

式中，$\beta = (1 + 2a\cos\theta + a^2)^{1/2}$；$\phi = \arctan[a\sin\theta/(1 + a\cos\theta)]$，为载波相位测量中的多路径效应。分析 ϕ 的大小，对 ϕ 求导，并令其为零：

$$\frac{d\phi}{d\theta} = \frac{a\cos\theta + a^2}{(1 + a\cos\theta)(1 + a\cos\theta + a\sin\theta)} = 0 \tag{6.81}$$

则当 $\theta = \pm\arccos(-a)$ 时，多路径效应 ϕ 将取得极大值 $\phi_{max} = \pm\arcsin a$。因此，在载波相位测量中多路径效应取决于反射系数 a，全反射时（$a=1$）多路径效应的误差最大值对于 L1 载波为 4.8 cm，对于 L2 载波则为 6.1 cm。

实际上，可能有多个反射信号同时进入接收天线，此时的多路径效应为

$$\phi = \arctan\left\{\sum_{i=1}^{n} a_i\sin\theta_i/(1 + \sum_{1}^{n} a_i\cos\theta_i)\right\} \tag{6.82}$$

多路径效应对测码伪距的影响要比载波测量严重得多。观测资料表明，对于 P 码多路径效应的误差最大值可达 10 m 以上。减小多路径效应影响的主要措施，可从以下几方面考虑。

（1）选择良好的 GNSS 接收机天线环境，最好能避开反射系数大的物面，如水面、平坦光滑的硬地面、平整的建筑物表面等；

（2）选择造型适宜、屏蔽良好的天线，例如采用扼流圈天线等；

（3）适当沿长观测时间，削弱多路径效应的周期性影响；

（4）改善 GNSS 接收机的电路设计，以减弱多路径效应的影响。

6.4.4 接收设备的误差

1. 观测误差

观测误差不仅与 GNSS 接收机的软、硬件对卫星信号的观测分辨率有关，还与天线的安装精度有关。根据试验，一般认为观测分辨率引起的观测误差为信号波长的1%，见表6－3。

表6－3 观测分辨率引起的观测误差

信号	波长（码元宽度）	观测误差
P码	29.3 m	0.3 m
C/A码	293 m	2.9 m
L1 载波	19.05 cm	2.0 mm
L2 载波	24.45 cm	2.5 mm

天线的安装精度引起的观测误差，指的是天线对中误差、天线整平误差以及量取天线相位中心高度（天线高）的误差。比如，当天线高度为1.6 m时，如果天线对中误差为0.1°，则由此引起光学对中器的对中误差约为3 mm。因此，在精密定位中应注意整平天线，仔细对中，以减小安装误差。

2. GNSS 接收机钟差

GNSS 接收机一般采用高精度的石英钟，其日频率稳定度约为10^{-11}。若要进一步提高站钟精度，可采用恒温晶体振荡器，但其体积及耗电量大，频率稳定度也只能提高1~2个数量级，如果站钟与星钟的同步误差为1 μs，由此引起的等效距离误差约为300 m。解决站钟钟差的方法如下。

（1）在单点定位时，将钟差作为未知参数与 GNSS 接收机的位置参数一并求解。此时，假设每一观测瞬间钟差都是独立的，则处理较为简单，所以该方法广泛地应用于动态绝对定位。

（2）在载波相位相对定位中，采用对观测值求差（星间单差、星站间双差）的方法，可以有效地消除 GNSS 接收机钟差。

（3）在定位精度要求较高时，可采用外接频标（即时间标准）的办法，如铷原子钟或铯原子钟等，这种方法常用于固定观测。

3. 天线相位中心的位置偏差

在 GNSS 定位中，无论是测码伪距还是测相伪距，其观测值都是测量卫星到 GNSS 接收机天线相位中心的距离。而天线对中都是以天线几何中心为准，因此，对于天线的要求是它的相位中心与几何中心应保持一致。

实际上天线的相位中心位置会随信号输入的强度和方向不同而发生变化，因此，观测时相位中心的瞬时位置（称为视相位中心）与理论上的相位中心位置将有所不同。天线视相位中心与几何中心的差称为天线相位中心的偏差，这个偏差会造成定位误差，根据天线性能的好坏，其可达数毫米至数厘米，因此对于精密相对定位来说，这种影响是不容忽视的。

如何减小相位中心的偏移，是天线设计中一个迫切的问题。在实际测量中，若使用同一类型的天线，在相距不远的两个或多个 GNSS 接收机上同步观测同一组卫星，可通过对观测值求差来削弱相位中心偏移的影响。不过，这时各 GNSS 接收机的天线均应按天线盘上附有的方位标志进行定向，以满足一定的精度要求。

4. 载波相位观测的整周模糊度

目前普遍采用的精密观测方法是载波相位观测法，它能将定位精度提高到毫米级。但是，在观测历元 t 时刻，GNSS 接收机只能提供载波相位非整周的小数部分和从锁定载波时刻 t_0 至观测历元 t 时刻之间的载波相位变化整周数，而无法直接获得载波相位于锁定时刻在传播路径上变化的整周数。因此，在测相伪距观测中，需求出载波相位整周模糊度，其计算值的精确度会对测距精度产生影响。

在采用载波相位观测法测距时，除了要解决整周模糊度的计算问题之外，在观测过程中，还要解决周跳问题。当 GNSS 接收机收到卫星信号并进行实时跟踪（锁定）后，载波信号的整周数 $N_i^j(t-t_0)$ 便可由 GNSS 接收机自动地计数。但是，在计数过程中，若卫星信号被遮挡或受到干扰，则 GNSS 接收机的跟踪可能中断（失锁），而当卫星信号被重新锁定后，被测载波相位的小数部分将仍和未发生中断的情况一样是连续的，但是这时的整周计数却不再和中断前连续，即产生整周跳变或周跳。值得注意的是，周跳现象在载波相位测量中是容易发生的，它对测相伪距观测值的影响和整周模糊数的计算不准确一样，在精密定位的数据处理中都是一个非常重要的问题。

6.4.5　其他相关的误差

1. 地球自转的影响

与地球固连的协议地球坐标系，随地球一起绕 z 轴自转，卫星相对于协议地球坐标系的位置（坐标值）是相对历元而言的。如果发射信号的某一瞬时，卫星处于协议坐标系中的某个位置；当卫星信号传播到 GNSS 接收机时，由于地球的自转，卫星已不在发射瞬时的位置处，此时的卫星位置应该考虑地球自转的修正。

发射信号瞬时与接收信号瞬时的信号传播延时为 $\Delta\tau$，在此时间过程中，协议地球坐标系 z 轴转过了 $\Delta\alpha$ 角度，设地球自转角速度为 ω_{ie}，则有 $\Delta\alpha=\omega_{ie}\Delta\tau$，由参照系的转动而引起的卫星的坐标变化为

$$\begin{bmatrix}\Delta x_s\\ \Delta y_s\\ \Delta z_s\end{bmatrix}=\begin{bmatrix}0 & \sin\Delta\alpha & 0\\ -\sin\Delta\alpha & 0 & 0\\ 0 & 0 & 1\end{bmatrix}\begin{bmatrix}x_s\\ y_s\\ z_s\end{bmatrix} \tag{6.83}$$

式中，$[\Delta x_s \quad \Delta y_s \quad \Delta z_s]^{\mathrm{T}}$ 为卫星在协议地球坐标系中的坐标变化（或称为地球自转修正）；$[x_s \quad y_s \quad z_s]^{\mathrm{T}}$ 对应于接收到发射信号瞬时的卫星瞬时坐标。由于卫星信号传播速度很快，所以 $\Delta\alpha$ 很小，只有约 1.5″，所以这项修正只在 GNSS 高精度定位中才考虑。

2. 相对论效应的影响

根据狭义相对论，一个频率为 f 的振荡器安装在飞行的载体上，由于载体的运动，对于

地面观察者来说将产生频率偏移。因此，在地面上具有频率 f_0 的时钟安装在以速度为 v_s 运行的卫星上后，钟频将发生变化，钟频的改变量为

$$\Delta f_1 = -\frac{ga_m}{2c^2}\left(\frac{a_m}{R_s}\right)f_0 \tag{6.84}$$

式中，g 为地面重力加速度；c 为光速；a_m 为地球平均半径；R_s 为卫星轨道平均半径。

另外，根据广义相对论，处于不同等位面的振荡器，其频率 f_0 将由于引力位不同而产生变化，这种现象常称为引力频移，其大小可按下式估算：

$$\Delta f_2 = \frac{ga_m}{c^2}\left(1 - \frac{a_m}{R_s}\right)f_0 \tag{6.85}$$

在狭义相对论与广义相对论的综合影响下，卫星钟频的变化为

$$\Delta f = \Delta f_1 + \Delta f_2 = \frac{ga_m}{c^2}\left(1 - \frac{3a_m}{2R_s}\right)f_0 \tag{6.86}$$

对于 GPS 卫星，卫星钟的标准频率 $f_0 = 10.23$ MHz，可得 $\Delta f = 0.004\ 55$ Hz。这说明卫星钟比地面钟走得慢，每秒钟约相差 0.45 ms，为消除这一影响，一般将卫星钟的标准频率降为约 4.5×10^{-3} Hz。但是，由于地球运动、卫星轨道高度变化以及地球重力场变化，Δf 并非常数，所以经上述改正后仍有残差。它对卫星钟差 δt^j 和钟偏 $\delta \dot{t}^j$ 的影响分别约为

$$\delta t^j = -4.443\times10^{-10} e_s \sqrt{a_s}\sin E_s(s) \tag{6.87}$$

$$\delta \dot{t}^j = -4.443\times10^{-10} e_s \sqrt{a_s}\frac{n\cos E_s}{1 - e_s\cos E_s} \tag{6.88}$$

式中，e_s 为卫星轨道偏心率；a_s 为卫星轨道长半径；E_s 为偏近点角。数字分析表明，上述残差对 GPS 时间的影响最大可达 70 ns，对卫星钟速的影响可达 0.01 ns/s。显然，对于 GNSS 精密定位来说，这种影响是不容忽略的。

3. GPS 的 SA 技术和 AS 技术

对于 GPS，美国国防部采用了在卫星信号上施加干扰信号的方法以限制用户的使用，如第 1 章所述，其方法为 SA 技术和 AS 技术。

SA 技术称为选择可用性政策，它是为控制非授权用户获得高精度实时定位的一种方法，通过 ε 技术和 δ 技术来实现。其中，ε 技术是将卫星发送的 GPS 卫星轨道参数人为地施加一个慢变偏移，使广播星历精度由原来的 15 m 左右降到 75 m 以上，达到降低用户定位精度的目的；δ 技术是对卫星的基准频率（10.23 MHz）施加高频抖动噪声信号，这一干扰信号是由美国军方控制的随机信号，可使由基准频率派生出来的所有信号（如载波伪随机码）出现高频抖动，从而造成测距误差和测速误差，如使 C/A 码单点定位精度由原来的 25 m 左右降低到 100 m 以上。美国政府已宣布于 2000 年 5 月 1 日子夜取消 SA 政策。

AS 技术即反电子欺骗技术，它是将更加保密的 W 码与 P 码模二相加形成 Y 码，使非特许用户无法接收 L2 载波上的 P 码，更不能利用 P 码进行定位，也不能用 P 码和 C/A 码的相位观测量进行联合测算。

以上两种限制性技术可使单点定位的精度下降，影响最大时，定位精度可下降至 100 m 以上。为了提高实时导航定位精度，常采用差分技术消除其中的星历误差。

第7章

GNSS静态定位与动态定位

7.1 GNSS定位基本概念

7.1.1 GNSS定位原理

GNSS卫星导航定位技术本质上属于无线电导航定位，其基本原理与测量学中的交会法相似。以无线电圆定位系统为例（即距离交会系统），如图7－1所示，A点和B点分别为海岛或海岸线上的无线电发射台，它们在地球坐标系中的位置已精确测定。待定点P为需要确定的载体（如船舶等）位置。用户装有无线电导航定位接收机，它以无源被动测距的方式，测出P点至A点的距离r_A，以及P点至B点的距离r_B。在一平面坐标系里，已知圆心A，B，以及半径r_A，r_B，则可以确定两个圆，它们的交点即待定点P的位置。

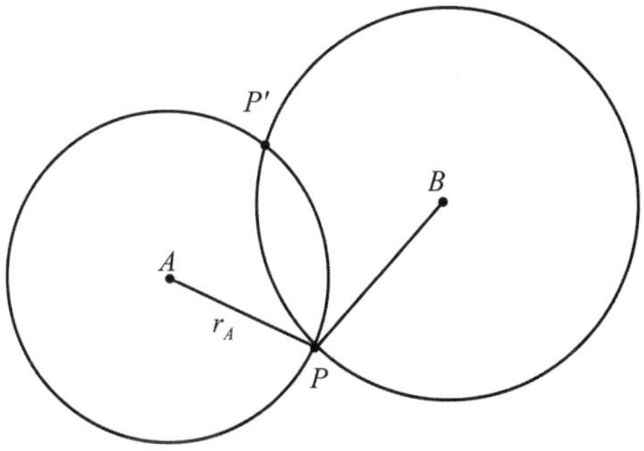

图7－1 无线电圆定位系统

两圆相交一般有两个交点，根据待定点的概略位置，通常不难加以判断和取舍。一般而言，为了提高解的精度和可靠性，实际使用的无线电发射台往往不止两个，这样就可以通过3个或3个以上已知圆来交会P点。由于存在测量误差，定位解可能不具有唯一性，对多个解进行误差数据处理，以寻求精度最佳的解。由该简单的无线电导航定位系统的几何意义，能清晰地看出其工作原理中已知的是什么、观测量是什么、待定点是什么，以及如何求解。实质上，GNSS卫星导航定位要解决的也是这些基本问题。

以上所述是二维定位的情况，即只需确定待定点的平面位置，可用于船舶、车辆导航等，我国的北斗一号卫星导航系统即采用了双星定位方式。在许多导航定位应用中，需要确定三维位置。三维定位的原理和二维定位相同，只是增加了一个自由度。在三维定位中，若已知某点，又能观测到待定点至该点的距离，则此待定的轨迹是一个球面，要唯一确定待定点的位置，至少需要测定至3个已知点的距离后，以这3个已知点为球心，以观测到的3个距离为半径做出3个定位球，两球面可交汇出一根空间曲线，3个球面则可交汇于一点，它的坐标即待定点在空间的三维位置，如图7-2所示。

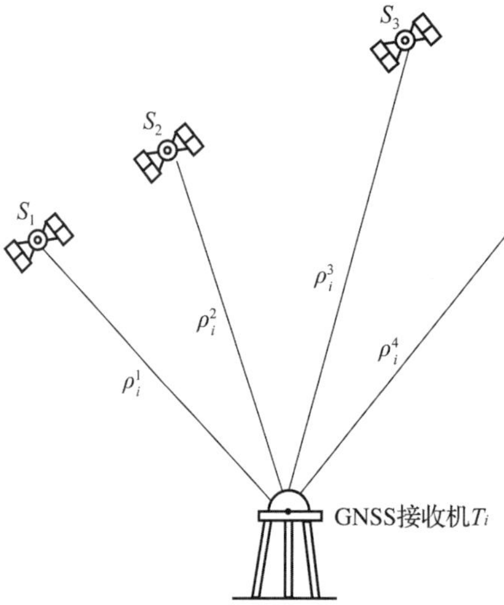

图7-2　GNSS三维定位示意

GNSS将无线电信号发射机装到卫星上，于是这些卫星便成了已知其坐标（由星历参数提供）或轨道参数的空间无线电发射台，用户只需用专用无线电信号接收机（GNSS接收机）测定至这些卫星的距离，就可求出用户的三维位置。因此，空间基准的无线电导航系统（GNSS）与陆地基准的无线电导航系统（比如罗兰C系统、欧米伽系统、台卡系统等），在导航定位的基本原理上是相同的。其差别仅在于：陆地基准的无线电导航系统的无线电发射台是固定在地球上的，其位置坐标一经测定即常值，可长期使用；而空间基准的无线电发射台的位置随着卫星的运动而不断变化，需要通过卫星跟踪网的观测进行确定。

7.1.2　GNSS定位分类

可根据待测点的运动状态将GNSS定位分为静态定位和动态定位；也可根据待测点在协议地球坐标系中的绝对位置或相对位置，将GNSS定位分为绝对定位（单点定位）、相对定位（多点定位），以及介于绝对定位和相对定位之间的差分定位。下面对其概念进行分别介绍。

1. 静态定位

在进行GNSS导航定位解算时，待测点在协议地球坐标系中的位置可以认为是固定不变的（静态），此时，待测点相对于其周围的固定点没有位置变化，或者虽然有可察觉到的运动，但这种运动相当缓慢，以至于在一次观测期间（数小时至若干天）无法被察觉到，对这些待测点的确定即静态定位。静态定位在大地测量、精密工程测量、地球动力学及地震监测等领域有着广泛的应用。

2. 动态定位

在进行GNSS导航定位解算时，待测点相对于其周围的固定点，在一次观测期间有可被察觉到的运动或明显的运动，对这些动态待测点的确定即动态定位。通常对于运动载体的位置确定都属于动态定位。严格来说，静态定位和动态定位的根本区别并不在于待测点是否处于运动状态，而在于数学模型中待测点的位置是否可看成常数。也就是说，在观测期间待测点的位移量和允许的定位误差相比能否忽略不计。

3. 绝对定位（单点定位）

绝对定位指的是，采用单个 GNSS 接收机独立确定待测点在协议地球坐标系中的绝对位置。绝对定位又称为单点定位。绝对定位的优点是，只需一台 GNSS 接收机即可实现独立定位，实施较为方便，数据处理也较简单；其缺点是受 GNSS 星历误差和大气延迟误差的影响较严重，定位精度不高。绝对定位在船舶导航、单兵定位、车辆定位、地质矿产勘探、暗礁定位和浮标建立等中低精度测量中有着广泛的应用，GNSS 绝对定位与其他导航系统组合，可以获得高精度的导航参数，在飞行器的导航和制导等许多领域也起着重要作用。

4. 相对定位（多点定位）

相对定位指的是，采用若干台 GNSS 接收机同步跟踪同一组 GNSS 卫星的发射信号，从而确定 GNSS 接收机之间的相对位置。相对定位的优点是，同步观测时，各 GNSS 接收机的许多误差是相同或大体相同的（如星钟误差、星历误差、卫星信号在大气层中的传播误差等），通过“求差”可以消除或者大幅削弱误差，从而获得很高的定位精度；其缺点是需要多台（至少两台）GNSS 接收机进行同步观测，组织实施、处理数据等比较复杂，若其中一台 GNSS 接收机出现故障，将使与该 GNSS 接收机有关的相对定位工作无法进行。相对定位方法在大地测量、工程测量、地壳变形监测等精密定位领域获得了广泛的应用。

5. 差分定位

差分定位指的是，将一台 GNSS 接收机设置在地面上位置精确已知的基准站（或称差分台）上，将其余 GNSS 接收机分别设置在需要定位的载体上，与基准站进行可见星的同步观测，根据基准站的已知精确坐标，求出定位结果的坐标修正数（位置差分法），或距离观测值的修正数（距离差分法），将改正数实时传送给运动用户，使用户能对其 GNSS 接收机的定位结果或伪距观测值进行修正，从而获得精确的定位结果。

在差分定位中所采用的基本数学模型，仍然是绝对定位的数学模型，但是差分定位必须给出基准点的精确位置，必须使用多台 GNSS 接收机，必须在基准点与流动点之间进行 GNSS 同步观测，并利用误差的相关性来提高定位精度，所有这些方面又使差分定位具有相对定位的某些特性。因此，它是一种介于绝对定位和相对定位之间的定位模式，或者说它是一种兼具上述两种定位模式某些特点的定位方式。差分定位常用于船舶、车辆、飞行器的运行过程中，从而提高其导航定位精度。

7.2　GNSS 静态绝对定位

7.2.1　测码伪距静态绝对定位

根据观测伪距方法的不同，静态绝对定位又分测码伪距静态绝对定位和测相伪距静态绝对定位。其中测码伪距静态绝对定位，可根据第 6 章中的测码伪距观测方程进行解算，为了简明起见，不失一般性，暂时忽略大气层的延迟影响，观测方程可以写为

$$\rho_i^j(t) = R_i^j(t) + c\delta t_i(t) \tag{7.1}$$

式中，$\rho_i^j(t)$为由 GNSS 接收机 T_i 观测卫星 S^j 而测得的星站间的测码伪距观测量；$R_i^j(t)$为 GNSS 接收机 T_i 与卫星 S^j 之间的几何距离，其表达式中含有 GNSS 接收机 T_i 的三维位置 $\boldsymbol{R}_i(t)$（待求参数），以及 GNSS 接收机从导航电文中解算获得的卫星位置 $\boldsymbol{R}^j(t)$（已知参数）；$\delta t_i(t)$ 为 GNSS 接收机钟差。显然，GNSS 接收机 T_i 的三维坐标向量$\boldsymbol{R}_i(t)$和$\delta t_i(t)$共4 个未知参数，这正是需要求解的。为了确定 4 个未知量，GNSS 接收机 T_i 至少需要同时观测 4 颗卫星（$n^j=1, 2, 3, 4$），建立 4 个类似的观测方程，得到方程组如下：

$$\left.\begin{aligned}\rho_i^1(t) &= |\boldsymbol{R}^1(t)-\boldsymbol{R}_i(t)|+c\delta t_i(t)\\ \rho_i^2(t) &= |\boldsymbol{R}^2(t)-\boldsymbol{R}_i(t)|+c\delta t_i(t)\\ \rho_i^3(t) &= |\boldsymbol{R}^3(t)-\boldsymbol{R}_i(t)|+c\delta t_i(t)\\ \rho_i^4(t) &= |\boldsymbol{R}^4(t)-\boldsymbol{R}_i(t)|+c\delta t_i(t)\end{aligned}\right\} \tag{7.2}$$

若取 GNSS 接收机坐标初始值为 $\boldsymbol{R}_{i0}=[x_{i0}\quad y_{i0}\quad z_{i0}]^{\mathrm{T}}$，其坐标修正数为 $\delta\boldsymbol{X}_i=[\delta x_i\quad \delta y_i\quad \delta z_i]^{\mathrm{T}}$，则在取一阶小量近似的情况下，由测码伪距观测方程的线性化处理可得

$$\begin{bmatrix}\rho_i^1(t)\\ \rho_i^2(t)\\ \rho_i^3(t)\\ \rho_i^4(t)\end{bmatrix}=\begin{bmatrix}R_{i0}^1(t)\\ R_{i0}^2(t)\\ R_{i0}^3(t)\\ R_{i0}^4(t)\end{bmatrix}-\begin{bmatrix}l_i^1(t) & m_i^1(t) & n_i^1(t) & -1\\ l_i^2(t) & m_i^2(t) & n_i^2(t) & -1\\ l_i^3(t) & m_i^3(t) & n_i^3(t) & -1\\ l_i^4(t) & m_i^4(t) & n_i^4(t) & -1\end{bmatrix}\begin{bmatrix}\delta x_i\\ \delta y_i\\ \delta z_i\\ \delta\rho_i\end{bmatrix} \tag{7.3}$$

或写为状态向量形式

$$\boldsymbol{a}_i(t)\delta\boldsymbol{T}_i+\boldsymbol{l}_i(t)=\boldsymbol{0} \tag{7.4}$$

式中，

$$\boldsymbol{a}_i(t)=\begin{bmatrix}l_i^1(t) & m_i^1(t) & n_i^1(t) & -1\\ l_i^2(t) & m_i^2(t) & n_i^2(t) & -1\\ l_i^3(t) & m_i^3(t) & n_i^3(t) & -1\\ l_i^4(t) & m_i^4(t) & n_i^4(t) & -1\end{bmatrix},\ \delta\boldsymbol{T}_i=\begin{bmatrix}\delta x_i\\ \delta y_i\\ \delta z_i\\ \delta\rho_i\end{bmatrix},\ \boldsymbol{l}_i(t)=\begin{bmatrix}\rho_i^1(t)-R_{i0}^1(t)\\ \rho_i^2(t)-R_{i0}^2(t)\\ \rho_i^3(t)-R_{i0}^3(t)\\ \rho_i^4(t)-R_{i0}^4(t)\end{bmatrix}$$

$$\delta\rho_i=c\delta t_i(t),\ R_{i0}^j(t)=\{[x^j(t)-x_{i0}]^2+[y^j(t)-y_{i0}]^2+[z^j(t)-z_{i0}]^2\}^{1/2}$$

由式（7.4）可以解算出坐标修正数和钟差的四元列向量 $\Delta\boldsymbol{T}_i$，即

$$\delta\boldsymbol{T}_i=-\boldsymbol{a}_i^{-1}(t)\boldsymbol{l}_i(t) \tag{7.5}$$

若给定 GNSS 接收机 T_i 的坐标初值 $\boldsymbol{R}_{i0}$具有较大的偏差，则仅取一阶小量的模型误差，这对解算结果将产生不可忽略的影响。为此，可以采用迭代法解算，即在第一次求解后，利用所求坐标的修正数，更新 GNSS 接收机坐标的初始值，再重新按上述程序求解。经验证明，这一迭代过程收敛很快，一般迭代 2~3 次，所获得的 GNSS 接收机的位置坐标值具有良好的精度。

上述定位解算方法称为经典导航定位算法，该算法要求在测量 4 个伪距的过程中，用户位置 $[x_i\quad y_i\quad z_i]^{\mathrm{T}}$ 及用户钟差 Δt_i 是不变的。经典导航定位算法仅观测 4 颗卫星来求解 4 个未知参数，没有多余观测量，解是唯一的。

若在观测过程中，采用多通道 GNSS 接收机同时跟踪 4 颗以上卫星，即跟踪的卫星数 $n^j>4$ 时，观测方程数大于待求未知参数的个数。此时，式（7.4）右端不再为 **0** 向量，而

是一列残差向量 $\boldsymbol{v}_i(t)$，可以采用最小二乘法平差求解。此时，式（7.4）可以写成误差方程组的形式：

$$\boldsymbol{v}_i(t)=\boldsymbol{a}_i(t)\delta\boldsymbol{T}_i+\boldsymbol{l}_i(t) \tag{7.6}$$

式中，

$$\underset{(n^j\times 1)}{\boldsymbol{v}_i(t)}=\begin{bmatrix} v_i^1(t) \\ v_i^2(t) \\ \vdots \\ v_i^{n^j}(t) \end{bmatrix},\quad \underset{(n^j\times 4)}{\boldsymbol{a}_i(t)}=\begin{bmatrix} l_i^1(t) & m_i^1(t) & n_i^1(t) & -1 \\ l_i^2(t) & m_i^2(t) & n_i^2(t) & -1 \\ \vdots & \vdots & \vdots & \vdots \\ l_i^{n^j}(t) & m_i^{n^j}(t) & n_i^{n^j}(t) & -1 \end{bmatrix}$$

在此基础上，还可以考虑 GNSS 接收机于不同历元，多次同步观测一组卫星，由此可以取得更多伪距观测量，提高定位精度。以 n^j 表示观测的卫星个数，以 n_t 表示观测的历元次数，则在忽略站钟钟差随时间变化的情况下，可得 n_t 历元观测的误差方程组：

$$\boldsymbol{V}_i=\boldsymbol{A}_i\delta\boldsymbol{T}_i+\boldsymbol{L}_i \tag{7.7}$$

式中，

$$\underset{(n^jn_t\times 4)}{\boldsymbol{V}_i(t)}=\begin{bmatrix} v_i(t_1) \\ v_i(t_2) \\ \vdots \\ v_i(t_{n_t}) \end{bmatrix},\quad \underset{(n^jn_t\times 4)}{\boldsymbol{A}_i}=\begin{bmatrix} \mathbf{a}_i(t_1) \\ \mathbf{a}_i(t_2) \\ \vdots \\ \mathbf{a}_i(t_{n_t}) \end{bmatrix},\quad \underset{(n^jn_t\times 4)}{\boldsymbol{L}_i}=\begin{bmatrix} \boldsymbol{l}_i(t_1) \\ \boldsymbol{l}_i(t_2) \\ \vdots \\ \boldsymbol{l}_i(t_{n_t}) \end{bmatrix}$$

对于式（7.7），采用最小二乘法平差求解，可得

$$\delta\boldsymbol{T}_i=-(\boldsymbol{A}_i^{\mathrm{T}}\boldsymbol{A}_i)^{-1}(\boldsymbol{A}_i^{\mathrm{T}}\boldsymbol{L}_i) \tag{7.8}$$

应当说明的是，如果观测时间较长，在不同的历元观测的卫星数可能不同，在组成上列系数阵时应加以注意。同时，GNSS 接收机钟差的变化往往是不可忽略的。此时可根据具体情况，或者将钟差表示为多项式的形式，并将多项式的系数作为未知数，在平差计算中一并求解；或者针对不同的观测历元，简单地引入相异的独立钟差参数。

需要注意的是，式（7.8）的求解结果并不是直接得到的三维坐标与钟差值，而是坐标分量和钟差的修正数。根据该修正数来修正坐标初始值，从而得到待求的位置坐标值。上述多星、多历元的最小二乘法平差处理在静态绝对定位中应用较广，它可以比较精确地测定静止 GNSS 接收机 T_i 的绝对坐标。

7.2.2　测相伪距静态绝对定位

根据第 6 章中测相伪距观测方程的线性化形式，取符号代换——$\delta\rho_i(t)=c\delta t_i(t)$，$N_i^j=\lambda N_i^j(t_0)$，$\rho_i^j(t)=\lambda\varphi_i^j(t)-\Delta_{i,\mathrm{I}}^j(t)-\Delta_{i,\mathrm{T}}^j(t)$，并注意到卫星钟差可利用导航电文中的参数加以修正，设修正后的星钟误差可以忽略，则测相伪距观测方程可以写为

$$\rho_i^j(t)=R_{i0}^j-[\,l_i^j(t)\quad m_i^j(t)\quad n_i^j(t)\,]\begin{bmatrix} \delta x_i \\ \delta y_i \\ \delta z_i \end{bmatrix}+\delta\rho_i(t)-N_i^j \tag{7.9}$$

进而可以得到历元 t 时刻由 GNSS 接收机 T_i 到卫星 S^j 的距离误差方程：

$$v_i^j(t)=[\,l_i^j(t)\quad m_i^j(t)\quad n_i^j(t)\quad -1\,]\begin{bmatrix}\delta x_i\\ \delta y_i\\ \delta z_i\\ \delta\rho_i(t)\end{bmatrix}+N_i^j+L_i^j(t) \tag{7.10}$$

式中，$L_i^j(t)=\rho_i^j(t)-R_{i0}^j(t)$。可以看出，式（7.10）除了增加了一个未知参数 N_i^j（整周模糊度）外，与测码伪距误差方程［式（7.6）］的形式完全相同。因此，与测码伪距静态绝对定位方法类似，当在 GNSS 接收机 T_i 同步观测 n^j 颗卫星时，可得到测相伪距误差方程：

$$\boldsymbol{v}_i(t)=\boldsymbol{a}_i(t)\delta\boldsymbol{X}_i+\boldsymbol{b}_i(t)\delta\rho_i(t)+\boldsymbol{e}_i(t)\boldsymbol{N}_i+\boldsymbol{l}_i(t) \tag{7.11}$$

式中，

$$\underset{(n^j\times1)}{\boldsymbol{v}_i(t)}=\begin{bmatrix}v_i^1(t)\\ v_i^2(t)\\ \vdots\\ v_i^{n^j}(t)\end{bmatrix},\quad \underset{(n^j\times3)}{\boldsymbol{a}_i(t)}=\begin{bmatrix}l_i^1(t) & m_i^1(t) & n_i^1(t)\\ l_i^2(t) & m_i^2(t) & n_i^2(t)\\ & \vdots & \\ l_i^{n^j}(t) & m_i^{n^j}(t) & n_i^{n^j}(t)\end{bmatrix},\quad \underset{(n^j\times1)}{\boldsymbol{b}_i(t)}=\begin{bmatrix}-1\\ -1\\ \vdots\\ -1\end{bmatrix},$$

$$\boldsymbol{e}_i(t)=\begin{bmatrix}1 & 0 & \cdots & 0\\ \vdots & 1 & & \vdots\\ & & \ddots & \\ 0 & \cdots & \cdots & 1\end{bmatrix},\quad \underset{(n^j\times1)}{\boldsymbol{l}_i(t)}=\begin{bmatrix}L_i^1(t)\\ L_i^2(t)\\ \vdots\\ L_i^{n^j}(t)\end{bmatrix},\quad \underset{(3\times1)}{\delta\boldsymbol{X}_i(t)}=\begin{bmatrix}\delta x_i\\ \delta y_i\\ \delta z_i\end{bmatrix},\quad \underset{(n^j\times1)}{\boldsymbol{N}_i(t)}=\begin{bmatrix}N_i^1\\ N_i^2\\ \vdots\\ N_i^{n^j}\end{bmatrix}$$

由式（7.11）可以看出，如果整周模糊度 $\boldsymbol{N}_i$ 共有 n^j 个，与历元 t 时刻的卫星数相同，这样总的未知量个数为 n^j+4 个，而观测方程只有 n^j 个，此时是不能进行实时求解的，需要根据不同的历元观测进行求解。在一段时间中的不同历元 $t=t_1,\ t_2,\ \cdots t_{n_t}$，对同一组卫星进行观测，进一步得到相应于多个历元（n_t）、多颗卫星（n^j）的误差方程：

$$\boldsymbol{V}_i=\boldsymbol{A}_i\delta\boldsymbol{X}_i+\boldsymbol{B}_i\delta\boldsymbol{\rho}_i+\boldsymbol{E}_i\boldsymbol{N}_i+\boldsymbol{L}_i \tag{7.12}$$

式中，

$$\underset{(n^jn_t\times3)}{\boldsymbol{A}_i}=\begin{bmatrix}\boldsymbol{a}_i(t_1)\\ \boldsymbol{a}_i(t_1)\\ \vdots\\ \boldsymbol{a}_i(t_{n_t})\end{bmatrix},\quad \underset{(n^jn_t\times n_t)}{\boldsymbol{B}_i}=\begin{bmatrix}\boldsymbol{b}_i(t_1) & 0 & \cdots & 0\\ 0 & \boldsymbol{b}_i(t_2) & \cdots & 0\\ \vdots & \vdots & & \vdots\\ 0 & 0 & \cdots & \boldsymbol{b}_i(t_{n_t})\end{bmatrix},\quad \underset{n^jn_t\times nj}{\boldsymbol{E}_i}=\begin{bmatrix}\boldsymbol{e}_i(t_1)\\ \boldsymbol{e}_i(t_2)\\ \vdots\\ \boldsymbol{e}_i(t_{n_t})\end{bmatrix}$$

$$\underset{(n^in_t\times1)}{\boldsymbol{L}_i}=[\,\boldsymbol{l}_i(t_1)\quad \boldsymbol{l}_i(t_2)\quad \cdots\quad \boldsymbol{l}_i(t_{n_t})\,]^{\mathrm{T}},\quad \underset{(n_t\times1)}{\delta\boldsymbol{\rho}_i}=[\,\delta\rho_i(t_1)\quad \delta\rho_i(t_2)\quad \cdots\quad \delta\rho_i(t_{n_t})\,]^{\mathrm{T}}$$

若取符号 $\boldsymbol{G}_i=[\boldsymbol{A}_i\quad \boldsymbol{B}_i\quad \boldsymbol{E}_i]$，以及 $\delta\boldsymbol{Y}_i=[\delta\boldsymbol{X}_i\quad \delta\boldsymbol{\rho}_i\quad \delta\boldsymbol{N}_i]^{\mathrm{T}}$，则对式（7.12）采用最小二乘法平差求解，得到

$$\delta\boldsymbol{Y}_i=-[\boldsymbol{G}_i^{\mathrm{T}}\boldsymbol{G}_i]^{-1}[\boldsymbol{G}_i^{\mathrm{T}}\boldsymbol{L}_i] \tag{7.13}$$

需要说明的是，由于静态 GNSS 接收机 T_i 的观测时间段可能比较长，所以在这段时间里不同历元观测的卫星数可能不一定相同，这在组成平差模型时应予注意。另外，整周模糊度 $\boldsymbol{N}_i^j$ 与所观测的卫星有关，故在不同的历元观测的卫星不同时，将会增加新的未知参数，这会导致数据处理变得更复杂，而且有可能降低解的精度。因此，在一个 GNSS 接收机的观测过程中，在不同的历元 t_i 时刻，尽可能观测同一组卫星。

在上述求解中，GNSS 接收机 T_i 所测卫星数为 n^j 个，观测历元数为 n_t，则测相伪距观测量为 $n^j \times n_t$ 个。待解的未知参数包括：GNSS 接收机 T_i 的 3 个坐标分量、n_t 个 GNSS 接收机钟差参数以及与所测卫星数相等的 n^j 个整周模糊数。为了求解未知数，观测方程总数必须满足以下条件：

$$n^j n_t \geqslant 3 + n_t + n^j \tag{7.14}$$

因此，应用测相伪距法进行静态绝对定位时，由于存在整周模糊度问题，在同样观测 4 颗卫星的情况下，至少必须有 3 个不同的历元（$n_t \geqslant 7/3$，取整数），对同一组卫星进行观测。在定位精度要求不高，观测的时间较短的情况下，可以把 GNSS 接收机的钟差视为常数，此时应满足 $n^j n_t \geqslant 3 + n^j + 1$，因此在观测 4 颗卫星的情况下，至少必须同步观测 2 个历元。

测相伪距静态绝对定位法，主要应用于大地测量中的绝对定位工作，或者为相对定位的基准站提供较为精密的初始坐标值。由于载波相位观测量的精度很高，所以有可能获得较高的定位精度。但是，影响定位精度的还有卫星轨道误差和大气折射误差等因素，只有当卫星轨道的精度相当高，同时能对观测量中所含的电离层折射和对流层折射的误差影响加以必要的修正，才可能很好地发挥测相伪距绝对定位的潜力。

7.2.3　定位精度的几何评价

利用 GNSS 进行定位，其精度主要取决于两个因素：一是伪距观测量的精度，在第 6 章的观测量误差分析中已对其进行了介绍；二是所观测卫星的空间几何分布，通常采用精度因子（DOP）对定位精度进行描述。下面结合测距伪码静态定位进行介绍。

当 GNSS 接收机 T_i 于某一历元同时跟踪 4 颗以上卫星时，测距伪码静态定位误差方程［式（7.6）］的最小二乘法平差解算结果为

$$\delta \boldsymbol{T}_i = -[\boldsymbol{a}_i^{\mathrm{T}}(t)\boldsymbol{a}_i(t)]^{-1}[\boldsymbol{a}_i^{\mathrm{T}}(t)\boldsymbol{l}_i(t)] \tag{7.15}$$

其权系数矩阵为

$$\boldsymbol{Q}_Z = [\boldsymbol{a}_i^{\mathrm{T}}(t)\quad \boldsymbol{a}_i(t)]^{-1} = \begin{bmatrix} q_{11} & q_{12} & q_{13} & q_{14} \\ q_{21} & q_{22} & q_{23} & q_{24} \\ q_{31} & q_{32} & q_{33} & q_{34} \\ q_{41} & q_{42} & q_{43} & q_{44} \end{bmatrix} \tag{7.16}$$

由于 $\boldsymbol{a}_i(t)$ 是 GNSS 接收机 T_i 到卫星向量在协议地球坐标系中的方向余弦构成的几何矩阵，与 GNSS 接收机 T_i 及各观测卫星 S^j 的空间几何构成有关，而权系数矩阵［$\boldsymbol{a}_i^{\mathrm{T}}(t)$ $\boldsymbol{a}_i(t)$］$^{-1}$由几何矩阵 $\boldsymbol{a}_i(t)$ 运算而得，所以权系数矩阵也是在空间直角坐标系中给出，其元素 $q_{ij}(i,j=1,2,3,4)$ 表达了全部解的几何精度及其相关信息，是评价定位结果的依据。

在实际应用中，为了估算 GNSS 接收机的位置精度，常采用站心坐标系表示。记位置修正数向量［$\delta x_i \quad \delta y_i \quad \delta z_i$］^{T} 的权系矩阵数为 $\boldsymbol{Q}_X$，经过坐标变换得到在站心坐标系下的表达为 $\boldsymbol{Q}_B$，则有

$$\boldsymbol{Q}_B = \boldsymbol{C}_{\mathrm{T}}^{\mathrm{r}} \mathbf{Q}_X (\boldsymbol{C}_{\mathrm{T}}^{\mathrm{r}})^{\mathrm{T}} \tag{7.17}$$

式中，$\boldsymbol{C}_{\mathrm{T}}^{\mathrm{r}}$ 为协议地球坐标系到站心坐标系的坐标变换矩阵；$\boldsymbol{Q}_X$，$\boldsymbol{Q}_B$ 分别为

$$\boldsymbol{Q}_X = \begin{pmatrix} q_{11} & q_{12} & q_{13} \\ q_{21} & q_{22} & q_{23} \\ q_{31} & q_{32} & q_{33} \end{pmatrix}, \boldsymbol{Q}_B = \begin{pmatrix} g_{11} & g_{12} & g_{13} \\ g_{21} & g_{22} & g_{23} \\ g_{31} & g_{32} & g_{33} \end{pmatrix}$$

根据精度因子的概念，GNSS 定位解的精度 m 可以定义为

$$m=\sigma_0\cdot \mathrm{DOP} \tag{7.18}$$

式中，σ_0 为伪距测量中的误差因子，即用户等效距离误差的标准偏差，它来自星历误差、卫星钟差、大气层传播误差以及本身测量误差；DOP 为精度因子，根据不同的几何精度评价模型，包括如下精度因子的定义。

（1）平面位置精度因子（HDOP），其定义及相应的平面位置精度 m_{H} 分别为

$$\mathrm{HDOP}=(g_{11}+g_{22})^{1/2},\ m_{\mathrm{H}}=\sigma_0\cdot \mathrm{HDOP} \tag{7.19}$$

（2）高度精度因子（VDOP），其定义及相应的高度精度 m_{V} 分别为

$$\mathrm{VODP}=(g_{33})^{1/2},\ m_{\mathrm{V}}=\sigma_0\cdot \mathrm{VDOP} \tag{7.20}$$

（3）空间（三维）位置精度因子（PDOP），其定义及相应的空间位置精度 m_{p} 分别为

$$\mathrm{PDOP}=(q_{11}+q_{22}+q_{33})^{1/2},\ m_{\mathrm{P}}=\sigma_0\cdot \mathrm{PDOP} \tag{7.21}$$

（4）GNSS 接收机钟差精度因子（TDOP），其定义及相应的钟差精度 m_{T} 为

$$\mathrm{TDOP}=(q_{44})^{1/2},\ m_{\mathrm{T}}=\sigma_0\cdot \mathrm{TDOP} \tag{7.22}$$

（5）几何精度因子（GDOP），其定义及相应的几何精度 m_{G} 为

$$\mathrm{GDOP}=(q_{11}+q_{22}+q_{33}+q_{44})^{1/2}=[(\mathrm{PDOP})^2+(\mathrm{TDOP})^2]^{1/2},$$
$$m_{\mathrm{G}}=\sigma_0\cdot \mathrm{GDOP} \tag{7.23}$$

根据以上介绍的各项精度因子，可以从不同的方面对导航定位精度做出评价。

7.2.4 几何分布对定位精度的影响

由式（7.19）~式(7.23）有关精度因子的定义可知，权系数矩阵 $\boldsymbol{Q}_Z$ 或 $\boldsymbol{Q}_B$ 对角线上元素的组合决定了不同的精度因子大小，而权系数矩阵是由几何矩阵 $\boldsymbol{a}_i(t)$ 确定的，$\boldsymbol{a}_i(t)$ 又是由 GNSS 接收机 T_i 与各观测卫星的几何分布所决定的。因此，在伪距观测精度 σ_0 确定的情况下，选择合适的可见星的几何分布，减小精度因子数值，是提高 GNSS 导航定位精度的一个重要途径。

通常情况下，当 GNSS 接收机 T_i 到各观测卫星连线的张角都较大时，GDOP 值较小。在观测卫星为 4 颗时，处于 GNSS 接收机 T_i 上空的 4 颗卫星形成的四面体的体积最大时，GDOP 最小，其分析如下。

由式（7.23），GDOP 也可通过求迹（trace）运算得到：

$$\mathrm{GDOP}=\{\mathrm{trace}[\boldsymbol{a}_i^{\mathrm{T}}(t)\boldsymbol{a}_i(t)]^{-1}\}^{1/2} \tag{7.24}$$

式中，

$$[\boldsymbol{a}_i^{\mathrm{T}}(t)\boldsymbol{a}_i(t)]^{-1}=\boldsymbol{a}_i^{-1}(t)\cdot[\boldsymbol{a}_i^{\mathrm{T}}(t)]^{-1}=\frac{\boldsymbol{a}_i^{*}(t)}{|\boldsymbol{a}_i(t)|}\cdot\frac{[\boldsymbol{a}_i^{\mathrm{T}}(t)]^{*}}{|\boldsymbol{a}_i^{\mathrm{T}}(t)|}=\frac{\boldsymbol{a}_i^{*}(t)\cdot[\boldsymbol{a}_i^{\mathrm{T}}(t)]^{*}}{[|\boldsymbol{a}_i(t)|]^2} \tag{7.25}$$

式中，符号“＊”表示伴随矩阵。设卫星几何分布示意如图 7－3 所示，GNSS 接收机 T_i 到卫星 S^j 的单位向量分别为 $\boldsymbol{e}_1$，$\boldsymbol{e}_2$，$\boldsymbol{e}_3$，$\boldsymbol{e}_4$，这些向量的末端 A，B，C，D 都在以 T_i 为中心，以 1 为半径的半球面上，由 A，B，C，D 四点连成的四面体的体积 V 为

$$V=\frac{1}{6}(\boldsymbol{AB}\times\boldsymbol{BC})\cdot\boldsymbol{CD}=-\frac{1}{6}|\boldsymbol{a}_i(t)| \tag{7.26}$$

将式（7.26）、式（7.25）代入式（7.24），可得

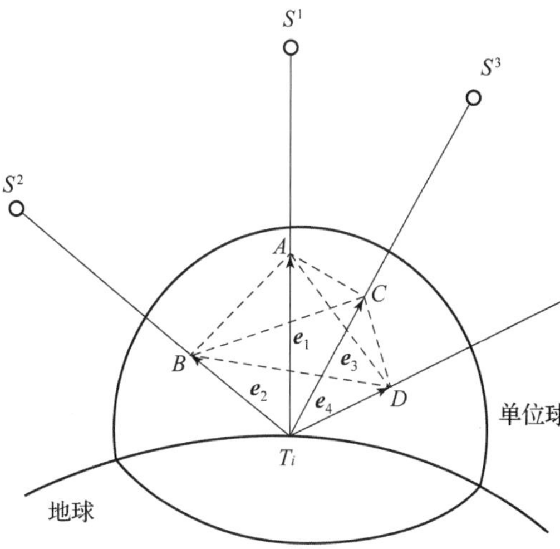

图 7-3 卫星几何分布示意

$$\text{GDOP}=\frac{\{\text{trace}\ \boldsymbol{a}_i^*(t)\cdot[\boldsymbol{a}_i^{\mathrm{T}}(t)]\}^{1/2}}{6V} \tag{7.27}$$

从上式可以看出，GDOP 与被观测卫星所构成的四面体的体积 V 成反比，随着四面体的体积 V 的增大（尽管 trace $\boldsymbol{a}_i^*(t)\cdot[\boldsymbol{a}_i^{\mathrm{T}}(t)]$ 也将随之变化），GDOP 将减小，当四面体的体积为最大时，GDOP 最小。

进一步模拟计算可知，当4 颗卫星的任意两路径方向之间的夹角接近 109.5°时，其几何分布体积最大。然而，在实际观测时，为了减弱大气折射的影响，被观测的卫星高度角不能过小。通常，在高度角满足要求时，当 1 颗卫星位于 GNSS 接收机 T_i 的天顶，而其余 3 颗卫星相距约 120°均布时 GDOP 最小，这种卫星几何分布可作为选星的参考。目前，GNSS 接收机通道数显著增多（一般多于 8 个），从某种意义上来讲选星问题已不是很重要了。

7.3 GNSS 静态相对定位

7.3.1 基本观测量与差分组合

相对定位又称为差分定位，它是目前 GNSS 定位中精度最高的一种方法。静态相对定位试验证明，对于 300 km 以内的站间距离（l）能够达到 $\pm(5\ \text{mm}+1\times10^{-8}l)$ 的精度，三维位置精度能够达到 ±3 cm，重复测量精度可达 1×10^{-8} 量级。

静态相对定位一般采用载波相位观测值（或测相伪距）作为基本观测量。设安置在基线端点的 GNSS 接收机 $T_i(i=1,2)$，相对于卫星 S^j 和 S^k，于历元 $t_i(i=1,2)$ 时刻进行同步观测，则可获得以下独立的载波相位观测量：$\varphi_1^j(t_1)$，$\varphi_1^j(t_2)$，$\varphi_1^k(t_1)$，$\varphi_1^k(t_2)$，$\varphi_2^j(t_1)$、$\varphi_2^j(t_2)$，$\varphi_2^k(t_1)$ 以及 $\varphi_2^k(t_2)$。

在静态相对定位中，目前普遍采用的是针对这些独立观测量，按照 GNSS 接收机、卫星以及历元这 3 种要素，形成单差、双差以及三次差的 3 种差分方式。相位差分的不同仅取决于求差要素（站、星、历元）以及求差的次数，而与求差顺序无关。所谓三次差只有唯一的一种形式，即无论按照任何两个要素间的二次差分，再对第三个要素求差，所得的相位三次差都是彼此等价的；但相位单差和双差，依所选取的要素不同各有 3 种不同的类型。

在第 6 章中，已经给出了载波相位观测方程，为了方便起见重写如下：

$$\varphi_i^j(t)=\frac{f}{c}R_i^j(t)+f[\delta t_i(t)-\delta t^j(t)]-N_i^j(t_0)+\frac{f}{c}[\Delta_{i,\mathrm{I}}^j(t)+\Delta_{i,\mathrm{T}}^j(t)] \tag{7.28}$$

下面对 3 种差分方式分别进行介绍。

1. *单差*

取符号 $\Delta\varphi^j(t)$，$\nabla\varphi_i(t)$，$\delta\varphi_i^j(t)$ 分别表示不同 GNSS 接收机之间、不同卫星之间、不同历元之间的相位观测量的一次差，简称单差（图 7－4），则有如下公式。

$$\left.\begin{array}{ll}(1)\text{站际单差：} & \Delta\varphi^j(t)=\varphi_2^j(t)-\varphi_1^j(t)\\ (2)\text{星际单差：} & \nabla\varphi_i(t)=\varphi_i^k(t)-\varphi_i^j(t)\\ (3)\text{历元间单差：} & \delta\varphi_i^j(t)=\varphi_i^j(t_2)-\varphi_i^j(t_1)\end{array}\right\} \tag{7.29}$$

将相位观测方程［式（7.28）］代入式（7.29），则可分别获得站际单差观测方程、星际单差观测方程、历元间单差观测方程。

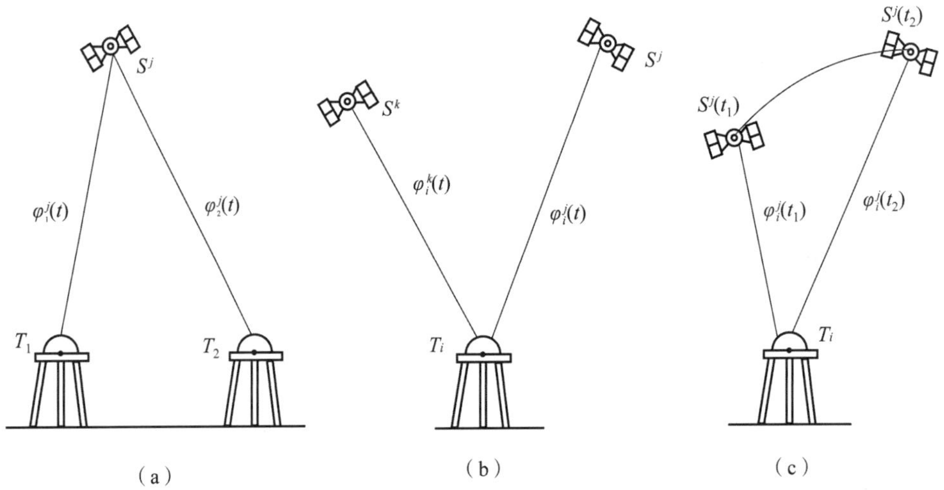

图 7－4　3 种单差示意

（a）站际单差；（b）星际单差；（c）历元间单差

2. *双差*

（1）取符号 $\nabla\Delta\varphi^k$ 表示对站际单差、关于不同卫星再求二次差，称为站际星际双差。

$$\nabla\Delta\varphi^k(t)=\Delta\varphi^k(t)-\Delta\varphi^j(t)=[\varphi_2^k(t)-\varphi_1^k(t)]-[\varphi_2^j(t)-\varphi_1^j(t)] \tag{7.30}$$

（2）取符号 $\delta\nabla\varphi_i(t)$ 表示对星际单差、关于不同历元再求二次差，称为星际历元双差。

$$\delta\nabla\varphi_i(t)=\nabla\varphi_i(t_2)-\nabla\varphi_i(t_1)=[\varphi_i^k(t_2)-\varphi_i^j(t_2)]-[\varphi_i^k(t_1)-\varphi_i^j(t_1)] \tag{7.31}$$

（3）取符号 $\delta\Delta\varphi^j(t)$ 表示对站际单差、关于不同历元再求二次差，称为站际历元双差。

$$\delta\Delta\varphi^j(t)=\Delta\varphi^j(t_2)-\Delta\varphi^j(t_1)=[\varphi_2^j(t_2)-\varphi_1^j(t_2)]-[\varphi_2^j(t_1)-\varphi_1^j(t_1)] \tag{7.32}$$

3. *三次差*

三次差只有一个表达式，以符号 $\delta\nabla\Delta\varphi^k(t)$ 表示。于不同的历元 (t_1,t_2)、同步观测同一组卫星 (j,k)，所得的双差的差值简称三次差。其表达式为

$$\delta\nabla\Delta\varphi^{k}(t)=\nabla\Delta\varphi^{k}(t_2)-\nabla\Delta\varphi^{k}(t_1)=[\Delta\varphi^{k}(t_2)-\Delta\varphi^{j}(t_2)]-[\Delta\varphi^{k}(t_1)-\Delta\varphi^{j}(t_1)] \tag{7.33}$$

上述是关于载波相位原始观测值的不同线性组合，根据需要可选择某些差分观测量作为相对定位的基础观测值来解算所需的未知参数。不同的差分模型，无论在工程应用中还是在科学研究中，都获得了广泛的应用。

7.3.2　基于单差模型的相对定位

1. 站际单差方程 $\Delta\varphi^{j}(t)$

如图 7－4（a）所示，站际单差是 GNSS 接收机 T_1 和 T_2 同时观测卫星 S^j，将 2 个 GNSS 接收机的相位观测方程［式（7.28）］代入单差表达式［式（7.29）］的第一式，可得

$$\begin{aligned}\Delta\varphi^{j}(t)=&\frac{f}{c}[R_2^j(t)-R_1^j(t)]+f[\Delta t_2(t)-\Delta t_1(t)]-[N_2^j(t_0)-N_1^j(t_0)]+\\&\frac{f}{c}[\Delta_{2,\mathrm{I}}^j(t)-\Delta_{1,\mathrm{I}}^j(t)]-\frac{f}{c}[\Delta_{2,\mathrm{T}}^j(t)-\Delta_{1,\mathrm{T}}^j(t)]\end{aligned} \tag{7.34}$$

取符号代换：

$$\Delta t(t)=\Delta t_2(t)-\Delta t_1(t)$$
$$\Delta N^j=N_2^j(t_0)-N_1^j(t_0)$$
$$\Delta\Delta_{\mathrm{I}}^j(t)=\Delta_{2,\mathrm{I}}^j(t)-\Delta_{1,\mathrm{I}}^j(t)$$
$$\Delta\Delta_{\mathrm{T}}^j(t)=\Delta_{2,\mathrm{T}}^j(t)-\Delta_{1,\mathrm{T}}^j(t)$$

则式（7.34）可以写为

$$\Delta\varphi^{j}(t)=\frac{f}{c}[R_2^j(t)-R_1^j(t)]+f\Delta t(t)-\Delta N^j+\frac{f}{c}[\Delta\Delta_{\mathrm{I}}^j(t)+\Delta\Delta_{\mathrm{T}}^j(t)] \tag{7.35}$$

由上式可见，卫星钟差 $\Delta t^j(t)$的影响已经消除，这是站际单差的一个突出优点。同时，对于大气折射的影响，当两个 GNSS 接收机相距较近（＜100 km）组成单差时，卫星 S^j 的信号到这两个 GNSS 接收机的传播路径上的电离层折射、对流层折射的影响相近，因此大气延迟的影响可以明显减弱。如果忽略这种残差的影响，则站际单差方程可简化为

$$\Delta\varphi^{j}(t)=\frac{f}{c}[R_2^j(t)-R_1^j(t)]+f\Delta t(t)-\Delta N^j \tag{7.36}$$

进一步将上述 2 站、1 星、1 历元的情况推广开来。首先考虑多个 GNSS 接收机，其数量记为 n_i，则 n_i-1 个 GNSS 接收机都和基准站构成观测站对；其次考虑同步观测多个卫星，其数量记为 n^j，对每对观测站关于 n^j 颗卫星的相位观测值都求单差；最后考虑多次观测，历元数记为 n_t。取一个 GNSS 接收机为基准站，则得到的单差方程总数 M 以及未知参数总数 U 为

$$\begin{aligned}M&=(n_i-1)n^j n_t\\U&=(n_i-1)(3+n^j+n_t)\end{aligned} \tag{7.37}$$

根据上式，如果通过平差处理获得确定解，必须满足 $M\geqslant U$，则可以得到

$$n^j n_t\geqslant 3+n^j+n_t \tag{7.38}$$

因此，求解方程所需要的历元数 n_t 只与共视卫星数 n^j 有关，而与 GNSS 接收机的数量无关。例如，当选择观测卫星数 $n^j=4$ 时，至少需要同步观测 3 个历元（$n_t\geqslant 7/3$，取整数）

才可以对单差方程进行平差计算，确定唯一的全部未知数。

站际单差模型用得比较多，故在一些著作中，“单差”往往指的是站际单差。

2. 星际单差方程$\nabla\varphi_i(t)$

如图7－4（b）所示，由GNSS接收机T_i在历元t时刻对卫星1，2同时观测，将GNSS接收机T_i对于S^1和S^2的相位观测量$\varphi_i^1(t)$和$\varphi_i^2(t)$分别表达成式（7.28），然后再求差，并取符号代换：

$$\nabla t^j(t)=\Delta t^2(t)-\Delta t^1(t)$$
$$\nabla N_i=N_i^2(t_0)-N_i^1(t_0)$$
$$\nabla\Delta_{i,\mathrm{I}}(t)=\Delta_{i,\mathrm{I}}^2(t)-\Delta_{i,\mathrm{I}}^1(t)$$
$$\nabla\Delta_{i,\mathrm{T}}(t)=\Delta_{i,\mathrm{T}}^2(t)-\Delta_{i,\mathrm{T}}^1(t)$$

可以得到星际单差方程为

$$\nabla\varphi^j(t)=\frac{f}{c}[R_i^2(t)-R_i^1(t)]+f\nabla t^j(t)-\nabla N_i+\frac{f}{c}[\nabla\Delta_{i,\mathrm{I}}(t)+\nabla\Delta_{i,\mathrm{T}}(t)] \qquad (7.39)$$

由上式可见，GNSS接收机钟差$\Delta t_i(t)$的影响已经消除，这是星际单差的一个突出优点。$\nabla t^j(t)$为2个卫星星钟误差的单差，因此并不能减弱星钟误差的影响，若将星钟误差之差作为未知参数，则不易准确求出$\nabla t^j(t)$而影响定位精度；若忽略星钟误差项，则会产生模型误差。另外，由于2颗卫星的无线电信号传播路径大不相同，大气折射影响也不能有效消除。因此，这种星际单差的模式较少应用。

3. 历元间单差方程$\Delta\varphi_i^j(t)$

如图7－4（c）所示，GNSS接收机T_i相对于卫星S^j的两相邻历元的载波相位观测量求差，将历元t_1和t_2时刻的载波相位观测方程［式（7.28）］代入单差表达式［式（7.29）］中的第三式，得

$$\begin{aligned}\Delta\varphi^j(t)=&\frac{f}{c}[R_i^j(t_2)-R_i^j(t_1)]+f[\Delta t_i(t_2)-\Delta t_i(t_1)]-f[t^j(t_2)-\Delta t^j(t_1)]-\\&\frac{f}{c}[\Delta_{i,\mathrm{I}}^j(t_2)-\Delta_{i,\mathrm{I}}^j(t_1)]-\frac{f}{c}[\Delta_{i,\mathrm{T}}^j(t_2)-\Delta_{i,\mathrm{T}}^j(t_1)]\end{aligned} \qquad (7.40)$$

由上式可见，整周模糊度已经消除，由于相邻历元的卫星至GNSS接收机的传播路径较为相近，求差后的大气折射的影响的残差可以略去。至于卫星及GNSS接收机钟差的影响，在两个相邻的历元间，卫星钟差$\Delta t^j(t_2)\approx\Delta t^j(t_1)$，GNSS接收机钟差$\Delta t_i(t_2)\approx\Delta t_i(t_1)$，求差后钟差影响很小。因此，历元间单差可看作在历元间隔内的积分多普勒观测值。

4. 单差模型的定位解算

由第6章对于观测方程的线性化分析可以得到

$$R_i^j(t)=R_{i0}^j-[l_i^j(t)\quad m_i^j(t)\quad n_i^j(t)][\delta x_i\quad \delta y_i\quad \delta z_i]^{\mathrm{T}} \qquad (7.41)$$

根据上式，即可对单差方程进行线性化，得到平差模型，进而用最小二乘法平差处理进行定位解算。由上述3种单差方程的分析，站际单差模型使用得最普遍，因此下面对站际单差模型进行解算，其他两种可以采用类似的思路求解。

对于两个GNSS接收机T_1和T_2，设GNSS接收机T_1为基准站，它在协议地球坐标系中的位置是已知的；同时，由星历可知卫星S^j在协议地球坐标系中的位置，则式（7.35）或式（7.36）中的$R_1^j(t)$为已知参数。将式（7.41）代入单差方程［式（7.36）］，则得单差

方程的线性化形式为

$$\Delta\varphi^j(t) = -\frac{1}{\lambda}\left[l_2^j(t) \quad m_2^j(t) \quad n_2^j(t)\right]\begin{bmatrix}\delta x_2\\ \delta y_2\\ \delta z_2\end{bmatrix} - \Delta N^j + f\Delta t(t) + \frac{1}{\lambda}\left[R_{i0}^j(t) - R_1^j(t)\right] \tag{7.42}$$

式中，$\lambda = c/f$。记 $\Delta l^j(t) = \Delta\varphi^j(t) - \frac{1}{\lambda}\left[R_{i0}^j(t) - R_1^j(t)\right]$，则得到相应的误差方程为

$$\Delta v^j(t) = \frac{1}{\lambda}\left[l_2^j(t) \quad m_2^j(t) \quad n_2^j(t)\right]\begin{bmatrix}\delta x_2\\ \delta y_2\\ \delta z_2\end{bmatrix} + \Delta N^j - f\Delta t(t) + \Delta l^j(t) \tag{7.43}$$

将上式推广到 2 个 GNSS 接收机同时观测 n^j 颗卫星的情况，则相应的误差方程组为

$$\boldsymbol{v}(t) = \boldsymbol{a}(t)\delta\boldsymbol{X}_2 + \boldsymbol{b}(t)\Delta\boldsymbol{N} + \boldsymbol{c}(t)\Delta t(t) + \boldsymbol{l}(t) \tag{7.44}$$

式中，

$$\underset{(n^j\times 3)}{\boldsymbol{a}(t)} = \frac{1}{\lambda}\begin{bmatrix} l_2^1(t) & m_2^1(t) & n_2^1(t)\\ l_2^2(t) & m_2^2(t) & n_2^2(t)\\ \vdots & \vdots & \vdots\\ l_2^{n^j}(t) & m_2^{n^j}(t) & n_2^{n^j}(t)\end{bmatrix},\quad \underset{(n^j\times n^j)}{\boldsymbol{b}(t)} = \begin{bmatrix}1 & 0 & \cdots & 0\\ 0 & 1 & \cdots & 0\\ \vdots & \vdots & & \vdots\\ 0 & 0 & \cdots & 1\end{bmatrix},$$

$$\underset{(n^j\times 1)}{\boldsymbol{c}(t)} = -f\left[1 \quad 1 \quad \cdots \quad 1\right]^{\mathrm{T}},\quad \underset{(n^j\times 1)}{\boldsymbol{l}(t)} = \left[\Delta l^1(t) \quad \Delta l^2(t) \quad \cdots \quad \Delta l^{n^j}(t)\right]^{\mathrm{T}}$$

$$\underset{(3\times 1)}{\delta\boldsymbol{X}_2} = \left[\delta x_2 \quad \delta y_2 \quad \delta z_2\right]^{\mathrm{T}},\quad \underset{(n^j\times 1)}{\Delta\boldsymbol{N}} = \left[\Delta N^1 \quad \Delta N^2 \quad \cdots \quad \Delta N^{n^j}\right]^{\mathrm{T}}$$

若进一步进行推广，2 个 GNSS 接收机同步观测 n^j 颗卫星，观测的历元次数为 n_t，则相应的误差方程组为

$$\boldsymbol{V} = \boldsymbol{A}\delta\boldsymbol{X}_2 + \boldsymbol{B}\Delta\boldsymbol{N} + \boldsymbol{C}\Delta\boldsymbol{t} + \boldsymbol{L} \tag{7.45}$$

若取符号 $\boldsymbol{G} = [\boldsymbol{A} \quad \boldsymbol{B} \quad \boldsymbol{C}]$，以及 $\Delta\boldsymbol{Y} = [\delta\boldsymbol{X}_2 \quad \Delta\boldsymbol{N} \quad \Delta\boldsymbol{t}]^{\mathrm{T}}$，则对式（7.76）采用加权最小二乘法平差求解，得到

$$\Delta\boldsymbol{Y} = -\left[\boldsymbol{G}^{\mathrm{T}}\boldsymbol{P}\boldsymbol{G}\right]^{-1}\left[\boldsymbol{G}^{\mathrm{T}}\boldsymbol{P}\boldsymbol{L}\right] \tag{7.46}$$

式中，$\boldsymbol{P}$ 为单差观察量的权矩阵（见 7.3.5 节）。必须注意，当不同历元同步观测的卫星数不同时，情况将比较复杂，此时应注意系数矩阵 $\boldsymbol{A}$，$\boldsymbol{B}$，$\boldsymbol{C}$ 中子矩阵的维数。

单差相对定位的精度评价，与绝对定位的精度评价类似，通常采用相对定位精度因子（RDOP），RDOP 与被观测的卫星的几何分布以及观测时间密切相关，其定义以及相应的定位精度 m_{R} 分别为

$$\mathrm{RDOP} = \left[\mathrm{trace}(\boldsymbol{G}^{\mathrm{T}}\boldsymbol{P}\boldsymbol{G})^{-1}\right]^{1/2},\quad m_{\mathrm{R}} = \sigma_0 \cdot \mathrm{RDOP} \tag{7.47}$$

7.3.3　基于双差模型的相对定位

1. 站际、星际双差方程 $\nabla\Delta\varphi^k(t)$

如图 7-5 所示，两个 GNSS 接收机 T_1，T_2，对于卫星 S^j 的单差 $\Delta\varphi^j(t)$，与对于卫星 S^k 的单差 $\Delta\varphi^k(t)$，再求差得到式（7.30），将相应的载波相位观测方程代入式（7.30），则可

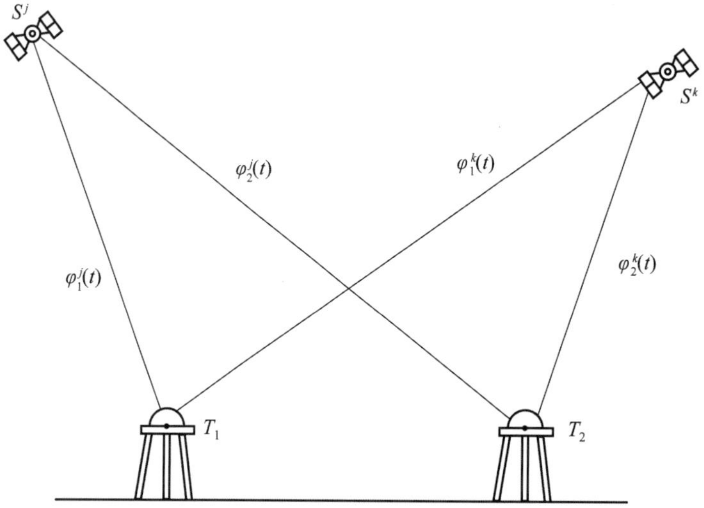

图 7-5　站际、星际双差示意

得到双差方程：

$$\nabla\Delta\varphi^k(t) = \frac{f}{c}[R_2^k(t) - R_1^k(t) - R_2^j(t) + R_1^j(t)] - \nabla\Delta N^k \tag{7.48}$$

式中，$\nabla\Delta N^k = \Delta N^k - \Delta N^j$。由上式可以看出，GNSS 接收机钟差的影响已经消失，大气层折射残差的二次差可以略去不计，这是双差模型的突出优点。

若取 GNSS 接收机 T_1 为基准站，其位置坐标已知，卫星位置可由星历计算，则 R_1^k 与 R_1^j 即已知参数。由于 $1/\lambda = f/c$，取符号代换 $\nabla\Delta F(t) = \nabla\Delta\varphi^k(t) + 1/\lambda[R_1^k(t) - R_1^j(t)]$，则式 (7.48) 可写为如下双差方程：

$$\nabla\Delta F(t) = \frac{1}{\lambda}[R_2^k(t) - R_2^j(t)] - \nabla\Delta N^k \tag{7.49}$$

在式 (7.49) 中除含有 GNSS 接收机 T_2 的位置待定参数外，还含有与整周模糊度有关的参数 $\nabla\Delta N^k$。在双差观测过程中，一般取一个 GNSS 接收机为参考站，同时取一颗卫星为参考卫星，它们的位置在协议地球坐标系中看成精确确定。因此，若有 n_i 个 GNSS 接收机，同时观测共视卫星 n^j 个，观测的历元数为 n_t 次，可得双差方程总数 M 以及未知参数总数 U 为

$$\begin{aligned} M &= (n_i - 1)(n^j - 1)n_t \\ U &= 3(n_i - 1) + (n_i - 1)(n^j - 1) \end{aligned} \tag{7.50}$$

式中，U 的右端第一项为待定点的坐标未知数，第二项为在双差模型中出现的整周模糊度的数量。为了得到确定的解，必须满足 $M \geqslant U$，则有

$$n_t \geqslant (n^j + 2)/(n^j - 1) \tag{7.51}$$

因此，必要的观测历元数 n_t 仍然只与同步观测的卫星数有关，而与 GNSS 接收机的数量无关。当同步观测的卫星数 $n^j = 4$ 时，由上式可得 $n_t \geqslant 2$。这说明，为了解算 GNSS 接收机的坐标未知数和载波相位的整周模糊度，在由 2 个或多个 GNSS 接收机同步观测 4 颗卫星的情况下，必须至少观测 2 个历元。

双差方程的主要优点是能进一步消除 GNSS 接收机钟差的影响。但是，这时可能组成的

双差方程数也将进一步减少，在上述条件下，双差方程数比独立观测方程总数减少了$(n_i + n^j - 1)n_t$个，与单差方程数相比减少了$(n_i - 1)n_t$个。

站际、星际双差方法，在实际应用中，由于优点突出，所以应用最广泛。在有些著作中，索性将这种站际、星际双差简称为双差。

2. 星际、历元间双差方程 $\delta\nabla\varphi_i(t)$

由星际单差方程［式（7.39）］可知，星际一次差分观测值已基本消除 GNSS 接收机的钟差影响，但不能消除卫星的钟差影响，若在相邻两历元 $t_i(i=1,2)$时刻之间，由 GNSS 接收机 T_i 对卫星 1 和 2 的一次差分再次求差，则得星际、历元间双差方程：

$$
\begin{aligned}
\delta\nabla\varphi_i(t) = & \frac{f}{c}\{[R_i^2(t_2) - R_i^2(t_1)] - [R_i^1(t_2) - R_i^1(t_1)]\} - \\
& f\{[\delta t^2(t_2) - \delta t^2(t_1)] - [\delta t^1(t_2) - \delta t^1(t_1)]\} + \\
& \frac{f}{c}\{[\Delta_{i,\mathrm{I}}^2(t_2) - \Delta_{i,\mathrm{I}}^2(t_1)] - [\Delta_{i,\mathrm{I}}^1(t_2) - \Delta_{i,\mathrm{I}}^1(t_1)]\} + \\
& \frac{f}{c}\{[\Delta_{i,\mathrm{T}}^2(t_2) - \Delta_{i,\mathrm{T}}^2(t_1)] - [\Delta_{i,\mathrm{T}}^1(t_2) - \Delta_{i,\mathrm{T}}^1(t_1)]\}
\end{aligned}
\tag{7.52}
$$

上式的第一大项中仅含有 GNSS 接收机 T_i 的位置信息（卫星 1 和 2 的坐标由星历参数给出，是已知参数）；在第二大项中，各为同一颗卫星 1 或 2 在相邻历元的卫星钟差的求差，在相邻历元间卫星钟差的公共部分自然就消失了。至于对流层、电离层折射的影响，在相邻历元间求差，由于电磁波传播路径相似，其影响也就大大减弱了。另外，在星际、历元双差中不仅消除了 GNSS 接收机钟差，而且不再出现整周模糊度。

利用星际、历元间的双差观测法，可以对 GNSS 接收机进行精密绝对定位。

3. 站际、历元间双差方程 $\Delta\nabla\varphi^j(t)$

对站际单差方程［式（7.34）］，再按相邻历元二次求差，可得站际、历元间双差方程为

$$
\begin{aligned}
\Delta\nabla\varphi^j(t) = & \frac{f}{c}\{[R_i^j(t_2) - R_i^j(t_1)] - [R_i^j(t_2) - R_i^j(t_1)]\} - \\
& f\{[\delta t_2(t_2) - \delta t_2(t_1)] - [\delta t_1(t_2) - \delta t_1(t_1)]\} + \\
& \frac{f}{c}\{[\Delta_{2,\mathrm{I}}^j(t_2) - \Delta_{2,\mathrm{I}}^j(t_1)] - [\Delta_{1,\mathrm{I}}^j(t_2) - \Delta_{1,\mathrm{I}}^2(t_1)]\} + \\
& \frac{f}{c}\{[\Delta_{2,\mathrm{T}}^j(t_2) - \Delta_{2,\mathrm{T}}^j(t_1)] - [\Delta_{1,\mathrm{T}}^j(t_2) - \Delta_{1,\mathrm{T}}^2(t_1)]\}
\end{aligned}
\tag{7.53}
$$

上式右端也不包含整周模糊度。就同一对 GNSS 接收机观测同一颗卫星而言，相邻历元间的电离层及对流层折射的影响几乎相似，单差后再求差，其影响可以看作被抵消；由相邻历元的 GNSS 接收机钟差再求差，也会减小钟差的影响，但这一钟差的双差与站际一次钟差并无太大区别。

4. 双差模型的定位解算

在相对定位的实际应用中，常用的双差模型是站际、星际双差模型，以最大限度地减弱 GNSS 接收机钟差的影响，从而可以只解算少量的钟差参数，不必按历元逐个设立钟差未知数再一一求解。因此，下面以站际、星际双差方程为例进行定位解算，对其他双差方程可以进行类似处理。

假设 2 个 GNSS 接收机 T_1 和 T_2 同步观测 2 颗卫星 S^j 和 S^k，并以 T_1 为参考站，以 S^j 为参考卫星。将式（7.41）代入双差方程［式（7.48）］，得到线性化形式如下：

$$\nabla\Delta\varphi^k(t) = -\frac{1}{\lambda}\left[\nabla l_2^k(t) \quad \nabla m_2^k(t) \quad \nabla n_2^k(t)\right]\begin{bmatrix}\delta x_2\\ \delta y_2\\ \delta z_2\end{bmatrix} - \nabla\Delta N^k + \frac{1}{\lambda}\left[R_{20}^k(t) - R_1^k(t) - R_{20}^j(t) + R_1^j(t)\right] \tag{7.54}$$

式中，

$$\nabla\Delta\varphi^k(t) = \Delta\varphi^k(t) - \Delta\varphi^j(t),\ \nabla\Delta N^k = \Delta N^k - \Delta N^j,$$

$$\begin{bmatrix}\nabla l_2^k(t)\\ \nabla m_2^k(t)\\ \nabla n_2^k(t)\end{bmatrix} = \begin{bmatrix}l_2^k(t) - l_2^j(t)\\ m_2^k(t) - m_2^j(t)\\ n_2^k(t) - n_2^j(t)\end{bmatrix}$$

记 $\nabla\Delta l^k(t) = \nabla\Delta\varphi^k(t) - \frac{1}{\lambda}\left[R_{20}^k(t) - R_1^k(t) - R_{20}^j(t) + R_1^j(t)\right]$，由上式可以得到误差方程为

$$v^k(t) = \frac{1}{\lambda}\left[\nabla l_2^k(t) \quad \nabla m_2^k(t) \quad \nabla n_2^k(t)\right]\begin{bmatrix}\delta x_2\\ \delta y_2\\ \delta z_2\end{bmatrix} + \nabla\Delta N^k + \nabla\Delta l^k(t) \tag{7.55}$$

当 GNSS 接收机 T_1，T_2 同步观测 n^j 颗卫星时，可将误差方程［式（7.55）］推广成如下形式：

$$\boldsymbol{v}^k(t) = \boldsymbol{a}(t)\delta\boldsymbol{X}_2 + \boldsymbol{b}(t)\nabla\Delta\boldsymbol{N} + \nabla\Delta\boldsymbol{l}(t) \tag{7.56}$$

式中，

$$\underset{(n^j-1)\times 3}{\boldsymbol{a}(t)} = \begin{bmatrix}\nabla l_2^1(t) & \nabla m_2^1(t) & \nabla n_2^1(t)\\ \nabla l_2^2(t) & \nabla m_2^2(t) & \nabla n_2^2(t)\\ \vdots & \vdots & \vdots\\ \nabla l_2^{n^j-1}(t) & \nabla m_2^{n^j-1}(t) & \nabla n_2^{n^j-1}(t)\end{bmatrix},\quad \underset{(n^j-1)\times(n^j-1)}{\boldsymbol{b}(t)} = \begin{bmatrix}1 & & 0\\ & \ddots & \\ 0 & & 1\end{bmatrix},$$

$$\underset{(n^j-1)\times 1}{\boldsymbol{v}^k} = \left[v^1(t) \quad v^2(t) \quad \cdots \quad v^{n^j-1}(t)\right]^{\mathrm{T}},\ \delta\boldsymbol{X}_2 = \left[\delta x_2 \quad \delta y_2 \quad \delta z_2\right]^{\mathrm{T}},$$

$$\underset{(n^j-1)\times 1}{\nabla\Delta\boldsymbol{N}} = \left[\nabla\Delta N^1 \quad \nabla\Delta N^2 \quad \cdots \quad \nabla\Delta N^{n^j-1}\right]^{\mathrm{T}},$$

$$\underset{(n^j-1)\times 1}{\nabla\Delta\boldsymbol{l}(t)} = \left[\nabla\Delta l^1(t) \quad \nabla\Delta l^2(t) \quad \cdots \quad \nabla\Delta l^{n^j-1}(t)\right]^{\mathrm{T}}$$

在以上推广的基础上，当 2 个 GNSS 接收机对于共视卫星观测的历元数为 n_t 时，上述式（7.56）可以进一步推广为如下形式：

$$\boldsymbol{V}^k = \boldsymbol{A}\Delta\boldsymbol{X}_2 + \boldsymbol{B}\,\nabla\Delta\boldsymbol{N} + \nabla\Delta\boldsymbol{L} \tag{7.57}$$

取符号 $\boldsymbol{G} = [\boldsymbol{A} \quad \boldsymbol{B}]$，以及 $\Delta\boldsymbol{Y} = [\Delta\boldsymbol{X}_2 \quad \nabla\Delta\boldsymbol{N}]^{\mathrm{T}}$，则对式（7.57）采用加权最小二乘法平差求解，得到

$$\Delta\boldsymbol{Y} = -\left[\boldsymbol{G}^{\mathrm{T}}\boldsymbol{P}\boldsymbol{G}\right]^{-1}\left[\boldsymbol{G}^{\mathrm{T}}\boldsymbol{P}\boldsymbol{L}\right] \tag{7.58}$$

式中，$\boldsymbol{P}$ 为双差观测量的权矩矩阵（见 7.3.5 节）。RDOP 以及解算的精度评估仍可采用式（7.47）。

7.3.4　基于三次差模型的相对定位

前述 3 种双差观测值中的任何一种，若再按第三个要素求差，所得的三次差观测值都是相同的。例如，分别以 t_1 和 t_2 两个历元时刻，对站际、星际双差方程［式（7.48）］求三次差（图 7－6），并注意到 $1/\lambda = f/c$，可得三次差方程为

$$\delta\nabla\Delta\varphi^j(t) = \frac{1}{\lambda}[R_2^k(t_2) + R_2^j(t_2) + R_1^k(t_2) + R_1^j(t_2)] - \frac{1}{\lambda}[R_2^k(t_1) + R_2^j(t_1) + R_1^k(t_1) + R_1^j(t_1)] \tag{7.59}$$

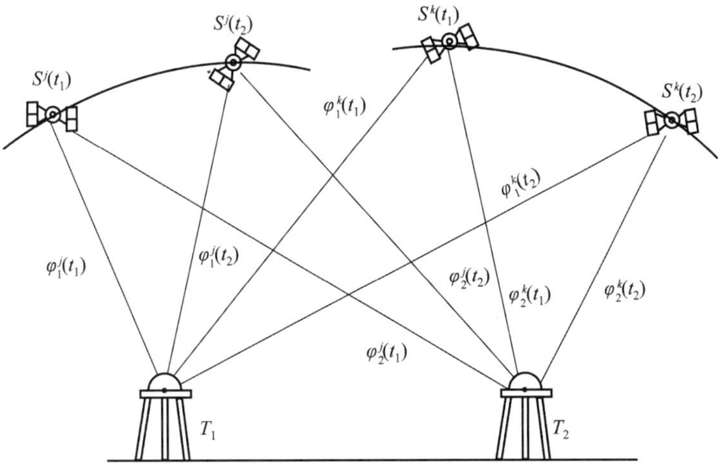

图 7－6　相对定位三次差示意

仍将 GNSS 接收机 T_1 作为基准站，其坐标值已知，并取符号代换：

$$\delta\nabla\Delta F = \delta\nabla\Delta\varphi^j(t) + \frac{1}{\lambda}[R_1^k(t_1) + R_1^j(t_1) - R_1^k(t_2) - R_1^j(t_2)]$$

此时三次差方程可以重写为

$$\delta\nabla\Delta F = \frac{1}{\lambda}[R_2^k(t_2) + R_2^j(t_2) - R_2^k(t_1) - R_2^j(t_1)] \tag{7.60}$$

显然，这时观测方程的未知参数只有 GNSS 接收机 T_2 的坐标。因此，在一般情况下，GNSS 接收机数量为 n_i 时，相对某一已知参考点可得未知参数的总数为 $U = 3(n_i - 1)$。同时，在组成三次差方程时，若取一颗卫星为参考卫星，并取一个观测历元为参考历元，则可得三次差方程总数为 $M = (n_i - 1)(n^j - 1)(n_t - 1)$。为了解算 GNSS 接收机的位置坐标，必须满足 $M \geqslant U$，则有

$$n_t \geqslant (n^j + 2)/(n^j - 1) \tag{7.61}$$

与前述单差、双差的情况相同，这时，未知参数所必需的观测历元数的确定仍与 GNSS 接收机无关，只与同步观测的共视卫星数有关。

三次差模型的突出优点，是进一步消除了整周模糊度的影响。但三次差方程的总数比独立观测方程的总数减少了 $n^j n_t + (n_i - 1)(n^j + n_t - 1)$ 个；比单差方程的总数减少了 $(n_i - 1) \cdot (n^j + n_t - 1)$ 个；比双差方程的总数减少了 $(n_i - 1)(n^j - 1)$ 个。由于采用三次差模型将使观测方程的数目明显减少，这对未知参数的解算可能产生不利的影响，所以在实际的定位工作中，一般认为采用双差模型比较适宜。

三次差模型的解算与单差、双差模型的解算类似，仍然可以先将式（7.41）代入三次差方程［式（7.59）］进行线性化，然后经过符号代换，得到相应的误差方程。将该方程进行推广到 n^j 颗星、n_t 次历元的情况，最后可以得到三次差模型为 $\boldsymbol{V}=\boldsymbol{A}\delta\boldsymbol{X}_2+\boldsymbol{L}$，可以采用最小二乘法平差处理，得到其解为 $\delta\boldsymbol{X}_2=-(\boldsymbol{A}^{\mathrm{T}}\boldsymbol{PA})^{-1}(\boldsymbol{A}^{\mathrm{T}}\boldsymbol{PL})$，其详细推导不再赘述。

7.3.5 相对观测量组合的权矩阵

前述单差、双差以及三次差模型的相对定位解算，其结果都涉及权矩阵 $\boldsymbol{P}$，即采用权矩阵的加权最小二乘法比不采用权矩阵的加权最小二乘法具有更高的精度。权矩阵 $\boldsymbol{P}$ 实际上描述了各观测量组合的相关性。

由于在静态绝对定位时，通常各个观测量可以视为相互独立的，此时的权矩阵通常为单位矩阵，一般采用最小二乘法可以得到最优解。对于差分模型，各观测量之间有一定的相关性，此时采用最小二乘法平差估计得到的不是最优解，因此需要采用加权最小二乘法平差估计。

1. 单差观测量的权矩阵

根据单差定义，2 个 GNSS 接收机 T_1，T_2 于历元 t 时刻同步观测卫星 S^j，S^k，可以得到单差表达式 $\Delta\varphi^j(t)=\varphi_2^j(t)-\varphi_1^j(t)$，以及 $\Delta\varphi^k(t)=\varphi_2^k(t)-\varphi_1^k(t)$，将其合并可以得到

$$\begin{bmatrix}\Delta\varphi^j(t)\\ \Delta\varphi^k(t)\end{bmatrix}=\begin{bmatrix}-1 & 1 & 0 & 0\\ 0 & 0 & -1 & 1\end{bmatrix}\begin{bmatrix}\varphi_1^j(t)\\ \varphi_2^j(t)\\ \varphi_1^k(t)\\ \varphi_2^k(t)\end{bmatrix}\tag{7.62}$$

取符号代换：

$$\Delta\boldsymbol{\varphi}(t)=\begin{bmatrix}\Delta\varphi^j(t)\\ \Delta\varphi^k(t)\end{bmatrix},\ \boldsymbol{r}(t)=\begin{bmatrix}-1 & 1 & 0 & 0\\ 0 & 0 & -1 & 1\end{bmatrix},$$
$$\boldsymbol{\varphi}(t)=[\varphi_1^j(t)\quad \varphi_2^j(t)\quad \varphi_1^k(t)\quad \varphi_2^k(t)]^{\mathrm{T}}$$

则式（7.62）可以写成

$$\Delta\boldsymbol{\varphi}=\boldsymbol{r}(t)\boldsymbol{\varphi}(t)\tag{7.63}$$

假设独立相位观测量 $\boldsymbol{\varphi}(t)$ 的误差属于正态分布，数学期望为零，方差为 σ^2，则 $\boldsymbol{\varphi}(t)$ 的方差矩阵为 $\boldsymbol{D}_{\varphi}(t)=\sigma^2\boldsymbol{E}(t)$，$\boldsymbol{E}(t)$ 为单位矩阵。根据方差和协方差传播定律，可得到观测量单差的协方差矩阵：

$$\boldsymbol{D}_{\Delta\varphi}(t)=\boldsymbol{r}(t)\boldsymbol{D}_{\varphi}(t)\boldsymbol{r}^{\mathrm{T}}(t)=\sigma^2\boldsymbol{r}(t)\boldsymbol{r}^{\mathrm{T}}(t)=2\sigma^2\boldsymbol{E}(t)\tag{7.64}$$

由式（7.64）可见，2 个 GNSS 接收机 T_1 和 T_2 同时观测卫星 S^j 和 S^k 所组成的不同单差，它们仍然是互不相关的，这一结论也可推广到一般情况。

若基线两端的 GNSS 接收机同步观测的卫星数为 n^j，观测的历元数为 n_t，则由此组成的单差的方差和协方差矩阵的形式如下：

$$\underset{(n^jn_t\times n^jn_t)}{\boldsymbol{D}_{\Delta\varphi}}=2\sigma^2\begin{bmatrix}\boldsymbol{E}(t_1) & 0 & \cdots & 0\\ 0 & \boldsymbol{E}(t_2) & & \vdots\\ \vdots & \vdots & \ddots & \vdots\\ 0 & 0 & \cdots & \boldsymbol{E}(t_{n_t})\end{bmatrix}=2\sigma^2\underset{(n^jn_t\times n^jn_t)}{\boldsymbol{E}}$$

由此，相应的权矩阵为

$$\boldsymbol{P}_{\Delta\varphi}=\boldsymbol{D}_{\Delta\varphi}^{-1}=\frac{1}{2\sigma^2}\boldsymbol{E} \tag{7.65}$$

2. 双差观测量的权矩阵

GNSS 接收机 T_1 和 T_2 于历元 t 时同步观测卫星 S^i，S^j 和 S^k，并取 S^i 为参考卫星，可得双差表达式 $\nabla\Delta\varphi^j(t)=\Delta\varphi^j(t)-\Delta\varphi^i(t)$，以及 $\nabla\Delta\varphi^k(t)=\Delta\varphi^k(t)-\Delta\varphi^i(t)$。将其写为矩阵形式，得

$$\nabla\Delta\boldsymbol{\varphi}(t)=\boldsymbol{r}(t)\Delta\boldsymbol{\varphi}(t) \tag{7.66}$$

式中，

$$\nabla\Delta\boldsymbol{\varphi}(t)=\begin{bmatrix}\nabla\Delta\varphi^j(t)\\ \nabla\Delta\varphi^k(t)\end{bmatrix},\ \boldsymbol{r}(t)=\begin{bmatrix}-1 & 1 & 0\\ -1 & 0 & 1\end{bmatrix},$$

$$\Delta\boldsymbol{\varphi}(t)=[\Delta\varphi^i(t)\quad \Delta\varphi^j(t)\quad \Delta\varphi^k(t)]^{\mathrm{T}}$$

则可得观测量双差的协方差矩阵：

$$\boldsymbol{D}_{\nabla\Delta\varphi}(t)=\boldsymbol{r}(t)\boldsymbol{D}_{\Delta\varphi}(t)\boldsymbol{r}^{\mathrm{T}}(t)=2\sigma^2\boldsymbol{r}(t)\boldsymbol{r}^{\mathrm{T}}(t)=2\sigma^2\begin{bmatrix}2 & 1\\ 1 & 2\end{bmatrix} \tag{7.67}$$

由上式可见，根据对不同卫星的同步观测量所组成的双差，它们是相关的。由此，可得相应的权矩阵为

$$\boldsymbol{P}_{\nabla\Delta\varphi}=\boldsymbol{D}_{\nabla\Delta\varphi}^{-1}=\frac{1}{2\sigma^2}\cdot\frac{1}{3}\begin{bmatrix}2 & -1\\ -1 & 2\end{bmatrix} \tag{7.68}$$

当 2 个 GNSS 接收机同步观测 n^j 颗卫星时，由式（7.68）可得相应的权矩阵为

$$\underset{(n^j-1)(n^j-1)}{\boldsymbol{P}_{\nabla\Delta\varphi}(t)}=\frac{1}{2\sigma^2}\cdot\frac{1}{n^j}\begin{bmatrix}n^j-1 & -1 & \cdots & -1\\ -1 & n^j-1 & \cdots & -1\\ \vdots & \vdots & & \vdots\\ -1 & -1 & \cdots & n^j-1\end{bmatrix} \tag{7.69}$$

如果继续扩展，同步观测的历元数为 n_t 时，则相应双差的权矩阵为

$$\underset{(n^j-1)n_t\times(n^j-1)n_t}{\boldsymbol{P}_{\nabla\Delta\varphi}}=\begin{bmatrix}\boldsymbol{P}_{\nabla\Delta\varphi}(t_1) & 0 & \cdots & 0\\ 0 & \boldsymbol{P}_{\nabla\Delta\varphi}(t_2) & \cdots & 0\\ \vdots & \vdots & & \vdots\\ 0 & 0 & \cdots & \boldsymbol{P}_{\nabla\Delta\varphi}(t_{n_t})\end{bmatrix} \tag{7.70}$$

三次差观测量权矩阵的推导与双差观测量权矩阵的推导类似，只是这时涉及在不同历元对同一组卫星的观测结果，其推导结果较为复杂，这里不再做详细介绍，有兴趣的读者可参阅有关文献。

7.4　GNSS 动态绝对定位

7.4.1　最小二乘法的动态绝对定位

动态绝对定位指的是，当用户接收设备安装在运动的载体上并处于动态的情况下，确定

载体瞬时绝对位置的定位过程。动态绝对定位被广泛地应用于飞机、船舶及陆地车辆等运动载体的导航。

通常，动态定位所依据的观测量是所测卫星至 GNSS 接收机的伪距，因此该定位方法通常称为伪距法。伪距有测码伪距和测相伪距之分，因此动态绝对定位可分为测码伪距动态绝对定位和测相伪距动态绝对定位。

当运动载体的动态范围不太大时，动态绝对定位的解算可以采用与静态绝对定位相同的方法，即采用最小二乘法。此时，测码伪距动态绝对定位与测相伪距动态绝对定位的解算的方法分别对应于 7.2.1 节和 7.2.2 节的静态定位，其解算过程和解算思路类似。不同的是，由于载体动态运动，没有充分的时间进行多次历元的观测，不需要将观测方程推广到多个历元的情况；另外，进行动态绝对定位解算前需要通过静态绝对定位获得初值。

1. *测码伪距动态绝对定位*

测码伪距动态绝对定位的观测方程组的建立过程与测码伪距静态绝对定位相同，参见式(7.1)~式(7.4)。采用测码伪距动态绝对定位，在求解 GNSS 接收机位置的过程中，开始时可以在载体（如飞机、舰艇、车辆等）相对地面没有运动的情况下进行，以求得载体在静态时的精确位置，为解算后续运动状态时的位置奠定基础。该过程相当于惯性导航系统在运动之前的静基座条件下的初始给定。

当载体运动时，在可见星为 4 颗的情况下，可以应用式（7.5）来解算运动载体的实时点位，此时不需要通过最小二乘法平差解算，解是唯一的；在可见星数量 $n^j>4$ 的情况下，观测方程超过待求参数的个数，对于式（7.6），采用最小二乘法平差求解，可得

$$\delta\boldsymbol{T}_i = -(\boldsymbol{a}_i^{\mathrm{T}}\boldsymbol{a}_i)^{-1}(\boldsymbol{a}_i^{\mathrm{T}}\boldsymbol{l}_i) \tag{7.71}$$

后续点位的初始坐标值可以依据前一个点位的坐标值来设定，用在观测历元 t 时刻瞬时获得的 $\boldsymbol{a}_i(t)$ 和 $\boldsymbol{l}_i(t)$ 来求出坐标修正数 $\delta\boldsymbol{T}_i$，从而解算出运动载体的实时点位坐标值，实现动态实时绝对定位，进行 GNSS 导航。

2. *测相伪距动态绝对定位*

同测码伪距动态绝对定位类似，测相伪距动态绝对定位，在载体运动过程中不将观测方程推广到多个历元的情况，通常情况下，在瞬时不能得到或得到很少多余观测量。在历元 t 时刻 GNSS 接收机 T_i 同步观测 n^j 颗卫星，可得到测相伪距误差方程［式（7.11）］。

此时倘若将 $N_i^j(t_0)$ 看成待定参数，它一共有 n^j 个，和在历元 t 时观测的卫星数相同，这样误差方程中总未知参数为（n^j+4）个，而观测方程的总数只有 n^j 个，如此则不可能进行实时求解。

如果在载体运动之前，GNSS 接收机于 t_0 时刻锁定卫星 S^j，并且在静态状态下求出整周模糊度 $N_i^j(t_0)(j=1,2,\cdots,n^j)$。据前述分析可知，初始历元 t_0 时刻的整周模糊度 $N_i^j(t_0)$ 在载体运动过程的后续时间里，只要没有发生失锁现象，它们仍然是只与初始时刻 t_0 有关的常数 $N_i^j(t_0)$，在载体运动过程中可当成常数处理。

于是，当已知初始整周模糊度时，取符号代换 $L_i^j(t)=\rho_i^j(t)-R_{i0}^j(t)+\lambda N_i^j(t_0)$，式(7.11）可改写成

$$\boldsymbol{v}_i(t) = \boldsymbol{a}_i(t)\delta\boldsymbol{T}_i + \boldsymbol{l}_i(t) \tag{7.72}$$

此时，式（7.72）与式（7.6）的形式完全一致，因此，在同步观测卫星数量 $n^j\geq 4$ 的条件下，可得到与式（7.71）完全一样的实时解。

采用测相伪距方法进行动态绝对定位时，载体上 GNSS 接收机在运动之前的初始给定是一个重要问题，即在静止状态下，不仅要求解初始位置的精确解（与测码伪距动态绝对定位一样），还要求解在历元 t_0 时刻的初始整周模糊度的精确值，并且在载体运动过程中不能发生周跳。然而，载体在运动过程中要始终保持对所观测卫星的连续跟踪，目前在技术上尚有一定困难，一旦发生周跳，则需要在动态条件下重新解算整周模糊度。因此，在实时动态绝对定位中，寻找快速确定动态整周模糊度的方法是非常关键的问题。

7.4.2 卡尔曼滤波法的动态绝对定位

在 GNSS 动态绝对定位中，基于卡尔曼滤波法的导航解算法是一种非常有效的方法，尤其在高动态情况下，最小二乘法往往不能满足实时解算的要求。卡尔曼滤波是一种最优估计技术，其详细设计方法将在第 8 章中阐述。本小节以 GNSS 在运动载体动态导航中的应用为例，介绍采用卡尔曼滤波法的动态绝对定位。

1. 载体动态模型

对运动载体进行 GNSS 导航定位时，通常需要考虑载体（如飞行器、舰船、车辆等）的运动，首先需要建立载体运动的数学模型。

当运动比较平稳即加速度变化很小时，通常在地球协议坐标系中载体的运动状态取为三维位置 x，y，z，以及三维速度 v_x，v_y，v_z，则状态向量为

$$\boldsymbol{X}_{c1}=[x\quad y\quad z\quad v_x\quad v_y\quad v_z]^{\mathrm{T}}=[x_1\quad x_2\quad x_3\quad x_4\quad x_5\quad x_6]^{\mathrm{T}}$$

并取

$$\dot{x}_4=-\frac{1}{\tau_v}x_4+\eta_v,\quad \dot{x}_5=-\frac{1}{\tau_v}x_5+\eta_v,\quad \dot{x}_6=-\frac{1}{\tau_v}x_6+\eta_v$$

式中，τ_v 为相关时间常数；η_v 为白噪声。

由此可以得到低动态的载体模型为

$$\dot{\boldsymbol{X}}_{c1}(t)=\boldsymbol{A}_{c1}(t)\boldsymbol{X}_{c1}(t)+\boldsymbol{W}_{c1}(t) \tag{7.73}$$

式中，

$$\boldsymbol{A}_{c1}=\begin{bmatrix}\boldsymbol{0}_{3\times3} & \boldsymbol{I}_{3\times3}\\ \boldsymbol{0}_{3\times3} & -1/\tau_v\cdot\boldsymbol{I}_{3\times3}\end{bmatrix},\quad \boldsymbol{W}_{c1}=[0\quad 0\quad 0\quad \eta_v\quad \eta_v\quad \eta_v]$$

当运动变化比较大时，即在高动态环境下，通常载体的运动状态中还要包括三维加速度 a_x，a_y，a_z，则状态向量为

$$\boldsymbol{X}_{c2}=[x\quad y\quad z\quad v_x\quad v_y\quad v_z\quad a_x\quad a_y\quad a_z]^{\mathrm{T}}=[x_1\quad x_2\quad x_3\quad x_4\quad x_5\quad x_6\quad x_7\quad x_8\quad x_9]^{\mathrm{T}}$$

并取

$$\dot{x}_7=-\frac{1}{\tau_a}x_7+\eta_a,\quad \dot{x}_8=-\frac{1}{\tau_a}x_8+\eta_a,\quad \dot{x}_9=-\frac{1}{\tau_a}x_9+\eta_a$$

式中，τ_a 为相关时间；η_a 为白噪声。

由此可以得到高动态的载体模型为

$$\dot{\boldsymbol{X}}_{c2}(t)=\boldsymbol{A}_{c2}(t)\boldsymbol{X}_{c2}(t)+\boldsymbol{W}_{c2}(t) \tag{7.74}$$

式中，$\boldsymbol{A}_{c2}=\begin{bmatrix}\boldsymbol{0}_{3\times3} & \boldsymbol{I}_{3\times3} & \boldsymbol{0}_{3\times3}\\ \boldsymbol{0}_{3\times3} & \boldsymbol{0}_{3\times3} & \boldsymbol{I}_{3\times3}\\ \boldsymbol{0}_{3\times3} & \boldsymbol{0}_{3\times3} & -1/\tau\cdot\boldsymbol{I}_{3\times3}\end{bmatrix}$，$\boldsymbol{W}_{c2}=[0\quad 0\quad 0\quad 0\quad 0\quad 0\quad \eta_a\quad \eta_a\quad \eta_a]$

2. GNSS 误差模型

在卡尔曼滤波器设计中，通常将 GNSS 的误差归并为时钟误差所对应的等效距离误差 δl，以及时钟频率误差所对应的速度误差 Δl_f，取误差模型为

$$\delta\dot{l} = \delta l + w_l,\ \delta\dot{l}_f = -\frac{1}{\tau_f}\delta l_f + w_f$$

式中，τ_f 为相关时间常数；w_l 和 w_f 为白噪声。

由此可以得到 GNSS 误差模型为

$$\dot{\boldsymbol{X}}_G(t) = \boldsymbol{A}_G(t)\boldsymbol{X}_G(t) + \boldsymbol{W}_G(t) \tag{7.75}$$

式中，

$$\boldsymbol{X}_G = \begin{bmatrix} \delta l \\ \delta l_f \end{bmatrix},\ \boldsymbol{A}_G = \begin{bmatrix} 0 & 1 \\ 0 & -1/\tau_f \end{bmatrix},\ \boldsymbol{W}_G = \begin{bmatrix} w_l \\ w_f \end{bmatrix}$$

3. 系统状态方程

将载体的动态模型［式（7.73）］与 GNSS 误差模型［式（7.75）］组合在一起，即得到低动态载体的系统状态方程：

$$\dot{\boldsymbol{X}}_L(t) = \boldsymbol{F}_L(t)\boldsymbol{X}_L(t) + \boldsymbol{W}_L(t) \tag{7.76}$$

式中，

$$\boldsymbol{X}_L = \begin{bmatrix} \boldsymbol{X}_{c1} \\ \boldsymbol{X}_G \end{bmatrix},\ \boldsymbol{F}_L = \begin{bmatrix} \boldsymbol{A}_{c1}(t) & \boldsymbol{0} \\ \boldsymbol{0} & \boldsymbol{A}_G(t) \end{bmatrix},\ \boldsymbol{W}_L = \begin{bmatrix} \boldsymbol{W}_{c1} \\ \boldsymbol{W}_G \end{bmatrix}$$

将载体的动态模型［式（7.74）］与 GNSS 误差模型［式（7.75）］组合在一起，即得到高动态载体的系统状态方程：

$$\dot{\boldsymbol{X}}_H(t) = \boldsymbol{F}_H(t)\boldsymbol{X}_H(t) + \boldsymbol{W}_H(t) \tag{7.77}$$

式中，

$$\boldsymbol{X}_H = \begin{bmatrix} \boldsymbol{X}_{c2} \\ \boldsymbol{X}_G \end{bmatrix},\ \boldsymbol{F}_H = \begin{bmatrix} \boldsymbol{A}_{c2}(t) & \boldsymbol{0} \\ \boldsymbol{0} & \boldsymbol{A}_G(t) \end{bmatrix},\ \boldsymbol{W}_H = \begin{bmatrix} \boldsymbol{W}_{c2} \\ \boldsymbol{W}_G \end{bmatrix}$$

4. 系统测量方程

观测量为 GNSS 的伪距，则系统测量方程即式（7.2）。同时考虑到钟差引起的等效距离误差为 $\Delta l = c\Delta t$，以及观测中还存在测量噪声 v，设共观测到 n^j 颗可见星，则第 j 颗可见星的伪距可重写为

$$\rho_i^j(t) = |\boldsymbol{R}^j(t) - \boldsymbol{R}_i| + \delta l + v^j = h^j(\boldsymbol{X}) + v^j,\ j = 1, 2, \cdots, n^j \tag{7.78}$$

将上式线性化，可以得到系统测量方程为

$$\delta\rho^j = \boldsymbol{H}^j\delta\boldsymbol{X} + v^j,\ j = 1, 2, \cdots, n^j \tag{7.79}$$

对于低动态系统，

$$\boldsymbol{H}^j = [-l_i^j \quad -m_i^j \quad -n_i^j \quad 0 \quad 0 \quad 0 \quad 1 \quad 0]$$

对于高动态系统，

$$\boldsymbol{H}^j = [-l_i^j \quad -m_i^j \quad -n_i^j \quad 0 \quad 0 \quad 0 \quad 0 \quad 0 \quad 0 \quad 1 \quad 0]$$

5. 卡尔曼滤波解算

由上述分析可知，无论是低动态载体还是高动态载体，其系统方程和测量方程都具有如下形式：

$$\left.\begin{aligned}\dot{\boldsymbol{X}}(t)&=\boldsymbol{F}(t)\boldsymbol{X}(t)+\boldsymbol{W}(t)\\ \rho^j&=h^j(\boldsymbol{X})+v^j\\ \delta\rho^j&=\boldsymbol{H}^j\delta\boldsymbol{X}+v^j\end{aligned}\right\}\tag{7.80}$$

将上述方程离散化后，即可代入卡尔曼滤波递推方程组进行解算。如何将非线性系统离散化，以及如何在卡尔曼滤波器中解算，将在第 8 章中详细阐述。

7.5 GNSS 动态相对定位

GNSS 动态相对定位，是将一台 GNSS 接收机设置在一个固定的观测站（或基准站）上，基准站在协议地球坐标系中的坐标是已知的。另一台 GNSS 接收机安装在运动的载体上，载体在运动过程中，其上的 GNSS 接收机与固定观测站上的 GNSS 接收机同步观测卫星，以实时确定运动点于每一观测历元的瞬时位置。

在相对定位中，由基准站通过数据链发送修正数据，用户站接收该修正数据并对其测量结果进行修正处理，以获得精确的定位结果。这种数据处理本质上是求差处理（差分），以消除或减小相关误差的影响，提高定位精度。根据基准站发送的修正数据类型的不同，差分可分为位置差分、伪距差分（又可分为测码伪距差分、测相伪距差分）、载波相位差分等不同的类型，其导航定位精度不同，下面分别进行介绍。

7.5.1 位置差分动态相对定位

位置差分相对动态定位的基本原理是，使用基准站的 GNSS 接收机 T_0 的位置修正数，去修正动态用户的 GNSS 接收机 T_i 的位置计算值，以求得比较精确的动态用户的位置坐标。

基准站的准确坐标位置已经预先通过精密天文测量、大地测量等方法确定。安装于基准站上的 GNSS 接收机同步观测 4 颗以上的卫星，按照静态绝对定位方法，便可解算出它的三维坐标。由于伪距观测量中含有星钟误差、站钟误差、大气层折射等多种误差影响，故采用 GNSS 解算出的基准站的三维坐标值与已知的基准站位置坐标值是不一样的。

设基准站的已知坐标值$[x_0 \quad y_0 \quad z_0]^{\mathrm{T}}$为精确值，由 GNSS 观测解算的基准站坐标值为$[x_{ca} \quad y_{ca} \quad z_{ca}]^{\mathrm{T}}$，由于各种误差的影响，GNSS 观测解算的位置误差为

$$\left.\begin{aligned}\Delta x&=x_{ca}-x_0\\ \Delta y&=y_{ca}-y_0\\ \Delta z&=z_{ca}-z_0\end{aligned}\right\}\tag{7.81}$$

将$[\Delta x \quad \Delta y \quad \Delta z]^{\mathrm{T}}$作为基准站坐标计算值的修正数，通过数据链传给动态用户的 GNSS 接收机。动态用户的 GNSS 接收机 T_i 根据接收到的基准站的坐标修正数，对所计算出的本身坐标值$[x_{i,ca} \quad y_{i,ca} \quad z_{i,ca}]^{\mathrm{T}}$进行修正，有下式：

$$\left.\begin{aligned}x_i&=x_{i,ca}+\Delta x\\ y_i&=y_{i,ca}+\Delta y\\ z_i&=z_{i,ca}+\Delta z\end{aligned}\right\}\tag{7.82}$$

由于动态用户的 GNSS 接收机 T_i 和卫星相对于协议地球坐标系存在相对运动，若进一步

考虑位置修正数的动态变化，设校正参考时刻为 t_0，则有

$$\left.\begin{aligned} x_i(t) &= x_{i,ca} + \Delta x + \frac{d(\Delta x - x_{i,ca})}{dt}(t - t_0) \\ y_i(t) &= y_{i,ca} + \Delta y + \frac{d(\Delta y - y_{i,ca})}{dt}(t - t_0) \\ z_i(t) &= z_{i,ca} + \Delta z + \frac{d(\Delta z - z_{i,ca})}{dt}(t - t_0) \end{aligned}\right\} \tag{7.83}$$

位置差分动态相对定位的优点是计算方法简单，只需在要解算的坐标中加进修正数即可，这对 GNSS 接收机的要求不高，甚至最简单的 GNSS 接收机都能适用。但是，位置差分动态相对定位要求运动载体和基准站能够同时观测一组卫星，因此，载体相对于基准站的运动范围受到限制，通常在 100 km 以内。

7.5.2 测码伪距动态相对定位

测码伪距动态相对定位，是将基准站的 GNSS 接收机 T_0 的伪距修正数 $\Delta\rho^j$，通过数据链传送给动态用户的 GNSS 接收机 T_i，动态用户的伪距观测量 $\Delta\rho^j$ 经修正后，可以消除公共误差或减弱某些误差的影响，然后采用修正后的伪距来解算动态用户的三维坐标值，从而提高定位精度。

基准站在协议地球坐标系中的精确坐标 $[x_0 \quad y_0 \quad z_0]^{\mathrm{T}}$，可采用大地测量、天文测量、GNSS 静态定位等各种方法预先精密测定。在差分定位时，基准站的 GNSS 接收机，根据导航电文的星历参数，计算出其观测到的全部卫星在协议地球坐标系中的坐标值 $[x^j \quad y^j \quad z^j]^{\mathrm{T}}$，从而由星、站的坐标值可以反求出每一观测时刻由基准站至卫星的真距离 R_0^j：

$$R_0^j = [(x^j - x_0)^2 + (y^j - y_0)^2 + (z^j - z_0)^2]^{1/2} \tag{7.84}$$

同时，基准站的 GNSS 接收机利用测码伪距方法可以测量得到星站之间的伪距 ρ_0^j，与真距离 R_0^j 不同，伪距包含各种误差源的影响。由观测量伪距 ρ_0^j 和计算的真距离 R_0^j 可以计算出伪距修正数，以及可以进一步得到伪距修正数的变化率 $\Delta\dot{\rho}_0^j$，分别为

$$\Delta\rho_0^j = R_0^j - \rho_0^j, \quad \Delta\dot{\rho}_0^j = \Delta\rho_0^j / \Delta t \tag{7.85}$$

通过数据链，基准站将 $\Delta\rho_0^j$ 以及 $\Delta\dot{\rho}_0^j$ 传送至动态用户。动态用户的 GNSS 接收机测量出用户至卫星的伪距 ρ_i^j，再加上数据链送来的修正数，求出修正后的伪距。最后利用修正后的伪距方程进行定位解算：

$$\rho_i^j(t) + \Delta\rho_0^j = R_i^j(t) + c\delta t_{i0} + v_i \tag{7.86}$$

式中，δt_{i0} 为动态用户的 GNSS 接收机钟相对于基准站的 GNSS 接收机钟的钟差；v_i 为动态用户的 GNSS 接收机噪声。

动态用户只要同时观测 4 颗或 4 颗以上的卫星，就可以解算出本身的位置。由于修正数是伪距修正数，故此种差分称为伪距差分。

伪距差分的特点是：伪距修正数是直接在 GNSS 坐标系中进行的，这就是说得到的是直接修正数，不用变换成当地坐标，因此能达到很高的精度。与位置差分相似，伪距差分能将二者的公共误差抵消，但随着动态用户到基准站距离的增加，系统误差又将增大，这种误差

用任何差分法都是不能消除的，因此动态用户的定位精度由动态用户到基准站的距离所决定。

7.5.3　测相伪距动态相对定位

测相伪距动态相对定位，与测码伪距动态相对定位的修正方法相同，都是基准站将测相伪距修正量传送给动态用户，以修正动态用户的测相伪距观测量，然后进一步解算动态用户的位置坐标。二者的不同是：测相伪距是基于载波相位观测的，可以实时达到很高的定位精度，可以得到厘米级的定位结果。

在基准站的 GNSS 接收机 T_0 观测卫星 S^j，与测码伪距动态相对定位类似，可以求出基准站至卫星的几何距离 R_0^j，表达式同式（7.84）。记基准站的 GNSS 接收机 T_0 与卫星 S^j 之间的测相伪距观测值为 ρ_0^j（它包含各种误差项），则可以求出基于测相伪距的星站间伪距修正数 $\Delta\rho_0^j$：

$$\Delta\rho_0^j = R_0^j - \rho_0^j \tag{7.87}$$

动态用户接收到由基准站通过数据链传送来的伪距修正数 $\Delta\rho_0^j$ 后，可以用它对测相伪距 ρ_i^j 进行实时修正，得到

$$\Delta\rho_0^j + \rho_i^j = R_i^j + \Delta d \tag{7.88}$$

式中，R_i^j 为动态用户的 GNSS 接收机 T_i 到卫星 S^j 的几何距离（包含待代求的三维坐标值）；Δd 为修正后的残差。

对于采用修正后的伪距进行导航定位解算，由第 6 章可知，在历元 t 时刻载波相位的观测量由初始整周模糊度、$(t-t_0)$ 时间间隔中 GNSS 接收机的整周计数值、历元 t 时刻非整周量测相位值共三部分组成，因此动态用户的 GNSS 接收机和基准站的 GNSS 接收机的测相伪距观测量分别为

$$\rho_i^j(t) = \lambda\varphi_i^j(t) = \lambda[N_i^j(t_0) + N_i^j(t-t_0) + \delta\varphi_i^j(t)] \tag{7.89}$$

$$\rho_0^j(t) = \lambda\varphi_0^j(t) = \lambda[N_0^j(t_0) + N_0^j(t-t_0) + \delta\varphi_0^j(t)] \tag{7.90}$$

2 个 GNSS 接收机 T_0 和 T_i 同时观测卫星 S^j，可由二者对同一卫星 S^j 的伪距取单差，即将式（7.88）与式（7.89）相减，得到

$$\rho_i^j - \rho_0^j = \lambda[N_i^j(t_0) - N_0^j(t_0)] + \lambda[N_i^j(t-t_0) - N_0^j(t-t_0)] + \lambda[\delta\varphi_i^j(t) - \delta\varphi_0^j(t)] \tag{7.91}$$

差分数据处理是在动态用户端进行的。上式中的 ρ_i^j 是用基准站传送来的伪距修正数 $\Delta\rho_0^j$ 对用户测相伪距观测量进行修正之后的新伪距观测量；ρ_0^j 可由基准站计算出卫星到基准站的精确几何距离值 R_0^j 来代替，并经数据链送到用户计算机。于是，在式（7.48）中以 R_0^j 代替 ρ_0^j，同时将修正后的伪距［式（7.88）］代替 ρ_i^j，则有

$$\begin{aligned} R_i^j(t) + \Delta d - R_0^j(t) = {} & \lambda[N_i^j(t_0) - N_0^j(t_0)] + \lambda[N_i^j(t-t_0) + N_0^j(t-t_0)] + \\ & \lambda[\delta\varphi_i^j(t) - \delta\varphi_0^j(t)] \end{aligned} \tag{7.92}$$

上式中 $R_i^j(t)$ 可由卫星、动态用户的坐标来表示，即 $[(x^j-x_i)^2 + (y^j-y_i)^2 + (z^j-z_i)^2]^{1/2}$。若在初始历元 t_0 时刻已将基准站和动态用户相对于卫星 S^j 的整周模糊度 $N_i^j(t_0)$，$N_0^j(t_0)$ 计算出来了，则在随后的历元中的整周数值 $N_i^j(t-t_0)$，$N_0^j(t-t_0)$ 以及 GNSS 接收机测相的小数部分 $\delta\varphi_i^j(t)$ 和 $\delta\varphi_i^j(t_0)$ 都是可观测量。方程中只有 4 个未知数：x_i，y_i，z_i

和残差 Δd。因此，只要同时观测 4 颗卫星，就可建立 4 个观测方程，解算出动态用户的位置。解算上述方程的关键问题是如何求解初始整周模糊度，关于整周模糊度解算将在第 7 章专门阐述。

7.5.4 载波相位求差法动态定位

载波相位求差法动态定位与载波伪距动态相对定位，均是基于载波相位观测的，具有很高的定位精度。不同的是，载波相位求差法动态定位的基准站不再计算其测相伪距修正数 $\Delta\rho_0^j$，而是将其观测的载波相位观测值由数据链实时传送给动态用户的 GNSS 接收机，由动态用户进行载波相位求差，再解算动态用户的位置。

载波相位求差法有单差、双差和三次差等 3 种数学模型，在静态相对定位中已获得广泛应用，这里结合第 6 章中给出的静态载波相位求差法的概念，针对其在动态相对定位中的应用，介绍其基本工作原理。

假设在基准站的 GNSS 接收机 T_0 和动态用户的 GNSS 接收机 T_i 上，同时于历元 t_1 和 t_2 时刻观测 2 颗卫星 S^j 和 S^k，T_0 对卫星的载波相位观测量由数据链实时传送到 T_i，于是，T_i 可获得 8 个载波相位观测量方程：

$$\left.\begin{aligned}
\varphi_0^j(t_1) &= f/cR_0^j(t_1) + f[\delta t_0(t_1) - \delta t^j(t_1)] - N_0^j(t_0)\\
\varphi_i^j(t_1) &= f/cR_i^j(t_1) + f[\delta t_i(t_1) - \delta t^j(t_1)] - N_i^j(t_0)\\
\varphi_0^k(t_1) &= f/cR_0^k(t_1) + f[\delta t_0(t_1) - \delta t^k(t_1)] - N_0^k(t_0)\\
\varphi_i^k(t_1) &= f/cR_i^k(t_1) + f[\delta t_i(t_1) - \delta t^k(t_1)] - N_i^k(t_0)\\
\varphi_0^j(t_2) &= f/cR_0^j(t_2) + f[\delta t_0(t_2) - \delta t^j(t_2)] - N_0^j(t_0)\\
\varphi_i^j(t_2) &= f/cR_i^j(t_2) + f[\delta t_i(t_2) - \delta t^j(t_2)] - N_i^j(t_0)\\
\varphi_0^k(t_2) &= f/cR_0^k(t_2) + f[\delta t_0(t_2) - \delta t^k(t_2)] - N_0^k(t_0)\\
\varphi_i^k(t_2) &= f/cR_i^k(t_2) + f[\delta t_i(t_2) - \delta t^k(t_2)] - N_i^k(t_0)
\end{aligned}\right\} \tag{7.93}$$

式中，$\varphi_{0,i}^{j,k}$ 为 GNSS 接收机的载波相位观测量，它们均为不足一周的小数；$N_{0,i}^{j,k}(t_0)$ 为基准站的 GNSS 接收机和动态用户的 GNSS 接收机在锁定卫星载波信号时刻的整周相位模糊度，或称初始整周模糊数，它们均为常量；其他符号的定义与前述分析中符号的定义相同。

首先进行单差，将 T_0，T_i 在同一历元观测同一颗卫星的载波相位观测量相减，得到 4 个单差方程：

$$\left.\begin{aligned}
\Delta\varphi^j(t_1) &= f/c[R_i^j(t_1) - R_0^j(t_1)] + f[\delta t_i(t_1) - \delta t_0(t_1)] + N_0^j(t_0) - N_i^j(t_0)\\
\Delta\varphi^k(t_1) &= f/c[R_i^k(t_1) - R_0^k(t_1)] + f[\delta t_i(t_1) - \delta t_0(t_1)] + N_0^k(t_0) - N_i^k(t_0)\\
\Delta\varphi^j(t_2) &= f/c[R_i^j(t_2) - R_0^j(t_2)] + f[\delta t_i(t_2) - \delta t_0(t_2)] + N_0^j(t_0) - N_i^j(t_0)\\
\Delta\varphi^k(t_2) &= f/c[R_i^k(t_2) - R_0^k(t_2)] + f[\delta t_i(t_2) - \delta t_0(t_2)] + N_0^k(t_0) - N_i^k(t_0)
\end{aligned}\right\} \tag{7.94}$$

由上述单差方程可以看出，其中已消去了卫星星钟误差 δt^j，δt^k。进一步进行双差，将 T_0，T_i 同时观测 2 颗卫星 S^j，S^k 的载波相位观测量的站际单差方程相减，即将同一历元的单差方程相减，可以得到两个双差方程：

$$
\left.\begin{aligned}
\nabla\Delta\varphi^{k}(t_1) = \Delta\varphi^{k}(t_1) - \Delta\varphi^{j}(t_1) = f/c[R_i^k(t_1) - R_i^j(t_1) + R_0^j(t_1) - R_0^k(t_1)] + \\
N_0^k(t_0) - N_i^j(t_0) + N_i^j(t_0) - N_i^k(t_0) \\
\nabla\Delta\varphi^{k}(t_2) = \Delta\varphi^{k}(t_2) - \Delta\varphi^{j}(t_2) = f/c[R_i^k(t_2) - R_i^j(t_2) + R_0^j(t_2) - R_0^k(t_2)] + \\
N_0^k(t_0) - N_i^j(t_0) + N_i^j(t_0) - N_i^k(t_0)
\end{aligned}\right\} \tag{7.95}
$$

在上面的双差方程中，可以看出地面基准站的 GNSS 接收机和动态用户的 GNSS 接收机的钟差 Δt_0 和 Δt_i 均消去了。双差方程右端的初始整周模糊度是通过初始化解算出来的，在应用动态载波相位求差法求取动态用户的坐标值时，首先将基准站上观测的载波相位通过数据链传送到动态用户，用户的 GNSS 接收机静止不动地观测卫星若干历元，然后按前述静态相对定位中介绍的方法进行计算，求解出相位整周模糊度。在动态应用过程中，要求的是用户所在的实时位置，其计算过程如下。

（1）在初始化阶段，用户的 GNSS 接收机静态观测若干历元，历元数目的多少取决于用户到基准站的距离。在动态相对定位的数据处理过程中，重复运行静态观测的程序，求出相位模糊度，并确认此相位整周模糊度正确无误。

（2）将求出并确认的相位整周模糊度代入双差方程［式（7.95）］。由于基准站的位置坐标是精确测定的已知值，而卫星 S^j，S^k 的位置坐标可以根据星历参数计算出来，故双差方程中只包含用户位置坐标值的 3 个未知数，此时，只要观测 3 颗卫星就可以进行求解。在实际作业中，只要观测 4～6 颗卫星，就可以采用静态相对定位中的分析方法，进行平差处理，从而高精度地求解用户的实时位置$[x_i \quad y_i \quad z_i]^{\mathrm{T}}$。

第 8 章

GNSS 精密定位技术

8.1 精密单点定位

精密单点定位（Precise Point Positioning，PPP）是指利用 IGS（International GNSS Service）、iGMAS（International GNSS Monitoring & Assessment Service）等组织发布的或用户自己解算得到的精密卫星轨道与精密卫星钟差产品，综合考虑各项误差模型的精确修正，对单台 GNSS 接收机采集的相位和伪距测量值进行非差定位解算，获得高精度的国际地球参考框架坐标的一种定位方法。相比于前文的差分定位模型来说，精密单点定位通过构造无电离层伪距组合观测值和无电离层载波组合观测值进行定位，因此必须使用双频或多频接收机来消除电离层的一阶效应。对于能够精确模型化的误差，采用模型修正，如卫星天线相位中心偏差、各种潮汐的影响、相对论效应等；对于不能够精确模型化的误差，通过添加参数进行估计。精密单点定位仅需要单台 GNSS 接收机就可以实现高精度的动态和静态定位，作业效率高，费用低，适用于各种环境，这使精密单点定位技术成为当前研究热点之一。

8.1.1 精密单点定位误差源

精密单点定位采用非差观测值，各种误差无法通过组成差分观测值的方式削弱或者消除，所以对影响定位的各种误差源都必须加以考虑。影响精密单点定位的主要误差源与 GNSS 测量常见误差源基本一致，如图 8-1 所示，可以分为 3 类。

（1）与 GNSS 接收机有关的误差，主要包括 GNSS 接收机钟差、GNSS 接收机天线相位中心偏差、地球自转效应、GNSS 接收机硬件延迟等。

（2）与卫星有关的误差，主要包括卫星钟差、卫星轨道误差、相对论效应、相位缠绕，卫星硬件延迟等。

（3）与信号传播路径有关的误差，主要包括对流层延迟、电离层延迟和多路径效应。

除此之外，还有几个误差项需要特别考虑，它们是精密单点定位中无法忽视的误差项。

1）卫星天线相位中心偏差

卫星天线相位中心偏差是指卫星天线质量中心和相位中心之间的偏差。精密单点定位中所使用的精密卫星轨道产品基于卫星质心，而观测值来自卫星天线相位中心。对于卫星而言，卫星质心与天线相位中心并非一致。

2）相位缠绕

GNSS 卫星发射右旋极化的电磁波信号，GNSS 接收机或卫星天线绕中心轴的旋转会改变载波相位观测值的大小，改变的大小同卫星信号发射天线和 GNSS 接收机接收天线的方位

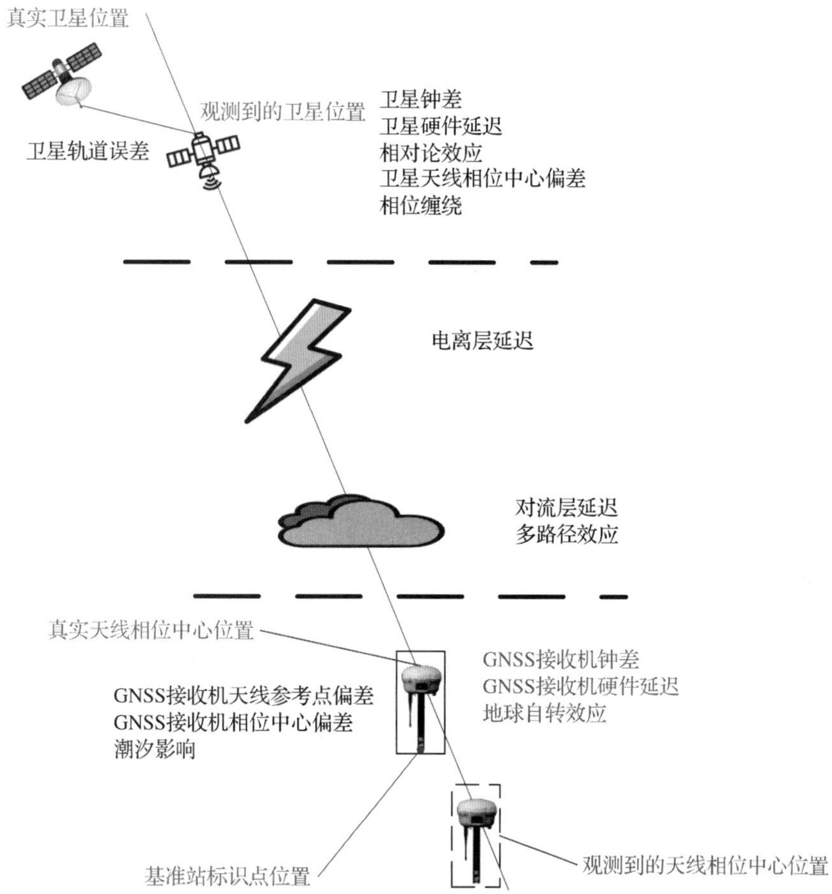

图 8 -1　精密单点定位误差源

有关。这种由卫星天线或 GNSS 接收机天线的旋转运动所产生的相位观测值的改变称为相位缠绕。

3）地球固体潮

地球固体潮是指在摄动天体如月球、太阳的万有引力下，弹性地球表面产生周期性涨落的现象。它使地球在地心与摄动天体的连接方向拉长，在垂直方向上则趋于扁平。地球固体潮对实际观测站的影响包含与纬度有关的长期偏移和主要由日周期和半日周期组成的短周期项。这种由地球固体潮所引起的观测站位移可以用 n 维 m 阶含有 Love 数和 Shida 数的球谐函数来表示。

4）海洋负荷潮

海洋负荷潮是由潮汐的周期性涨落产生的。海洋负荷潮主要由日周期项和半日周期项组成，其影响比地球固体潮小一个量级。在静态单点定位中，如果只需要达到亚分米级的动态定位精度，则当观测站远离海岸或者利用较长时间的观测数据（24 h）达到毫米级的静态定位精度时，可以不考虑海洋负荷潮。如果要获得厘米级的动态定位精度，或者观测站位于沿海地区且观测时间不足 24 h，就必须考虑海洋负荷潮。

5）大气载荷

地球表面的大气会对地球表面产生载荷，即大气载荷。大气载荷随着大气压的变化而变化，导致地表产生水平及垂直位移。研究表明，垂直方向上的位移最大可达到 20 mm，水平方向上的位移最大可达到 3 mm。大气载荷产生的地表位移与地理位置有关，与高纬度地区相比，中纬度地区的大气载荷相对较大。

在研究误差对 GNSS 测量的影响时，往往将误差换算为卫星至观测站视线上的距离，以相应的距离误差表示，故称为等效距离误差。精密单点定位误差源及其等效距离误差见表 8－1。

表 8－1　精密单点定位误差源及其等效距离误差

误差源	等效距离误差	误差源	等效距离误差
星历误差	≈2 cm	卫星天线相位中心偏差	可达 3 m
卫星钟差	<3 cm	GNSS 接收机天线相位中心偏差	$<\lambda_i$
对流层延迟（天顶）	≈2.4 cm	相对论效应	可达 20 m
电离层延迟	可达 20 m	地球固体潮	<0.5 m
GNSS 接收机钟差	估计	海洋负荷潮	0.1～0.3 m
多径效应	$<\lambda_i/4$	相位缠绕	$<\lambda_i$
地球自转效应	可达 50 m	相位偏差/码偏差	$<\lambda_i$

8.1.2　精密单点定位观测模型

精密单点定位将载波 L_1 和 L_2 的观测值进行线性组合产生一个虚拟观测值，这个观测值叫作组合观测值，它较原始观测值具有一些特性，利用这些特性可以更好地进行单点定位。在精密单点定位中有消电离层模型、UofC（University of Calgary）模型、无模糊度模型等。精密单点定位是单站定位，无法通过站间差分的方式消除或削弱电离层延迟的影响，因此通常采用消电离层模型。

1. 消电离层模型

伪距观测方程可以简化为

$$\begin{cases} \rho_{L_1} = \rho + \dfrac{A}{f_1^2} + \delta_1 \\ \rho_{L_2} = \rho + \dfrac{A}{f_2^2} + \delta_2 \end{cases} \quad \boldsymbol{r}_{\text{avg}} = (\boldsymbol{A}_{\text{avg}}^{-1}) \sum_m (\boldsymbol{A}_k^{-1} \boldsymbol{r}_k)/m \tag{8.1}$$

式中，ρ，ρ_{L_1}，ρ_{L_2}分别表示观测站到卫星的几何距离，L_1 的伪距观测值，L_2 的伪距观测值；$\dfrac{A}{f_1^2}$，$\dfrac{A}{f_2^2}$分别表示 L_1 和 L_2 的电离层延迟；δ_1，δ_2 表示其他误差修正。

将 ρ_{L_1}，ρ_{L_2}分别乘以系数 m 和 n 求和，产生新值 $\rho_{m,n}$如下：

$$\rho_{m,n} = m\rho_{L_1} + n\rho_{L_2} = (m+n)\rho + \left(m\frac{A}{f_1^2} + n\frac{A}{f_2^2}\right) + \delta \tag{8.2}$$

式中，$\delta = m\delta_1 + n\delta_2$，当 $m\dfrac{A}{f_1^2} + n\dfrac{A}{f_2^2} = 0$ 时消除电离层延迟，同时满足 $m + n = 1$，站星几何距离不变，则 $\rho_{m,n}$ 可以作为组合观测值，将上述 2 个等式联立求解系数 m，n 可得

$$\begin{cases} m = \dfrac{f_1^2}{f_1^2 - f_2^2} \\ n = \dfrac{-f_2^2}{f_1^2 - f_2^2} \end{cases} \tag{8.3}$$

故伪距观测值的消电离层模型如下：

$$\rho^j(t) = \frac{1}{f_1^2 - f_2^2}(f_1^2 \rho_{L_1} - f_2^2 \rho_{L_2}) = \frac{f_1^2}{f_1^2 - f_2^2}\left(\rho_{L_1} - \frac{f_2^2}{f_1^2}\rho_{L_2}\right) \tag{8.4}$$

类似地可以得到载波相位观测值的消电离层模型如下：

$$\varphi^j(t) = \frac{1}{f_1^2 - f_2^2}(f_1^2 \varphi_{L_1} - f_1 f_2 \varphi_{L_2}) = \frac{f_1^2}{f_1^2 - f_2^2}\left(\varphi_{L_1} - \frac{f_2}{f_1}\varphi_{L_2}\right) \tag{8.5}$$

式中，ρ_{L_1}，ρ_{L_2}，φ_{L_1}，φ_{L_2} 为载波 L_1，L_2 的伪距和相位观测值；$\rho^j(t)$，$\varphi^j(t)$ 为组合观测值。

这种模型也是目前使用最广泛的模型之一，其主要的优点在于消除了电离层和系统内的频偏影响，但是在该模型中观测值噪声被放大了 3 倍，而且非零初始相位不会被消除，直接影响模糊度进而导致定位结果不精确。

2. UofC 模型

UofC 模型利用伪距与载波相位观测值上的一阶项电离层延迟具有数值相等、符号相反的特性，将伪距、载波相位观测值构成半和组合，来代替双频伪距消电离层组合，故又称为“半和模型”，其观测模型可表示为

$$\begin{cases} \rho_{PL_1} = \dfrac{\rho_{L_1} + L_1}{2} = \rho + T - c \cdot \mathrm{d}t^s - B_1^s - b_1^s + c \cdot \mathrm{d}t_r + B_{r,1} + b_{r,1} + \lambda_1 N_1 + \varepsilon_{PL_1} \\ \rho_{PL_2} = \dfrac{\rho_{L_2} + L_2}{2} = \rho + T - c \cdot \mathrm{d}t^s - B_2^s - b_2^s + c \cdot \mathrm{d}t_r + B_{r,2} + b_{r,2} + \lambda_2 N_2 + \varepsilon_{PL_2} \\ L_{\mathrm{IF}_{1,2}} = \rho + T - c \cdot \mathrm{d}t^s - b_{\mathrm{IF}_{1,2}}^s + c \cdot \mathrm{d}t_r + b_{r,\mathrm{IF}_{1,2}} + \lambda_{\mathrm{IF}_{1,2}} N_{\mathrm{IF}_{1,2}} + \varepsilon_{L_{\mathrm{IF}_{1,2}}} \end{cases} \tag{8.6}$$

式中，上标与下标中的 s 与 r 分别代表卫星与 GNSS 接收机的编号；ρ 表示观测站到卫星的几何距离；T 代表对流层延迟修正；c 为光在真空中的传播速率；$\mathrm{d}t^s$，$\mathrm{d}t_r$ 表示卫星与 GNSS 接收机钟差，由消电离层模型可知 $B_2^s = \beta \cdot B_1^s$，$B_{r,2} = \beta \cdot B_{r,1}$，其中 $\beta = f_1^2/f_2^2$；b_*^s 与 $b_{r,*}$ 表示卫星、GNSS 接收机未校准相位偏差（ * 表示相应的组合）；λ_* 与 N_* 表示载波波长与模糊度，ε_* 表示相位观测的噪声；$\varepsilon_{\mathrm{IF}}$ 代表伪距消电离层组合观测噪声。

让模糊度吸收相位未校准延迟及伪距未校准延迟（卫星端伪距未校准延迟也可采用 IGS 分析中心提供的 DCB 产品进行修正），即

$$\begin{cases} \lambda_1 \bar{N}_1 = \lambda_1 N_1 - B_1^s - b_1^s + B_{r,1} + b_{r,1} \\ \lambda_2 \bar{N}_2 = \lambda_2 N_2 - \beta \cdot B_1^s - b_2^s + \beta \cdot B_{r,1} + b_{r,2} \end{cases} \tag{8.7}$$

此时式（8.6）变为

$$\begin{cases}\rho_{PL_1}=\rho+T-c\cdot \mathrm{d}t^s+c\cdot \mathrm{d}t_r+\lambda_1\bar{N}_1+\varepsilon_{PL_1}\\ \rho_{PL_1}=\rho+T-c\cdot \mathrm{d}t^s+c\cdot \mathrm{d}t_r+\lambda_2\bar{N}_2+\varepsilon_{PL_2}\\ L_{\mathrm{IF}_{1,2}}=\rho+T-c\cdot \mathrm{d}t^s+c\cdot \mathrm{d}t_r+\dfrac{\beta}{\beta-1}\lambda_1\bar{N}_1-\dfrac{1}{\beta-1}\lambda_2\bar{N}_2+\varepsilon_{L_{F_{1,2}}}\end{cases} \tag{8.8}$$

UofC 模型中使用的也是消电离层模型，从式（8.8）可以看出这种组合方式不仅降低了组合观测值的噪声水平，还消除了一阶电离层延迟的影响，因此，对模型解算的影响相对较小。可以看出 UofC 模型和其他模型不相同，主要区别在于对不同频率的函数模糊度分别进行了计算，这样相比其他模型而言就会增加收敛速度。但是 UofC 模型也存在一定的缺点，比如对硬件延迟引起的偏差模糊度很难单独进行分离，这段模糊度并不具备整周特性，如果强制进行伪固定，对定位精度影响很大，最终定位精度可能只会达到分米级。

3. 非差非组合模型的观测方程

非差非组合模型直接采用 GNSS 原始伪距和相位观测值，GNSS 原始伪距和相位观测值可如下表示：

$$\begin{cases}P_1=\rho+T+I_1-c\cdot \mathrm{d}t^s-B_1^s+c\cdot \mathrm{d}t_r+B_{r,1}+\varepsilon_{P_1}\\ P_2=\rho+T+\beta\cdot I_1-c\cdot \mathrm{d}t^s-\beta\cdot B_1^s+c\cdot \mathrm{d}t_r+\beta\cdot B_{r,1}+\varepsilon_{P_2}\\ L_1=\rho+T-I_1-c\cdot \mathrm{d}t^s-b_1^s+c\cdot \mathrm{d}t_r+b_{r,1}+\lambda_1 N_1+\varepsilon_{L_1}\\ L_2=\rho+T-\beta\cdot I_1-c\cdot \mathrm{d}t^s-b_2^s+c\cdot \mathrm{d}t_r+b_{r,2}+\lambda_2 N_2+\varepsilon_{L_2}\end{cases} \tag{8.9}$$

式中，I_1 代表电离层延迟修正，记

$$\begin{cases}\bar{I}_1=I_1-B_1^s+B_{r,1}\\ \lambda_1\bar{N}_1=\lambda_1 N_1-B_1^s-b_1^s+B_{r,1}+b_{r,1}\\ \lambda_2\bar{N}_2=\lambda_2 N_2-\beta\cdot B_1^s-b_2^s+\beta\cdot B_{r,1}+b_{r,2}\end{cases} \tag{8.10}$$

则式（8.9）可表示为

$$\begin{cases}P_1=\rho+T+\bar{I}_1-c\cdot \mathrm{d}t^s+c\cdot \mathrm{d}t_r+\varepsilon_{P_1}\\ P_2=\rho+T+\beta\cdot\bar{I}_1-c\cdot \mathrm{d}t^s+c\cdot \mathrm{d}t_r+\varepsilon_{P_2}\\ L_1=\rho+T-\bar{I}_1-c\cdot \mathrm{d}t^s+c\cdot \mathrm{d}t_r+\lambda_1\bar{N}_1+\varepsilon_{L_1}\\ L_2=\rho+T-\beta\cdot\bar{I}_1-c\cdot \mathrm{d}t^s+c\cdot \mathrm{d}t_r+\lambda_2\bar{N}_2+\varepsilon_{L_2}\end{cases} \tag{8.11}$$

与前面的消电离层模型相比，在非差非组合模型中把电离层延迟作为一个参数估计，这样不仅可以保证观测噪声不被放大，还能减小电离层延迟的影响。

8.1.3 精密单点定位流程

下面以最常用的消电离层模型为例具体介绍精密单点定位流程。

1. 观测方程

伪距和载波观测方程可简单地表示为

$$\rho^j(t)=\frac{f_1^2}{f_1^2-f_2^2}\left(\rho_{L_1}-\frac{f_2^2}{f_1^2}\rho_{L_2}\right)=\rho+c\Delta\delta+T \tag{8.12}$$

式中，c 为光速；$\Delta\delta$ 为钟差，包含 GNSS 接收机钟差和卫星钟差；T 为对流层延迟。

$$\begin{aligned}\varphi^j(t)&=\frac{f_1^2}{f_1^2-f_2^2}\left(\varphi_{L_1}-\frac{f_2}{f_1}\varphi_{L_2}\right)\\&=\frac{f_1^2}{f_1^2-f_2^2}\left(\frac{1}{\lambda_1}\rho-\frac{f_2}{f_1}\cdot\frac{1}{\lambda_2}\rho\right)-\left(N_1-\frac{f_2}{f_1}N_2\right)\frac{f_1^2}{f_1^2-f_2^2}+f_1\Delta\delta+T\\&=\frac{f_1}{f_1^2-f_2^2}\left(\frac{f_1^2}{c}-\frac{f_2^2}{c}\right)\rho-\left(N_1-\frac{f_2}{f_1}N_2\right)\frac{f_1^2}{f_1^2-f_2^2}+f_1\Delta\delta+T\\&=\frac{f_1}{c}\rho-\left(N_1-\frac{f_2}{f_1}N_2\right)\frac{f_1^2}{f_1^2-f_2^2}+f_1\Delta\delta+T\end{aligned} \tag{8.13}$$

式中，N_1 和 N_2 分别表示 L_1 和 L_2 的模糊度。

式（8.13）两边同时乘以$\frac{c}{f_1}$，并顾及对流层延迟，得

$$\begin{aligned}\frac{cf_1}{f_1^2-f_2^2}\left(\varphi_{L_1}-\frac{f_2}{f_1}\varphi_{L_2}\right)&=\frac{cf_1}{f_1^2-f_2^2}\varphi_{L_1}-\frac{cf_2}{f_1^2-f_2^2}\varphi_{L_2}\\&=\rho+c\Delta\delta-\left(N_1-\frac{f_2}{f_1}N_2\right)\frac{cf_1}{f_1^2-f_2^2}+\frac{c}{f_1}T\end{aligned} \tag{8.14}$$

将 $c=\lambda_1 f_1$ 和 $c=\lambda_2 f_2$ 同时带入式（8.14）中减号前、后两项，得

$$\frac{\lambda_1 f_1^2}{f_1^2-f_2^2}\varphi_{L_1}-\frac{\lambda_2 f_2^2}{f_1^2-f_2^2}\varphi_{L_2}=\rho+c\Delta\delta-\left(\frac{\lambda_1 f_1^2}{f_1^2-f_2^2}N_1-\frac{\lambda_2 f_2^2}{f_1^2-f_2^2}N_2\right)+\frac{c}{f_1}T \tag{8.15}$$

进而得单点定位伪距和载波相位观测方程：

$$\begin{aligned}&\frac{f_1^2}{f_1^2-f_2^2}\rho_{L_1}-\frac{f_2^2}{f_1^2-f_2^2}\rho_{L_2}=\rho+c\Delta\delta+T\\&\frac{\lambda_1 f_1^2}{f_1^2-f_2^2}\varphi_{L_1}-\frac{\lambda_2 f_2^2}{f_1^2-f_2^2}\varphi_{L_2}=\rho+c\Delta\delta-\left(\frac{\lambda_1 f_1^2}{f_1^2-f_2^2}N_1-\frac{\lambda_2 f_2^2}{f_1^2-f_2^2}N_2\right)+\frac{c}{f_1}T\end{aligned} \tag{8.16}$$

式中，$\Delta\delta$ 包括各种未知修正和钟差修正。

2. 模糊度求解

消电离层延迟组合观测值的模糊度 N_c 为

$$N_c=\frac{f_1^2}{f_1^2-f_2^2}N_1-\frac{f_1 f_2}{f_1^2-f_2^2}N_2 \tag{8.17}$$

故上式可以表示为

$$N_c=\frac{f_1^2}{f_1^2-f_2^2}N_1-\frac{f_1 f_2}{f_1^2-f_2^2}N_2 \tag{8.18}$$

虽然 N_1 和 N_2 理论上为整数，但是由于系数都不是整数，所以 N_c 的理论值已经不再是整数，即 N_c 已不再具有整周特性。为了解决以上问题，可以将上式进行以下恒等变化：

$$N_c=\frac{f_1^2}{f_1^2-f_2^2}N_1-\frac{f_1 f_2}{f_1^2-f_2^2}N_2$$

$$
\begin{aligned}
&= \frac{f_1^2}{f_1^2 - f_2^2}N_1 - \frac{f_1 f_2}{f_1^2 - f_2^2}N_1 + \frac{f_1 f_2}{f_1^2 - f_2^2}N_1 - \frac{f_1 f_2}{f_1^2 - f_2^2}N_2 \\
&= \frac{f_1(f_1 - f_2)}{f_1^2 - f_2^2}N_1 + \frac{f_1 f_2}{f_1^2 - f_2^2}(N_1 - N_2)
\end{aligned} \tag{8.19}
$$

式中，$N_1 - N_2$ 即宽巷观测值的整周模糊度。由于宽巷观测值的波长达到86 cm，故比较容易确定，一旦确定，确定 N_c 就转化为确定 N_1，由于其波长与窄巷组合相等，故称其为窄巷模糊度，而 N_1 具有整周特性，用这种方法可以比较准确地确定消电离层延迟组合观测值的整周模糊度。

3. 观测方程线性化

GNSS 定位时一般采用最小二乘或线性滤波进行估计，而对于非线性观测方程，在参数估计时一般需要先将其线性化。分别将观测方程中的伪距和载波相位观测方程在观测站近似位置处按泰勒级数展开，并忽略高阶项的影响，得到线性化的伪距和载波相位观测方程：

$$
\begin{pmatrix} P_{组合} \\ L_{组合} \end{pmatrix} = \begin{pmatrix} \dfrac{x_0 - x^s}{\rho_0} & \dfrac{y_0 - y^s}{\rho_0} & \dfrac{z_0 - z^s}{\rho_0} & -c & 0 \\ \dfrac{x_0 - x^s}{\rho_0} & \dfrac{y_0 - y^s}{\rho_0} & \dfrac{z_0 - z^s}{\rho_0} & -c & \dfrac{-c}{f_1} \end{pmatrix} \begin{pmatrix} Vx \\ Vy \\ Vz \\ Vt \\ N_c \end{pmatrix} + \begin{pmatrix} \rho_0 \\ \rho_0 \end{pmatrix} \tag{8.20}
$$

式中，x^s，y^s，z^s 为卫星天线相位中心位置；x_0，y_0，z_0 为观测站近似坐标；ρ_0 为使用观测站近似坐标并顾及地球自转修正、相对论修正、对流层延迟修正、天线相位中心修正后的站星几何距离。

8.2 实时动态差分定位

差分增强技术种类繁多，包括伪码差分 GPS、广域差分 GPS（Wide Area Differential GPS，WADGPS）、实时动态（Real - Time Kinematic，RTK）、网络 RTK、精密单点定位等多种技术，并且有多种实现系统。差分增强技术的核心思想就是对 GNSS 的观测量的误差源进行区分，并单独对每一种误差源分别进行“模型化”，然后将计算出的修正误差源数据，通过各种传输方式播发给用户，实现用户对误差源的修正，提高用户服务精度。

RTK 是一种基于卫星导航信号载波相位模式的厘米级定位技术，即 RTK 基准站与用户测试设备同时接收相同导航卫星的信号，利用导航卫星定位后，与 RTK 基准站的已知大地坐标之差形成差分修正数据，通过通信手段将差分修正数据送给用户测试设备、对其定位数值进行差分修正后得到厘米级精度。

8.2.1 常规 RTK 测量

常规 RTK 测量系统一般由基准站、流动站和数据链 3 个部分组成，建立无线数据通信是实施 RTK 作业的保证。进行 RTK 测量时，位于基准站（具有良好 GNSS 观测条件的已知站）上的 GNSS 接收机对卫星进行观测，通过数据链实时地将载波相位观测值以及已知的站坐标等信息播发给附近工作的流动站 GNSS 接收机。流动站根据基准站及自身采集的载波相位观测值，利用计算机（手簿），按照 GNSS 载波差分定位原理实时计算并显示流动站的三维坐标及其精度，根据需要，可将获取的 WGS 84 坐标转换为用户坐标系中的坐标。

RTK 定位技术是 GNSS 差分技术的一种普遍应用。它能够实时地提供测站点在指定坐标系中的三维定位结果，并达到厘米级精度。在 RTK 作业模式下，基准站通过数据链将其观测值和测站坐标信息一起传送给流动站，并组成差分观测值进行实时处理，同时给出厘米级定位结果。流动站可处于静止状态，也可以处于运动状态；可在固定点上先进行初始化再进入动态作业，也可在动态条件下直接开机，并在动态环境下完成模糊度的搜索求解。在整周模糊度固定后，即可进行每个历元的实时处理，只要能保持 4 颗以上卫星相位观测值的跟踪和必要的几何图形，流动站便可随时给出厘米级的定位结果。

RTK 测量时需配备的仪器设备主要有 GPS 接收机、数据链和 RTK 软件，如图 8－2 所示。

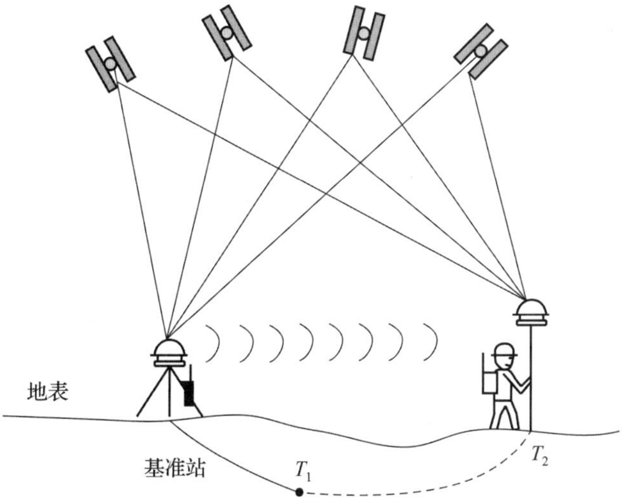

图 8－2　常规 RTK 作业方法

（1）GPS 接收机。进行 RTK 测量时，至少需要配备 2 台 GPS 接收机。一台 GPS 接收机安装在基准站上，观测视场中的所有可见卫星；另一台或多台 GPS 接收机在基准站附近进行观测和定位，称为流动站。每台 GPS 接收机均可自由选择基准站模式或者流动站模式。

（2）数据链。数据链的作用是把基准站上采集的载波相位观测值及站坐标等信息通过特定的通信协议实时地传递给流动用户。数据链由调制解调器、无线电台等组成，通常可与接收机成套购买。

（3）RTK 软件。RTK 测量成果的精度和可靠性在很大程度上取决于数据处理软件（PTK 软件）的质量和性能。RTK 软件一般应具有以下功能。

（1）快速而准确地确定整周模糊度。

（2）进行基线向量解算。

（3）进行解算结果的质量分析与精度评定。

（4）进行坐标转换，即可根据已知的坐标转换参数进行转换，也可根据公共点的两套坐标，自行求解坐标转换参数。

相比于传统测量，RTK 测量具有以下优点。

（1）观测时间短，有效地提高了工作效率，缩短了野外作业时间，大大降低了劳动强度。

（2）定位精度高。只要满足 RTK 的基本工作条件，在一定的作业半径范围内（一般为 8 km），RTK 的平面精度和高程精度都能达到厘米级，这是传统测量方法很难达到的精度。

（3）可全天候作业。RTK 测量不要求基准站、移动站间光学通视，因此和传统测量相比，RTK 测量受通视条件、能见度、气候、季节等因素的影响和限制小，在传统测量看来难以开展作业的地区，只要能满足 RTK 的基本工作条件，都能进行快速的高精度定位，有利于按时、高效地完成外业测量工作。

（4）自动化、集成化程度高，数据处理能力强。RTK 可进行多种内、外业测量。移动站利用自带软件，无须人工干预便可自动实现多种测绘功能，减少了辅助测量工作和人为误差，保证了作业精度。

RTK 技术也有一定的局限性，这使它在应用中受到限制，主要表现如下。

（1）用户需要架设本地的参考站。

（2）误差随距离增大而增大，可靠性和精度随距离增大而降低，即有距离限制。

8.2.2 网络 RTK 技术

网络 RTK 技术就是利用各个参考站的原始观测信息，以参考站网络体系结构为基础，建立精确的差分信息结算模型，解算出高精度的差分修正信息，然后通过无线网络将差分修正信息发送给用户，进而解算出用户的位置。网络 RTK 技术包括误差模型优化、整周模糊度求解和精度评估等。

（1）误差模型优化。通过利用多个参考站的观测数据对电离层延迟、对流层延迟等误差的模型进行优化，减小甚至消除误差。网络 RTK 修正数计算是通过相位观测值与修正数（差分数据）联合计算得到的，由此获得高精度解算坐标。

（2）整周模糊度求解。通过多个参考站的已知坐标和观测数据，快速确定某类整周模糊度，然后进一步确定误差模型的精细结构。建立误差模型修正算法后，利用修正后的流动站观测值和参考站坐标，确定流动站整周模糊度，并解算出流动站的准确位置。

（3）精度评估。通过对不同的参考站进行解算获得的结果进行对比，对原有解算结果的精度和可靠性进行检验和评估。

目前，网络 RTK 实现方法主要有国外的虚拟参考站技术（Virtual Reference Station，VRS）、区域修正参数技术（Flächen Korrektur Parameter，FKP）、主辅站技术（Master - Auxiliary Corrections，MAC），和国内自主研发的综合误差内插技术（Combined Bias Interpolation，CBI）、增强参考站技术（Augmentation Reference Station，ARS）。它们的区别主要在于数据通信和误差修正数的生成方式。

1. 虚拟参考站技术

虚拟参考站技术基于 Herbert Landau 博士提出的虚拟参考站系统理论。其原理是在流动站附近建立一个虚拟参考站，并根据周围各网络内所有参考站的实际观测值计算出虚拟参考站上的虚拟观测值。由于虚拟参考站与流动站距离较近，故在生成虚拟参考站以后，用户采用常规 RTK 技术就可以通过与虚拟参考站进行实时相对定位获得较为精确的定位结果。从用户的角度分析，这相当于通过接收一个实际不存在的模拟参考站发生的数据（包括模拟参考站的载波相位观测值以及精确坐标）进行 RTK 定位，因此把该技术称为虚拟参考站技术。

虚拟参考站系统组成包括网络参考站系统、控制中心和用户设备。网络参考站系统由若干个连续运行的参考站组网而成，主要用来对卫星进行连续观测；控制中心包括通信中心和数据处理中心，主要进行数据接收、播发和解算；用户设备是用户为了得到自己需要的服务所选取的 GNSS 接收机设备。虚拟参考站系统工作原理如图 8－3 所示。

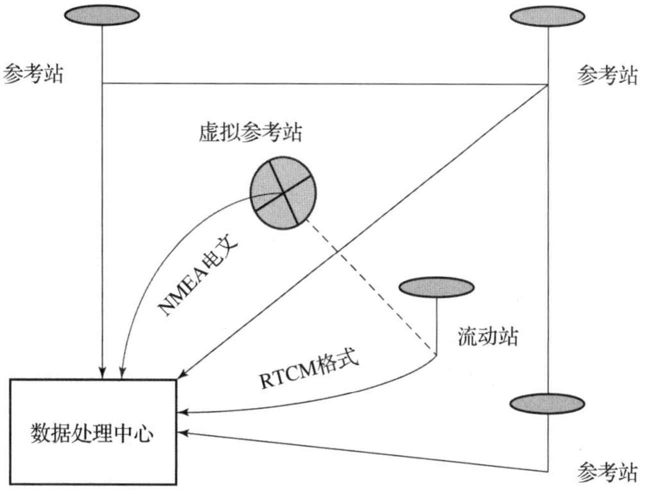

图 8－3　虚拟参考站系统工作原理

虚拟参考部系统的工作流程如下。

（1）各个参考站连续采集观测数据，并通过通信专线实时传输到控制中心。控制中心利用参考站（网）相位观测值计算每条基线上各种误差源的实际或综合误差影响值，并依此建立电离层、对流层、轨道误差等距离相关误差的空间参数模型。

（2）用户设备通过无线移动数据链路向控制中心按 NMEA（National Marine Electronics Association）格式发来数据请求，其中包含流动站位置的粗略信息、用户登录名等。控制中心在进行用户验证之后，根据流动站的位置信息在其附近创建一个虚拟参考站，然后内插得到虚拟参考站各项误差源影响的改正值，并按 RTCM（Radio Technical Commission for Maritime services）格式发给流动用户。

（3）流动用户接收控制中心发送的虚拟参考站差分改正信息或者虚拟观测值，进行差分解算得到用户厘米级的位置。

虚拟参考站技术的优势是：它只需要增加一个数据接收设备，不需要增加用户设备的数据处理能力，接收机的兼容性比较好；允许服务器应用整个网络的信息来计算电离层和对流层的复杂模型；在整个虚拟参考站生产步骤中对流层模型是一致的，消除了对流层误差。它的另一个显著优点是其成果的可靠性、信号的可利用性和精度水平在系统的有效覆盖范围内大致均匀，同最近参考站的距离没有明显的相关性。但虚拟参考站技术要求至少 3 个以上的基准站构成网络，才能开展模型计算工作，这种约束还表现出对网络的几何形态及数据的传输损耗十分敏感。此外，虚拟参考站技术还要求双向数据通信，流动站既要接收数据，也要发送自己的定位结果和状态，每个流动站和数据处理中心交换的数据都是唯一的，这就对控制中心的数据处理能力和数据传输能力有很高的要求。

2. 区域修正参数技术

区域修正参数技术最早是由德国的 Gerhard Wübbena 提出的。该技术基于状态空间模型，采用整体的网络解，用卡尔曼滤波对数据进行非差处理，并将所有参考站在每一个观测瞬间所采集的未经差分处理的同步观测值实时地传输给数据处理中心进行实时处理，产生一个称为 FKP 的空间误差修正参数，然后将 FKP 通过扩展信息发送给服务区内的流动站进行空间位置解算。系统传输的 FKP 能够比较理想地支持流动站的应用软件，但是流动站必须知道相关的数学模型，才能利用 FKP 生成相应的修正数。为获取瞬时解算结果，每个流动站需要借助一个被称为“Adv 盒”的外部装置，其内置解译软件来配合流动站接收机实现作业。

由于采用 FKP 的用户需要附加解译软件，所以 FKP 解算的保密性非常好，但是解译软件的使用比较复杂，对用户流动站要求高，因此普及率较低。同时，该技术存在同虚拟参考站技术相同的缺陷，电离层延迟、对流层延迟只能通过模型来修正，并且易受外界的影响，不能消除轨道误差，只能借助其他方法。在虚拟参考站技术中要用所有的基准站来计算修正信息，而在区域修正参数技术中只需取距离流动站最近的 3 个基准站。

3. 主辅站技术

主辅站技术是由 LEICA 公司提出的基于全网整体解算模型的 GNSS PTK 定位技术。它要求所有参考站将每一个观测瞬间所采集的未经差分处理的同步观测值，实时地传输给控制中心，通过控制中心的实时处理，计算得到基准站网络范围内的误差修正模型，产生一个称为 FKP 的误差修正数播发给流动站。为了减小参考站网络中的数据播发量，使用主辅站技术来播发 FKP。主辅站技术是从参考站网络以高度压缩的形式，将所有相关的观测数据，如弥散性的和非弥散性的差分修正数，作为网络的修正数据播发给流动站。它选择距离流动站最近的一些有效参考站作为单元进行网解，发送主参考站差分修正数和辅参考站与主参考站修正数的差值给流动站，流动站用户可以对接收到的网络修正数进行加权修正，最后得到精确坐标。主辅站技术本质上是区域修正参数技术的一种优化。主辅站技术原理示意如图 8－4 所示。

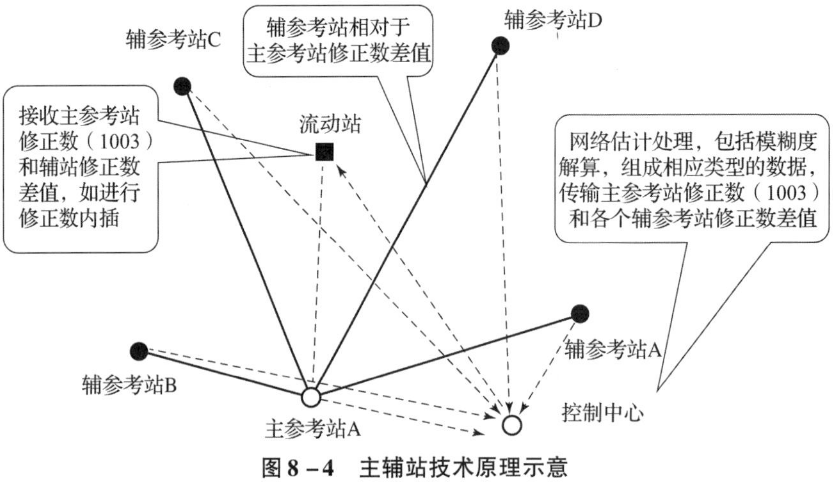

图 8－4　主辅站技术原理示意

主辅站技术的工作流程如下。

（1）各个参考站通过 Internet 连续不断地向控制中心传输观测数据；

（2）控制中心实时进行基准站网络的数据处理（如模糊度解算），择优选定一个主参考站和 n 个辅参考站，计算主参考站和辅参考站间的相关误差、辅参考站相对于主参考站的修正数，然后把主参考站修正数和辅参考站修正数的差值发送给流动站。

（3）流动站按相关误差区域模型计算本站与各个参考站的空间相关误差；使用计算的空间相关误差修正流动站的相位观测值并进行精密定位。主辅站技术可以使用单向数据通信和双向数据通信两种方式。LEICA 公司称单向数据通信方式下的主辅站技术为 MAX 技术，称双向数据通信方式下的主辅站技术为 i－MAX 技术。MAX 技术中同一个网络单元中发播同一组数据，目前只有 LEICA 公司生产的新型接收机才能作为用户接收机使用。i－MAX 技术与虚拟参考站技术一样，流动站必须播发自己的概略位置给数据处理中心，数据处理中心根据其位置计算出流动站的修正数，再以标准差分协议格式发播给流动站，流动站可以是各种支持标准差分协议格式的接收机。

主辅站技术支持单向通信，播发占用的带宽较小，在线用户数量可以大大超越占用较大带宽的双向通信技术，这使其有效服务能力大大增强。主辅站技术中主站并非是特定的，任何辅参考站都可以被设定并充当主参考站的角色，主辅站网络修正数都是相对于真正的参考站来说的，因此也是完全可以追踪的，主参考站的全部观测值都被传输，流动站即使无法解读网络信息，也可以利用这些修正数据计算单基线解，这样就保证了外业作业效率。主辅站技术在对电离层残差影响的模型化方面能力有限，它用于修正的模型非常简单（大多数情况下仅采用线性内插），全部的计算任务都落在流动站处理器上，而且还存在服务器和流动站所用对流层模型不一致的危险。

4. 综合误差内插技术

综合误差内插技术是武汉大学提出的一种空间区域误差建模技术。该技术是根据双差组合的优点，在基准站计算修正信息时，没必要将电离层延迟、对流层延迟等误差都进行区分，并单独计算出来，也没必要将由各基准站所得到的修正信息都发给用户，而是由监控中心统一集中所有基准站的观测数据，选择、计算和播发用户的综合误差修正信息。

综合误差内插技术的优点是在消除电离层延迟、对流层延迟的误差时不使用模型，而是由已知误差直接修正，修正效果受外界影响小；根据流动站的位置合理选择基准站；能直接消除或削弱卫星轨道误差与其他误差的影响；在电离层变化较大的时间段和区域内较有优势。但是，该技术需要用户端有解算设备，目前还处于评估阶段，未大规模推广应用。

5. 增强参考站技术

增强参考站技术是西南交通大学黄丁发教授在分析当前虚拟参考站技术和主辅站技术的不足的基础上提出的，该技术的特点是融合网络内各参考站的观测数据后用融合数据参与流动站差分定位，实现多基线解。增强参考站观测值是每个参考站的修正数的加权平均值，因此，增强参考站观测值的变化率很小。与虚拟参考站技术的不同之处是：增强参考站技术选择了附近的 n 个参考站（一般是 4～6 个）共同构成修正数，而虚拟参考站技术只选择了其中最近一个参考站形成修正数，故增强参考站技术的定位精度从理论上将比虚拟参考站技术高，且如果 n 个参考站中有 s 个同时发生故障，那么仍有 $n-s$ 个可用，不用重新进行初始化，其可靠性比虚拟参考站技术好。

根据上述几种网络 RTK 技术的特点，下面从解算精度、稳定性等方面进行综合比较。网络 RTK 技术对比见表 8－2。

表 8-2 网络 RTK 技术对比

内容	虚拟参考站技术	区域修正参数技术	主辅站技术	综合误差内插技术	增强参考站技术
解算精度	高	高	较高	非常高	高
解算稳定性	高	非常高	较高	高	高
数学模型	双差观测模型 内插模型	整体网非差 观测值模型 卡尔曼滤波	双差观测模型 各模型兼容	双差观测模型 卡尔曼滤波	双差观测模型 内插模型
参与解算的参考站	需要选择一个主参考站，网络内全部基准站都参与定位解算	不选择主参考站，取距离流动站最近的 3 个基准站	需要选择一个主参考站，但并不要求一定取距离用户最近的基准站作为主参考站	根据流动站和基准站的相对位置灵活选择参考站	不选择 主参考站
误差建模	在控制中心	在用户端	在用户端	在控制中心	在控制中心
通信方式	双向通信	单向通信	单、双向通信	双向通信	单向通信

8.3 增强网络 RTK 技术

8.3.1 连续运行参考站系统

连续运行参考站（Continuously Operating Reference Stations，CORS）系统是网络 RTK 的一种，可以定义为一个或若干个固定的、连续运行的 GNSS 参考站利用现代计算机、数据通信和互联网（LAN/WAN）技术组成的，实时地向不同类型、不同需求、不同层次的用户自动地提供经过检验的不同类型的 GNSS 观测值、各种修正数、状态信息以及其他有关 GNSS 服务项目的系统。与传统的 GNSS 作业相比，连续运行参考站具有作用范围广、精度高、可野外单机作业等众多优点。广义上 CORS 系统按固定参考站数量可分为单基站系统和多基站系统。单基站系统就是只有一个连续运行、由控制软件实时监控卫星状态、存储和发送相关数据的基准站。严格来说，单基站系统仍然属于常规 RTK，通常所指的 CORS 系统都是多基站系统。

1. CORS 系统的组成

CORS 系统由控制中心、固定的若干个连续运行的参考站及用户部分（GNSS 移动站）组成。

（1）控制中心。控制中心是整个 CORS 系统的核心，它既是通信控制中心，也是数据处理中心，用于接收各基准站的数据，进行数据处理，形成多基准站差分定位用户数据，组成一定格式的数据文件，分发给用户。控制中心由网络服务器、计算机主机和数据库服务器等组成。控制中心 24 h 连续不断地根据各基准站所采集的实时观测数据在区域内进行整体建模解算，并通过无线网络（GSM，CDMA，GPRS 等）向各类需要测量和导航的用户以国际通用格式（RTCM，CMR）提供码相位/载波相位差分修正信息，以便实时解算流动站的精确点位。CORS 系统的工作流程如图 8－5 所示。

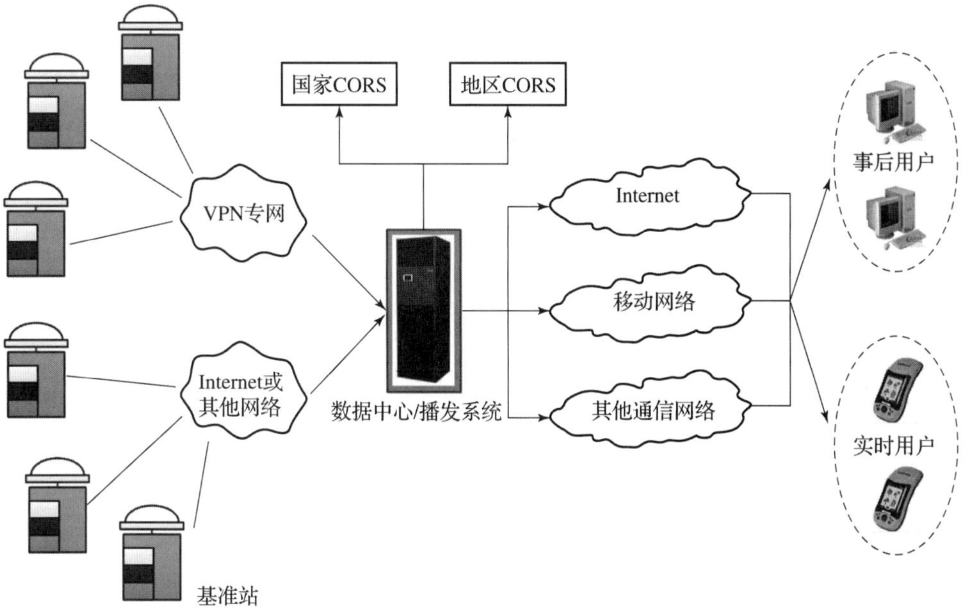

图 8－5　CORS 系统的工作流程

（2）固定参考站。固定参考站是固定的 GNSS 接收系统，分布在整个网络中，用于连续不间断地采集 GNSS 观测数据，其由观测墩、GNSS 接收机、室外天线、机柜、UPS、防电涌设备、通信设备等组成。固定站与控制中心之间有通信线相连，数据实时传送到控制中心。

（3）用户部分。用户部分由用户接收机加上无线通信的调制解调器组成。用户接收机接收控制中心的差分信号生成厘米级的位置信息。

2. CORS 网络的功能

CORS 网络的功能主要有数据处理、远程监控、网络管理、用户管理和信息服务等几项，同时随着 CORS 应用的发展，CORS 网络的功能会不断增加。数据处理是 CORS 系统数据中心最主要的功能，也是实现 CORS 各种服务的基础。它对收到的各个 CORS 参考站的数据进行分析，对各种数据进行多站数据综合、分流，形成统一的差分修正数据，产生满足网络 RTK 需求的数据，按一定方式提供上网服务。数据处理包括以下几个方面的内容。

1）数据分析

数据分析是对接收到的卫星数据进行综合统计和分析。数据统计是对卫星数据中的实际信息进行读取和累加，如接收卫星数/锁定卫星数、单点定位值、卫星轨道状态和卫星时间状态等；卫星数据分析是通过对卫星数据进行信息挖掘获取的结论，包括电离层信息、对流层信息和卫星有效数据比例等。

2）数据分流

数据分流包括内数据分流、外数据分流，两者都在数据中心完成。内数据分流是将接收到的各个参考站的数据分发到各个服务器，再根据不同的需要进行数据处理或数据备份；外数据分流是将用户差分解算数据分流到各个用户管理单位，例如将数据分发到差分数据解算服务器、气象分析服务器和地震分析服务器等。

3）数据同步

数据同步是根据接收到的参考站数据内的时间信息和服务器内的本地时间，对各个参考站的数据进行调整，实现时间统一，同时与用户流动站的数据进行同步，将与服务器用户参考站相同时间的数据统一为用户解算差分数据。

4）数据解算

数据解算是数据处理最核心的功能，也是实现网络 RTK 和网络 RTD 的主要手段。数据解算由解算服务完成，用户将流动站观测到的数据发送到数据中心并最终传送到解算服务器。解算服务器根据软件内的差分解算模型，解算出用户的高精度定位差分数据。

5）标准格式差分信息生成

差分数据生成后，将差分信息编制成国际标准差分格式数据，再通过通信链路播发给用户。按照测绘及定位导航的要求和国际标准差分格式，数据中心输出的数据结果有以下几种。

（1）RTCM V2. X/3. X 伪距差分修正信息，服务于米级定位导航的用户。

（2）RTCM V2. X/3. X 相位差分修正信息，服务于厘米级、分米级定位导航的用户。

（3）网络 RTK 差分修正信息，服务于网络 RTK 用户。

（4）RINEX V2. X/3. X 原始观测数据，服务于事后毫米级定位导航的用户。

（5）RAIM 系统完备性监测信息，服务于全体用户，提供系统完备性指标。

6）数据管理

各个参考站的数据通过数据分流后存储到服务器或磁盘阵列等设备中，管理人员通过服务器实现对数据的管理。数据管理的内容如下。

（1）数据类型的分类：包括数据采样率和数据格式。

（2）数据下载目录管理：为不同权限的数据用户指定不同的数据下载路径。

（3）数据备份和安全控制：数据多重备份和数据安全备份。

7）系统监控

系统监控是数据中心通过计算机和通信链路对参考站、通信系统和下一级数据中心的状态与运行情况进行全面的监测，其主要内容包括：参考站设备运行状态监控和管理、通信系统状态监控和管理、下级数据中心状态监控和管理、数据中心远程系统监控和管理。

8）网络管理

网络管理的任务是设置数据中心的技术参数，实现对网络系统数据传输的分流、IP 分配和端口路由设置。

9）用户管理

用户管理是对 CORS 用户进行登记、注销、权限设置及对系统使用情况进行统计。

10）信息服务

信息服务主要是指通过网络信息发布或通信链路传输，向用户发布差分信息等相关的服务类信息。

11）定位数据流分发

定位数据流分发是将用户定位信息转发到用户管理单位的计算机上，实现对用户的监控、管理和指导，同时可以用于物流监控和内、外业一体化成图等工作。其基本流程是：用户发送基本信息到数据中心，数据中心第一次获取用户信息，经过差分解算后将差分信息发送给用户，用户返回定位信息，经过两次用户信息提取后，将数据分流给用户管理单位。

12）信息分析

信息分析主要是通过分析传回的数据获得有关信息，以用于管理和服务用户。

3. CORS 系统的优势及 CORS 技术的现状

在 IGS 的影响下，很多国家和地区合作建立了常年不间断跟踪 GNSS 卫星的基准站。其中 IGS 最具全球 CORS 代表，欧洲永久性连续运行网（EUREF Permanent Network，EPN）最具洲际 CORS 代表。到目前为止，大多数发达国家均建立了大规模 CORS 网络，主要包含两类：一是被动式 CORS 网络，如美国 CORS 网、加拿大控制网 CACS，被动式 CORS 网络不支持实时动态数据，也不提供高精度实时差分修正信息；二是主动式 CORS 网络，如日本的 GEONET、德国 SAPOS 网络等，它们按照时间响应和精度提供不同的服务。我国的 CORS 网络建设和相关研究均起步较晚，无论规模、数据共享水平、服务内容还是 NRTK 服务软件研发水平都和国外有一定差距。截至目前，先后已有广东、江苏、江西、山西、河北、浙江、山东等省份完成了覆盖全省范围的 CORS 网络的建设。在城市 CORS 网络方面，深圳、北京、长春、广州、济南、昆明、天津等城市已建成城市 CORS 网络。

国内 CORS 系统的主要代表是中国地壳运动观测网络，它由 27 个均匀分布的连续运行基准站、55 个年周期复测的基本站和 1 000 多个不定期复测的区域站组成。该网络的组建参考了美国、澳大利亚等国家“自下而上”的组建经验，在国家相关部门的统一协调下，把区域部分 CORS 站点纳入该体系。该网络的根本目的是监测中国大陆地区的地壳运动总貌和细部特征，并以此带动诸如国家大地基准的建立和维护、地球动力学研究、大气探测研究等相关科学项目研究。

在科学研究中，CORS 系统应用于大地测量学参考框架的动态维护、卫星定轨（及其相关轨道、钟差产品）、通过地球自转参数对地球动力学地壳形变和板块运动的监测、地震监测与预报、厘米/毫米级大地水准面的研究、气象学研究、电离层研究等；在陆地测量中，CORS 系统应用于生产建设城市管线测量、地籍测量、精密工程测量、工程放样、数字城市的数据采集与地图更新等；在科学管理与防范中，CORS 系统应用于城市智能交通、城市公共安全、桥梁建筑物等变形监测、滑坡监测、地表沉陷监测等方面；在生产中，CORS 系统应用于农业、水利、工程作业的自动化控制等方面；在其他领域中，CORS 系统应用于海洋测量生产与国防建设海岸线测量、近海导航、港口测量、近海水下地形测量、航空航天管理和机场调度管理、辅助遥感和航拍的相机空中定位和定姿等方面。

随着全球定位技术、地球空间技术、通信技术、计算机技术等高新技术突飞猛进，CORS 技术的理论逐渐丰富，在全世界范围迅速发展并得到广泛应用。CORS 技术目前处于大规模应用与推广中，在这一过程中也暴露出一些问题，主要如下。

1）标准不统一

CORS 技术与目前很多技术在发展中遇到的问题一样，即在发展和推广过程中出现了标准不统一的问题。造成这个问题的原因是不同的国家、不同的公司、不同的研究团队在研究 CORS 技术的过程中，产生了不同标准的软、硬件。比如数据格式、存储格式、通信数据格式不一致，软、硬件互相不兼容，这导致在组建 CORS 网络的过程中出现组网烦琐、应用效率低等问题，造成了很大的资源浪费。目前世界上一些国家和厂商已经注意到这个问题，在组网与仪器制造的过程中采用了标准协议（如 NMEA 0183 通信协议）和格式（如差分格式采用 CMR +、RTCM 3.2 差分格式，数据存储格式采用 RINEX 格式）。因此，建立标准的数据格式是今后 CORS 技术良好健康发展的基础。

2）重复建设

在 CORS 技术的发展过程中，存在缺少统一规划、统一建设、统一管理，以及盲目无序、不规范地建网，导致一些区域同时存在几个互不关联的 CORS 网络的现象，形成了不同的坐标基准，给社会服务、工程建设带来了安全隐患，同时对社会资源也造成了极大的浪费。在今后 CORS 网络的建设过程中，需要政府部门加强统一规划和管理，使辖区范围内的 CORS 网络能够组成有机的整体，更好地为社会发展发挥其强大作用。

3）多星观测开发应用短缺

目前，虽然人们对全球卫星定位系统的认识已经从狭义的美国 GPS，转变到广义的全球导航卫星系统（包括 GLONASS、Galileo 系统、COMPASS 等），但当前我国还主要依赖 GPS 进行定位，而且国内建成的大部分 CORS 系统主体依托的还是 GPS。如果发生战争等突发事件，美国加密卫星信号，将导致卫星定位系统瘫痪。同时，在一些遮挡 GPS 卫星严重的地方，可以接收其他卫星信号进行差分定位，提高 CORS 系统的应用效率。目前，一些仪器厂商已发现这一契机，开发了可以接收双星或者多星的接收机。因此，发展和开发能够同时具备多星观测与差分功能的卫星定位系统，能够大大提升 CORS 系统的定位能力。

4）网络 RTK 应用范围有待开发研究

目前 CORS 技术最成熟的应用就是网络 RTK，但在一些领域该应用遇到了瓶颈。比如利用 CORS 技术反演水汽提高短期天气预报的准确性，目前没有应用于日常的气象工作。又如对大坝、大桥、滑坡、尾矿等的监测只在少数地区得到应用，没有被大规模推广。今后可以考虑选择开发适用的网络 RTK 接收机，安装于大型建筑等，建成网络 RTK 监测系统。

5）基于 CORS 系统的软、硬件开发欠缺。

目前基于 CORS 系统的软、硬件基本局限在测绘普查等专业空间信息领域，在其他领域的应用与二次开发、设备研发等都有所欠缺。

6）商业化程度低

因为涉及政府决策与数据保密，目前我国各个地区对 CORS 技术的应用领域主要集中在政府部门，未实现商业化运作。为了推动 CORS 技术的发展，应该注意服务体系建设，包括面对社会的商业化服务，应对用户分级进行管理与授权，建立收费标准，提供商业技术支持，逐步完善 CORS 服务体系。

4. CORS 系统建设及实例

CORS 系统的基本结构由参考站子系统、数据处理子系统、数据通信子系统和用户应用子系统组成。

1）参考站子系统

参考站子系统是若干具有已知坐标的 GNSS 卫星数据观测站构成的数据接收部分。参考站的主要功能是连续地对 GNSS 卫星进行定位跟踪，采集、记录各种数据，并将数据传输到数据管理中心。每个参考站由 GNSS 接收机、天线、不间断电源、网络传输设备、机房机柜和避雷系统等组成。

2）数据处理子系统

数据处理子系统是 CORS 系统的 CPU，包括用户管理中心和数据处理中心。数据处理中心是 CORS 系统的核心部分，是整个系统稳定安全运行并提供连续服务的保证。数据处理中心的功能包括：对卫星定位数据进行分析、处理、计算和存储，建立系统模型，生成差分修正数据并进行传输和分发，对数据进行管理和维护，同时对用户进行有效的管理。

3）数据通信子系统

数据通信子系统是各个部分的连接。其通过不同方式，如光纤网络、移动无线网络、网络广播等手段，将参考站网络、数据处理中心、用户之间的有机地联系为一体。参考站与数据处理中心之间的数据传输要求可靠稳定，反应时间控制在 1s 之内，目前采用数字电路传输与 VPN 网络。目前参考站之间主要采用光纤网络连接，数据处理中心与用户之间主要采用无线移动网络如 GPRS/CDMA、无线广播等方式进行交互。

4）用户应用子系统

用户应用子系统是 CORS 系统的最终应用端。它由 GNSS 接收机和通信模块组成。用户通过 GNSS 接收机接收卫星定位信号，并进行简单数据处理后与数据处理中心进行数据交换，最终获得高精度的差分修正信息，实现实时的、高精度的定位服务。

8.3.2　网络 PPP - RTK 技术

网络 PPP - RTK 技术借助网络 RTK 技术，将精密单点定位与 RTK 集成，是网络 RTK 技术的一种。处理 CORS 网络所采集的连续观测数据，可获取不同类型的修正信息，用以实现一系列精密定位技术。按布设范围的不同，CORS 网络可划分为全球网、广域网和局域网等 3 种类型。各类 CORS 网络所提供的修正信息在表示形式和播发方式上均不相同，这导致流动站定位模式的多样性，同时影响了流动站位置获取的时效性。

全球（广域）网的修正信息一般由状态空间表示（State Space Representation，SSR），即分类计算和播发各类 GNSS 信息，例如卫星轨道、钟差和相位偏差等。基于这些信息，可实现两种不同的精密单点定位：估计浮点模糊度的精密单点定位和固定整周模糊度的精密单点定位。由于全球网的地理范围广，测站布设较为稀疏，难以实现大气延迟的精确建模和预报，所以全球网中一般不包含大气延迟，这导致精密单点定位的浮点模糊度收敛所需时间较长，精密位置的快速获取性能较差。但当模糊度收敛固定后，三维位置的估计精度一般为静态时小于 1 cm，动态时为若干厘米。

局域网以 CORS 系统为典型代表，它所提供的修正信息一般由观测空间表示（Observation Space Representation，OSR），且主要服务于网络实时动态（Network Real Time Kinematic，NRTK）定位技术。局域网的地理范围有限，测站布设较为稠密，这为准确地模型化大气延迟提供了便利。相比全球网而言，局域网中还额外地包含了大气延迟，并可采用不同的形式播发，如非差的虚拟参考站观测值、双差的主参考站与辅参考站间大气延迟以及主参考站观测值。基于这些修正信息，流动站可采用相对定位模式快速固定整周模糊度，精确估计相对于虚拟参考站的位置，实现了比精密单点定位更高的定位效率。

基于局域网实施 NRTK 存在两个典型的不足。首先，流动站所采用的相对定位技术过分地依赖虚拟（主）参考站的观测值。相对定位要求虚拟（主）参考站与流动站间的卫星共视、观测时间同步，以便形成双差观测值。因此，就定位灵活性和观测值利用率两方面而言，相对定位均低于基于绝对定位技术的精密单点定位。其次，参考站网络与流动站之间的通信负担较重。一方面，受所含卫星钟差等分量的短期变化影响，虚拟（主）参考站观测值的可预报性不强，需采用较高的更新频率加以播发。另一方面，针对虚拟参考站技术而言，还需要流动站向参考站网络播发其近似的位置信息。

目前，主要存在两种改进的 NRTK 方案。其一，将局域网提供的 OSR 产品以各参考站残余观测值的形式播发（URTK 技术）。通过内插附近 3 个参考站的残余观测值，生成流动站处的非差修正信息，完成流动站定位模式由相对定位向绝对定位的转变，同时实现非差模糊度的快速固定。其二，利用局域网观测数据，精化求解全球（广域）网提供的 SSR 产品，如卫星钟差、相位偏差等，同时求解大气延迟等参数。重新生成的各类修正信息均以状态空间表示，并单独播发给流动站使用。在此过程中，通过考虑各分量不同的时间稳定性，可以制定针对各分量的最优更新频率，例如，由于短期内变化较为显著，卫星钟差的更新频率会相对较高；而针对平稳变化的卫星轨道（相位偏差），则可以降低其更新频率。经过这些措施，实现了基于精密单点定位模式的实时动态定位技术（PPP－RTK）。与仅采用基于全球（广域）网 SSR 产品的 PPP 模糊度固定技术相比，PPP－RTK 在大气延迟改正的辅助下，其模糊度固定效率和准确性均有显著改善；与虚拟参考站技术、主辅站技术以及 URTK 等具有代表性的 NRTK 技术相比，PPP－RTK 的定位精度和效率相当高，但参考站网络的信息播发量大为减小。

PPP－RTK 充分地融合了 NRTK 和精密单点定位各自的优势（模糊度固定快速、定位方式灵活等），同时回避了相应的不足（通信负担较重、定位效率较低等），成了基于局域网实施精密定位的前沿代表性技术。

8.4　增强网络通信协议

增强网络通信协议包括国际海运事业无线电技术委员会（Radio Technical Commission for Maritime，RTCM）制定的 RTCM 协议和美国国家海洋电子协会（National Marine Electronics Association，NMEA）制定的 NMEA 协议。其主要应用于卫星导航增强系统的固定参考站到控制中心的通信及控制中心到用户的通信。参考站到控制中心的通信网络负责将参考站的数据实时地传输给控制中心；控制中心和用户间的通信网络负责将网络修正数据送给用户。

8.4.1　RTCM 协议

RTCM SC－104 是根据美国海事无线电技术委员会第 104 特别委员会的建议制定的关于差分修正信息传输的数据格式标准，以代替原来 GPS 接收机生产商自行设计的专用格式，但也有的公司采用自己定义的格式。该委员会在 1985—2013 年已经推出了 9 个版本的 RTCM 协议（表 8－3），差分修正数的抗差性能和可用信息量随着版本的更新在不断地提高。1985 年 11 月发布 RTCM V1.0 版本的初稿文件。经过大量的试验研究，在丰富的研究资源的基础上，人们对版本不断地进行升级和修改，直到 1990 年 1 月发布 RTCM V2.0 版本，该版本提高了差分修正数的抗差性能，虽然增加了可用信息，并且定位精度有较大提高，但仅支持伪距差分。为了适应载波相位差分 GPS 的需要，RTCM 又于 1994 年 1 月发布了 RTCM V2.1 版本，其数据格式未变，在 RTCM V2.0 版本的基础上增加了载波相位差分。RTCM 在 1998 年 1 月又发布了 RTCM V2.2 版本，其在 RTCM V2.1 版本的基础上增加了对 GLONASS 差分的支持。RTCM 在 2001 年 8 月发布了 RTCM V2.3 版本，定义了电文 23 和 24

语句（天线参考类型），它的 PTK 定位精度低于 5 cm。RTCM 在 2004 年发布了 RTCM V3.0 版本，新的版本不再与 RTCM V2.X 版本兼容，并且能对 NRTK 提供支持。

表 8-3　RTCM SC-104 差分 GNSS 标准发展情况

版本	发布日期	主要内容
V1.0	1985.11	草稿，仅针对 GPS 差分使用
V2.0	1990.01	仅支持伪距差分
V2.1	1994.01	在 V2.0 的基础上增加了载波相位差分
V2.2	1998.01	在 V2.1 的基础上增加了对 GLONASS 差分的支持
V2.3	2001.08	在 V2.2 的基础上增加了 23 和 24 语句（天线参考类型）
V2.4	2003.07	为适应多系统低速率通信条件下的差分应用，在 V2.3 的基础上删除了不用或少用的部分 GPS/GLONASS 伪距差分和载波相位差分电文，增加了 3 条通用电文以支持多星座多频率的伪距差分和载波差分电文
V3.0	2006—2009	新协议，与 2.X 不再兼容，对 NRTK 提供支持
V3.1	2010	强化了对状态空间差分的支持
V3.2	2013.07	提出了多频率多信号电文组（MSM），支持 Galileo 系统，增加了少量 BDS 电文定义

RTCM V3.2 版本于 2013 年 2 月 1 日正式发布，并于 7 月 12 日推出修订版本。最新修订的版本同时完全支持 GPS 和 GLONASS（不支持 GLONASS K 系列卫星 CDMA 信号），部分支持 Galileo 系统，但仅在多频率多信号电文组中为北斗卫星导航系统制定了 10 条电文。北斗卫星导航系统在四大全球卫星导航系统中电文数量最少，且未定义 BDS 的坐标系统，在绝大多数应用中无法独立工作，另外也不支持 NRTK、SSR 以及 ABDS 等具有发展潜力的高附加值应用。RTCM V3.2 版本标准电文容量为 4 096 条，目前已经占用了 1 310 条电文（含保留电文 1 112 条），具体使用情况见表 8-4。

表 8-4　RTCM V3.2 版本电文使用情况

电文类型	电文条数	主要用途及特点
GPS	27	RTK，NRTK，A-GPS，SSR
GLONASS	27	RTK，NRTK，A-GLONASS，SSR
Galileo	11	RTK，A-Galileo，已在研究增加 SSR 电文
BDS	10	提出机构未知，为 MSM 电文组，仅支持个别应用，不支持 NRTK，SSR，A-BDS 等应用
QZSS	10	提出支持 RTK 应用的电文申请，已于 2013 年 11 月通过表决，加入 RTCM 10403.2 的第 2 修订版中
公用信息电文	17	参考站坐标、文本信息、天线信息等公共信息

续表

电文类型	电文条数	主要用途及特点
企业专用电文	96	目前上海司南卫星导航技术股份公司已经成功申领 1 条电文
保留电文	1 112	用于扩展现有电文
空闲电文	2 786	未定义，可争取

RTCM V3.2 标准包含应用层、表示层、传输层、数据链路层以及物理层。对于解码最重要的是表示层和传输层。

表示层对整个数据结构做出了详细的定义，包含数据字段、消息类型等。在 RTCM V3.2 标准中消息分为若干个组，较短的消息类型提供最基础的数据，例如 1001 电文只包含 GPS L1 的相关量，而较长的 1004 电文类型提供了完整的 GPS 伪距观测值（C1、P1）与载波相位观测值（L1/L2）等内容。但消息类型较短的电文可以提高单位时间内数据传输的速率，然而，较长的观测值中的附加信息不经常发生变化，发送它们的频率可以降低。这些消息类型（NRTK 部分仅列出与 GPS 相关的部分）的内容具体见表 8－5。

表 8－5　RTCM V3.2 版本电文消息类型及其内容

组名	子组名	信息类型
观测值	GPS L1	1001
		1003
	GPS L1/L2	1003
		1004
	GLONASS L1	1009
		1010
	GLONASS L1/L2	1011
		1012
	GPS MSM	1071～1077
	GOLNASS MSM	1081～1087
	Galileo MSM	1091～1097
	QZSS MSM	1112～1117
	BDS MSM	1121～1127
参考站坐标	—	1005
		1006
		1032

续表

组名	子组名	信息类型
天线描述	—	1007
		1008
NRTK 修正	网络辅参考站数据信息	1014
	电离层差分修正	1015
	几何修正	1016
	电离层和几何联合差分修正	1017
	GPS NRTK 残留信息	1030
辅助操作信息	系统参数	1013
	卫星星历数据	1019 1020 1044 1045
	编码文本字符串	1029
信息权属人	—	4001 ~ 4095

传输层定义了发送和接受 RTCM SC－104 消息的框架结构，定义这一层的目的是让用户在实际应用中对数据进行解码。基本框架结构包括一个固定的前导码、一个消息长度的定义和一个 24 位的 CRC 码，CRC 码可以用来检验数据传输的完整性。

引导字是 8 位二进制，为“11010011”，为了方便查看，其十六进制表示为“D3”；接下来 6 位是保留字，保留字未被定义，为“000000”，解码时候可以将其认为是“0”，但是不能总认定为“0”，若以后有新的版本，则可以通过这一字段进行说明；可变消息长度定义了电文消息的字节数（不包括引导字和保留字，以及后面的 24 位 CRC 码的字符数）；RTCM SC－104 自 V3. X 版本后都采用 24 位 CRC 规则（24CRC）。CRC 码是数据通信领域中最常用的一种差错校验码，其特征是信息字段和校验字段的长度可以任意选定。RTCM V3. 2 版本电文框架结构见表 8－6。

表 8－6　RTCM V3. 2 版本电文框架结构

名称	长度/bit	描述
引导字	8	11010011
保留字	6	未被定义，通常设定为“000000”
消息长度	10	以字节为单位的信息长度
可变消息长度	长度不定，但均为整型数据	0 ~ 1 023 个字节
CRC 码	24	24 位

RTCM V3.2 版本电文数据是二进制格式的数据，数据类型有 Bit(n)、Char8(n)、Int、Uint、IntS、Utf8(n)，具体描述见表 8-7。通过解码和数据类型转换得到的结果是整数，而 RTCM V3.2 协议的小数数据，如伪距信息等，是将所获得的整数数据与数据分辨率（Data Field Resolution）注释相乘得到的（比如 GPS 的 C1，L1，P2，L2）。

$$\begin{cases} \mathrm{GPS\_C1} = \mathrm{DF011} \times 0.02 + DF014 \times c \\ \mathrm{GPS\_L1} = (\mathrm{C1} + \mathrm{DF012} \times 0.0005)/\mathrm{lemeda\_}L1 \\ \mathrm{GPS\_P2} = \mathrm{C1} + \mathrm{DF017} \times 0.02 \\ \mathrm{GPS\_L2} = (\mathrm{C1} + \mathrm{DF018} \times 0.0005)/\mathrm{lemeda\_}L2 \end{cases} \tag{8.21}$$

表 8-7　RTCM V3.2 版本电文数据类型

数据类型	数据描述	举例说明
Bit(n)	N 位 0 或者 1	—
Char8(n)	8n 位二进制所代表的字符	—
Int(n)	N 位二进制数，它以补码的形式存储正/负数，首位表示正/负号，“0”表示正号，“1”表示负号，$n-1$ 为数值部分	Int 型的 1001 二进制等于 -7
Uint(n)	不含正/负号的 n 位二进制整数	Uint 型的 100 二进制等于 8
IntS(n)	N 位符号——数值型整数。首位表示正/负号，后面表示二进制整数的数值部分	IntS 型的 10001 二进制等于 -1
Utf(n)	统一字符编码标准 UTF-8 码的单位	

与 RTCM V2.X 版本不同的是，RTCM V3.X 版本使用 24 位 CRC 算法，该算法的 24 位偶位可以有效地探测信息缺失和一些随机误差。它是数据通信领域中最常用的一种差错校验码，它利用模 2 除法及其余数的原理进行错误侦测。在 RTCM V3.2 版本中，这部分工作由如下多项式产生的码完成：

$$g(X) = \sum_{i=0}^{24} g_i X^i,\ g_i = \begin{cases} 1, i = 0,1,3,4,5,6,7,10,11,14,17,18,23,24 \\ 0, 其他 \end{cases} \tag{8.22}$$

这种码被称为 CRC-24Q（Q 表示高通公司）。这种码的生成多项式形式如下（利用二进制多项式算法）：

$$g(X) = (1 + X)P(X) \tag{8.23}$$

$P(X)$是简单的不可被约分的多项式：

$$P(X) = X^{23} + X^{17} + X^{13} + X^{12} + X^{11} + X^{9} + X^{8} + X^{7} + X^{5} + X^{3} + 1 \tag{8.24}$$

用户接到消息之后，既可以通过产生多项式生成校验码与已有的校验码进行比对，也可以将消息序列左移 24 位加上接收到的校验码，然后与事先定义好的多项式进行二进制除法，如果余数为 0，则表明信息是完整的，若余数不为 0，则表示信息是错误的。

8.4.2　NMEA 协议

NMEA 协议是为了在不同的 GPS 导航设备中建立统一的 RTCM 标准，由美国国家海洋电子协会制定的一套通信协议。NMEA 协议有 0180，0182 和 0183 共 3 种，0183 可以认为是前两种的升级，也是目前使用最为广泛的一种。GPS 接收机根据 NMEA－0183 协议的标准规范，将位置、速度等信息通过串口传送到 PC、PDA 等设备。它是一套定义接收机输出的标准信息，有几种不同的格式，并且每种都是独立相关的 ASCⅡ格式，数据流采用逗点隔开，数据流长度为 30～100 字符，通常以秒为间隔选择输出，最常用的格式为“GGA”，它包含了定位时间、纬度、经度、高度、定位所用的卫星数、DOP 值、差分状态和校正时段等，以及速度、跟踪信息、日期等。NMEA 格式实际上已成为所有 GPS 接收机最通用的数据输出格式，同时它被用于与 GPS 接收机接口的大多数软件包。下面介绍 3 种常用的 NMEA 0183 标准格式及其说明。

1. 格式一

$GPGGA,012440.00,3202.1798,N,11849.0763,E,1,05,2.7,40.2,M,0.5,M,,*6F..

1 时间：01 + 8 = 9 点 24 分 40.00 秒。

2 纬度：北纬 32°02.1798′。

3 经度：东经 118°49.0763′。

4 定位：1 =（定位 SPS 模式），0 =（未定位）。

5 应用卫星数：5 个。

6 HDOP：2.7 m。

7 海拔：40.2。

8 海拔单位：m。

9 WGS 84 水准面划分：0.5。

10 WGS 84 水准面划分单位：m。

11 空。

12 校验位：6F。

2. 格式二

$GPRMC,013946.00,A,3202.1855,N,11849.0769,E,0.05,218.30,111105,4.5,W,A*20..

1 时间：01 时 39 分 46.00 秒。

2 定位状态：A = 可用，V = 警告（不可用）。

3 纬度：北纬 32°02.1855′。

4 经度：东经 118°49.0769′。

5 相对位移速度：0.05 海里/h。

6 相对位移方向：218.30°。

7 日期：11 日 11 月 05 年（日日月月年年）。

8 空。

9 空。

10 校验位。

3. 格式三

$GPGSA,A,3,01,03,14,20,,,,,,,,,2.6,2.5,1.0*35..

1 模式2：A=自动，M=手动。

2 模式1：1=未定位，2=二维定位，3=三维定位。

3 卫星编号：01~32。

4 PDOP-位置精度稀释：(2.6) 0.5--99.9。

5 HDOP-水平经度稀释：(2.6) 0.5--99.9。

6 VDOP-垂直经度稀释：(1.0) 0.5--99.9。

7 检验位：35。

第 9 章

GNSS 速度、时间及姿态测量

9.1 基于 GNSS 的速度测量

9.1.1 平均速度法速度测量

基于 GNSS 接收机的载体速度测量，通常可以用 3 种方法来实现：一为平均速度法；二为多普勒频移法；三为卡尔曼滤波法。其中基于卡尔曼滤波法的速度测量方法见第 7 章，在对运动载体动态绝对定位的同时，状态量中实际上已经包含了速度量，在高动态情况下还包含了加速度信息，因此经过卡尔曼滤波解算，即可得到载体的速度。因此，下面主要介绍平均速度法和多普勒频移法。

对于平均速度法，假设在协议地球坐标系中，在历元 t_1 时刻测定的载体实时位置为 $\boldsymbol{X}(t_1)=[x_i(t_1) \quad y_i(t_1) \quad z_i(t_1)]^{\mathrm{T}}$，在历元 t_2 时刻测定的载体实时位置为 $\boldsymbol{X}(t_2)=[x_i(t_2) \quad y_i(t_2) \quad z_i(t_2)]^{\mathrm{T}}$，则载体的运动速度向量可以简单地表示为

$$\begin{bmatrix} \dot{x}_i \\ \dot{y}_i \\ \dot{z}_i \end{bmatrix} = \frac{1}{\Delta t}\left\{\begin{bmatrix} x_i(t_2) \\ y_i(t_2) \\ z_i(t_2) \end{bmatrix} - \begin{bmatrix} x_i(t_1) \\ y_i(t_1) \\ z_i(t_1) \end{bmatrix}\right\} \tag{9.1}$$

式中，$\Delta t = t_2 - t_1$。由此可得到载体速度的大小为

$$v_i = \sqrt{(\dot{x}_i^2 + \dot{y}_i^2 + \dot{z}_i^2)} \tag{9.2}$$

这种载体速度测定方法计算简单，不需要其他新的观测量，只要选定测速取样周期 Δt 和前后两次的载体定位数据 $\boldsymbol{X}(t_1)$，$\boldsymbol{X}(t_2)$ 即可。实时测速实际上仍是定位问题，在动态定位过程中，定位与测速可以同时实现。只是在速度计算中，时间间隔 Δt 应取得合适，过长或过短的 Δt 都将使平均速度不能正确地近似载体的实际速度。这种平均速度对于高速运动载体的速度描述，其正确性一般不如对低速运动载体的速度描述。在船舶导航、陆地车辆导航中可以使用这种测速方法，而在求取飞机等载体的速度导航参数时，常采用观测载波信号的多普勒频移法，来实时确定运动速度。

9.1.2 多普勒频移法速度测量

由于卫星与载体用户的 GNSS 接收机之间存在相对运动，所以 GNSS 接收机接收到的卫星发射的载波信号频率 f_r 与卫星发射的载波信号频率 f_s 是不同的，它们的频率差 f_d 即多普勒频移。由第 6 章的分析，可知多普勒频移满足式（6.6），其中卫星相对于 GNSS 接收机的

径向速度 v_R 即卫星与 GNSS 接收机之间的距离变化率 $\dot{R}_i^j$。若能测得多普勒频移 f_d，则可获得卫星 S^j 与 GNSS 接收机 T_i 之间的伪距变化率 $\dot{R}_i^j$。

$$\dot{R}_i^j = \frac{c}{f_s} \cdot f_d = \lambda f_d \tag{9.3}$$

在前述章节中曾讨论过测码伪距观测方程、测相伪距观测方程，如果将测相伪距记为 $\rho_i^j = \lambda\varphi_i^j(t) + \lambda N_i^j(t_0)$，则实际上它们具有完全相似的形式，即

$$\rho_i^j(t) = R_i^j(t) + c\delta t_i(t) - c\delta t^j(t) + \Delta_{i,I}^j(t) + \Delta_{i,T}^j(t) \tag{9.4}$$

如果大气折射率对伪距观测量的影响已做了修正，并且卫星钟差 Δt^j 也由导航电文中给出的有关参数予以修正，则式（9.4）的微分可以表述为伪距的时间变化率：

$$\dot{\rho}_i^j = \dot{R}_i^j + c\delta\dot{t}^j \tag{9.5}$$

与伪距观测方程线性化的方法相似，将速度方程［式（9.5）］线性化，得到

$$\dot{\rho}_i^j = [l_i^j \quad m_i^j \quad n_i^j]\left\{\begin{bmatrix}\dot{x}^j \\ \dot{y}^j \\ \dot{z}^j\end{bmatrix} - \begin{bmatrix}\dot{x}_i \\ \dot{y}_i \\ \dot{z}_i\end{bmatrix}\right\} + c\delta\dot{t}_i \tag{9.6}$$

式中，$[l_i^j \quad m_i^j \quad n_i^j]$ 为 GNSS 接收机 T_i 至观测卫星 S^j 的径向向量在协议地球坐标系中的方向余弦；观测卫星的运动速度$[\dot{x}^j \quad \dot{y}^j \quad \dot{z}^j]^{\mathrm{T}}$ 可以由卫星导航电文提供的轨道参数进行计算，为已知量；伪距变化率 $\dot{\rho}_i^j$ 可以用由多普勒频移得到的距离变化率得到，因此也为已知量；待求参数为三维速度$[\dot{x}_i \quad \dot{y}_i \quad \dot{z}_i]^{\mathrm{T}}$，以及钟差率 $\delta\dot{t}_i$。取符号代换

$$L_i^j = \dot{\rho}_i^j - [l_i^j \quad m_i^j \quad n_i^j][\dot{x}^j \quad \dot{y}^j \quad \dot{z}^j]^{\mathrm{T}}$$

由式（9.6）可得误差方程：

$$v_i^j = (l_i^j \quad m_i^j \quad n_i^j)\begin{bmatrix}\dot{x}_i \\ \dot{y}_i \\ \dot{z}_i\end{bmatrix} + L_i^j - c\delta\dot{t}_i \tag{9.7}$$

当 GNSS 接收机 T_i 同步观测的卫星数 $n_j > 4$ 时，可得相应的误差方程组：

$$\boldsymbol{V} = \boldsymbol{A}\dot{\boldsymbol{X}} + \boldsymbol{L} \tag{9.8}$$

式中，$\underset{(n^j \times 1)}{\boldsymbol{V}} = [v_i^1 \quad v_i^2 \quad \cdots \quad v_i^{nj}]^{\mathrm{T}}$，$\underset{(4 \times 1)}{\boldsymbol{X}} = [\dot{x}_i \quad \dot{y}_i \quad \dot{z}_i \quad c\delta\dot{t}_i]^{\mathrm{T}}$，

$$\underset{(n^j \times 4)}{\boldsymbol{A}} = \begin{bmatrix} l_i^1 & m_i^1 & n_i^1 & -1 \\ l_i^2 & m_i^2 & n_i^2 & -1 \\ \vdots & \vdots & \vdots & \vdots \\ l_i^{nj} & m_i^{nj} & n_i^{nj} & -1 \end{bmatrix},\ \boldsymbol{L} = [L_i^1 \quad L_i^2 \quad \cdots \quad L_i^{nj}]^{\mathrm{T}}$$

采用最小二乘法，可以得到式（9.8）的解为

$$\dot{\boldsymbol{X}} = -(\boldsymbol{A}^{\mathrm{T}}\boldsymbol{A})^{-1}\boldsymbol{A}^{\mathrm{T}}\boldsymbol{L} \tag{9.9}$$

解的精度评价与绝对定位精度的评价类似，$m_{\dot{X}} = \sigma_{\dot{\rho}} \cdot \mathrm{DOP}$，其中 $\sigma_{\dot{\rho}}$ 为伪距变化率的观测中误差；DOP 由权系数矩阵$(\boldsymbol{A}^{\mathrm{T}}\boldsymbol{A})^{-1}$得到。因此，采用多普勒频移法测量载体的速度时，其误差方程系数矩阵的结构与静态定位相同，为了保证测速精度，对于卫星分布图形的要求应与绝对定位的要求相同。

9.2　基于 GNSS 的时间测量

9.2.1　单站法时间测量

精密测时是现代科技、经济建设和社会生活中不可缺少的内容，如在天文、空间技术、导航、通信等高新领域，精密时间测量是一项极其重要的任务；在生产和计量部门，需要高精度的时间和频率。尽管时间测量的方法有多种，但与经典的时间测量方法相比，基于 GNSS 的时间测量的精度较高，且设备简单、经济、可靠，可在全球连续实时地进行，因此获得了广泛的应用。

基于 GNSS 的时间测量方法有单站法和共视法两种。其中单站法指的是，应用一台 GNSS 接收机，在一个位置坐标已知的观测站上进行时间测定。

设在历元 t 时刻，GNSS 接收机置于观测站 T_i 观测卫星 S^j，可得其伪距观测方程为式（9.4）。由于观测站 T_i 在协议地球坐标系中的坐标值已知，而卫星 S^j 的位置可由 GNSS 接收机收到的导航电文的星历参数求得，所以可以计算出式（9.4）中的星站间距离 $R_i^j(t)$。根据 GNSS 接收机测量的传播时间延迟，可以获得由卫星 S^j 到观测站 T_i 的伪距观测量 ρ_i^j。而卫星钟差 $\delta t^j(t)$ 和大气折射修正误差 $\Delta_{i,I}^j(t)$，$\Delta_{i,T}^j(t)$ 也可由收到的导航电文中的有关参数推算而得。因此，由式（9.4）可以得到 GNSS 接收机在历元 t 时刻的钟差 $\delta t_i(t)$。

$$\delta t_i(t) = \frac{1}{c}[\rho_i^j(t) - R_i^j(t)] + \delta t^j(t) - \frac{1}{c}[\Delta_{i,I}^j(t) + \Delta_{i,T}^j(t)] \tag{9.10}$$

显然，用 $\Delta t_i(t)$ 去校正本地 GNSS 接收机时钟即可获得本地 GNSS 时间。全球任一地点的 GNSS 接收机都可以连续收到卫星发射的信号，而卫星的信号都统一于 GNSS 时间，故地球上任何一地的时间都可以不经过站间通信而统一得到 GNSS 时间。

在 GNSS 导航电文中，还含有 GNSS 时间与协调世界时（UTC）之间的偏差数据。因此，用户时钟的时间也可自动同步到 UTC。

若观测站 T_i 的位置坐标未知，则 GNSS 接收机需要至少同步观测 4 颗卫星，利用静态绝对定位中的方法，将 3 个未知坐标值与本地站钟钟差一起进行解算，测时的精度与 GNSS 接收机钟差精度因子（TDOP）有关。

由式（9.10）可以看出，用户时钟相对于 GNSS 时间的偏差 $\Delta t_i(t)$ 的精确程度主要取决于 GNSS 接收机的观测误差、观测站的给定坐标的误差、卫星的轨道误差、卫星钟差和大气折射修正误差，$\delta t_i(t)$ 的精度也决定了用户时钟的 GNSS 时间校正精度。

9.2.2　共视法时间测量

共视法时间测量指的是，在位置坐标确定的 2 个观测站各设一台 GNSS 接收机，并且同步观测同一颗卫星，从而测定 2 个用户时钟相对偏差的方法。共视法时间测量可以达到很高精度（优于 100 ns）的时间比对。

根据伪距观测方程［式（9.4）］，2 个观测站 T_1 和 T_2 于历元 t 时刻同步观测卫星 S^j，所得两个伪距观测方程为

$$\left.\begin{aligned}\rho_1^j(t)=R_1^j(t)+c\delta t_1(t)-c\delta t^j(t)+\Delta_{1,I}^j(t)+\Delta_{1,T}^j(t)\\ \rho_2^j(t)=R_2^j(t)+c\delta t_2(t)-c\delta t^j(t)+\Delta_{2,I}^j(t)+\Delta_{2,T}^j(t)\end{aligned}\right\}\tag{9.11}$$

对上面 2 个观测方程取差，则有

$$\Delta\rho_{1,2}^j(t)=\Delta R_{1,2}^j(t)+c\cdot\Delta t_{1,2}^j(t)+\Delta_I^j(t)+\Delta_T^j(t)\tag{9.12}$$

式中，

$$\Delta\rho_{1,2}^j(t)=\rho_1^j(t)-\rho_2^j(t)$$
$$\Delta R_{1,2}^j(t)=R_1^j(t)-R_2^j(t)$$
$$\Delta t_{1,2}^j(t)=\delta t_1^j(t)-\delta t_2^j(t)$$
$$\Delta\Delta_I^j(t)=\Delta_{1,I}^j(t)-\Delta_{2,I}^j(t)$$
$$\Delta\Delta_T^j(t)=\Delta_{1,T}^j(t)-\Delta_{2,T}^j(t)$$

上式即相对定位中的站际单差观测方程。由于 2 个观测站的坐标为已知量，因此 2 个观测站站钟的相对钟差为

$$\Delta t_{1,2}^j(t)=\frac{1}{c}[\Delta\rho_{1,2}^j(t)-\Delta R_{1,2}^j(t)]-\frac{1}{c}[\Delta\Delta_I^j(t)+\Delta\Delta_T^j(t)]\tag{9.13}$$

由上式可知，站际单差中消除了卫星钟差的影响，卫星的轨道误差也明显减弱。同时，当 2 个观测站相距不是很远时，卫星 S^j 的发射信号由 S^j 传播到 T_1 和 T_2 的路径几乎相似，它们受大气层折射的影响几乎相同，相对误差 $\Delta\Delta_I^j(t)$ 和 $\Delta\Delta_T^j(t)$ 几乎为零。因此，利用共视法所得的站际相对钟差精度较高，其误差的大小主要与观测站之间的距离有关。

9.3 基于 GNSS 的姿态测量

9.3.1 GNSS 姿态测量原理

1. 基本思想

基于 GNSS，不仅可以实现位置、速度、时间等导航参数的测量，还可以实现载体姿态参数的测量。对于本节介绍的姿态测量，除了第 2 章中介绍的天球坐标系、地球坐标系外，导航解算还常常需要用到以下坐标系。

（1）地理坐标系（g 系）：原点 O_g 位于载体中心，O_gX_g 指向东，O_gY_g 指向北，O_gZ_g 指向天顶，即构成东北天坐标系 $O_gX_gY_gZ_g$。有的导航系统也采用北东地、北西天等方式，其轴向定义与沿用习惯、使用方便等有关，从导航计算的角度上讲其本质是一样的。

（2）载体坐标系（b 系）：原点 O_b 位于载体中心，O_bY_b 指载体纵向方向，O_bX_b 指向载体横轴方向，O_bZ_b 垂直于 $X_bO_bZ_b$ 平面，构成右手系。

载体的姿态指的是，b 系相对于当地 g 系的 3 个姿态角：方位角 ψ、俯仰角 θ、横滚角 φ。GNSS 姿态测量是基于几何学中“不共线的三点决定一个平面”的原理，当空间不共线的 3 个点相对于某参照坐标系（比如 g 系）的坐标值确定后，则唯一地确定了该 3 点所在的平面（即载体）相对于该参照系（g 系）的姿态角。因此，载体姿态角的确定问题又归结到精密确定载体上 3 点相对于参照坐标系的位置坐标值的问题，通过不共线 3 点的坐标，可以计算出载体的姿态角。

以 GNSS 载波相位信号作为观测值进行定位精度比较高，可优于毫米级，因此姿态测量主要基于 GNSS 载波相位信号。GNSS 确定载体姿态，是在载体上配置多副天线（至少 3 副），利用各天线测量的 GNSS 载波相位信号的相位差来实时确定 b 系相对于 g 系的角位置。GNSS 姿态测量系统能实现载体姿态角测量，故又有人称其为 GNSS“陀螺”。

2. 测量分析

首先讨论二维情况。在载体的纵轴方向安装两副 GNSS 天线，两副 GNSS 天线接收中心之间的连线称为基线。显然通过基线便能确定载体相对于当地 g 系的两个姿态角：方位角 ψ 和俯仰角 θ。如果再增加一副 GNSS 天线，则由 2 个基线可以得到三轴姿态。

对于载体上 GNSS 接收机 i 到卫星 j 之间的载波信号，由第 6 章测量伪距观测方程，为了方便起见可以重写为

$$\delta\varphi_i^j + N_i^j = \frac{1}{\lambda}(R_i^j + c\delta t_i - c\delta t^j + c\Delta t_{ei}^j) \tag{9.14}$$

式中，$\delta\varphi_i^j$ 为 GNSS 接收机 i 对于卫星 j 的载波相位观测值的小数部分；N_i^j 为观测历元 t 时刻的整周模糊度；R_i^j 为 GNSS 接收机 i 到卫星 j 的几何距离；δt_i 和 δt^j 分别为 GNSS 接收机 i 和卫星 j 的钟差；Δt_{ei}^j 为其他因素（电离层和对流层影响、多路径影响、测量噪声影响等）引起的测量误差；λ 为 GNSS 载波信号波长；c 为光速。

当 GNSS 接收机 1，2 同时观测卫星 j 时，根据式（9.14）可以同时获得 2 个（$i=1$，2）载波相位观测方程，将这两个方程相减，可得到站际载波相位单差方程，即

$$(\delta\varphi_1^j - \delta\varphi_2^j) + (N_1^j - N_2^j) = \frac{1}{\lambda}(R_1^j - R_2^j) + \frac{c}{\lambda}(\delta t_1 - \delta t_2) + (\Delta t_{e1}^j - \Delta t_{e2}^j) \tag{9.15}$$

在实际测量中，通常载体上的多副天线共用一台 GNSS 接收机，故 GNSS 接收机 1，2 的钟差相等（$\delta t_1 = \delta t_2$）；同时载体上天线之间的距离相当短，由卫星 j 到基线两端的信号传播路径几乎相同，其误差 $\Delta t_{ei}^j(i=1,2)$ 近似相等（$\Delta t_{e1}^j \approx \Delta t_{e2}^j$），所以式（9.15）可以写为

$$\delta\varphi_1^j - \delta\varphi_2^j = \frac{1}{\lambda}\Delta R_{1,2}^j - N_{1,2}^j \tag{9.16}$$

式中，$\delta\varphi_1^j - \delta\varphi_2^j$ 为站际载波相位观测量单差；$\Delta R_{1,2}^j = (R_1^j - R_2^j)$，为站际几何距离单差；$N_{1,2}^j$ 为 GNSS 接收机 1，2 到卫星 j 的整周模糊度 N_1^j，N_2^j 的单差待定值，称为站际整周模糊度单差。

定义 GNSS 接收机中心 1，2 的连线构成基线向量 $\boldsymbol{b}_{1,2}$（图 9－1），由于基线的长度与卫星 j 至 2 副 GNSS 天线的距离相比可以忽略不计，故卫星 j 到 GNSS 接收机 1，2 天线的单位向量可以看成相同，用 $\boldsymbol{S}^j$ 表示。由此可将式（9.16）中的 $\Delta R_{1,2}^j$ 写为

$$\Delta R_{1,2}^j = R_1^j - R_2^j = \boldsymbol{S}^j \cdot \boldsymbol{b}_{1,2} = |\boldsymbol{b}_{1,2}|\cos\beta \tag{9.17}$$

将式（9.17）代入式（9.16），得到

$$\delta\varphi_1^j - \delta\varphi_2^j = \frac{1}{\lambda}(\boldsymbol{S}^j \cdot \boldsymbol{b}_{1,2}) - N_{1,2}^j \tag{9.18}$$

在实际姿态测量过程中，$\delta\varphi_1^j$ 与 $\delta\varphi_2^j$ 为 GNSS 接收机的载波相位观测量。星站之间的单位向量 $\boldsymbol{S}^j$ 可用卫星 j 到 GNSS 接收机 1（或 2）天线连线的方向余弦（参见观测方程的线性化）来表示，$\boldsymbol{b}_{1,2}$ 为待求的基线向量，每个基线向量包含 2 个姿态角。

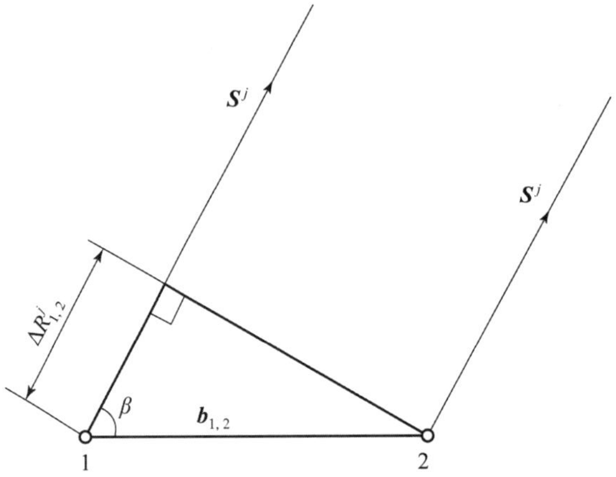

图 9-1　基线向量 $\boldsymbol{b}_{1,2}$ 示意

9.3.2　整周单差与基线向量

由式（9.18）可以看出，欲求解 $\boldsymbol{b}_{1,2}$，关键的问题就在于确定站际整周模糊度单差 $N_{1,2}^j$。站际整周模糊度单差 $N_{1,2}^j$ 简称整周单差，其定义式为

$$N_{1,2}^j = N_1^j(t) - N_2^j(t) \tag{9.19}$$

式中，$N_1^j(t) = N_1^j(t_0) + N_1^j(t-t_0)$，$N_2^j(t) = N_2^j(t_0) + N_2^j(t-t_0)$。由于 $N_i^j(t-t_0)(i=1,2)$ 是 GNSS 接收机可以观测的值，若要解算整周单差 $N_{1,2}^j$，则必须求解 $N_i^j(t_0)$，即初始整周模糊度。另外，载体在动态过程中，GNSS 接收机如果失锁产生周跳，会产生整周单差无法解算的困难。因此，整周模糊度的确定在姿态测量中至关重要，其算法比较烦琐，计算工作量也较大，这在 9.4 节中将作为专题阐述。

下面给出一种所谓整周单差取整法，它是比较简洁的算法，便于理解 GNSS 姿态测量，其缺点是对需要配置的天线要求较高。将多副 GNSS 天线按图 9-2 所示形式配置，其中 GNSS 天线 1，2，3 共线，GNSS 天线 1，4，5 共线。基线 $\boldsymbol{b}_{1,3}$，$\boldsymbol{b}_{1,5}$ 的长度不超过载波波长的 1/2，比如对于 L1 波段，即 $|\boldsymbol{b}_{1,3}|$，$|\boldsymbol{b}_{1,5}| < 10$ cm。

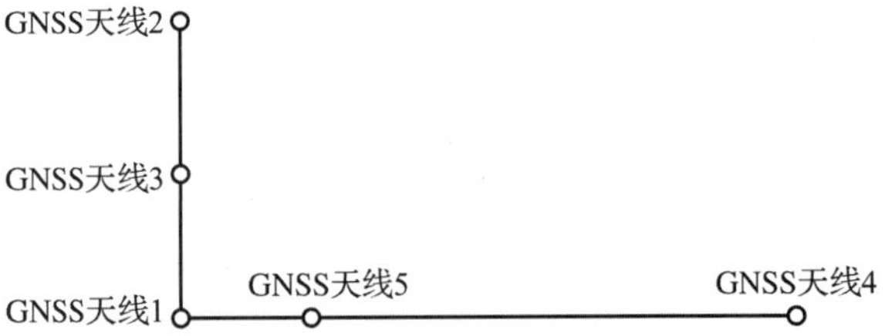

图 9-2　多 GNSS 天线配置示意

对于 GNSS 天线 1，3 构成的基线向量 $\boldsymbol{b}_{1,3}$，将其应用于式（9.19）所确定的系统，有

$$\delta\varphi_1^j - \delta\Delta_3^j = \frac{1}{\lambda}|\boldsymbol{S}^j \cdot \boldsymbol{b}_{1,3}| - N_{1,3}^j \tag{9.20}$$

由于 $|\boldsymbol{S}^j \cdot \boldsymbol{b}_{1,3}| < 1/2\lambda$，则可以得到 $-1/2 < N_{1,3}^j + (\delta\varphi_1^j - \delta\varphi_3^j) < 1/2$，做取整运算，有

$$N_{1,3}^j = \mathrm{Int}(\delta\varphi_3^j - \delta\varphi_1^j) \tag{9.21}$$

式中，$\delta\varphi_1^j, \delta\varphi_3^j \in (0,1)$；$\delta\varphi_3^j - \delta\varphi_1^j \in (-1,1)$；Int(·)为四舍五入取整数运算。当同时观测 3 颗卫星时，由式（9.21）通过取整法可以获得 3 个 $N_{1,3}^j (j=1,2,3)$，于是可以解算出基线向量 $\boldsymbol{b}_{1,3}$。根据 $\boldsymbol{b}_{1,3}$，利用 $\boldsymbol{b}_{1,3}$ 和 $\boldsymbol{b}_{1,2}$ 二者的共线关系可以求出 $\boldsymbol{b}_{1,2}$。设两基线长度之比为 k，即 $k = |\boldsymbol{b}_{1,2}| / |\boldsymbol{b}_{1,3}|$，将其代入式（9.22），可得

$$\delta\varphi_1^j - \delta\varphi_3^j = \frac{1}{k\lambda} |\boldsymbol{S}^j \cdot \boldsymbol{b}_{1,2}| - N_{1,3}^j \tag{9.22}$$

取符号代换：$\Delta\varphi_{1,3}^j = (\delta\varphi_1^j - \delta\varphi_3^j)$，$B_{1,3}^j = (N_{1,3}^j + \Delta\varphi_{1,3}^j)$，式（9.22）可以写为矩阵形式：

$$\boldsymbol{S}\boldsymbol{b}_{1,2} = k\lambda \boldsymbol{B}_{1,3} \tag{9.23}$$

式中，

$$\boldsymbol{S} = \begin{bmatrix} l_1^1 & m_1^1 & n_1^1 \\ \vdots & \vdots & \vdots \\ l_1^j & m_1^j & n_1^j \end{bmatrix}, \boldsymbol{b}_{1,2} = \begin{bmatrix} x_{1,2} \\ y_{1,2} \\ z_{1,2} \end{bmatrix}, \boldsymbol{B}_{1,3} = \begin{bmatrix} B_{1,3}^1 \\ \vdots \\ B_{1,3}^j \end{bmatrix}$$

上式的待求参数为 3 个（即 $\boldsymbol{b}_{1,2}$），当同时观测 3 颗卫星时，可以直接计算得到

$$\boldsymbol{b}_{1,2} = k\lambda \boldsymbol{S}^{-1} \boldsymbol{B}_{1,3} \tag{9.24}$$

当同步观测卫星数 $n^j \geqslant 4$ 时，观测方程数量（n^j）大于待求参数数量（3），则需利用最小二乘法平差求解，这时式（9.24）可写成误差方程组的形式：

$$v_{1,2} = \boldsymbol{S} \cdot \boldsymbol{b}_{1,2} - k\lambda \boldsymbol{B}_{1,3} \tag{9.25}$$

于是利用最小二乘法平差求解，可以得到

$$\boldsymbol{b}_{1,2} = k\lambda (\boldsymbol{S}^{\mathrm{T}} \boldsymbol{S})^{-1} \boldsymbol{S}^{\mathrm{T}} \boldsymbol{B}_{1,3} \tag{9.26}$$

对于基线向量 $\boldsymbol{b}_{1,4}$，若在安装 GNSS 天线时使 $\boldsymbol{b}_{1,4}$ 垂直于 $\boldsymbol{b}_{1,2}$，则无须配置短基线 $\boldsymbol{b}_{1,5}$，直接利用 $\boldsymbol{b}_{1,4}$ 与 $\boldsymbol{b}_{1,2}$ 的垂直几何关系，用与上述类似的计算方法解算出 $\boldsymbol{b}_{1,4}$。

9.3.3　载体三轴姿态的确定

基线向量 $\boldsymbol{b}_{1,2}$ 和 $\boldsymbol{b}_{1,4}$ 是在协议地球坐标系中解算出来的，为了进行载体姿态的计算，可以根据第 2 章中坐标变换的介绍，将其变换到当地 g 系中表达。为了使叙述简洁，假设 $[x_{1,2} \quad y_{1,2} \quad z_{1,2}]^{\mathrm{T}}$ 和 $[x_{1,4} \quad y_{1,4} \quad z_{1,4}]^{\mathrm{T}}$ 已经是基线向量 $\boldsymbol{b}_{1,2}$ 和 $\boldsymbol{b}_{1,4}$ 在 g 系中的表达，由此分析载体三轴姿态的确定。

假设以飞机作为 GNSS 接收机的载体，求解飞机相对于当地 g 系的姿态角参数。以 b 系（$O_bX_bY_bZ_b$）作为飞机坐标系，GNSS 接收机天线 1 安装于飞机质心 O_b（坐标原点），在飞机纵轴方向的机头上方安装天线 2，则基线 $\boldsymbol{b}_{1,2}$ 代表 O_bY_b 轴；沿飞机横轴方向与 O_bY_b 轴垂直的机翼上安装天线 4，则基线 $\boldsymbol{b}_{1,4}$ 代表 O_bX_b 轴；按右手法则建立 O_bZ_b 轴。显然，飞机坐标系（b 系）即由垂直天线 $\boldsymbol{b}_{1,2}$ 和 $\boldsymbol{b}_{1,4}$ 所决定。

g 系为东北天坐标系 $O_gX_gY_gZ_g$，飞机的姿态角是指飞机坐标系（b 系）相对于 g 系的角位置，它由方位角 ψ、俯仰角 θ 以及横滚角 φ 组成。

假设初始时 b 系与 g 系完全重合，姿态角 ψ，θ，φ 是由 b 系相对于 g 系的 3 次转动构成的（图 9-3）：绕垂直轴 OZ_g 转动 ψ 角到达新系 g_1；再绕 OX_{g_1} 轴转动 θ 角到达 g_2 系；最后绕 OY_{g_2} 轴转动 φ 到达飞机坐标系 b。由转动的几何关系，可以获得姿态角的计算如下：

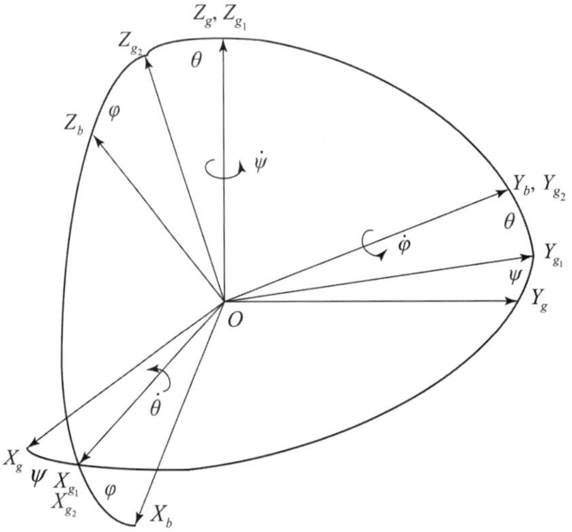

图 9-3　飞机坐标系（*b* 系）相对于当地 *g* 系的姿态角

$$\left.\begin{aligned}\psi &= -\arctan(x_{1,2}/y_{1,2})\\ \theta &= \arctan\left(z_{1,2}/\sqrt{x_{1,2}^2+y_{1,2}^2}\right)\\ \varphi &= -\arctan z_{1,4}^*/x_{1,4}^*\end{aligned}\right\} \tag{9.27}$$

其中，方位角 ψ 和俯仰角 θ 是根据前述解算出的基线向量 $\boldsymbol{b}_{1,2}$ 在 g 系中的坐标列向量 $[x_{1,2}\quad y_{1,2}\quad z_{1,2}]^{\mathrm{T}}$，由式（9.27）解算得到的。

由 ψ 角和 θ 角，又可以直接求出由当地的 g 系到新系 g_2 的坐标变换矩阵 $\boldsymbol{C}_g^{g2}$：

$$\boldsymbol{C}_g^{g2}=\boldsymbol{C}_{g_1}^{g2}\boldsymbol{C}_g^{g_1}=\begin{bmatrix}1&0&0\\0&\cos\theta&\sin\theta\\0&-\sin\theta&\cos\theta\end{bmatrix}\begin{bmatrix}\cos\psi&\sin\psi&0\\-\sin\psi&\cos\psi&0\\0&0&1\end{bmatrix} \tag{9.28}$$

根据本节前述内容，GNSS 接收机天线 1，4 构成的基线向量 $\boldsymbol{b}_{1,4}$ 被实时解出，即基线向量 $\boldsymbol{b}_{1,4}$ 在 g 系中的坐标列向量 $[x_{1,4}\quad y_{1,4}\quad z_{1,4}]^{\mathrm{T}}$ 已知。于是，根据式（9.28）给出的坐标变换矩阵 $\boldsymbol{C}_g^{g_2}$，对 $[x_{1,4}\quad y_{1,4}\quad z_{1,4}]^{\mathrm{T}}$ 进行坐标变换，求出其在新系 g_2 中的表达式：

$$\begin{bmatrix}x_{1,4}^*\\y_{1,4}^*\\z_{1,4}^*\end{bmatrix}=\boldsymbol{C}_g^{g2}\begin{bmatrix}x_{1,4}\\y_{1,4}\\z_{1,4}\end{bmatrix} \tag{9.29}$$

将式（9.29）代入式（9.27）中的相应值，则可以解算出横滚角 φ。

9.4　整周模糊度的确定方法

9.4.1　整周模糊度确定简介

在第 6 章的 6.2.3 节中，已经介绍了整周模糊度的概念。由于测相伪距定位精度比测码伪距定位精度高几个数量级，所以 GNSS 载波相位信号在静态定位、动态定位、姿态测量等高精度应用中都具有重要意义。

由前述基于 GNSS 载波相位的导航定位解算中可以看出，整周模糊度的快速、准确的确定是各种导航解算的关键。一方面，模糊度参数一旦出错，将导致解算中的卫星到观测站的距离出现系统性的误差，严重损害定位的精度和可靠性；另一方面，实践表明载波相位定位所需的时间就是正确确定整周模糊度的时间，快速、准确地确定整周模糊度，对提高定位解算的精确性、实时性有着极其重要的意义。

通常的整周模糊度求解主要可以分为以下 3 个步骤。

（1）模糊度估计：用来提供基线坐标、模糊度参数的浮点解及其协方差矩阵，其求解速度和精度对整个模糊度的求解起着重要作用。目前常用的模糊度估计方法有两种：最小二乘法和卡尔曼滤波法。

（2）模糊度搜索：对所有可能的模糊度组合进行搜索，根据一定的原则和指标函数判断每一组合的正确性，排除错误组合并得到正确组合。该步骤是模糊度求解的核心，其精度和成功率在很大程度上取决于搜索的策略和效率，它是国内外研究的重点。

模糊度搜索可以在完全不同的空间内完成。第一类主要是利用模糊度函数法，该方法出现较早，仅利用载波相位观测值的非整数部分；第二类是利用模糊度域，其理论基础是整数最小二乘法，实现的方法主要有快速模糊度分解算法（FARA）、最小二乘模糊度搜索算法（LSAST）、快速模糊度搜索滤波器法（FASF）、最小二乘降相关平差法（LAMBDA）等，它们有效地利用了模糊度估计过程中得到的协方差矩阵来压缩搜索空间。

（3）模糊度确认：采取一定的手段或法则对搜索得到的模糊度进行检验，如果搜索得到的模糊度通过了检验，则认为是正确的解，否则是错误的解。

自从 GNSS 问世以来，人们就一直探索解算模糊度的最佳途径，最早用于整周模糊度确定的方法是对估计的模糊度参数直接取最接近的整数，这种方法只有在模糊度实数解足够精确的情况下才使用，对于短基线，则要求至少 0.5～1 h 的观测时段。还有一些基于专用操作的方法，如天线交换法等，这些方法对解算的环境要求较高，实用性较差。

在过去的十几年中，国内外学者开始研究如何提高模糊度的计算效率，使模糊度解算更加实用，提出了多种模糊度解算方法。其中大多基于搜索原理，首先采用某种近似方法求得模糊度的初值，再以此初值为中心建立一个适当的搜索区域，该区域可定义为模糊度数学空间，也可定义为模糊度物理空间；然后根据某一算法在该空间逐组搜索，直到某组待检定的模糊度满足预先设定的检验阈值和约束条件，即可将模糊度确定下来。

解算整周模糊度的方法，若按照解算所需时间的长短，可分为经典静态相对定位法和快速解算法。经典静态相对定位法，即将整周模糊度作为待定参数，与其他未知参数在平差计算中一并求解，这时为了提高解的可靠性，所需的观测时间较长，通常需要 1～3 h。而快速解算法，如 FARA 法、LSAST 法、FASF 法、LAMBDA 法等，所需观测时间相对较短，一般仅为数分钟。

若按观测中 GNSS 接收机所处的运动状态来区分，解算整周模糊度的方法又可分为静态法和动态法。在 GNSS 接收机载体的运动过程中，确定整周模糊度的动态法，不仅为采用测相伪距进行高精度的动态实时定位奠定了基础，还为采用测相伪距进行载体姿态的实时确定奠定了基础。

本节介绍几种典型的整周模糊度确定方法：待定系数法、交换天线法、FARA 法、

LAMBDA 法。其中前 3 种主要用于静态解算；LAMBDA 法既可以用于动态解算，也可以用于静态解算，是目前性能比较好的一种快速整周模糊度确定方法，因此作为重点进行阐述。

9.4.2 待定系数法确定整周模糊度

在经典静态相对定位中，尤其在基线较长的情况下，将整周模糊度作为待定系数，在平差计算中与其他参数一并求解，这是一种常用的方法。

在静态相对定位的基线向量解算分析中，分别推导得到了单差、双差观测误差方程的数学模型，重写如下：

$$\Delta v^j(t)=\frac{1}{\lambda}[\,l_2^j(t)\quad m_2^j(t)\quad n_2^j(t)\,]\begin{bmatrix}\Delta x_2\\ \Delta y_2\\ \Delta z_2\end{bmatrix}+\Delta N^j-f\Delta t(t)+\Delta l^j(t) \tag{9.30}$$

$$v^k(t)=\frac{1}{\lambda}[\,\nabla l_2^k(t)\quad \nabla m_2^k(t)\quad \nabla n_2^k(t)\,]\begin{bmatrix}\Delta x_2\\ \Delta y_2\\ \Delta z_2\end{bmatrix}+\nabla\Delta N^k+\nabla\Delta l^k(t) \tag{9.31}$$

在上两式中，整周模糊度的单差、双差均可看成未知参数，在平差计算中求解。一般首先消去整周模糊度，在待求观测站的位置坐标确定之后，再根据单差或双差模型求解相应的整周模糊度。根据整周模糊度解算结果，一般有两种情况：整数解和非整数解。

（1）整数解（固定解）。根据整周模糊度的物理意义，它具有整数的特性。但是，由平差解算所得的结果看，整周模糊度的解一般为非整数。此时可以将其取为相近的整数，并作为已知参数再代入观测方程，重新解算其他参数。在基线较短的相对定位中，若观测误差和外界误差（或其残差）对观测量的影响较小，这种整周模糊度的确定方法比较有效。

（2）非整数解（实数解或浮动解）。在基线较长的静态相对定位中，当外界误差的影响比较大，求解的整周模糊度精度较低时（比如误差影响大于 0.5 个波长），若将其凑成整数，则对于提高解的精度无益。此时，通过平差计算，所求得的整周模糊度不是整数，不必凑整，直接以实数的形式代入观测方程，重新解算其他参数。

整数解的方法适用于短基线的情况，而非整数解的方法适用于长基线的情况，这一整周模糊度的求解原则一般也适用于以后将介绍的求取整周模糊度的其他方法。

一般情况下，确定整周模糊度的经典待定参数法，是在基线向量未知的情况下，通过静态相对定位法来解算整周模糊度。该方法的主要缺点是所需观测时间较长。作为一种特殊情况，如果观测站之间的基线向量已知，则可根据基线端点的两台 GNSS 接收机同步观测的数据，应用相对定位模型［式（9.30）或式（9.31）］，直接求解相应的整周模糊度。为了获得整周模糊度的精确解，已知基线的误差应不大于 1/2 载波波长。这时，观测的时间可以大大地缩短，一般只需数分钟。

9.4.3 交换天线法确定整周模糊度

假设基线长度为 5 ~ 10 m，在基线两端点有观测站 T_1 和 T_2，其中 T_1 为基准站，其位置坐标已知。同时有两台 GNSS 接收机（天线）A 和 B，观测工作开始时将 GNSS 接收机 A 置于观测站 T_1，将 GNSS 接收机 B 置于观测站 T_2，如图 9 - 4（a）所示。在观测历元 t_1 时刻，两台 GNSS 接收机同步观测卫星$S^j(t_1)$和$S^k(t_1)$，在忽略大气层折射影响的条件下，可得单差观测方程：

$$\left.\begin{aligned}\Delta\varphi^j(t_1) &= \frac{1}{\lambda}[R_2^j(t_1) - R_1^j(t_1)] + f\Delta t - [N_B^j(t_0) - N_A^j(t_0)] \\ \Delta\varphi^k(t_1) &= \frac{1}{\lambda}[R_2^k(t_1) - R_1^k(t_1)] + f\Delta t - [N_B^k(t_0) - N_A^k(t_0)]\end{aligned}\right\} \tag{9.32}$$

因此，在历元 t_1 时刻可得相应的双差观测方程：

$$\begin{aligned}\nabla\Delta\varphi(t_1) = &\frac{1}{\lambda}[R_2^k(t_1) - R_1^k(t_1) - R_2^j(t_1) + R_1^j(t_1)] - \\ &[N_B^k(t_0) - N_A^k(t_0)] + [N_B^j(t_0) - N_A^j(t_0)]\end{aligned} \tag{9.33}$$

然后将 GNSS 接收机 A 移到观测站 T_2，同时将 GNSS 接收机 B 移到观测站 T_1（基准站），如图 9－4（b）所示，此即交换天线。值得注意的是，整周模糊度只与 GNSS 接收机和所观测的卫星有关，而且一旦被锁定（于 t_0 时刻）即保持常值。虽然 GNSS 接收机 A 由观测站 T_1 移置于观测站 T_2，但它对于卫星 S^j 和 S^k 于历元 t_0 时刻锁定的整周模糊度 $N_A^j(t_0)$ 和 $N_A^k(t_0)$保持不变。同理，$N_B^j(t_0)$和 $N_B^k(t_0)$也保持不变。

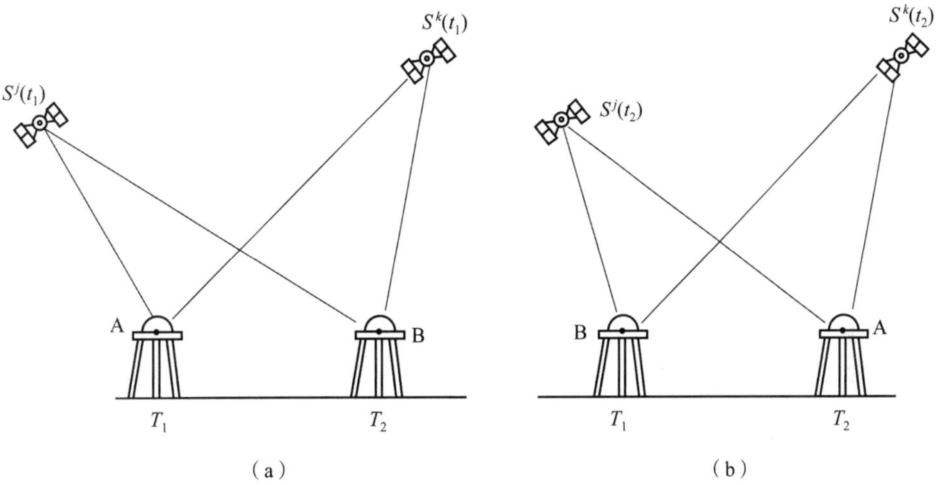

图 9－4　交换天线法示意

当 GNSS 接收机交换之后，于历元 t_2 时刻，仍然同步观测卫星 $S^j(t_2)$和 $S^k(t_2)$，同样可得到两个新的单差观测方程，再经过求差后可得历元 t_2 时刻的双差观测方程

$$\begin{aligned}\nabla\Delta\varphi(t) = &\frac{1}{\lambda}[R_2^k(t_2) - R_1^k(t_2) - R_2^j(t_2) + R_1^j(t_2)] - \\ &[N_A^k(t_0) - N_B^k(t_0)] + [N_A^j(t_0) - N_B^j(t_0)]\end{aligned} \tag{9.34}$$

再将交换天线前的双差观测方程［式（9.33）］和交换天线后的双差观测方程［式（9.34）］相加，则有

$$\nabla\Delta\varphi(t_1) + \nabla\Delta\varphi(t_2) = \frac{1}{\lambda}[\Delta R^k(t_2) - \Delta R^j(t_2) + \Delta R^k(t_1) - \Delta R^j(t_1)] \tag{9.35}$$

式中，

$$\Delta R^k(t_1)=R_2^k(t_1)-R_1^k(t_1)$$
$$\Delta R^j(t_1)=R_2^j(t_1)-R_1^j(t_1)$$
$$\Delta R^k(t_2)=R_2^k(t_2)-R_1^k(t_2)$$
$$\Delta R^j(t_2)=R_2^j(t_2)-R_1^j(t_2)$$

式（9.35）与静态相对定位中的三次差模型类似，其区别在于：式（9.35）是根据不同历元、交换天线前后两次同步观测量的双差求和建立的。由于将天线位置进行互换，等同于卫星几何图形产生了较大变化，因此基线解具有较好的稳定性，用较少的观测值求解出基线向量，从而求解出整周模糊度。由于基线很短，求差后能较好地消除卫星星历误差、大气折射误差等，因此解算的整周模糊度精度较高，且观测时间短（数分钟）。在准动态定位中常采用此方法，然而对于一些已安装固定的天线（如飞机载体）则无法采用此方法。

9.4.4 FARA 法确定整周模糊度

FARA 法是在 1990 年由 E. Frei 和 G. Buutler 提出的一种方法。与确定整周模糊度的常规方法相比，这种方法所需的观测时间大大缩短。基于此方法的静态相对定位，当两站相距 10 km 以内时，仅需几分钟的观测数据就可求得整周模糊度，且定位精度与常规静态相对定位精度大致相当。LEICA 公司率先在 wild200 接收机的 SKI 基线解算软件中采用了 FARA 法。

FARA 法的基本思想是，以数理统计理论的参数估计和假设检验为基础，充分利用初始平差的解向量（点的坐标及整周模糊度的实数解）及其精度信息（方差与协方差矩阵和单位权中误差），确定在某一置信区间整周模糊度可能的整数解的组合，然后依次将整周模糊度的每一组合作为已知值，重复地进行平差计算，其中能使估值的验后方差（或方差和）为最小的一组整周模糊度即所搜索的整周模糊度的最佳估值。

现以载波相位观测量双差模型为例，具体分析 FARA 法的基本工作原理。设基线两端点的 GNSS 接收机对同一组卫星（卫星数为 n^j）进行同步观测，观测的历元数为 n_t，则由前述双差模型的分析，获得相应的误差方程组为

$$\boldsymbol{V}=\boldsymbol{AX}+\boldsymbol{BN}+\boldsymbol{L} \tag{9.36}$$

式中，$\boldsymbol{X}=[\delta x_2 \quad \delta y_2 \quad \delta z_2]^{\mathrm{T}}$，$\boldsymbol{N}=[\nabla\Delta N_1 \quad \nabla\Delta N_2 \quad \cdots \quad \nabla\Delta N_{n-1}]^{\mathrm{T}}$，其符号同双差模型方程。经初始平差后，假设 $\boldsymbol{Q}_{NN}$ 为相应整周模糊度解向量的协方差矩阵，σ_0^2 为单位权验后方差，其估算式为

$$\sigma_0^2=\frac{\boldsymbol{V}^{\mathrm{T}}\boldsymbol{PV}}{(n-u)} \tag{9.37}$$

式中，n 为观测方程数；u 为未知数个数；$(n-u)$ 为方程的自由度。如果取符号 σ_{N_i} 表示任一整周模糊度经初始平差后实数解的误差，则有

$$\sigma_{N_i}=\sigma_0\sqrt{\boldsymbol{Q}_{N_iN_i}} \tag{9.38}$$

由此，在一定置信水平条件下，相应于任一整周模糊度的置信区间应为

$$N_i-\sigma_{N_i}t(\alpha/2)\leqslant N_i\leqslant N_i+\sigma_{N_i}t(\alpha/2) \tag{9.39}$$

式中，$t(\alpha/2)$ 为显著水平 α 和自由度的函数，当 α 和自由度确定后，$t(\alpha/2)$ 值可由 t 值分布表中查得。例如：当取 $\alpha=0.001$，$(n-u)=40$ 时，可得 $t(\alpha/2)=3.55$，这时，如果初始平差后得 $N_i=9.05$，$\sigma_{N_i}=0.78$，则 N_i 的置信区间为 $6.28\leqslant N_i\leqslant 11.8$，其置信水平为 99.9%，

在上述区间内，整数 N_i 的可能取值为：6，7，8，9，10，11，12。

设 C_i 为 N_i 的可能取值数，则由向量 $\boldsymbol{N}=[\boldsymbol{N}_1 \quad N_2 \quad \cdots \quad N_{n^j-1}]^{\mathrm{T}}$，可得它们的整数组合的总数为

$$C = C_1 C_2 \cdots C_{n^j-1} = \prod_{i=1}^{n^j-1} C_i \tag{9.40}$$

若观测的卫星数 $n^j=6$，而每个整周模糊度在其置信区间内均有 7 个可能的整数取值，则由上式可得可能的组合数 $C=16\ 807$（对于双频接收机 $C=33\ 614$）。

将上述整周模糊度的各种可能组合依次作为固定值，代入式（9.36）进行平差计算，最终取坐标值的后验方差为最小的那一组平差结果，作为整周模糊度的最后取值。FARA 法的实质就是先对备选的整周模糊度的整数解进行概率检验，把大量明显不合理的备选值剔除，从而减少工作量。

在双差平差模型中，整周模糊度的可能组合，在置信水平确定的情况下，其数量主要取决于初始平差后所得整周模糊度方差的大小和所观测卫星的数量。当同步观测的时间较短，经初始平差后，所得未知数的方差较大时，计算工作量将会很大。因此，如何减少平差计算工作量，缩短搜索整周模糊度最佳估值的时间，并提高其可靠性，是当前快速静态相对定位技术研究中的一个具有重要意义的问题。

9.4.5　LAMBDA 法确定整周模糊度

LAMBDA 法是在 1994 年由 Teunissen 率先提出的，该方法是对最小二乘平差法的改进，可明显缩小搜索范围，加快定位速度，是目前公认的一种较好的整周模糊度确定方法。

LAMBDA 法解算整周模糊度可分为 3 个步骤：第一步是采用标准最小二乘平差法求基线和整周模糊度浮点解；第二步是采用整数最小二乘估计求整周模糊度固定解；第三步是求基线固定解。基于 LAMBDA 法的 GNSS 基线解流程如图 9－5 所示。

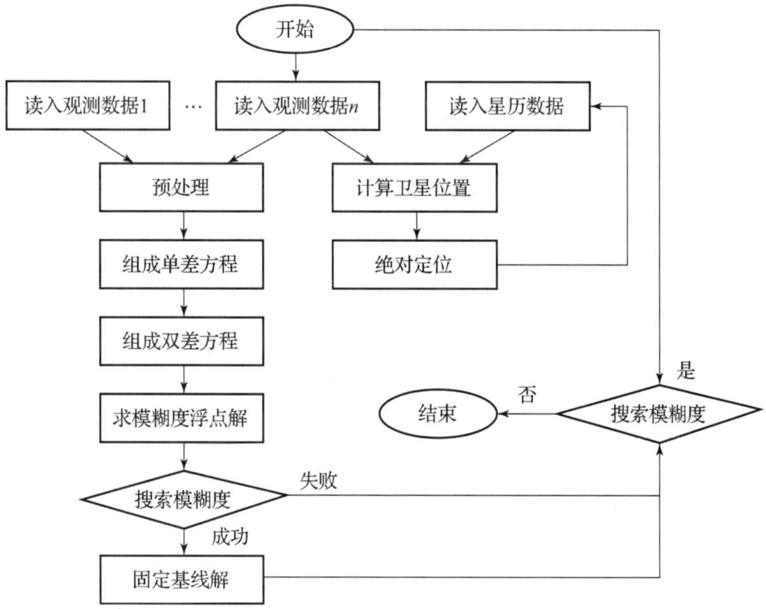

图 9－5　基于 LAMBDA 法的 GNSS 基线解流程

其中，第二步是求解整周模糊度的核心，它包括了整数最小二乘估计、模糊度空间的构造、模糊度去相关处理以及模糊度空间尺寸的确定等关键问题。

1. 整数最小二乘估计

在第7章中分析了基于双差模型的相对定位，采用最小二乘法来解算未知数，对于双差模型［式（9.36）］的解为式（7.58）。标准最小二乘估计，是假设式（7.58）中所有未知参数为实数。但是，当某些参数被假设为整数时（整周模糊度即整数），最小二乘法就变为非标准形式，此时称为整数最小二乘估计。整数最小二乘的解算可以分为如下3步。

（1）用 $\boldsymbol{N}\in R^n$ 代替 $\boldsymbol{N}\in Z^n$（R 表示实数，Z 表示整数），将其认为是一个标准的最小二乘估计，这个解通常称为浮点解。采用最小二乘法解算，可解得 $\boldsymbol{N}$ 的浮点解 $\hat{\boldsymbol{N}}$ 和位置参数 $\boldsymbol{X}$ 的估计值 $\hat{\boldsymbol{X}}$，以及相应的协方差矩阵，分别为

$$\begin{bmatrix}\hat{\boldsymbol{X}}\\ \hat{\boldsymbol{N}}\end{bmatrix},\begin{bmatrix}\boldsymbol{Q}_{\hat{X}\hat{X}} & \boldsymbol{Q}_{\hat{X}\hat{N}}\\ \boldsymbol{Q}_{\hat{N}\hat{X}} & \boldsymbol{Q}_{\hat{N}\hat{N}}\end{bmatrix} \tag{9.41}$$

其中，协方差矩阵等于式（7.58）中的 $[\boldsymbol{G}^{\mathrm{T}}\boldsymbol{P}\boldsymbol{G}]^{-1}$，$\boldsymbol{Q}_{\hat{X}\hat{X}}$为 $\hat{\boldsymbol{X}}$ 的协方差矩阵，$\boldsymbol{Q}_{\hat{N}\hat{N}}$为 $\hat{\boldsymbol{N}}$ 的协方差矩阵，$\boldsymbol{Q}_{\hat{X}\hat{N}}$和 $\boldsymbol{Q}_{\hat{N}\hat{X}}$为互方差矩阵。

（2）利用模糊度浮点解和它的协方差矩阵，计算模糊度的整数解 $\breve{\boldsymbol{N}}$，即模糊度整数最小二乘估计值：

$$\min_{\boldsymbol{N}}(\hat{\boldsymbol{N}}-\boldsymbol{N})^{\mathrm{T}}\boldsymbol{Q}_{\hat{N}\hat{N}}^{-1}(\hat{\boldsymbol{N}}-\boldsymbol{N}),\boldsymbol{N}\in Z^n \tag{9.42}$$

（3）求基线向量修正参数估计的固定解 $\breve{\boldsymbol{X}}$，利用模糊度的整数特性，进一步提高定位参数的估计精度。其中基线向量修正参数的固定解为

$$\breve{\boldsymbol{X}}=\hat{\boldsymbol{X}}-\boldsymbol{Q}_{\hat{X}\hat{N}}\boldsymbol{Q}_{\hat{N}\hat{N}}^{-1}(\hat{\boldsymbol{N}}-\breve{\boldsymbol{N}}) \tag{9.43}$$

上述3步就是求解整数最小二乘估计问题，其中第（1）步和第（3）步可以通过具体表达式计算，而第（2）步计算没有统一的方法，实现起来相对困难，通常利用搜索的方法求解模糊度整数解。

2. 模糊度搜索空间的构造

利用搜索的方法求解最小值的过程，实际上就是从一系列候选整数向量中选出其中的一组，代入式（9.42），计算出对应目标函数值，如果该目标函数值最小，则对应的那组就是所要求的整周模糊度解，同时还要尽量减少不正确候选整数向量的个数。基于这一思路，模糊度搜索空间定义如下：

$$(\hat{\boldsymbol{N}}-\boldsymbol{N})^{\mathrm{T}}\boldsymbol{Q}_{\hat{N}\hat{N}}^{-1}(\hat{\boldsymbol{N}}-\boldsymbol{N})\leqslant\chi^2 \tag{9.44}$$

这是一个以 $\hat{\boldsymbol{N}}$ 为中心的多维椭球体，它的形状由浮点解的协方差矩阵 $\boldsymbol{Q}_{\hat{N}\hat{N}}$所决定，大小可以通过选择$\chi^2$ 来改变。显然，只要能确保模糊度搜索空间最少包含1个网格点（各坐标分量都为整数的点），它就包含了所需的解。为了确保这一点，χ^2 不能选得太小，太小有可能使椭球不包含整周模糊度解；χ^2 也不能太大，太大就会使模糊度搜索空间出现大量不必要的网格点。

3. 模糊度去相关处理

在较短的观测时间内，如果选择双差 GNSS 相位作为观测向量，进行整周模糊度估计，

采用式（9.44）确定的多维椭球搜索区域，整周模糊度解的搜索效果是不理想的，其原因主要在于：一是双差模糊度的估计精度通常较低，特别在短时间观测时情况更加明显；二是双差模糊度通常具有很大的相关性，这种相关性将导致多维椭球搜索空间被拉得很长，使模糊度搜索空间急剧增大。

为了改善模糊度搜索空间的形状，消除双差模糊度的相关性已经成为成功搜索整周模糊度的关键。为此 LAMBDA 法首先提出了去相关技术，即不直接对整周模糊度参数 $\breve{\boldsymbol{N}}$ 进行搜索，而是先对初始解中的实模糊度参数 $\hat{\boldsymbol{N}}$ 及其协方差矩阵 $\boldsymbol{Q}_{\hat{N}\hat{N}}$ 进行 Z 变换（整数变换）：

$$\left.\begin{aligned} \hat{z} &= \boldsymbol{Z}^{\mathrm{T}} \cdot \hat{\boldsymbol{N}} \\ \boldsymbol{Q}_{\hat{z}} &= \boldsymbol{Z}^{\mathrm{T}} \cdot \boldsymbol{Q}_{\hat{N}\hat{N}} \cdot \boldsymbol{Z} \end{aligned}\right\} \tag{9.45}$$

式中，$\boldsymbol{Z}$ 为整数变换矩阵。经整数变换后的新参数 $\hat{z}$ 的整数最小二乘解的搜索空间变为

$$(\hat{z}-z)^{\mathrm{T}}\boldsymbol{Q}_{\hat{z}\hat{z}}(\hat{z}-z) \leqslant \chi^2 \tag{9.46}$$

模糊度变换矩阵的变换会导致模糊度搜索空间被挤压，把多维椭球体变为近似球体，而体积不变。新参数 $\hat{z}$ 之间的相关性显著减小，而且比原始的双差模糊度更精确。但为了保持模糊度的整数特性，并使原始的模糊度搜索空间和变换后的模糊度搜索空间有一一对应的关系，变换矩阵 $\boldsymbol{Z}$ 必须为整数矩阵。求得最优解的整数组合 $\boldsymbol{Z}$ 后，再进行逆变换：

$$\boldsymbol{N} = (\boldsymbol{Z}^{\mathrm{T}})^{-1} z \tag{9.47}$$

变换后求得的参数 $\boldsymbol{N}$ 就是最初要寻找的最佳的整数模糊度向量。从原理上说，LAMBDA 法的最大优点就在于通过模糊度搜索空间的转换，减少了可能的模糊度组合，从而到达实时计算的目的。

4. 模糊度搜索空间尺寸的确定

对于模糊度搜索的多维椭球区域，其大小完全取决于 χ^2 的选择，为了获得合理的 χ^2，存在多种选择的办法和手段，在实际应用中经常考虑如下两种方式。

（1）对去相关处理后得到的新的实数模糊度估计向量 $\hat{z}$ 进行简单的取整处理，得到最接近 $\hat{z}$ 的整数向量，然后利用得到的整数向量替代不等式中的 z，取等式成立计算出相应的 χ^2。该方法确保了模糊度搜索空间至少包含 1 个整数向量，也就是 $\hat{z}$ 取整值。转换后模糊度具有较小的相关性，使模糊度搜索空间不会包含太多整数向量，在多数情况下对 $\hat{z}$ 取整得到的整数向量就是整数最小二乘估计的解。同时还应当注意，转换后模糊度的相关性虽然很小，但仍然不等于零，这就不能确保 $\hat{z}$ 取整得到的整数向量就是整数最小二乘估计的解，因此，还应当在模糊度搜索空间中进行搜索。

（2）与上述方式类似，首先对全部 $\hat{z}$ 取整，获得最接近它的整数向量，这时就得到了一个整数向量 z_1，然后将 z_1 中的一个元素保持原值，其他元素取次接近 $\hat{z}$ 的整数，对于 n 维整数向量 z_1 而言，共可以构造 n 个这样的整数向量，得到 $n+1$ 个整数向量。利用得到的整数向量集，分别替代不等式中的 z，取等式成立计算出相应的值，这时可以得到 $n+1$ 个不同的值，取其中次小的 χ^2 构造模糊度搜索空间，就可确保模糊度搜索空间至少包含 2 个整数向量。用该方法构造的模糊度搜索空间所包含的整数向量个数也不会太多，因此便于快速搜索。

总之，根据以上分析，可得 LAMBDA 法整周模糊度搜索流程如图 9－6 所示。LAMBDA 法的主要特点是采用整数 Z 变换，减小了整周模糊度之间的相关性，改善了模糊度搜索空

间的特性，利用变换以后的模糊度搜索空间进行搜索，使模糊度搜索的速度更快，解算精度更高。LAMBDA 法是目前性能比较好的一种快速的整周模糊度解算方法。

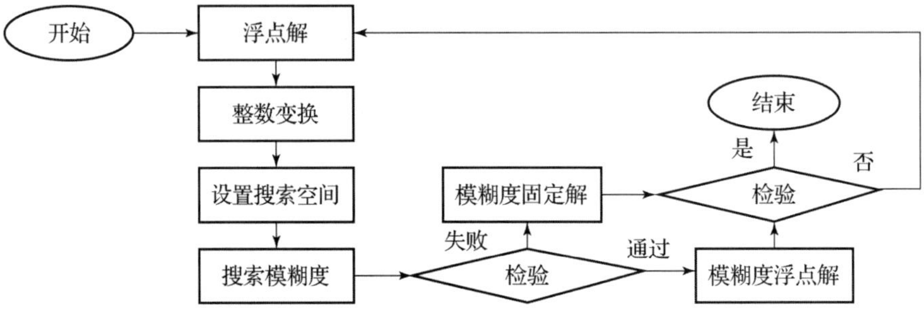

图 9－6　LAMBDA 法整周模糊度搜索流程

第 10 章

GNSS/INS 组合导航系统

10.1 GNSS/INS 组合方法

10.1.1 组合导航技术简介

随着科学技术的迅速发展，目前广泛应用于航空、航天、航海以及陆地载体的导航系统多种多样，它们都有各自的特点与优点，但也具有各自的缺陷。例如，GNSS 作为一种新型导航系统，它的明显优点是能够进行全球、全天候、实时的导航，其定位误差与时间无关，且有较高的定位和测速精度。但是，GNSS 作为无线电导航系统容易受到干扰，在 GNSS 接收机天线受遮挡以及受到干扰时，它就不能提供连续、可靠的导航信息；采用 GNSS 导航定位的载体在进行高动态的运动时，常使 GNSS 接收机不易捕获和跟踪卫星载波信号，甚至产生所谓“周跳”现象；另外，通常的 GNSS 接收机输出频率较低（一般为 1 Hz），有时不能满足载体运动时对导航信号更新频率的要求。因此，在一些应用领域，单独使用 GNSS 进行导航会受到限制，因此有必要将 GNSS 与其他导航系统进行组合，提高整体导航性能。

GNSS 可以与多种导航系统进行组合，比如与 INS、大气数据系统、雷达高度系统，以及 VOR、LORAN 等其他无线电导航系统组合，不同的导航传感器基于不同的工作原理、机制而具有互补的特性，通过多传感器信息融合可得到高性能导航系统。在这些组合导航中，应用最广泛的是 GNSS 与 INS 的组合。INS 通常分为平台式（gimbaled）和捷联式（strapdown）。平台式 INS 由陀螺、加速度计以及惯导平台构成，具有很高的性能，但其造价昂贵；捷联式 INS 中没有实体平台，由陀螺和加速度计组成惯性测量器件直接安装在载体上，由导航计算机进行姿态解算形成“数字平台”，具有较高的性价比。

INS 具有不依赖外界信息，完全独立自主地提供多种较高精度的导航参数（位置、速度、姿态）；抗电子辐射干扰；可进行大机动飞行；隐蔽性好的优点。然而，它的系统精度主要取决于惯性测量器件（陀螺仪和加速度计）的性能，导航参数的误差（尤其是位置误差）随时间而积累，不适合长时间的单独导航。GNSS 和 INS 具有优势互补的特点，以适当的方法将两者组合起来成为一个组合导航系统，可以提高系统的整体导航精度及导航性能，而且使 INS 具有空中再对准的能力。GNSS 接收机在 INS 位置和速度信息的辅助下，也将大大改善捕获、跟踪和再捕获的能力，并且在卫星分布条件或可见星少的情况下，不致严重影响导航精度。

由于 GNSS/INS 组合导航系统的总体性能远远优于各自独立的系统，所以数十年来，国内外对 GNSS/INS 组合导航开展了广泛研究，并已取得了较好的成果。GNSS/INS 组合方案很多，不同的组合方案可以满足使用者的不同要求。应用最广泛的组合方案是采用卡尔曼滤波技术，它是在导航系统某些测量输出量的基础上，利用卡尔曼滤波去估计系统的各种误差状态，并用误差状态的估计值去校正系统，以达到系统组合的目的。卡尔曼滤波是一种最优估计技术，是现代控制理论的成就，尤其是最优估计理论的数据处理方法，为组合导航系统提供了理论基础。卡尔曼滤波在组合导航系统的实现中有着卓有成效的应用。

本章介绍利用卡尔曼滤波进行组合的一些方法和特点，并分析讨论卡尔曼滤波器在GNSS/INS组合导航系统应用中的几种模式。

10.1.2 GNSS/INS组合方法与状态选取

1. GNSS/INS组合方法简介

基于卡尔曼滤波器设计GNSS/INS组合导航系统的方法多种多样，主要根据不同的应用目的和要求来选取组合方法。

GNSS/INS组合导航系统，按照是以硬件为主的组合，还是以软件为主的组合，主要分为两大类：一类是GNSS/INS硬件一体化组合；另一类是GNSS/INS软件组合。如果按照GNSS/INS组合导航系统中卡尔曼滤波器的配置，又可以分为集中式组合滤波系统和分散式组合滤波系统。如果按照卡尔曼滤波器输出对系统校正方法的不同，又可分为开环校正（输出校正）系统或闭环校正（反馈校正）系统。

GNSS/INS组合还可以按照组合水平的深度大体分为以下两类。

（1）松散组合：其主要特点是GNSS和INS独立工作，用INS与GNSS速度、位置误差的差值作为卡尔曼滤波的量测值，估计出INS的误差，然后对INS进行修正，组合作用主要表现在用GNSS辅助INS。

（2）深度组合：指的是高水平的组合，其主要特点是GNSS和INS相互辅助。深度组合大体上还可以分为两大类型：一类是基本模式，采用伪距、伪距率的组合；另一类用INS位置和速度对GNSS接收机跟踪环进行辅助，从而加强对GNSS接收机导航功能的辅助。

2. 卡尔曼滤波器状态的选取

GNSS/INS组合导航系统采用卡尔曼滤波器的最终目的是获得更精确的导航参数，比如飞机的位置（经度、纬度、高度）、飞机的姿态角（方位向、横滚角、俯仰角）以及地速等，它们以状态向量$\boldsymbol{X}$表示。卡尔曼滤波器状态的选取，可以将导航参数$\boldsymbol{X}$作为估计状态，也可以将某一导航系统（常用INS）导航参数$\boldsymbol{X}_{\mathrm{I}}$的误差$\Delta\boldsymbol{X}$作为估计状态。根据卡尔曼滤波器状态选取的不同，估计方法分为直接法与间接法两种。

（1）以$\boldsymbol{X}$为卡尔曼滤波器状态的方法称为直接法，卡尔曼滤波器的输出是导航参数的估计$\hat{\boldsymbol{X}}$。在直接法中，系统的状态方程和测量方程可能是非线性的，也可能是线性的。若是非线性的，根据卡尔曼滤波的要求，必须进行线性化。由于导航参数并非小量，取高阶近似时，线性化方程变得复杂，而取低阶近似会导致模型误差，故直接法较少采用。

（2）以$\Delta\boldsymbol{X}$为卡尔曼滤波器状态的方法称为间接法，卡尔曼滤波器的输出是导航参数的误差估计$\Delta\hat{\boldsymbol{X}}$，用$\Delta\hat{\boldsymbol{X}}$去校正$\boldsymbol{X}_{\mathrm{I}}$，从而获得更精确的导航参数。在间接法中，系统的状态方程的主要成分是导航参数误差方程，一般来说误差毕竟是小量，一阶近似的线性方程就能足够精确地描述导航参数误差的规律，所以间接法的系统方程和测量方程一般不会导致模型误差。采用间接法时，卡尔曼滤波器的状态是系统各种误差的"组合体"——误差状态，它不参与系统的导航参数的计算过程（比如 INS 力学编排方程计算过程），因此卡尔曼滤波器的估计过程与原系统的导航参数计算互相独立，INS 具有较高输出更新频率的优点仍能充分体现。因此，间接法能充分发挥各个系统的优点，在 GNSS/INS 组合中常采用间接法。

10.1.3　GNSS/INS 硬件一体化组合

INS 的主要由陀螺、加速度计以及有关的辅助电路构成，称为惯性测量单元（IMU）。将 GNSS 接收机的硬件嵌入 INS，可以与 IMU 构成 GNSS/INS 硬件一体化组合系统。GNSS/INS 硬件一体化组合系统示意如图 10－1 所示。

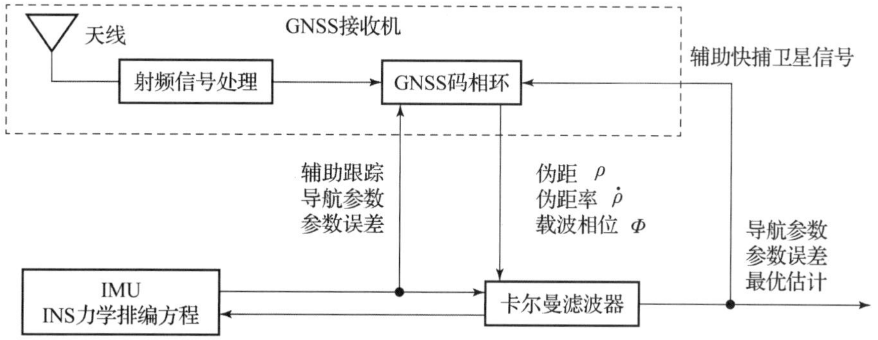

图 10－1　GNSS/INS 硬件一体化组合系统示意

将 GNSS 观测数据与由 INS 力学编排方程解得的导航参数进行同步后，送往卡尔曼滤波器。卡尔曼滤波器的状态向量，由直接法或间接法确定。采用间接法估计时，卡尔曼滤波器状态为导航参数误差（位置误差、速度误差、姿态误差）、陀螺漂移和加速度计零漂、刻度因子误差、GNSS 接收机钟差等。经过卡尔曼滤波器得到该状态向量的最优估计，并反馈回 INS，对惯性测量器件的陀螺漂移、加速度计的零漂和刻度因子误差进行校正。INS 经过卡尔曼滤波器输出的校正数据更加精确，INS 力学编排方程计算模块即使在 GNSS 不能正常工作时也完全可以进行精密导航。

当 IMU 被卡尔曼滤波器的误差估计反馈校正后，在一定时间段内，即使 GNSS 接收机对卫星信号失锁，INS 输出的导航参数仍能达到较高精度，此时独立的 INS 位置、速度参数可以精确地预报 GNSS 接收机的位置和速度，由此可以预报伪距 ρ、伪距变化率 $\dot{\rho}$、频率搜索窗口等，从而提高 GNSS 接收机捕获卫星信号的速度。实践表明，由 0.1°/h 的陀螺和 $1\times10^{-3}g$ 的加速度计构成的 IMU 与 C/A 码接收机实现硬件一体化组合后，可使 GNSS 接收机的卫星信号捕获时间由原来的 2 min 缩短到组合后的 5 s，实现 INS 辅助 GNSS 接收机快捕卫星信号。

GNSS 接收机在捕获到卫星信号后，要得到有用的观测信息，必须保证跟踪环路锁住卫星信号。当载体做大机动运动时，将导致跟踪误差增大，相关检波器非线性程度提高很多，其等效增益相应减小，最后有可能导致卫星信号失锁。为了减小动态跟踪误差，提高环路的跟踪性能，要求环路有足够的带宽。但是，跟踪环路带宽的增大，会增大环路对噪声的响应，降低了 GNSS 接收机的抗干扰性能，于是环路的噪声响应性能又要求带宽要窄。

由于环路的跟踪性能和环路的噪声响应性能（抗干扰性能）对环路带宽的要求是矛盾

的。为了有效地解决这一矛盾，可以利用 INS 输出的速度信息作为 GNSS 接收机的辅助信息，传递给 GNSS 接收机的跟踪环路，这样可以大大地减弱由载体运动产生的跟踪误差，于是就可以缩小带宽，从而衰减噪声，增强环路的抗干扰能力，提高观测精度，实现 INS 辅助 GNSS 接收机跟踪卫星信号。

综上所述，将 GNSS/INS 组合成硬件一体化系统时，设计卡尔曼滤波器时应注意：当 GNSS 或 INS 的某一子系统不能正常工作时，系统应能自动重构并转换成独立 GNSS 或 INS 处理。这种组合系统的两个子系统的互补性就体现在上述几方面。其显著优点是可以应用于高动态环境（如飞机大机动），并提高了系统的可靠性和导航精度。另外，整个系统的体积、质量、电耗等指标均明显下降。

10.1.4 GNSS/INS 软件组合

与 GNSS/INS 硬件一体化组合相对应的是 GNSS/INS 软件组合。通常，将 GNSS 接收机的输出信息与 INS 的惯性测量信息传送到导航计算机中，首先利用相应的软件进行两套数据的时空同步，然后利用卡尔曼滤波器进行最优组合处理。有关校正计算，可以在计算机上实现，无须反馈回子系统的硬件。组合处理 GNSS 与 INS 数据可以实时进行，也可以测量后实施。GNSS 数据可以来自单台 GNSS 接收机，也可以来自差分工作模式下的多台 GNSS 接收机，视其工作目的和要求而定。在实践中，GNSS/INS 软件组合比较容易实施，应用也比较普遍。GNSS/INS 组合方案比较多，按组合中卡尔曼滤波器的设置，其可分为集中式卡尔曼滤波组合（全组合卡尔曼滤波）和分布式卡尔曼滤波组合（分散卡尔曼滤波）。

1. 集中式卡尔曼滤波组合

集中式卡尔曼滤波组合指的是，采用一个共同的卡尔曼滤波器来处理 INS 与 GNSS 数据，其测量输入直接取自 GNSS 接收机的观测量。集中式卡尔曼滤波组合的优点是：只需要一个卡尔曼滤波器，直接采用 GNSS 的原始观测量，没有测量输入相关问题，组合紧凑，精度高。同时，当 GNSS 接收机信号失锁时，INS 独立工作时段不长，并且卡尔曼滤波器对 INS 实施过校正，故其输出时间积累误差不大，完全可以单独地进行精密导航，直到 GNSS 接收机重新锁定卫星信号。

若卡尔曼滤波器的状态是参数误差，即前述 INS 和 GNSS 的导航参数误差状态组合 $\Delta\boldsymbol{X}=\Delta\boldsymbol{X}_{\mathrm{I}}+\Delta\boldsymbol{X}_{\mathrm{G}}$，则卡尔曼滤波器的最优误差估计（$\Delta\hat{\boldsymbol{X}}_{\mathrm{I}}$，$\Delta\hat{\boldsymbol{X}}_{\mathrm{G}}$）可以用来对原系统进行校正，以获得精确的导航参数。卡尔曼滤波器的输出对原系统进行校正时，又分开环校正（输出校正）和闭环校正（反馈校正）。

（1）开环校正如图 10-2（a）所示。其优点是工程上比较容易实现，卡尔曼滤波器的故障不会影响系统的工作；其缺点是 INS 的误差随时间积累，而卡尔曼滤波器的数学模型是建立在误差为小量、取一阶近似的基础上的，当长时间工作时 INS 误差不再是小量，从而使滤波方程出现模型误差，导致滤波精度下降。

（2）闭环校正如图 10-2（b）所示。其优点是在较长的时间里，滤波方程不会出现模型误差，滤波精度不会下降。其原因在于 INS 在闭环校正后的输出就是组合系统的输出，其误差始终保持为小量，不会产生滤波方程的模型误差。其缺点是工程上的实现比开环校正复杂，而且卡尔曼滤波器一旦发生故障，会“污染”INS 输出，降低系统的可靠性。

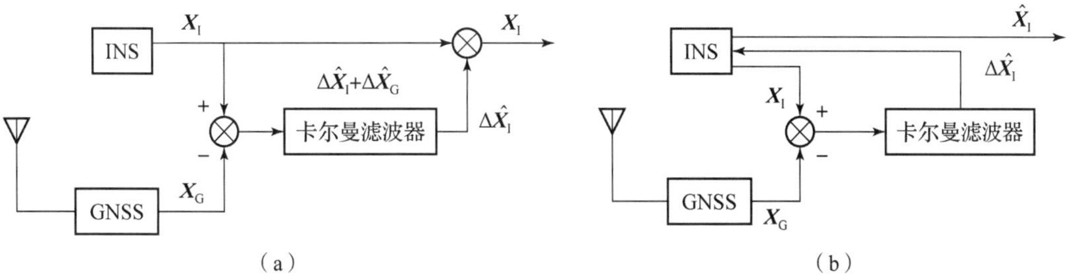

图 10－2　集中式卡尔曼滤波组合校正方式示意

(a) 开环校正；(b) 闭环校正

在实际应用中可根据具体要求选择相应方式，比如当 INS 系统的精度较高，且连续工作时间较短时，可以采用开环校正；而当 INS 系统的精度较低，并且需要长时间工作时，可以采用闭环校正。根据实际的需要，也可两种方法混合使用，以便扬长避短。

对于集中式卡尔曼滤波组合，在 t_k 时刻一个动态系统的离散形式的状态方程和测量方程为

$$\left.\begin{aligned} \boldsymbol{X}_k &= \boldsymbol{\Phi}_{k,k-1}\boldsymbol{X}_{k-1} + \boldsymbol{W}_{k-1} \\ \boldsymbol{Z}_k &= \boldsymbol{H}_k\boldsymbol{X}_k + \boldsymbol{V}_k \end{aligned}\right\} \tag{10.1}$$

式中，$\boldsymbol{X}_k$ 为状态向量；$\boldsymbol{W}_{k-1}$为系统噪声，其相应的协方差矩阵为 $\boldsymbol{Q}_{k-1}$；$\boldsymbol{V}_k$ 为观测噪声，其相应的协方差矩阵为 $\boldsymbol{R}_k$。若观测信息来自多个独立的系统，则观测向量可写成如下形式：

$$\boldsymbol{Z}_k = [\boldsymbol{Z}_{1k}^{\mathrm{T}} \quad \boldsymbol{Z}_{2k}^{\mathrm{T}} \quad \cdots \quad \boldsymbol{Z}_{ik}^{\mathrm{T}}]^{\mathrm{T}} \tag{10.2}$$

式中，$\boldsymbol{Z}_{ik}$表示独立的子系统 i 提供的观测信息。$\boldsymbol{Z}_{ik}$的相应观测方程为 $\boldsymbol{Z}_{ik} = \boldsymbol{H}_{ik}\boldsymbol{X}_k + \boldsymbol{V}_{ik}$，其中 $\boldsymbol{V}_{ik}$相对应的协方差矩阵为 $\boldsymbol{R}_{ik}$。

根据上述模型的描述，利用全部观测量 $\boldsymbol{Z}_k = \{\boldsymbol{Z}_{ik}\}$ 就可以估计状态向量 $\boldsymbol{X}_k$，集中式卡尔曼滤波方程为

$$\left.\begin{aligned} \hat{\boldsymbol{X}}_{k|k-1} &= \boldsymbol{\Phi}_{k,k-1}\hat{\boldsymbol{X}}_{k-1} \\ \boldsymbol{P}_{k|k-1} &= \boldsymbol{\Phi}_{k,k-1}\boldsymbol{P}_{k-1}\boldsymbol{\Phi}_{k,k-1}^{\mathrm{T}} + \boldsymbol{Q}_{k-1} \\ \hat{\boldsymbol{X}}_k &= \hat{\boldsymbol{X}}_{k|k-1} + \sum_i \boldsymbol{K}_{ik}(\boldsymbol{Z}_{ik} - \boldsymbol{H}_{ik}\hat{\boldsymbol{X}}_{k|k-1}) \\ \boldsymbol{K}_{ik} &= \boldsymbol{P}_k\boldsymbol{H}_{ik}^{\mathrm{T}}\boldsymbol{P}_{ik}^{-1} \\ \boldsymbol{P}_k &= (\boldsymbol{I} - \sum_i \boldsymbol{K}_{ik}\boldsymbol{H}_{ik})\boldsymbol{P}_{k|k-1} \end{aligned}\right\} \tag{10.3}$$

其量测修正方程又可写成信息滤波的形式：

$$\left.\begin{aligned} \hat{\boldsymbol{X}}_k &= \boldsymbol{P}_k\boldsymbol{P}_{k|k-1}^{-1}\hat{\boldsymbol{X}}_{k|k-1} + \sum_i \boldsymbol{P}_k\boldsymbol{H}_{ik}^{\mathrm{T}}\boldsymbol{R}_{ik}^{-1}\boldsymbol{Z}_{ik} \\ \boldsymbol{P}_k^{-1} &= \boldsymbol{P}_{k|k-1} + \sum_i \boldsymbol{H}_{ik}^{\mathrm{T}}\boldsymbol{R}_{ik}^{-1}\boldsymbol{H}_{ik} \end{aligned}\right\} \tag{10.4}$$

以上是集中式卡尔曼滤波组合的基本概念及其滤波方程。如果组合滤波器采用普通的卡尔曼滤波器，则要求 GNSS 输出的位置和速度误差为白噪声，实际上 GNSS 接收机输出的位置、速度信息的误差都是与时间相关的。解决这一问题的方法有两种：一种方法是延长组合

滤波器的迭代周期，但是这将导致系统的导航精度下降；另一种方法是用分布式卡尔曼滤波器理论进行组合。

2. 分布式卡尔曼滤波组合

分布式卡尔曼滤波组合指的是，采用分布式滤波器的方法处理来自多个子系统的数据，其示意如图 10 – 3 所示。首先，每个子系统处理各自的观测数据，进行局部最优估计；然后，局部滤波器的输出并行输入主滤波器，获得主滤波器状态向量的最优估计。

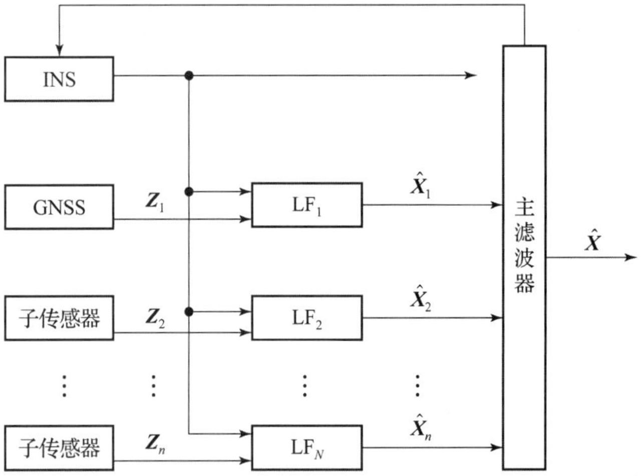

图 10 – 3　分布式卡尔曼滤波组合示意

对于第 i 个子系统，其状态方程和测量方程为

$$\left.\begin{aligned}\boldsymbol{X}_{ik}&=\boldsymbol{\Phi}^{i}_{k,k-1}\boldsymbol{X}_{i,k-1}+\boldsymbol{W}_{i,k-1}\\ \boldsymbol{Z}_{ik}&=\boldsymbol{A}_{ik}\boldsymbol{X}_{ik}+\boldsymbol{V}_{ik}\end{aligned}\right\}\tag{10.5}$$

子系统 i 的滤波方程为

$$\left.\begin{aligned}\hat{\boldsymbol{X}}_{ik}&=\boldsymbol{P}_{ik}\boldsymbol{P}^{-1}_{i,k|k-1}\hat{\boldsymbol{X}}_{i,k|k-1}+\boldsymbol{P}_{ik}\boldsymbol{A}^{\mathrm{T}}_{ik}\boldsymbol{R}^{-1}_{ik}\boldsymbol{Z}_{ik}\\ \boldsymbol{P}^{-1}_{ik}&=\boldsymbol{P}^{-1}_{i,k|k-1}+\boldsymbol{A}^{\mathrm{T}}_{ik}\boldsymbol{R}^{-1}_{ik}\boldsymbol{A}_{ik}\end{aligned}\right\}\tag{10.6}$$

式中，$\hat{\boldsymbol{X}}_{ik}$为子系统的滤波值；$\hat{\boldsymbol{X}}_{i,k|k-1}$为子系统 i 的一步预测值。将各子系统的滤波结果并行输入主滤波器进行最优滤波，从而得到主滤波器状态向量的最优估计。下面推导主滤波器状态向量最优估计的计算公式。

设子系统 i 的状态 $\boldsymbol{X}_{ik}$是主滤波器状态 $\boldsymbol{X}_k$ 的一部分，可以得到

$$\left.\begin{aligned}\boldsymbol{X}_{ik}&=\boldsymbol{M}_i\boldsymbol{X}_k\\ \boldsymbol{H}_{ik}&=\boldsymbol{A}_{ik}\boldsymbol{M}_i\end{aligned}\right\}\tag{10.7}$$

式中，M_i 反映了子系统 i 和主系统的关系。将上式代入式（10.4）的第一式，同时由式（10.6）的第一式求得 $\boldsymbol{A}^{\mathrm{T}}_{ik}\boldsymbol{R}^{-1}_{ik}\boldsymbol{Z}_{ik}$，可以得到

$$\hat{\boldsymbol{X}}_k=\boldsymbol{P}_k\boldsymbol{P}^{-1}_{k|k-1}\hat{\boldsymbol{X}}_{k|k-1}+\sum_i\boldsymbol{P}_k\boldsymbol{M}^{\mathrm{T}}_i\boldsymbol{P}^{-1}_{ik}\hat{\boldsymbol{X}}_{ik}-\sum_i\boldsymbol{P}_k\boldsymbol{M}^{\mathrm{T}}_i\boldsymbol{P}^{-1}_{i,k|k-1}\hat{\boldsymbol{X}}_{i,k|k-1}\tag{10.8}$$

将式（10.7）式代入式（10.4）的第二式，按上述方式类推，类似可得

$$\boldsymbol{P}^{-1}_k=\boldsymbol{P}^{-1}_{i,k|k-1}+\sum_i\boldsymbol{M}^{\mathrm{T}}_i\boldsymbol{P}^{-1}_{ik}\boldsymbol{M}_i-\sum_i\boldsymbol{M}^{\mathrm{T}}_i\boldsymbol{P}^{-1}_{i,k|k-1}\boldsymbol{M}_i\tag{10.9}$$

式（10.8）、式（10.9）中，$\hat{\boldsymbol{X}}_{ik}$，$\hat{\boldsymbol{X}}_{i,k|k-1}$，$\boldsymbol{P}_{ik}$，$\boldsymbol{P}_{i,k|k-1}$是相应于局部滤波器 i 的输出结果。由此可见，上两式实质上是用局部滤波的结果来修正主滤波器的测量修正方程。主滤波器的预报方程仍由式（10.3）中的第一、二式来完成。若各个系统互相独立，则有

$$\left.\begin{aligned}\boldsymbol{P}_{i,k|k-1}^{-1} &= \sum_i \boldsymbol{M}_i^{\mathrm{T}}\boldsymbol{P}_{ik|k-1}^{-1}\boldsymbol{M}_i\\ \boldsymbol{P}_k^{-1} &= \sum_i \boldsymbol{M}_i^{\mathrm{T}}\boldsymbol{P}_{ik}^{-1}\boldsymbol{M}_i\end{aligned}\right\}\tag{10.10}$$

对于 GNSS/INS 组合导航系统，当采用分布式卡尔曼滤波组合时，若将 GNSS 滤波器作为子滤波器，而将组合滤波器（也称为 INS 滤波器）作为主滤波器，则 GNSS/INS 组合导航系统的两个滤波器构成分布式滤波器，如图 10－4 所示。

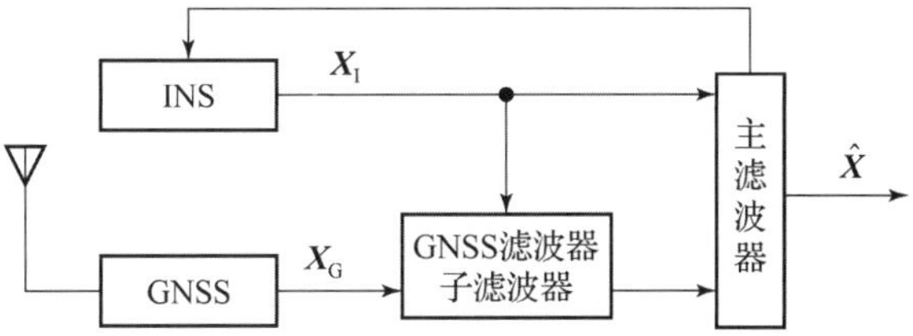

图 10－4　GNSS/INS 分布式滤波器

假如可以取组合滤波器的状态向量 $\boldsymbol{X}_{\mathrm{I}}$，以及 GNSS 滤波器的状态向量 $\boldsymbol{X}_{\mathrm{G}}$ 为

$$\left.\begin{aligned}\boldsymbol{X}_{\mathrm{I}} &= [\boldsymbol{\varphi}\quad \delta\boldsymbol{r}\quad \delta\boldsymbol{v}\quad \boldsymbol{\varepsilon}\quad \nabla]^{\mathrm{T}}\\ \boldsymbol{X}_{\mathrm{G}} &= [\delta\boldsymbol{r}\quad \delta\boldsymbol{v}]^{\mathrm{T}}\end{aligned}\right\}\tag{10.11}$$

式中，$\boldsymbol{\varphi}$ 为平台姿态误差；$\delta\boldsymbol{r}$ 为载体位置误差；$\delta\boldsymbol{v}$ 为速度误差；$\boldsymbol{\varepsilon}$ 为陀螺漂移；∇为加速度计零漂。对照式（10.7），有 $i=1$，以及

$$\boldsymbol{M}=\begin{bmatrix}0 & 1 & 0 & 0 & 0\\ 0 & 0 & 1 & 0 & 0\end{bmatrix}\tag{10.12}$$

将 $\boldsymbol{M}$ 代入式（10.8）、式（10.9），并令 $i=1$，则可得到 GNSS/INS 分布式滤波组合系统的主滤波器测量修正方程。

用分布式滤波理论设计的组合滤波器，不再要求 GNSS 滤波器输出的位置误差、速度误差为白噪声。这种方案的缺点是 GNSS 滤波器与组合滤波器之间的数据通信量较大，由式（10.8）可以看出，进行组合滤波器状态估计时，不仅 GNSS 滤波器的滤波值 $\hat{\boldsymbol{X}}_{\mathrm{G}}$（式中为 $\hat{\boldsymbol{X}}_{ik}$）要作为主滤波器的测量输入，GNSS 滤波的预报值 $\hat{\boldsymbol{X}}_{i,k|k-1}$（式中第三项）也要作为主滤波器的测量输入。实际上，常常可以在实施分布式滤波时略去预报值 $\hat{X}_{i,k|k-1}$，而只输入 $\hat{\boldsymbol{X}}_{\mathrm{G}}$ 作为测量修正，这种近似方法虽然理论上并不严密，但实施过程简单实用。上一滤波器的输出直接作为下一滤波器的输入，就像瀑布一样，由上一节流向下一节，因此这种组合滤波方案也称为“瀑布式滤波”。

10.1.5　GNSS/INS 松散与深度组合

对于 GNSS/INS 组合导航系统，按照组合水平通常还可以分为松散组合模式、深度组合模式。其中松散组合是在位置（$\boldsymbol{r}$）、速度（$\boldsymbol{v}$）或姿态（$\boldsymbol{\varphi}$）级别上的组合，主要特点是

GNSS 与 INS 独立工作，体现为 GNSS 对 INS 的辅助，如 GNSS/INS 软件组合方法即采用了松组合。对于松散组合，当载体运行在高动态环境下时，GNSS 将无法估计 INS 的全部参数而产生较大的误差。

深度组合是在伪距（ρ）、伪距率（$\dot{\rho}$）、多普勒或载波相位（Φ）级别上的组合，其特点是 GNSS 与 INS 相互辅助。采用伪距、伪距率的滤波器构形能消除由 GNSS 滤波器导致的未建模误差；还可以采用 INS 辅助 GNSS 跟踪环路，增强 GNSS 导航功能。如前述的 GNSS/INS 硬件一体化组合通常即深度组合。

目前还出现了一种更深层次的深度组合模式——超紧密组合模式，它采用 INS 与 GNSS 在接收信号的同相/正交相位（I/Q）级别上深度耦合的处理方法，面对高动态环境或强干扰时仍具有较好的跟踪能力和较高的导航精度。

以上 3 种组合模式的系统结构如图 10－5 所示，3 种组合方式最大的不同是其组合深度和测量参数，组合滤波器可以采用卡尔曼滤波器或其他非线性滤波器，其中超紧密组合模式还需要将组合滤波的多普勒频率反馈到卫星接收机的捕获环路。超紧密组合系统目前还处于理论研究和半物理仿真阶段，因此，下面重点对松散组合和深度组合进行阐述。

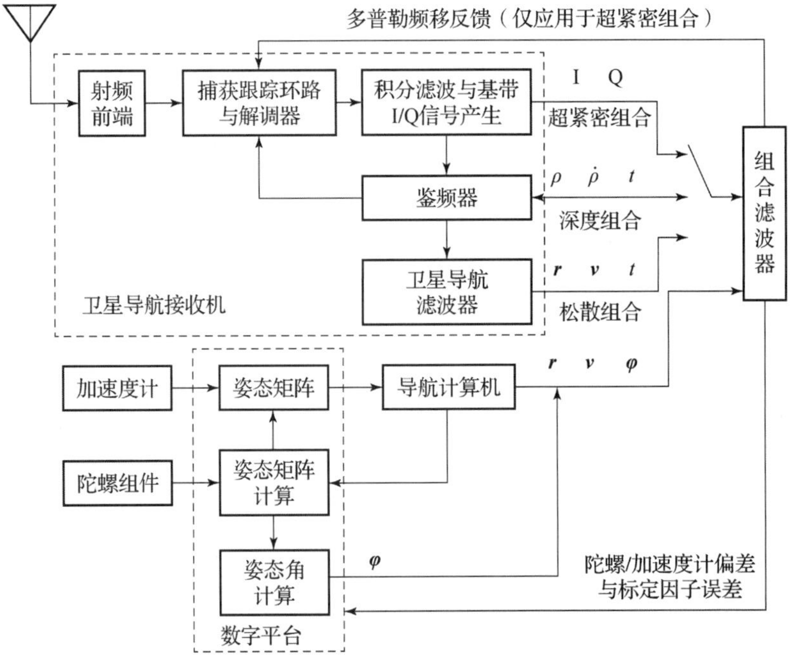

图 10－5　GNSS/INS 不同水平组合模式的系统结构

10.2　GNSS/INS 松散组合模式

10.2.1　GNSS/INS 组合系统状态方程

对于 GNSS/INS 松散组合模式，体现在 GNSS 对 INS 的辅助，常采用间接法进行估计，滤波器的状态为导航参数误差。所谓“系统”实际上是导航系统的各种误差的“组合体”，滤波器估值的主要部分是导航参数误差估值 $\Delta\hat{X}$，应用 $\Delta\hat{X}$ 去校正 INS 的导航参数。下面分别通过对 INS 误差方程（包括平台误差角、速度误差、位置误差、惯性器件误差等）和 GNSS 误差方程的分析，建立 GNSS/INS 组合系统状态方程。

INS 通常分为平台式和捷联式，它们虽然在形式上有较大的差异，但其工作原理在本质上是相通的，捷联式 INS 是用计算机进行姿态矩阵的解算，形成“数字平台”，代替了平台式 INS 中的实物平台。两种 INS 的误差特性基本上是相同的（尽管误差的大小有所差异），因此本节所建立的误差方程对这两种 INS 都是适用的。

1. 平台误差角方程

对于平台式 INS，不失一般性，设 INS 的平台所要模拟的导航坐标系（t 系）为当地 g 系，即东（E）、北（N）、天（U）坐标系。由于平台有误差，平台坐标系（p 系）和 t 系不能完全重合，它们之间存在着小姿态误差角 φ。将平台误差角写成 t 系（即 g 系）中的列向量，有

$$\boldsymbol{\varphi}^t = [\varphi_{\mathrm{E}} \quad \varphi_{\mathrm{N}} \quad \varphi_{\mathrm{U}}]^{\mathrm{T}} \tag{10.13}$$

t 系与 p 系之间的坐标变换矩阵取一阶近似，可以写成

$$\boldsymbol{C}_t^p = \begin{bmatrix} 1 & \varphi_{\mathrm{U}} & -\varphi_{\mathrm{N}} \\ -\varphi_{\mathrm{U}} & 1 & \varphi_{\mathrm{E}} \\ \varphi_{\mathrm{N}} & -\varphi_{\mathrm{E}} & 1 \end{bmatrix} \tag{10.14}$$

对于捷联式 INS，仍设 t 系为当地 g 系，由计算所得的 t 系用 t' 来表示，它可以看成“数学平台”，代替了平台式 INS 中的物理平台（p 系），则在计算机中实现载体系统（b 系）到 t 系变换的计算姿态矩阵为

$$\hat{\boldsymbol{C}}_b^t = \boldsymbol{C}_b^{t'} = \boldsymbol{C}_t^{t'}\boldsymbol{C}_b^t \tag{10.15}$$

由于误差的影响，计算所得的 t' 系与理想的 t 系之间有小角度误差 φ，两个坐标系 t 与 t' 之间的坐标变换矩阵 $\boldsymbol{C}_t^{t'}$ 与式（10.14）完全一样，即 $\boldsymbol{C}_t^{t'} = \boldsymbol{C}_t^p$。

在平台式 INS 中，平台相对于惯性空间（i 系）的转动角速度可表示为

$$\boldsymbol{\omega}_{ip}^p = \boldsymbol{C}_t^p\boldsymbol{\omega}_{it}^t + \dot{\boldsymbol{\varphi}}^t = \boldsymbol{\omega}_{it}^t - \boldsymbol{\varphi}^t \times \boldsymbol{\omega}_{it}^t + \dot{\boldsymbol{\varphi}}^t \tag{10.16}$$

上式也可写成 $\dot{\boldsymbol{\varphi}}^t = \boldsymbol{\omega}_{ip}^p - \boldsymbol{\omega}_{it}^t + \boldsymbol{\varphi}^t \times \boldsymbol{\omega}_{it}^t$。注意到平台相对于惯性空间的转动包含两部分：一为施矩角速度信号作用下的跟踪转动 $\boldsymbol{\omega}_{ic}^p$；二为陀螺漂移 $\boldsymbol{\varepsilon}$ 引起的平台等效误差转动 $\boldsymbol{\varepsilon}^p$。即有 $\boldsymbol{\omega}_{ip}^p = \boldsymbol{\omega}_{ic}^p + \boldsymbol{\varepsilon}^p$，因此式（10.16）可以改写成

$$\dot{\boldsymbol{\varphi}}^t = \boldsymbol{\omega}_{ic}^p - \boldsymbol{\omega}_{it}^t + \boldsymbol{\varphi}^t \times \boldsymbol{\omega}_{it}^t + \boldsymbol{\varepsilon}^p \tag{10.17}$$

上式中有关项可写成

$$\left.\begin{aligned} &\boldsymbol{\omega}_{ic}^p - \boldsymbol{\omega}_{it}^t = \delta\boldsymbol{\omega}_{ie}^t + \delta\boldsymbol{\omega}_{et}^t \\ &\boldsymbol{\omega}_{it}^t = \boldsymbol{\omega}_{ie}^t + \boldsymbol{\omega}_{et}^t \end{aligned}\right\} \tag{10.18}$$

于是，可以得到平台误差角方程的向量表达式，即

$$\dot{\boldsymbol{\varphi}}^t = \delta\boldsymbol{\omega}_{ie}^t + \delta\boldsymbol{\omega}_{et}^t - (\boldsymbol{\omega}_{ie}^t + \boldsymbol{\omega}_{et}^t) \times \boldsymbol{\varphi}^t + \boldsymbol{\varepsilon}^p \tag{10.19}$$

注意到

$$\boldsymbol{\omega}_{ie}^t = \begin{bmatrix} 0 \\ \omega_{ie}\cos L \\ \omega_{ie}\sin L \end{bmatrix},\ \delta\boldsymbol{\omega}_{ie}^t = \begin{bmatrix} 0 \\ -\omega_{ie}\sin L\delta L \\ \omega_{ie}\cos L\delta L \end{bmatrix}$$

$$
\boldsymbol{\omega}_{et}^{t}=\begin{bmatrix}-\dfrac{v_{\mathrm{N}}}{R_M+h}\\ \dfrac{v_{\mathrm{E}}}{R_{\mathrm{N}}+h}\\ \dfrac{v_{\mathrm{E}}}{R_{\mathrm{N}}+h}\tan L\end{bmatrix},\ \delta\boldsymbol{\omega}_{et}^{t}=\begin{bmatrix}-\dfrac{\delta v_{\mathrm{N}}}{R_M+h}\\ \dfrac{\delta v_{\mathrm{E}}}{R_{\mathrm{N}}+h}\\ \dfrac{\delta v_{\mathrm{E}}}{R_{\mathrm{N}}+h}\tan L+\dfrac{v_{\mathrm{E}}}{R_{\mathrm{N}}+h}\sec^2 L\delta L\end{bmatrix} \tag{10.20}
$$

式中，L 为纬度，则平台误差角方程可写为

$$
\begin{bmatrix}\dot{\varphi}_{\mathrm{E}}\\ \dot{\varphi}_{\mathrm{N}}\\ \dot{\varphi}_{\mathrm{U}}\end{bmatrix}=\begin{bmatrix}0 & \left(\omega_{ie}\sin L+\dfrac{v_{\mathrm{E}}}{R_{\mathrm{N}}+h}\tan L\right) & -\left(\omega_{ie}\cos L+\dfrac{v_{\mathrm{E}}}{R_{\mathrm{N}}+h}\right)\\ -\left(\omega_{ie}\sin L+\dfrac{v_{\mathrm{E}}}{R_{\mathrm{N}}+h}\tan L\right) & 0 & -\dfrac{v_{\mathrm{N}}}{R_{\mathrm{M}}+h}\\ \left(\omega_{ie}\cos L+\dfrac{v_{\mathrm{E}}}{R_{\mathrm{N}}+h}\right) & \dfrac{v_{\mathrm{N}}}{R_{\mathrm{M}}+h} & 0\end{bmatrix}\begin{bmatrix}\varphi_{\mathrm{E}}\\ \varphi_{\mathrm{N}}\\ \varphi_{\mathrm{U}}\end{bmatrix}
$$

$$
+\begin{bmatrix}-\dfrac{\delta v_{\mathrm{N}}}{R_{\mathrm{M}}+h}\\ \dfrac{\delta v_{\mathrm{N}}}{R_{\mathrm{N}}+h}-\omega_{ie}\sin L\Delta L\\ \dfrac{\delta v_{\mathrm{E}}}{R_{\mathrm{N}}+h}\tan L+(\omega_{ie}\cos L+\dfrac{v_{\mathrm{E}}}{R_{\mathrm{N}}+h}\sec^2 L)\delta L\end{bmatrix}+\begin{bmatrix}\varepsilon_{\mathrm{E}}\\ \varepsilon_{\mathrm{N}}\\ \varepsilon_{\mathrm{U}}\end{bmatrix}
$$

式中，$R_{\mathrm{M}}=R_e(1-2f+3f\sin^2 L)$，为地球参考椭球子午圈上各点的曲率半径；$R_{\mathrm{N}}=R_e(1+f\sin^2 L)$，为地球参考椭球卯酉圈上各点的曲率半径，其中 $R_e=6\ 378\ 137$ m，$f=1/298.257$。

2. 速度误差方程

由惯性导航基本方程

$$
\dot{\boldsymbol{V}}^{t}=\boldsymbol{f}^{t}-(2\boldsymbol{\omega}_{ie}+\boldsymbol{\omega}_{et})\times\boldsymbol{v}^{t}+\boldsymbol{g}^{t} \tag{10.21}
$$

可得

$$
\delta\dot{\boldsymbol{v}}^{t}=\delta\boldsymbol{f}^{t}-(2\delta\boldsymbol{\omega}_{ie}+\delta\boldsymbol{\omega}_{et})\times\boldsymbol{v}^{t}-(2\boldsymbol{\omega}_{ie}+\boldsymbol{\omega}_{et})\times\delta\boldsymbol{v}^{t}+\delta\boldsymbol{g}^{t} \tag{10.22}
$$

在 INS 中，为简单起见，重力向量 $\boldsymbol{g}^{t}$ 常作为已知量（用正常重力公式近似计算出）处理，在这种情况下有 $\delta\boldsymbol{g}^{t}=\boldsymbol{0}$。同时定义

$$
\delta\boldsymbol{f}^{t}=\boldsymbol{f}^{p}-\boldsymbol{f}^{t} \tag{10.23}
$$

式中，$\boldsymbol{f}^{p}$ 为加速度计的实际输出，它可以看成 g 系中的比力 $\boldsymbol{f}^{t}$ 加上测量误差 $\boldsymbol{\Delta}^{p}$。由于 p 系相对于 g 系有小角度误差 $\boldsymbol{\varphi}$，于是有

$$
\boldsymbol{f}^{p}=\boldsymbol{C}_{t}^{p}\boldsymbol{f}^{t}+\boldsymbol{\Delta}^{p} \tag{10.24}
$$

将式（10.14）代入式（10.24），得

$$
\boldsymbol{f}^{p}=[\boldsymbol{I}-\boldsymbol{\varphi}^{t}\times]\boldsymbol{f}^{t}+\boldsymbol{\Delta}^{p} \tag{10.25}
$$

将上式代入式（10.23），再将得到的 $\delta\boldsymbol{f}^{t}$ 代入式（10.22），则可以得到速度误差的向量表达式：

$$
\delta\dot{\boldsymbol{v}}^{t}=\boldsymbol{f}^{t}\times\boldsymbol{\varphi}^{t}-(2\delta\boldsymbol{\omega}_{ie}^{t}+\delta\boldsymbol{\omega}_{et}^{t})\times\boldsymbol{v}^{t}-(2\boldsymbol{\omega}_{ie}^{t}+\boldsymbol{\omega}_{et}^{t})\times\delta\boldsymbol{v}^{t}+\boldsymbol{\Delta}^{p} \tag{10.26}
$$

将上式写成矩阵表达式为

$$
\begin{bmatrix}\delta\dot{v}_{\mathrm{E}}\\ \delta\dot{v}_{\mathrm{N}}\\ \delta\dot{v}_{\mathrm{U}}\end{bmatrix}=\begin{bmatrix}0 & -f_{\mathrm{U}} & f_{\mathrm{N}}\\ f_{\mathrm{U}} & 0 & -f_{\mathrm{E}}\\ -f_{\mathrm{N}} & f_{\mathrm{E}} & 0\end{bmatrix}\begin{bmatrix}\varphi_{\mathrm{E}}\\ \varphi_{\mathrm{N}}\\ \varphi_{\mathrm{U}}\end{bmatrix}+
$$

$$
\begin{bmatrix}\left(\frac{v_{\mathrm{N}}}{R_{\mathrm{M}}+h}\tan L-\frac{v_{\mathrm{U}}}{R_{\mathrm{M}}+h}\right) & \left(2\omega_{ie}\sin L+\frac{v_{\mathrm{E}}}{R_{\mathrm{N}}+h}\tan L\right) & -\left(2\omega_{ie}\cos L+\frac{v_{\mathrm{E}}}{R_{\mathrm{N}}+h}\right)\\ -2\left(\omega_{ie}\sin L+\frac{v_{\mathrm{E}}}{R_{\mathrm{N}}+h}\tan L\right) & -\frac{v_{\mathrm{U}}}{R_{\mathrm{M}}+h} & -\frac{v_{\mathrm{N}}}{R_{\mathrm{M}}+h}\\ 2\left(\omega_{ie}\cos L+\frac{v_{\mathrm{E}}}{R_{\mathrm{N}}+h}\right) & \frac{2v_{\mathrm{N}}}{R_{\mathrm{M}}+h} & -2\omega_{ie}\sin L v_{\mathrm{E}}\end{bmatrix}\begin{bmatrix}\delta v_{\mathrm{E}}\\ \delta v_{\mathrm{N}}\\ \delta v_{\mathrm{U}}\end{bmatrix}+
$$

$$
\begin{bmatrix}\left(2\omega_{ie}\cos L v_{\mathrm{N}}+\frac{v_{\mathrm{E}}v_{\mathrm{N}}}{R_{\mathrm{N}}+h}\sec^2 L+2\omega_{ie}\sin L v_{\mathrm{U}}\right)\delta L\\ -\left(2\omega_{ie}\cos L+\frac{v_{\mathrm{E}}}{R_{\mathrm{N}}+h}\sec^2 L\right)v_{\mathrm{E}}\delta L\\ -2\omega_{ie}\sin L v_{\mathrm{E}}\delta L\end{bmatrix}+\begin{bmatrix}\Delta_E\\ \Delta_N\\ \Delta_U\end{bmatrix} \tag{10.27}
$$

3. 位置误差方程

根据 $\dot{L}=\frac{v_{\mathrm{N}}}{R_{\mathrm{N}}+h}$，$\dot{\lambda}=\frac{v_{\mathrm{E}}\sec L}{R_{\mathrm{N}}+h}$，$\dot{h}=v_{\mathrm{U}}$，可直接写出位置误差方程：

$$
\begin{bmatrix}\delta\dot{L}\\ \delta\dot{\lambda}\\ \delta\dot{h}\end{bmatrix}=\begin{bmatrix}\frac{\delta v_{\mathrm{N}}}{R_{\mathrm{N}}+h}\\ \frac{\delta v_{\mathrm{E}}}{R_{\mathrm{N}}+h}\sec L+\frac{v_{\mathrm{E}}\sec L}{R_{\mathrm{N}}+h}\tan L\delta L\\ \delta v_{\mathrm{U}}\end{bmatrix} \tag{10.28}
$$

4. 惯性器件误差方程

INS 误差方程中还含有惯性器件误差，即陀螺误差 ε 和加速度计误差∇。陀螺和加速度计的测量误差都包含安装误差、刻度因子误差和随机误差，前两项容易测出并补偿掉，为使讨论简单，这里只考虑随机误差。

1）陀螺误差模型

在姿态误差方程中，ε_{E}，ε_{N}，ε_{U} 为东、北、天方向的陀螺漂移。在平台式 INS 中，若 p 系模拟的 t 系为当地 g 系，略去二阶小量，则 ε_{E}，ε_{N}，ε_{U} 即安装在平台坐标轴 X_p，Y_p，Z_p 上的 3 个陀螺的实际误差；在捷联式 INS 中，ε_{E}，ε_{N}，ε_{U} 为从 b 系变换到 t'系的等效陀螺误差。通常取陀螺误差为

$$
\boldsymbol{\varepsilon}=\boldsymbol{\varepsilon}_b+\boldsymbol{\varepsilon}_t+\boldsymbol{\omega}_g \tag{10.29}
$$

式中，$\boldsymbol{\varepsilon}_b$ 为随机常值漂移；$\boldsymbol{\varepsilon}_t$ 为一阶马尔柯夫过程；$\boldsymbol{\omega}_g$ 为白噪声。记相关时间为 T_g，则陀螺误差模型可表达为

$$
\left.\begin{aligned}\dot{\boldsymbol{\varepsilon}}_b&=\mathbf{0}\\ \dot{\boldsymbol{\varepsilon}}_t&=(1/T_g)\cdot\boldsymbol{\varepsilon}_t+\boldsymbol{\omega}_t\end{aligned}\right\} \tag{10.30}
$$

2）加速度计误差模型

加速度计的测量误差为零漂和随机噪声，可表示为

$$\dot{\boldsymbol{\nabla}} = (-1/T_a) \cdot \boldsymbol{\nabla} + \boldsymbol{\omega}_a \tag{10.31}$$

式中，T_a 为相关时间。

5. INS 误差状态方程

以上讨论了 INS 的有关误差方程，将平台误差角方程［式（10.20）］、速度误差方程［式（10.27）］、位置误差方程［式（10.28）］以及惯性器件误差方程［式（10.29）、式（10.31）］综合在一起，可以写出 INS 误差状态方程的一般表达式为

$$\dot{\boldsymbol{X}}_{\mathrm{I}}(t) = \boldsymbol{F}_{\mathrm{I}}(t)\boldsymbol{X}_{\mathrm{I}}(t) + \boldsymbol{G}_{\mathrm{I}}(t)\boldsymbol{W}_{\mathrm{I}}(t) \tag{10.32}$$

式中，

$\boldsymbol{X}_{\mathrm{I}} =$

$$[\varphi_{\mathrm{E}} \quad \varphi_{\mathrm{N}} \quad \varphi_{\mathrm{U}} \quad \delta v_{\mathrm{E}} \quad \delta v_{\mathrm{N}} \quad \delta v_{\mathrm{U}} \quad \delta L \quad \delta\lambda \quad \delta h \quad \varepsilon_{bx} \quad \varepsilon_{by} \quad \varepsilon_{bz} \quad \varepsilon_{rx} \quad \varepsilon_{ry} \quad \varepsilon_{rz} \quad \nabla_x \quad \nabla_y \quad \nabla_z]_{18\times 1}^{\mathrm{T}}$$

$$\boldsymbol{F}_{\mathrm{I}} = \begin{bmatrix} \boldsymbol{F}_{\mathrm{N}} & \boldsymbol{F}_{\mathrm{S}} \\ 0 & \boldsymbol{F}_{\mathrm{M}} \end{bmatrix}_{18\times 18} \tag{10.33}$$

其中 $\boldsymbol{F}_{\mathrm{N}}$ 为对应于 INS 的 9 个误差参数（3 个姿态误差、3 个速度误差、3 个位置误差）的系统动态矩阵，它是 9×9 阶方阵。

$\boldsymbol{F}_{\mathrm{S}}$ 在平台式 INS 中为

$$\boldsymbol{F}_{\mathrm{S}} = \begin{bmatrix} \boldsymbol{I}_{3\times 3} & \boldsymbol{I}_{3\times 3} & \boldsymbol{0}_{3\times 3} \\ \boldsymbol{0}_{3\times 3} & \boldsymbol{0}_{3\times 3} & \boldsymbol{I}_{3\times 3} \\ \boldsymbol{0}_{3\times 3} & \boldsymbol{0}_{3\times 3} & \boldsymbol{0}_{3\times 3} \end{bmatrix}_{9\times 9} \tag{10.34}$$

$\boldsymbol{F}_{\mathrm{M}}$ 在捷联式 INS 中为

$$\boldsymbol{F}_{\mathrm{M}} = \mathrm{diag}\left[0 \quad 0 \quad 0 \quad -\frac{1}{T_{gx}} \quad -\frac{1}{T_{gy}} \quad -\frac{1}{T_{gz}} \quad -\frac{1}{T_{ax}} \quad -\frac{1}{T_{ay}} \quad -\frac{1}{T_{az}}\right] \tag{10.35}$$

$$\boldsymbol{W}_{\mathrm{I}} = [\omega_{gx} \quad \omega_{gy} \quad \omega_{gz} \quad \omega_{bx} \quad \omega_{by} \quad \omega_{bz} \quad \omega_{ax} \quad \omega_{ay} \quad \omega_{az}]^{\mathrm{T}} \tag{10.36}$$

$\boldsymbol{G}_{\mathrm{I}}$ 在平台式 INS 中为

$$\boldsymbol{G}_{\mathrm{I}} = \begin{bmatrix} \boldsymbol{I}_{3\times 3} & \boldsymbol{0}_{3\times 3} & \boldsymbol{0}_{3\times 3} \\ \boldsymbol{0}_{9\times 3} & \boldsymbol{0}_{9\times 3} & \boldsymbol{0}_{9\times 3} \\ \boldsymbol{0}_{3\times 3} & \boldsymbol{I}_{3\times 3} & \boldsymbol{0}_{3\times 3} \\ \boldsymbol{0}_{3\times 3} & \boldsymbol{0}_{3\times 3} & \boldsymbol{I}_{3\times 3} \end{bmatrix}_{18\times 9} \tag{10.37}$$

$\boldsymbol{G}_{\mathrm{I}}$ 在捷联式 INS 中为

$$\boldsymbol{G}_{\mathrm{I}} = \begin{bmatrix} \boldsymbol{C}_b^t & \boldsymbol{0}_{3\times 3} & \boldsymbol{0}_{3\times 3} \\ \boldsymbol{0}_{9\times 3} & \boldsymbol{0}_{9\times 3} & \boldsymbol{0}_{9\times 3} \\ \boldsymbol{0}_{3\times 3} & \boldsymbol{I}_{3\times 3} & \boldsymbol{0}_{3\times 3} \\ \boldsymbol{0}_{3\times 3} & \boldsymbol{0}_{3\times 3} & \boldsymbol{I}_{3\times 3} \end{bmatrix}_{18\times 9} \tag{10.38}$$

6. GNSS 误差状态方程

GNSS 误差状态类似 INS 误差状态方程，选择位置误差 $[\delta L_{\mathrm{G}} \quad \delta\lambda_{\mathrm{G}} \quad \delta h_{\mathrm{G}}]^{\mathrm{T}}$ 和速度误差 $[\delta v_{\mathrm{GE}} \quad \delta v_{\mathrm{GN}} \quad \delta v_{\mathrm{GU}}]^{\mathrm{T}}$。在单独的 GNSS 导航定位应用中，常在载体初始位置 $\boldsymbol{r}_0$ 和速度 $\boldsymbol{v}_0$ 已知的情况下，利用 GNSS 观测信息计算出在接收机数据采样周期 Δt 中的位置修正数及速度修正数，从而实现导航定位。GNSS 导航定位的位置修正数、速度修正数用状态空间模型来

描述时，其一般形式为

$$\dot{\boldsymbol{X}}_G = \boldsymbol{F}_G \boldsymbol{X}_G + \boldsymbol{G}_G \boldsymbol{W}_G \tag{10.39}$$

式中，$\boldsymbol{X}_G$ 为 n 维状态向量；$\boldsymbol{F}_G$ 为 GNSS 的 $n \times n$ 阶动态矩阵；$\boldsymbol{G}_G = \boldsymbol{I}$ 为单位矩阵；$\boldsymbol{W}_G$ 为 n 维系统噪声。

有了 GNSS 误差状态方程［式（10.39）］，利用有关的观测量，通过卡尔曼滤波就可以估计出状态向量。要实施卡尔曼滤波，还需要知道系统噪声的协方差矩阵 $\boldsymbol{Q}_G$ 以及状态转移矩阵 $\boldsymbol{\Phi}$。对于较短的采样周期 Δt，$\boldsymbol{F}_G$ 可看作非时变的，此时相应的状态转移矩阵可以写成

$$\boldsymbol{\Phi} = \mathrm{e}^{\boldsymbol{F}_G \Delta t} = \boldsymbol{I} + \boldsymbol{F}_G \cdot \Delta t + \frac{\boldsymbol{F}_G^2}{2}\Delta t^2 + \cdots \approx \boldsymbol{I} + \boldsymbol{F}_G \cdot \Delta t \tag{10.40}$$

系统噪声协方差矩阵可由下式计算：

$$\boldsymbol{Q}_G = \int_0^{\Delta t} \boldsymbol{\Phi}(\tau) \boldsymbol{C}_\omega \boldsymbol{\Phi}^{\mathrm{T}}(\tau) \mathrm{d}\tau \approx \boldsymbol{C}_\omega \Delta t \tag{10.41}$$

式中，$\boldsymbol{C}_\omega$ 为系统噪声的谱密度矩阵，它可以反映 GNSS 接收机载体的机动状态，通过变更 $\boldsymbol{C}_\omega$ 的值，可以使状态空间模型［式（10.39）］适用于不同的（高、中、低）动态环境。

1）定常速度下的状态模型

用 GNSS 实现导航定位，若载体的运动比较平稳，即在低动态环境下，在 GNSS 接收机短暂的数据采集间隔 Δt 内，其速度可以看成不变的常值。GNSS 的定常速度下的状态模型是一个 6 维状态模型，其误差状态向量为

$$\boldsymbol{X}_G = [\delta L_G \quad \delta\lambda_G \quad \delta h_G \quad \delta v_{GN} \quad \delta v_{GE} \quad \delta v_{GU}]^{\mathrm{T}} \tag{10.42}$$

式中，δL_G，$\delta\lambda_G$，δh_G 分别为经度、纬度、高度位置的修正数；δv_{GN}，δv_{GE}，δv_{GU} 分别为北、东、天方向速度分量的修正量。其动态矩阵为

$$\boldsymbol{F}_G = \left[\begin{array}{ccc|ccc} 0 & 0 & 0 & \dfrac{1}{(R_M + h)} & 0 & 0 \\ 0 & 0 & 0 & 0 & \dfrac{\sec L}{(R_N + h)} & 0 \\ 0 & 0 & 0 & 0 & 0 & 1 \\ \hline & \boldsymbol{0}_{3\times3} & & & \boldsymbol{0}_{3\times3} & \end{array}\right] = \left[\begin{array}{c|c} \boldsymbol{0}_{3\times3} & \boldsymbol{D}_{3\times3} \\ \hline \boldsymbol{0}_{3\times3} & \boldsymbol{0}_{3\times3} \end{array}\right] \tag{10.43}$$

状态转移矩阵为

$$\boldsymbol{\Phi}(\Delta t) = \left[\begin{array}{ccc|ccc} 1 & 0 & 0 & \dfrac{\Delta t}{(R_M + h)} & 0 & 0 \\ 0 & 1 & 0 & 0 & \dfrac{\Delta t \sec L}{(R_N + h)} & 0 \\ 0 & 0 & 1 & 0 & 0 & \Delta t \\ & & & 1 & 0 & 0 \\ \hline & \boldsymbol{0}_{3\times3} & & 0 & 1 & 0 \\ & & & 0 & 0 & 1 \end{array}\right] = \begin{bmatrix} \boldsymbol{I}_{3\times3} & \boldsymbol{D}\Delta t \\ \boldsymbol{0}_{3\times3} & I_{3\times3} \end{bmatrix} \tag{10.44}$$

式中，

$$
\boldsymbol{D}=\begin{bmatrix} \dfrac{1}{(R_{\mathrm{M}}+h)} & 0 & 0 \\ 0 & \dfrac{\sec L}{(R_{\mathrm{N}}+h)} & 0 \\ 0 & 0 & 1 \end{bmatrix}
$$

当 Δt 时段内速度有所变化，即存在扰动加速度时，可以将其看成一个零均值的随机过程，利用一阶马尔可夫过程来描述速度的随机变化，即

$$
\delta v_{\mathrm{G}i}(t) = -\alpha_{\mathrm{G}i}\delta v_{\mathrm{G}i}+\omega_{\mathrm{G}i},\ (i=\mathrm{N,E,U}) \tag{10.45}
$$

式中，$\alpha_{\mathrm{G}i}$为随机过程的反相关时间。此时，相应的动态矩阵为

$$
\boldsymbol{F}_{\mathrm{G}}=\left[\begin{array}{ccc|ccc} 0 & 0 & 0 & \dfrac{1}{(R_{\mathrm{M}}+h)} & 0 & 0 \\ 0 & 0 & 0 & 0 & \dfrac{\sec L}{(R_{\mathrm{N}}+h)} & 0 \\ 0 & 0 & 0 & 0 & 0 & 1 \\ \hline & & & -\alpha_{\mathrm{GE}} & 0 & 0 \\ & \mathbf{0}_{3\times 3} & & 0 & -\alpha_{\mathrm{GN}} & 0 \\ & & & 0 & 0 & -\alpha_{\mathrm{GU}} \end{array}\right]=\left[\begin{array}{c|c} \mathbf{0}_{3\times 3} & \boldsymbol{D}_{3\times 3} \\ \hline \mathbf{0}_{3\times 3} & \boldsymbol{A}_{3\times 3} \end{array}\right] \tag{10.46}
$$

式中，$\boldsymbol{A}=\mathrm{diag}[-\alpha_{\mathrm{G}i}]$，$i=(\mathrm{N,E,U})$。由 $\boldsymbol{F}_{\mathrm{G}}$ 可以求得相应的状态转移矩阵为

$$
\boldsymbol{\Phi}=\boldsymbol{I}+\boldsymbol{F}_{\mathrm{G}}\Delta t+\frac{\boldsymbol{F}_{\mathrm{G}}^{2}}{2}\Delta t^{2}+\cdots=\left[\begin{array}{c|c} \boldsymbol{I}_{3\times 3} & \boldsymbol{S}_{3\times 3} \\ \hline \mathbf{0}_{3\times 3} & \boldsymbol{T}_{3\times 3} \end{array}\right] \tag{10.47}
$$

式中，

$$
\boldsymbol{S}_{3\times 3}=\begin{bmatrix} s_1 & 0 & 0 \\ 0 & s_2 & 0 \\ 0 & 0 & s_3 \end{bmatrix};\ \boldsymbol{T}_{3\times 3}=\begin{bmatrix} t_{\mathrm{N}} & 0 & 0 \\ 0 & t_{\mathrm{E}} & 0 \\ 0 & 0 & t_{\mathrm{U}} \end{bmatrix},
$$

$$
s_1=\frac{1-t_{\mathrm{N}}}{\alpha_{\mathrm{N}}(R_{\mathrm{M}}+h)},\ s_2=\frac{1-t_{\mathrm{E}}}{\alpha_{\mathrm{E}}(R_{\mathrm{N}}+h)}\sec L,\ s_3=\frac{1-t_{\mathrm{U}}}{\alpha_{\mathrm{U}}},\ t_i=\mathrm{e}^{-\alpha_i\Delta t},\ i=(\mathrm{N,E,U})
$$

2）定常加速度下的状态模型

若 GNSS 接收机处于大机动运动环境下，GNSS 接收机在数据采集间隔 Δt 之间，其加速度可以看成定常的，则 GNSS 的定常加速度下的状态模型是一个 9 维状态模型。其误差状态向量为

$$
\boldsymbol{X}_{\mathrm{G}}=[\delta L_{\mathrm{G}}\quad \delta\lambda_{\mathrm{G}}\quad \delta h_{\mathrm{G}}\quad \delta v_{\mathrm{GN}}\quad \delta v_{\mathrm{GE}}\quad \delta v_{\mathrm{GU}}\quad \delta a_{\mathrm{N}}\quad \delta a_{\mathrm{E}}\quad \delta a_{\mathrm{U}}]^{\mathrm{T}} \tag{10.48}
$$

Δt 时间段内加速度的随机变化，用一阶马尔可夫过程来描述：

$$
\delta\dot{a}_i=-\alpha_i\delta a_i+\omega_i \tag{10.49}
$$

于是可以得到相应的动态矩阵 $\boldsymbol{F}_{\mathrm{G}}$ 为

$$
\boldsymbol{F}_{\mathrm{G}}=\left[\begin{array}{cc|c} \mathbf{0}_{3\times 3} & \boldsymbol{D}_{3\times 3} & \mathbf{0}_{3\times 3} \\ \hline & & \boldsymbol{I}_{3\times 3} \\ \mathbf{0}_{6\times 6} & & \boldsymbol{A}_{3\times 3} \end{array}\right] \tag{10.50}
$$

状态转移矩阵为

$$
\boldsymbol{\Phi}(\Delta t)=\left[\begin{array}{ccc:ccc:ccc}
 & & & d_{\mathrm{N}} & & & u_{\mathrm{N}} & & \\
 & \boldsymbol{I} & & & d_{\mathrm{E}} & & & u_{\mathrm{E}} & \\
 & & & & & d_{\mathrm{U}} & & & u_{\mathrm{U}} \\
\hdashline
 & & & & & & r_{\mathrm{N}} & & \\
 & \boldsymbol{0} & & & \boldsymbol{I} & & & r_{\mathrm{E}} & \\
 & & & & & & & & r_{\mathrm{U}} \\
\hdashline
 & & & & & & t_{\mathrm{N}} & & \\
 & \boldsymbol{0} & & & \boldsymbol{0} & & & t_{\mathrm{E}} & \\
 & & & & & & & & t_{\mathrm{U}}
\end{array}\right]=\begin{bmatrix}\boldsymbol{I} & \boldsymbol{D}\Delta t & \boldsymbol{U}\\ \boldsymbol{0} & \boldsymbol{I} & \boldsymbol{R}\\ \boldsymbol{0} & \boldsymbol{0} & \boldsymbol{T}\end{bmatrix} \tag{10.51}
$$

式中，$d_{\mathrm{N}}=\dfrac{\Delta t}{R_{\mathrm{M}}+h}$，$d_{\mathrm{E}}=\dfrac{\sec L\cdot\Delta t}{R_{\mathrm{N}}+h}$，$d_{\mathrm{U}}=\Delta t$，$r_i=\dfrac{1-t_i}{\alpha_i}$，$u_i=\dfrac{t_i+\alpha_i\Delta t-1}{\alpha_i^2\Delta t}d_i$，$t_i=\mathrm{e}^{-\alpha_i\Delta t}$，$i=(\mathrm{N,E,U})$

7. GNSS/INS 组合系统状态方程

前面讨论了 INS 的误差状态方程［式（10.32）］和 GNSS 定位的误差状态方程［式（10.39）］的具体表达形式。GNSS/INS 组合系统的状态变量应由 INS 的误差状态变量与 GNSS 的误差状态变量共同组成。至于是否增加或增加什么类型的 GNSS 误差状态变量，取决于 GNSS 与 INS 的组合方式，以及选择哪种 GNSS 观测信息作为 INS 滤波器的测量输入信息。

对于分布式卡尔曼滤波组合方式，有 2 个卡尔曼滤波器分别处理 INS 与 GNSS 数据，2 个卡尔曼滤波器的误差状态方程单独建立，这已在前面进行了分析。

对于集中式卡尔曼滤波组合方式，只有 1 个卡尔曼滤波器。GNSS/INS 组合导航系统的误差状态方程中，除了有 INS 的 18 个误差状态变量，是否还需要增加与 GNSS 有关的误差状态变量，应视观测修正信息的选择而定。如果选择位置、速度为观测信息，则不需要在 GNSS/INS 组合系统中增加 GNSS 的状态变量。当采用 GNSS 基本观测量作为测量修正信息时，一般利用状态扩充法，将 GNSS 接收机的钟差及其钟漂扩充到 GNSS/INS 组合导航系统的状态向量中，使其符合卡尔曼滤波的要求。

这里选择 INS 和 GNSS 的位置、速度观测信息组成测量方程，且讨论集中式卡尔曼滤波组合方式。此时，GNSS/INS 组合导航系统的误差状态变量仍取 INS 的误差状态变量，无须扩充 GNSS 误差状态变量。GNSS/INS 组合导航系统的误差状态方程和 INS 误差状态方程［式（10.32）］有相同的形式，表达如下：

$$
\dot{\boldsymbol{X}}(t)=\boldsymbol{F}(t)\boldsymbol{X}(t)+\boldsymbol{G}(t)\boldsymbol{W}(t) \tag{10.52}
$$

式中，

$$
\boldsymbol{X}(t)=\boldsymbol{X}_{\mathrm{I}}(t)=
$$

$$
[\varphi_{\mathrm{E}}\quad \varphi_{\mathrm{N}}\quad \varphi_{\mathrm{U}}\quad \delta v_{\mathrm{E}}\quad \delta v_{\mathrm{N}}\quad \delta v_{\mathrm{U}}\quad \delta L\quad \delta\lambda\quad \delta h\quad \varepsilon_{bx}\quad \varepsilon_{by}\quad \varepsilon_{bz}\quad \varepsilon_{rx}\quad \varepsilon_{ry}\quad \varepsilon_{rz}\quad \nabla_x\quad \nabla_y\quad \nabla_z]^{\mathrm{T}}_{18\times1}
$$

10.2.2　GNSS/INS 组合导航系统测量方程

对应于状态方程［式(10.52)］，GNSS/INS 组合导航系统选择位置、速度组合，系统的测量值包含两种：一为位置测量差值，二为速度测量差值。其中位置测量差值是由 INS 给出的位置信息（经度、纬度、高度）与 GNSS 接收机计算出的相应的位置信息求差，作为一种测量信息；速度测量差值是由 INS 给出的速度信息与 GNSS 接收机给出的相应速度信息求差，作为另一种测量信息。

INS 的位置测量信息可表示为 t 系下的真值与相应误差之和，即

$$\begin{bmatrix} L_{\mathrm{I}} \\ \lambda_{\mathrm{I}} \\ h_{\mathrm{I}} \end{bmatrix} = \begin{bmatrix} L_t + \delta L \\ \lambda_t + \delta \lambda \\ h_t + \delta h \end{bmatrix} \tag{10.53}$$

GNSS 接收机的位置测量信息可表示为 t 系下的真值与相应误差之差，即

$$\begin{bmatrix} L_{\mathrm{G}} \\ \lambda_{\mathrm{G}} \\ h_{\mathrm{G}} \end{bmatrix} = \begin{bmatrix} L_t - \dfrac{N_{\mathrm{N}}}{R_{\mathrm{M}}} \\ \lambda_t - \dfrac{N_{\mathrm{E}}}{R_{\mathrm{N}} \cos L} \\ h_t - N_h \end{bmatrix} \tag{10.54}$$

式中，L_t，λ_t，h_t 表示真实位置；N_{E}，N_{N}，N_{U} 为 GNSS 接收机沿东、北、天方向的位置误差。

位置测量向量定义如下：

$$\boldsymbol{Z}_p(t) = \begin{bmatrix} (L_{\mathrm{I}} - L_{\mathrm{G}}) R_{\mathrm{M}} \\ (\lambda_{\mathrm{I}} - \lambda_{\mathrm{G}}) R_{\mathrm{N}} \cos L \\ h_{\mathrm{I}} - h_{\mathrm{G}} \end{bmatrix} = \begin{bmatrix} R_{\mathrm{M}} \delta L + N_{\mathrm{N}} \\ R_{\mathrm{N}} \delta \lambda \cos L + N_{\mathrm{E}} \\ \delta h + N_{\mathrm{U}} \end{bmatrix} \equiv \boldsymbol{H}_p(t) \boldsymbol{X}(t) + \boldsymbol{V}_p(t) \tag{10.55}$$

式中，$\boldsymbol{H}_p = [\boldsymbol{0}_{3\times 6} \vdots \mathrm{diag}[R_{\mathrm{M}} \quad R_{\mathrm{N}} \cos L \quad 1] \vdots \boldsymbol{0}_{3\times 9}]_{3\times 18}$，$\boldsymbol{V}_p = [N_{\mathrm{N}} \quad N_{\mathrm{E}} \quad N_{\mathrm{U}}]^{\mathrm{T}}$。

将测量噪声 $\boldsymbol{V}_p$ 作为白噪声处理，其各元素的方差分别为 $\sigma_{p\mathrm{N}}^2$，$\sigma_{p\mathrm{E}}^2$，$\sigma_{p\mathrm{U}}^2$，记 σ_ρ 为 GNSS 接收机伪距测量误差，则有

$$\left.\begin{aligned} \sigma_{p\mathrm{N}} &= \sigma_\rho \cdot \mathrm{HDOP}_{\mathrm{N}} \\ \sigma_{p\mathrm{E}} &= \sigma_\rho \cdot \mathrm{HDOP}_{\mathrm{E}} \\ \sigma_{p\mathrm{U}} &= \sigma_\rho \cdot \mathrm{VDOP} \end{aligned}\right\} \tag{10.56}$$

INS 的速度测量信息可表示为 t 系下的真值与相应的速度误差之和，即

$$\begin{bmatrix} v_{\mathrm{IE}} \\ v_{\mathrm{IN}} \\ v_{\mathrm{IU}} \end{bmatrix} = \begin{bmatrix} v_{\mathrm{E}} + \delta v_{\mathrm{E}} \\ v_{\mathrm{N}} + \delta v_{\mathrm{N}} \\ v_{\mathrm{U}} + \delta v_{\mathrm{U}} \end{bmatrix} \tag{10.57}$$

GNSS 的速度测量信息可表示为 t 系下的真值与相应的测速误差之差，即

$$\begin{bmatrix} v_{\mathrm{GE}} \\ v_{\mathrm{GN}} \\ v_{\mathrm{GU}} \end{bmatrix} = \begin{bmatrix} v_{\mathrm{E}} - M_{\mathrm{E}} \\ v_{\mathrm{N}} - M_{\mathrm{N}} \\ v_{\mathrm{U}} - M_{\mathrm{U}} \end{bmatrix} \tag{10.58}$$

式中，v_{E}，v_{N}，v_{U} 是载体沿 t 系东、北、天坐标轴的真实速度；M_{E}，M_{N}，M_{U} 为 GNSS 接收机的测速误差在东、北、天坐标轴上的分量。

速度测量向量定义如下：

$$
\boldsymbol{Z}_v(t)=\begin{bmatrix} v_{\mathrm{IE}}-v_{\mathrm{GE}} \\ v_{\mathrm{IN}}-v_{\mathrm{GN}} \\ v_{\mathrm{IU}}-v_{\mathrm{GU}} \end{bmatrix}=\begin{bmatrix} \delta v_{\mathrm{E}}+M_{\mathrm{E}} \\ \delta v_{\mathrm{N}}+M_{\mathrm{N}} \\ \delta v_{\mathrm{U}}+M_{\mathrm{U}} \end{bmatrix}\equiv \boldsymbol{H}_v(t)\boldsymbol{X}(t)+\boldsymbol{V}_v(t) \tag{10.59}
$$

式中，$\boldsymbol{H}_v(t)=[\boldsymbol{0}_{3\times 3} \vdots \mathrm{diag}[1\quad 1\quad 1] \vdots \boldsymbol{0}_{3\times 12}]$，$\boldsymbol{V}_v=[M_{\mathrm{E}}\quad M_{\mathrm{N}}\quad M_{\mathrm{U}}]^{\mathrm{T}}$。

将测量噪声 $\boldsymbol{V}_v$ 作为白噪声处理，其各元素的方差分别为 $\sigma_{v\mathrm{E}}^2$，$\sigma_{v\mathrm{N}}^2$，$\sigma_{v\mathrm{U}}^2$，记 GNSS 接收机的伪距率 $\dot{\rho}$ 测量方差为 $\sigma_{\dot{\rho}}^2$，则有

$$
\left.\begin{aligned} \sigma_{v\mathrm{E}} &= \sigma_{\dot{\rho}}\cdot \mathrm{HDOP}_{\mathrm{E}} \\ \sigma_{v\mathrm{N}} &= \sigma_{\dot{\rho}}\cdot \mathrm{HDOP}_{\mathrm{N}} \\ \sigma_{v\mathrm{U}} &= \sigma_{\dot{\rho}}\cdot \mathrm{VDOP}_{\mathrm{U}} \end{aligned}\right\} \tag{10.60}
$$

将位置测量向量方程［式(10.55)］和速度测量向量方程［式(10.59)］合并，即得到 GNSS/INS 组合导航系统位置、速度测量方程，为

$$
\boldsymbol{Z}(t)=\begin{bmatrix} \boldsymbol{Z}_p(t) \\ \boldsymbol{Z}_v(t) \end{bmatrix}=\begin{bmatrix} \boldsymbol{H}_p \\ \boldsymbol{H}_v \end{bmatrix}\boldsymbol{X}(t)+\begin{bmatrix} \boldsymbol{V}_p(t) \\ \boldsymbol{V}_v(t) \end{bmatrix}=\boldsymbol{H}(t)\boldsymbol{X}(t)+\boldsymbol{V}(t) \tag{10.61}
$$

10.2.3　状态方程与测量方程离散化

将状态方程［式(10.52)］和量测方程［式(10.61)］离散化，可得

$$
\left.\begin{aligned} \boldsymbol{X}_k &= \boldsymbol{\Phi}_{k,k-1}\boldsymbol{X}_{k-1}+\boldsymbol{\Gamma}_{k-1}\boldsymbol{W}_{k-1} \\ \boldsymbol{Z}_k &= \boldsymbol{H}_k\boldsymbol{X}_k+\boldsymbol{V}_k \end{aligned}\right\} \tag{10.62}
$$

式中，

$$
\boldsymbol{\Phi}_{k,k-1}=\sum_{n=0}^{\infty}[\boldsymbol{F}(t_k)T]^n/n!,\quad \boldsymbol{\Gamma}_{k-1}=\left\{\sum_{n=1}^{\infty}\frac{1}{n!}[\boldsymbol{F}(t_k)T]^{n-1}\right\}\boldsymbol{G}(t_k)T \tag{10.63}
$$

上两式中 T 为迭代周期，在实际计算时，两式仅取有限项即可。

10.2.4　GNSS/INS 组合卡尔曼滤波器

采用 GNSS 接收机和 INS 输出的位置、速度信息的差值作为测量信息，经组合卡尔曼滤波器估计 INS 的误差，然后对 INS 进行校正。由 10.1 节的介绍可知，根据对 INS 校正方法的不同，松散组合模式的卡尔曼滤波器可以分为两种形式——一是开环校正（输出校正），二是闭环校正（反馈校正），两者的滤波设计有所不同。

1. 开环校正卡尔曼滤波器

用组合卡尔曼滤波器对 INS 进行开环校正，其原理如 10.1 节中的图 10－2（a）所示。在开环校正卡尔曼滤波器的状态方程中不含控制项。开环校正卡尔曼滤波方程为

$$
\left.\begin{aligned} \hat{\boldsymbol{X}}_{k|k-1} &= \boldsymbol{\Phi}_{k,k-1}\hat{\boldsymbol{X}}_{k-1} \\ \hat{\boldsymbol{X}}_k &= \hat{\boldsymbol{X}}_{k|k-1}+\boldsymbol{K}_k(\boldsymbol{Z}_k-\boldsymbol{H}_k\hat{\boldsymbol{X}}_{k|k-1}) \\ \boldsymbol{K}_k &= \boldsymbol{P}_{k|k-1}\boldsymbol{H}_k^{\mathrm{T}}[\boldsymbol{H}_k\boldsymbol{P}_{k|k-1}\boldsymbol{H}_k^{\mathrm{T}}+\boldsymbol{R}_k]^{-1} \\ \boldsymbol{P}_{k|k-1} &= \boldsymbol{\Phi}_{k,k-1}\boldsymbol{P}_{k-1}\boldsymbol{\Phi}_{k,k-1}^{\mathrm{T}}+\boldsymbol{Q}_{k-1} \\ \boldsymbol{P}_k &= (\boldsymbol{I}-\boldsymbol{K}_k\boldsymbol{H}_k)\boldsymbol{P}_{k|k-1} \end{aligned}\right\} \tag{10.64}
$$

通过卡尔曼滤波器的递推运算，可以得到估计值 $\hat{\boldsymbol{X}}_k$。记 INS 输出的误差状态为 $\boldsymbol{X}_k$，如果用滤波估计对 $\hat{\boldsymbol{X}}_k$ 进行开环校正，则校正后的 GNSS/INS 组合导航系统误差为

$$\tilde{\boldsymbol{X}}_k = \boldsymbol{X}_k - \hat{\boldsymbol{X}}_k \tag{10.65}$$

显然，$\tilde{\boldsymbol{X}}_k$ 也是卡尔曼滤波器的滤波估计误差。因此，用滤波估计对系统进行开环校正，校正后的系统精度和卡尔曼滤波器的滤波估计精度相同。因此，可以用卡尔曼滤波器的协方差来描述开环校正后的系统精度，即通常的协方差分析法。

2. 闭环校正卡尔曼滤波器

用组合卡尔曼滤波器对 INS 进行闭环校正，其原理如 10.1 节中的图 10－2（b）所示。闭环校正是将卡尔曼滤波的惯导参数误差的估值反馈到 INS 内部，对误差状态进行校正。

根据反馈校正的状态的性质，反馈校正又分 3 种：对速度误差和位置误差等的校正（亦称脉冲反馈校正）、对平台误差角的校正（亦称速率校正）、对惯性器件误差的校正（亦称补偿校正）。进行闭环校正时，卡尔曼滤波的状态方程中将含有控制项，离散随机线性控制系统状态方程和测量方程可表达为

$$\left.\begin{aligned}\boldsymbol{X}_{k+1} &= \boldsymbol{\Phi}_{k+1,k}\boldsymbol{X}_k + \boldsymbol{B}_k\boldsymbol{U}_k + \boldsymbol{W}_k\\ \boldsymbol{Z}_k &= \boldsymbol{H}_k\boldsymbol{X}_k + \boldsymbol{V}_k\end{aligned}\right\} \tag{10.66}$$

式中，$\boldsymbol{U}_k$ 是 r 维控制输入向量；$\boldsymbol{B}_k$ 是 $n\times r$ 阶矩阵，叫作控制分布矩阵，控制规律是可知的，因此 $\boldsymbol{U}_k$ 总是被看成已知输入；其他各项含义都与前述讨论中相同。由式（10.66）可以导出闭环校正卡尔曼滤波方程，即

$$\left.\begin{aligned}\hat{\boldsymbol{X}}_{k|k-1} &= \boldsymbol{\Phi}_{k,k-1}\hat{\boldsymbol{X}}_{k-1} + \boldsymbol{B}_{k-1}\boldsymbol{U}_{k-1}\\ \hat{\boldsymbol{X}}_k &= \hat{\boldsymbol{X}}_{k|k-1} + \boldsymbol{K}_k(\boldsymbol{Z}_k - \boldsymbol{H}_k\hat{\boldsymbol{X}}_{k|k-1})\\ \boldsymbol{K}_k &= \boldsymbol{P}_{k|k-1}\boldsymbol{H}_k^{\mathrm{T}}[\boldsymbol{H}_k\boldsymbol{P}_{k|k-1}\boldsymbol{H}_k^{\mathrm{T}} + \boldsymbol{R}_k]^{-1}\\ \boldsymbol{P}_{k|k-1} &= \boldsymbol{\Phi}_{k,k-1}\boldsymbol{P}_{k-1}\boldsymbol{\Phi}_{k,k-1}^{\mathrm{T}} + \boldsymbol{Q}_{k-1}\\ \boldsymbol{P}_k &= (\boldsymbol{I} - \boldsymbol{K}_k\boldsymbol{H}_k)\boldsymbol{P}_{k|k-1}\end{aligned}\right\} \tag{10.67}$$

比较闭环校正卡尔曼滤波方程［式(10.67)］与开环校正卡尔曼滤波方程［式(10.64)］，两种卡尔曼滤波方程的形式相同，只是在闭环校正卡尔曼滤波方程的预测估计中多了一项控制项。

3. 卡尔曼滤波器初始值的确定

卡尔曼滤波是一个递推计算的过程，对于 GNSS/INS 松散组合模式，可以采用式（10.64）或式（10.67）的卡尔曼滤波方程。

在滤波开始时，必须给定初始值 $\hat{\boldsymbol{X}}_0$，$\boldsymbol{P}_0$ 才能进行滤波。为了确保估值的无偏性和估计均方差最小的特性，应选择初始状态的一、二阶统计特性分别为

$$\left.\begin{aligned}\hat{\boldsymbol{X}}_0 &= E\{\boldsymbol{X}_0\} = \boldsymbol{m}_{X_0}\\ \boldsymbol{P}_0 &= E\{[\boldsymbol{X}_0 - \hat{\boldsymbol{X}}_0][\boldsymbol{X}_0 - \hat{\boldsymbol{X}}_0]^{\mathrm{T}}\} = \mathrm{Var}\{\boldsymbol{X}_0\} = \boldsymbol{C}_{X_0}\end{aligned}\right\} \tag{10.68}$$

在实际应用中，被估计状态的一、二阶统计特性 $\boldsymbol{m}_{X_0}$ 和 $\boldsymbol{C}_{X_0}$ 往往不能准确地得到。在该情况下，由于 INS 经过实验室和户外校验，粗对准后的误差状态变量一般是随机的，可以

选取

$$\hat{\boldsymbol{X}}_0 = E(\boldsymbol{X}_0) = \boldsymbol{0} \tag{10.69}$$

而 $\hat{\boldsymbol{X}}_0$ 的方差矩阵为

$$\boldsymbol{P}_0 = E\{\hat{\boldsymbol{X}}_0\hat{\boldsymbol{X}}_0^{\mathrm{T}}\} = \mathrm{diag}[\sigma_{\varphi_E}^2\sigma_{\varphi_N}^2\sigma_{\varphi_U}^2\sigma_{v_E}^2\sigma_{v_N}^2\sigma_{v_U}^2\sigma_L^2\sigma_\lambda^2\sigma_h^2\sigma_{\varepsilon_E}^2\sigma_{\varepsilon_N}^2\sigma_{\varepsilon_U}^2\sigma_{\nabla_E}^2\sigma_{\nabla_N}^2\sigma_{\nabla_U}^2] \tag{10.70}$$

式中，σ_{φ_E}，σ_{φ_N}，σ_{φ_U}为平台姿态失准误差，由平台粗对准精度来确定，例如精对准启动滤波器时，可取水平初始误差角为 $\sigma_{\varphi_E} = \sigma_{\varphi_N} = 100''$，方位初始误差角为 $\sigma_{\varphi_U} = 1° = 3\,600''$；$\sigma_{v_E}$，$\sigma_{v_N}$，$\sigma_{v_U}$为初始速度误差，应取一较小的数值，如 $\sigma_{v_E} = \sigma_{v_N} = \sigma_{v_U} = 0.000\,1\ \mathrm{m/s}$，因为精对准结束时，一般要将速度置零；位置初始误差为 σ_L，σ_λ，σ_h，其取值可视初始点已知坐标值的精度来确定。至于 σ_ε 和 σ_∇ 则取决于 INS 检测校正的精度，它反映了经检测校正之后的剩余陀螺漂移和剩余加速度计零漂的均方根值。值得注意的是，如果初始状态间存在相互关联的关系，则 $\boldsymbol{P}_0$ 中相应非对角线元素不为零。比如，INS 在初始对准结束时，即与其他导航系统进行组合，这时加速度计零漂和陀螺漂移与平台姿态角误差之间有关联，此时

$$\left.\begin{aligned} \varphi_E &= -\nabla_N/g \\ \varphi_N &= \nabla_E/g \\ \varphi_U &= \varepsilon_E/(\omega_{ie}\cos L) = \varepsilon_E/\Omega_N \end{aligned}\right\} \tag{10.71}$$

则 $\boldsymbol{P}_0$ 中除了对角元素

$$\left.\begin{aligned} P_0(\varphi_E) &= 1/g^2 \cdot E\{\nabla_N^2\} \\ P_0(\varphi_N) &= 1/g^2 \cdot E\{\nabla_E^2\} \\ P_0(\varphi_U) &= 1/\Omega_N^2 \cdot E\{\varepsilon_E^2\} \end{aligned}\right\} \tag{10.72}$$

还有非对角线元素

$$\left.\begin{aligned} P_0(\varphi_E,\nabla_N) &= P_0(\nabla_N,\varphi_E) = -1/g \cdot E\{\nabla_N^2\} \\ P_0(\varphi_N,\nabla_E) &= P_0(\nabla_E,\varphi_N) = 1/g \cdot E\{\nabla_E^2\} \\ P_0(\varphi_U,\varepsilon_E) &= P_0(\varepsilon_E,\varphi_U) = 1/\Omega_N \cdot E\{\varepsilon_E^2\} \end{aligned}\right\} \tag{10.73}$$

式中，$P_0(A)$为状态 A 的初始估计均方误差；$P_0(A,B)$为 A 与 B 的初始估计误差相关系数。

4. *滤波应用中的问题及其解决方法*

在实际应用中，卡尔曼滤波的建模误差问题，包括有色噪声问题以及数值计算不稳定问题，它们都可能使卡尔曼滤波器发散，使滤波结果严重失真。

(1) 卡尔曼滤波器要求系统噪声和测量噪声必须是零均值白噪声，但是在实践中难以满足这个条件。例如，若将 GNSS 观测结果作为滤波器的测量信息，则诸如电离层折射误差等作为测量噪声就不是零均值白噪声，而是有色噪声。再比如，将 GNSS 相位观测数据作为组合滤波器的测量信息，则相位观测值中的粗差、周跳以及初始整周模糊度解算误差都会使测量方程产生系统性偏差项，导致测量方程产生建模误差。

解决有色噪声的传统方法有如下几种：①利用成型滤波器对有色噪声建模，然后扩充状态向量的维数及相应的状态方程，将问题转化成标准的卡尔曼滤波问题。②延长组合滤波器的迭代周期，使迭代周期大大超过误差相关的时间，从而可以把测量误差作为白噪声来处理。③将与时间相关的测量序列进行差分组合，消去与时间相关的误差，从而使新的观测误差序列成为白噪声序列。④将 GNSS 滤波器和组合滤波器统一考虑，运用分散滤波器理论进

行设计，具体分析在下一节中进行。以上传统方法各有优、缺点，在实践中可以参考研究有关有色噪声处理方法，根据具体情况，寻找计算量小、算法的公式结构与标准卡尔曼滤波公式一样、软件编程易于实现的方法。

（2）在卡尔曼滤波过程中，由于计算机有效字长的限制，滤波算法在计算机上实施时容易产生舍入误差积累，误差协方差矩阵丧失正定性或对称性，从而导致数值计算出现不稳定现象，状态向量的阶数越高（比如 $n>10$），滤波过程中越容易产生滤波结果不稳定现象。

为了解决滤波器数值计算不稳定的问题，人们在实践中已研究和使用了许多方法，如平方根滤波、自适应滤波、固定增益滤波等，其中，在“平方根法”与“观测量序贯处理”基础上提出的平方根 UDUT 滤波计算法较受欢迎。

总之，在卡尔曼滤波的实际应用中，在寻找和设计快速、稳定的滤波算法方面，前人已做了大量有效的工作。同时，工程实践中出现了许多新的要求。因此，在应用卡尔曼滤波解决工程实际问题时，可以参考有关文献，研究开发计算量小、估计精度高的滤波方法。

10.3 GNSS/INS 深度组合模式

10.3.1 GNSS/INS 的伪距、伪距率组合

1. GNSS/INS 组合导航系统状态方程

采用伪距、伪距率进行组合，是 GNSS/INS 深度组合的基本模式。与 GNSS/INS 松散组合模式一样，伪距、伪距率组合的系统状态仍由两部分构成：一是 INS 的误差状态；二是 GNSS 的误差状态。

其中 INS 的误差状态方程与 10.2 节中的 INS 误差状态方程［式(10.32)］相同，即

$$\dot{\boldsymbol{X}}_{\mathrm{I}}(t)=\boldsymbol{F}_{\mathrm{I}}(t)\boldsymbol{X}_{\mathrm{I}}(t)+\boldsymbol{G}_{\mathrm{I}}(t)\boldsymbol{W}_{\mathrm{I}}(t) \tag{10.74}$$

GNSS 的误差状态，在伪距、伪距率组合系统中，通常取两个与时间有关的误差：一个是与时钟误差等效的距离误差 δt_u，另一个是与时钟频率误差等效的距离率误差 Δt_{ru}。GNSS 误差状态 δt_u，δt_{ru}的微分方程为

$$\left.\begin{aligned}\delta\dot{t}_u&=\delta t_{ru}+\omega_{tu}\\ \delta\dot{t}_{ru}&=-\beta_{tru}\delta t_{ru}+\omega_{tru}\end{aligned}\right\} \tag{10.75}$$

将上式写成矩阵的形式，即

$$\dot{\boldsymbol{X}}_{\mathrm{G}}(t)=\boldsymbol{F}_{\mathrm{G}}(t)\boldsymbol{X}_{\mathrm{G}}(t)+\boldsymbol{G}_{\mathrm{G}}(t)\boldsymbol{W}_{\mathrm{G}}(t) \tag{10.76}$$

式中，

$$\boldsymbol{X}_{\mathrm{G}}(t)=\begin{bmatrix}\delta t_u\\ \delta t_{ru}\end{bmatrix},\ \boldsymbol{F}_{\mathrm{G}}(t)=\begin{bmatrix}0 & 1\\ 0 & -\beta_{tru}\end{bmatrix},\ \boldsymbol{G}_{\mathrm{G}}=\begin{bmatrix}1 & 0\\ 0 & 1\end{bmatrix},\ \boldsymbol{W}_{\mathrm{G}}(t)=\begin{bmatrix}\omega_{tu}\\ -\omega_{tru}\end{bmatrix}$$

将 INS 误差状态方程［式(10.74)］与 GNSS 误差状态方程［式(10.76)］合并，则得到伪距、伪距率组合的系统状态方程

$$\begin{bmatrix}\dot{\boldsymbol{X}}_{\mathrm{I}}(t)\\ \dot{\boldsymbol{X}}_{\mathrm{G}}(t)\end{bmatrix}=\begin{bmatrix}\boldsymbol{F}_{\mathrm{I}}(t) & 0\\ 0 & \boldsymbol{F}_{\mathrm{G}}(t)\end{bmatrix}\begin{bmatrix}\boldsymbol{X}_{\mathrm{I}}(t)\\ \boldsymbol{X}_{\mathrm{G}}(t)\end{bmatrix}+\begin{bmatrix}\boldsymbol{G}_{\mathrm{I}}(t) & 0\\ 0 & \boldsymbol{G}_{\mathrm{G}}(t)\end{bmatrix}\begin{bmatrix}\boldsymbol{W}_{\mathrm{I}}(t)\\ \boldsymbol{W}_{\mathrm{G}}(t)\end{bmatrix} \tag{10.77}$$

即

$$\dot{\boldsymbol{X}}(t)=\boldsymbol{F}(t)\boldsymbol{X}(t)+\boldsymbol{G}(t)\boldsymbol{W}(t) \tag{10.78}$$

2. GNSS/INS 组合伪距差测量方程

在 GNSS/INS 组合导航系统中，设 INS 的测量位置为$[x_{\mathrm{I}}\quad y_{\mathrm{I}}\quad z_{\mathrm{I}}]^{\mathrm{T}}$，由卫星星历确定的卫星 S^j 的位置为$[x_{sj}\quad y_{sj}\quad z_{sj}]^{\mathrm{T}}$，则可以得到由 INS 到卫星 S^j 的伪距，即

$$\rho_{\mathrm{I}j}=[(x_{\mathrm{I}}-x_{sj})^2+(y_{\mathrm{I}}-y_{sj})^2+(z_{\mathrm{I}}-z_{sj})^2]^{1/2} \tag{10.79}$$

设 INS 位置的坐标真值为 $[x\quad y\quad z]^{\mathrm{T}}$，将式（10.79）在$[x\quad y\quad z]^{\mathrm{T}}$处展开成泰勒级数，且仅取到一次项：

$$\rho_{\mathrm{I}j}=[(x-x_{sj})^2+(y-y_{sj})^2+(z-z_{sj})^2]^{1/2}+\frac{\partial\rho_{\mathrm{I}j}}{\partial x}\delta x+\frac{\partial\rho_{\mathrm{I}j}}{\partial y}\delta y+\frac{\partial\rho_{\mathrm{I}j}}{\partial z}\delta z \tag{10.80}$$

取符号代换：

$$[(x-x_{sj})^2+(y-y_{sj})^2+(z-z_{sj})^2]^{1/2}=r_j$$

则有

$$\left.\begin{aligned}
\frac{\partial\rho_{\mathrm{I}j}}{\partial x}&=\frac{(x-x_{sj})}{[(x-x_{sj})^2+(y-y_{sj})^2+(z-z_{sj})^2]^{1/2}}=\frac{x-x_{sj}}{r_j}=e_{j1}\\
\frac{\partial\rho_{\mathrm{I}j}}{\partial y}&=\frac{y-y_{sj}}{r_j}=e_{j2}\\
\frac{\partial\rho_{\mathrm{I}j}}{\partial z}&=\frac{z-z_{sj}}{r_j}=e_{j3}
\end{aligned}\right\}$$

将上述偏导数的表达式以及 r_j 代入式（10.80），则有

$$\rho_{\mathrm{I}j}=r_j+e_{j1}\delta x+e_{j2}\delta y+e_{j3}\delta z \tag{10.81}$$

同时，载体上 GNSS 接收机相对于卫星 S^j 测得的伪距为

$$\rho_{\mathrm{G}j}=r_j+\Delta t_u+v_{\rho j} \tag{10.82}$$

由式（10.81）、式（10.82）中 INS 伪距测量值$\rho_{\mathrm{I}j}$与 GNSS 伪距$\rho_{\mathrm{G}j}$，可以得到伪距差测量方程为

$$\delta\rho_j=\rho_{\mathrm{I}j}-\rho_{\mathrm{G}j}=e_{j1}\delta x+e_{j2}\delta y+e_{j3}\delta z-\delta t_u-v_{\rho j} \tag{10.83}$$

当 GNSS/INS 组合导航系统进行导航时，当选取可见星为 n 颗时（$n\geqslant4$），上式具体写为

$$\delta\boldsymbol{\rho}=\begin{bmatrix}e_{11}&e_{12}&e_{13}&-1\\e_{21}&e_{22}&e_{23}&-1\\\vdots&\vdots&\vdots&\vdots\\e_{n1}&e_{n2}&e_{n3}&-1\end{bmatrix}\begin{bmatrix}\delta x\\\delta y\\\delta z\\\delta t_u\end{bmatrix}-\begin{bmatrix}v_{\rho1}\\v_{\rho2}\\\vdots\\v_{\rho n}\end{bmatrix} \tag{10.84}$$

如果 GNSS/INS 组合导航系统以空间直角坐标系（x，y，z）为导航坐标系，则伪距差测量方程即式（10.84）。这里讨论的是大地坐标系（L，λ，h），因此还需要将上式转换为大地坐标系来表达。由第 2 章的介绍，它们之间有如下关系：

$$\left.\begin{aligned}
x&=(N_{\mathrm{N}}+h)\cos L\cos\lambda\\
y&=(R_{\mathrm{N}}+h)\cos L\cos\lambda\\
z&=[R_{\mathrm{N}}(1-\mathrm{e}^2)+h]\sin L
\end{aligned}\right\} \tag{10.85}$$

于是有

$$
\begin{aligned}
\delta x &= \delta h\cos L\cos\lambda - (R_{\mathrm{N}}+h)\sin L\cos\lambda\delta L - (R_{\mathrm{N}}+h)\cos L\sin\lambda\delta\lambda \\
\delta y &= \delta h\cos L\sin\lambda - (R_{\mathrm{N}}+h)\sin L\sin\lambda\delta L + (R_{\mathrm{N}}+h)\cos L\cos\lambda\delta\lambda \\
\delta z &= \delta h\sin L + [R_{\mathrm{N}}(1-\mathrm{e}^2)+h]\cos L\delta L
\end{aligned}
\tag{10.86}
$$

将式（10.86）代入式（10.84）并进行整理，则可得到伪距差测量方程，即

$$
\boldsymbol{Z}_\rho(t) = \boldsymbol{H}_\rho(t)\boldsymbol{X}(t) + \boldsymbol{V}_\rho(t) \tag{10.87}
$$

式中，

$$
\boldsymbol{H}_\rho = [\boldsymbol{0}_{n\times 6} \vdots \boldsymbol{H}_{\rho 1} \vdots \boldsymbol{0}_{n\times 9} \vdots \boldsymbol{H}_{\rho 2}]_{n\times 20},\quad \boldsymbol{H}_{\rho 1} = \begin{bmatrix} a_{11} & a_{12} & a_{13} \\ a_{21} & a_{22} & a_{23} \\ \vdots & \vdots & \vdots \\ a_{n1} & a_{n2} & a_{n3} \end{bmatrix},\quad \boldsymbol{H}_{\rho 2} = \begin{bmatrix} 1 & 0 \\ 1 & 0 \\ \vdots & \vdots \\ 1 & 0 \end{bmatrix},
$$

$$
\left.
\begin{aligned}
a_{j1} &= (R_{\mathrm{N}}+h)[-e_{j1}\sin L\cos\lambda - e_{j2}\sin L\sin\lambda] + [R_{\mathrm{N}} + (1-\mathrm{e}^2)+h]e_{j3}\cos L \\
a_{j2} &= (R_{\mathrm{N}}+h)[e_{j2}\cos L\cos\lambda - e_{j1}\cos L\sin\lambda] \\
a_{j3} &= e_{j1}\cos L\cos\lambda + e_{j2}\cos L\sin\lambda + e_{j3}\sin L
\end{aligned}
\right\}
$$

3. GNSS/INS 组合伪距率测量方程

安装于载体的 INS 相对于 GNSS 卫星 S^j 有相对运动，则 INS 与 S^j 卫星间的伪距变化率可由下式表示：

$$
\dot{\rho}_{\mathrm{I}j} = e_{j1}(\dot{x}_I - \dot{x}_{sj}) + e_{j2}(\dot{y}_I - \dot{y}_{sj}) + e_{j3}(\dot{z}_I - \dot{z}_{sj}) \tag{10.88}
$$

INS 给出的位置坐标值，可以看成真值与误差之和，于是有

$$
\left.
\begin{aligned}
\dot{x}_{\mathrm{I}} &= \dot{x} + \Delta\dot{x} \\
\dot{y}_{\mathrm{I}} &= \dot{y} + \Delta\dot{y} \\
\dot{z}_{\mathrm{I}} &= \dot{z} + \Delta\dot{z}
\end{aligned}
\right\} \tag{10.89}
$$

将式（10.89）代入式（10.88），可得

$$
\dot{\rho}_{\mathrm{I}j} = e_{j1}(\dot{x}_I - \dot{x}_{sj}) + e_{j2}(\dot{y}_I - \dot{y}_{sj}) + e_{j3}(\dot{z}_I - \dot{z}_{sj}) + e_{j1}\Delta\dot{x} + e_{j2}\Delta\dot{y} + e_{j3}\Delta\dot{z} \tag{10.90}
$$

由 GNSS 接收机测得的伪距变化率为

$$
\dot{\rho}_{\mathrm{G}j} = e_{j1}(\dot{x} - \dot{x}_{sj}) + e_{j2}(\dot{y} - \dot{y}_{sj}) + e_{j3}(\dot{z} - \dot{z}_{sj}) + \Delta t_{ru} + v_{\dot{\rho}j} \tag{10.91}
$$

INS 和 GNSS 的伪距率分别由式（10.90）、式（10.91）表示，将它们求差，可得伪距率测量方程为

$$
\dot{\rho}_{\mathrm{I}j} - \dot{\rho}_{\mathrm{G}j} = e_{j1}\delta\dot{x} + e_{j1}\Delta\dot{y} + e_{j3}\Delta\dot{z} - \delta t_{ru} - v_{\dot{\rho}j} \tag{10.92}
$$

当 GNSS 接收机同时观测 n 颗卫星时（即 $j=1,\ 2,\ \cdots n,\ n\geqslant 4$），伪距率观测方程为

$$
\delta\dot{\boldsymbol{\rho}} = \begin{bmatrix} e_{11} & e_{12} & e_{13} & -1 \\ e_{21} & e_{22} & e_{23} & -1 \\ \vdots & \vdots & \vdots & \vdots \\ e_{n1} & e_{n2} & e_{n3} & -1 \end{bmatrix} \begin{bmatrix} \delta\dot{x} \\ \delta\dot{y} \\ \delta\dot{z} \\ \delta t_u \end{bmatrix} - \begin{bmatrix} v_{\dot{\rho}1} \\ v_{\dot{\rho}2} \\ \vdots \\ v_{\dot{\rho}n} \end{bmatrix} \tag{10.93}
$$

上式中 $\delta\dot{x}$，$\delta\dot{y}$，$\delta\dot{z}$为在空间直角坐标系中表示的速度误差。设 $\boldsymbol{C}_t^e$ 为由 t 系到地球直角坐标系（e 系）的坐标变换矩阵，则在 t 系中表示的速度误差 δv_{E}，δv_{N}，δv_{U}，可通过 $\boldsymbol{C}_t^e$ 变换到 e 系中，即

$$\begin{bmatrix} \delta\dot{x} \\ \delta\dot{y} \\ \delta\dot{z} \end{bmatrix} = \boldsymbol{C}_t^e \begin{bmatrix} \delta v_{\mathrm{E}} \\ \delta v_{\mathrm{N}} \\ \delta v_{\mathrm{U}} \end{bmatrix} \tag{10.94}$$

展开上式，有

$$\left.\begin{aligned} \delta\dot{x} &= -\delta v_{\mathrm{E}}\sin\lambda - \delta v_{\mathrm{N}}\sin L\cos\lambda + \delta v_{\mathrm{U}}\cos L\cos\lambda \\ \delta\dot{y} &= \delta v_{\mathrm{E}}\cos\lambda - \delta v_{\mathrm{N}}\sin L\sin\lambda + \delta v_{\mathrm{U}}\cos L\sin\lambda \\ \delta\dot{z} &= \delta v_{\mathrm{N}}\cos L + \delta v_{\mathrm{U}}\sin L \end{aligned}\right\} \tag{10.95}$$

将上式代入式（10.93），则可获得伪距率测量方程为

$$\boldsymbol{Z}_{\dot{\rho}}(t) = \boldsymbol{H}_{\dot{\rho}}(t)\boldsymbol{X}(t) + \boldsymbol{V}_{\dot{\rho}}(t) \tag{10.96}$$

式中，

$$\boldsymbol{H}_{\dot{\rho}}(t) = [\boldsymbol{0}_{n\times3} \vdots \boldsymbol{H}_{\dot{\rho}1} \vdots \boldsymbol{0}_{n\times12} \vdots \boldsymbol{H}_{\dot{\rho}2}]_{n\times20},\ \boldsymbol{H}_{\dot{\rho}1} = \begin{bmatrix} b_{11} & b_{12} & b_{13} \\ b_{21} & b_{22} & b_{23} \\ \vdots & \vdots & \vdots \\ b_{n1} & b_{n2} & b_{n3} \end{bmatrix},\ \boldsymbol{H}_{\dot{\rho}2} = \begin{bmatrix} 0 & 1 \\ 0 & 1 \\ \vdots & \vdots \\ 0 & 1 \end{bmatrix},$$

$$\left.\begin{aligned} b_{j1} &= -e_{j1}\sin\lambda + e_{j2}\cos\lambda \\ b_{j2} &= -e_{j1}\sin L\cos\lambda - e_{j2}\sin L\sin\lambda + e_{j3}\cos L \\ b_{j3} &= e_{j1}\cos L\cos\lambda + e_{j2}\cos L\sin\lambda + e_{j3}\sin L \end{aligned}\right\}$$

将伪距差测量方程［式(10.87)］与伪距率测量方程［式(10.96)］合并成 GNSS/INS 组合导航系统的测量方程，观测量则由 n 维伪距差与 n 维伪距率差组成，可表达为

$$\boldsymbol{Z}(t) = \begin{bmatrix} \boldsymbol{H}_{\rho} \\ \boldsymbol{H}_{\dot{\rho}} \end{bmatrix}\boldsymbol{X}(t) + \begin{bmatrix} \boldsymbol{V}_{\rho}(t) \\ \boldsymbol{V}_{\dot{\rho}}(t) \end{bmatrix} = \boldsymbol{H}(t)\boldsymbol{X}(t) + \boldsymbol{V}(t) \tag{10.97}$$

4. GNSS/INS 组合卡尔曼滤波器

根据前面建立的采用伪距、伪距率的 GNSS/INS 组合导航系统的状态方程［式(10.78)］和测量方程［式(10.97)］，首先采用离散化，具体体现在根据系统状态矩阵 $\boldsymbol{F}$ 和系统噪声方差强度矩阵 $\boldsymbol{Q}_k$，去计算转移矩阵 $\boldsymbol{\Phi}_{k,k-1}$ 和系统噪声方差矩阵 $\boldsymbol{\Gamma}_k\boldsymbol{Q}_k\boldsymbol{\Gamma}_k^{\mathrm{T}}$，其方法与 GNSS/INS 松散组合模式相同，可参见 10.1 节、10.2 节以及第 5 章中的有关公式。

由系统的离散方程确定系统的卡尔曼滤波方程，方法与前面的叙述完全一样，这里不再具体罗列卡尔曼滤波方程。在卡尔曼滤波器的设计中，重要的是确定卡尔曼滤波方程的计算方法，其中包括矩阵乘除方法和矩阵分块相乘方法。理论分析与实践试验表明，协方差矩阵的预报运算过程 $\boldsymbol{P}_{k/k-1} = \boldsymbol{\Phi}_{k,k-1}\boldsymbol{P}_{k-1}\boldsymbol{\Phi}_{k,k-1}^{\mathrm{T}} + \boldsymbol{\Gamma}_{k-1}\boldsymbol{Q}_{k-1}\boldsymbol{\Gamma}_{k-1}^{\mathrm{T}}$ 需要的计算量最大，约占整个滤波过程 70% 的时间。不仅如此，在协方差矩阵预报计算过程中，数据输入/输出所需要的传递工作量也最大。因此，减小计算量的关键是提高 $\boldsymbol{\Phi}_{k,k-1}\boldsymbol{P}_{k-1}\boldsymbol{\Phi}_{k,k-1}^{\mathrm{T}}$ 的计算速度。比如，注意到 GNSS/INS 组合导航系统状态转移矩阵大多是稀疏矩阵，利用“矩阵外积”法可导出卡尔曼滤波的快速算法。有需要的读者可参考有关文献，这里不再赘述。

10.3.2　INS 速度辅助 GNSS 接收机环路

INS 速度辅助 GNSS 接收机环路，作为一种 GNSS/INS 深度组合模式，可以解决 GNSS 环

路的机动动态响应性能和噪声响应对环路带宽要求矛盾的问题：在 GNSS 接收机的跟踪环路中接入 INS 速度信息作为跟踪环路的辅助信息，从而达到既满足大机动输入信号的带宽增大的要求，又使环路滤波器的带宽足够小，以满足滤除噪声的要求。

1. 跟踪环路基本原理

1）跟踪环路

由第 4 章对 GNSS 接收机的阐述可以看出，GNSS 接收机跟踪环路分为码跟踪环路和载波跟踪环路。前者达到跟踪伪噪声码的目的，后者则达到跟踪载波（相位锁定）的目的。码跟踪环路通常采用 DLL，而载波跟踪环路通常采用科斯塔斯锁相环。两种跟踪环路的基本工作原理均可用图 10－6 来表示。

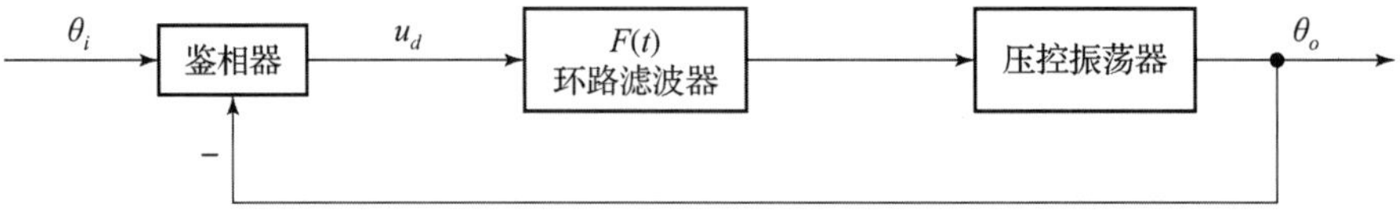

图 10－6　跟踪环路的基本工作原理

鉴相器对 GNSS 输入信号（如 C/A 码）与压控振荡器的输出信号（如本地伪码）之间的相位进行比较，输出一个随相位差变化的误差电压 u_d，u_d 经环路滤波器平滑后，加到压控振荡器，改变压控振荡器输出的相位和频率，使输入、输出信号间的频差消失且使相位差几乎为零，从而达到锁定输入信号的目的。

2）跟踪环路带宽

若跟踪环路的输入信号中掺杂着噪声信号，则跟踪环路中的滤波器对噪声信号起滤除作用，不同的滤波器滤除噪声的能力各不相同，可以用跟踪环路带宽 B_L 来反映跟踪环路对输入噪声的滤除能力。设跟踪环路闭环传递函数为 $H(s)$，则跟踪环路带宽定义为

$$B_L = \int_0^{\infty} |H(\mathrm{j}\omega)|^2 \mathrm{d}\omega \tag{10.98}$$

式中，$H(\mathrm{j}\omega) = \dfrac{c_{n-1}(\mathrm{j}\omega)^{n-1} + \cdots + c_1(\mathrm{j}\omega) + c_0}{d_n(\mathrm{j}\omega)^n + \cdots + d_1(\mathrm{j}\omega) + d_0}$

当 $n=1$，2，3 时，由式（10.98）可知跟踪环路带宽分别为

$$\left.\begin{aligned} B_{L1} &= c_0/(4d_0d_1) \\ B_{L2} &= (c_1^2d_0 + c_0^2d_2)/(4d_0d_1d_2) \\ B_{L3} &= [c_2^2d_0d_1 + (c_1^2 - 2c_0c_2)d_0d_3 + c_0^2d_2d_3]/[4d_0d_3(d_1d_2 - d_0d_3)] \end{aligned}\right\} \tag{10.99}$$

对于无 INS 速度辅助的情况，设跟踪环路滤波器为理想的积分滤波器——$F(s) = K(s+a)/s$，将压控振荡器看作积分环节，则跟踪环路控制结构如图 10－7 所示。

由图 10－7 可得跟踪环路闭环传递函数为 $H(s) = (K(s+a))/(s^2 + Ks + Ka)$。

将上式代入式（10.98），积分得环路带宽为

$$B_L = (K+a)/4 \tag{10.100}$$

由上式可以看出，当不加 INS 速度辅助时，跟踪环路带宽只取决于 K 和 a。若要提高跟踪环路捕获大机动变化信号的能力，则必须增大 K，以扩大跟踪环路带宽 B_L，但跟踪环路带宽的增大会导致跟踪环路滤除噪声性能变差，使 GNSS 接收机抗干扰性能下降。

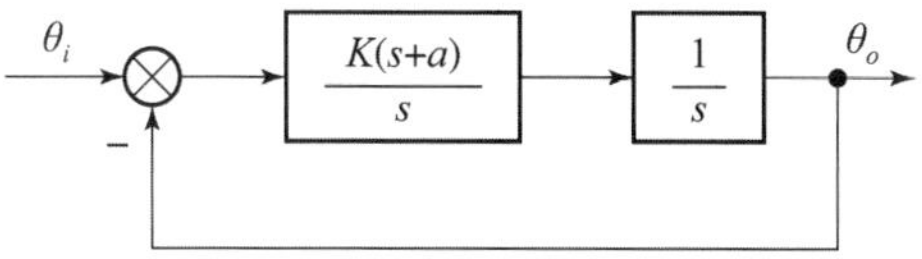

图 10-7 跟踪环路控制结构

2. INS 速度辅助 GNSS 接收机跟踪环路

INS 速度辅助 GNSS 接收机跟踪环路指的是，将 INS 测得的载体的速度信息作为一个辅助信号，加到跟踪环路上，原理如图 10-8 所示。INS 速度辅助使跟踪环路带宽大大增大，使系统能很好地跟踪载体的大机动运动；同时，使跟踪环路中滤波器的滤波带宽与未引入 INS 速度辅助时相比减小很多，从而更有效地发挥滤波器的滤除干扰噪声的功能。

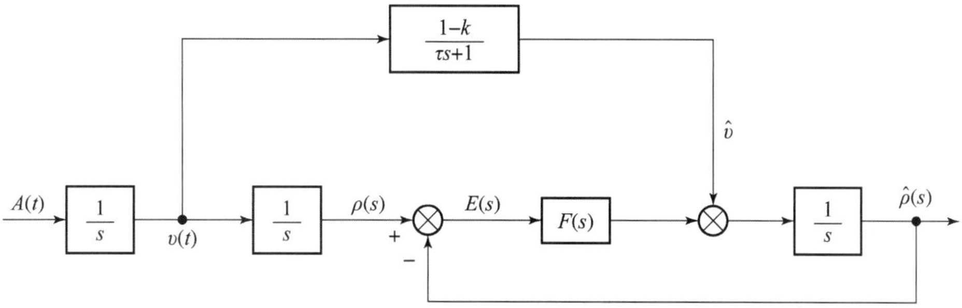

图 10-8 INS 速度辅助 GNSS 跟踪环路原理

在图 10-8 中，$A(t)$ 表示载体在伪距方向上的运动加速度，$(1-k)/(\tau s+1)$ 表示 INS 测量载体速度的不完善，即 $\dot{\rho}_{\mathrm{I}}$ 的误差，其中 τ 为测量滞后时间常数，k 为标度系数误差。假设跟踪环路滤波器仍为理想积分滤波器——$F(s)=K(s+a)/s$，将压控振荡器看作积分环节，由图 10-8 可以求出跟踪环路的传递函数

$$H(s)=\frac{\hat{\rho}(s)}{\rho(s)}=\frac{[(1-k)+K\tau]s^2+(K+Ka\tau)s+Ka}{\tau s^2+(1+K\tau)s^2+(K+Ka\tau)s+Ka} \tag{10.101}$$

$$H_e(s)=\frac{E(s)}{\rho(s)}=\left(\frac{\tau s+k}{\tau s+1}\right)\cdot\frac{s^2}{s^2+Ks+Ka\tau} \tag{10.102}$$

当 INS 速度信息为理想值时（即 $\tau=0$，$k=0$），将其代入上两式，则有 $H(s)=1$，$H_e(s)=0$。这说明理想 INS 速度辅助下的 GNSS 接收机跟踪环路能够跟踪载体的任何机动运动而不会产生误差。然而，在实际的跟踪环路中，压控振荡器存在不稳定等因素，即使 INS 速度辅助信息不含误差，仍然会导致跟踪误差。不过，在一定信噪比的条件下，INS 速度辅助信息越精确，则跟踪误差就越小。

3. INS 速度辅助下的跟踪环路带宽

将 INS 速度辅助下的跟踪环路传递函数［式(10.101)］代入跟踪环路带宽的定义公式［式(10.98)］，积分可得跟踪环路等效带宽 B_L。

$$B_L=\frac{c_2^2d_0d_1+(c_1^2-2c_0c_2)d_0d_3+c_0^2d_2d_3}{4d_0d_3(d_1d_2-d_0d_3)} \tag{10.103}$$

式中，

$$c_0=Ka,\quad c_1=K+Ka\tau,\quad c_2=1-k+\tau k$$
$$d_0=Ka,\quad d_1=K+Ka\tau,\quad d_2=1+\tau k,\quad d_3=\tau$$

将滤波器参数 K，a 取不同值，同时对 INS 速度辅助信息的不完善参数 k 和 τ 也取不同的值，代入式（10.100）、式（10.103），得到无 INS 速度辅助与有速度辅助时的跟踪环路带宽（表 10－1）。

表 10－1　不同参数下，INS 速度辅助精度不同时跟踪环路等效带宽　　Hz

INS 速度辅助情况	参数	$K=1\ 040$，$a=0.04$ $k=0.001$，$\tau=0.001$	$K=20$，$a=0.04$ $k=0.001$，$\tau=0.001$	$K=1\ 040$，$a=0.04$ $k=0.001$，$\tau=0.000\ 1$
	无 INS 速度辅助	260	5	260
	有 INS 速度辅助	637	260	2 990

由表 10－1 中第 3、4 列的数据可以看出，当有 INS 速度辅助的跟踪环路带宽与无 INS 速度辅助的跟踪环路带宽要求一致时，有 INS 速度辅助的跟踪环路可以较大幅度地减小 K 值，而使跟踪环路等效带宽在原有基础上缩减为原来的 1/52，这充分说明了 INS 速度辅助跟踪环路能在满足 GNSS 接收机输入信号大幅变化的要求的同时，使滤波器 $F(s)$ 的带宽足够小，可极好地滤除干扰噪声，增强 GNSS 接收机的抗干扰能力。

由表 10－1 中第 3、5 列的数据又可以看出，INS 速度辅助数据测得越精确（即 τ 与 k 的值越小），则跟踪环路带宽在同样的滤波器参数下就变得越大，这说明在满足大机动输入信号要求的同时，可以更大地减少跟踪环路内滤波器的噪声带宽，更好地起到滤除噪声的作用。

4. INS 速度辅助下跟踪环路的跟踪特性

在跟踪环路中，鉴相器是唯一的非线性元件，若输入信号的相位与本地振荡信号相位之差为 φ，则鉴相器的输入 φ 与输出 E 呈非线性关系：$E=\sin\varphi$。当跟踪环路工作在跟踪（锁相）状态时，由于 φ 值非常小（近似 0），则鉴相器可作线性化处理，对跟踪性能可采用线性分析方法。跟踪环路的性能主要体现在跟踪环路的稳态误差和过渡过程两方面。

1）INS 速度辅助下跟踪环路的稳态误差

当跟踪环路未采用 INS 速度辅助时，跟踪环路的滤波器采用理想积分环节 $F(s)=K(s+a)/s$，压控振荡器为积分环节 $1/s$，则跟踪环路的误差传递函数为

$$\frac{E(s)}{\rho(s)}=\frac{s^2}{s^2+Ks+Ka} \tag{10.104}$$

惯性测量伪距为 $\rho(t)=\rho_0+vt+1/2At^2$ 时（v 和 A 分别为伪距方向上的载体速度和加速度），则稳态误差为

$$E_{s,s}=A/(Ka) \tag{10.105}$$

显然，采用理想积分滤波器的二阶跟踪环路的稳态误差与载体加速度 A 成正比，稳态误差可称为加速度误差。欲减小稳态误差，则需增大增益 K。由式（10.100）可见，这将导致环路噪声带宽增大，噪声滤除性能降低，从而使跟踪环路的抗干扰能力大大下降。

在跟踪环路采用 INS 速度辅助后，跟踪环路的误差传递函数为

$$\frac{E(s)}{\rho(s)}=\left(\frac{\tau s+k}{\tau s+1}\right)\frac{s^2}{s^2+Ks+Ka} \tag{10.106}$$

INS 速度辅助在理想情况下，既不存在标度系数误差，也不存在时间滞后，即 $k=0$，$\tau=0$，则有 $E(s)=0$，这说明不管载体如何做大机动运动，跟踪环路都不会产生稳态误差。

实际上，k 和 τ 不可能为零，此时稳态误差为

$$E_{s,s} = kA/Ka \tag{10.107}$$

比较式（10.105）和式（10.107），INS 速度辅助下跟踪环路的稳态误差为无 INS 速度辅助时的 k 倍。比如，当 $k=0.001$ 时，有 INS 速度辅助的跟踪环路的稳态误差仅是无 INS 速度辅助的跟踪环路的 1/1 000。

2）INS 速度辅助下跟踪环路的过渡过程

根据线性系统的分析方法，假如线性系统的传递函数为

$$H(s) = (b_1 s^{n-1} + \cdots + b_n)/(s^n + a_1 s^{n-1} + \cdots + a_n) \tag{10.108}$$

则对应的状态方程及输出方程分别为

$$\dot{\boldsymbol{X}}(t) = \begin{bmatrix} 0 & 1 & \cdots & 0 \\ 0 & 0 & \cdots & 0 \\ \vdots & \vdots & & \vdots \\ -a_n & -a_{n-1} & \cdots & a_1 \end{bmatrix} \boldsymbol{X}(t) + \begin{bmatrix} 0 \\ \vdots \\ \vdots \\ 1 \end{bmatrix} \boldsymbol{U}(t) \tag{10.109}$$

$$\boldsymbol{Y}(t) = [b_n \quad b_{n-1} \quad \cdots \quad b_1] \boldsymbol{X}(t)$$

前面已经导出未加 INS 速度辅助的跟踪环路的传递函数为 $H(s) = K(s+a)/(s^2 + Ks + Ka)$，则相应的状态方程及输出方程为

$$\left.\begin{aligned} \dot{x}_1 &= x_2 \\ \dot{x}_2 &= -Kax_1 - Kx_2 + u \\ y &= Kax_1 + Kx_2 \end{aligned}\right\} \tag{10.110}$$

加了 INS 速度辅助之后跟踪环路的传递函数为式（10.101），相应的状态方程及输出方程为

$$\left.\begin{aligned} \dot{x}_1 &= x_2 \\ \dot{x}_2 &= x_3 \\ \dot{x}_3 &= [-Kax_1 - (K\tau a + K)x_2 - (1 + K\tau)x_3]/\tau + u \\ y &= [Kax_1 + (K\tau a + K)x_2 + (1 - k + K\tau)x_3]/\tau \end{aligned}\right\} \tag{10.111}$$

取 $K=20$，$a=10.1$，k 和 τ 取不同的值，采用四阶龙格－库塔法对式（10.110）、式（10.111）进行数值积分，得到过渡过程曲线如图 10－9 和图 10－10 所示。

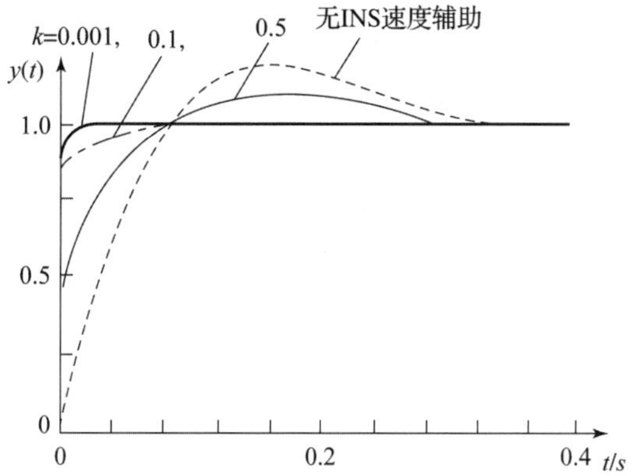

图 10－9　过渡过程与 k 的关系

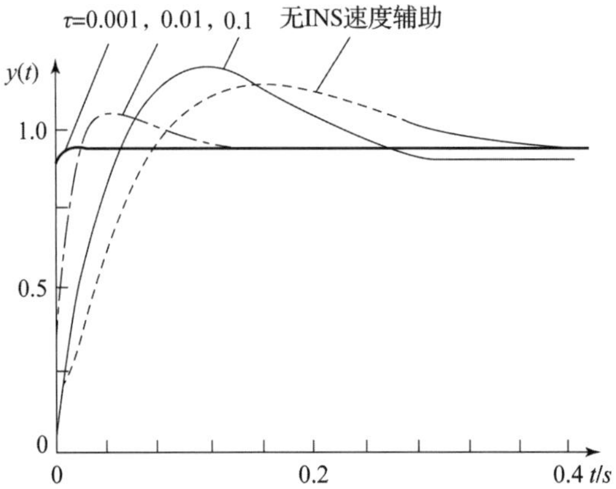

图 10－10　过渡过程与 τ 的关系

由图中曲线可以看出，INS 速度辅助有效地缩短了跟踪环路的过渡过程时间，随着 k 或 τ 的减小，过渡过程时间也迅速缩短。设误差带为 2% 终值，则无 INS 速度辅助时，跟踪环路的过渡过程时间约为 0.35 s，而有 INS 速度辅助时，取 $k=0.001$，$\tau=0.001$，跟踪环路的过渡过程时间约为 0.003 5 s。这说明采用 INS 速度辅助时过渡过程时间仅为 INS 无速度辅助时的 1/100。

5. INS 速度辅助下跟踪环路的捕获特性

跟踪环路在进行信号捕获时，鉴相器的非线性特性由于输入信号的大范围变化而不可进行线性化近似。无 INS 速度辅助的跟踪环路的信号捕获结构如图 10－11 所示。

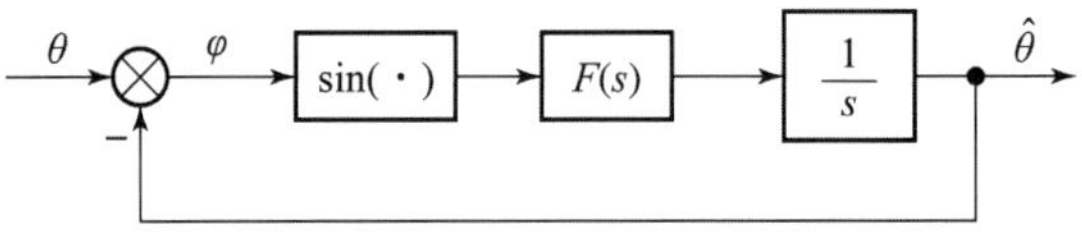

图 10－11　无 INS 速度辅助的跟踪环路的信号捕获结构

由图 10－11 可得无 INS 速度辅助的跟踪环路基本方程为 $s\varphi=s\theta-F(s)\sin\varphi$。假设滤波器仍为理想积分滤波器 $F(s)=K(s+a)/s$，则基本方程可写成

$$\ddot{\varphi}=\ddot{\theta}-K\cos\varphi\cdot\dot{\varphi}-Ka\sin\varphi \tag{10.112}$$

设 $\theta=\Omega_0 t+\theta_0$，代入上式并整理，则得到捕获方程：

$$\ddot{\varphi}+K\cos\varphi\cdot\dot{\varphi}+Ka\sin\varphi=0 \tag{10.113}$$

令 $x_1=\varphi$，$x_2=\dot{\varphi}$，则由式（10.113）可得状态方程：

$$\left.\begin{aligned}\dot{x}_1&=x_2\\ \dot{x}_2&=-Ka\sin x_1-K\cos x_1\cdot x_2\end{aligned}\right\} \tag{10.114}$$

在跟踪环路中加上 INS 速度辅助后，信号捕获结构如图 10－12 所示。由图 10－12 可得有 INS 速度辅助的跟踪环路基本方程：$s\varphi+F(s)\sin\varphi=\dfrac{\tau s+k}{\tau s+1}s\theta$。

将 $F(s)=K(s+a)/s$ 和 $\theta=\Omega_0 t+\theta_0$ 代入上式，则得到捕获方程：

$$\tau\frac{\mathrm{d}^3\varphi}{\mathrm{d}t^3}+(1+K\tau\cos\varphi)\frac{\mathrm{d}^2\varphi}{\mathrm{d}t^2}+[(K+Ka\tau)\cos\varphi-K\tau\sin\varphi]\frac{\mathrm{d}\varphi}{\mathrm{d}t}+ka\sin\varphi=0 \tag{10.115}$$

令 $x_1=\varphi$，$x_2=\dot{\varphi}$，$x_3=\ddot{\varphi}$，则由式（10.115）可得有 INS 速度辅助的跟踪环路状态方程：

$$\left.\begin{aligned}&\dot{x}_1=x_2\\&\dot{x}_2=x_3\\&\dot{x}_3=-\frac{1}{\tau}\{ka\sin x_1+[(K\tau a+K)\cos x_1-K\tau\sin x_1]x_2+(1+K\tau)\cos x_1\cdot x_3\}\end{aligned}\right\}\quad(10.116)$$

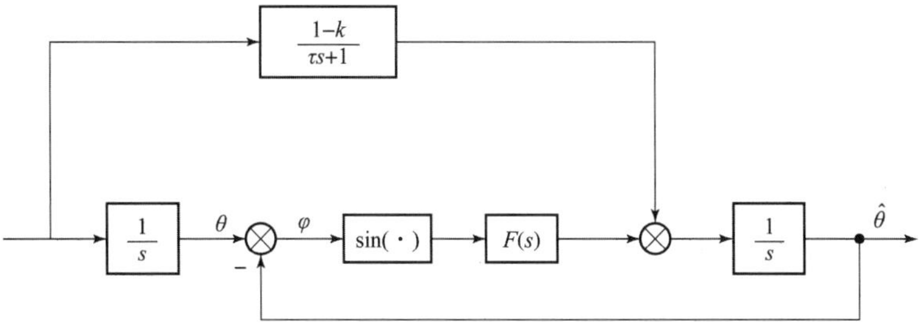

图 10－12　有 INS 速度辅助的跟踪环路的信号捕获结构

用四阶龙格－库塔法，对无 INS 速度辅助的跟踪环路状态方程［式(10.114)］进行求解，可得到增益 K 对捕获性能影响的曲线，如图 10－13 所示。输入不同的初始条件可得到捕获时间受初始条件的影响，见表 10－2。

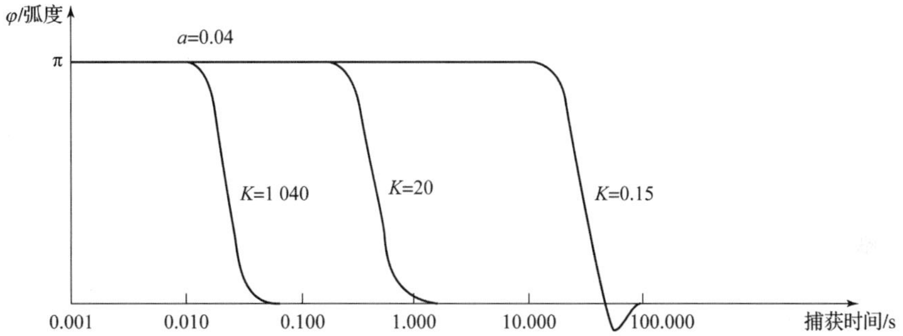

图 10－13　增益 *K* 对捕获性能影响的曲线

表 10－2　初始条件与捕获时间的关系（$K=0.15$，$a=0.04$）

初始条件	项目	
	捕获时间/s	终值
$\varphi(0)=1$，$\dot{\varphi}(0)=0$	120	$\varphi=0.1045432\text{e}-0.5$ $\dot{\varphi}=-0.6053696\text{e}-0.5$
$\varphi(0)=-1$，$\dot{\varphi}(0)=0$	120	$\varphi=-0.1045432\text{e}-0.5$ $\dot{\varphi}=-0.6053696\text{e}-0.5$
$\varphi(0)=-\pi$，$\dot{\varphi}(0)=0.5$	430	$\varphi=81.68=26\pi$ $\dot{\varphi}=0.0.5148779\text{e}-0.5$
$\varphi(0)=-\pi$，$\dot{\varphi}(0)=3.5$	3 540	$\varphi=4\,505=1\,434\pi$ $\dot{\varphi}=-0.257112\text{e}-0.3$

由图 10－13 可以看出，捕获时间与环路增益 K 有着密切的关系。K 越大，捕获时间就越短，捕获性能就越好。同时由表 10－2 可以看出，捕获时间与环路进入捕获时的初始条件密切相关，起始频差越大，捕获时间就越长。

对有 INS 速度辅助的跟踪环路状态方程［式(10.116)］用四阶龙格－库塔法进行数值求解，得到捕获时间与初始条件之间的关系，如图 10－14 所示。

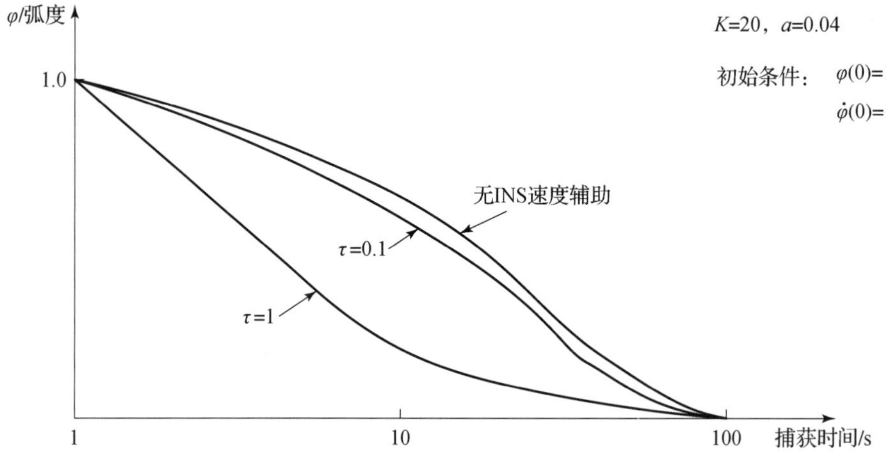

图 10－14　捕获时间与初始条件的关系

由图 10－14 可以看出，在输入初始条件相同的情况下，有 INS 速度辅助的跟踪环路比无 INS 速度辅助的跟踪环路的捕获时间要短些。INS 速度辅助的参数 τ 越大，捕获性能就越好。

INS 速度辅助的相当于加大了整个跟踪环路的带宽，那么在输入信号相同的前提下，就减小了跟踪环路中的增益 K，并且 τ 越小，也即 INS 速度辅助参数越精确，K 减小的程度就越大，噪声滤除性能就越好。不过，由于捕获时间与 τ^3 成反比，因此 τ 越小，捕获时间就越长，捕获性能就越差。总之，采用 INS 速度辅助 GNSS 接收机时，在保证跟踪环路滤波器带宽足够小的情况下，可以有效地增大跟踪环路带宽，从而增大环路捕获带宽，提高了跟踪环路的捕获性能。

以上分析表明：有 INS 速度辅助的跟踪环路能圆满地解决噪声响应和动态跟踪性能对跟踪环路带宽的要求矛盾的问题。INS 速度辅助在保证跟踪环路滤波器带宽足够小的情况下，有效地增大了跟踪环路的等效带宽，从而也就增大了跟踪环路捕获带宽，提高了跟踪环路的捕获性能。GNSS 接收机的动态跟踪性能、抗干扰性能的提高和 INS 速度辅助的精度密切相关，INS 速度辅助的精度越高，GNSS 接收机的性能提高得越多。

INS 速度辅助信息通常采用 GNSS/INS 组合导航系统中经过校正后的速度信息，其原理如图 10－15 所示。这是一种高水平的组合模式，是深度组合模式之一。根据前面对 GNSS/INS 组合导航系统的分析，它可以实现 INS 和 GNSS 的功能互补。最佳方案是将 INS 和 GNSS 按组合系统的要求进行软硬件一体化设计，它适合应用于高动态载体。

10.3.3　GNSS/INS 组合导航系统的综合仿真

1. GNSS/INS 组合导航系统仿真简介

在设计 GNSS/INS 组合导航系统时，利用计算机仿真 GNSS/INS 组合导航系统的性能，

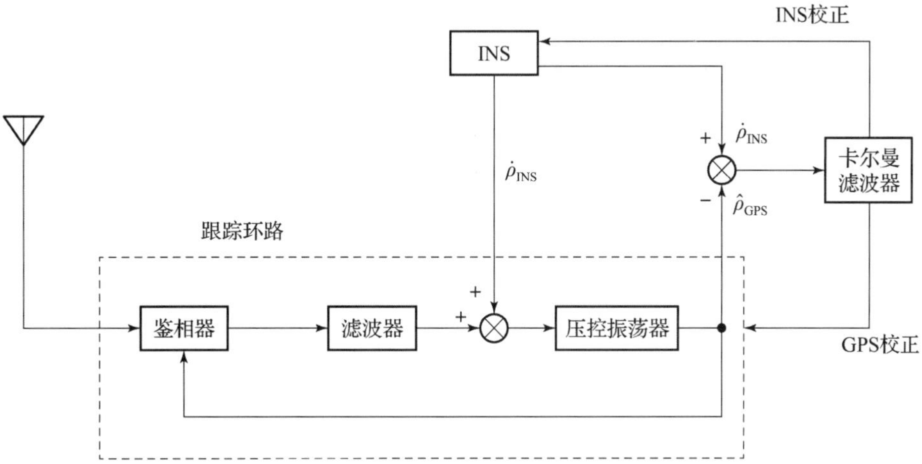

图 10－15　INS 速度辅助 GNSS 深度组合示意

是评价组合滤波器的设计质量、调整组合滤波器设计参数和衡量系统性能的主要方法。

计算机仿真程序一般至少包括两大部分，一部分程序是滤波仿真的计算程序；另一部分程序是过程参数产生程序。这是由于第一部分卡尔曼滤波方程中的参数与系统使用时的载体导航参数有关，也和选择的 GNSS 卫星有关。因此，在仿真估计运算过程中，要及时地由 INS 模拟器提供必要的载体仿真运动、导航参数，以及由 GNSS 导航星模拟器给出 GNSS 有关参数。

INS 模拟器又包括两个子程序：一是运动轨迹发生器，如对于飞行的运动轨迹，是一条典型飞行剖面航线的产生程序，由它提供估计计算程序所需要的各时刻的飞行经/纬度、加速度、速度、方位角和姿态角等参数；二是惯性测量模拟器，这主要是根据实际 INS 的精度等级，由计算机程序模拟实际的陀螺和加速度计在飞行过程中的输出值。

GNSS 导航星模拟器由程序模拟提供 GNSS 卫星，从中选出满足 GDOP 性能要求的卫星，并计算由用户到卫星的伪距和方向余弦。

有了滤波估计的计算程序，又有了过程参数的产生程序，就可以进行 GNSS/INS 组合导航系统的计算机仿真。仿真计算完毕后，各时刻 $\boldsymbol{P}_k$ 矩阵对角线元素值就是卡尔曼滤波器各状态的最优估计均方差，也就是估计误差的方差。各时刻的这些均方差就反映了卡尔曼滤波器的滤波效果，据此可以进一步改善滤波器实现的方法，同时也可以了解、分析 GNSS/INS 组合导航系统的性能。

2. INS 模拟器

1）运动轨迹发生器

例如，选取载体为高动态的战斗机作为模拟导航的飞行器，采用精度较低的捷联式 INS 和 GNSS 组合。捷联式 INS 通过对飞机飞行轨迹进行实时处理，给出 INS 的模拟值，再与 GNSS 进行组合导航。飞行轨迹包括起飞、爬升、转弯、加速、减速、平飞等状态。比如，初始方位角为 35°，平飞速度为 300 m/s，初始位置为北纬 30°、东经 120°，海拔为 5 000 m。

2）惯性测量模拟器

（1）陀螺仪。假设在捷联式 INS 中，b 系中的陀螺输出经过“数学平台”的转换，其输出在当地 g 系下可表达为

$$\begin{bmatrix}\omega_{oe}\\ \omega_{on}\\ \omega_{ou}\end{bmatrix}=\begin{bmatrix}\omega_{e}\\ \omega_{n}\\ \omega_{u}\end{bmatrix}+\begin{bmatrix}\varepsilon_{e}\\ \varepsilon_{n}\\ \varepsilon_{u}\end{bmatrix} \tag{10.117}$$

式中，ω_{oe}，ω_{on}，ω_{ou}为陀螺仪的模拟输出值；ω_{e}，ω_{n}，ω_{u} 为输入陀螺仪的值；ε_{e}，ε_{n}，ε_{u} 为陀螺漂移率，假设等效陀螺漂移率为 0.1°/h。

（2）加速度计。考虑到加速度计在测量过程中存在零漂，则加速度计的输出经过“数学平台”的转换后，在当地 g 系中的表达可写成

$$\begin{bmatrix}f_{oe}\\ f_{on}\\ f_{ou}\end{bmatrix}=\begin{bmatrix}f_{e}\\ f_{n}\\ f_{u}\end{bmatrix}+\begin{bmatrix}\nabla_{e}\\ \nabla_{n}\\ \nabla_{u}\end{bmatrix} \tag{10.118}$$

式中，f_{oe}，f_{on}，f_{ou}为加速度计的模拟输出值；f_{e}，f_{n}，f_{u} 为加速度计测量到的比力真值；∇_{e}，∇_{n}，∇_{u}为加速度计的零位偏移，这里，假设等效零位偏移为 $10^{-4}\ g$。

将加速度计的模拟输出值首先代入 INS 基本方程，依据 INS 力学编排方程进行适当的运算，便可以得到模拟 INS 输出的位置、速度、方位角与姿态角等 INS 导航参数，作为完成卡尔曼滤波所需的参数。

3. GNSS 导航星模拟器

以标称的 GPS 卫星星座为例，空间星座共有 24 颗卫星，均匀分布在倾角为 55°的 6 个轨道上，以使全球的任何位置、任何时刻的用户都可以看到高度角在 15°以上的 8 颗导航卫星。卫星选星程序可以给出任意时刻及地点适于导航定位的卫星及其星历数据，进行 GNSS 接收机输出信息的模拟，从而进行 GNSS/INS 组合导航系统仿真研究。

理想星座的选择遵循两条原则，一是卫星高度角不小于 10°（至少不小于 5°），这是由于高度角过小时，卫星到用户的大气传播误差增大，从而使伪距观测精度明显降低；二是所选卫星构成的空间图形应使 GDOP 最小，以保证获得较高的定位精度。

选择 GNSS 接收机为 C/A 码接收机，其伪距测量误差为偏置误差 10 m、随机误差 32 m、随机伪距率误差 0.05 m/s。

4. GNSS/INS 组合导航系统仿真程序框图

本节设计一套 GNSS/INS 组合导航仿真系统，假设导航信息初始误差为：水平姿态角误差 300″、方位角误差 600″、位置误差 50 m、速度误差 0.6 m/s。整个系统仿真程序主要由 6 个子程序组成。系统仿真程序框图如图 10－16 所示。

6 个子程序的具体功能如下。

（1）INS 模拟器。它包含两个组成部分。

①运动轨迹发生器。建立飞机的飞行轨迹，给出飞机的位置、速度、加速度以及姿态角等导航参数真值。

②惯性测量模拟器。给出飞机飞行时比力的模拟测量值 $\bar{f}$ 和机体的转动模拟测量值$\bar{\omega}_{ib}$。

（2）GNSS 导航星模拟器。根据卫星配置，从中选出具有最小 GDOP 的 4 颗卫星，并计算由飞机到 4 颗卫星的伪距和方向余弦。

（3）矩阵计算。根据 INSS 模拟器和 GNSS 导航星模拟器得到数据，计算连续系统的 $\boldsymbol{F}$

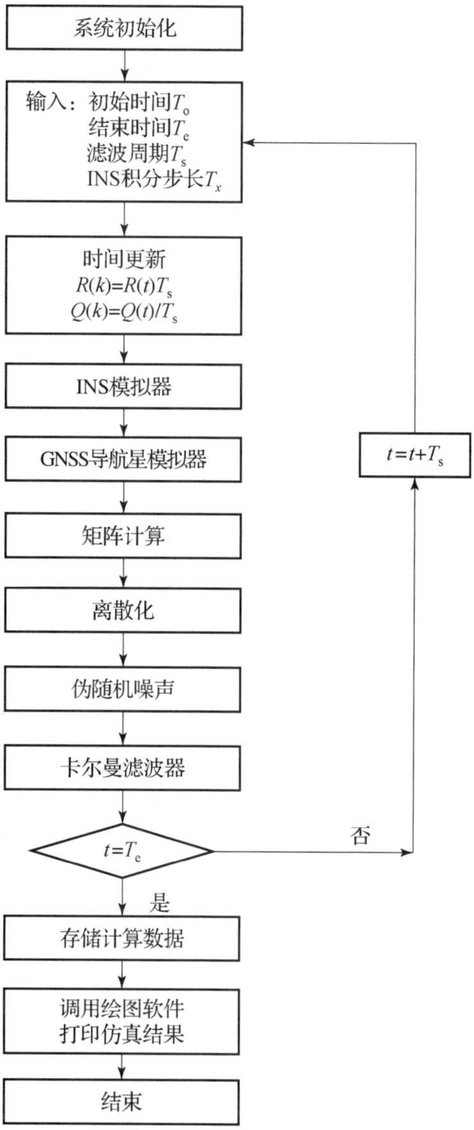

图 10－16　系统仿真程序框图

矩阵、***H*** 矩阵、***G*** 矩阵。

（4）连续系统离散化。根据前面讨论的离散化方法将 ***F***，***H***，***G*** 离散化。

（5）产生伪随机噪声。

（6）解算卡尔曼滤波方程。

5. GNSS/INS 组合导航系统仿真曲线

对伪距、伪距率组合的 GNSS/INS 组合导航系统，按下列 4 种方法进行组合：①伪距组合；②伪距率组合；③伪距、伪距率交替组合；④伪距、伪距率联合组合。运行仿真程序后，得到如图 10－17 ~ 图 10－20 所示的 GNSS/INS 组合导航系统误差曲线。表 10－3 列出了 GNSS/INS 组合导航系统稳态误差值。

表 10－3　GNSS/INS 组合导航系统稳态误差

组合方式	稳态误差								
	φ_E /(″)	φ_E /(″)	φ_U /(″)	δv_E /(m·s^{-1})	δv_N /(m·s^{-1})	δv_U /(m·s^{-1})	δR_E /m	δR_N /m	δR_U /m
伪距组合	18.6	19.1	75.1	0.07	0.06	0.69	4.8	6.7	11.1
伪距率组合	15.6	15.8	42.3	0.01	0.007	0.01	50.3	50.2	41.6
伪距、伪距率交替组合	16.0	15.9	44.9	0.012	0.011	0.013	3.1	3.5	4.8
伪距、伪距率联合组合	15.6	15.7	41.3	0.07	0.007	0.01	1.8	1.65	2.82

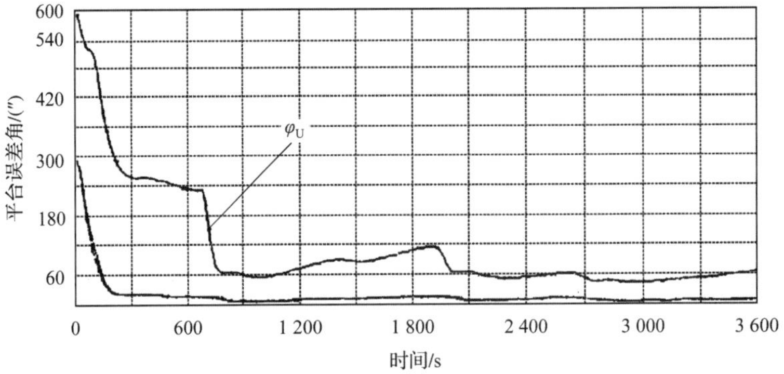

(a)

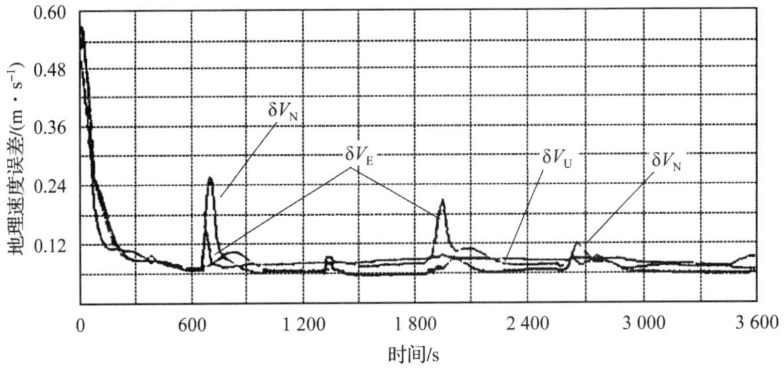

(b)

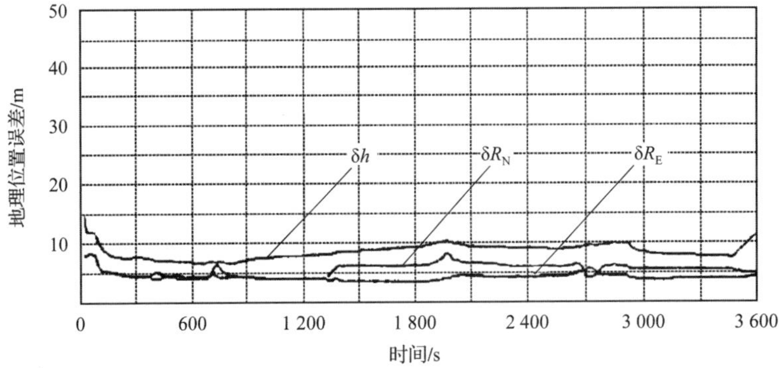

(c)

图 10－17　伪距组合的 GNSS/INS 组合导航系统误差曲线

(a) 平台误差角 φ_E，φ_V，φ_U 曲线；(b) 地理速度误差 δV_E，δV_N，δV_U 曲线；(c) 地理位置误差 δR_E，δR_N，δh 曲线

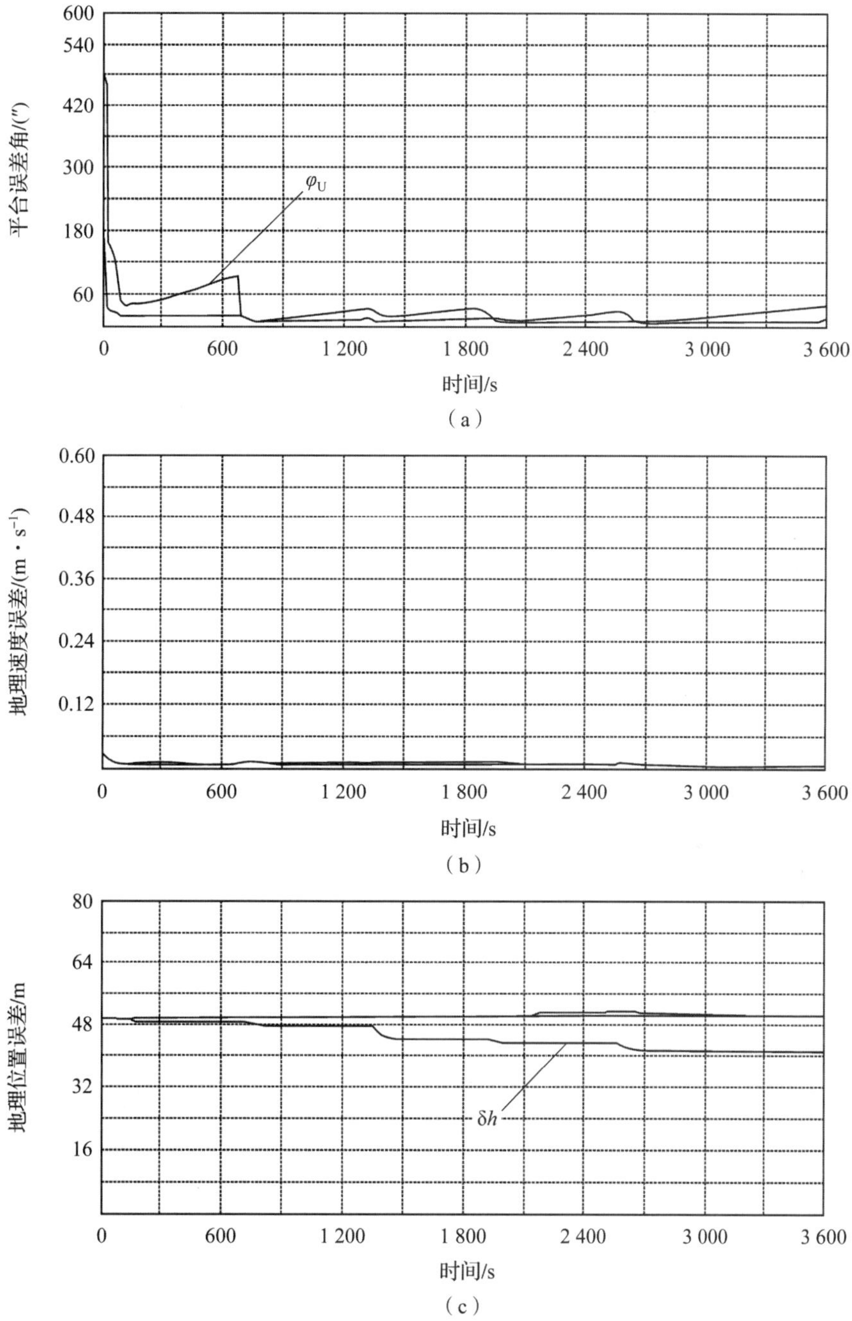

图 10－18　伪距率组合的 GNSS/INS 组合导航系统误差曲线

(a) 平台误差角 φ_E，φ_V，φ_U 曲线；(b) 地理速度误差 δV_E，δV_N，δV_U 曲线；(c) 地理位置误差 δR_E，δR_N，δh 曲线

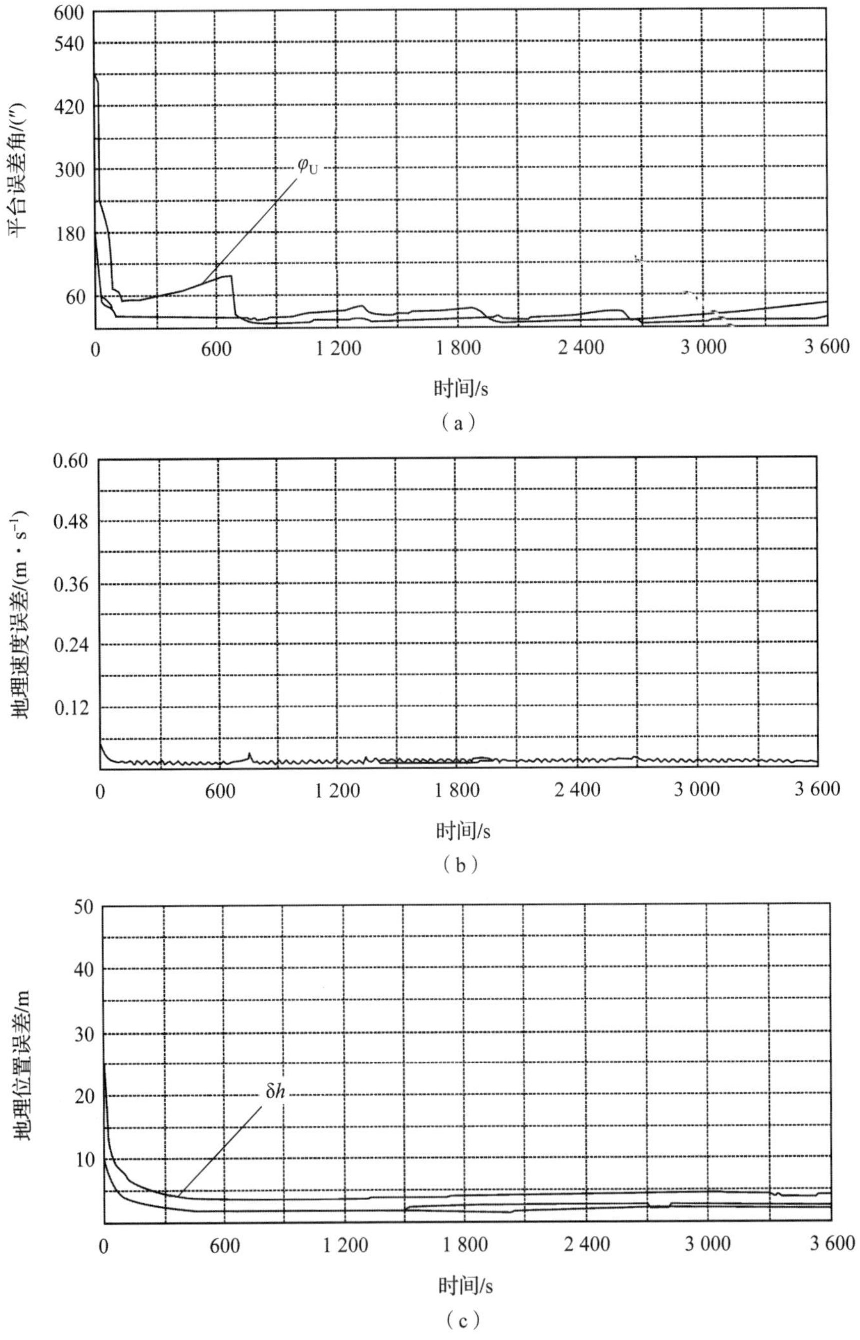

图 10－19　伪距、伪距率交替组合的 GNSS/INS 组合导航系统误差曲线

（a）平台误差角 φ_E，φ_V，φ_U 曲线；（b）地理速度误差 δV_E，δV_N，δV_U 曲线；
（c）地理位置误差 δR_E，δR_N，δh 曲线

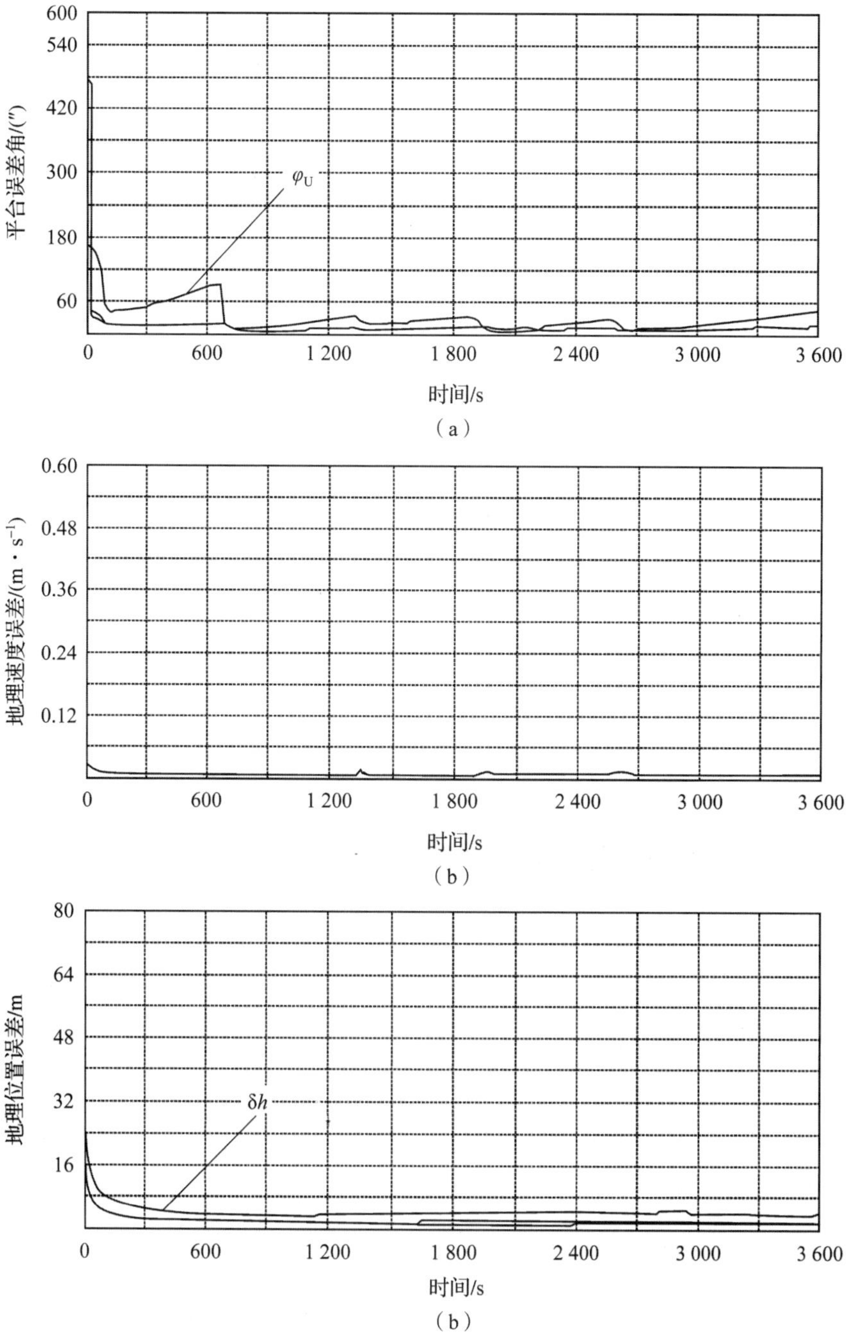

图 10－20　伪距、伪距率联合组合的 GNSS/INS 组合导航系统误差曲线

（a）平台误差角 φ_E，φ_V，φ_U 曲线；（b）地理速度误差 δV_E，δV_N，δV_U 曲线；（c）地理位置误差 δR_E，δR_N，δh 曲线

第 11 章

GNSS 完好性监测

11.1　GNSS 完好性监测的概念

11.1.1　GNSS 的性能评价简介

GNSS 在当今经济和军事领域起着不可或缺的重要作用，如第 1 章所述，世界各强国已相继建设或正在发展自己的 GNSS。GNSS 的性能可以从它的精度、完好性、可用性和连续性等 4 个方面来评价。

（1）精度：指的是 GNSS 为载体所提供的位置和载体当时真实位置的重合度。除了定位精度外，GNSS 的导航定位精度还包括速度测量、姿态测量以及时间测量等的精度。GNSS 的导航定位精度取决于各种因素错综复杂的相互作用，在第 6 章中已对 GNSS 的误差进行了分析，并将各种误差归属于 UERE。

由第 7 章的分析可知，GNSS 的导航定位截算的精度 m 可以最终表示为伪距测量中的误差因子 σ_0 与精度因子 DOP 的乘积

$$m = \sigma_0 \cdot \mathrm{DOP} \tag{11.1}$$

其中，DOP 根据实际的需要，可采用 HDOP、VDOP、PDOP、TDOP 等。式（11.1）的精度定义包含了各种测量误差以及卫星几何分布等的影响。

（2）完好性：指的是 GNSS 在使用过程中，发生故障或性能变坏所导致的误差超过可能接受的限定值（告警限值）时，为用户提供及时、有效告警信息的能力。它包括两个方面的含义：一是对于超过告警限值的故障都要在给定的告警时间内发出报警；二是对于导航位置信息超过了告警限值，而该事件被漏检的概率要尽可能低。GNSS 的完好性可用 3 个量化参数来描述：告警限值、告警时间和完好性风险。

（3）可用性：指的是 GNSS 能为载体提供可用的导航服务的时间所占的百分比。可用性是 GNSS 在某一指定覆盖区域内提供可以使用的导航服务的能力和标志。可以使用的导航服务，是满足一定导航定位的精度门限，同时满足系统完好性要求。某一特定位置、特定时间的 GNSS 可用性通常与卫星的可见星数、几何分布等有关。例如对于 GPS，通常可以将 $\mathrm{PDOP} < 6$ 的性能标准作为可用性门限来使用。

（4）连续性：指的是 GNSS 在给定的使用条件下及规定的时间内，维持规定性能的概率。GNSS 提供的连续性级别，随着对给定应用所规定的性能要求的不同而不同。例如，对低精度的时间测量来说，连续性级别要比飞机精密进近的连续性级别低得多，前者只需要 1 颗可见星，而后者至少需要 5 颗几何分布良好的可见星才能支持完好性监测。

以上 4 个性能指标在本质上具有紧密的内在联系，其中任一性能指标的变化都会影响其他状态。目前 GNSS 的精度已受到广泛重视，国内外都已开展了深入研究，但完好性（包括可用性、连续性）在 GNSS 建设的初期并没有受到充分重视，然而在使用过程中却表现出了极其重要的作用，尤其在对 GNSS 完好性要求较高的领域，如民用航空导航、战机导航以及武器制导等领域。因此，正在建设中的 GNSS 如 Galileo 系统、北斗三号卫星导航系统，以及在 GPS、GLONASS 现代改进中，都将完好性监测作为关键内容之一。

我们知道，GNSS 不可避免地会受到各种误差源的干扰而产生错误的定位信息，有时甚至相当严重，这样会给用户的使用带来不便，甚至会产生严重的后果，造成极其重大的损失。因此，对 GNSS 完好性进行监测是非常必要的。本章对 GNSS 完好性监测进行阐述，由于精度、完好性、可用性及连续性具有内在的联系，因此在本章内容的介绍中还会涉及其他性能。

11.1.2 GNSS 完好性监测技术

实现 GNSS 完好性监测的方法主要可分为三大类（图 11－1）：一类是内部完好性监测；另一类是外部完好性监测；还有一类是卫星自主完好性监测（SAIM）。

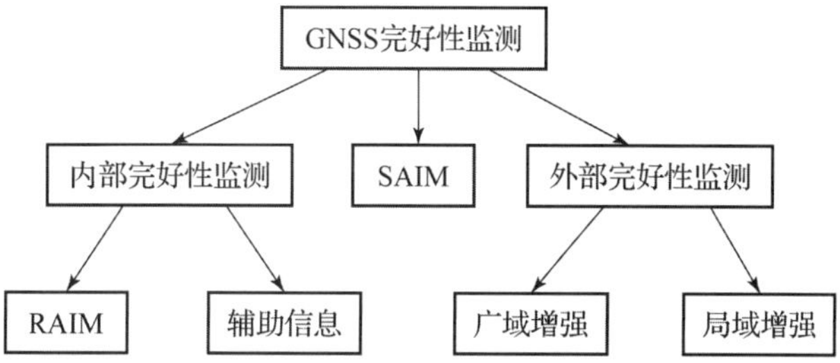

图 11－1 GNSS 完好性监测的方法

（1）内部完好性监测：指的是依靠载体使用的 GNSS 接收机来实现完好性监测。内部完好性监测还可以分为两类。其一是不利用辅助信息，仅使用 GNSS 卫星信号的测量信息进行完好性监测，称为接收机自主完好性监测（RAIM）。当然，这里的卫星信号可以是单一 GNSS 的卫星信号，也可以是多个 GNSS 兼容的卫星信号。其二是基于辅助信息的完好性监测，利用载体导航的其他传感器信息作为辅助，如惯性信息、大气高度计信息等。单独基于卫星信号的 RAIM 方法虽然在一定程度上满足了系统对完好性监测的需求，但由于卫星信号容易受干扰，其可用性受到一定限制；充分应用 INS 等辅助信息，在提高精度的同时还可以进一步增强完好性、可用性及连续性。

（2）外部完好性监测：指的是在 GNSS 之外，利用外部的地基或空基监测系统进行完好性监测。外部完好性监测也可以分为两类：其一是星基增强完好性监测；其二是地基增强完好性监测，有关增强系统的概念参见第 1 章。通过地基或空基增强系统，监测 GNSS 导航卫星的状况，将故障播发给用户，地面监测站不仅给出误差修正数，同时给出误差修正数的完善性信息。外部完好性监测通常属于系统级的，需要在 GNSS 之外另建监测站或增加新的监测设备，通常投资较大，技术复杂。内部完好性监测无须外部设备的辅助，费用较低，容易实现，比较适合 GNSS 的终端用户。

（3）SAIM：指的是将完好性监测和告警系统集成于卫星本身，以达到快速发现故障并及时向用户告警的目的。因为无论内部完好性监测还是外部完好性监测，要监测对所有用户有影响的卫星故障都存在一定困难，如果将完好性监测功能设置在卫星星座中，一旦有告警信息就会立即传送给用户。SAIM 的概念由斯坦福大学的研究人员提出，他们推导了相应的理论模型，并且给出了使用现在尚在开发中的 SAIM 软件原型的试验结果。

通常情况下 SAIM 可监测的卫星故障包括：信号发射功率异常、伪码信号畸变、载波和伪码相位滑变、卫星钟相位跳变、单粒子翻转。从理论角度看，SAIM 将被包含在将来的导航卫星内，这样在信号产生时它就被监测了，这在技术上是可行的。但是 SAIM 要求对卫星本身的设计增加附加的完好性监测模块，其具体实现还有待研究。

11.1.3 民航对 GNSS 的性能要求

1. 民航飞机飞行过程

GNSS 完好性最初起源于民航需求，因此，本节对民航对 GNSS 的性能需求进行简单介绍。民航飞机通常具有如下飞行阶段：在航飞行阶段、终端区飞行阶段、进近阶段以及地面滑行阶段。

（1）在航飞行阶段：是民航飞机从离开本地终端区开始，到进入目的地终端区的过程，该阶段又可分为远洋在航阶段、内陆在航阶段。

（2）终端区飞行阶段：是民航飞机起飞离开机场到飞离终端区控制区域（本地机场空中管制区域）的过程，这一阶段还包括民航飞机从进入终端区到进近开始这一过程。

（3）进近阶段：从民航飞机初步获得着陆目标开始到下降至可以清晰可视机场跑道为止，又可分为非精密进近阶段、精密进近阶段。

（4）地面滑行阶段：包括跑道滑行、起飞和着陆过程，起飞过程可定义为民航飞机由静止、滑行到起飞、爬升，直至进入终端区飞行这一过程。

以上 4 个阶段中，进近阶段是民航飞机飞行阶段中最有难度、最具风险的过程。在该阶段民航飞机首先被引导至初始进近点（IAP），然后调整方向，对准跑道，进入最终进近点（FAP），开始最后的进近过程（包括 NPA、APVI、APVⅡ、CATI、CATⅡ、CATⅢ），在不同的进近阶段，民航飞机的飞行高度都不能小于相应阶段的最低飞行高度，除非对驾驶员来说机场跑道是清晰可视的。

民航飞机进近程序如图 11－2 所示。其中 NPA 为非精密进近，指的是有方位引导，但没有垂直引导的进近；APV 为有垂直引导的进近，又称为类精密进近，指的是具有方位引导和垂直引导，但不满足建立精密进近和着陆运行要求的进近，APV 又分为 2 个级别（Ⅰ类和Ⅱ类）；CAT 为精密进近，是使用精确方位引导和垂直引导的进近，根据不同的运行类型规定又分为 3 个级别（Ⅰ类、Ⅱ类和Ⅲ类）。

2. GNSS 用于导航的性能要求

国际民航组织（ICAO）提出了 GNSS 所需的导航性能（RNP），它体现在精度、完好性、连续性和可用性 4 个方面。随着 GNSS 及其增强系统的发展，GNSS 的导航性能得到较大提高，目前星基增强 GNSS 和地基增强 GNSS 已被用于在航飞行阶段、终端区飞行阶段以及进近阶段的导航，单独 GNSS 已经可以达到 NPA 的需求，利用增强的 GNSS 引导民航飞机进近，最常见的是达到 CATI。ICAO 定义了不同飞行阶段对 GNSS 的性能要求，见表 11－1。

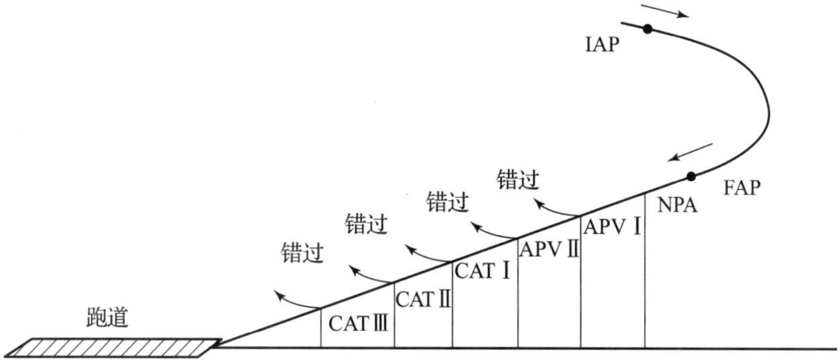

图 11－2 民航飞机进近程序

表 11－1 GNSS 用于导航的性能要求

阶段	精度（95%）	完好性			连续性	可用性
		完好性风险	告警限值	告警时间		
海洋	12.4 nmi	10^{-7}/h	12.4 nmi	2 min	10^{-5}/h	0.99～0.999 9
在航	2.0 nmi	10^{-7}/h	2.0 nmi	1 min	10^{-5}/h	0.99～0.999 9
终端	0.4 nmi	10^{-7}/h	1.0 nmi	30 s	10^{-5}/h	0.99～0.999 9
NPA	220 m	10^{-7}/h	0.3 nmi	10 s	10^{-5}/h	0.99～0.999 9
APVI	220 m（H） 20 m（V）	2×10^{-7}/进近	0.3 nmi（H） 50 m（V）	10 s	8×10^{-6}/15 s	0.99～0.999 9
APV Ⅱ	220 m（H） 20 m（V）	2×10^{-7}/进近	40 m（H） 20 m（V）	6 s	8×10^{-6}/15 s	0.99～0.999 9
CATI	16 m（H） 4.0 m（V）	2×10^{-7}/进近	40 m（H） 10 m（V）	6 s	8×10^{-6}/15 s	0.99～0.999 99
CAT Ⅱ	6.9 m（H） 2.0 m（V）	10^{-9}/15 s	17.3 m（H） 5.3 m（V）	1～2 s	4×10^{-6}/15 s	0.99～0.999 99
CAT Ⅲ	6.2 m（H） 2.0 m（V）	10^{-9}/30 s	15.5 m（H） 5.3 m（V）	1～2 s	2×10^{-6}/30 s	0.99～0.999 99

在表 11－1 中，nmi 表示海里，1 nmi＝1.852 km。另外，完好性监测技术还涉及几个概念，说明如下。

（1）完好性风险：是指出现一个未被探测到的危险导航信息的概率。

（2）告警限值：是指对应在航飞行阶段保证安全操作的定位误差限值。它以真实位置为中心确定一个范围，如在 NPA 阶段，当前定位值落在此范围内，飞行危险概率不会超过 10^{-7}/h。从海洋到 NPA 的飞行阶段，只需要提供水平（H）告警限值；在 APV 与 CAT 各阶段，还需要提供垂直（V）告警限值。

（3）告警时间：是指从系统出现故障开始到监测设备发出完好性告警给用户为止所允许的最大时间延迟。

（4）漏警率：是指完好性监测算法认为误差没有超限，而实际上误差超限的概率，它主要由漏检引起。如在 NPA 阶段，完好性风险应低于10^{-7}/h，一般卫星的故障率为10^{-4}/h，因此完好性监测算法的漏检率应小于 0.001。

（5）误警率：是指在系统不存在故障卫星且设备工作正常的情况下，所允许引发的完好性告警率，它主要由误检引起。如误警率为10^{-5}/h，若以误差相关时间为 2 min（约为 GPS 中 SA 的相关时间）计算，每小时有 30 个采样，则每个采样的误警率为 0.333×10^{-6}。

11.2 GNSS 接收机自主完好性监测

11.2.1 RAIM 技术的概念及发展

RAIM 的概念最早由 R. M. Kalafus 于 1987 年提出，它是一种利用多余观测量进行一致性校验的技术。RAIM 算法包含在接收机内部，因此被称为“接收机自主完好性监测”。RAIM 算法由故障卫星的检测（FD）和故障卫星的排除（FE）两部分功能模块组成，前者是检测卫星是否存在故障，后者是确定存在故障的卫星并在导航解算中将其排除。

自 RAIM 的概念提出以来，国内外学者提出了多种 RAIM 算法，如基于卡尔曼滤波的 RAIM 算法、基于定位解最大间隔的 RAIM 算法等。效果较好的 RAIM 算法是利用当前伪距观测的快照（Snapshot）方法，包括 Y. Lee 于 1986 年提出的伪距比较法、B. W. Parkinson 于 1988 年提出的基于最小二乘残差法的 RAIM 算法，以及 M. A. Sturza 于 1988 年提出的基于奇偶空间向量的 RAIM 算法。这 3 种方法对于存在一个故障偏差的情况都有较好的效果，并且具有等效性，其中基于奇偶空间向量的 RAIM 算法计算相对简单。1990 年，Honeywell 公司将该方法应用于其制造的航空用 GPS/IRS（惯性参考系统）组合导航系统，取得了较好的飞行测试结果。基于奇偶空间向量的 RAIM 算法后来被 RTCA SC－159 推荐为基本算法。

RAIM 算法的输入包括测量噪声的标准偏差、测量几何布局以及所能允许的最大漏警率、误警率等。RAIM 算法的输出是水平保护级别（HPL），它是一个圆的半径，圆心位于飞机的真实位置，并确保其包含在给定漏警率、误警率条件下所指示的水平位置。如果飞机还处于需要垂直导航的飞行阶段，还需要输出一个垂直保护级别（VPL）。

基于 RAIM 技术的 GNSS 完好性监测技术，对可见星的数量以及卫星的几何分布有一定的要求。实施 RAIM 算法的前提是，用户必须观测到几何布局合理的卫星以确定其时空位置。通常至少需要观测 5 颗卫星来检测故障，如果检测到故障，就通过导航系统发出一个告警标志，指示 GNSS 不应用于导航；当可见卫星至少有 6 颗时，可以进行识别并排除故障，将故障卫星从导航解算中排除，使 GNSS 导航继续进行。下面介绍两种基本的 RAIM 算法：基于最小二乘残差法的 RAIM 算法和基于奇偶空间向量的 RAIM 算法。

11.2.2　基于最小二乘残差法的 RAIM 算法

1. 基本模型

基于最小二乘残差法的 RAIM 算法的基本思想是根据伪距观测量估算位置向量和验后单位权方差 $\hat{\sigma}$，若 $\hat{\sigma}$ 大于限值则发出完好性报警信息。由第 7 章的分析已经得到用户接收机所在观测点的伪距观测方程，为了方便起见重新写为

$$\boldsymbol{z} = \boldsymbol{Hx} + \boldsymbol{v} \tag{11.2}$$

式中，$\boldsymbol{z}$ 为观测伪距与近似计算伪距差值的 n 维向量，n 为可见卫星数；$\boldsymbol{x}$ 为 4 维待求参数向量，包括 3 个用户接收机位置改正数和 1 个钟差改正数；$\boldsymbol{v}$ 为 n 维观测伪距误差向量；$\boldsymbol{H}$ 为 $n \times 4$ 维的系数矩阵。设伪距误差向量 $\boldsymbol{v}$ 中各分量是相互独立的正态分布随机误差，均值为 0，方差为 σ_0^2，可以不考虑各卫星观测量权重，得到最小二乘平差估计为

$$\hat{\boldsymbol{x}} = (\boldsymbol{H}^{\mathrm{T}}\boldsymbol{H})^{-1}\boldsymbol{H}^{\mathrm{T}}\boldsymbol{z} = \boldsymbol{Az},\ \hat{\boldsymbol{z}} = \boldsymbol{H}\hat{\boldsymbol{x}} \tag{11.3}$$

式中，$\boldsymbol{A} = (\boldsymbol{H}^{\mathrm{T}}\boldsymbol{H})^{-1}\boldsymbol{H}^{\mathrm{T}}$，为系数矩阵 $\boldsymbol{H}$ 的 Moore – Penrose 伪逆，进而得到伪距残差为

$$\boldsymbol{\varepsilon} = \boldsymbol{z} - \hat{\boldsymbol{z}} = (\boldsymbol{I} - \boldsymbol{H}(\boldsymbol{H}^{\mathrm{T}}\boldsymbol{H})^{-1}\boldsymbol{H}^{\mathrm{T}})\boldsymbol{v} = \boldsymbol{Sv} \tag{11.4}$$

式中，矩阵 $\boldsymbol{S}$ 称为残差敏感矩阵，具有如下特性：对称性；等幂性；每行或列的和等于 0；每行或列的平方和等于对应行对角线的元素；秩等于 $n-4$。$\boldsymbol{S}$ 的这些特性是故障检测和识别的基础。综合伪距残差向量，得验后单位权方差 $\hat{\sigma}$，即检测统计量为

$$\hat{\sigma} = \sqrt{\boldsymbol{\varepsilon}^{\mathrm{T}}\boldsymbol{\varepsilon}/(n-4)} = \sqrt{\mathrm{SSE}/(n-4)} \tag{11.5}$$

2. 基于残差平方和的故障检测

在导航系统正常工作的情况下，各卫星伪距残差都比较小，验后单位权方差 $\hat{\sigma}$ 也较小。当在某个测量伪距存在较大偏差时，$\hat{\sigma}$ 会变大，需要进行故障检测。

当导航系统正常工作时，伪距误差向量 $\boldsymbol{v}$ 中各个分量是相互独立的正态分布随机误差，均值为 0，方差为 σ_0^2，因为残差敏感矩阵是秩等于 $n-4$ 的实对称矩阵，所以依据统计分布理论，SSE/σ_0^2 服从自由度为 $n-4$ 的 χ^2 分布。

若 $\boldsymbol{v}$ 的均值不为 0，则 SSE/σ_0^2 服从自由度为 $n-4$ 的非中心化 χ^2 分布，非中心化参数 $\lambda = E(\mathrm{SSE})/\sigma_0^2$。因此，可作如下二元假设。

无故障假设 H_0：$E(\boldsymbol{v}) = 0$，则 $\mathrm{SSE}/\sigma_0^2 \sim \chi^2(n-4)$；

有故障假设 H_1：$E(\boldsymbol{v}) \neq 0$，则 $\mathrm{SSE}/\sigma_0^2 \sim \chi^2(n-4, \lambda)$。

无伪距故障（H_0）时，系统处于正常检测状态，此时 SSE/σ_0^2 服从自由度为 $n-4$ 的 χ^2 分布，如果出现检测告警，则为误警。给定误警率 P_{FA}，则有如下概率等式：

$$P(\mathrm{SSE}/\sigma_0^2 < T^2) = \int_0^{T^2} f_{\chi^2_{(n-4)}}(x)\,\mathrm{d}x = 1 - P_{\mathrm{FA}} \tag{11.6}$$

通过上式确定检测限值 T，则 $\hat{\sigma}$ 的检测限值为 $\sigma_T = \sigma_0 T/\sqrt{n-4}$。$\sigma_T$ 可以事先给定，导航解算中如果 $\hat{\sigma} > \sigma_T$，表示检测到故障，将向用户发出告警。

3. 基于残差平方和的故障识别

GNSS 用于辅助导航时，RAIM 可只具备故障检测功能，当出现故障时可启用其他导航系统。但如果 GNSS 为唯一导航系统，则 RAIM 还需要具备识别故障和排除故障的能力，以便系统能继续工作。

对于故障识别，最直接的方法是在系统级故障检测的基础上，逐个剔除可见卫星。首先对所有观测的卫星计算 r，当检测出故障后，从所有的 n 颗卫星中逐一剔除，再用剩下的卫星计算 r，然后将其与对应的限值进行比较，如果超限则被剔除的卫星不是故障卫星，反之则为故障卫星。显然这种方法工作量大，满足不了完好性监测的实时要求。

这里给出一种基于巴尔达数据探测法的粗差探测方法，其基本思想是基于最小二乘残差向量构造统计量，该统计量服从某种分布，给定置信水平，则可以通过对统计量的检验来统计地判断某残差是否存在粗差。由残差和观测误差的关系，可设检测统计量为

$$d_i = |\varepsilon_i| / (\sigma_0 \sqrt{S_{ii}}) \quad (i = 1, 2, \cdots, n) \tag{11.7}$$

式中，d_i 服从正态分布；ε_i 为 $\boldsymbol{\varepsilon}$ 的第 i 个元素；S_{ii} 为 $\boldsymbol{S}$ 的第 i 行第 i 列元素。对统计量 d_i 作二元假设如下。

无故障假设 H_0：$E(\boldsymbol{v}) = 0$，则 $d_i \sim N(0,1)$；

有故障假设 H_1：$E(\boldsymbol{v}) \neq 0$，则 $d_i \sim N(\delta_i, 1)$。

其中，δ_i 为统计偏移参数，如第 i 颗卫星的伪距偏差为 b_i，则有 $\delta_i = \sqrt{S_{ii}} b_i / \sigma_0$。$n$ 颗可见卫星可以得到 n 个检验统计量，当给定总体误警率 P_{FA} 时，每个统计量的误警率为 P_{FA}/n，因此有下列概率等式成立

$$P(d > T_d) = \frac{2}{\sqrt{2\pi}} \int_{T_d}^{\infty} \mathrm{e}^{-x^2/2} \mathrm{d}x = P_{\mathrm{FA}}/n \tag{11.8}$$

由上式计算得到检测限值 T_d，将每个检测统计量 d_i 与 T_d 比较，如果 $d_i > T_d$，则表明第 i 颗卫星有故障，应将其排除在导航解算之外。

4. RAIM 算法的可用性

RAIM 算法采用的是冗余观测技术，因此在进行完好性监测时，需要先判断可见卫星的数目，若可见卫星少于 5 颗则提醒用户此时 RAIM 算法无效，需要重新接收定位信号。同时，RAIM 算法还受可见卫星几何分布的影响，需要根据性能指标对可见卫星的几何分布进行判断，决定是否适合进行完好性监测，称为完好性要求小的可用性判断。

RAIM 算法可用性判断的方法也有多种，这里给出一种水平保护级（HPL）算法。如第 i 颗卫星存在故障，导致的伪距偏差为 b_i，则由此故障引起的水平定位误差为

$$E_i = b_i \sqrt{A_{1i}^2 + A_{2i}^2} \tag{11.9}$$

式中，A_{1i} 和 A_{2i} 分别为伪逆矩阵 $\boldsymbol{A} = (\boldsymbol{H}^{\mathrm{T}} \boldsymbol{H})^{-1} \boldsymbol{H}^{\mathrm{T}}$ 中第 1 行第 i 列和第 2 行第 i 列元素。相应的忽略观测噪声的检测统计量为

$$r_i = b_i \sqrt{S_{ii} / (n-4)} \tag{11.10}$$

定义第 i 颗卫星的斜率为水平定位误差和检测统计量之比，即

$$\mathrm{Slope}_i = E_i / r_i = \sqrt{(A_{1i}^2 + A_{2i}^2)(n-4)/S_{ii}} \tag{11.11}$$

上式表明检测统计量与定位误差呈线性关系，沿着此斜率线，检测统计量与定位误差随着偏差的增加而增加。HPL 算法示意如图 11－3 所示，其中横轴代表检测统计量，纵轴代表水平定位误差。HAL 为水平告警限值，若水平定位误差超过 HAL 则存在故障。T_d 为检测限值，检测统计量超过检测限值表明存在故障。给定 T_d 和 HAL，存在以下 4 种情况。

（1）正常监测：检测统计量小于检测限值，水平定位误差小于 HAL；

（2）误警：检测统计量大于检测限制，水平定位误差小于 HAL；

（3）漏警：检验统计量小于检测限值，水平定位误差大于 HAL；

（4）正确检测：检验统计量大于检测限值，水平定位误差大于 HAL。

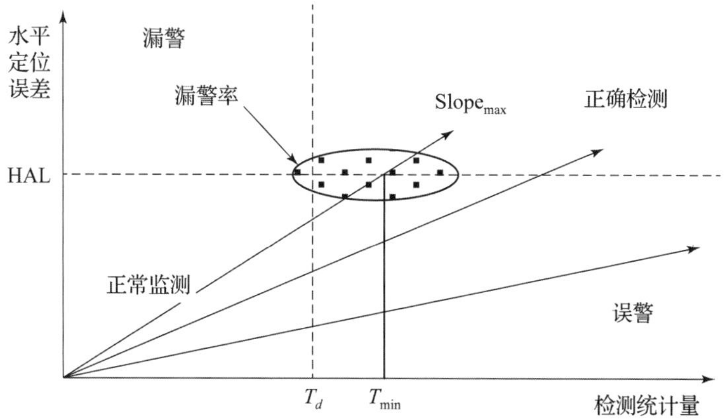

图 11－3　HPL 算法示意（在 $Slope_{max}$ 卫星上有临界偏差的散布）

偏差较小时，检测统计量和水平定位误差均小于检测限值，系统处于正常状态，漏检率（P_{MD}）较低；偏差较大时，检测统计量和水平定位误差均大于检测限值，系统能正确检测这种偏差，P_{MD} 也较低。当偏差处于两者之间时，P_{MD} 可能达到最大。P_{MD} 与偏差成一定函数关系。

每颗卫星都有对应的斜率，对应相同的检测统计量，斜率越大越容易发生漏警。因此，如果最大斜率的卫星发生故障时不产生漏警，则其他卫星发生故障时也不会产生漏警。

图 11－3 采用椭圆形的"数据云团"描述了当斜率最大的卫星存在偏差时发生的散布。这个偏差使处于检测限值左测的数据的百分比等于漏警率，小于这个值的任何偏差会把"数据云团"向左移动，把漏警率提高到超过许可的界限。这个临界偏差即满足漏警率要求的统计检测量的最小值：

$$T_{min} = \sigma_0 \sqrt{\lambda_{min}/(n-4)} \tag{11.12}$$

式中，λ_{min} 是满足漏警率要求的 χ^2 分布的非中心化参数的最小值。HPL 可以由下式确定：

$$\text{HPL} = \text{Slope}_{max} \cdot T_{min} \tag{11.13}$$

将 HPL 与对应航段的水平警告限值 HAL 比较，若 HPL > HAL，则说明 RAIM 算法无效；若 HPL < HAL，则说明 RAIM 算法有效，即可利用该组卫星信号进行定位解算。

5. RAIM 算法流程

根据以上步骤，可以得到基于最小二乘残差法的 RAIM 算法流程，如图 11－4 所示。

11.2.3　基于奇偶空间向量的 RAIM 算法

1. 奇偶空间向量的形成

最小二乘残差法是基于伪距残差向量 $\boldsymbol{\varepsilon}$ 的一致性进行监测，实际上 $\boldsymbol{\varepsilon}$ 中 4 个未知分量之间有一定的关联性，其关联性会掩饰信息中不一致的某些方面。因此，通过奇偶变换消除这些关联将具有更好的效果，其思路是利用系数矩阵的 QR 分解，将观测量粗差以奇偶空间向量表达，这样可相对简单直观地进行粗差的检测和识别，更好地满足完好性监测的性能要求。

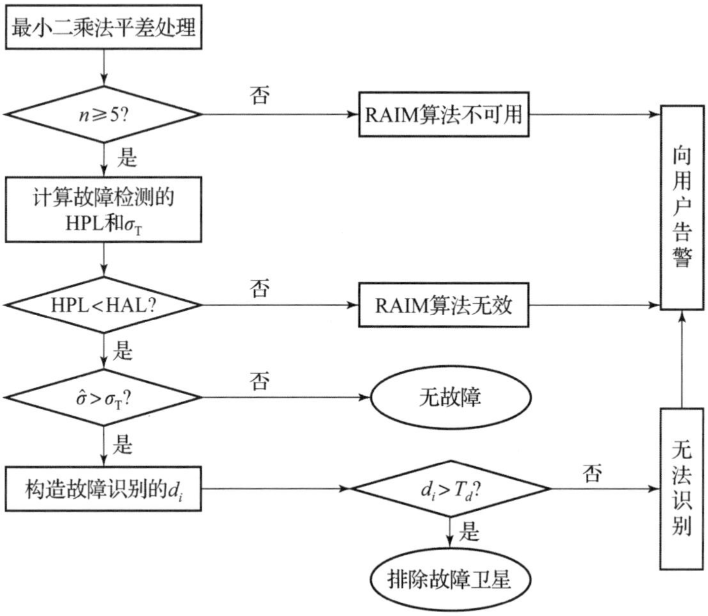

图 11-4　基于最小二乘残差法的 RAIM 算法流程

对伪距观测方程［式（11.2）］中的系数矩阵 $\boldsymbol{H}$ 进行 QR 分解，即令 $\boldsymbol{H}=\boldsymbol{QR}$，得到

$$\boldsymbol{z}=\boldsymbol{QRx}+\boldsymbol{v} \tag{11.14}$$

式中，$\boldsymbol{Q}$ 为 $n\times n$ 维正交矩阵；$\boldsymbol{R}$ 为 $n\times 4$ 维上三角矩阵。将式（11.14）两边左乘 $\boldsymbol{Q}^{\mathrm{T}}$，并将 $\boldsymbol{Q}^{\mathrm{T}}$ 和 $\boldsymbol{R}$ 分别表示为$[\boldsymbol{Q}_x\quad \boldsymbol{Q}_p]^{\mathrm{T}}$ 及$[\boldsymbol{R}_x\quad 0]^{\mathrm{T}}$，其中 $\boldsymbol{Q}_x$ 为 $\boldsymbol{Q}^{\mathrm{T}}$ 的前 4 行，$\boldsymbol{Q}_p$ 为剩下的 $n-4$ 行，$\boldsymbol{R}_x$ 为 $\boldsymbol{R}$ 的前 4 行，则有

$$\begin{bmatrix}\boldsymbol{Q}_x\\ \boldsymbol{Q}_p\end{bmatrix}\boldsymbol{y}=\begin{bmatrix}\boldsymbol{R}_x\\ 0\end{bmatrix}+\begin{bmatrix}\boldsymbol{Q}_x\\ \boldsymbol{Q}_p\end{bmatrix}\boldsymbol{v} \tag{11.15}$$

由上式可以得到待估参数的解 $\hat{\boldsymbol{x}}$，以及奇偶空间向量 $\boldsymbol{p}$，即

$$\left.\begin{aligned}\hat{\boldsymbol{x}}&=\boldsymbol{R}_x^{-1}\boldsymbol{Q}_x\boldsymbol{y}\\ \boldsymbol{p}&=\boldsymbol{Q}_p\boldsymbol{y}=\boldsymbol{Q}_p\boldsymbol{v}\end{aligned}\right\} \tag{11.16}$$

式中，$\boldsymbol{Q}_p$ 为奇偶空间矩阵；向量 $\boldsymbol{p}$ 为观测误差被奇偶空间矩阵 $\boldsymbol{Q}_p$ 投影得到，成为奇偶空间直接向量，它能直接反映故障卫星的偏差信息。

2. 基于奇偶空间向量的故障检测和识别

由于奇偶空间向量 $\boldsymbol{p}$ 直接反映了观测误差信息，基于奇偶空间向量可构造检验统计量，进行故障检测和识别。对于故障检测，可以类似于最小二乘残差向量，将奇偶空间向量的数量积 $\boldsymbol{p}^{\mathrm{T}}\boldsymbol{p}$ 作为检验统计量来进行 GNSS 故障监测。可以证明它与最小二乘的平方和 SSE 相等，因此两者在数学上是等效的。

由于观测误差是通过奇偶空间矩阵 $\boldsymbol{Q}_p$ 的每一列反映到奇偶空间向量的，因此奇偶空间向量与 $\boldsymbol{Q}_p$ 的列有必然的联系，可以通过它们之间的几何性质进行故障卫星的识别，也可以以它们为基础构造统计量进行故障检测和识别。

假设共观测 6 颗卫星，在第 4 颗卫星上有偏差 b_4，忽略观测值噪声的影响，则偏差的投影可表示为

$$\begin{bmatrix} p_1 \\ p_2 \end{bmatrix} = \begin{bmatrix} q_{14} \\ q_{24} \end{bmatrix} b_4 \tag{11.17}$$

式中，q_{14}和q_{24}为$\boldsymbol{Q}_p$的第 4 列元素。由上式可以看到，作用在第 4 颗卫星上的偏差引起的奇偶空间向量位于斜率是q_{24}/q_{14}的一条直线上，一般称该线为特征偏差线。每颗卫星都有自己的特征偏差线，其斜率由$\boldsymbol{Q}_p$各列的元素决定，第i颗卫星的特征偏差线为q_{2i}/q_{1i}。

由此可得故障识别准则：含有粗差的卫星就是那颗特征偏差线与观测的奇偶空间向量$\boldsymbol{p}$重合的卫星。为了最大化偏差的可视性，将$\boldsymbol{p}$投影到$\boldsymbol{Q}_p$的每一列并进行标准化，可得检测统计量为

$$r_i = |\boldsymbol{p}^{\mathrm{T}}\boldsymbol{Q}_{p,i}| / |\boldsymbol{Q}_{p,i}| \tag{11.18}$$

当无观测偏差时，r_i服从零均值的正态分布，其方差与观测误差的方差相同，记为σ_0^2。当给定误警率P_{FA}时，可得检测限值为

$$T_d = \begin{cases} \sigma_0 \sqrt{2}\mathrm{erf}^{-1}(1 - p_{\mathrm{FA}}) & n = 5 \\ \sigma_0 \sqrt{2}\mathrm{erf}^{-1}(1 - p_{\mathrm{FA}}/n) & n > 5 \end{cases} \tag{11.19}$$

已知P_{FA}，可以事先计算得到T_d。将每个检测统计量与T_d比较，若$r_i > T_d$，则表明该卫星有故障。

3. 基于奇偶空间向量的可用性

进一步分析基于奇偶空间向量 RAIM 算法的可用性，当第i个观测量存在偏差b_i时，r_i的均值为$\mu_i = |\boldsymbol{Q}_{p,i}| b_i$，则给定漏警率$P_{\mathrm{MD}}$时对应的均值为

$$u = T_{\mathrm{D}} + \sigma_0 \mathrm{erf}^{-1}(P_{\mathrm{MD}}) \tag{11.20}$$

由u可得满足P_{MD}的最小检测偏差$b_i = u/|\boldsymbol{Q}_{p,i}|$，进而得到$b_i$产生的定位误差为

$$[\delta x_i \quad \delta y_i \quad \delta z_i]^{\mathrm{T}} = \boldsymbol{R}_x^{-1}\boldsymbol{Q}_x b_i \tag{11.21}$$

因此，由偏差b_i产生的最大水平位置误差半径为

$$R_b = \max(\sqrt{\delta x_i^2 + \delta y_i^2}) \tag{11.22}$$

观测量除了偏差b_i外，还存在噪声，由噪声产生的最大水平位置误差半径为

$$R_n = \sigma \sqrt{2}\mathrm{erf}^{-1}(1 - P_T) \cdot \mathrm{HDOP} \tag{11.23}$$

式中，P_T为水平误差超过R_n的监测概率；HDOP 为水平位置精度因子。取最大定位误差，得到 RAIM 算法的水平定位误差保护级为

$$\mathrm{HPL} = R_b + R_n \tag{11.24}$$

此 HPL 即满足需求的最大水平定位误差，当其小于水平告警限值 HAL 时，RAIM 算法是可用的。

11.3　基于辅助信息的 GNSS 完好性监测

11.3.1　基于辅助信息的 GNSS 完好性监测简介

GNSS 完好性监测的 RAIM 算法要求可见卫星在 5 颗以上才可以检测出故障，在 6 颗以上才可以剔除故障卫星。由于信号遮掩等各种环境因素，单独 GNSS 有时不能提供足够的卫

星余度信息，不能满足一般 RAIM 算法的可用性要求。目前，单独的 GNSS 完好性监测还不能满足诸如航空导航中精密进近等的需要。

为了满足高性能、高可靠性的要求，需要利用其他辅助信息来增加 GNSS 接收机的冗余观测。目前对于增加冗余观测，研究较多的是多星座组合，比如 GPS、GLONASS、Galileo 系统、北斗卫星导航系统等相互组合，可以采用传统 RAIM 算法进行完好性监测。多 GNSS 组合的完好性监测虽然在一定程度上增加了完好性监测的手段，但仍然是 SAIM，避免不了导航卫星自身的不足。

Frank 于 20 世纪 90 年代提出采用罗兰接收机辅助 GPS 实现完好性监测，该方法可满足在航飞行时 GPS 的可靠稳定要求，是组合多路传感器完好性监测的成功应用。Y. Lee 于 1993 年提出了应用飞机上的气压高度表和时钟惯性数据来辅助 RAIM，随后的研究表明气压高度表的数据误差与 GNSS 卫星误差是相互独立的，其辅助 GNSS 完好性监测时，可以使飞机非精密进近的完好性监测可用性由 94% 提高到 99.997%。近年还出现了引入地图信息辅助 GNSS 完好性监测的研究，但仅限于特定的应用领域。

在航空、航天等应用领域，INS 通常是必备的导航系统。同时 GNSS 和 INS 可以优势互补，GNSS/INS 组合导航系统已相对成熟，已成为最具应用价值的导航系统之一。因此，采用 INS 信息辅助 GNSS 完好性监测将是具有应用前景的方法。INS 和 GNSS 具有许多不同的故障模式，基本上可以分为斜坡式（ramp）误差和阶梯式（step）误差。斜坡式误差以固定或变化的速率递增。阶梯式误差如 GNSS 的欺骗干扰等，在瞬间达到一个固定值，监测相对容易些。慢变的斜坡式误差主要存在于 GNSS 的钟差和 INS 中，这使 GNSS/INS 组合导航系统完好性监测是最困难的。

基于辅助信息的 GNSS 完好性监测与单独 GNSS 完好性监测的概念类似，所不同的是，GNSS/INS 组合导航系统通常采用卡尔曼滤波算法，而早期单独 GNSS 完好性监测多采用最小二乘法。根据是否利用当前历元或历史测量数据，GNSS/INS 组合导航系统完好性监测算法可以分为快照法和连续法。

目前，国内外对于 GNSS 接收机自主完好性监测的 RAIM 方法已开展了比较深入的研究，而 GNSS/INS 组合导航系统完好性监测还属于一个新的研究方向。本节介绍 3 种相对比较实用的方法——基于卡尔曼滤波残差的 GNSS/INS 组合导航系统完好性监测方法、基于自主完好性检测外推法（AIME）的完好性监测方式以及基于多解分离（MSS）的完好性监测方法，以使读者对于基于辅助信息的 GNSS 完好性监测有一个清晰的认识。

11.3.2 GNSS/INS 组合的残差监测法

在 GNSS/INS 组合导航系统中，卡尔曼滤波器通过各颗可见卫星观测伪距与估计伪距的一致性校验来判断 GNSS 的故障，因为有 INS 导航信息的输出，即使可见卫星少于 5 颗，也可以进行完好性监测。根据检测统计量、检测限值等的不同，可以使用不同的完好性监测方法。

这里针对采用伪距的 GNSS/INS 深度组合模式，其完好性监测原理如图 11-5 所示。三轴加速度计与陀螺组件经过“数字平台”的捷联惯导解算后，与 GNSS 的伪距输出信息进行综合卡尔曼滤波计算，具体的卡尔曼滤波器设计参见第 10 章。

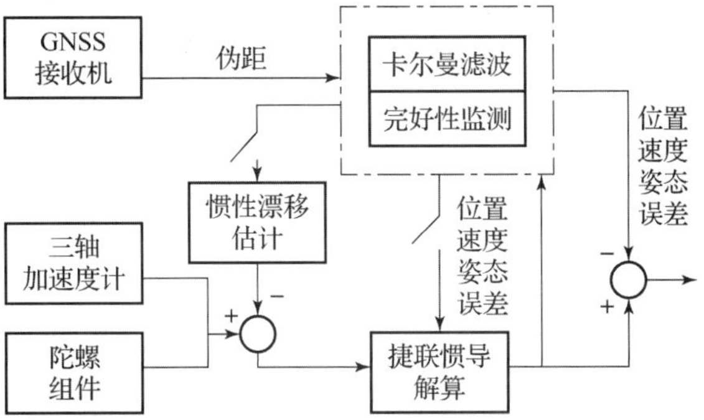

图 11－5 GNSS/INS 组合导航系统完好性监测原理

GNSS/INS 组合导航系统中卡尔曼滤波器的新息实际上即系统的残差，因此，类似 GNSS 完好性监测中的基于最小二乘残差法的 RAIM 算法，可以采用残差χ^2检验法进行完好性监测。k 时刻的 GNSS/INS 组合导航系统中卡尔曼滤波器的新息为

$$\boldsymbol{r}_k=\boldsymbol{Z}_k-\boldsymbol{H}_k\hat{\boldsymbol{X}}_{k/k-1} \tag{11.25}$$

式中，$\hat{\boldsymbol{Z}}_k=\boldsymbol{H}_k\hat{\boldsymbol{X}}_{k/k-1}$，为伪距差的预报值；$\boldsymbol{r}_k$类似于采用最小平方残差的 RAIM 算法中的残差量。当 GNSS/INS 组合导航系统无故障时，$\boldsymbol{r}_k$ 为零均值的 n 维正态分布白噪声序列，其方差为

$$\boldsymbol{A}_k=\boldsymbol{H}_k\boldsymbol{P}_{k/k-1}\boldsymbol{H}_k^{\mathrm{T}}+\boldsymbol{R}_k \tag{11.26}$$

当 GNSS 的某颗卫星故障时，$\boldsymbol{Z}_k$ 将发生变化，测量的预报值 $\hat{\boldsymbol{Z}}_k$ 不再是 $\boldsymbol{Z}_k$ 的无偏估计，$\boldsymbol{r}_k$也不再是零均值的白噪声。定义检测统计量为

$$s_k=\boldsymbol{r}_k^{\mathrm{T}}\boldsymbol{A}_k^{-1}\boldsymbol{r}_k \tag{11.27}$$

当 GNSS/INS 组合导航系统无故障时，s_k服从自由度为 $n+1$ 的中心化χ^2 分布；当 GNSS/INS 组合导航系统出现故障时，s_k 服从非中心化χ^2 分布。设非中心化参数为 λ，并作如下假设。

无故障假设 H_0：$E(\boldsymbol{r}_k)=0$，则 $s_k\sim\chi^2(n+1)$；

有故障假设 H_1：$E(\boldsymbol{r}_k)\neq0$，则 $s_k\sim\chi^2(n+1,\lambda)$。

由假设条件，当无故障时系统处于正常监测状态，如果出现告警则为误警。如果给定误警概率为 P_{FA}，则有

$$P(s_k<T_{\mathrm{d}}/H_0)=\int_0^T f_{\chi^2(n+1)}(x)\,\mathrm{d}x=1-P_{\mathrm{FA}} \tag{11.28}$$

由上式可以得到检测限值 T_d，通过比较检测统计量 s_k 与检测限值 T_d，如果 $s_k>T_d$ 则表明存在故障，否则无故障。

11.3.3 GNSS/INS 组合的 AIME 方法

基于卡尔曼滤波残差的χ^2 检验法本质上属于快照法，它对于阶跃故障或快变的斜坡故障非常有效，然而当 GNSS 或 INS 出现慢变故障时，最初误差很小，无法被检测出来，而有故障的输出将影响下一步状态估计值 $\hat{\boldsymbol{X}}_{k/k-1}$，使其跟踪故障输出而导致 $\boldsymbol{r}_k$一直较小。

由于基于卡尔曼滤波残差的χ^2 检验法对于慢变故障的检测效果不好，下面给出 AIME

方法。AIME 方法由 Diesel J. W. 于 1995 年申请了专利，著名的商用飞机航空设备公司 Northrop Grumman 于 2005 年报道其导航产品采用了 AIME 技术，据称综合 GNSS 和 INS，可以用作商用飞机的独立导航系统，并可以不需要 VOR、DME、LORLAN 等其他辅助设备，从而降低整个导航系统的成本。该报道中还给出了单独 GNSS 的 RAIM 算法与 GNSS/INS 组合导航系统的 AIME 方法的可用性比较，如图 11－6 所示，从中可以看出 AIME 方法可以显著提高完好性监测的可用性。

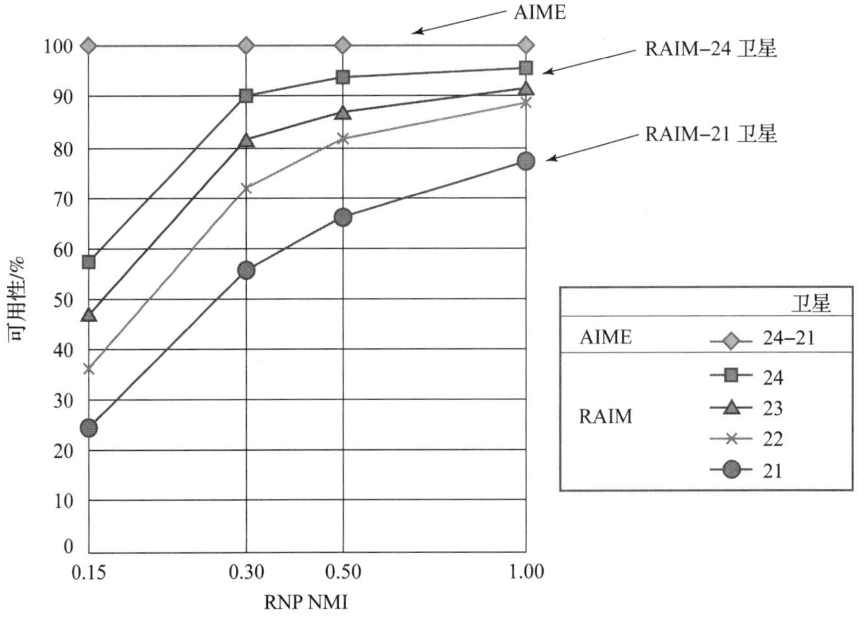

图 11－6　RAIM 算法与 AIME 方法的可用性比较

在 AIME 方法中，假设在历元 $k-m$ 无故障，$\hat{\boldsymbol{X}}_k^s$ 为从历元 $k-m$ 到历元 k 的多步外推估计值，则 $\hat{\boldsymbol{X}}_k^s$ 可以由历元 $k-m$ 的 $\hat{\boldsymbol{X}}_{k-m}$ 计算得到：

$$\hat{\boldsymbol{X}}_k^s = \prod_{i=1}^{m} \boldsymbol{\Phi}_{(k-m+i,k-m+i-1)} \hat{\boldsymbol{X}}_{k-m} \tag{11.29}$$

相应的 $\hat{\boldsymbol{Z}}_k^s = \boldsymbol{H}_k \hat{\boldsymbol{X}}_k^s$ 与外推时间内的伪距测量无关，因此不存在基于卡尔曼滤波残差的 χ^2 检验法中的故障跟踪现象。定义检测统计量为

$$s_{\mathrm{avg}} = (\boldsymbol{r}_{\mathrm{avg}}^{\mathrm{T}})(\boldsymbol{A}_{\mathrm{avg}}^{-1})(\boldsymbol{r}_{\mathrm{avg}}) \tag{11.30}$$

式中，$\boldsymbol{r}_{\mathrm{avg}} = (\boldsymbol{A}_{\mathrm{avg}}^{-1})\sum_m (\boldsymbol{A}_k^{-1} r_k)/m$，$\boldsymbol{A}_{\mathrm{avg}}^{-1} = \sum\limits_m \boldsymbol{V}_k^{-1}/m$。

当有故障时检测统计量 s_{avg} 服从中心化 χ^2 分布，否则服从非中心化 χ^2 分布。可以根据完好性监测的不同需求来设置外推历元数 m。如果 m 过小，则不能有效地监测慢变故障，反之，m 过大时，会降低滤波的精度，同时会影响完好性监测的速度。例如对于民航领域的应用，可以同时应用 3 组外推历元数 m（150 s、600 s 以及 1 800 s）来保证飞行过程具有较好的完好性监测效果。这是由于平均着陆时间通常约为 150 s，而且单颗卫星不会在数小时内持续可见。

11.3.4　GNSS/INS 组合的 MSS 方法

对于 GNSS/INS 组合导航系统的完好性监测，MSS 方法是另一种比较有效的方法。MSS 方法最早由 Brenner 于 1995 年提出，目前已在 Honeywell 的 Inertial/GPS 组合导航系统中开展了性能分析试验。

MSS 方法是一种将 RAIM 算法扩展到 GNSS/INS 组合导航系统的方法，本质上仍然是快照法。MSS 方法是以高斯分布的多个卡尔曼滤波的解分离为基础进行完好性监测；而 χ^2 检验法和 AIME 方法均是基于卡尔曼滤波器的新息来进行完好性监测，是以 χ^2 分布的检测统计量为基础的。

MSS 方法由一组卡尔曼滤波器构成多个位置解，其滤波器结构如图 11－7 所示。其中主滤波器 F_{00} 综合所有 N 颗可见卫星的观测量，提供估计校正；子滤波器 $F_{0n}(n=1,\cdots,N)$ 综合 $N-1$ 个观测量的不同组合，仅用来进行故障检测；如需故障排除，则要根据 $N-2$ 个观测量构造下一级滤波器。

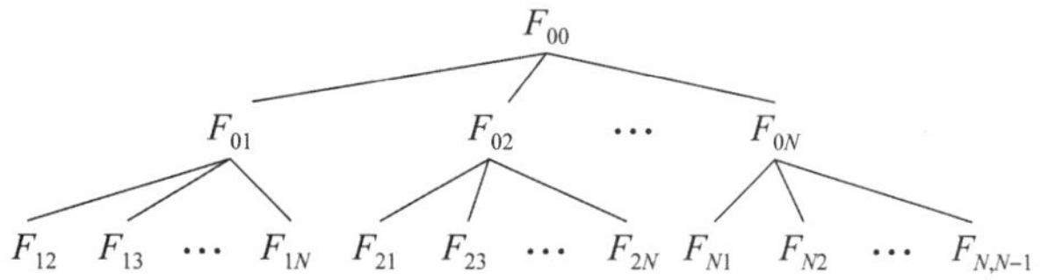

图 11－7　MSS 方法的滤波器结构

通过 F_{00} 与各个子滤波器 F_{0n} 的位置估计的差，得到解分离估计，根据主/子滤波器分离与检测阈值的判断进行故障检测。故障的剔除由 F_{0n} 及其下一级的解分离进行处理。根据图 11－7 所示 MSS 方法的滤波器结构，可以设计 GNSS/INS 完好性监测系统结构如图 11－8 所示。

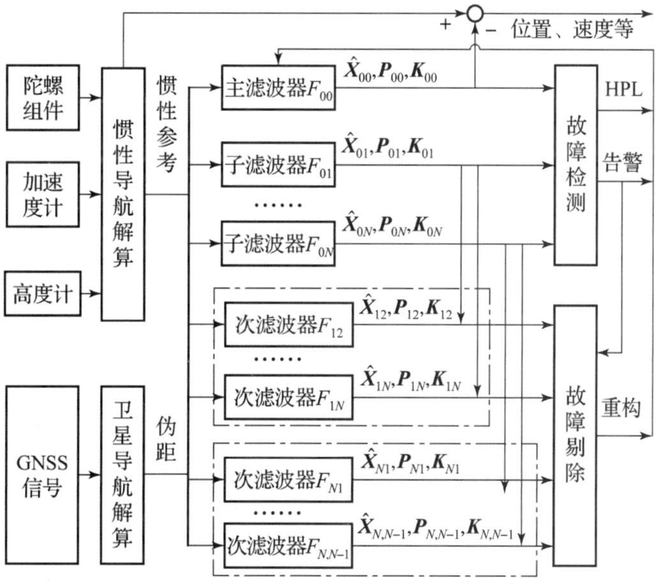

图 11－8　基于 MSS 方法的 GNSS/INS 完好性监测系统构成

该 GNSS/INS 组合导航系统中含有 1 个主滤波器、N 个子滤波器以及 $N\cdot(N-1)$ 个次滤波器。在图 11-8 中，$\hat{\boldsymbol{X}}_{00}$，$\hat{\boldsymbol{X}}_{0n}(n=1,\cdots,N)$ 及 $\hat{\boldsymbol{X}}_{nm}(m=1,\cdots,N$，且 $m\neq n)$ 分别为主滤波、子滤波及次滤波的估计量，其对应的估计协方差矩阵分别为 $\boldsymbol{P}_{00}$，$\boldsymbol{P}_{0n}$ 及 $\boldsymbol{P}_{nm}$，其对应的滤波器增益分别为 $\boldsymbol{K}_{00}$，$\boldsymbol{K}_{0n}$ 及 $\boldsymbol{K}_{nm}$，其对应的观测矩阵分别为 $\boldsymbol{H}_{00}$，$\boldsymbol{H}_{0n}$ 及 $\boldsymbol{H}_{nm}$。

在每个历元 k，主滤波器与各子滤波器估计量的解分离向量为

$$\mathrm{d}\boldsymbol{X}_{0n,k}=\hat{\boldsymbol{X}}_{00,k}-\hat{\boldsymbol{X}}_{0n,k}(n=1,\cdots,N) \tag{11.31}$$

其统计量可以用协方差矩阵来描述，即

$$\mathrm{d}\boldsymbol{P}_{0n,k}=E(\mathrm{d}\boldsymbol{X}_{0n,k}\cdot\mathrm{d}\boldsymbol{X}_{0n,k}^{\mathrm{T}})=\boldsymbol{P}_{00,k}-\boldsymbol{P}_{0n,k}^{\mathrm{cross}}-(\boldsymbol{P}_{0n,k}^{\mathrm{cross}})^{\mathrm{T}}+\boldsymbol{P}_{0n,k} \tag{11.32}$$

其中，对于协方差矩阵 $\boldsymbol{P}_{00}$，$\boldsymbol{P}_{0n}$ 及 $\boldsymbol{P}_{0n}^{\mathrm{cross}}$ 的计算，其一步预测协方差分别为

$$\left.\begin{aligned}\boldsymbol{P}_{00,k/k-1}&=\boldsymbol{\Phi}_{k/k-1}\boldsymbol{P}_{00,k-1}\boldsymbol{\Phi}_{k/k-1}^{\mathrm{T}}+\boldsymbol{Q}_{k-1}\\ \boldsymbol{P}_{0n,k/k-1}&=\boldsymbol{\Phi}_{k/k-1}\boldsymbol{P}_{0n,k-1}\boldsymbol{\Phi}_{k/k-1}^{\mathrm{T}}+\boldsymbol{Q}_{k-1}\\ \boldsymbol{P}_{0n,k/k-1}^{\mathrm{cross}}&=\boldsymbol{\Phi}_{k/k-1}\boldsymbol{P}_{0n,k-1}^{\mathrm{cross}}\boldsymbol{\Phi}_{k/k-1}^{\mathrm{T}}+\boldsymbol{Q}_{k-1}\end{aligned}\right\} \tag{11.33}$$

式中，$\boldsymbol{\Phi}_{k/k-1}$ 为由历元 $k-1$ 到 k 的状态转移矩阵；$\boldsymbol{Q}$ 为系统噪声方差矩阵。由此得到估计协方差矩阵分别为

$$\left.\begin{aligned}\boldsymbol{P}_{00,k}&=(\boldsymbol{I}-\boldsymbol{K}_{00,k}\boldsymbol{H}_{00,k})\boldsymbol{P}_{00,k/k-1}\\ \boldsymbol{P}_{0n,k}&=(\boldsymbol{I}-\boldsymbol{K}_{0n,k}\boldsymbol{H}_{0n,k})\boldsymbol{P}_{0n,k/k-1}\\ \boldsymbol{P}_{0n,k}^{\mathrm{cross}}&=(\boldsymbol{I}-\boldsymbol{K}_{00,k}\boldsymbol{H}_{0n,k}^{\mathrm{T}})\boldsymbol{P}_{0n,k/k-1}^{\mathrm{cross}}(\boldsymbol{I}-\boldsymbol{K}_{0n,k}\boldsymbol{H}_{0n,k}^{\mathrm{T}})+\boldsymbol{K}_{00,k}\boldsymbol{R}_{0n,k}\boldsymbol{K}_{0n}^{\mathrm{T}}\end{aligned}\right\} \tag{11.34}$$

水平位置解分离向量为 $\mathrm{d}\boldsymbol{X}_{0n}^{\mathrm{hpos}}$，对应协方差矩阵为 $\mathrm{d}\boldsymbol{P}_{0n}^{\mathrm{hpos}}$。由于北向和东向的解分离是相关的，则将 $\mathrm{d}\boldsymbol{P}_{0n}^{\mathrm{hpos}}$ 投影到正交平面进行去相关，得到

$$\mathrm{d}\boldsymbol{P}_{0n}^{\mathrm{hpos}}=\boldsymbol{P}_{\perp}\cdot\boldsymbol{\Lambda}\cdot\boldsymbol{P}_{\perp}^{\mathrm{T}} \tag{11.35}$$

式中，$\boldsymbol{\Lambda}$ 和 $\boldsymbol{P}_{\perp}$ 分别为特征值矩阵及其对应的特征向量矩阵。向量 $\mathrm{d}\boldsymbol{X}_{\perp}=\boldsymbol{P}_{\perp}^{\mathrm{T}}\cdot\mathrm{d}\boldsymbol{X}_{0n}^{\mathrm{hpos}}$ 为高斯分布，其协方差矩阵为 $\boldsymbol{\Lambda}$，$\boldsymbol{\Lambda}$ 为斜对角矩阵，其中较大的元素占主导地位。记 $\boldsymbol{\Lambda}$ 中最大的特征值为 $\lambda^{\mathrm{d}P}$（设为第 i 个元素）则统计检测量选取 $\mathrm{d}\boldsymbol{X}_{\perp}$ 中对应于 $\lambda^{\mathrm{d}P}$ 的元素：

$$d_{0n}=|\mathrm{d}\boldsymbol{X}_{\perp}(i)| \tag{11.36}$$

当给定误警率 P_{FA} 时，可得每个子滤波器的统计检测量 d_{0n} 的检测限值 T_{0n} 为

$$T_{0n}=\sqrt{\lambda^{\mathrm{d}P}}erf^{-1}[1-P_{\mathrm{FA}}/(2N)] \tag{11.37}$$

则根据 N 组检测量进行故障检测，其故障判据如下。

无故障 H_0：所有检测量均为 $d_{0n}\leqslant T_{0n}$；

有故障 H_1：至少存在一组检测量为 $d_{0n}>T_{0n}$。

对于故障排除，需要进一步根据子滤波器及其次滤波器，采用与故障检测相同的方法，计算解分离向量 $\mathrm{d}\boldsymbol{X}_{nm}(m=1,\cdots,N$ 且 $m\neq n)$ 及其协方差矩阵 $\mathrm{d}\boldsymbol{P}_{nm}$，在此基础上计算统计检测量 d_{mn} 及其检测限值 T_{mn}。

确定第 i 颗为故障卫星并进行排除的判据为：对于所有 $n\neq r$ 至少存在一组 $d_{nm}>T_{nm}$，并且对于所有 $r\neq m$ 均有 $d_{rm}\leqslant T_{rm}$。

11.4 GNSS 的星基增强完好性监测

11.4.1 GNSS 星基增强完好性监测简介

GNSS 的 SBAS 的介绍见第 1 章，其设计目标是通过一定数量的地面站和 GEO 来增强 GNSS，以建立一个覆盖一定区域、在更大程度上满足导航用户需求的卫星导航系统。SBAS 通过多个地面站确定卫星星历、卫星钟及电离层误差的修正数，并给出这些修正数的误差置信限值，通过 GEO 的数据链提供给用户，同时 GEO 还发射 L 频段测距信号，从而满足直到 I 类精密进近的需求。

在 RAIM 技术出现的同时，美国 MITRE 公司就提出了 GPS 完好性通道（GIC）的方法，后被美国联邦航空管理空局（FAA）采纳，并由航空无线电技术委员会 RTCA SC－159 成立了专门的研究小组。GIC 主要包括地面监测和完好性信息广播两个部分，其中地面临测站采集 GPS 观测数据并集中处理，产生 GPS 完好性信息，这些信息再通过 GEO 实时广播给用户。完好性信息主要指 GPS 卫星“可用”或“不可用”状态及与卫星有关的误差限值，用户可由此可确定观测卫星是否可用并计算得到定位误差限值。

20 世纪 80 年代末，为了消除或减弱卫星星历、卫星钟及电离层误差的影响，特别是 SA 误差，人们提出了 WADGPS 技术。将 GIC 与 WADGPS 组合，地面已知参考站能同时监测得到 GPS 的完好性信息和各类误差修正数。

为了能满足 I 类精密进近的要求，在 GIC 与 WADGPS 组合的基础上，人们发展了 SBAS。近年来，SBAS 得到了快速发展，世界上已经建成并开始服务的 SBAS 有美国的 WAAS，重点服务北美地区，计划向南美地区扩展；欧洲地球同步卫星导航增强服务系统（EGNOS），重点服务欧洲地区，计划向非洲地区扩展；日本的基于多功能运输卫星的增强系统（MSAS）；印度的 GPS 辅助型静地轨道增强导航系统（GAGAN）；俄罗斯的差分修正监测系统（SDCM）。世界上还有其他国家也在积极建设和发展自己的增强系统，我国的北斗星基增强系统（BDSBAS）也已经制定了明确的发展计划，并且积极参与国家会议。BDSBAS 被 ICAO 接纳为星基增强服务供应商，获得 3 颗 GEO 的 PRN 编码为 130，143，144 的频点资源，BDSBAS 服务商标识号和系统标准时间标识号。我国正大力推动 BDSBAS 的国际化进展和 SBAS 兼容互操作工作。

GNSS 星基增强完好性监测不但要对 GNSS 状况进行监测，还要对广域差分修正数的完好性进行监测，作为测距源的 GEO 的状况及其误差修正数的完好性也需要被监测。SBAS 对卫星状况的监测即前述的 GIC 概念，而对广域差分修正数的完好性监测，是通过对各类误差修正数的确定及验证来完成的。

SBAS 的修正数包括卫星星历修正数、卫星钟差修正数和电离层格网点垂直延迟修正数。其中，卫星星历修正数和卫星钟差修正数都是与卫星有关的误差修正数，这两种修正数相应的误差综合给出，以用户差分伪距误差（UDRE）表示。电离层格网点垂直延迟修正数相应的误差以 GIVE 表示。UDRE 及 GIVE 对应一定的置信度，这种置信度根据导航系统完好性需求给出。

11.4.2 GNSS 星基增强完好性监测体系

1. GNSS 星基增强完好性监测系统结构

对于 GNSS 星基增强完好性监测系统的设计，国外如美国、欧洲的许多研究机构进行了大量研究，已被 FAA、RTCA 及 ESA 等制订成有关系统开发和应用标准。

GNSS 星基增强完好性监测体系的基本思想是：参考站设置 2 台接收机，得到 2 路独立数据，然后由中心站并行处理及交叉验证来确定系统的完好性信息，验证处理包括 UDRE 验证、GIVE 验证以及定位域的综合验证，经过验证的 UDRE 及 GIVE 信息广播给用户后，用户依据这些信息并结合局部误差最终确定当前定位的置信误差，如果该误差超限，则发出告警。而对于 SBAS 用户，应该仍然利用 RAIM 技术更加全面地监测各种可能的异常，以作为 GNSS 星基增强完好性监测的辅助。

对于 2 路独立的数据流，其结果在出站之前要进行比较，按数理统计理论和系统指标要求判定 2 路结果的正确性。通常可以采用以下两种处理结构。

(1) 平行处理结构：如图 11 -9 (a) 所示。主站配置的 2 台计算设备和软件相同时，这种结构能发现 2 路结果的不同，但故障的定位能力较差；当主站配置的 2 台计算设备和软件不同时，则可提高故障的定位能力，但加大了软件的开发成本。

(2) 交叉处理结构：如图 11 -9 (b) 所示。在平行处理结构的基础上，把其中一路数据产生的结果与另一路数据进行交叉比较。该结构可以充分利用参考站配置 2 台接收机所采集的数据，尽可能利用平行运行的硬件和软件进行多点不同途径的验证，从而提高完 GNSS 星基增强好性监测的故障定位和分离能力。

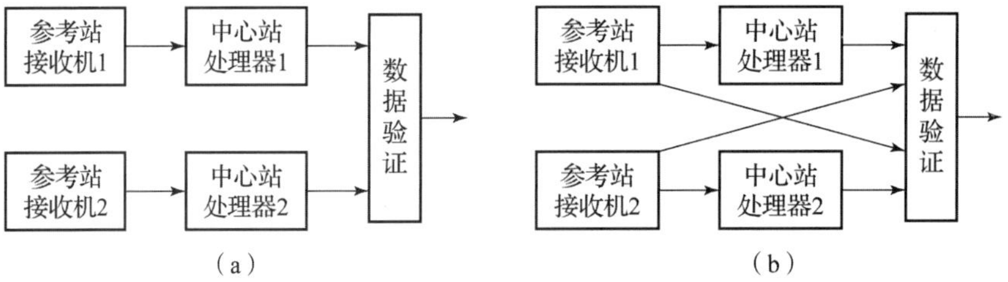

图 11 -9 GNSS 星基增强完好性监测结构

(a) 平行处理结构；(b) 交叉处理结构

2. GNSS 星基增强完好性监测验证层次

对于 GNSS 星基增强完好性的数据验证，可以根据数据流的不同处理阶段，采用多个层次的验证方法。其中主要的验证层次如下。

(1) 观测数据合理性检查。在中心站对原始观测数据处理之前，需要对各参考站的 2 路观测数据分别进行检查，保证这些数据的合理性、连续性。具体方法是将当前历元的观测数据与前面若干历元的观测数据进行比较，如果比较结果超过一定限值，则认为当前历元的观测数据存在问题。在该阶段可以发现卫星钟、接收机钟、多路径效应、接收机噪声等误差对原始观测数据的影响，从而可以放弃受到较大误差影响的观测数据。

(2) 处理结果内符合检验。在该阶段，主要是数据处理软件本身基于最小二乘原理，用验后残差对参考站所采集数据的正确性和软件处理得到的各项修正数的正确性进行检验。2 路数据的检验分别进行，每一路数据的检验均包括卫星星历处理、卫星钟差处理和电离层处理模块。

（3）平行一致性检验。对参考站的 2 路观测数据，中心站分别进行独立处理，其处理软件相同。如果 2 路数据均没有受到异常误差的影响，则中心站的处理结果应一致。这些结果包括各类误差修正数及修正数的误差估计，对于 2 路结果不一致的修正数应标记其不可用。在该阶段只能检测异常，不能判别到底是哪一路存在问题。

（4）交叉正确性验证。将一路处理得到的差分修正数应用于另一路经预处理的观测数据，通过比较并对残差信息进行统计，确定差分修正数的完善性信息。交叉正确性验证包括两类：一类是与卫星有关的卫星星历及钟差的验证，即 UDRE 验证；另一类是电离层延迟修正数的验证，即 GIVE 验证。UDRE 和 GIVE 验证处理方法将在后面介绍。

（5）广播有效性验证。广域差分修正数及完善性信息经过前述验证后，可广播给用户。对广播后的信息，中心站应能同时接收并作相应处理，以验证广播值的有效性。广播有效性验证方法与交叉正确性验证方法基本一致，分为 UDRE 和 GIVE 两方面的验证，验证结果的处理包括没有变化、对值进行调整、标记“不要用”和标记“未被监测”4 种情况。

11.4.3　UDRE 验证处理

SBAS 的误差源由对流层误差、接收机钟差、电离层误差、多路径效应和观测噪声的干扰组成。对流层误差通常使用建立模型的方式来减弱，多路径效应及观测噪声的干扰可以通过载波平滑的方法来减弱。UDRE 作为一个主要误差源，要进行详细的计算，由对观测伪距和计算伪距的差值进行统计运算得到。广域差分修正数由卫星的 WAAS 播发，另外广域差分修正数的误差估计信息也会被播发。UDRE 即指 SBAS 在播发广域差分修正数的同时所播发的与卫星星历及钟差修正数相对应的误差估计信息。

考虑到完好性的概率需求，UDRE 可定义为系统服务区内，可视卫星星历及钟差修正数误差相应的伪距误差的置信限值（置信度为 99.9%），其概率表示为 P_r（UDRE > 卫星星历及钟差修正误差），$P_r \geq 99.9\%$。

UDRE 的计算十分严谨，必须满足以下 4 个要求。

（1）直接计算：为了使每个用户能够得到更加可靠的完好性保证，UDRE 应直接通过受到轨道及钟差误差影响的伪距观测量来计算。

（2）置信限值的完好性：为了使定位更加可靠，UDRE 对服务区内的所有位置都必须以 99.9% 的置信度规定相应的置信限值。

（3）定位可用性：UDRE 越小，定位越精确可靠，用户可用性越高。对于高端用户，UDRE 的可用性有严格的规定。

（4）告警时间：UDRE 必须具备对异常情况（包括卫星不可用或未被监测）做出反应的能力，且要尽快通过 GEO 广播给服务区内的用户，响应的总时间要在系统规定的告警时间（6 s）之内。

UDRE 验证处理是对观测伪距和计算伪距的比较值进行统计计算，UDRE 能够对卫星的等效钟差修正数异常做出相应的反应，同时也能用 99.9% 的置信度限制最大的等效钟差。为了保证用户的定位误差不能超过对应不同航行阶段的告警限值，UDRE 不能估计得较大，在北斗卫星导航系统的空间信号接口控制文件中规定 UDRE 不超过 150 m。其计算流程如图 11－10 所示。UDRE 每秒计算一次，按更新率要求（如 6 s）周期性地播发给用户，采样数据可用当前历元及之前若干历元的观测数据（如 20 s）。

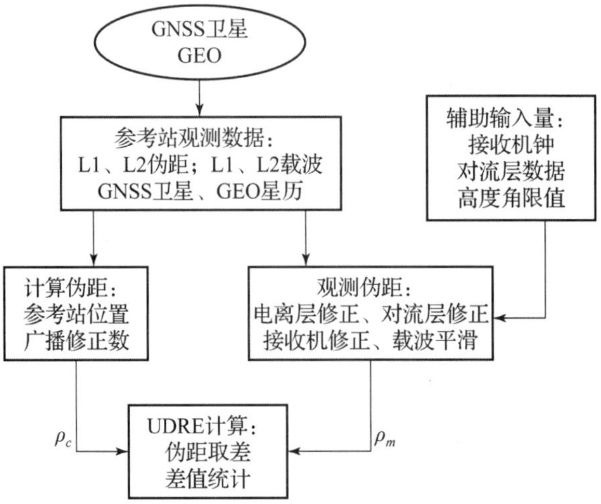

图 11－10　UDRE 计算流程

将经过电离层修正、对流层修正、接收机钟差修正、载波平滑处理的观测伪距记为 ρ_m，由参考站已知坐标和经修正的卫星坐标计算得到的计算伪距记为 ρ_c，将它们取差得到

$$\mathrm{d}\rho = \rho_m - \rho_c \tag{11.38}$$

UDRE 为对相同卫星不同观测站的所有差值 $\mathrm{d}\rho$ 进行统计，即

$$\mathrm{UDRE} = \overline{\mathrm{d}\rho} + k(P_r)\sigma_{\mathrm{d}\rho} \tag{11.39}$$

式中，$\overline{\mathrm{d}\rho}$为所有观测站对该卫星的 $\mathrm{d}\rho$ 的均值；$\sigma_{\mathrm{d}\rho}$为其对应的标准差；$k(P_r)$为对应置信度为 99.9% 的分位数，为 3.290 5。

UDRE 对导航系统的完好性、连续性、可用性等性能有重要影响：一方面，为了保证完好性，UDRE 要以一定的置信度限定最大的卫星修正数误差，保证为服务区内的所有用户提供安全，同时 UDRE 还要能对卫星星历及钟差修正所受到的异常影响及时做出反应；另一方面，为了保证连续性、可用性，UDRE 不能估计得太大，对于不同的导航用户，定位误差都有最大限值规定，而定位误差是基于 UDRE 计算得到的，因此 UDRE 也必须在某一限值以下。除此之外，UDRE 还要能对钟差修正及卫星星历所受到的干扰及时发出报警。

11.4.4　GIVE 验证处理

电离层延迟引起的误差是导航系统伪距域上的重要误差分量，并由 SBAS 计算其修正数。卫星信号传播速度取决于卫星信号的频率和传播媒介的特性，当卫星信号通过大气层时，它的传播速度小于在真空中的传播速度，这样一来就会造成卫星信号传播的延迟。卫星信号在大气中传播的时间减去在真空中传播的时间即大气延迟，而大气延迟主要包括对流层延迟和电离层延迟。对于卫星信号而言，电离层是色散介质，而对流层不是，在色散介质中的大气传播时延取决于卫星信号的频率，因此，卫星信号的电离层延迟特性有别于对流层延迟特性，电离层延迟误差的计算最困难，其影响也最大，电离层延迟校正算法的应用十分普遍。

电离层延迟校正算法已经被广泛地应用在良性条件下中纬度地区的电离层。FAA 的 WAAS 民用飞机导航主要集中在美国本土。其他 SBAS 包括日本的 MSAS 和欧洲的 EGNOS。

世界上诸如印度、南美地区的 SBAS 面临严峻的挑战。赤道区域的地球物理条件导致所谓的阿普尔顿哈特利（赤道）异常现象，从而导致更大的范围的电离层延迟和延迟范围的空间梯度。目前，电离层延迟误差已经成为影响卫星定位精度的最大误差源。

目前 WAAS 已经发展成熟，WAAS 使用格网电离层延迟算法来减弱电离层对卫星信号的影响。格网电离层是一种以格网形式描绘的电离层模型。SBAS 将影响 GNSS 信号的电离层延迟模型化，把它假定为地球表面上方 350 km 处的一层薄壳，将这个薄壳分为 9 个带，即每 40°为一个带。预先定义 1 808 个电离层格网点（IGP），以经/纬度坐标给出，这些格网点在低纬度地区密集，在高纬度地球稀疏，以保证每个带的分布均匀。卫星导航系统建立覆盖区域内的各参考站，通过参考站的数据实时计算导航卫星的电离层延迟，再通过计算穿透点（IPP）的地理位置，就可以得到格网点周围一定数量的 IPP 的经/纬度和延迟数据。主控站同时接收这些数据，再通过各个格网点周围的延迟数据，用倒数加权法计算出每个网格点的垂直电离层延迟误差，然后通过分段的方式将误差范围分成许多区间，这些区间对应不同的修正数。服务区内的用户可以通过 GEO 接收附近格网点的延迟修正数。用户通过计算就可以得到卫星信号的电离层延迟误差。

由于电离层延迟会对导航卫星的位置和时间的测量误差产生影响，所以 SBAS 被设计用来估计这些延迟和广播的修正。导航卫星的 SBAS 中，斜电离层延迟误差和置信度来自垂直电离层延迟模型的网格上的定期间隔的经度和纬度的区间估计。每个网格点的垂直电离层延迟的估计通过一个合适的延迟测量相邻斜平面计算，预计使用一个统一的垂直延迟标准，即电离层薄壳模型。对应于任意测量用户，在 SBAS 网格中使用插值能够估计相应 IPP 的垂直电离层延迟。其中 IPP 是一个给定的用户的测量点与卫星信号的射线路径相交的参考电离层的高度。系统的插补值和用户的薄壳倾斜因子提供了对用户的斜电离层延迟误差估计。

格网电离层垂直修正误差（GIVE）指的是，SBAS 在播发广域电离层格网点延迟修正数的同时所播发的与此修正数相对应的误差估计信息。

GIVE 是根据完好性的要求，按照 99.9% 的置信度给定。对于 t_k 时刻的格网点延迟修正数 $\hat{I}_{\mathrm{IGP}}(t_k)$ 将要应用的后一个更新时间间隔内（假定为 3min）的任意时刻 $t(t_k \leqslant t \leqslant t_k+3)$，$\mathrm{GIVE}(t_k)$ 应以 99.9% 的置信度保证 $\hat{I}_{\mathrm{IGP}}(t_k)$ 与实际的 $I_{\mathrm{IGP}}(t)$ 是一致的，即

$$P_r(\mathrm{GIVE}(t_k) > |\hat{I}_{\mathrm{IGP}}(t_k) - I_{\mathrm{IGP}}(t)|) \geqslant 99.9\% \tag{11.40}$$

在由各参考站的电离层延迟观测值计算格网点电离层延迟修正数时，可按误差传递的方法，由相应的参考站电离层延迟观测误差估计格网点电离层延迟修正对应的 GIVE。为了保证完好性，将参考站的一路数据计算的电离层延迟修正用于另一路数据进行验证，可得到更加准确的 GIVE，即 t_k 时刻的 GIVE 可由 $\hat{I}_{\mathrm{IGP}}(t_k)$ 与前一个更新时间间隔内的延迟修正观测值取差值，并按 99.9% 的置信度统计得到。

11.4.5　定位域验证处理

SBAS 通过各参考站的实时观测，以及中心站的实时完好性监测处理，得到与卫星有关的完好性信息 UDRE 和与电离层延迟有关的完好性信息 GIVE，并随广域差分修正数一起播发给用户。

用户接收到这些完好性信息后，结合本身的伪距观测误差，一方面利用这些误差信息进

行广域差分加权定位解算，另一方面利用这些误差信息给出定位误差保护级（水平方向HPL和垂直方向VPL）的估算。定位误差保护级的估算是将伪距域的完善性通过当前用户卫星几何转换到定位域，从而在用户级最终给出SBAS的完好性，以确定系统是否满足当前用户的限值规定。

用户定位域完好性不仅反映了系统卫星星历、卫星钟及电离层延迟的误差，还反映了当前用户的局部观测误差及卫星几何条件。用户定位域完好性的确定一方面需要顾及系统的完好性需求，另一方面要顾及可用性需求。是否能在用户级准确给出当前定位的完好性，主要决定于系统在伪距域给出的完好性监测信息的准确性，当然，这种完好性信息的转换方法，即用户定位域完好性确定方法也将有重要影响。因此，用户定位域完好性确定方法既要能准确地将伪距域的误差反映到定位域，又不能过于保守，使误差估计偏大，以同时满足用户的完好性和可用性需求。

11.5 GNSS 地基增强完好性监测

11.5.1 GNSS 地基增强完好性监测简介

GBAS的介绍见第1章。GBAS的主要定位方式基于伪距差分技术。GBAS的主要构成包括GNSS卫星、地面参考站、GBAS主控站、用户端、数据链路5个部分。其工作原理是通过地面参考站的形式将差分修正信息和误差信息通过VDB播发给用户，从而对用户的完好性进行增强。为了保证飞行安全，GBAS的关键部分在于完好性监测。相比于SBAS，GBAS具有更强的完好性功能，因为Ⅱ类、Ⅲ类精密进近比Ⅰ类精密进近有更高的完好性需求（表11－1）。

在早期LADGPS的建设中，完好性监测问题就被提出。GNSS地基增强完好性监测通常是在参考站附近同时设立监测站，对地面参考站完好性进行监测，其基本处理方法可分为伪距域监测和定位域监测。

（1）伪距域监测是监测站与参考站伪距观测量直接比较，由于伪距比较保护限值是基于定位需求转换得到的，所以只能以保守的方法处理，这种方法会降低系统可用性。

（2）定位域监测又分用户定位域监测和地面站定位域监测。用户定位域监测，是分别对来自多个地面站的修正数进行差分定位，并对结果进行比较，该方法可以提高可用性，但用户处理负担增加。地面站定位域监测，是通过监测站对参考站修正数的定位结果进行比较，选择可用卫星组合供用户使用，该方法与用户定位域监测基本等效。

GBAS完好性除了包括参考站完好性和用户完好性，还包括GNSS卫星信号完好性、伪卫星信号完好性以及数据链完好性等，需要在系统设计中综合考虑。下面对GNSS地基增强完好性监测体系设计进行介绍，由于涉及的故障检测和排除方法较多，所以这里不展开讨论，有兴趣的读者可以参阅相关资料。

11.5.2 GNSS 地基增强完好性监测体系

GBAS由空间部分（主要为GNSS卫星）、地面部分（包括伪卫星、参考站、中心站、数据链）及用户部分组成，因此故障因素包含在组成的各个部分中，其中完好性监测涉及的主要故障因素如图 11－11 所示。

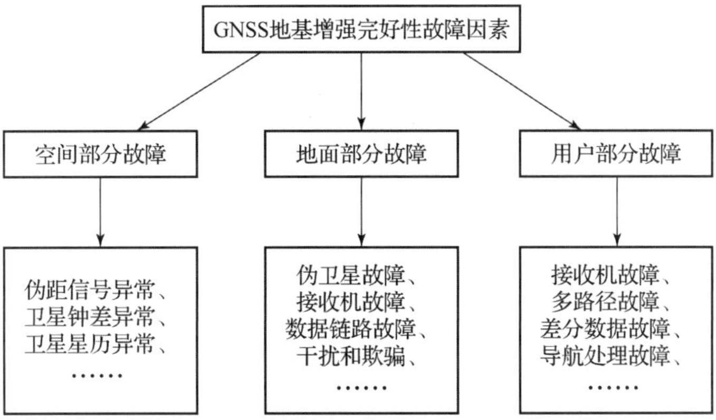

图 11－11　GNSS 地基增强完好性监测的主要故障因素

由于 GBAS 涉及的故障因素较多，并且具有不同的特点，因此很难根据某一种综合和监测方法进行完好性监测，通常需要针对不同的故障因素设计相应的处理方法。整个 GBAS 的完好性体系由一系列故障检测算法与执行逻辑构成，用户最终可以通过垂直定位误差保护级（VPL）来确定是否可用，其综合处理流程如图 11－12 所示。

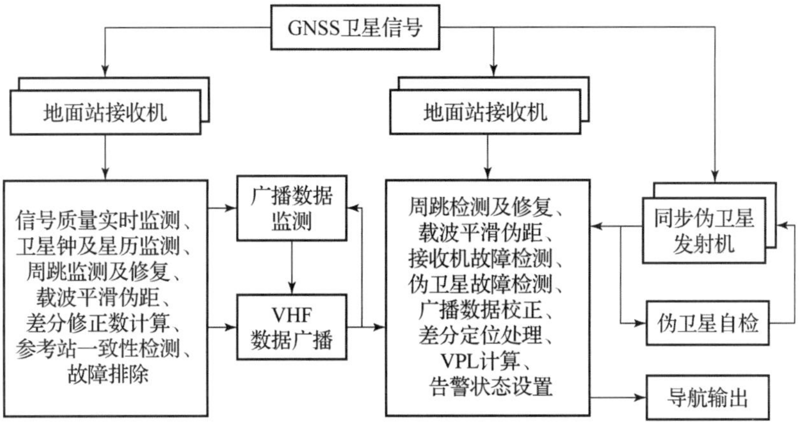

图 11－12　GNSS 地基增强完好性监测综合处理流程

GNSS 地基增强完好性监测的通用评估指标主要包括：告警限值（Alert Limit，AL），表示系统不可接受的最大误差，一旦系统的导航误差超过这个规定的误差门限，则该系统就不再适合对飞机进行引导；告警时间（Time To Alert，TTA），是指当系统误差超过最大限制到系统产生报警的最大允许时间；GBAS 完好性丢失（表示输出不安全或误导信息）的概率上限。

为了保证完好性的需求，GBAS 的完好性风险在三类假设下分配：H_0，H_1 和 H_2。H_0 假设代表所有地面站接收机和测距源均正常工作，无异常；H_1 假设代表有且仅有一个地面接收机发生故障；H_2 假设代表 H_0 和 H_1 假设以外的其他情况，包含地面系统失效、未检测到的测距源失效以及大气和环境状况变化导致失效等情况。

H_0 和 H_1 假设所对应的故障情况是通过比较保护级和告警限值的大小在用户端检测和排除的，而计算保护级所需的一些参数（例如 B 值）等由 GBAS 地面站提供，评估 H_0 假设和

H_1 假设下的完好性性能本质上就是要检验用户端计算的保护级是否以规定的概率包络住真实的定位误差。

H_2 假设下的完好性保障机制由于 H_2 假设下完好性风险事件的不同，与 H_0 和 H_1 假设下的完好性保障机制存在较大的差异，主要体现在故障风险来源、故障监测机制、故障处理方式的不同，因此，H_2 假设下的完好性检测算法大都是通过比较监测量和限值的大小来判断是否存在风险，因此 H_2 假设下的完好性评估核心即判断完好性检测算法的限值模型是否合理，是否能及时地检测出故障。同时，H_2 假设下的故障情况是在地面站的伪距域进行监测的，由于 H_2 假设下的故障源都是直接作用于伪距域的，所以对应的检测算法也大都针对原始测量值进行。此外，由于用户端资源有限，无法实现对 H_2 假设下故障的实时检测和排除，所以 H_2 假设下的故障本质上是在 GBAS 地面站进行检测和排除的。

11.5.3 GBAS 地面站完好性监测

现有 GBAS 的完好性监测分为两个部分：地面站系统和机载系统。其中地面站系统处理流程主要包括 3 个部分，如图 11－13 所示。

（1）信号差分处理：对地面站接收到的 GNSS 卫星信号进行解码，载波平滑伪距，产生伪距校正信息，广播差分信息报文等，同时为后续完好性监测算法提供数据。

（2）完好性监测：对 GNSS 空间信号及其地面设备本身可能出现的异常情况进行监测，保证导航系统的完好性，包括：信号质量监测（Signal Quality Monitoring，SQM）、数据质量监测（Data Quality Monitoring，DQM）、测量质量监测（Measurement Quality Monitoring，MQM）、多接收机一致性校验（Multiple Reference Consistency Check，MRCC）、方差－均值监测（$\sigma\mu$－monitor）和报文监测（Message Field Range Test，MFRT）。

（3）执行监测（Executive Monitoring，EXM）：包含一系列复杂的故障处理逻辑，处理各种完好性监测算法的结果并采取适当的方法（例如隔离）来避免完好性风险。

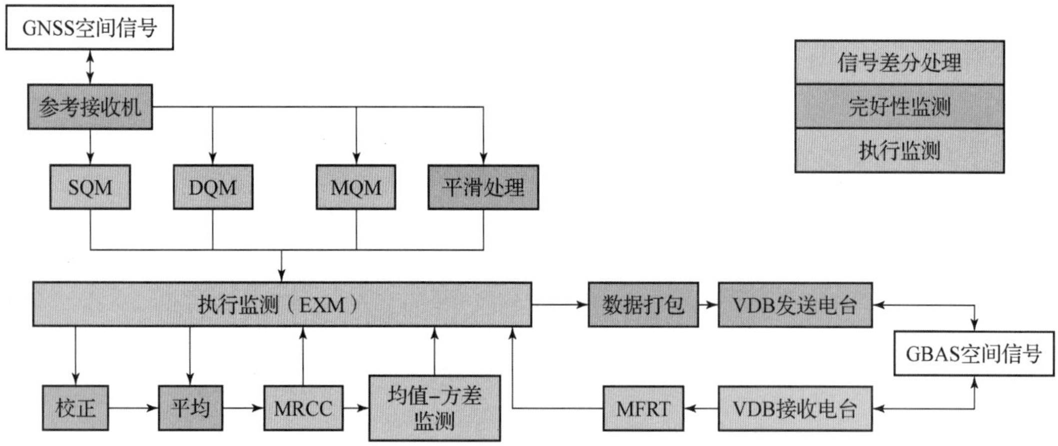

图 11－13　GBAS 地面系统处理流程

在经过差分过程后，一系列完好性监测算法对 GNSS 卫星信号和地面设备进行监视，判断其是否出现异常，保证导航系统发送的数据及地面接收机接收、发送的数据的可用性及准确性。

1. 信号质量监测（SQM）

SQM 的目的是探测和识别接收到的 GNSS 测量信号中的异常，通常包括 3 个部分：相关峰质量监测、接收信号功率监测和码载波分歧监测。

（1）相关峰质量监测：相关峰质量监测的主要目的是保证接收信号时候的相关峰具有足够的对称性，需要使用特定的 SQM 接收机来处理。通过 SQM 算法处理的测量值，来确定 C/A 码相关峰是否是理想的三角形状，或者是否存在信号变形导致的异常。

SQM 接收机是有多个相关器的 GNSS 接收机，通过对相关器设置不同的相关间隔，然后输出相关峰值图。SQM 接收机可以监测到 GNSS 卫星广播的 C/A 码是否形变，出现异常情况，如果 C/A 码发生形变，例如叠加二阶项噪声、下降沿延时等，那么输出的相关峰值图不对称。

（2）接收信号功率监测：接收信号功率监测是 SQM 的重要部分之一，用来监测接收卫星信号功率是否符合 SPS 规范。信号功率显著低于标称值时会增加测距误差，并导致完好性风险的上升。信号功率监测通过评估某一时刻的信噪比判断是否发生了完好性风险事件。

（3）码/载波分歧监测：码/载波分歧监测通常用于探测电离层风暴是否发生，并且保证所有给定卫星的码/载波不发生异常。通常采用几何滑动平均的方式来估计码/载波分歧，通过将计算得到的码/载波分歧监测量与限值相比，可以排除超出阈值的码/载波分歧监测量。

2. 数据质量监测（DQM）

DQM 算法是通过计算来保证 GNSS 卫星导航电文的数据准确。在 GBAS 地面监测设施中，DQM 算法的主要作用是连续地对 GBAS 地面监测系统监测到的每颗 GNSS 卫星星历和修正参数进行可用性判断。

DQM 算法是通过计算来确定收到的卫星发送的信息是否真实可靠。DQM 不间断地为每个进入轨道的北斗卫星检查星历和时钟参数是否可用。实际上，DQM 算法是根据接收到的星历信息和大多数最近的关于更新的导航信息的历书信息对卫星位置进行对比，对于新发射的卫星也是这样。在 GNSS 地基增强完好性测试平台中，DQM 算法和报文测试算法同时用来检测卫星是否可用。

对于一颗新发射的、刚进入轨道的卫星来说，DQM 在接下来的 6 h 内，以 5 min 为时间间隔，记录卫星的星历，将这些信息和最近收集到历书里的信息比较，历书与星历都是表示卫星运行的参数。历书包括全部卫星的大概位置，用于卫星预报；星历只是当前接收机观测到的卫星的精确位置，用于定位。不过根据对精度的要求，DQM 算法要求基于星历和基于年历的位置都应该大于 7 000 m。DQM 算法需要花费 18 s 来验证在同一个位置的两颗卫星的星历，也就是说通过在同一时间，对新记录的卫星星历和之前记录的卫星星历做差。

1 h 之后，星历会进行一次更新。这时，DQM 算法需要对新的星历和旧的星历做差，看它们之间的差值是否在某个范围内，以确保数据的一致性。当一颗卫星被发射成功后，它被 GNSS 地基增强完好性测试平台检测、追踪，此时只有历书数据，没有星历数据，DQM 对这种情况下的数据也进行真实度的检测。如果有两个接收机收到导航电文信息，此时接收机锁定状态为 4。初始时，接收机锁定状态为 0。在正常情况下，导航信息每 1 h 更新 1 次，在接下来的 3 h 内，由于导航信息更新 3 次，所以接收机锁定状态从 0 变为 3。不同的接收机锁定状态代表不同的 DQM 结果，当接收机锁定状态为 0 或者 2 时，说明通过 DQM，卫星的信息安全可用，当接收机锁定状态等于1时，说明错的卫星星历及卫星已经被检测出，被排除在外，如果接收机锁定状态为4或者5，则表示没有通过DQM。受限于历书精度较低的影响，DQM算法保证基于星历计算得到的卫星位置与基于历书计算得到的卫星位置之间的差值小于7 000 m。

3. 测量质量监测（MQM）

MQM是一个重要的GNSS地基增强完好性算法。完好性的定义已经在前面提到过，随着导航定位精度的提高、设备的完善，发生完好性风险的次数越来越少，可是如果发生完好性风险，它会对飞机进近着陆产生巨大的误导，造成巨大财产损失及人员伤亡。MQM用于判断伪距和载波相位测量的值是否一致，以及接收机时钟、空间信号等数据是否发生异常，如果存在异常情况，可是并没有察觉到，将异常数据当成正确数据处理，那么会对差分校正量的准确性造成影响，对差分修正值产生影响，如果将大量异常数据当作正确数据来处理，则会对GBAS造成坏的影响，当这种影响达到一定程度时，会从量变转为质变，使系统的完好性风险升高，可用性降低。

MQM过程主要监测由GNSS时钟异常或地面站接收机故障导致的阶跃等快变误差，包括接收机锁定时间监测、载波加速－斜坡－阶跃监测和载波平滑码更新监测。

（1）接收机锁定时间监测：当卫星仰角比正常偏小时，很可能出现接收机失锁情况，这种情况会对完好性造成较小的威胁，不过任何一种对完好性造成威胁的情况都不能放过，需要进行严格的监测。

通过系统可以得到接收机产生的锁定时间数据，对锁定时间数据进行微分就可以判断是否连续相位锁定。当接收机连续相位锁定时，锁定时间数据应该不变。因此，当接收机处于正常锁定状态时，求得的微分数值应该是一个常数。反之，如果计算微分数值和连续时间段内的微分数值不相等，或者是无穷大，就可以判断接收机处于失锁状态。一般情况下，接收机失锁时，很少判定接收机失效并标记该接收机不能使用，为了保证系统可以连续工作，大多数情况下将该接收机初始化，重新启动，当接收机连续多次失锁并超过系统可以容忍的最大次数时，即超过系统预先规定的临界值时，才确定该接收机失效，不可以使用。

（2）载波加速－斜坡－阶跃监测：其目的是假定载波相位测量过程中存在突然加速、脉冲、阶跃等情况引起的误差，这些误差会导致以后的伪距校正值和载波相位校正值存在较大误差。

（3）载波平滑码更新监测：用于检测原始伪距测量值中是否存在脉冲或阶跃误差。

4. 执行监测（EXM）

EXM－1用于处理之前各完好性监测模块的结果，输出各通道的可用性排除结果。

EXM－I的输入为跟踪矩阵 $\boldsymbol{T}$ 和决策矩阵 $\boldsymbol{D}$。$\boldsymbol{T}$ 标识了所有接收机与所有卫星的接收信息，而 $\boldsymbol{D}$ 为QM模块的输出结果的综合。在多频多系统情况下，不同系统间的排除逻辑主要通过不同系统间的并行处理组合成最终结果。

在EXM－1中通过建立接收机跟踪的卫星组成的 $\boldsymbol{T}$ 矩阵和告警标志的逻辑组成的 $\boldsymbol{D}$ 矩阵来处理以下几种情况。

若单卫星在单个接收机上产生标记，则排除该信道上的测量值。

若单卫星在多个接收机上产生标记/多卫星在多个接收机上产生标记，则排除发生问题的卫星或接收机。

接下来根据以下原则选择可见卫星集。

如果 3 个接收机能够同时跟踪 4 颗以上的卫星，则卫星集包含所有被跟踪的卫星，否则卫星集是被任何 2 个接收机跟踪的最大卫星集；如果跟踪的卫星不超过 4 颗，也没有产生星座告警，则需要排除所有测量方式，重新启动 GBAS。

通过上述测试后，进入多接收机一致性校验（MRCC），生成 B 值、MRCC 标志矩阵等信息。

5. 多接收机一致性校验（MRCC）

通过 EXM－I 之后，所有可用通道的观测结果被用来计算修正数。GBAS 有 2 个主要的模型：一个是线性模型，在机载接收机中用于导航定位估计；另一个是 GNSS 地基增强完好性监测的多 MRCC。根据 MRCC 算法 B 值的模型确定地面系统基准接收机的结构。为了维护整个系统的完好性，在地面系统广播伪距校正值之前，必须去除 B 值超过告警限值的伪距校正量测量值。此时，计算得到的 B 值被用来描述不同接收机接收到的每个通道在每颗卫星和每个频点上的一致性。

MRCC 是计算和检查 B 值可用性的模块，确保 GBAS 地面设施在不同通道上的 B 值具有较强的一致性，而不会引起大的修正数异常。

11.5.4　GBAS 机载端完好性监测

1. 伪距测量误差模型

GBAS 在导航过程中产生的误差主要有以下 3 种：与卫星有关的误差、与信号传播路径有关的误差和与接收设备有关的误差。

1）与卫星有关的误差

这种误差是一种参数误差，存在于卫星传播的导航定位电文中。在 GBAS 卫星子系统中，卫星会向地面站和机载设备广播卫星星历，即位置和速度等信息。由于摄动力等各种因素的影响，这些信息不容易被地面监控站准确地预测，从而产生预测星历的误差。卫星星历计算得到的卫星空间位置与卫星实际的空间位置之差就称为星历误差。

2）与信号传播路径有关的误差

电离层分布在地球上空距地面 50～1 000 km 的区域，其状态取决于太阳活动的强度。强烈的太阳辐射会使气体分子产生强烈电离，产生大量的自由电子和正离子。卫星信号传播时会受到这些因素的影响，传播速度发生变化，传播路径不再是直线，从而改变信号从卫星到接收机的传播时间，产生电离层延迟。这些因素导致的误差量级可以达到几米到几十米。电离层是对无线电波影响最严重的区域，电离层延迟误差也是对 GNSS 定位精度影响较大的误差。

对流层处于大气层的最底层，为从地面到距地面 50 km 高度处。对流层的大气环境非常复杂，不同层面间的压强、温度和相对湿度等大气情况有所区别，从而导致信号的折射率产生差异，信号不再沿直线传播，测量距离存在偏差，即对流层延迟。多路径效应是卫星导航系统的又一个主要误差来源。卫星传播给接收机的信号，在传播过程中会碰到各种介质，可以是任何物体，如周围的突起或者地面，这时会发生一次或多次反射。反射信号在接收机天线处会干扰直接信号，导致观测值与真实值之间出现差异，从而引起干涉时延效应，即多路径效应。如果不采用多路径干扰消除技术，由多路径效应带来的误差数量级可以达到 10 m。

3）与接收设备有关的误差

不同类型的接收机对信号的接受和处理能力不同，接收机自身会产生噪声，直接影响精确测量，在接收机附近也会存在反射信号的干扰等。接收机钟与卫星原子钟不同，地面接收机一般采用石英钟，而卫星则采用原子钟。石英钟比原子钟精度低，产生的误差大，导致接收机与卫星之间存在时间差，即接收机钟差。接收机钟差是接收机本身的性能不足造成的，这个钟差是未知的，没有模型可以对其进行有效修正。因此，在求解导航位置方程时，接收机钟差也要作为一个未知数和其他参数一起进行求解。

GBAS 采用 LDGPS 方法处理卫星信号。这种方法可消除基准接收机和机载接收机的共同误差项，但本地误差不能消除。可消除的对卫星信号有影响的共同误差项有：电离层延迟误差、对流层延迟误差、接收机钟差和星历误差。本地误差有：多路径误差、干涉误差和接收机自身噪声。虽然 LDGPS 方法会使本地误差增加，但总体误差还是通过这种方法有所减小的。当用户接收机与基准接收机之间的距离很小（小于 100 km）时，或基准接收机与机载接收机之间修正延时很短（小于 5 s）时，最终校正伪距误差的数量级能够达到 1 m。此外，由于地面站接收机与飞机位置不同而产生的残余误差项有对流层残留误差和电离层残留误差。

通过以上分析，伪距测量误差模型为

$$\sigma_i^2 = \sigma_{\mathrm{gnd},i}^2 + \sigma_{\mathrm{air},i}^2 + \sigma_{\mathrm{tropo},i}^2 + \sigma_{\mathrm{iono},i}^2 \tag{11.41}$$

式中，i 代表第 i 颗卫星；$\sigma_{\mathrm{gnd},i}^2$ 为由地面站播发的修正后的测距值的无故障噪声项方差；$\sigma_{\mathrm{air},i}^2$ 为机载接收机本身的热噪声及多路径噪声的方差估计值；$\sigma_{\mathrm{tropo},i}^2$ 为校正后的对流层残留误差的方差；$\sigma_{\mathrm{iono},i}^2$ 为校正后的电离层残留误差的方差；

地面站接收机误差模型为

$$\sigma_{\mathrm{gnd}}(\theta_i) \leqslant \sqrt{\frac{(a_0 + a_1 \mathrm{e}^{-\theta_i/\theta_0})^2}{M} + (a_2)^2} \tag{11.42}$$

式中，M 为地面站接收机的个数；θ_i 为第 i 颗卫星的俯仰角；其他相关参数见表 11－2。

RTCA 最低运行标准中定义了地面精度指标（Ground Accuracy Designator，GAD）。此指标代表了由地面站设备引起的伪距误差的标准方差，同时定义了对 GBAS 空间信号的伪距修正精度的最低稳态性能。GAD 可以用来评估系统所提供的服务等级。GAD 类型的划分与每台地面子站接收机性能和数量有关。GAD 分为 A，B，C 3 种类型，含义如下。

A 代表通过使用普通可用接收机和适当的多路径抑制技术得到的精度标准。

B 代表使用更高精度的现代接收机和更好的多路径抑制技术得到的改进的精度标准。

C 代表使用最先进的 GNSS 接收机和多路径抑制技术得到的精度标准。

表 11－2　GAD 参数

GAD	θ_i/(°)	a_0/m	a_1/m	θ_0/(°)	a_2/m
A	>5	0.5	1.65	14.3	0.08
B	>5	0.16	1.07	15.5	0.08
C	>35	0.15	0.84	15.5	0.04
	≤35	0.24	0	—	0.04

由机载接收机噪声和干涉引起的误差标准差模型为

$$\sigma_{\text{air}}(\theta_i) \leqslant a_0 + a_1 \mathrm{e}^{-\theta_i/\theta_0} \tag{11.43}$$

相关参数见表 11－3 所示，其中 AAD 表示飞机精度指示符，是根据飞机系统对伪距修正误差的影响来定义的。

表 11－3　AAD 参数

AAD	θ_0/(°)	a_0/m	a_1/m
A	6.9	0.15	0.43
B	4	0.11	0.13

电离层误差标准差的计算公式为

$$\sigma_{\text{iono}} = F_{\text{pp}} \times \sigma_{\text{vig}} \times (x + 2\tau v_{\text{air}}) \tag{11.44}$$

式中，σ_{vig}为电离层空间梯度；x 是飞机和地面站之间的距离；τ 是平滑滤波时间常数；v_{air}是飞机进近速度；F_{pp}是飞机倾斜度因子，公式如下：

$$F_{\text{pp}} = \left[1 - \left(\frac{R_{\text{e}}\cos\theta}{R_{\text{e}} + h_{\text{I}}}\right)^2\right]^{-\frac{1}{2}} \tag{11.45}$$

式中，$R_{\text{e}} = 6\ 378.136\ 3$ km，为地球半径；$h_{\text{I}} = 350$ km，为电离层高度；θ 为卫星仰角。由于进近过程中飞机与地面站距离较近，σ_{trop}可以忽略。

2. 保护级计算

在经过伪距校正后，进行定位计算。机载接收机位置（$\boldsymbol{x}$）和钟差（b）都结合线性化的 GNSS 测量值模型来估计：

$$\delta \boldsymbol{y} = \boldsymbol{G} \cdot \delta \boldsymbol{x} + \boldsymbol{\varepsilon} \tag{11.46}$$

式中，$\delta \boldsymbol{y}$ 为（$N \times 1$）的向量，包括差分校正的伪距观测量与基于卫星位置和用户位置（$\boldsymbol{x}$）计算的预计测距值之差；$\delta \boldsymbol{x}$ 为在本地坐标系中从用户假定位置到用户真实位置的4×1 向量；$\boldsymbol{G}$ 矩阵代表一个 $M \times 4$ 的观测矩阵，其中每行的前 3 个元素在本地水平坐标系中形成用户到卫星的单位向量，第 4 个元素为 1；$\boldsymbol{\varepsilon}$ 是 $N \times 1$ 的测距误差向量。

对于观测矩阵 $\boldsymbol{G}$ 来说，它的行可写为卫星方位角（Az）和卫星仰角（El）的三角函数形式：

$$\boldsymbol{G}_i = [-\cos(\text{El}_i)\cos(\text{Az}_i), -\cos(\text{El}_i)\sin(\text{Az}_i), -\sin(\text{El}_i), 1] \tag{11.47}$$

而 $\delta \boldsymbol{x}$ 的最小二乘解为

$$\delta \hat{\boldsymbol{x}} = (\boldsymbol{G}^{\text{T}}\boldsymbol{W}\boldsymbol{G})^{-1}\boldsymbol{G}^{\text{T}}\boldsymbol{W}\delta \boldsymbol{y} = \boldsymbol{S}\delta \boldsymbol{y} \tag{11.48}$$

式中，投影矩阵 $\boldsymbol{S} = (\boldsymbol{G}^{\text{T}}\boldsymbol{W}\boldsymbol{G})^{-1}\boldsymbol{G}^{\text{T}}\boldsymbol{W}$ 将测距域的信息投影到定位域；$\boldsymbol{W}$ 矩阵是度量不同测量性能的协方差矩阵，通常将它的逆矩阵表示如下：

$$\boldsymbol{W}^{-1} = \begin{bmatrix} \sigma_1^2 & 0 & \cdots & 0 \\ 0 & \sigma_2^2 & \cdots & 0 \\ \vdots & \vdots & \ddots & 0 \\ 0 & 0 & 0 & \sigma_N^2 \end{bmatrix} \tag{11.49}$$

σ_i^2在上节已经介绍过，其构成如下，其中计算σ_{gnd}，σ_{iono}和σ_{trop}的必需信息由 GBAS 地面

站设备提供：

$$\sigma_i^2=\sigma_{\mathrm{gnd},i}^2+\sigma_{\mathrm{air},i}^2+\sigma_{\mathrm{tropo},i}^2+\sigma_{\mathrm{iono},i}^2 \tag{11.50}$$

在 GBAS 的实际应用中，由于其实际的导航系统误差（Navigation System Error，NSE）无法精确得到，所以需要建立基于某置信度的理论误差边界，此即保护级。保护级是对应于定位误差中置信度为（1－完好性风险分配值）的边界[68]，即

$$P(|\mathrm{NSE}|\geqslant \mathrm{PL})\leqslant P_{\mathrm{risk}} \tag{11.51}$$

对于给定的告警限值，其实际完好性风险的定义如下：

$$P_{\mathrm{risk,real}}=P(|\mathrm{NSE}|>\mathrm{AL}) \tag{11.52}$$

当保护级小于告警限值时，

$$P(|\mathrm{NSE}|\geqslant \mathrm{PL})>P(|\mathrm{NSE}|\geqslant \mathrm{AL}) \tag{11.53}$$

此时有

$$P_{\mathrm{risk}}>P_{\mathrm{risk,real}} \tag{11.54}$$

此时分配的完好性风险大于实际完好性风险，系统满足完好性要求，但由于保护级只是统计学意义上的理论边界，所以仍然可能存在 $|\mathrm{NSE}|\geqslant \mathrm{AL}$ 但 $\mathrm{PL}<\mathrm{AL}$ 的情况，此时该情况被称为漏检，其条件概率（漏检率）为

$$P_{\mathrm{md}}=P(\mathrm{PL}<\mathrm{AL}\ \&\ |\mathrm{NSE}|>\mathrm{AL}) \tag{11.55}$$

当保护级超限时，GBAS 会向用户发出告警，由于此时分配的完好性风险和真实的完好性风险均大于 $P(|\mathrm{NSE}|\geqslant \mathrm{PL})$，所以可能存在两种情况需要进一步判断：①出现误警，此时 $P_{\mathrm{risk,real}}>P_{\mathrm{risk}}$；②正确告警。

机载接收机分别计算 H_0 和 H_1 假设下的横向保护级（Lateral Protection Level，LPL）和垂直保护级（Vertical Protection Level，VPL），如图 11－14 所示，且有

$$\mathrm{LPL}=\max\{\mathrm{LPL}_{H_0},\mathrm{LPL}_{H_1}\} \tag{11.56}$$

$$\mathrm{VPL}=\max\{\mathrm{VPL}_{H_0},\mathrm{VPL}_{H_1}\} \tag{11.57}$$

式中，H_0 假设下的 LPL 和 VPL 为

$$\mathrm{LPL}_{\mathrm{H_0}}=K_{\mathrm{ffmd}}\sqrt{\sum_{i=1}^{N}S_{\mathrm{lat},i}^2\sigma_i^2} \tag{11.58}$$

$$\mathrm{VPL}_{\mathrm{H_0}}=K_{\mathrm{ffmd}}\sqrt{\sum_{i=1}^{N}S_{\mathrm{vert},i}^2\sigma_i^2} \tag{11.59}$$

式中，K_{ffmd}为无故障漏检系数，取值分别见表 11－4；$\boldsymbol{S}_{\mathrm{lat},i}$和$\boldsymbol{S}_{\mathrm{vert},i}$分别代表第 i 个卫星对应的测距误差在水平和垂直方向上的投影，即投影矩阵 $\boldsymbol{S}$ 的第 2 行和第 3 行；N 为机载定位使用的卫星（测距源）的数目。

H_1 假设下的 LPL 和 VPL 为

$$\mathrm{LPL}_{H_1}=\max\{\mathrm{LPL}_{H_1,j}\} \tag{11.60}$$

$$\mathrm{VPL}_{H_1}=\max\{\mathrm{VPL}_{H_1,j}\} \tag{11.61}$$

式中，j 为地面站接收机的序号；$\mathrm{LPL}_{H_1,j}$，$\mathrm{VPL}_{H_1,j}$的计算如下：

$$\mathrm{LPL}_{H_1,j}=|B_{j,\mathrm{lat}}|+K_{\mathrm{md}}\sigma_{\mathrm{lat},H_1} \tag{11.62}$$

$$\mathrm{VPL}_{H_1,j}=|B_{j,\mathrm{vert}}|+K_{\mathrm{md}}\sigma_{\mathrm{vert},H_1} \tag{11.63}$$

$$\sigma_{\mathrm{lat},H_1}^2=\sum_{i=1}^{N}\boldsymbol{S}_{\mathrm{lat},i}^2\sigma_{i,H_1}^2 \tag{11.64}$$

$$\sigma^2_{\mathrm{vert},H_1} = \sum_{i=1}^{N} \boldsymbol{S}^2_{\mathrm{vert},i}\sigma^2_{i,H_1} \tag{11.65}$$

$$\sigma^2_{i,H_1} = \frac{M_i\sigma^2_{\mathrm{pr\_gnd},i}}{M_i - 1} + \sigma^2_{\mathrm{air},i} + \sigma^2_{\mathrm{iono},i} + \sigma^2_{\mathrm{tropo},i} \tag{11.66}$$

式中，K_{md}为地面站失效时的漏检系数，取值见表 11－4；M_i 为用于计算第 i 颗卫星校正值的接收机数量；$\boldsymbol{B}_{j,\mathrm{lat}}$和$\boldsymbol{B}_{j,\mathrm{vert}}$为

$$\boldsymbol{B}_{j,\mathrm{lat}} = \sum_{i=1}^{N} S_{\mathrm{lat},i}B_{i,j} \tag{11.67}$$

$$\boldsymbol{B}_{j,\mathrm{vert}} = \sum_{i=1}^{N} \boldsymbol{S}_{\mathrm{vert},i}B_{i,j} \tag{11.68}$$

式中，$B_{i,j}$是第 i 颗卫星第 j 个参考接收机的 B 值。根据 RTCA DO－245A 标准，在不同 GBAS 服务等级下的 K_{ffmd}和 K_{md}的选择见表 11－4。

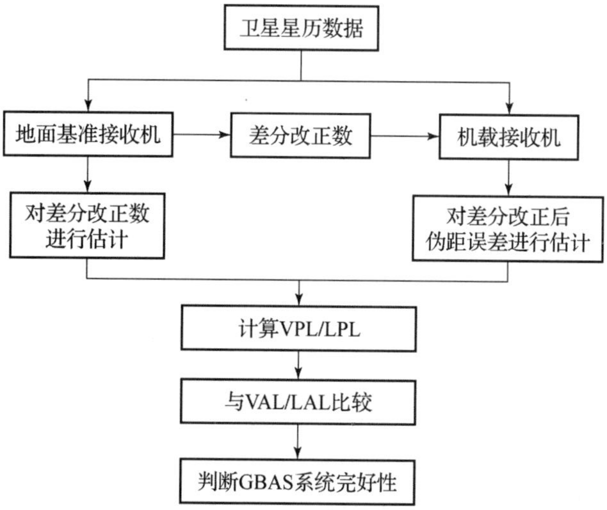

图 11－14　GBAS 保护级完好性模型

表 11－4　垂直方向漏检系数（K_{ffmd}和 K_{md}）

GBAS 服务等级	K_{ffmd}			K_{md}		
	$M_m=2$	$M_m=3$	$M_m=4$	$M_m=2$	$M_m=3$	$M_m=4$
A，B，C	5.762	5.810	5.847	2.935	2.898	2.878
D	6.8	6.9	6.9	3.8	3.7	3.7
E	6.8	6.9	6.9	3.8	3.7	3.7
F	6.8	6.9	6.9	3.8	3.7	3.7

注：$M_m = \max\{M_i\}$。

第12章

GNSS的应用与发展

12.1　GNSS在航空、航天导航中的应用

GNSS能够为地球表面和近地空间的各类用户提供全天时、全天候、高精度的定位、导航和授时服务，是拓展人类活动、促进社会发展的重要空间基础设施，代表了一个国家航天发展能力的最高成就。

美国政府从1973年批准研发建设GPS，到1994年提供全面运行能力，历时20余年，耗资200亿美元，GPS是美国继阿波罗登月计划、航天飞机工程后的第三大航天工程。研制GPS的初衷是在四维空间将打击目标和武器系统关联起来，提高武器制导精度，增强武器的打击精度和效能。随着民用导航信号走向免费，信号可用性得到有效提高，特别是导航信号接收芯片成本大幅降低，GNSS在各个领域的应用得到迅速普及。

GNSS作为一种赋能系统，是核心基础设施，提供了时间和空间基准，可以广泛应用于海、陆、空交通运输，大地测绘，智慧城市建设，农业及海洋渔业，水文监测，气象预报，基础设施授时服务，抢险救灾，科学研究，旅游娱乐等各个领域。总之，凡是需要精确的位置与时间信息的地方，GNSS都有用武之地，因此具有广阔的应用前景。

12.1.1　空中交通管制

1. GNSS辅助ATC系统简介

航空导航是GNSS的一个重要应用领域，尤其是民航对GNSS导航有很迫切的需求，如在远程区域，越洋航班需要依赖GNSS和INS。民航领域正在逐步淘汰现有的VHF全向信标（VOR）和无方向信标（NDB）导航装置，而加大GNSS的使用力度。目前，所有新的波音飞机和空客飞机上都例行安装GNSS，GNSS现在已能为商用和通用飞机提供完成非精密进近以及低于该性能要求的性能需求，采用WAAS、LAAS等增强的GNSS可以满足精密进近需求。

世界上已有超过数百万架的通用飞机以及运输机。为了满足不断增长的空中运输对民航的需求，扩大和改进空中交通管制（ATC）系统势在必行。ATC的目的，是采用高度自动化的指挥和管制系统，保证飞机安全、有序地飞行，进而增强民航营运能力，提高民航效益。ATC系统是一个大系统，不仅涉及通信、导航与监视（CNS）等技术问题，也涉及空域划分、空中交通流量优化等管理问题。当前的ATC系统已沿用多年，实践表明它存在许多固有的缺点，主要表现如下。

（1）缺乏广大的覆盖域。当前ATC的CNS是以陆基系统为基础的，CNS使用的甚高频

（VHF）通信、VHF 全向信标/测距仪（VOR/DME）以及雷达均属于视距传输系统，其覆盖区域受到视距限制，受地理条件（如海洋、沙漠、边远山区、丛林地带等）限制而无法设立台站。另外，频率资源也接近饱和，这使世界上大部分地区仍然是 CNS 的覆盖空白区。

（2）缺乏先进的空 – 地信息交换。目前 ATC 空 – 地通信主要使用语音通信，这不仅限制了信息交换量，而且高频通信受电离层不稳定等因素的影响，通信质量差。即使在一些地区引用飞机上的应答器和高度表的二次监视雷达（SSR），空 – 地信息交换的问题依然存在。

（3）缺乏航路的优选性。目前 ATC 受到陆基导航系统的限制，飞机在航路上只能由一个信标台飞到另一个信标台，航线无法根据具体情况实现灵活变动，空域资源无法得到充分而合理的使用，飞行系统容量受到限制。即使是目前最先进的 ATC 系统，仍然在表达飞机性能和环境状况的数据方面缺乏充分的可靠性，限制了优化飞行剖面的飞行。

（4）缺乏可靠的高度自动化。自动化的 ATC 系统必须在保证于正确的时间和正确的地点获得正确形式的准确数据的基础上实现。现行 CNS 系统缺乏空 – 地数据链路，使空 – 地信息交换缺少精确和足够的数据，限制了 ATC 系统的自动化发展，影响了 ATC 系统的管制能力。

（5）缺乏协调的系统发展。一方面，在技术上地面设备与机载设备的发展不协调，先进的机载设备在飞行航路的计划和优化方面，其功能已经超过了它的地面系统；另一方面，在管理上 ATC 系统具有区域性，很少考虑与邻近空域交换信息，尤其是受国界的影响，管制中心和扇区的界限与国界相同，而不是与飞行要求相符，这使空中交通受到限制。

因此，在用户需求及 GNSS 等新技术发展的基础上，迫切需要建立新的 ATC 系统。为了达到建设新 ATC 系统的目的，ICAO 的未来航行系统（FANS）委员会，以及 FAA 对于 GNSS 与其他系统用于 ATC 的技术进行了深入的研究，结论是 GNSS 和其他系统的组合在 ATC 中具有极重要的地位。

2. GNSS 辅助 ATC 系统

为了实现 ATC 系统所需要达到的性能指标，ATC 系统对 CNS 的 3 个部分有相应的要求。GNSS 具有全球覆盖、全天候的定位和通信能力，这是采用 GNSS 辅助 ATC 系统诸多优点的主要方面。

定位是飞机导航以及地面指挥中心监视飞机的主要任务，导航是向 ATC 系统所管制的飞机提供位置（方位和距离）、速度、航向和时间等导航信息。GNSS 作为一种全球导航系统，自然可以向飞机提供导航信息，但它缺少通信能力，因此无法单纯依靠 GNSS 实现 ATC 系统的监视能力。ATC 系统的监视能力就是要向所管制的飞机提供可靠、安全的飞行管理信息，比如通报飞机的位置、高度和飞行航线，也包括对迷航飞机进行引导。

为了在 ATC 系统所控制的空域实现安全而可靠的管理，ATC 系统要求导航和监视之间要保持一定的独立性，以便在发生错误或相互不一致的情况下这两种功能之间可以互为备份，因此人们提出了独立和从属的概念，以区分不同的监视方法。使用一次雷达［如机场监视雷达（ASR）和航路监视雷达（ARSR）］，可提供完全独立的监视，它和所有的导航、通信系统是完全分离的。二次雷达（如 ATC 雷达信标系统）依赖于飞机上的应答器和高度表，但仍与飞机上的导航系统是分开的，故也提供一定程度的独立性。监视/数据通信模式（DABS）具有监视和通信能力，但无导航能力。

过去用于 CNS 的传统 ATC 系统，有监视用的 ASR、ARSR、SSR，监视/通信用的

DABS，以及导航用的 VHF/VOR 系统和导航着陆用的 DME 系统。使用传统的 ATC 方法，其导航和监视是相互独立的。我国民航目前的 ATC 功能主要是通过上述子系统实现的，其功能不够完善且没有联网。因此，开发 GNSS 辅助 ATC 系统有助于实现航路和机场区域的管制，并进一步实现精密/非精密进近和着陆。

GNSS 辅助 ATC 系统由空间系统、地面系统和机载系统三部分构成，可以分为两种类型，一种是空基 ATC 系统，一种是空/地组合 ATC 系统。现分别介绍如下。

（1）空基 ATC 系统。在该系统中，CNS 依靠空间卫星，如图 12－1 所示。空间卫星分为 GNSS 卫星和监视通信数据链卫星（SD），如 GEO 或航空移动卫星通信系统（AMSS）。飞机位置报告数据由 SD 转发到地面卫星控制中心（SCC），请求数据和命令也由 SCC 注入 SD，再转发到飞机。地面系统包括地面卫星控制中心（SCC）、航路交通管制中心（ARTCC）和终端管制中心（TCC）。其中 SCC 收集和处理监视数据，并与飞机及各管制中心（ARTCC、TCC）进行数据通信。比如 FAA 提出的 WAAS 就属于此类空管系统。

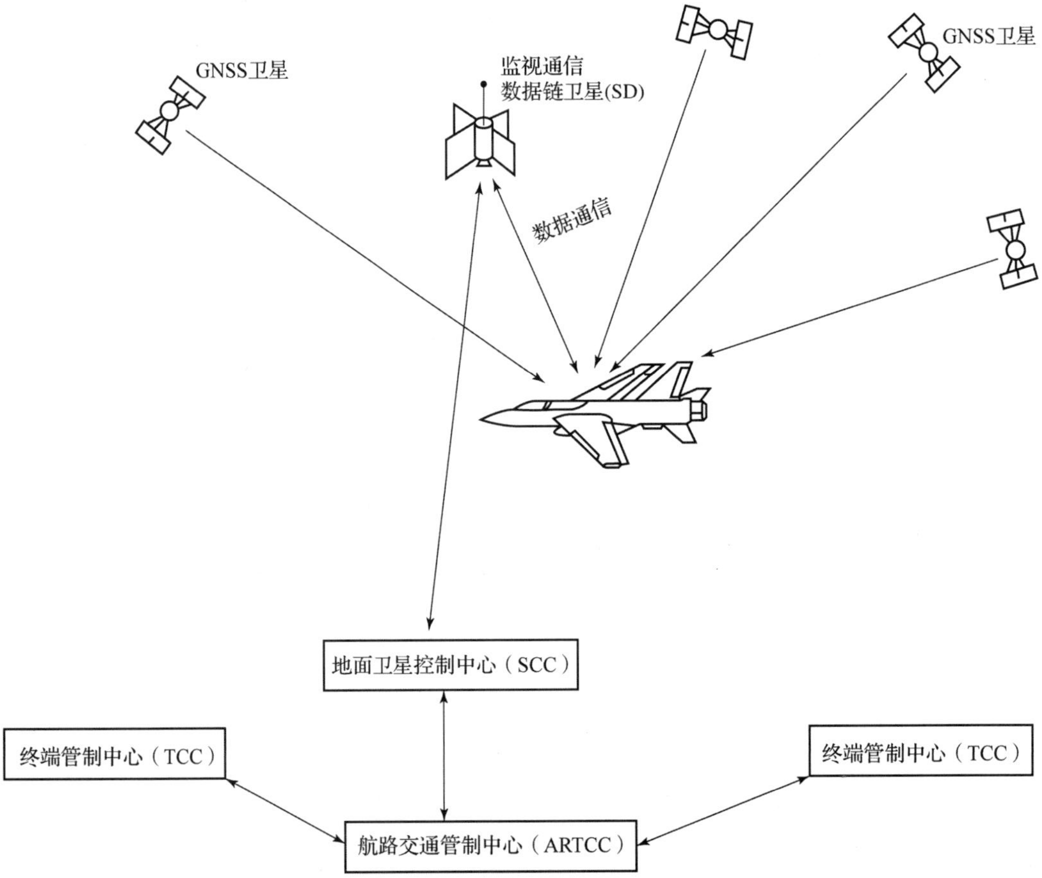

图 12－1　空基 ATC 系统原理

（2）空/地组合 ATC 系统。在该系统中，空间部分只有 GNSS 卫星，它给出导航和监视所用的定位数据，如图 12－2 所示。对于导航，机载 GNSS 接收机利用 GNSS 导航电文给出的星历数据，可以解算出确定飞机导航所需的导航参数信息（位置、速度、航向等）。对于监视，可以采用位置数据也可以采用伪距测量数据，若采用伪距测量数据，地面管制中心可以利用测量数据以及差分校正信息，精确地测定飞机的位置和速度。若用 DABS 模式和 GNSS 组合，则 GNSS 卫星只完成飞机导航任务，由地面监视系统给出监视数据。数据通信是由地面 VHF 通信网完成的，地面站提供飞机和各地面管制中心之间的通信链路。

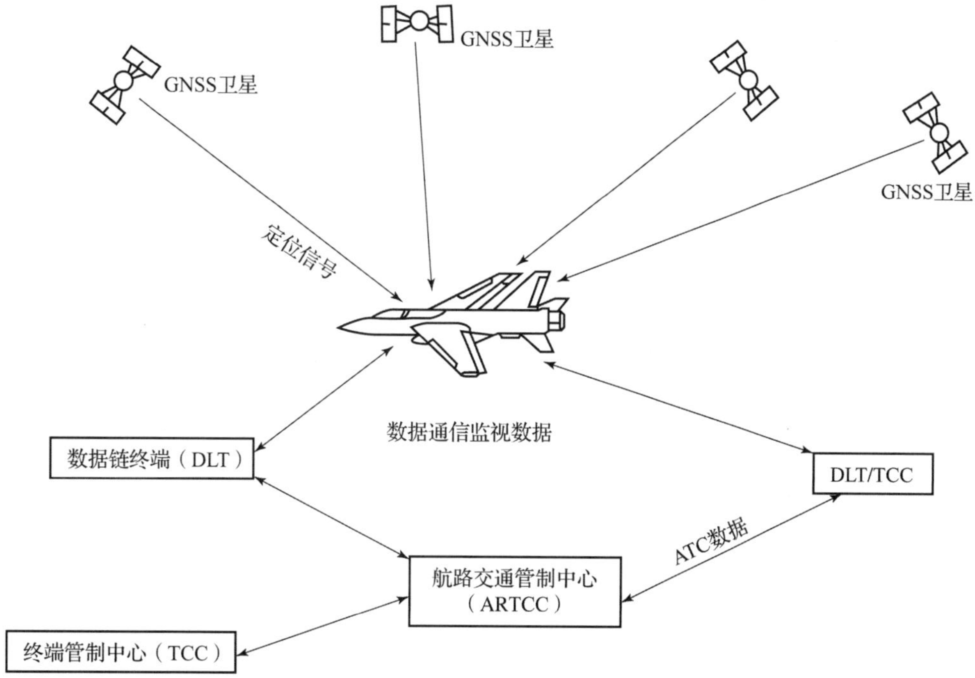

图 12-2　空/地组合 ATC 系统原理

使用 GNSS 辅助 ATC 系统可以有效地提高民航飞机的导航精度，减小飞行间隔，大大地增加飞行架次。飞机可以以最佳速度在最优直线飞行，减少燃料消耗，同时也能回避恶劣气候。自动相关监视系统（ADS）和 GNSS 组合，使飞机可以通过通信卫星和 VHF 数据链，以数字形式传送数据，减少飞机通报自己的位置和地面监视系统应答的时间，这对于雷达覆盖区以外的地域（比如沙漠、大洋以及边远山区）显得尤其重要。

12.1.2　精密进近着陆

1. GNSS 的精密进近着陆应用简介

飞机的进近着陆阶段是飞机航行的最后阶段，也是整个飞行过程中事关安全的最关键阶段，因此它不仅有精度上的要求，而且在完好性、连续性、可用性方面也有严格的要求。当前精密进近着陆的国际标准系统是仪表着陆系统（ILS）和微波着陆系统（MLS）。由于采用 MLS 的机场和飞机装备费用高，航空公司难以接受，所以 20 世纪 90 年代初 FAA 决定逐步放弃 MLS，转而积极发展 GNSS 作为飞机进近着陆的导航设备。

为了确保飞机安全准确地着陆，在飞机进近着陆过程中，要求机场辅助着陆设备（ILS 或 MLS）和机载导航设备，在水平和垂直方面同时对飞机进行精密引导。飞机进近着陆的轨迹剖面示意如图 12-3 所示。简要来说，进近着陆可分为 3 个阶段：一为过渡阶段，即飞机由巡航高度到达固定高度（高度保持不变）阶段；二为下滑阶段，即飞机由固定高度开始，沿倾斜角约为 30°的下滑道减速飞行，一直稳定飞行到决断高度（又称复飞点，此处决定是拉平着陆还是复飞)；三为拉平阶段，即飞机由决断高度开始直到接地点的下滑平飞阶段。

ICAO 根据引导标准的不同将精密进近着陆标准划分为三级：一级（CATⅠ)、二级(CATⅡ）和三级（CATⅢ)。其中各级的水平、垂直精度要求，及其完好性、可用性、连续性等指标参见第 11 章。

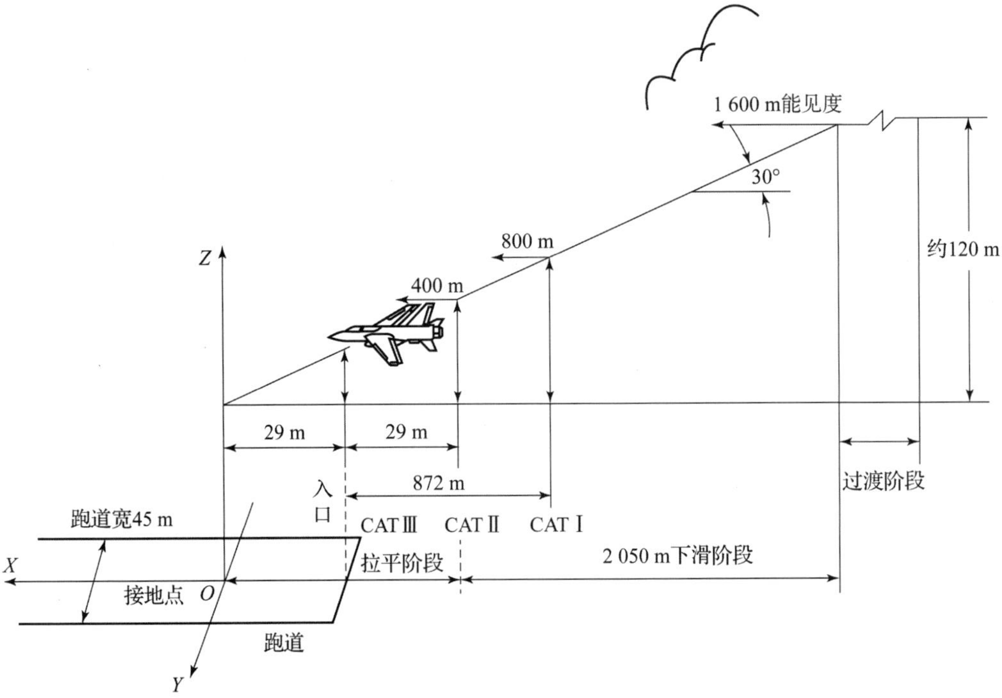

图 12－3　飞机进近着陆的轨迹剖面示意

以前 ICAO 在规定 ILS/MLS 着陆系统精度要求的时候，认为自动驾驶仪误差 σ_{FTE} 很大，因此，在系统总的精度要求一定时，对导航传感器的要求相当苛刻。一般认为：以 C/A 码工作的 GNSS 不能满足进近着陆的要求；以 P 码工作的 GNSS 也仅能满足进近着陆的水平精度要求，而不能满足垂直精度要求。常规差分 GNSS 只可以满足 CATⅠ、CATⅡ类精密进近着陆的要求，而不满足 CATⅢ类精密进近着陆的要求。

然而，进近着陆系统精度的定义将采用所需导航性能（RNP）的新标准，取代为 ILS/MLS 规定的导航传感器误差（NSE)，采用总的系统误差（TSE）来规定进近着陆系统的精度：

$$\sigma_{\mathrm{TSE}} = \sqrt{\sigma_{\mathrm{NSE}}^2 + \sigma_{\mathrm{FTE}}^2} \tag{12.1}$$

式中，σ_{NSE} 为传感器误差；σ_{FTE} 为飞行方式误差，即自动驾驶仪误差。自从采用 σ_{TSE} 定义精度的 RNP 标准以来，对于当今使用的高精度飞行控制系统（驾驶仪系统)，可以放宽对导航传感器的精度要求。于是，被认为 C/A 码跟踪的常规差分 GNSS 难以满足 CATⅢ类精密进近着陆要求的说法已成为过去。

在 GNSS 定位中，采用增强系统（如差分 GNSS 技术、多系统组合技术、伪卫星辅助常规 GNSS 技术等）可以显著提高 GNSS 导航性能，已经可以满足精密进近着陆的需要。近 10

余年来，国内外在研究开发 GNSS 增强技术用于飞机精密进近着陆方面提出了许多方案，如前文介绍的 WAAS 和 LAAS 就是典型的 GNSS 增强系统。下面对另外两种差分 GNSS 着陆系统进行介绍。

2. C/A 码差分 GNSS 着陆系统

C/A 码差分 GNSS 着陆系统由设置在机场跑道附近的地面基准站设备和机载导航设备组成。其中，地面基准站设备主要由 GNSS 接收机、实时控制计算机和 VHF 远距离发射机构成；机载导航设备主要由机载 GNSS 接收机、远距离接收装置、机载实时控制计算机以及与标准着陆指引仪匹配的接口装置构成。

C/A 码差分 GNSS 进场着陆系统工作原理如图 12－4 所示。地面基准站的差分 GNSS 接收机天线安装在机场跑道附近、位置经过精密勘测的基座上。差分 GNSS 接收机跟踪所有的可见星，根据已知的精密测地位置坐标，计算出基准站至卫星之间的距离及其变化率，将其与接收机测量输出的伪距、伪距率比较，计算出差分校正量；然后将这些校正量通过数据链传播给飞机上的接收装置，用以改进飞机上 GNSS 接收机的导航解。

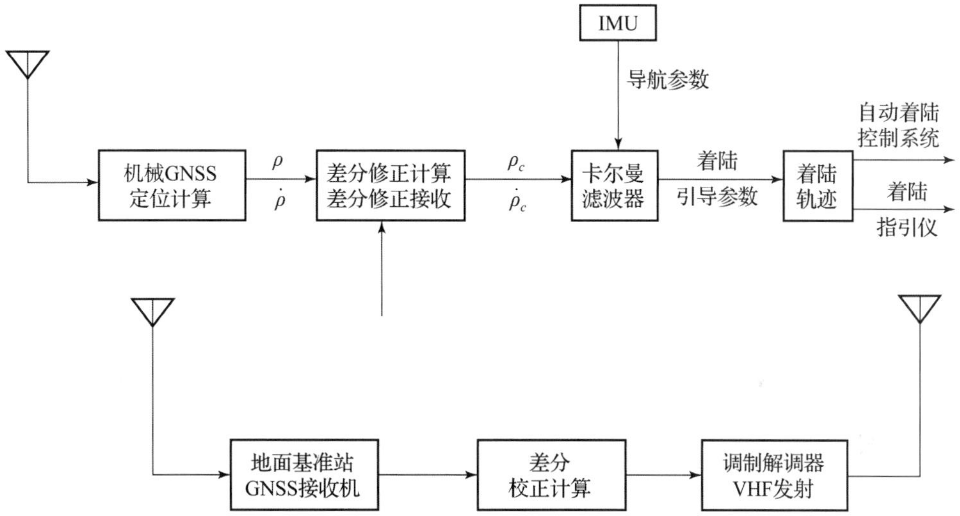

图 12－4　C/A 码差分 GNSS 进场着陆系统工作原理

自动着陆控制系统是一个带有 IMU 的系统，经过差分校正计算的 GNSS 信息与惯性测量参数由卡尔曼滤波器进行组合，得到飞机的着陆参数的最优估计，利用其与存储于计算机内的理想着陆轨迹比较，获得飞机进场着陆的航向与下滑信息，输送给自动着陆控制系统的横向控制和纵向控制系统，引导飞机精确地自动着陆。同时，将信号送给着陆指引仪，以便驾驶员在必要的情况下操纵驾驶盘进行人工干预。

美国 Wilcox 公司自 1992 年起，在一架装有大量测试设备的波音 737－100 型飞机上进行试验，试验结果表明，C/A 码差分 GNSS 着陆系统在满足 RNP 的要求方面，均以很大的裕度来满足 CATⅢ的各项精度要求。

3. 载波相位差分 GNSS 着陆系统

近年来国内外研究和试验了多种载波相位差分 GNSS 着陆系统方案，各种方案的主要区别在于地面设备的不同，下面简要地介绍两种载波相位差分 GNSS 着陆系统。

(1) 常规动态载波相位差分 GNSS 着陆系统。该方案的设备比较简单，它由地面基准站设备和机载导航设备两部分构成，如图 12 – 5 所示。在机场跑道附近的地面基准站中，装有一台多通道 GNSS 接收机、实时控制计算机以及 VHF 远距离发射机，多通道 GNSS 接收机可以进行载波相位测量，实时控制计算机进行实时校正量的计算，然后差分校正值以专用的格式通过 VHF 远距离发射机发射出去。机载导航设备中主要装备有实时动态载波相位差分 GNSS 接收机、机载实时控制计算机和数据链接收装置。

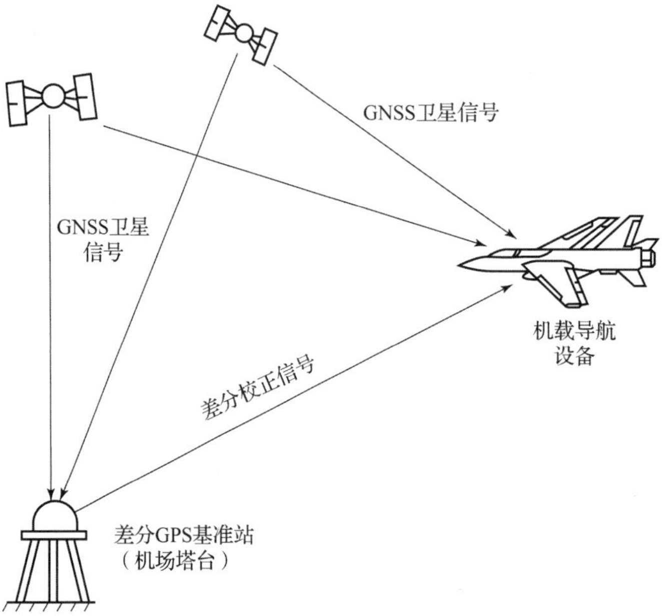

图 12 – 5　常规动态载波相位差分 GNSS 着陆系统示意

常规动态载波相位差分 GNSS 着陆系统需要知道非常准确的地面基准站的位置坐标。动态定位是建立在极其精确的 GNSS 载波相位测量的基础上的，定位精度可达厘米级，可以满足飞机的 CATⅢ级进场着陆的精度要求。常规动态载波相位差分 GNSS 着陆系统的关键是动态载波相位模糊度的解算问题。地面基准站与飞机正常飞行时的载波相位模糊度的解算，可由载波相位测量的初始化来解决。若在飞机由巡航进入进场着陆飞行时发生跳周现象，为了满足很高的完好性、连续性和可用性等进场着陆要求，切实可行的办法是利用飞机上 INS 的输出信息，辅助 GNSS 快速捕获和实时解算整周模糊度，或者利用 GNSS/INS 组合导航系统的冗余度迅速实现系统重构，以满足 CATⅢ进场着陆的严格要求。

(2) 以 GNSS 完好性信标为基础的着陆系统。采用伪卫星的载波相位差分 GNSS 着陆系统，其设备是在上述常规动态载波相位差分 GNSS 着陆系统的基础上，增加伪卫星信标发射机，伪卫星信标发射机成对地设置在进场着陆跑道中心延长线的两侧，如图 12 – 6 所示。伪卫星信标的发射功率比较小，使信号只能在图中所示的两个半球形覆盖范围内被接收到，球的半径仅需标准的进场高度的几倍即可。这种设置伪卫星信标（通常被称为 GNSS 完好性信标）的着陆系统，可以为 CATⅢ着陆提供最可靠的性能，故又称其为以 GNSS 完好性信标为基础的着陆系统。

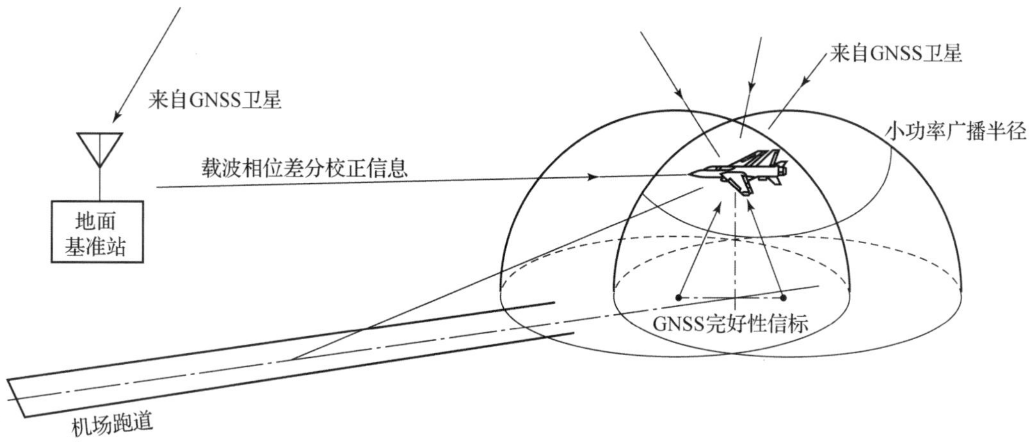

图 12-6　以 GNSS 完好性信标为基础的着陆系统示意

GNSS 完好性信标是小功率伪卫星，它发射像真的 GNSS 卫星一样的信号，使其覆盖范围中的用户获得附加的载波测相伪距信息，作为固定于地面的“卫星”参与差分 GNSS 进场着陆计算。设置 GNSS 完好性信标，不仅为进入进场着陆航路的飞机提供可解算整周模糊度的足够信息，而且改善了导航星座的几何配置，减小了 GDOP，特别是减小了 VDOP，使飞机获得稳定可靠的厘米级定位精度，其精度远远超过 CATⅢ类的规定。高定位精度对系统的完好性带来极大的好处，即可对机载 GNSS 接收机的 RAIM 算法设置极严格的门限（可小到 50 cm），从而允许飞机在下降到低于安全高度之前被告知着陆系统是否存在故障，且为此留有做出反应的足够时间。另外，采用 GNSS 完好性信标，可在安全的高度上精确地为惯性测量装置的三轴位置偏差初始化，使飞机即使在 GNSS 完全失效时也能继续进场着陆。

12.1.3　弹道轨迹测量

GNSS 源于军事，用于军事。GNSS 军事应用的重要性，并不亚于杀伤性武器，它已成为精确打击武器的“耳目”，是战斗力的倍增器，导弹、飞机、军舰离开它便“有力无处使”“到处乱用力”。

GNSS 作为现代军事中一个非常重要的部分，可以实现对目标的精确定位、导弹武器的精确制导，增强精确制导武器射程远、威力大、作战时效强的特点。此外，GNSS 还可通过修正导弹的飞行路线，进一步提高远程打击的精度和效果，因此它在国防现代化发展中的地位是不可替代的。

在信息化时代，GNSS 已成为高技术战争的重要支持系统，可以有效提高对作战部队的指挥控制、军兵种协同作战和快速反应能力。精确制导武器的出现，极大地提高了对地武器的精确打击能力，并促使世界各国军队的作战方式、指挥决策模式发生了质的变化。

在已有的多种制导体制和技术中，基于卫星导航与惯性导航相结合的“绝对”打击方式正不断发展，其核心是对目标绝对地理坐标（绝对量）进行精确打击，可以在提升打击精度的同时降低制导部分的成本，因此它已成为国内外武器火力打击体系信息化的核心关键。

本节以弹道轨迹测量为例，介绍 GNSS 在军事中的应用。

1. GNSS 的弹道轨迹测量应用简介

自 GNSS 实施以来，GNSS 在弹道轨迹测量中的应用技术便受到各国军方的高度重视。GNSS 用于外弹道轨迹的高精度测定，为弹道打击战役武器、精确打击战术武器等的外弹道设计、校验及修正、打击精度的提高等提供了前所未有的技术支持。

在这一应用技术领域，美国一直处于领先地位，早在 20 世纪 80 年代中期，美国海军就已经将 Satrack－I&II 弹载 GPS 接收机应用于“三叉戟 I”号水下发射导弹试验，其定位精度为 12 m，测速精度为 0.013 m/s。西靶场民兵Ⅲ号导弹上装有高动态四通道弹载 GPS 接收机，据称其定位精度达到 0.6 m，测速精度达到 0.003 m/s。这表明 GNSS 应用于导弹弹道外测的精度远远优于传统的雷达外测系统。

GNSS 测试定位系统为导弹弹道的设计修正、打击精度的提高提供了准确的依据。在海湾战争中，美军发射的巡航导弹和防区外发射的对地攻击导弹“斯莱姆（SLAM)”，均采用了 GPS 接收机来修正导弹的惯性中段制导系统，这一技术在海湾战争中已得到成功的验证。在波黑战争中，SLAM 导弹采用了一个预先装载的、由 GPS 信号轨迹测量实时更新修正的制导系统，它将导弹引导到目标区域，然后在命中目标前 1 min，导弹的 Walleye 数据链和导引头开始向 F－18 战斗机驾驶员发回图像，驾驶员选择特定的攻击点并启动导弹攻击，SLAM 导弹的精密性降低了间接破坏的风险。

海湾战争之后，美国的众多武器系统都纷纷采用 GNSS。其中联合直接攻击武器（JDAM）是通过给非制导炸弹加装 GPS/INS 组合制导组件和尾部控制装置而成的。这些炸弹从 9 200 m 以上的高空投放时，可滑行 20 km，若将可编程引信和 JDAM 的 GPS 制导/控制装置加装到 225 kg 的自由下落炸弹上，并给炸弹加装末段制导导引头，其攻击精度可提高到 3 m 以内。JDAM 导致美军战术飞机具有低成本、全天候和近似精密进攻的能力。

20 世纪 90 年代中期，美国又将 GNSS 应用于大口径火炮炮弹的轨迹测定，用于计算榴弹炮设计弹道与实际测定弹道的修正量，以校正其后发射的炮弹弹道，提高火力支援的效果。由此可见，GNSS 在弹道轨迹测量、制导中的应用将对战略战术武器的命中精度产生重大的影响。

2. 弹道轨迹测量系统方案

利用 GNSS 进行导弹的外弹道轨迹测量，具体实施方案通常有两种。一种是采用高动态弹载 GNSS 接收机，该方案可以利用导弹上的弹载 GNSS 接收机跟踪 GNSS 卫星，实时测量 GNSS 信号并解算出导弹的位置、速度，传送到地面站。另一种是采用弹载转发器，该方案利用弹载转发器将接收到的 GNSS 信号进行混频，以另一频率将信号转发到地面站，地面站的跟踪设备接收信号后，完成测距、测速并解算出弹道轨迹。

第一种方案的关键在于高动态弹载 GNSS 接收机的研制；第二种方案中弹上不做数据处理，实时数据处理在地面站进行，避免了在弹上安装较复杂的计算机系统，弹载设备具有简单、体积小、质量小、成本低、可靠性高等优点，非常适合导弹一次性使用的特点。GNSS 接收机设计已经在第 4 章中阐述，在第 10 章也给出了 INS 辅助 GNSS 的高动态接收机方案，因此这里仅对第二种方案进行介绍。

采用弹载转发器的弹道轨迹测量系统，主要由弹载转发器和地面站系统构成。地面站系统包含地面基准 GNSS 接收机、地面实时接收处理设备、事后处理设备、遥测惯导参数辅助设备、模拟 GNSS 信号源以及校准用转发器，如图 12－7 所示，其主要设备说明如下。

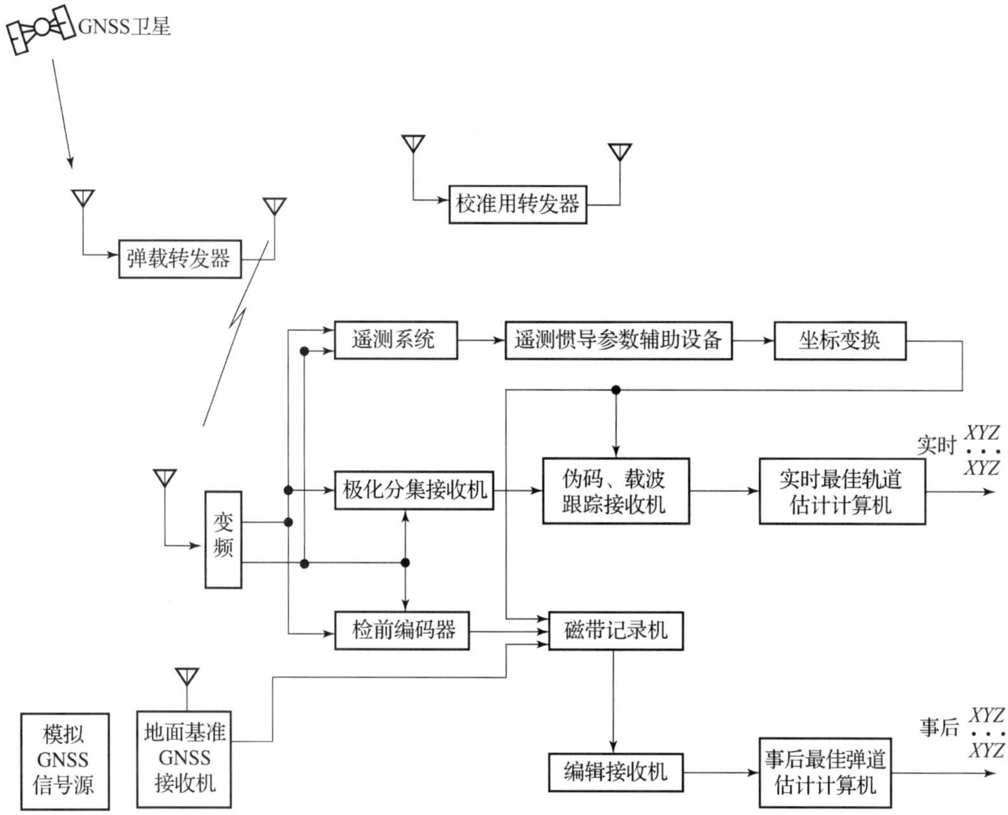

图 12－7　采用弹载转发器的弹道轨迹测量系统组成

（1）弹载转发器。弹载转发器接收 GNSS 卫星的 C/A 码扩频信号，经放大、变频和滤波后转换成另一载频，它可以与遥测频率兼容，也可以向靶场现有外测雷达频率段靠拢，发往地面站。为了消除本振漂移所引入的测速误差，可同时转发一个接近载频的单频导频信号。

弹载转发器应能满足飞行高动态跟踪的要求，导弹飞行的高动态特性要求弹载转发器的 GNSS 信号接收单元具备宽带跟踪和窄带提取微弱信号的性能。地面站依赖遥测获得惯导数据来辅助完成最佳带宽跟踪的目的，即事后窄带处理数据，以达到最佳带宽压缩优化跟踪解的目的。弹载转发器应不受通道的限制，可以转发视野内所有 GNSS 卫星的信息。

（2）地面实时接收处理设备。地面实时接收处理设备由极化分集接收机，伪码、载波跟踪接收机和实时最佳轨道估计计算机三部分构成，其主要目的是实时计算导弹弹道轨迹参数。

①极化分集接收机先对导频左、右旋中频信号进行分集合成，然后由导频引导辅助 GNSS 信号的分集合成。GNSS 信号采用极化分集，可以克服导弹运动以及喷射火焰所造成的空间到地面之间传播路径上的信号幅度与相位的严重衰减现象，从而可获得稳定的 GNSS 中频信号，送给伪码、载波跟踪接收机。

②伪码、载波跟踪接收机对分集合成的稳定 GNSS 中频信号进行捕获，并进入跟踪测量状态，测出伪距及其变化率。在捕获过程中，可利用基准 GNSS 接收机送来的导航数据，对弹载转发器发出的导航数据进行检验，以便提高信噪比和测速精度。

③实时最佳轨道估计计算机根据伪距和伪距变化率，解算导弹的位置和速度方程组，得到导弹的实时位置和速度。实时最佳轨道估计计算机对各种误差采用差分修正方法或其他实用的快速滤波算法。

（3）事后处理设备。将目标飞行过程中所收集记录的所有原始信息，事后多次重放，由于不受实时的时间限制，故可以充分利用所记录的信息源，采用各种有效的数据处理方法进行反复处理，达到提高解算导弹弹道轨迹参数精度的目的。事后处理设备主要包括检前编码器、磁带记录机、编辑接收机、事后最佳弹道估计计算机。

（4）地面差分站。在一个已经精确测定的位置上安装一部多通道 GNSS 接收机，称为地面基准 GNSS 接收机。它直接跟踪接收 GNSS 卫星的信号，并完成下列功能：计算并修正自身钟差，使整个地面站系统与 GNSS 时间同步；实现卫星轨道的预测，给出 GNSS 卫星的精确位置和速度；为伪码、载波跟踪接收机选择最佳几何分布的卫星地址，实现最佳星座跟踪；给出各跟踪卫星的导航数据，对弹载转发器转发的导航数据进行导航数据辅助，提高转发载波的信噪比并提高测速精度；利用精确已知的基准站位置和 GNSS 测量所得的站址位置求得差分修正量，在实时弹道计算中，利用差分修正量，消除转发信道中的公共误差，提高弹道轨迹测量的精度。

（5）模拟 GNSS 信号源和校准用转发器。模拟 GNSS 信号源可用来进行系统调试、自检以及动态模拟校准，模拟 GNSS 信号源应模拟 GNSS 卫星的发射信号，其信号格式、频率和码型均与 GNSS 卫星信号相同。可将其看成置于地面的 GNSS 卫星。为了模拟动态的 GNSS 卫星，可利用计算机产生多普勒频率加入其 L 载波。

GNSS 在导弹技术领域的应用，除了弹道轨迹测量外，还有其他广泛的应用途径和方法，比如 GNSS 可以提高导弹测地保障的精度和效率、提高导弹的快速机动性能、与惯性制导系统组合提高导弹的命中精度等。GNSS 还可以实现弹头最佳炸高的装定，实现测定子母弹或末敏弹的空间开仓时间、位置及抛射子弹的空中姿态等。另外 GNSS 还可以用于引信技术，测定姿态、方位和实现定点引爆。总之，GNSS 为提高弹道打击武器及精确打击武器的攻击性能提供了新的卓有成效的技术支持。

12.1.4 航天器轨道测定

1. GNSS 的航天应用简介

20 余年来，GNSS 不仅在地面和空中的应用得到人们的注意，在外层空间中的应用也有较大发展，如在卫星、航天飞机的定轨和导航技术方面也由试验渐渐进入实用阶段。GNSS 可以应用于航天飞机的发射、入轨、机动、交会、再入和着陆等各个不同阶段，如美国的航天飞机已经使用了 GPS 接收机来提供位置信息，引导航天飞机寻找降落机场；日本的“希望号”航天飞机（H－Ⅱ）除了装有 IMU 和 MLS 外，还装有 GPS，用于入轨时的初轨捕获，再入时的飞行状态装定，空间飞行时的轨道机动、交会对接和着陆时的测控。

GNSS 在航天技术中的应用，最早是美国于 1982 年进行的 GPSPAC 计划。该计划由约翰·霍普金斯大学承担研究，其主要目的是验证 GPS 用于空间飞行器实时导航的可行性。该计划中的 GPS 接收机为双频双通道接收机，安装在低轨地球资源卫星（Landsat－4）上。GPS 接收机的伪距测量精度为 1.5 m，每 0.6 s 测量一次积分多普勒值，以求得载波相位测量值，用来平滑测码数据中的噪声。在 GPSPAC 计划中，当时仅有 4 颗 GPS 卫星，星载 GPS

接收机能获得较好的四星座覆盖时间仅有 12 ~ 20 min，经地面跟踪数据网的雷达数据精确计算所提供的鉴定标准实验表明，星载 GPS 接收机对 Landsat – 4 卫星的定轨精度令人满意，误差在 12 ~ 15 m 的范围之内。这项研究证明了 GNSS 可以应用于空间飞行器导航。

在 GPS 基本部署完备的 1992 年，美国在超紫外线探测卫星（EUVE）上进行了低轨卫星（轨道高度为 500 km）的 GPS 定轨飞行试验。GPS 在该卫星运行过程中只是一种试验设备，不参与其实时导航。试验的目的是分析 GPS 单频接收机用于地球低轨空间实时定位的主要误差来源，同时研究卡尔曼滤波器动力学模型误差对导航定位精度的影响。该试验采用摩托罗拉公司研制的 12 通道单频接收机，它可以进行 L1 载波测量和 P 码测量，试验数据的处理主要在地面完成。该次试验结果说明，GPS 应用于 500 km 的低轨卫星上，导航精度可以达到 20 ~ 30 m（均方根误差）。几乎与上述试验同时，1992 年 8 月，美国和法国合作的海洋测绘卫星（Topex/Poseidon）上也安装了 GPS 应用试验系统，用于高精度事后轨道测量。其数据处理方法与 EUVE 相似，GPS 在 Topex/Poseidon 卫星上的高精度定轨试验结果有力地支持了 EUVE 的试验结论。

GNSS 在空间的正式应用是它在美国的重力控制卫星（GP – 2）上的应用。该卫星的运行轨道为低轨（650 km）极地轨道。GPS 作为主要的导航敏感器应用于卫星的入轨控制和制导控制系统。GPS 接收机在此服务中提供双频 P 码服务模式，其伪距测量精度为 ±0.5 m，伪距率测量精度为 ±0.01 m/s。

随着 GNSS 的正式投入使用，目前世界上发射和研制的卫星多数都配置有 GNSS 接收机作为定轨手段之一。我国目前研制的卫星，尽管有 S 波段统一测控系统（USB）作为主要的轨道测定手段，但通常都配置有 GNSS 接收机提供备份的手段。随着近年来微小卫星、纳卫星、皮卫星的快速发展，许多微小卫星、纳卫星已将 GNSS 接收机作为主要轨道测量设备。

对于运行于中、低轨道上的 GNSS 卫星，由于它具有良好的空间覆盖性，因此可以利用星载 GNSS 接收机的实时三维定位、测速和定时能力来实现卫星轨道的测定。同时，近年来还出现了将 GNSS 用于高轨道航天器的应用研究，利用 GNSS 卫星信号到达地球另一面的部分，使得在高于 GNSS 星座的空间也可以接收 GNSS 卫星信号，从而可以进行高轨道航天器的测定。利用 GNSS 进行轨道确定的方法，一般分为实时定轨和事后轨道改进两种类型，下面分别进行介绍。

2. 实时定轨

航天器的 GNSS 接收机中常用的实时定轨方法，本质上与地面上的定位方法相同，只是将 GNSS 接收机安装在空间航天器上。实时定轨可以分为单点定轨和各种滤波定轨，前者利用某历元的 GNSS 信息来计算在轨航天器的位置、速度等轨道信息，后者在定轨中应用了当前和历史的 GNSS 信息，采用各种形式的卡尔曼滤波算法进行轨道测定。

当航天器的 GNSS 接收机 T 同时观测 4 颗或 4 颗以上的 GNSS 卫星 $S^j(j=1,2,3,\cdots,n)$ 时，可以获得相应的伪距 ρ^j 和伪距变化率 $\dot{\rho}^j$，从而可进行单点定轨。航天器的 GNSS 单点定轨示意如图 12 – 8 所示，根据观测量建立伪距、伪距率观测方程组，然后采用前文中的线性化处理和最小二乘法平差处理，得到航天器的位置、速度信息。要说明的是，由于通常航天器轨道位置需要在惯性坐标系中进行确定，而根据 GNSS 导航电文给出的卫星位置在 GNSS 坐标系中表达的，所以经过最小二乘解算的轨道信息还需要转换到所选定的惯性坐标系中。

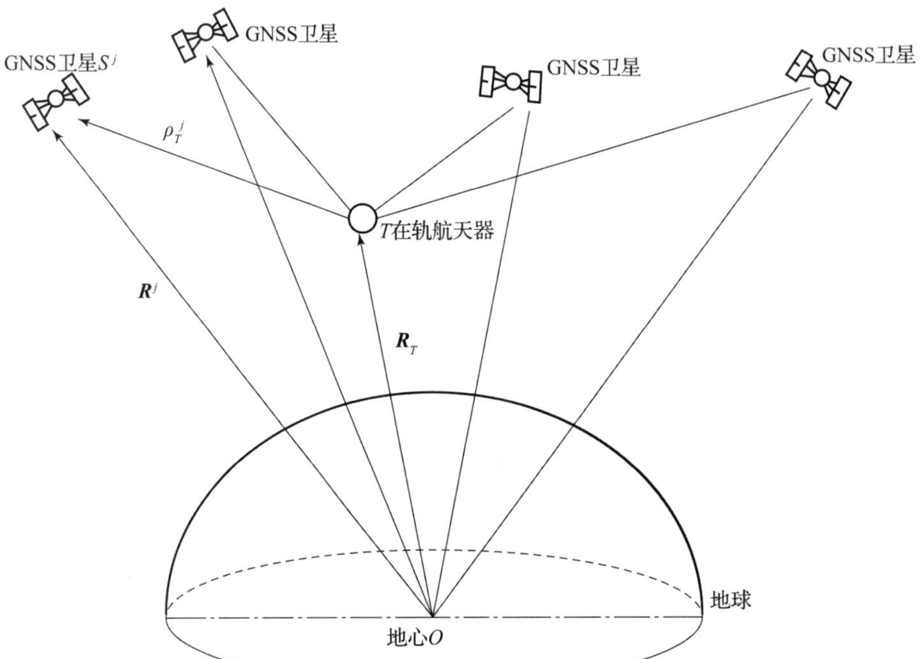

图 12-8　航天器的 GNSS 单点定轨示意

在航天器的 GNSS 接收机定轨解算中，为了有效地提高定轨精度，还可以应用卡尔曼滤波技术，此时的系统状态参数可选为$[x_T \quad y_T \quad z_T \quad \dot{x}_T \quad \dot{y}_T \quad \dot{z}_T \quad b \quad \dot{b}]^{\mathrm{T}}$，其中 x_T，y_T，z_T 为航天器的三维位置；$\dot{x}_T$，$\dot{y}_T$，$\dot{z}_T$ 为航天器三维速度；b，$\dot{b}$ 为 GNSS 接收机钟差引起的测距误差及其变化率。在设计具体的滤波算法时，应充分地注意到它的鲁棒性，以避免滤波发散。在获得精度较高的位置和速度信息后，即可将其变换成具有明确几何意义的开普勒根数。

3. 轨道改进

由于航天器的 GNSS 接收机可以提供伪距 ρ_T^j 和伪距变化率 $\dot{\rho}_T^j$，又可以解算出航天器的位置 $\boldsymbol{R}_T=[x_T \quad y_T \quad z_T]^{\mathrm{T}}$ 和位置变化率$\dot{\boldsymbol{R}}_T=[\dot{x}_T \quad \dot{y}_T \quad \dot{z}_T]^{\mathrm{T}}$ 等参数，因此航天器的轨道改进也可分为两种类型：一种是针对 $\boldsymbol{R}_T$，$\dot{\boldsymbol{R}}_T$ 的，另一种则是针对 ρ_T^j，$\dot{\rho}_T^j$ 的。

如前所述，在进行轨道改进之前，应确保参与改进的各 $\boldsymbol{R}_T$，$\dot{\boldsymbol{R}}_T$ 为惯性坐标系统中的坐标，轨道改进的结果也应是该惯性坐标系中的值。在实时定轨中，通常假设 GNSS 卫星的星历参数经修正后，卫星 S^j 的位置向量 $\boldsymbol{R}^j$ 和速度向量$\dot{\boldsymbol{R}}^j$ 足够精确，以便求解出满足要求的航天器轨道参数。但是，航天器处于 800 ~ 2 500 km 高度时，地球重力摄动对轨道的影响是不可忽略的，此时在航天器中需对 GNSS 卫星星历用重力场模型加以修正。全球重力场模型很复杂，求其准确解很困难，此时重力场模型误差是主要的。若采用分段的重力场解，则可大大简化数据处理，比如美法合作的 TOPEX 轨道高度选择 1 300 km，在此卫星中就采用这种分段修正的方法来取得 GNSS 精密星历，即 GNSS 轨道在局部范围内被修正，定轨精度的协方差估算达到 10 cm，为航天器精密定轨提供了条件。

在基于 GNSS 的航天器单点定轨中，由于伪随机码相位测量中有较大的噪声，所以在定轨精度要求较高的情况下，常采用低噪声的载波相位测量值来平滑伪随机码的测量噪声。航天器的 GNSS 接收机的两个载波 L1 和 L2 的波长分别为 19.0 cm 和 24.4 cm，载波相位测量噪声仅有几个毫米。利用连续的载波相位测量对伪码测量数据进行平滑，可以较好地抑制高频测量噪声，起到平滑定位解的作用。不仅如此，由于伪码测量量和载波测量量中的电离层延迟大小相等、方向相反，采用载波相位平滑技术还可以消除一部分电离层的误差影响，提高航天器的定轨精度。

12.2　GNSS 在海上、陆地导航中的应用

交通运输领域的定位与导航是 GNSS 最典型、最广泛的应用。利用 GNSS 所提供的导航定位和授时功能，特别是北斗卫星导航系统所具有的短报文及位置报告功能，结合电子地图和移动网络等技术，可以对车辆行驶路线、途经区域、目标地等信息进行管理，保障卫星导航服务运行安全且快捷。

12.2.1　海上舰船导航

舰船是 GNSS 最重要的用户之一。江河湖海不同于陆地，水下地形复杂，船舶在航行过程中需要按照计划的航线行驶，避免触礁或搁浅等事故发生。由于 GNSS 具有绝对定位、全球覆盖等优点，是航海应用的最好选择，所以几乎每一艘船舶都安装了卫星导航设备来接收卫星导航信号，实现位置定位、速度方向显示等功能，并与事先已编辑存储的航线、目标地等信息进行比对。

GNSS 的诞生可以追溯到其前导项目，即美国海军的子午仪卫星导航系统（NNSS）。NNSS 于 20 世纪 60 年代由美国海军建成，主要用于核潜艇在公海上的定位。由于卫星数量少，每次进入视野范围的间隔大约为 90 min，故它对于飞机等其他载体的应用不大。随着部分导航电文的解密，大型商用船只也成了 NNSS 的用户，即使当时接收设备的价格高达 10 万美元，那些商业用户也认为是合理的，因为这些费用足以弥补不精确导航带来的油料浪费。

目前随着 GNSS 的广泛应用，海上市场应用不断成熟，GNSS 接收机已经成了远离海岸工作舰船的标准配置。全球有超过 5 000 万艘的船只，包括大量的沿海和内河的商用船只，它们都是 GNSS 的潜在用户。世界上海域辽阔，资源丰富。海洋运输、海洋开发已成为当今各国经济建设的一项重要任务。

自从 20 世纪 20 年代以来，无线电信标以及罗兰 A、罗兰 C 和奥米加等导航系统开始用于海上导航。虽然在正常情况下，罗兰 C 能满足沿岸和近海的导航精度要求，奥米加系统能满足跨洋航行的精度要求，但它们均不能满足船舶进港和港口管理对 8～20 m 的导航精度要求。此外，罗兰 C 只能覆盖全球相当少的一部分区域，还存在网格畸变误差、严重干扰、雨雾天气淹没信号等缺陷；奥米加系统的定位可靠性受多种因素影响，有时会导致高达 10～100 英里的误差，而且不能提供 24 h 的全球覆盖。显然，GNSS 所具有的连续性、全球覆盖、全天候等特点，使其在航海中的应用，比起上述无线电系统更具优势和潜力。

随着港口吞吐量的增加，港口航道的安全和效率越来越受到港口管理监督部门的重视。鉴于港口和河道对于舰船导航的苛刻要求，差分 GNSS 对于舰船的导航定位日益受到各国的

重视。比如，美国海岸警卫队（USCG）的差分 GNSS 服务系统能覆盖北美五大湖区、波多黎各岛、阿拉斯加和夏威夷的大部分海域，为该区域的舰船提供 8 ~ 20 m（99.9% 概率）精度的港口和进港导航定位服务。

由于海洋石油、天然气资源大都分布在大陆架附近，为开发近海资源，在 20 世纪 90 年代初，我国有关部门在东海进行了差分 GPS 导航定位试验，采用了 Sercel 公司的远程差分 GPS，该系统在“奋斗七号”地震测量船、“奋斗三号”工程地质调查船、“勘探二号”“勘探三号”石油钻井平台拖航就位的施工作业中，取得了较理想的效果。在南海石油钻井平台的拖航就位中，该系统的测井定位径向偏差最大为 4.95 m，最小为 1.72 m。

在远洋舰船的跨洋航行中，据有关部门估算，如果采用精确导航技术而能缩短航线，以至于节省 1% 的燃料和 1% 的时间，便可使海洋运输业每年盈利 1.5 亿美元。由此可见，海岸精密导航技术对海运事业存在巨大的经济效益潜力。GNSS 技术不仅能使远洋舰船航行在最佳、最短航线上，创造巨大的经济效益，而且能够确保远洋舰船的安全航行，显著减少海洋事故。

对于舰船的航海导航来讲，和陆地、航空导航一样，若采取绝对定位方法，只需在舰船上安装一台 GNSS 接收机就可以进行导航定位计算了，可以测得三维位置、速度和 GNSS 时间。若 GNSS 接收机能接收 P 码，则其定位精度可达 5 ~ 10 m，若 GNSS 接收机只能接收 C/A 码，则其定位精度为 20 ~ 40 m，对于多数海洋导航来讲上述精度是可以满足要求的。

对于某些特大型船舶来讲，有时需要了解其航行中的方位角，甚至横摇、纵摇角，可以在船上安装 GNSS 载波相位测姿系统。在船体的纵轴方向安装 2 副 GNSS 接收机天线，然后再在其垂直方向安装 2 副 GNSS 天线（至少 1 副天线）、4 副十字形分布的 GNSS 天线，应保证将它们安装在同一个平面里，将 GNSS 天线的馈线连接到多通道 GNSS 接收机，根据第 9 章中讨论的方法，可以实现对船体进行姿态确定运算。

在海洋运输，海底电缆的铺设检修，海洋资源的普查、详查和开发的各个阶段，GNSS 均可提供可靠的导航和测量服务，可以保障船只准确地按预定计划航行，同时准确地测定采样点的位置。尤其在海洋石油资源的开发中，当钻井平台根据设计图定位时，或当钻井平台中途停钻并迁移到新井位时，往往要求定位的精度较高。为此以测相伪距为观测量的高精度 GNSS 相对定位技术是一种经济可靠的方法，其精度甚至可达厘米级。

12.2.2 陆地车辆导航

目前，GNSS 应用规模最大的领域是陆地车辆导航，它也是今后最具有发展空间的 GNSS 应用领域之一。全世界已有超过数亿辆各类车辆，许多陆地车辆已经安装了车载 GNSS，运输、应急以及服务车队等大部分都配置了 GNSS。利用 GNSS 进行陆地车辆的导航定位，无论在军用或民用领域都有着广泛而重要的应用。

在军用方面，例如在海湾战争期间，联军在几乎每种类型的车辆运载器上都装有基于 GNSS 的车辆导航定位系统，这些车辆包括坦克、火炮运载车、高机动多轮战车、单兵运载器、步兵战车、救援补给车辆等。由于战区几乎全是没有地形特征的沙漠，GNSS 车辆定位导航技术给机械化部队、火炮部队、后勤救援部队提供了有力的支援。GNSS 为机械化部队的快速准确推进、隐蔽行动、回避雷区提供了精确实时的导航定位信息；为火炮的位置更新、准确快速勘测提供了快速、可靠的定位和方位信息，极大地提高了火炮攻击目标的精度。同时，在后勤、救援车辆上使用 GNSS，挽救了无数士兵的生命。

在民用方面，车载 GNSS 可以向用户提供多种服务，比如确定车辆的位置和速度、调用数字地图、确定最佳路线等。它可以广泛地应用于公路车辆的导航、监控、报警和救护系统；应用于铁路运输管理信息系统，通过计算机网络，实时对数万千米的铁路网上装有车载 GNSS 的列车、机车，对车号、集装箱以及所运货物的位置动态信息进行编排、追踪管理，有效地提高铁路运输的货运能力和安全性能。在民用机场的车辆管理和监视中、在交通信息管理系统中、在数字公路网地图的制作中、在地质矿藏资源的勘测中等，GNSS 都有着巨大的应用潜力。

传统的实现车辆定位的方法，是利用罗兰 C 或奥米加等无线电导航系统来完成定位，这种方法用于 20 世纪中期，目前已很少见。另外，也有利用车载方位仪（比如磁罗盘、陀螺罗经等）和速度仪（如里程表等）组成航位推算系统的。随着 GNSS 和数字地图（MAP）的出现，目前的陆地车辆定位一般都采用 GNSS/仪表航位推算/MAP 组合的系统。当 GNSS 信号可以正常使用时，一般可获得较精确的车辆位置，当车辆通过隧道或高楼林立、树木覆盖的区域时，可利用车辆的仪表航位推算系统来定位。

由 GNSS 与仪表航位推算系统获得的车辆位置，可以匹配到车载数字地图上，也可以通过通信数字链送到中心控制室并匹配到管理系统的数字地图上。数字地图实际上是一个地形数字数据库，能提供许多服务，比如可为驾驶员或指挥管理人员直观地了解车辆提供位置显示，可进行预先行驶路线的规划，还可以寻找从出发地到目的地的最佳路线等。数字地图可以用模拟信号与数字信号混合的方式装到计算机中，模拟信号是为了把作为背景的大量图像以较少的空间存储起来，并且在必要时可以迅速地调用。数字信号是为了使关键的航路点、特征点保持足够的精度。数字地图应能提供运动体的实时位置、速度、航向和高度等信息，还可以预置航路。数字地图提供的导航参数还可以与其他导航系统（比如 GNSS、INS、GIS 等）的信息融合，可以输出到控制系统，也可以显示在屏幕上，为操作管理人员提供帮助。GNSS/数字地图组合导航系统结构如图 12 -9 所示。

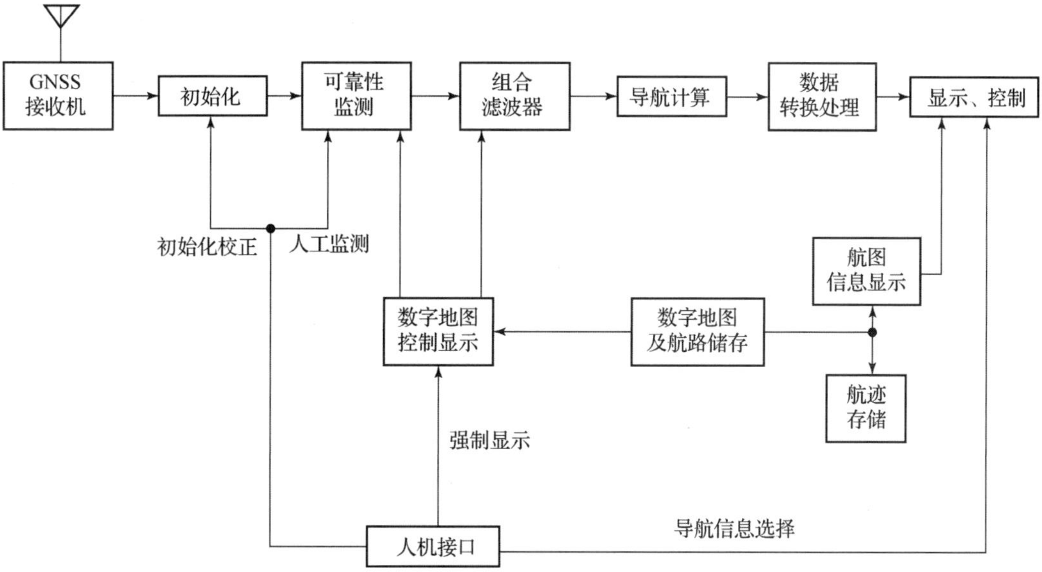

图 12 -9　GNSS/数字地图组合导航系统结构

12.2.3 智能交通系统

GNSS 的出现，为自动车辆定位导航系统提供了精度更高、全天候工作、全球范围可利用的更加先进的技术方法。从 20 世纪 80 年代起，人们就开始利用 GNSS 进行陆地车辆定位导航，经过将近 30 年的努力，已从原来单一的车辆导航定位发展到目前的智能车辆高速公路系统（IVHS），并进一步朝着智能交通系统（ITS）的方向发展。其中，“智能”的概念涵盖车辆识别和定位、自动导航、交通监视、通信和信息处理等技术。

目前，各国都在发展自己的智能交通系统，尽管方案具有多样性，但就其系统结构而言主要包括车载系统、通信系统、中心控制管理系统三大部分，如图 12－10 所示。

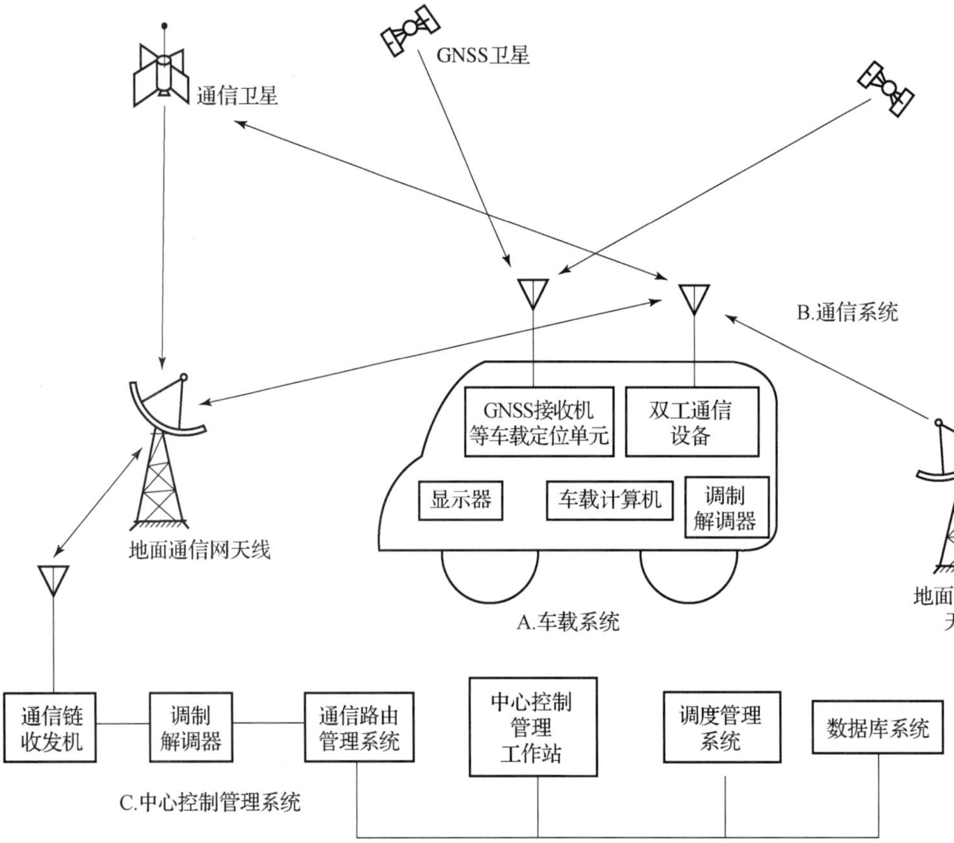

图 12－10　智能交通系统结构

车载系统主要由车载定位单元、双工通信设备、显示器、车载计算机和调制解调器等组成。车载定位单元给出机动车辆的实时位置、速度信息（由 GNSS 接收机给出或者航位推算系统给出）。最简单的航位推算系统可由车辆速度仪（确定距离、速度）和磁罗盘、陀螺罗经（确定方位）构成，也可以用陆基无线电导航系统提供定位导航信息。双工通信设备使机动车辆和中心控制管理系统之间实现通信，将车辆的位置、状态、请求服务等信息送到中心控制管理系统，或接受来自中心控制管理系统的情报、命令等信息。显示器可在数字地图上显示车辆的位置等信息。车载计算机中存有数字地图，通过地址匹配、地图匹配、最佳路径计算和行驶指导等处理管理车载系统。

中心控制管理系统的主要构成有：中心控制管理工作站、调度管理系统、数据库系统和通信路由管理系统等。其中数据库系统包括：数字地图数据库、辅助信息数据库（如交通情况等）、最佳路径知识数据库（类似专家系统中的知识库）、道路信息数据库、机动车辆数据库（车号、车型、位置甚至车辆工作状态等），这些数据库要能实时建立和更新。通信路由管理系统可简可繁，应根据所要实施的智能交通系统的应用功能来确定。

12.2.4　GNSS/GIS 组合

地理信息系统（GIS）以地理空间信息分布为研究对象。以一个特殊的地理空间——某城市为例，它充满了庞大的、各式各样的信息：名胜古迹、旅游路线、交通信息、文化娱乐设施、旅馆、医院、研究机构、高等院校、水电信息等。随着计算机技术的迅猛发展，庞大的信息可以用复杂的数据库来描述，并由此构成数码城市的要素。而虚拟现实（VR）技术又为数据城市的三维重现奠定了基础。GIS 是数码城市空间信息的基础，它提供了二维数码城市中的地图和三维数码城市模型的信息，同时 GIS 为庞大的城市信息数据提供了管理、存储和维护的有效手段。

GNSS 与 GIS 的组合为 GNSS 的普及应用提供了最佳的发展空间，是 GNSS 进一步发展的必然趋势，也是 GIS 深化开拓的重要领域。因为虽然 GNSS 可以迅速地给出目标的位置和速度，但无法给出目标周围环境的地理属性和与其相关的空间信息的描述，而 GIS 恰能满足这一互补的要求。GIS 的应用与国民经济高度相关，与人们的衣、食、住、行生活密切相关。显然，如果只有孤立的点的定位信息，而没有地理参照物和所需的其他辅助信息，点位信息对日常社会生活领域的应用并没多大意义。

GIS 经历了 30 多年的发展，形成了一套完整的技术体系和理论体系。GIS 的应用也形成了一个多层面、多尺度和多领域的应用格局，成为信息产业的重要组成部分。GIS（如国外的 ArcGIS 和 MapInfo 等，国产的 MapGIS，VRMap 和 SuperMap 等）是规模较大的专业化的系统，一般应用于地理、测绘、军事等专业部门，称为基础性专业 GIS。这类系统的开发要将该专业的庞大复杂的地球表面空间信息包含进去，仅就其数据结构和模型的建立与处理而论，就是一项艰巨的任务，故耗资巨大、周期较长。面向某一种应用领域的 GIS 的研究开发，由于某一应用领域的范围较窄，诸如城市规划、房地产、水、电、气、管道监测、城市重大危险源、事故隐患源等信息管理系统，其规模和投入亦相应随之减小，更主要的是该 GIS 与某一专业的应用密切结合而更具特色，GNSS/GIS 的一体化合成更加融合，对社会经济和信息产业的发展同样具有重要的意义。

以 GNSS 城市交通/GIS 为例，无论在指挥控制中心还是在车载计算机的显示屏上，显示的都是数字地图和 GNSS 运载体的航迹位置和地理信息标识符，因此，GNSS 定位坐标与当地区域、城市和数字地图坐标系统要统一，这是两种系统合成的首要前提。另外，GIS 中应有支持 GNSS 交通管理应用的有关功能，比如最佳路径的选择求解功能，显示功能，GNSS 定位与数字地图道路匹配功能，距离、方位提示功能，甚至智能导航功能等。

在国外 GIS 软件平台（如美国的 MapInfo 软件平台等）上联挂自己开发的 GNSS 应用程序，显然以这种方法开发的系统的 GIS 功能很强，但 GNSS 功能很弱，仅能满足 GNSS 车辆显示监控方面的最低要求，核心技术很难掌握，给进一步深入开发留下隐患。以这种模式建立的软件系统大多不具有自己的知识产权。因此，结合硬件完全自主开发 GNSS/GIS 组合系统软件，突出 GNSS 方面的功能和车辆监控系统所需要的 GIS 功能，形成独立的知识产权产品是可取的选择。

自主开发应用 GIS 软件，并与 GNSS 匹配是相当复杂而艰巨的任务，它涉及多种学科知识的交叉，需要具备 GNSS 定位导航、地理学、测绘、图形图像和计算机软件等领域的知识。尽管如此，计算机软、硬件的迅猛发展，尤其是处理器运算速度的提高以及操作系统提供的图形环境和界面的完善，为独立自主开发 GNSS/GIS 组合系统提供了必要的基础条件。图 12－11 所示为我国自行开发的一种 GNSS/GIS 组合系统软件的总体框架。该系统软件主要分为两大部分：第一部分为 GNSS 卫星定位数据采集与管理；第二部分为 GIS 数字地图显示与管理。无论是 GNSS 运载群体（如飞机、车辆、舰船或行人）数据或独立个体的 GNSS 数据，均进入计算机进行识别、转换与处理后，输出到数字地图空间环境内，使之可视化。

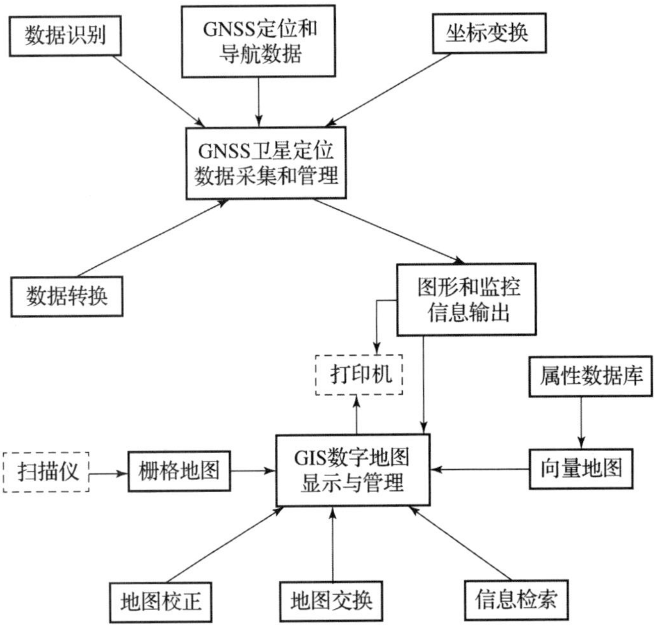

图 12－11　GNSS/GIS 组合系统软件的总体框架

12.3　GNSS 在测绘、测量中的应用

12.3.1　GNSS 在传统测绘中的应用

传统测绘是最先利用 GNSS 的领域之一，GNSS 已经成为全球、区域和局部地区测绘的重要技术手段。GNSS 可提供精确可靠的测量数据，拓展了传统测绘手段，极大地提高了测绘从业者的工作效率。目前，GNSS 已在高精度大地测量、工程测量、地籍测量等领域得到广泛应用。本节主要介绍 GNSS 在参考框架建设、大地控制测量和工程测量等方面的应用。

1. 参考框架

地球参考框架是地球参考系统的实现。协议地球参考框架是基于协议地球参考系统建立的一种地球参考框架。地球参考框架由一系列大地测量地面和空间基础设施来实现。其中，地球参考框架地面基础设施主要包括全球连续运行基准站、大地控制点等。现代地球参考框架综合各类空间大地测量观测方法，获取框架点的坐标、速度，以及卫星星历、卫星钟差、地球自转参数等用户所需的坐标基准产品。

一般地，地球参考框架按照覆盖范围可分为全球坐标参考框架和区域坐标参考框架。国际地球参考框架由全球分布的框架点构成，例如，ITRF2008 由 580 个站址的 934 个站组成，其中，436 个在北半球，117 个在南半球。

2. 建立和维护国际地球参考框架

传统观测方法主要包括三角测量法、导线测量法、边角测量法。外业测量主要使用精密测角仪器和测距仪器获取高精度边角测量数据，进而构成三角网。天文观测用于测定三角网点的天文经/纬度和起始边的天文方位角。现代地球参考框架观测技术主要包括甚长基线干涉测量、卫星激光测距、GNSS、激光测月、多里斯系统等。

CORS 能够提供各种高精度空间定位服务和多元化信息服务，可对区域乃至全球地壳运动、气象状态的瞬态和长期变化进行监测，有助于解释板块构造运动，建立和维持动态地球参考框架，为大地测量学及地球动力学研究提供了宝贵的地理信息。

国际 GNSS 服务（IGS）通过它的分析中心对 ITRF 的实现做出了重要的贡献。一方面，与 VLBI、SLR 技术并置的 GNSS 站有效地提高了这些测站坐标和速度的监测精度；另一方面，GNSS 技术大大加密了 ITRF 在全球的分布。

IGS 现有 600 多个全球分布的 GNSS 永久站，进行全天候的连续观测，其中有 200 个基准站连续观测的时间已超过 5 年，这些站水平位移速度的测定精度已优于 1 mm/年，垂直方向的测定精度达到 1 ~2 mm/年。

3. 建立和维护区域坐标参考框架

ITRF 目前是国际上公认应用最为广泛、精度最高的地球参考框架，但是它在全球分布不均匀，而且测站数量有限，显然不能满足世界各国的现实需求，因此，世界各国或地区纷纷建立和维持各自的参考框架。区域坐标参考框架局限于特定区域。为了满足我国基准建设的需要，我国也建立了坐标参考框架，但它是基于静态会战观测实现的，是一个静态坐标参考框架。另一方面，全球或国家级坐标参考框架点分布并不一定均匀，其密度也非常有限，在某特定区域，如某特定的城市，为满足测绘基准的需要，必须对其进行加密，即建立城市级的区域坐标参考框架。我国正在建设的独立自主的北斗卫星导航系统，其重要的理论意义和广阔的应用前景，在建立和维持地球参考框架，使其提供可靠的服务方面得以充分的表现。

区域坐标参考框架是参考系统在该区域的实现，其具体体现为一组具有精确坐标和速度场的测站。区域坐标参考框架实现形式主要有两种，一种是控制网的形式，另一种是 CORS 网的形式。自 GNSS 技术广泛应用以来，国家和地区纷纷建立了国家级、省级或市级的 CORS 网。由于 CORS 网维护成本低，并可为连续测量提供实时服务，所以它已经取代了控制网，成了主要的区域坐标参考框架实现形式。

12.3.2　GNSS 在摄影测量中的应用

摄影测量是采用解析空中三角测量的方法解决定位问题，而遥感技术是通过航天摄像机和 CCD 阵线扫描仪进行影像定位，与解析空中三角测量的方法等同。解决摄影测量与遥感中的定位问题通常有两种途径，一种是依靠一定数量的地面控制点，另一种需要直接测定航天摄像机和传感器的空间位置和姿态。GNSS 能够快速、自动测定航天摄像机和传感器的空间位置和姿态，因此，应用 GNSS 技术解决摄影测量与遥感中的定位问题，可以加快摄影测量与遥感数据处理速度，大幅减少外业工作量。

为了获得各种比例的地形图或专题地图，往往采用航空摄影测绘，它是一种有效的现代化测绘手段。通常的航空摄影要求在摄影测绘区内设置一定数量且均匀分布的大地测量控制点，在崇山峻岭或大漠荒川中，用常规大地测量技术完成测量控制点的设立，其艰难程度是不言而喻的。即使采用 GNSS 精确测设这类控制点，测绘人员也必须克服艰难险阻，抵达所要求的地面点逐一进行测量。

GNSS 动态测量技术的迅速发展，使测绘工作者有可能摆脱在地面上逐点测设控制点（像控点）的艰辛操作，而只需将 GNSS 接收机设置在航摄飞机上，当航摄像机对地摄像测量时，用 GNSS 信号同步测得相机底片中心（摄站）的三维位置、飞行速度和姿态角参数。在航空摄影中，最关键的环节是记录曝光时刻相机底片中心（摄站）的精确坐标值。

航空摄影测绘的基本工作原理如图 12－12 所示，通常 GNSS 接收机解算的位置是 GNSS 接收机天线相位中心的位置，摄站和天线相位中心不重合。为了使分析简单，以 GNSS 接收机天线相位中心为原点建立机体坐标系 $O_bX_bY_bZ_b$，以摄站为原点建立导航坐标系 $O_tX_tY_tZ_t$。航摄像机安装在三轴稳定平台上，在飞行过程中三轴稳定平台被精确控制，模拟导航坐标系。O_t（摄站）相对于 GNSS 接收机天线相位中心 O_b 的偏差 Δr_b，在机体坐标系下于安装时已经精密地测得。摄站在 GNSS 坐标系中的位置可表达为

$$\begin{bmatrix} x \\ y \\ z \end{bmatrix} = \begin{bmatrix} x_w \\ y_w \\ z_w \end{bmatrix} + \boldsymbol{C}_b^w \begin{bmatrix} \Delta x_b \\ \Delta y_b \\ \Delta z_b \end{bmatrix} \tag{12.2}$$

式中，$[x \quad y \quad z]^{\mathrm{T}}$ 为摄站在 GNSS 坐标系中的位置坐标；$[x_w \quad y_w \quad z_w]^{\mathrm{T}}$ 为 GNSS 接收机天线相位中心在 GNSS 坐标系中的位置坐标；$[\Delta x_b \quad \Delta y_b \quad \Delta z_b]^{\mathrm{T}}$ 为摄站相对于 GNSS 天线相位中心的偏差 Δr_b 在机体坐标系中的表达；$\boldsymbol{C}_b^w$ 为机体坐标系相对于 GNSS 坐标系在曝光时刻的坐标变换矩阵，可以写为

$$\boldsymbol{C}_b^w = \boldsymbol{C}_t^w \boldsymbol{C}_b^t \tag{12.3}$$

由于航摄飞机上装有三轴稳定平台模拟导航坐标系，因此可以实时获得航摄飞机相对于导航坐标系的俯仰、横滚、方位 3 个姿态角，从而获得 $\boldsymbol{C}_b^t$ 矩阵。如果知道曝光时刻的导航坐标系（t 系）原点（摄站）的位置坐标，则可以推算出 t 系相对于 GNSS 坐标系的姿态矩阵 $\boldsymbol{C}_t^w$，进而可以求出 $\boldsymbol{C}_b^w$。由式（12.2）可以看出，$[\Delta x_b \quad \Delta y_b \quad \Delta z_b]^{\mathrm{T}}$ 为已知量值，$[x_w \quad y_w \quad z_w]^{\mathrm{T}}$ 为曝光时刻 GNSS 接收机天线相位中心的坐标，可由 GNSS 接收机观测量解算得到，因此可以解算出摄站在曝光时刻的三维位置坐标$[x \quad y \quad z]^{\mathrm{T}}$。在事后处理中，可以根据曝光时刻相片对称中心的位置坐标转换到所需要的坐标系，比如大地坐标系。根据高度和相片的尺寸，可知所摄的相片的比例尺，由此可以将相片放大，制作成各种不同比例尺的地形图。

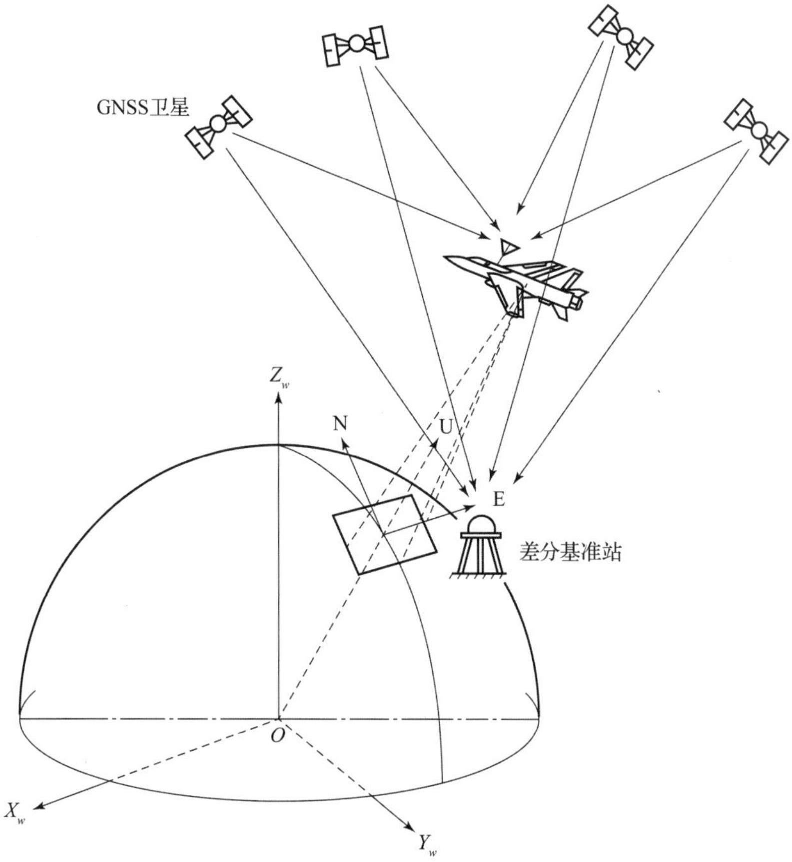

图 12 – 12　航空摄影测绘的基本工作原理

为了满足大比例尺航测制图的需要，需要较高的 GNSS 定位精度。理论研究和实践试验表明，差分 GNSS 动态测量技术能够消除公共误差，可以将伪距解的实时位置精度提高到 ±10 m 左右。如果采用 GNSS 动态载波相位测量技术，则可以将实时位置精度提高到亚米级以上。国外的研究试验表明，差分 GNSS 动态载波相位测量可使摄站的二维位置达到厘米级精度，若辅以机载激光测距技术，摄站坐标的垂直分量亦能达到厘米级精度，可以满足大比例尺航测制图的需要。

此外，GNSS 定位技术在摄影测量中的应用原理和方法，也可以应用到航空与海洋物探等工作中，这时利用机载 GNSS 接收设备，不仅可以引导载体按预定的航线航行，而且可以通过高精度动态相对定位法直接测定物探仪等传感器在观测瞬间的位置，从而获得重要的三维位置信息。

12. 3. 3　GNSS – R 遥感探测应用

GNSS 不仅能够为空间信息用户提供全球共享的导航定位信息以及测速、授时等服务，还可以提供长期稳定、高时间和高空间分辨率的 L 波段微波信号源。近年来利用其作为外辐射源的遥感探测技术，形成了一门新的 GNSS 气象学（GNSS/MET），其中 GNSS – R 反射信号遥感技术的兴起和发展格外引人注目。GNSS – R 是一种介于被动遥感与主动遥感之间的新型遥感探测技术，可以看作一个非合作人工辐射源、收发分置多发单收的多基地 L 波段雷达系统，从而兼有主动遥感和被动遥感两者的优点，越来越受到人们的关注和青睐，人们开展了许多利用 GNSS 进行大气、海洋、陆面遥感的研究工作。

1. GNSS－R 遥感技术的基本原理

GNSS－R 遥感技术是利用目标物对 GNSS 信号的反射探测目标物状态，实质是 L 波段微波遥感，如图 12－13 所示。它以岸基山基、机载船载以及星载 GNSS 接收机获取目标物对 GNSS 电磁波的反射信号，可以看作一种收发分置的 L 波段雷达系统。基于无线电物理微波信号散射理论，特别是利用双基地雷达传输方程，分析目标物反射信号与 GNSS 直接信号在强度、频率、相位、极化方向等参数之间的变化。基于这种散射特性，反演反射面的粗糙度、反射率等，计算目标物的介电常数等参数，从而确定目标物的性质和状态。

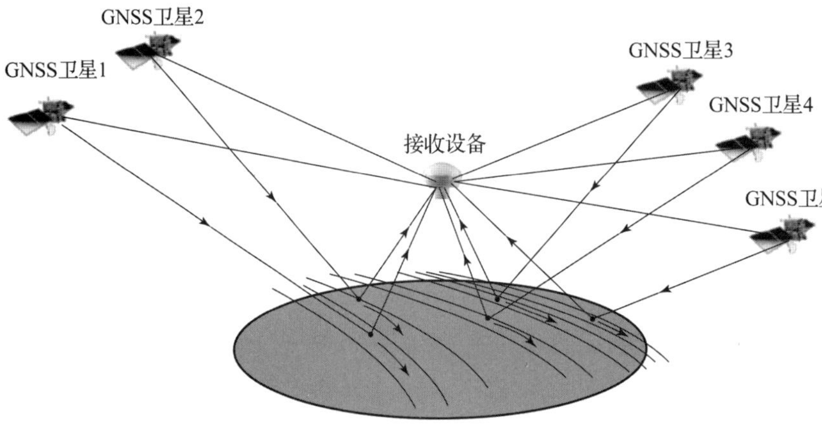

图 12－13　GNSS－R 遥感技术原理示意

GNSS－R 遥感技术充分利用了 GNSS 电磁波的以下传播特点。

（1）自主性强。利用 GNSS 直射信号进行定位解算，具有数据处理自定位能力和自定时能力。

（2）相对误差小。由于 GNSS 星座位于中高地球轨道，在距地面 2 万千米以上的高空，信号的行程长，接收机收到的直射信号与目标物入射信号之间的误差相对很小。

（3）信号受影响小。L 波段电磁波处于大气透明窗，其信号受电离层影响不大，穿透折射率校正计算难度不大；基本不受云雨等水化物影响，对流层传输衰减小，可全天候工作。

（4）便于分离信号。L 波段电磁波受目标物反射影响明显，衰减高达 29～30 dB；对右旋极化的 GNSS 入射信号，目标物的反射信号极化方向会发生改变，在一定入射角下由以右旋极化为主变为以左旋极化为主，以此可以分离直射信号与反射信号。

（5）穿透能力强。L 波段电磁波具有一定的穿透地表植被、沙土、雪盖的能力，特别对土壤水分十分敏感。

2. GNSS－R 海洋遥感应用

GNSS－R 海洋遥感的主要原理是：利用 LEO 上搭载的 GNSS 接收机，接收 GNSS 直接信号及海面反射信号，对它们之间的 C/A 码或 P 码的时间延迟和相关函数波形及其后沿特性进行分析，并结合海面、海浪对电磁波的散射理论，反演海洋有效波高、潮位、盐度、海表风向/风速等海态参数或海洋遥感信息，弥补了现在海洋观测资料稀缺的不足，为台风、风暴潮、海啸等恶劣天气的海洋监测提供便利，这对于远洋航运，海上捕捞，气象、潮位、洋流分析等均具有重要的研究意义。

在 GNSS 反射信号测量系统中，GNSS 卫星、海面和 GNSS－R 接收机构成一个收发分置结构（如图 12－14 所示），GNSS－R 接收机可同时接收一定范围内多颗 GNSS 卫星的直射信号、海面反射信号，在遥感探测机理方面属于双基雷达观测模式，大大提升了时空分辨率。为接收高仰角的 GNSS 反射信号，GNSS－R 接收机一般需要采用 2 副天线，一副为向上的低增益右旋圆极化天线，用于接收 GNSS 卫星的直射信号，另一副为向下的高增益左旋圆极化天线，用于接收海面反射信号。GNSS－R 接收机接收到的信号属于前向散射，通过对海表散射的测量对海况进行监测，从而获取海洋遥感信息。

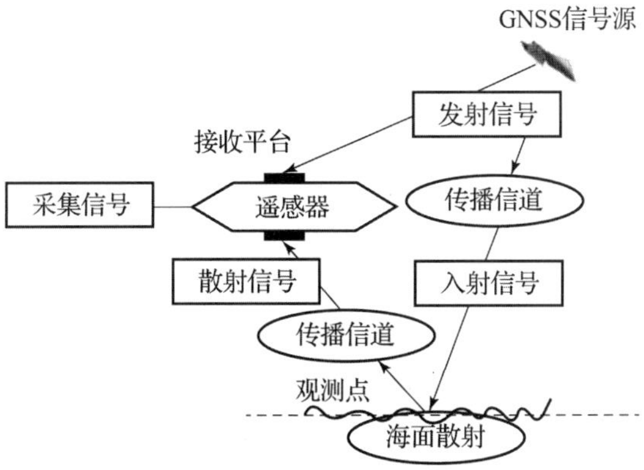

图 12－14　GNSS－R 海洋遥感原理示意

2000 年，NASA 和 CU 等机构合作制订了 SuRGE 计划；2001 年，德国 GFZ 提供了在 CHAMP 卫星上探测到 GNSS－R 的有力证据。2000 年，美国在 Michael 和 Keith 飓风中进行了 GNSS－R 机载试验，将反演得到的海面风场与浮标数据、Topex/Poseidon 卫星数据、ERS 和 Quik－SCAT 卫星数据进行了比较。在现阶段，利用 GNSS－R 还可以通过反演获取海面风场（包括海面风向、海面风速）、海面粗糙度、冰层厚度等信息。特别是海面风场，它不仅是形成海上波浪的直接动力，而且对区域和全球海洋环流以及全球生化过程来说也是关键性的动力，因此它的观测与分析是研究海洋动力过程，以及地震海啸现象的重要基础。

3. GNSS－R 陆地遥感应用

将 GNSS－R 遥感应用按照观测模式的定义分为双天线模式和单天线模式，如图 12－15 所示。二者的理论根源均为收发分置雷达理论，但在应用时，双天线模式主要基于双基雷达方程，而单天线模式则主要基于干涉测量方程。对于双天线模式，可通过峰值功率、反射功率波形后沿、反射波形与直射波形的时间延迟等，分别进行陆表参数估算，目前人们已分别针对土壤水分、粗糙度、高度/地形等开展研究。对于单天线模式，则可通过干涉测量度量（相位、振幅和频率）分别进行陆表参数的估算，目前人们已分别针对土壤水分、植被水分、高度/地形等开展研究。

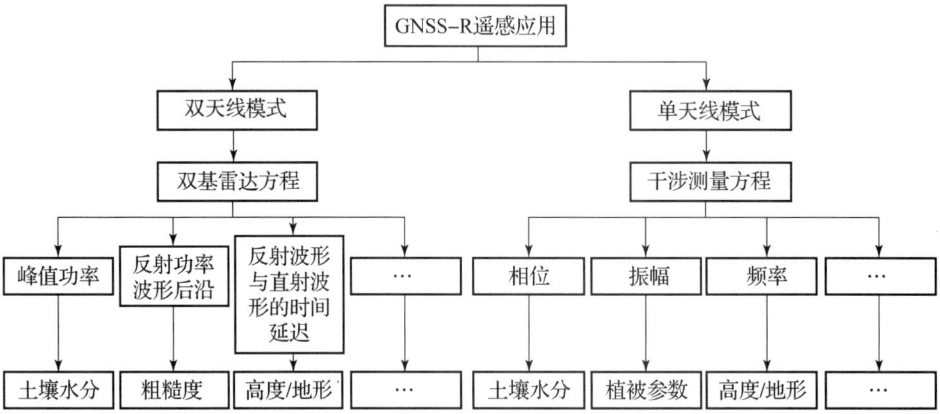

图 12-15　初步的 GNSS-R 遥感应用体系架构

12.3.4　工程测量与工程形变监测

1. GNSS 的工程测量应用

工程测量指的是与工程勘测设计、施工、验收以及有关大型精密设备安装相关的应用性测量。工程测量的应用范围极其广泛，几乎不受限制。鉴于 GNSS 定位精度高、速度快以及作业简便等特点，它在桥梁工程、隧道与管道工程、海峡贯通与连接工程以及精密设备安装工程等领域都有卓有成效的应用。

这里以 GNSS 在隧道贯通控制测量中的应用为例进行介绍。隧道贯通测量，是铁路和公路穿山隧道、海底隧道以及城市地铁等地下工程的重要任务。隧道贯通测量的基本要求，是在隧道开挖的各开挖面处，通过联测建立基准方向，以控制挖掘的方向，保证隧道准确贯通，经典的方法要求控制点之间必须通视，这导致在地理条件复杂地区（比如，山区或森林覆盖区）测量工作变得甚为复杂。对此，GNSS 技术具有独特的优势。

英法海底隧道（也称为欧洲隧道）平面控制网如图 12-16 所示。英法海底隧道由法国的加来向西南延伸到英国的多佛尔东北，在海底将英、法两国连接起来，全长约 50 km。这条世界著名的横跨英吉利海峡的隧道工程划分为 4 个施工段，每个施工段要开挖 3 条管道。在如此浩大的海底隧道工程中，倘若各施工段开挖的管道不能准确贯通连接，这对财力、物力和时间的浪费将是极其巨大的。因此，人们对隧道工程的精密控制测量提出了十分严格的要求。

在隧道的初步设计阶段，采用经典大地测量方法，在海峡两岸各布设了一个平面测量控制网，经过测量控制网联测平差后，其相对精度达到 4×10^{-6}，也就是说对于相距 50 km 的两个入口点的横向与纵向中误差可达到 20 cm。为了进一步改善隧道控制测量的精度，在两岸各设 3 个控制点，采用 TI4100 型 GPS 接收机同时观测，并将观测结果与经典网进行联合平差，从而使控制网的相对精度提高了 4 倍，达到 1×10^{-6}，上述隧道两入口处的纵向与横向中误差降为 5 cm，显著地提高了控制网的精度。为可靠起见，在每个入口处建立了第二个标杆作为参考方向，距离大约 400 m 时，经典的测量方法可以保证通视，而利用 GNSS 测量技术时，能够以 ±1 弧秒的角度分辨率确定参考方向，从而保证了隧道的准确贯通。欧洲人梦寐以求的海底隧道于 1987 年动工，历时 5 年，于 1991 年终于成功贯通连接，并于 1995 年正式营运。在这一伟大工程中，GNSS 的精密定位技术做出了卓越的贡献。

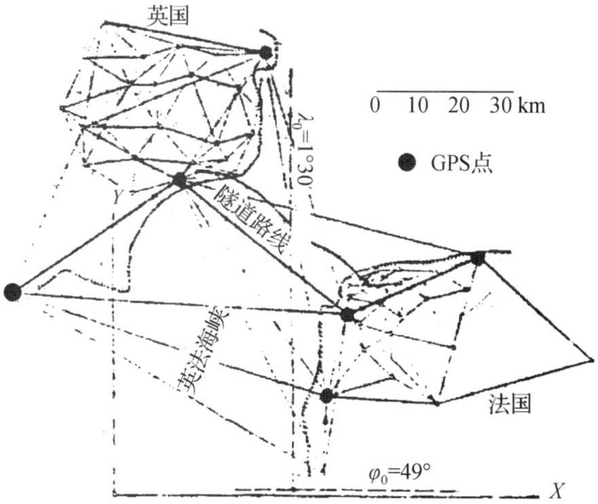

图 12－16　英法海底隧道的平面控制网

在隧道贯通控制测量中应用的 GNSS 技术，同样可以应用到超长大桥、石油管道、天然气输送管道、跨海大桥或海堤等大型工程项目的精密控制测量，以保证工程质量。

2. GNSS 的工程形变监测应用

工程形变一般包括建筑工程体的位移、倾斜或其他形变，它与工程体的正常工作和安全问题密切相关，因此监测各种工程形变是非常必要的。由于 GNSS 测量技术具有高精度的三维定位能力，采用载波相位测量技术，更可以精密测量载体姿态，所以采用 GNSS 技术对工程建筑体进行形变监测是极为有效的方法。工程形变的种类多种多样，包括大坝的变形、海上建筑物的沉陷、陆地建筑物的变形和沉陷以及矿藏资源开采区的地面沉降等。

这里以 GNSS 在大坝形变监测中的应用为例进行介绍。大型水库或水电站的大坝受到水负荷的重压，很可能产生形变。因此，对大坝坝体的形变进行连续而精密的监测，是一项事关人民生命财产安全的不可或缺的重要任务。为了监测大坝的形变，通常在坝区受压带和远离受压带的稳定区建立一个测量控制网，如图 12－17 所示。在稳定区建立 1～2 个 GNSS 基准测站，作为观测形变的基准点，在坝体上或受压带区域可设置数个 GNSS 监测点。

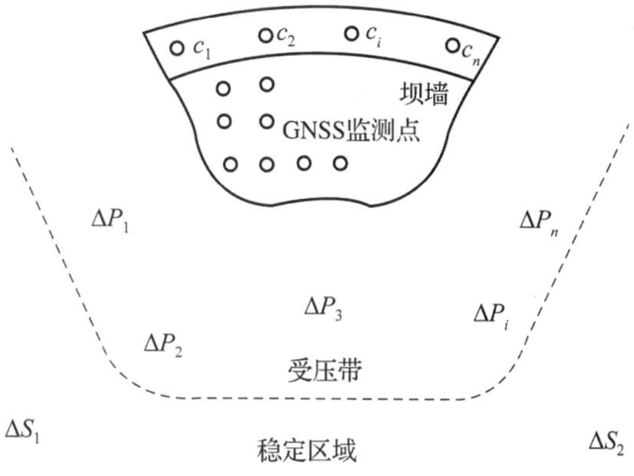

图 12－17　大坝测量控制网

通过连续的自动监测，并采用有线或无线的数据传输技术，实时地将监测数据自动地传送到监测数据处理中心，进行数据处理、分析和显示。由于监测精度要求很高，在实际工作中，可采用载波相位测量技术或差分 GNSS 技术，同时要注意消除多路径效应等系统性误差的影响。在数据处理中，可采用轨道改进法，尽量减弱卫星轨道误差的影响。

GNSS 对工程形变的监测还可以应用于大桥、大型地面建筑的监测，地下资源（石油、煤炭、天然气）开发区沉陷的监测以及海上石油勘探平台沉陷的监测等诸多方面。在工程形变的监测中，掌握工程形变的变化规律和拟定相应的措施，对于保障安全生产是极为必要的。

12.3.5 地壳运动监测

地球动力学的基本任务是：应用地球物理学、大地构造学、大地测量学和天体测量学等学科的相关理论与技术来研究地球的动力学现象及其机理。它的内容主要包括地球的自转和极移、地球重力场及其变化、地球的潮汐现象以及地壳运动等。

高精度的 GNSS 相对定位技术，在大地地壳运动监测方面表现出巨大的潜力。大地构造理论中的板块构造学说受到科学界的广泛认同。20 世纪 60 年代，根据勒比雄和摩根的学术观点，全球可分为太平洋板块、印度洋板块、非洲板块、美洲板块、欧亚板块和南极洲板块六大板块，后来美国人麦肯齐等人又将美洲板块细分为南、北美洲板块，可可板块，加勒比板块，纳森板块和斯可板块等板块，将欧亚板块细分为阿拉伯板块、伊朗板块、土耳其板块、菲律宾板块和中国板块等。我国位于欧亚板块，邻接太平洋板块和印度洋板块。

板块的运动和相互作用，是地球表面各种地形构造活动和变形的内在原因。板块的生成、演变和区分是十分复杂的，研究板块的运动学及动力学机理，对于推动大地构造学的发展、掌握板块运动规律以及预测地震等自然灾害，有极其重要的意义。板块间相对运动速率很小，比如北美板块与太平洋板块间相对运动速率为 5 cm/年，而北美板块内部的变形速率不大于 1 cm/年。要精确地分辨有关板块运动的信息，要求相对定位精度高于 10^{-7}。对于经典大地测量来说，这是不可能达到的。

通常研究全球板块运动的设备，主要是甚长基线干涉测量系统（VLBI）和卫星激光测距系统（SLR），在几千千米的长基线上，其定位精度可达到10^{-8}。但是，这两种定位技术的设备庞大而复杂，投资十分巨大，只能用于少数基准站。根据实践测量经验，在一般情况下，大的形变均接近板块的边缘地区，典型的板块边界宽为 30 ~ 300 km。GNSS 定位技术由于精度高、设备轻便、价格低，所以它在监测板块运动方面的应用发展极为迅速，并取得了重要成果。

在 GNSS 定位测量中，影响定位精度的因素主要有：GNSS 卫星轨道精度，GNSS 接收机振荡频率的稳定性，大气对流层、电离层折射误差的修正，数据后处理技术，起始点坐标的精度。根据卫星轨道误差对所测基线精度的影响分析，为了使基线达到10^{-7}的相对精度，卫星轨道误差必须小于 ±2 m，而广播星历的精度一般说来要大于 ±20 m，因此，必须采用事后处理的精密星历，同时采用轨道改进法来处理观测数据，或者在坐标精确已知的基准站上（如 VLB1、SLR 站，其坐标精度达到了厘米级）观测 GNSS 卫星，以便推算在观测数据采集时刻的轨道修正。

为了增大 GNSS 接收机振荡频率的稳定性，一般采用稳定度极高的外接频率标准（如铯钟、铷钟等）。为了减小大气对流层折射的残差，可以采用水汽辐射计，以提高对流层修正的估算精度。许多构造活动区域位于电离层干扰强烈地区，例如地磁赤道附近或高纬度地区。在这些地区必须采用双频接收机观测，至少应该 24 h 长时间观测，以削弱电离层残差的影响。GNSS 在地壳运动监测领域的应用，根据区域大小可分为以下 3 种类型。

（1）局部形变与沉降监测。该类型的监测大多属于工程测量中的形变分析范围，例如矿区与油田的沉降、滑坡、局部大地构造运动。该类监测网的点距都非常小（约 1km），因此要求可以监测到几毫米的形变。根据监测目的，必须实施重复观测，如一天、一周或一个月；监测网中需要一个稳定的基准站，一般来说可以采用快速静态测量或准动态测量方法。将来，在研究局部大地构造运动中，会有越来越多的连续监测阵列建成，GNSS 接收机的观测数据通过通信电缆或无线电数据通信，传递到中心站进行处理。

（2）区域性地壳运动监测。GNSS 技术已在该类型的监测中卓有成效，世界上几乎所有大地构造活动区域都已经或开始建立 GNSS 地壳形变监测网。比如美国加利福尼亚 GPS 控制网（1989—1990 年）、美国中南部 GPS 控制网（1989 年）、地中海地区（1991 年）以及冰岛北部火山带 GPS 监测网。GNSS 监测网点必须选在地质构造稳固的地方，离开活动断裂带或挤压破碎带，监测图形常选择大地三角形或四边形，采用一定间隔时间的反复观测结果，求出形变位移向量。冰岛北部火山带 GPS 监测网设有大约 50 个测站，用 TI4100 双频 P 码接收机进行观测，由 1987 年和 1990 年两期观测结果进行比较，得出形变位移向量，如图 12－18 所示，每期观测中相邻站的精度为 1～2 cm。

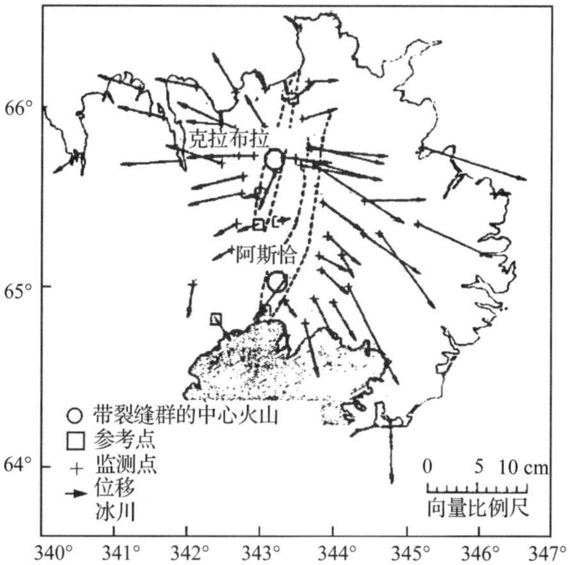

图 12－18 冰岛北部火山带 GPS 监测网 1987 年、1990 年两期观测结果比较得出的位移向量图

（3）全球与洲际板块运动及形变监测。GNSS 双频接收机为精确测量地球动态参数、精细研究地球板块运动现象，提供了与 VLBI、SLR 测量精度相媲美的精巧设备。1991 年，美国的 JPL 组织了一次全球性地球动态测量联合行动，称为地球自转和地球动力学国际首次试验（GIG'91），全球约有 124 个台站用 6 种类型的 GPS 接收机参加了 GIG'91 联合测试，其目的是利用全球性的 GPS 定位网，测定包括海平面变化在内的地球动态参数，综合利用 GPS，VLBI 和 SLR 的观测数据，反演推算地球大地结构。它也可以用来研究地壳内部的物理特性以及地壳岩石圈和地壳的密度，为地球物理探矿和地热调查等提供科学依据。

在 GIG'91 试验成功的推动下，国际大地测量协会（IAG）决定在全球范围内建立一个永久性的国际 GPS 地球动力学服务（IGS）观测网，该网由合理地分布在世界各地的 180 多个测站组成。该网的目的在于研究地球自转和定向、地球构造运动和地壳形变、全球海平面变化、冰后期反弹、全球精密地球坐标系以及根据观测数据提供毫米级精度的 GNSS 卫星轨道参数。

以上事例说明，利用高精度的 GNSS 定位技术监测地球板块运动的实用性和精确性，导致一门崭新学科的诞生：GNSS 全球大地测量学。目前该学科正在深入发展之中。它的贡献在于能够精确地测量地球和描述地球，在海、陆、空的广阔领域内获取科学信息，推动地球动态效应和地球动力学的研究进一步向纵深发展。地球动力学的发展反过来将对天体力学、航天学、空间科学产生重大的影响。

12.4　GNSS 在大众消费市场中的应用

12.4.1　消费电子市场

随着 GNSS 技术的进步和应用需求的增加，GNSS 应用已经从军事领域扩展到其他专业领域，并已经深入大众消费领域。在 GNSS 的市场应用中，目前的大众消费应用发展迅猛，消费市场的巨大基数促进了卫星导航产业的快速发展。

我国卫星导航市场呈现快速发展趋势，大众消费应用已成为行业的重要发展方向。我国拥有世界第一的汽车销售量和移动电话用户数，消费平台巨大。随着 GNSS 接收芯片应用到日常生活中，许多消费电子产品，如汽车电子产品、蜂窝手机、掌上电脑、笔记本电脑、手表、照相机、游戏机等，都在逐步融入 GNSS 导航定位功能。GNSS 和消费电子产品的融合将成为未来的一种发展趋势，其内容服务的延伸和创新进一步推动 GNSS 产业的系统建设。目前，更多个性化、满足不同平台的定制性 GNSS 产品正出现在消费者面前，如专门为手机平台定制的、更能体现手机功能优势的移动导航系统等。

在诸多融合 GNSS 导航定位功能的消费电子产品中，融合导航与通信的手机产品占有重要份额。手机作为一种使用越来越广泛的手持设备正在蓬勃发展，而 GNSS 定位是其重要的一项应用。美国的 E911 和欧洲的 E112 明确提出了要求，凡无线报警者，必须同时带有所在位置信息，而且还颁布了相关规定与标准。这无疑大大促进了 GNSS 与手机通信的融合。

在娱乐消费领域，进行徒步旅行、越野滑雪、户外活动、野外探险、自驾旅游等的人们均可携带 GNSS 接收设备，配上电子地图，可以在草原、大漠、乡间、山野或无人区内找到自己的目的地，并通过手持 GNSS 导航仪提高安全导航和旅行探索的高技术含量。随着 GNSS 接收机的价格不断降低，GNSS 将来还会集成到玩具市场中。

在消费电子市场的推动下，与 GNSS 相关的电子元器件产业也开始迅猛发展。自从 20 世纪 90 年代 GPS 全面投入使用以来，不仅许多 GNSS 建设得到了快速发展，GNSS 行业也逐步形成了完整的产业链，包括系统类产品、基础类产品、终端产品、系统集成与运营服务四大部分。伴随 GNSS 应用在我国的快速发展，卫星导航产业链上的企业将迎来发展的黄金时期。其中元器件消费的平台数量多、国产化率高、进入壁垒高，因此元器件企业在 GNSS 产业爆发中将获益巨大。目前我国的 GNSS 行业总体容量正在增大，吸引了更多竞争企业加入，大众消费市场日渐升温，消费选择也逐步出现品牌化趋向。

12.4.2 高灵敏度 GNSS 接收机

随着基于位置服务（LBS）需求的日益增长，特别是城市、室内等微弱卫星信号环境中应用需求的扩展，一种更高性能的接收机——高灵敏度 GNSS 接收机成为导航领域研究的热点。

在大众消费市场，绝大多数使用手持定位设备的用户分布在高楼密集的城市地区，且大部分时间处于室内。在室内、高楼之间、地下停车场、高架道路等环境中，由于受到遮蔽，卫星信号非常微弱，有时甚至比开阔地环境中低 30 dB，此时普通的 GNSS 接收机将无法定位。因此，解决微弱卫星信号条件下的接收问题的高灵敏度接收技术将是使 GNSS 更深入地走进人们的日常生活，具有广阔的应用前景。目前国内外正开展深入研究，提出了许多方法，致力于解决微弱卫星信号条件下的接收问题。

目前城市和室内环境下的手机定位通常依靠电信网络来完成，如 GSM 网络通过 Cell - ID、E - OTD 与 TDOA 等技术向用户提供定位服务，这些技术存在网络容量受限、覆盖范围有限和定位精度低等问题。也有利用无线局域网、超宽带技术、电视信号技术等实现室内定位的方法，在这些定位方法中，有的定位精度很难满足用户需求，有的需要巨额投资，覆盖范围也有限。因此，正在发展中的高灵敏度 GNSS 定位技术能够满足定位服务的有关标准，将是基于 LBS 的室内定位的最佳解决方案。

从近几年高灵敏度 GNSS 接收机发展的趋势来看，其发展不单指某项技术的发展，而是一个系统的发展，尤其是与无线通信的发展紧密结合。与此紧密相关的技术如下。

（1）辅助卫星导航系统（AGNSS）。AGNSS 是 GNSS 与无线通信相结合的产物，是一种结合网络基站信息对移动终端进行定位的技术。在手机中增加 GNSS 模块，并改造天线，同时在移动网中加建位置服务器、差分 GNSS 基准站等设备。AGNSS 划分为 2 个子系统：一为高灵敏度 GNSS 接收机，包括导航射频前端、基带处理芯片；二为网络辅助系统，包括无线通信终端及辅助平台、无线网络、参考服务器及参考接收机。AGNSS 的结构示意如图 12 - 19 所示。

AGNSS 可以利用手机基站的信息，配合 GNSS 卫星信息，定位速度更快并且效率更高。AGNSS 在提供辅助电文的同时，还可以简化室内定位算法，有利于接收机提高灵敏度指标，甚至补偿接收机本地振荡器的频率稳定度。AGNSS 的发展得益于美国联邦通信委员会所强制规定的 E911 服务，即在用户拨打紧急电话时确定手机的位置以便救援。现在，该技术的发展正处于标准化阶段，无线通信组织（如 3GPP）已经提出了一些 AGNSS 的相关标准。

（2）高灵敏度卫星信号捕获技术。高灵敏度卫星信号捕获技术属于微弱信号检测领域的技术，但带有卫星导航接收机的特殊性。如何利用好现有的成熟技术，同时发展新的捕获算法，并能满足工程实现的要求，是高灵敏度 GNSS 接收机的关键研究内容。该技术不仅可以应用在室内卫星定位领域，在其他专业领域也有特殊用途。例如在高轨道 GEO 定轨领域。由于高轨道 GEO 的轨道高度高于 GNSS 卫星，所以只能通过接收来自地球另一面的 GNSS 卫星信号实现定轨。TRW 公司成功设计了一个 GNSS 信号转发器，使高于 GNSS 星座的高轨道 GEO 能够实现定位。

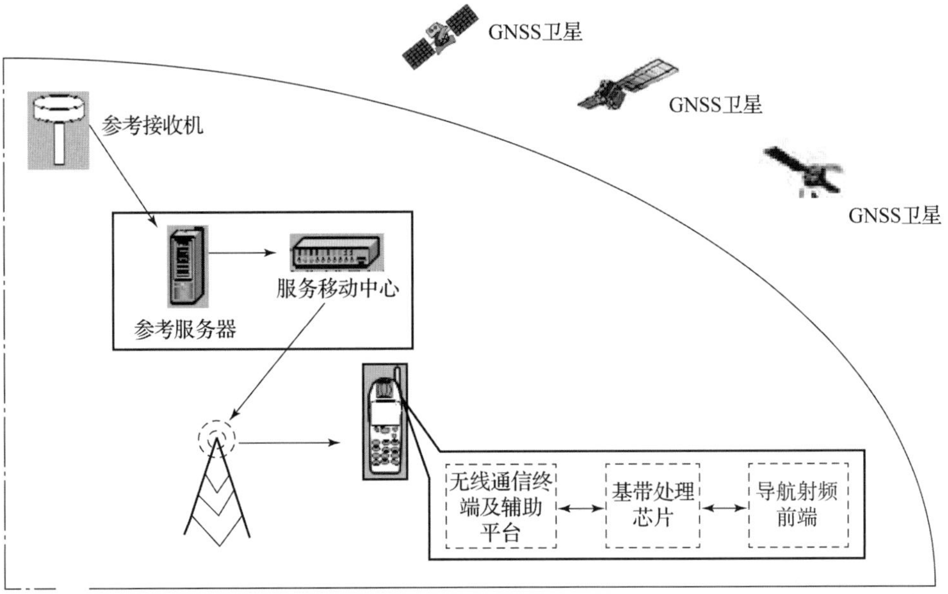

图 12-19　AGNSS 的结构示意

（3）多模接收机设计。欧洲 Galileo 计划的部署、中国北斗卫星导航系统的建设等，为 GNSS 产业注入了新的动力。现代化的 GPS、Galileo 系统、北斗卫星导航系统等都将增加新的调制体制以及新的民用信号，其抗干扰、抗多路径效应等性能比传统 GPS 中的 BPSK 调制更有优势。由于 Galileo 系统的开放服务信号与 GPS 相互兼容，开发多模的高灵敏度 GNSS 接收机成为大众市场 GNSS 接收机及其芯片的发展趋势。多模接收机的射频模块能够共用，相关器通道能够兼容 GPS、Galileo 系统等不同 GNSS 的信号，不仅降低了设计复杂度，还能提高观测量的精度，并且有效地利用 2 个星座系统的卫星，增加了接收机的可用性，适合城市环境中的应用。

我国是卫星导航定位的应用大国，目前产业链中的最重要部分——接收机产品基本上还是靠引进，这极大地限制了卫星导航产业的发展。因此，在导航与通信平台紧密结合的局势下，以高灵敏度 GNSS 接收机为切入点，发展我国具有自主知识产权的接收机产品是改变这种局势的契机。

12.5　卫星导航定位的发展与展望

12.5.1　卫星导航定位的发展趋势

卫星导航系统可提供高精度、全天时、全天候的导航、定位和授时服务，是当今国民经济和国防建设不可或缺的重要空间基础设施，在交通运输、测绘、电信、水利、金融、电力、勘探、现代化农业和国家安全等领域逐步发挥越来越重要的作用，其应用的广度和深度都在不断增加，已形成庞大的卫星导航产业。卫星导航系统作为现代大国的标准配置，将在未来的国家发展建设中发挥核心作用。目前，世界各卫星导航系统的发展呈现出以下几方面的趋势。

1. 卫星导航系统持续升级

根据美国、俄罗斯、欧洲、日本和印度等国家和地区发布的卫星导航发展规划和公开资料，在构建独立的全球卫星导航系统的基础上，各国的卫星导航系统均在全面提升导航定位精度和服务完好性，增强抗干扰能力，发展各系统的兼容与互操作性能，开展导航与通信等其他功能融合，积极吸收采纳新技术，拓展新应用。

美国着重增强现有 GPS 的性能，全面提升 GPS 的军、民用能力，保持 GPS 在世界卫星导航领域的领先地位。GPS 现代化提出的分离军民频谱、更新军码、增加发射功率、增强区域功率等措施将进一步提高抗干扰和反利用能力。正在进行现代化的 GPS－Ⅲ，除发展精度、质量更高的军、民用信号外，还增加了 L1C 信号，以保持其在民用市场的优势；增加了 Ka/V 频段星间链路，以快速响应指令并缩短电文更新周期。

俄罗斯的目标主要是增强 GLONASS 的能力及其国际市场竞争力。为了在未来与美国的 GPS 以及其他国家的卫星导航系统的竞争中立于不败之地，俄罗斯开展了一系列现代化改进计划，包括研制和部署新的 GLONASS－K、使地面段现代化、发展 SBAS 等。欧洲将全力进行 Galileo 系统建设，力争使其尽早进入国际市场。

北斗卫星导航系统按照“三步走”的战略目标，稳步推进北斗全球卫星导航系统的建设。2017 年，由中国空间技术研究院负责研制的首组北斗三号全球组网星发射升空，揭开了北斗全球卫星导航系统建设的序幕。北斗全球卫星导航系统瞄准国际先进、多功能融合的定位，在为全球用户提供高精度导航服务的同时，独具全球短报文、搜救等特色服务，成为卫星导航应用国际市场上强有力的竞争者。

卫星导航系统将不断提升系统整体效能，突破关键技术屏障。具备超高精度、高可靠性、强抗干扰能力的综合型、多元化功能的四大 GNSS 都在投入大量的研制力量，推进和完善系统能力建设。

2. 导航战是未来的发展重点

空间系统易攻难防，必须面向不同的对手，制定差异化的导航战策略。对于强敌，单纯依赖防护难以确保安全，需要发展“非对称”威慑手段。对于同等或弱小对手，需要重点增强防护，同时发展攻击、干扰手段。卫星导航系统“攻”“防”技术逐渐成为研究的热点。

导航战的概念由美国首先提出。在 GPS 设计之初，美国对卫星轨道高度、卫星数量、星座备份与替换、卫星抗核及激光加固、地面站数量规模、冗余备份、数据与指挥通信链加密等方面进行了全面分析和部署。GPS 建成后，美国又通过历次系统升级，对空间段星座结构、卫星抗物理打击、星座自主运行、伪卫星布设、地面站数量与规模、数据链容量与保密等进行补充加强，从而在系统构架上不断提升导航战能力。

美国自始至终都将信号体系研究放在导航战的核心位置，从导航信号层面将民用信号与军用信号分离，信号抗干扰等技术和策略研究不断升级。

3. 多种增强系统并行发展

在卫星导航系统不断演化进步的同时，各国并行发展了 SBAS 和 GBAS，极大地提高了导航精度以及完好性、连续性、可用性水平，进而推动了导航应用产业的迅猛发展。

目前所有建设卫星导航系统的国家都在同时建设自己的 SBAS，拓展 GBAS。SBAS 可以辅助卫星导航系统大幅提高定位精度以及完好性、可用性和连续性，具有覆盖范围广、运行成本低等优点，故各国均在发展 SBAS。近年来，基于低轨移动通信系统的导航增强系统也成为研究的热点。

GBAS 作为提升卫星导航系统服务质量的高效、可靠的手段，得到了 GNSS 全球各界的公认，已经成为 GNSS 领域的重要发展方向。GBAS 与“互联网 +”结合，最终形成跨行业、跨地区、跨国家的“云”服务网络，必将给测绘工程、工程建设、土地管理、城市规划、国情普查等众多领域带来巨大变化，为国家建设提供强有力的支持。

4. 拓展特色服务

各卫星导航系统在不断提高 PNT 服务性能的同时，还积极发展自己的特色服务，逐步实现多任务融合与多系统融合。

多任务融合体现在融合搜救、数据处理与传输、电磁监测与核爆探测、科学试验等方面。多系统融合表现在融合其他 PNT 系统，并且逐渐占据核心、基础地位，与侦察、通信、监测等其他天基系统融合构筑天基信息系统。

未来，卫星导航系统的多系统、多任务深度融合特征会更加明显。卫星导航、惯导、无线电导航、重力导航、磁力导航、地形匹配导航、天文导航、脉冲星导航等多手段组合运用将成为卫星导航系统发展的重要趋势。导航与通信深度融合，加速推进由卫星导航、蜂窝移动通信网络、WiFi 网络等构成的新时空服务体系的形成，开创以卫星导航为主体、多手段融合、天地一体化的新阶段。

5. 全球 GNSS 走向兼容与互操作

目前，全球卫星导航定位主要由 GPS、GLONASS、Galileo 系统和北斗卫星导航系统构成。Galileo 系统和 GPS 在 2004 年签署协议，实现兼容与互操作；Galileo 系统通过调整信号调制方式，减少对 GPS 军用信号的干扰；Galileo 系统和 GPS 协作提出 BOC、MBOC 等调制方式，Weil 码、随机扩频码、卷积编码、LDPC 码等纠错编码，提高了双方信号的互操作性和强健性；GLONASS 考虑到同 Galileo 系统和 GPS 兼容与互操作，决定后续 GLONASS - K 卫星采用扩频信号体制，在 GPS 的 L1 和 L5 频段协作运行。

在全球卫星导航系统的竞争、合作和我国卫星导航系统建设的背景下，面对未来全球卫星导航系统占用相同频段、设计约束条件多、协调细致复杂的局面，我国卫星导航系统开展了同其他系统的兼容与互操作，并取得了良好的结果。

12.5.2 卫星导航定位的发展构想

GNSS 技术是卫星导航系统发展的重要支撑。卫星导航系统在不断提高性能的基础上，极大地促进了相关技术的发展；同时，新兴技术的研究和发展将推动卫星导航系统发生革命性变化。依据卫星导航系统的发展趋势及构想，以下几方面的技术发展将在一定程度上影响未来卫星导航系统的能力和水平。

1. 新型导航定位信号体制

导航定位信号设计必须遵循许多约束条件，具有国际可协调性。未来的导航定位信号应该具有服务类型多、精度高、健壮性强、抗干扰能力强等特点，同时应具备兼容性和可扩展性。可以借鉴地面移动通信网络理论，研究新型调制方式在导航领域应用的可能性，或结合这些方法研究新的、高效的信号调制方式。

面对日益紧张的频率资源，开发更高频率的导航定位信号，满足多任务融合与任务拓展的需求，综合研究适应多种不同用户需求的新型导航定位信号体制显得尤为迫切。

新型导航定位信号体制要重点关注消费类用户低功耗需求和高效频谱利用率的设计研究。

2. 中高轨及深空卫星导航技术

在现代社会，高轨卫星在通信、导航、气象、预警等方面正发挥着越来越重要的作用。以往的太空发射任务主要依赖地面测控站和远洋测量船的支持才能完成在轨导航，这给有限的地面测控资源带来了任务调度方面的繁重压力。利用卫星导航系统为中高轨航天器提供服务，可以大大减轻地面测控站和远洋测量船的工作负担，同时使卫星导航系统的潜在服务能力得到进一步发掘、利用。

另外，随着当前以及未来飞行任务向外层空间的不断拓展，针对中高轨道乃至深空探测的导航需求日益突出，这些因素都使卫星导航系统在中高轨及深空航天任务中的应用研究极具价值。

全球卫星导航系统空间服务域（Space Service Volume，SSV）议题在 TCG 平台上最初出现于 2010 年的 ICG－5 大会，由美国专家以发布参考文件的方式提出，并在其后 2011 年的 ICG－6B 组会议上作了正式报告。NASA 的报告阐述了其对 SSV 的定义，并且对 GPS 的 SSV 服务性能进行了介绍，同时从空间应用需求的角度出发，倡议 GNSS 发布各自的 SSV 服务性能参数，完善 GNSS 空间服务标准，从而增强卫星导航系统中高轨空间服务能力。欧洲与日本迅速于 2012 年的 ICG－7B 组会议上响应了美国的倡导，由 ESA 和日本宇宙航空研究开发机构（JAXA）分别介绍了 Galileo 系统和 QZSS 的 SSV 性能，中国与俄罗斯均自 2013 年的 ICG－8 开始参与 B 组该议题的讨论并作了相关会议报告。目前，各 GNSS 供应商正在协调出台《SSV 手册》的事宜。可以预见，随着 SSV 服务性能指标体系的完备和中高轨 GNSS 接收机的发展，全球卫星导航系统将在不久的将来为中高轨及近地空间飞行器提供广泛的导航和授时服务。

随着人类对太空认识的加深，世界各国都加快了深空探测的步伐，所研究的任务范围也越来越广泛，包括地球任务、月球任务、火星任务等太阳系范围内的任务以及太阳系范围外更远太空中的航天任务。各国均开展了系统的研究，例如 NASA 提出了空间通信和导航体系结构，它是由地基单元、月球中继单元，火星中继单元等构成的通信导航网络，可为工作在太阳系中的航天器提供通信和导航服务；同时，X 射线脉冲星导航、拉格朗日点卫星导航等技术已经成为研究的热点。随着人类探索宇宙步伐的加快，卫星导航系统技术和范畴必将逐步延伸。

中高轨及深空卫星导航技术重点关注国际互操作。探索宇宙是全人类共同的目标，需要各国 GNSS 协调沟通，共同支持卫星导航技术覆盖区域的扩展。

3. 多源信息融合技术

多源信息融合是一种针对多传感器或者多信源系统进行信息处理的过程，它对从多个信息源获得的测量信息进行处理，并采用信息关联、信息集成及滤波等处理手段，实现目标状态以及其他特征估计精度的提高。该方法具备精度高、容错性好、信息获取成本低以及可以实现信息互补等优点，已经应用于大众生活、工业、交通、金融等领域，尤其在军事领域发挥了相当重要的作用。多源融合数据与单频数据相比，具有增强系统生存能力的优点，能扩展时间和空间覆盖范围，提高服务精度和可信度，降低信息模糊度；同时，用户终端具有低成本、小型化、低功耗等优点。

导航信息的应用由单系统定位授时向“多源导航”发展，通过任意导航传感器和敏感器重新组合配置及滤波算法，为用户提供各种环境下定位、导航与授时服务，满足不断变化的任务需求与环境变化的要求。卫星导航定位精度通常可达 5 ~ 10 m，精密定位精度可达厘米级，基本满足国民经济建设和日常生活所需，但是在军事应用、测绘等领域，仍然需要更高精度的测量手段和易用性能更优的导航手段。如惯导所产生的导航信号连续性好且噪声小，数据更新率高，短期精度和稳定性好；气压计能提供较卫星导航精度更高的高度信息；景象/地形匹配能获得与目标的匹配信息；脉冲星、星敏等天文导航手段在高轨、深空等区域可为航天器提供更精确的方向、时间信息；地磁/重力的导航手段则能够在水下、地下提供卫星导航不能提供的位置信息；在室内，地面无线通信网、无线局域网等也能提供定位手段。组合导航的多源信息融合技术可以在室内、密林、水下、深空等更多领域和更广的范围内提高卫星导航的测量精度。

导航信息系统和架构上的融合有 3 个层次，分别是业务融合、技术融合、网络融合。

业务融合的目标是在网络互通的基础上共享业务系统，通过统一的业务系统为最终用户提供统一的业务体验，使用户通过不同的终端接入不同的网络来访问同样的业务，实现统一数据库管理等功能，并尽可能实现业务的统一开发、统一控制。

技术融合是在技术层面充分利用各个系统在不同环境下都存在的互补性，弥补各种导航传感系统在底层技术上的差异，实现各自特点的技术融合和促进，为用户提供更高品质的服务。

网络融合需要运营商共享网络资源，诸如移动通信网和无线局域网，使移动终端可以在两种网络间无缝切换，获取必要的测距、数据等信息。

多源信息融合的关键技术主要包含数据转换、数据关联、融合算法等，其中融合算法是多源信息融合的核心技术。

4. GNSS 创造性应用领域

GNSS 的应用可以说无处不在，许多有创意的应用已变得可行，比如监护、跟踪儿童及痴呆症患者，确保其安全；引导盲人，提供持续的跟踪导航服务；寻找丢失的人或宠物；跟踪野生动物，开展动物学研究；为户外公园里的游客提供自主导游服务；为慢跑者持续提供位置、速度信息；开展精细农业等。

目前有一些机构还开发了可打高尔夫球的 GNSS，GNSS 接收机安装在高尔夫球的推车上，根据数据库显示从给定的位置到草地、标杆和可能注意的障碍物的距离，它可以作为加速竞赛和提高现有资源利用率的方法。

还有使用欧洲静止轨道导航重叠服务（EGNOS）和互联网的 GNSS 应用，GNSS 接收机通过无线互联网连接接收来自 EGNOS 的校正信息，并结合伪距观测来提高精度和可用性。该应用类似 AGNSS，不同的是该应用通过无线互联网发送的天基数据来辅助 GNSS 接收机。

GNSS 的应用只受到人们想象力的限制。至今，GNSS 国际协会已统计出 GNSS 的数百种不同类型的应用，然而实际上，GNSS 真正的全球性大众化民用市场还只是刚刚开始，今后的路还很长，具有广阔的发展空间。

5. 导航卫星自主健康管理技术

导航卫星是卫星导航系统的核心部分，是提供导航定位、授时服务的基础保障。导航卫星安全稳定运行，及时发现故障、处理故障，提升自主能力，是提升卫星导航系统可用性、连续性、稳定性的重要基石，因此导航卫星自主健康管理成为导航卫星技术发展的重要方向。

导航卫星自主健康管理以卫星故障诊断为基础，但不等同于卫星故障诊断。它先通过故障诊断和故障的早期预报对整个卫星导航系统的状态进行评估；再通过健康管理系统进行决策，自主选择所需处理措施，最大限度地减小故障对整个卫星导航系统造成的影响，减少系统维护费用和延长导航卫星使用寿命。导航卫星自主健康管理技术要求分析预测故障的发生和发展趋势，在轨及时诊断和隔离已发生故障的设备，给出系统重构对策，最大限度地减缓和避免严重故障的发生，有效减小故障对整星的影响，保障导航卫星的在轨长寿命运行。同时，导航卫星自主健康管理技术除了保障卫星安全可靠地运行外，对减少地面测控人员的工作量以及降低卫星发射运行成本也具有重要意义。

导航卫星自主健康管理技术通常包括导航卫星自主健康管理系统与体系结构设计，导航卫星自主故障诊断、故障预报以及故障恢复等相关技术。

随着人工神经网络（Artificial Neural Network，ANN）技术的发展，基于认知技术的导航卫星自主健康管理技术也逐步进入人们的视野，该技术以人脑的工作模式和机理为参考，对外界和周围环境信息进行适当的处理和存储并做出决策或反映，可以有效提升系统内多颗导航卫星的“行为效果反馈”能力。

认知技术作为 21 世纪四大前沿科学技术之一，是在心理科学、计算机科学、神经科学、科学的哲学以及其他基础科学的交界面上涌现出来的高度跨学科的新兴科学。基于认知技术的导航卫星自主健康管理系统是一种智能检错、容错、纠错的信息处理系统。它以人脑的工作模式为基础，通过对历史和当前导航卫星各种状态数据的感知、分析理解、自主学习与记忆，获取并确定分系统或产品设备的工作状态或异常故障等相关信息，包括正常工作参数、故障类型、故障位置、故障发生时间等，然后根据故障信息对故障进行定位分析、智能推理并判断决策规划，如采用冗余替换、设备重配置、系统降级运行等措施来保证系统的正常运行，使导航卫星能够适应复杂多变的内、外部环境，高效自主地调整导航卫星的工作状态以使其适应内、外部环境可能带来的故障，从而使系统内多颗导航卫星具备“行为效果反馈”能力。它是未来卫星导航系统发展的重要方向之一。

参 考 文 献

[1] 王惠南. GPS 导航原理与应用 [M]. 北京：科学出版社，2003.

[2] 刘基余. GPS 卫星导航定位原理与方法 [M]. 北京：科学出版社，2003.

[3] KAPLAN E D, HEGARTY C J. 寇艳红，译. GPS 原理与应用（第二版）[M]. 北京：电子工业出版社，2007.

[4] GREWAL M S, ANDREWS A P, BARTONE C G. Global navigation satellite systems, inertial navigation, and integration [M]. John Wiley & Sons, Inc., 2020.

[5] 袁信，俞济祥，陈哲. 导航系统 [M]. 北京：航空工业出版社，1993.

[6] HOFMANN - WELLENHOF B, LICHTENEGGER H, COLLINS J. Global positioning system. theory and practice [M]. Springer - Verlag/Wien, 2001.

[7] HENG L, WALTER T, ENGE P, et al. GNSS multipath and jamming mitigation using high - mask - angle antennas and multiple constellations [J]. IEEE Transactions on Intelligent Transportation Systems, 2015, 16 (2): 741 - 750.

[8] 王坚，张安兵. 卫星定位原理与应用 [M]. 北京：测绘出版社，2017.

[9] 姚铮，陆明泉. 新一代卫星导航系统信号设计原理与实现技术 [M]. 北京：电子工业出版社，2016.

[10] 宁津生，姚宜斌，张小红. 全球导航卫星系统发展综述 [J]. 导航定位学报，2013, 1 (1): 3 - 8.

[11] 魏二虎，柴华，刘经南. 关于 GPS 现代化进展及关键技术探讨 [J]. 测绘通报，2005 (12): 5 - 12.

[12] 辛洁，赵伟，张之学，等. 卫星导航系统发展及其军事应用特点分析 [J]. 导航定位学报，2015, 3 (4): 38 - 43 + 68.

[13] SCHREINER W S, SOKOLOVSKIY S V, ROCKEN C. Analysis and validation of GPS/MET radio occultation data in the ionosphere [J]. Radio, 2016, 34 (4): 949 - 966.

[14] 李敏. 多模 GNSS 融合精密定轨理论及其应用研究 [D]. 武汉：武汉大学，2011.

[15] 黄观文. GNSS 星载原子钟质量评价及精密钟差算法研究 [D]. 西安：长安大学，2012.

[16] 李鹤峰，党亚民，秘金钟，等. 北斗卫星导航系统的发展、优势及建议 [J]. 导航定位学报，2013, 1 (2): 49 - 54.

[17] 岳晓奎，杨延蕾. Galileo 系统性能分析与仿真计算 [J]，系统仿真学报，2007, 19 (23): 5491 - 5494.

[18] 吕伟，朱建军. 北斗卫星导航系统发展综述 [J]，地矿测绘，2007, 23 (3): 9 - 32.

[19] 祖秉法．“北斗二号”民用软件接收机关键技术研究 [D]．哈尔滨：哈尔滨工程大学，2010.
[20] 杨旭．多卫星导航系统实时精密单点定位数据处理模型与方法 [D]．徐州：中国矿业大学，2019.
[21] 薛瑞．多频卫星导航系统完好性研究 [D]．北京：北京航空航天大学，2010.
[22] PULLEN S，WALTER T，ENGE P. System overview，recent developments and future outlook for WAAS and LAAS [C]．Tokyo University of Mercantile Marrine GPS Symposium，Tokyo，Japan，2002：45 – 56.
[23] BORIO D. M – Sequence and secondary code constraints for GNSS signal acquisition [J]．IEEE Transactions on Aerospace and Electronic Systems，2011，47 (2)：928 – 945.
[24] SABATINI R，MOORE T，HILL C. A new avionics – based GNSS integrity augmentation system：Part 1 – Fundamentals [J]．The Journal of Navigation，2013，66 (3)：363 – 384.
[25] TEUNISSEN P，MONTENBRUCK O. Springer handbook of global navigation satellite systems [M]．Springer，2017.
[26] 李亮，赵琳，丁继成．提高 LAAS 空间信号可用性的完好性监测新膨胀算法 [J]．航空学报，2011，32 (4)：664 – 671.
[27] 周星宇，陈华，安向东．伽利略卫星导航系统信号质量及定位性能分析 [J]．全球定位系统，2018，43 (1)：19 – 24.
[28] GAST – D Validation Report Results from the HI INR Development Contract [R]．Honeywell，2013.
[29] 姜庆国，向才炳，刘书阳．GPS L5 载频信号分析 [J]，舰船电子工程，2010，30 (3)：89 – 91.
[30] 李枞．GNSS 通用导航信号处理平台设计与实现 [D]．哈尔滨：哈尔滨工程大学，2016.
[31] ZHU N，JULIETTE M，DAVID B，et al. GNSS position integrity in urban environments：a review of literature [J]．IEEE Transactions on Intelligent Transportation Systems，2018，19 (9).
[32] 孙颢，石潇竹，刘海颖，等．基于多参数稳定分布的 GBAS 垂直保护级计算 [J]．系统工程与电子技术，2021，43 (4)：1030 – 1035.
[33] GUEROVA G，JONES J，DOUŠA J，et al. Review of the state of the art and future prospects of the ground based GNSS meteorology in Europe [J]．Atmospheric Measurement Techniques，2016，9 (11).
[34] ZINOVIEV A E. Using GLONASS in combined GNSS receivers：current status [C]．Proceedings of the 18th International Technical Meeting of the Satellite Division of The Institute of Navigation，Long Beach，CA，2005：1046 – 1057.
[35] 刘海颖，叶伟松，李静．GPS 天线阵列盲波束形成研究 [J]，遥测遥控，2011，32 (2)：4 – 9.
[36] 付世勇，王惠南，刘海颖．基于 GP2000 的 GPS 软件接收机设计及捕获算法实现 [J]，电子对抗，2011，1：35 – 39.

[37] XUE R, WANG Z. A novel LAAS pseudo – range error over – bound method based on improved pseudo – range error distribution model [J]. Chinese Journal of Aeronautics, 2013, 26 (3): 638 –645.

[38] LÓPEZ – LAGO M, SERNA J, CASADO R, et al. Present and future of air navigation: PBN operations and supporting technologies [J]. International Journal of Aeronautical and Space Sciences, 2020, 21 (2): 451 –468.

[39] JIANG Y, MILNER C, MACABIAU C. Code carrier divergence monitoring for dual – frequency GBAS [J]. GPS solutions, 2017, 21 (2): 769 –781.

[40] 淡志强，薛瑞．基于改进的包络模型的 GBAS 完好性评估方法 [J]. 现代导航，2014, 5 (6): 404 –409.

[41] 聂正楠，侯彩虹，郑华．战略性新兴产业政策何以导致重复性建设——以卫星导航产业政策为例 [J]. 中国科技论坛，2022 (1): 73 –83.

[42] 喻思琪，张小红，郭斐，等．卫星导航进近技术进展 [J]. 航空学报，2019, 40 (3): 11 –32.

[43] LI T, ZHANG H, GAO Z. High – accuracy positioning in urban environments using single – frequency multi – GNSS RTK/MEMS – IMU integration [J]. Remote Sensing, 2018, 10 (2): 205.

[44] LARSON J D, GEBRE – EGZIABHER D, RIFE J H. Gaussian – pareto overbounding of DGNSS pseudoranges from CORS [J]. NAVIGATION, Journal of the Institute of Navigation, 2019, 66 (1): 139 –150.

[45] GROVES, Paul D. Principles of GNSS, inertial, and multisensor integrated navigation systems, 2nd edition [Book review] [J]. IEEE Aerospace & Electronic Systems Magazine, 2015, 30 (2): 26 –27.

[46] PATEL J, KHANAFSEH S, PERVAN B. Detecting hazardous spatial gradients at satellite acquisition in GBAS [J]. IEEE Transactions on Aerospace and Electronic Systems, 2020, 56 (4): 3214 –3230.

[47] 李晓敏．GPS/BD 双模卫星信号模拟器的数字信号实现 [D]. 北京：北京邮电大学，2013.

[48] 蒲克塞．电离层活动影响下的 LAAS 完好性研究 [D]. 成都：电子科技大学，2014.

[49] GHERM V E, ZERNOV N N, STRANGEWAYS H J. Effects of diffraction by ionospheric electron density irregularities on the range error in GNSS dual – frequency positioning and phase decorrelation [J], Radio Science, 2011, 46: RS3002.

[50] ZHANG H P, LV H X, LI M, et al. Global modeling 2 (nd) – order ionospheric delay and its effects on GNSS precise positioning [J], Science China – Physics Mechanics & Astronomy, 2011, 54 (6): 1059 –1067 .

[51] NORMARK P, XIE G, AKOS D, et al. The next generation integrity monitor testbed (IMT) for ground system development and validation testing [C]. Proceedings of the 14th International Technical Meeting of the Satellite Division of the Institute of Navigation (Ion GPS 2001), 2001: 1200 –1208.

[52] TEUNISSEN P J G, GIORGI G, BUIST P J. Testing of a new single - frequency GNSS carrier phase attitude determination method: land, ship and aircraft experiments [J], GPS Solutions, 2011, 15 (1): 15 - 28 .

[53] SCHUELER T, DIESSONGO H, YAW P G. Precise ionosphere - free single - frequency GNSS positioning [J], GPS Solutions, 2011, 15 (2): 139 - 147.

[54] TAO Z, BONNIFAIT P, IBANEZ - GUZMAN J. Road - centered map - aided localization for driverless cars using single - frequency GNSS receivers [J]. Journal of Field Robotics, 2017, 34 (5): 1010 - 1033.

[55] DAUTERMANN T, LUDWIG T, GEISTER R, et al. Extending access to localizer performance with vertical guidance approaches by means of an SBAS to GBAS converter [J]. GPS Solutions, 2020, 24 (2): 1 - 13.

[56] LIU H Y, WANG H N. Application of mean field annealing algorithms to GPS - based attitude determination [J]. Chinese Society of Aeronautics and Astronautics, 2004, 17 (3): 165 - 169.

[57] 周莉. 基于 GNSS 与视觉的道路检测与避障技术 [D]. 成都: 电子科技大学, 2015.

[58] 岳崇伦, 曾苑, 郭云开. 提高卫星导航精度的卡尔曼滤波算法应用研究 [J]. 测绘工程, 2021, 30 (2): 60 - 64 + 71.

[59] [不详].《中国北斗卫星导航系统》白皮书 [J]. 卫星应用, 2016 (7): 72 - 77.

[60] 刘江, 蔡伯根, 王剑. 基于卫星导航系统的列车定位技术现状与发展 [J]. 中南大学学报 (自然科学版), 2014, 45 (11): 4033 - 4042.

[61] EUROCAE, ED - 114B. Minimum operational performance specification for global navigation satellite ground based augmentation system ground equipment to support precision approach and landing [S]. EUROCAE, 2019.

[62] 王晓宇. Galileo 卫星导航系统中频信号仿真技术研究 [D]. 北京: 北京理工大学, 2015.

[63] KANNEMANS H. The generalized extreme value statistical method to determine the GNSS integrity performance [C]. 2010 5th ESA Workshop on Satellite Navigation Technologies and European Workshop on GNSS Signals and Signal Processing (NAVITEC): IEEE, 2010: 1 - 8.

[64] ZHU Y, LIU Y, WANG Z, et al. Evaluation of GBAS flight trials based on BDS and GPS [J]. IET Radar, Sonar & Navigation, 2020, 14 (2): 233 - 241.

[65] YE P, ZHAN X Q, FAN C M. Novel optimal bandwidth design in INS - assisted GNSS phase lock loop [J], IEICE Electronics Express, 2011, 8 (9): 650 - 656.

[66] 广伟. GNSS 时间互操作关键技术研究 [D]. 北京: 中国科学院大学 (中国科学院国家授时中心), 2019.

[67] VAN GRAAS F, DIGGLE D W, DE HAAG M U, et al. Ohio University/FAA flight test demonstration of local Area Augmentation System (LAAS) [J]. NAVIGATION, Journal of the Institute of Navigation, 1998, 45 (2): 129 - 136.

[68] 刘建业, 曾庆化, 赵伟, 等. 导航系统理论与应用 [M]. 西安: 西北工业大学出版

社，2010.
[69] BRUCKNER D，VAN GRAAS F，SKIDMORE T. Statistical characterization of composite protection levels for GPS [J]. GPS solutions，2011，15 (3)：263 - 273.
[70] 李征航，黄劲松. GPS 测量与数据处理 [M]. 武汉：武汉大学出版社，2010.
[71] 李秋实，姚铮，陆明泉. 改进的软件 GNSS 中频信号模拟器设计 [J]. 计算机仿真，2013，30 (1)：120 - 123.
[72] ZENG Q，QIU W，ZHANG P，et al. A fast acquisition algorithm based on division of GNSS signals [J]. Journal of Navigation，2018，71 (4)：1 - 22.
[73] LIU H Y，ZHENG G，WANG H N，et al. Research on integrity monitoring for integrated GNSS/SINS system [C]，The 2010 IEEE International Conference on Information and Automation，Harbin，China，2010：1990 - 1995.
[74] 刘海颖，冯成涛，王惠南. 一种惯性辅助卫星导航及其完好性检测方法 [J]. 宇航学报，2011，32 (4)：775 - 780.
[75] 刘海颖，叶伟松，王惠南. 基于 ERAIM 的惯性辅助卫星导航系统完好性检测 [J]. 中国惯性技术学报，2010，18 (6)：686 - 690.
[76] BRENNER M. Integrated GPS/inertial fault detection availability [C]. Proceedings of ION GPS - 95，Palm Springs，Virginia，USA，1995：1949 - 1958.
[77] ESTEL，CARDELLACH，WEI Q，et al. First precise spaceborne sea surface altimetry with GNSS reflected signals [J]. IEEE Journal of Selected Topics in Applied Earth Observations and Remote Sensing，2019，13：102 - 112.
[78] HAN Z，LIU J，LI R，et al. A modified differential coherent bit synchronization algorithm for BeiDou weak signals with large frequency deviation [J]. Sensors，2017，17 (7)：1568.
[79] YOON D，KEE C，SEO J，et al. Position accuracy improvement by implementing the DGNSS - CP algorithm in smartphones [J]. Sensors，2016，16 (6)：910.
[80] BHATTI U I，OCHIENG W Y. Detecting multiple failures in GPS/INS integrated system：a novel architecture for integrity monitoring [J]. Journal of Global Positioning Systems，2009，8 (1)：26 - 42.
[81] BORIO D. M - sequence and secondary code constraints for GNSS signal acquisition [J]. IEEE Transactions on Aerospace & Electronic Systems，2011，47 (2)：928 - 945.
[82] GE Y，WANG Z，ZHU Y. Reduced ARAIM monitoring subset method based on satellites in different orbital planes [J]. GPS Solutions，2017 (5)，1 - 14.
[83] PANAGIOTAKOPOULOS D，MAJUMDAR A，OCHIENG W Y. Extreme value theory - based integrity monitoring of global navigation satellite systems [J]. GPS Solutions，2014，18 (1)：133 - 145.
[84] FAUCONNIERES J C，BOURGLES - VALENCE N M. Hybrid INS/GNSS system with integrity monitoring and method for integrity monitoring [P]. Patent Number：US007711482B2，2010.
[85] 战兴群，苏先礼. GNSS 完好性检测及辅助性能增强技术 [M]. 北京：科学出版社，2016.

[86] 宋恺. GNSS 自主完好性检测算法研究［D］. 南京：南京航空航天大学，2017.
[87] BLANCH J, WALTER T, ENGE P. Satellite navigation for aviation in 2025［J］. Proceedings of the IEEE，2012，100：1821－1830.
[88] 庄春华，赵治华，张益青，等. 卫星导航定位技术综述［J］. 导航定位学报，2014，2（1）：34－41.
[89] 孙罡. 低成本微小型无人机惯性组合导航技术研究［D］. 南京：南京理工大学，2014.
[90] WARBURTON J. Sigma pseudorange ground establishment，over bounding and monitoring：support data［R］. FAA Presentation to RTCA SC－159，2002.
[91] 张鹏娜，曾庆喜，祝雪芬，等. 卫星定位软件接收机研究综述［J］. 河北科技大学学报，2016，37（3）：10.
[92] 胡毅，蔚保国，宋茂忠，等. 一种接收的随机跳时脉冲伪卫星信号中脉冲时延估计方法：CN112213751A［P］. 2021.
[93] 鲁郁. 北斗/GPS 双模软件接收机原理与实现技术［M］. 北京：电子工业出版社，2016.
[94] KIM M G，KANG J Y，CHANG J H. Alternative positioning，navigation，and timing applicable to domestic PBN implementation［J］. The Journal of Advanced Navigation Technology，2016，20（1）：37－44.
[95] 李烨，郭建国，赵斌. 飞行器动力学信息辅助 MEMS 惯导系统［J］. 系统工程与电子技术，2016，38（8）：1880－1885.
[96] HU J，SUN Q，SHI X. Differential positioning algorithm for GBAS based on extended Kalman filtering［C］. 2018 13th World Congress on Intelligent Control and Automation（WCICA）：IEEE，2018：296－303.
[97] LECLÈRE J，BOTTERON C，FARINE P A. Feature article：high sensitivity acquisition of GNSS signals with secondary code on FPGAs［J］. IEEE Aerospace & Electronic Systems Magazine，2017，32（8）：46－63.
[98] STEEN M，SCHACHTEBECK P M，KUJAWSKA M，et al. Analysis and evaluation of MEMS INS/GNSS hybridization for commercial aircraft and business jets［C］，IEEE/ION Position Location and Navigation Symposium（PLANS），Palm Springs，CA，2010：1264－1270.
[99] 张小红，朱锋，薛学铭，等. 利用 Allan 方差分析 GPS 非差随机模型特性［J］. 测绘学报，2015，44（2）：119－127.
[100] BUIST P J，TEUNISSEN P J G，VERHAGEN S，et al. A vectorial bootstrapping approach for integrated GNSS－based relative positioning and attitude determination of spacecraft［J］. ACTA Astronautic，2011，68（7）：1113－1125.
[101] MENG Q，LIU J，FENG S，et al. An unaided scheme for BeiDou weak signal acquisition［C］. Proceedings of the 30th International Technical Meeting of The Satellite Division of the Institute of Navigation. Portland Oregon，2017：3718－3730.
[102] DORN M，FILWARNY J O，WIESER M. Inertially－aided RTK based on tightly－coupled

integration using low - cost GNSS receivers [C]. Navigation Conference, 2017: 168 - 197.

[103] YANG J, JIN T, HUANG Z, et al. Data and pilot optimized combining method for new composite global navigation satellite system signal acquisition [J]. IET Radar Sonar Navigation, 2016, 10 (5): 953 - 965.

[104] 刘海颖. 低成本 GPS/SINS/GIS 组合导航系统研究 [D]. 南京: 南京航空航天大学, 2005.

[105] 杨俊, 陈建云, 明德祥, 等. 卫星导航信号模拟源理论与技术 [M]. 北京: 国防工业出版社, 2015.

[106] JIN S G, FENG G P, GLEASON S. Remote sensing using GNSS signals: current status and future directions [J]. Advances in Space Research, 2011, 47 (10): 1645 - 1653.

[107] SCHLODERER G, BINGHAM M, AWANGE J L, et al. Application of GNSS - RTK derived topographical maps for rapid environmental monitoring: a case study of Jack Finnery Lake [J]. Environmental monitoring and assessment, 2011, 180 (1): 147 - 161.

[108] SHUM C K , LEE H, ABUSALI P A M, et al. Prospects of global navigation satellite system (GNSS) reflectometry for geodynamic studies [J]. Advances in Space Research, 2011, 47 (10): 1814 - 1822 .

[109] 谢钢. 全球导航卫星系统原理 - GPS、格格纳斯和伽利略系统 [M]. 北京: 电子工业出版社, 2013.

[110] MOLIN J P, POVH F P, PAULA V R, et al. Method for evaluation of guidance equipment for agricultural vehicles and GNSS signal effect [J]. Engenharia Agricola 2011, 31 (1): 121 - 129.

[111] 中国卫星导航系统管理办公室. BD 420012—2015 北斗/全球卫星导航系统 (GNSS) 信号模拟器性能要求及测试方法 [S]. 北京: 中国卫星导航系统管理办公室, 2015.

[112] 刘智平, 毕开波. 惯性导航与组合导航基础 [M]. 北京: 国防工业出版社, 2013.

[113] XIE F, LIU J, LI R, et al. A simultaneous multiple BeiDou signal acquisition algorithm for a software - based GNSS receiver [J]. Optik, 2016, 127 (4): 1607 - 1614.

[114] GROVES P D. Shadow matching: a new GNSS positioning technique for urban canyons [J]. Journal Navigation, 2011, 64 (3): 417 - 430.

[115] YU W, ZHENG B, WATSON R, et al. Differential combining for acquiring weak GPS signals [J]. Signal Processing, 2007, 87 (5): 824 - 840.

[116] 孟维晓, 韩帅, 迟永刚. 卫星定位导航原理 [M]. 哈尔滨: 哈尔滨工业大学出版社, 2013.

[117] 杨宇飞, 杨元喜, 胡小工, 等. 北斗三号卫星两种定轨模式精度比较分析 [J]. 测绘学报, 2019, 48 (7): 831 - 839.

[118] 谢木生. 卡尔曼滤波在 INS/GPS 组合导航中的应用研究 [D]. 长沙: 中南大学, 2013.

[119] 倪育德, 路璐, 刘瑞华. 基于 GPS/BDS 的陆基增强系统精度和完好性 [J]. 中国民航大学学报, 2017, 35 (6): 1 - 6.